机电一体化技术

第 2 版

刘宏新　主　编

机 械 工 业 出 版 社

本书以机电一体化共性关键技术为基础，围绕各种技术的融合与综合运用构造知识体系，力求系统和全面地表述机电一体化技术的精髓与工程实践。

本书突出产教融合，注重读者对机电一体化技术体系认知、机电一体化思维及机电一体化知识结构和能力的同步发展，可以使读者充分了解和掌握机电一体化技术的实质及机电一体化设计的理论和基本方法，从而能够运用相关共性关键技术进行机电一体化产品及机电一体化系统的分析、设计和开发。

本书既可作为高等教育的专业教材，用于系统地学习机电一体化技术，也可作为工程技术人员在实际应用机电一体化技术过程中，对经常遇到的技术规范与难点问题进行求证和查询的参考书。

图书在版编目（CIP）数据

机电一体化技术/刘宏新主编 . —2 版 . —北京：机械工业出版社，2023.10
ISBN 978-7-111-73779-7

Ⅰ. ①机… Ⅱ. ①刘… Ⅲ. ①机电一体化 Ⅳ. ①TH-39

中国国家版本馆 CIP 数据核字（2023）第 164615 号

机械工业出版社（北京市百万庄大街 22 号　邮政编码 100037）
策划编辑：曲彩云　　　　　责任编辑：王　珑
责任校对：闫玥红　贾立萍　　封面设计：马精明
责任印制：任维东
北京中兴印刷有限公司印刷
2023 年 11 月第 2 版第 1 次印刷
184mm×260mm · 27.25 印张 · 677 千字
标准书号：ISBN 978-7-111-73779-7
定价：99.00 元

电话服务　　　　　　　　　网络服务
客服电话：010-88361066　　机 工 官 网：www.cmpbook.com
　　　　　010-88379833　　机 工 官 博：weibo.com/cmp1952
　　　　　010-68326294　　金 　书 　网：www.golden-book.com
封底无防伪标均为盗版　机工教育服务网：www.cmpedu.com

编写委员会

主　任：刘宏新

副主任：王　宇　马瑞峻　田素博

委　员：魏东辉　辛丽丽　付晓明
　　　　陈　瑜　陈　炜　李守军
　　　　王　俊　梁继辉　冯海兵
　　　　李跃峰

前　　言

机电一体化是微电子技术在向机械工程领域渗透过程中形成并发展起来的一门综合性技术学科，承载了四次工业革命的精华。为了在当今激烈的技术、经济竞争中占据优势，世界强国纷纷将机电一体化的研究和发展作为一项重要内容列入本国的科技战略发展规划。我国正处于由制造大国转向制造强国的快速发展过程中，需要大量能够掌握高新技术的人才进行持续的自主创新，不断增强核心竞争力。

机电一体化技术最早起源于20世纪60年代，形成于20世纪70年代，经过几十年的发展，已经由早期的机械产品与电子技术的简单组合发展成为多种技术高度融合且智能化的高新技术。机电一体化是将机械、电工、电子、信息处理、伺服驱动、传感检测、自动控制等技术进行有机结合，用系统工程的思想各取所长，在项目的构思、规划、设计等方面优化组织现代工业"物质、能量、信息"三要素，从而制造出具有多种集成功能、高性能、高可靠性并在市场中具有强竞争力的产品。目前，机电一体化产品已遍及人们日常生活和国民经济的各个领域。机电一体化技术的灵魂在于突出多种工业科学技术的相互渗透和有机融合，从而形成某一单项技术所无法达到的优势，并将这种优势通过性能优异的机电一体化产品体现出来，转化成强大的生产力，用以提升国家核心科技竞争力。

本书以机电一体化共性关键技术为基础，围绕各种技术的融合与综合运用构造知识体系，本着宜学宜教的原则设置了总论、机械本体技术、电子技术应用基础、传感与检测技术、自动控制基础、单片机、可编程逻辑控制器、伺服驱动技术、接口技术、系统总体技术、机电一体化实例各章，力求系统和全面地表述机电一体化技术精髓与工程实践，以使读者充分了解和掌握机电一体化的实质及机电一体化设计的理论和基本方法，从而能够综合运用共性关键技术进行机电一体化产品及机电一体化系统的分析、设计与开发。作为规划教材，我们在编写过程中着重考虑了以下几点：一是着重体现机电一体化领域中多学科的融合与交叉，避免相关知识与技术的简单堆砌；二是在保证内容丰富的同时，突出侧重点，以帮助读者有针对性地阅读与学习；三是注重动手能力的培养，通过从不同层面与不同角度介绍、讲解的大量技术示例和工程实例，锻炼并促进实践应用能力的形成；四是强调机电一体化技术体系认知、机电一体化思维以及机电一体化知识结构和能力的同步发展。

本书自第1版面世以来，广受认可和好评，历经多次印刷，但鉴于相关技术的迅猛发展，部分内容亟待更新，新知识亟待增加，为此启动本版重新编撰工作，并邀请东贝机电（江苏）有限公司工程师王俊加入编委会，以突出产教融合，保证内容随科技的发展进步以及生产的实际需求而不断更新和完善。同时，为便于本书在教学实践中运用，编委会配套设计并搭建了在线课程平台。该平台采用编委及用书教师互动，集众所长、联建共享的新模式建设及运行，不仅可使教学过程不断丰富和完善，还可用来与教育同行分享教学经验与成果，减少重复劳动，提高授课成效，并支持以共享资源为基础的各类一流课程的申报。用书教师如有在线课程平台与资源使用需求，可通过邮箱（T3D_home@ hotmail. com）与编者联系，获取使用与维护授权。

由于水平有限，编者虽勤勉谨慎，书中纰漏与不当之处仍在所难免，恳请读者能够理解并给予指正，也希望能借此书和联建共享的在线课程平台同广大读者就机电一体化的知识传授和技术运用等方面进行广泛的交流与合作。

主　编

主编·中国宿迁·SQU

T3D_home@ hotmail. com

目　　录

第1章 总　论

章节导读：

　　机电一体化是微电子技术向机械工程渗透过程中形成并发展起来的一门综合性技术学科，承载了四次工业革命的全部精髓，是现代工业化生产和经济发展中不可或缺的一项高新技术。本章首先讲解了机电一体化的基本概念（包括机电一体化的定义、产品分类和技术特点），接着介绍了机电一体化的发展历程和系统组成要素，然后论述了机电一体化的共性关键技术，最后通过机电一体化技术运用流程的阐述，帮助读者形成一个较为完整的机电一体化技术运用及机电一体化产品或系统开发的感性认知，以期为其后续内容的理解和掌握打下良好基础。

1.1　机电一体化基本概念

　　机电一体化又称机械电子学，英文名称为"Mechatronics"，它是由英文机械学"Mechanics"的前半部分与电子学"Electronics"的后半部分组合而成，体现了机械与电子技术的紧密结合。机电一体化一词最早出现在1971年日本《机械设计》杂志的副刊上，随着机电一体化技术的快速发展，机电一体化的概念被人们广泛接受和普遍使用。1996年，美国出版的"WEBSTER"大词典收录了这个日本造的英文单词，这不仅意味着"Mechatronics"这个单词得到了世界各国学术界和企业界的认可，而且还意味着"机电一体化"的优势和思想为世人所接受。

1.1.1　机电一体化的定义

　　什么是机电一体化？到目前为止，就机电一体化这一概念的内涵，国内外学术界还没有一个完全统一的表述。一般认为，机电一体化是一门利用微电子技术来控制机械装置的学科，属交叉学科，它的技术基础是来自机械设计和微电子控制，并配合电脑软件，因此是整合了机械学、电子学、信息科学和计算机技术等相关领域的一种多学科融合的技术。现今，机电一体化已经从机械工程的附属学科独立成为了一项前沿科学技术，也代表了一个国家科学技术的总体发展水平。

　　这里面包含了三重含义：首先，机电一体化是机械学、电子学、信息科学和计算机技术等学科相互融合而形成的学科，如图1-1所示；其次，机电一体化是一个发展中的概念，早期的机电一体化就像其字面所表述的那样，主要强调机械技术与电子技术的结合，即将电子技术融入机械技术中而形成新的技术与产品，随着科学技术的不断进步和发展，以计算机技术、通信技术和控制技术为特征的信息技术，即所谓的3C（Computer、Communication、Control）技术渗透到机械技术中，丰富了机电一体化的功能和含义，现代的机电一体化也不仅仅指机械、电子与信息技术的结合，还包括光（光学）机电一体化、机电气（气压）一体化、机电液（液压）一体化、机电仪（仪器仪表）一体化等；最后，机电一体化表达了技术之间交叉融合的学术思想，强调各种技术在机电产品中的相互协调和支持，追求系统的总体最优，换句话说，机电一体化是多种技术学科有机结合的产物，而不是它们的简单堆砌和叠加。

从机电一体化所涉及的内容和目的来讲，机电一体化包括机电一体化技术和机电一体化产品（或系统）两个方面。机电一体化技术是从系统工程的思想出发，将机械、电子、信息等相关技术有机结合起来，以实现系统或产品整体最优的综合性技术。机电一体化技术主要包括基础支撑技术和使机电一体化产品得以实现、使用和发展的技术。机电一体化技术是一个技术群组的总称，包括机械技术、传感与检

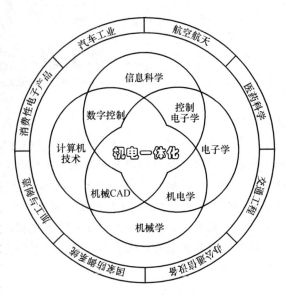

图1-1　机电一体化涉及的学科与技术领域

测技术、自动控制技术、信息处理技术、伺服驱动技术、接口技术、系统总体技术等。机电一体化产品与机电一体化系统是两个相近的概念，通常机电一体化产品指独立存在的机电结合产品，而机电一体化系统主要指依附于主产品或设施上的部件系统，这样的系统实际上也是一种特殊形式的机电一体化产品。机电一体化产品是由机械系统与电子系统及信息处理单元有机结合，赋予了产品新功能和新性能的高科技产品。由于在机械本体中融入了电子技术和信息技术，与纯粹的机械产品相比，机电一体化产品的性能得到了根本性的提高，具有满足人们使用需求的最佳功能。

基于以上论述，我们可以这样定义机电一体化：在机械的主功能上以引入电子组件作为传感、信息及控制为特征，并将机械装置与电子装置用相关软件有机结合而形成的技术或所构成的系统。也可简单理解为广义的机械工程与电子工程相结合的技术，以及应用这些技术的机械电子装置。

1.1.2　机电一体化产品的分类

现代社会中，机电一体化产品比比皆是。在日常生活中，使用的全自动洗衣机、智能空调、扫地机器人等都是典型的机电一体化产品；在机械制造领域中，广泛使用的各种数控机床、工业机器人、三坐标测量仪及全自动仓储设备也是典型的机电一体化产品；在现代生产生活中，不可或缺的汽车更是机电一体化技术成功应用的典范，汽车上广泛应用和正在开发的机电一体化系统达数十种之多，特别是发动机电子控制系统、防抱死制动系统、自适应悬架、适时四驱、主动安全等机电一体化系统在汽车上的应用，使得现代汽车的乘坐舒适性、行驶安全性及使用环保性能都得到了很大的提升；在农业工程领域，机电一体化技术也获得了越来越广泛的应用，如拖拉机自动驾驶、拖拉机作业机组中农具耕深的自动调节、联合收割机脱粒清选部件工作状态监控与调整、温室环境自动调控；在国防领域，机电一体化技术更是支撑了几乎全部高精尖军事装备的设计、制造和使用。

机电一体化产品的种类繁多，应用范围也十分广泛，可以按照以下标准进行分类：

（1）按照机电结合的程度和形式分类

1）功能附加型：如数控机床、全自动洗衣机、电子秤、防抱死制动系统。

2）功能替代型：如电子缝纫机、电子照相机、石英钟。

3）机电融合型：如传真机、磁盘驱动器、机器人、数控加工中心。

（2）按照产品的主功能实现形式分类

1）数控机械类：以机械装置为主执行机构，如数控机床、机器人、全自动洗衣机。

2）电子设备类：以电子装置为主执行机构，如电火花加工机床、线切割机、超声波加工机以及激光测量仪。

3）机电组合类：电子技术与机械技术有机结合，如 CT 扫描仪、自动售货机。

4）电液伺服类：以液压为主执行装置，如万能材料试验机、精密锻造机。

5）信息控制类：用于镜像信息，如传真机、磁盘内存、录音机、复印机。

（3）按照技术应用领域分类　如工业生产类、运输包装类、储存销售类、社会服务类、家庭日常类、科研仪器类、国防武器类。

1.1.3 机电一体化技术特点

机电一体化的灵魂在于强调多种工业技术的相互渗透与有机结合，从而形成某一单项技术所无法达到的优势，并将这种优势通过性能优异的机电一体化产品而体现出来，转化成强大的生产力。机电一体化产品的特点可以概括为"两小四高"，即体积小、质量小、高速度、高精度、高可靠性、高柔性。

（1）体积小、质量小　机电一体化技术常应用于精密产品的加工与制造，并在机械技术与电子技术相互结合的实践中对结构和组合方式进行不断的优化设计，同时广泛采用新型的复合材料，使得机电一体化产品既能缩小体积、减小质量，又不降低必要的机械强度和刚度。

（2）高速度、高精度　不同于常规机械装备，机电一体化系统中普遍使用精密机械装备，如高精度导轨、精密滚珠丝杠、高精度齿轮等，这些为高速度、高精度提供了必要的物质基础。另外，机电一体化产品在工作过程中会通过预先设定的相关算法对生产过程中可能出现的误差进行不同程度的补偿，使机构在高速运转的同时能够有效地保证精度。

（3）高可靠性　高可靠性体现在使用简单、故障率低、寿命长、安全性高等方面。

1）使用简单。机电一体化系统凭借自身所具有的信息处理系统，可提供面向用户的交互式操作方式，使操作人员经过简单的培训就可以进行精准的操作，并且可以通过智能判断或程序互锁避免人员的误操作，提高设备的可靠性。

2）故障率低、寿命长。机电一体化系统中广泛采用非接触式在线检测，除执行机构外，基本上不会出现由于机械磨损而导致的故障情况。同时，电传形式的普遍存在，使得机电一体化产品及系统的结构布置更为灵活，更便于以低故障、长寿命为目标的优化设计，配合规范的维护和保养，可以大大减少产品故障率，提高系统寿命。

3）安全性高。机电一体化设备得益于其中完备电气系统的存在，可以方便地设置自我保护及安全防护，在出现过压、过载、过流或其他意外情况时会及时报警并采取必要的保护措施，减少和避免人员和设备的损失。对于一些特殊的机电一体化装备，在恶劣和危险的环境中可以进行远程遥控操作或无人自主工作，从根本上避免了使用人员的安全隐患。

（4）高柔性　高柔性体现在实际生产中，同一套机电一体化设备可以满足多品种产品的生产需求，通过对机电一体化系统中的程序进行切换，就可在不改装或局部改装的情况下实现不同产品的加工制造。这也是解决多品种、小批量、个性化定制生产的重要途径。

1.2　机电一体化发展历程

1.2.1　发展阶段划分

与其他大多数当代交叉学科一样，机电一体化技术也经历了一个较长期的无意识孕育过程，我们称其为萌芽阶段，随即进入快速发展阶段和智能化阶段，这种划分真实客观地反映了机电一体化技术发展进程中的阶段性特征。

萌芽阶段指 20 世纪 70 年代以前，工业产品或工业系统中已出现机电一体化特征但无机电一体化认知的时期。在这一时期，尽管机电一体化的概念没有正式提出来，但人们在机械产品的设计与制造过程中总是自觉或不自觉地应用电子技术来丰富机械产品的功能和改善机械产品的性能，特别是在第二次世界大战期间，战争需求极大地刺激了机械产品与电子技术的结合，出现了许多性能优良的军事用途的机电产品，如雷达对目标的锁定与追踪系统、坦克炮塔的行进间瞄准系统等，这些机电结合的军用技术在战后转为民用，对战后经济的恢复和技术的进步起到了重要的推动作用。

20 世纪 70 年代至 80 年代为第二阶段，这个阶段称为快速发展阶段。在这一时期，人们自觉、主动、积极地将通信技术、计算机技术、控制技术的发展成果用于机械产品的研发，创造出新的机电一体化产品。日本在推动机电一体化技术的发展方面起到了重要作用，日本政府于 1971 年颁布了"特定电子工业和特定机械工业振兴临时措施法"，要求企业界"应特别注意促进为机械配备电子计算机和其他电子设备，从而实现控制的自动化和机械产品的其他功能"，经过几年的努力，取得了巨大的成就，推动了日本经济的快速发展。其他西方发达国家对机电一体化技术的发展也给予了极大的重视，纷纷制定了有关的发展战略、政策和法规。中国机电一体化技术的发展也始于这一阶段，从 20 世纪 80 年代开始，原国家科委和原机械电子工业部分别组织专家，根据我国国情对发展机电一体化的原则、目标、层次和途径等进行了深入而广泛的研究，制定了一系列有利于机电一体化发展的政策法规，确定了数控机床、工业自动化控制仪表、工业机器人、汽车控制电子化等优先发展方向及多项共性关键技术的研究，并明确提出了要在 2000 年使我国的机电一体化产品产值比率（即机电一体化产品总产值占当年机械工业总产值的比值）达到 15% ~ 20% 的发展目标。这一时期的战略规划及技术储备一举奠定了我国 21 世纪初的工业及科技爆发式的发展和增长。

从 20 世纪 90 年代开始，机电一体化技术开启了向智能化方向迈进的步伐，且在智能化发展过程中不断展现出巨大的潜力和无限可能，这使其成为当今乃至未来机电一体化的永恒主题。智能化的主要标志是将模糊逻辑、人工神经网络和物联网通信等技术应用到机电一体化的控制过程中，使机电一体化产品或系统在常规的自动控制与简单的逻辑控制基础上具备了类人的智能化思考、判断，甚至是行为，性能得到了进一步的跃升。其中，模糊逻辑与人的思维过程相类似，采用模糊逻辑的控制软件与微处理器构成的模糊控制器现已广泛地应用于机电一体化产品中。采用模糊逻辑的汽车自动变速箱控制器可使汽车表现出的动力性能与驾驶员的操作意图和感觉相适应，控制器可以根据加速踏板位置及变化状态、发动机转速、道路坡度、速度和加速度等这些输入参数，基于存储器内大量的控制模型与实验数据计算出最佳的传动方案，控制自动变速器配合发动机动作，使汽车如同被一名优秀车手驾驶一样，发挥出良好的动力性能。除模糊逻辑外，人工神经网络（ANN，Artificial Neural Network）控制方法也是智能化的典型标志和特征。人工神经网络是一种模仿动物神经网络行为特征，进行分布式并行信息处理的算法数学模型，它可以通过调整内部大量节点之间相互连接的关系，从而达到处理信息的目的。人工神经网络是在现代神经科学研究成果的基础上提出的，由大量处理单元互联组成的非线性、自适应信息处理系统，它可以通过模拟大脑神经网络处理、记忆信息的方式进行信息处理，并具有自学习和自适应的能力，适用于复杂过程控制、诊断、监控、生产管理、质量管控。物联网则通过信息传感，按照约定的协议，把个体的机电一体化产品或独立的系统网络化连接起来，进行信息交换和通信，以实现更为复杂且具有群体行为特征的智能化识别、定位、跟踪、监控、协作和管理。

1.2.2　国内外综述

作为工业领域先进科学与技术的集大成者，机电一体化及其产品已经占据了现代工业的主导地位，是现代工业三要素"物质、能量、信息"高度融合的产物，代表着现代工业的发展水平和方向。机电一体化占据主导地位是制造产业发展的必然结果，而制造产业是整个科学技术和国家经济发展的工业基础，因而机电一体化在当前激烈的国际政治、军事、经济竞争中起着举足轻重的作用，受到各工业国家的极大重视。

从机电一体化萌芽及发展之初，传统的工业化国家即敏锐地发现了其巨大的潜力，随即从战略层面进行了体系性规划，并大力推进本国机电一体化及其相关技术的发展。

20 世纪 80 年代，日本"科技振兴政策大纲"将智能传感器，计算机芯片制造技术，具有视频、触觉和人机对话能力的人工智能工业机器人，柔性制造系统等列为高技术领域的重大研究课题。

1985 年，西欧提出了高技术发展规划"尤里卡"计划，即欧洲研究协调机构计划，由其英文缩写的读音命名。当时，西欧作为第一次工业革命的策源地，却在电子计算机、机器人、生物工程、微电子等高技术领域落后于美国和日本，为了迎接新技术革命的挑战，加强西欧各国的企业和科研机构在高技术领域的合作，提高生产率，增强西欧各国在世界市场上的竞争力，促进西欧各国的经济增长和创造就业条件，"尤里卡"计划应运而生。"尤里卡"计划是高技术领域的一项重要的系统工程，它确定了计算机、机器人、通信网络、生物技术、新材料等五大关键技术领域和二十四个重点攻关项目作为欧洲高技术发展的战略目标，其中包括研制可自由行动、决策并易于人机对话的民用机器人，广泛合作研究计算机辅助设计、制造、生产、管理的柔性系统，实现工厂全面自动化等机电一体化研究方向。

1991 年，美国"国家关键技术报告"中列举了二十二项对于国家经济繁荣和国防安全至为关键的技术，并对各项入选技术的内容范围、选择依据和国际发展趋势进行了评述，着重强调了技术的有效利用，其中包括机器人、传感器、控制技术和 CIMS（Computer Integrated Manufacturing System）及 CIMS 相关工具和技术，如仿真系统、计算机辅助技术（CAX，Computer Aided ＊＊＊）。该报告指出，在制造业方面的发展趋势是加速新产品研发，缩短产品生产周期，增加柔性，以及实现设计、生产、质量控制一体化。要实现合理的生产经营活动，制造厂家必须在整个生产经营中实施先进的制造技术及科学的管理策略。

中国以机电一体化为代表的高新技术飞速发展始于改革开放，面对国际市场激烈竞争的形势，国家和相关企业充分认识到机电一体化技术所具有的重要战略意义，并积极开展机电一体化技术的研究、应用和产业化。1986年，我国提出了"高技术研究发展计划纲要（863计划）"，项目主旨思想由中国科学院四位院士陈芳允、王大珩、王淦昌、杨嘉墀最早提出，将自动化技术，重点是CIMS和智能机器人技术等为代表的机电一体化前沿技术确定为国家高技术重点研究发展的八大领域之一。经过多年的努力和积累，我国在利用机电一体化技术开发新产品、改造传统产业结构及装备方面都有了明显进展，取得了巨大的社会经济效益。

鉴于资金和技术密集型的高技术发展初期投资大，回收周期长的特点，各国政府纷纷给予了专门的资金支持和必要的政策优惠，以大力促进机电一体化技术的迅速起步与快速积累。

前联邦德国1984—1988年的五年计划确定，提供5.3亿马克用于资助计算机辅助设计和制造的研究和应用，扩大工业机器人、软件操作系统和外围设备的工业基础及先进生产技术的应用。

日本政府早在1971年制定的"特定电子工业和特定机械工业临时措施法"中把数控机床作为重点扶植对象。1978年颁布的"特定机械信息产业振兴临时措施法"又规定"促进高精度、高性能机器人的工业化和实用化，开展特殊环境作业用机器人研究"。为此，1978—1984年间拨款90亿日元开发数控技术，1983年组织了机器人、计算机、机械等行业制造厂参加极限作业环境机器人的开发研制，总投资300亿日元，其中二分之一由政府资助。当时号称数控王国的日本在2000年金属切削机床的产值数控化率即达88.5%，产量数控化率达59.4%。

美国1983年制定了"星球大战计划（SDI，Strategic Defense Initiative）"，投资1000亿美元发展高新技术，其中包括发展空间机器人、核能机器人、军事机器人及工业机器人等相关技术。美国国家科学基金会（NSF，National Science Foundation）、国家标准局（NBS，National Bureau of Standards）每年也投入专项资金用于发展相关技术。1985—1995年间，美国用于研制军用机器人和智能机器人的经费从1.86亿美元增至9.75亿美元，对美国机器人技术的发展起到了巨大的推动作用。

中国在"863计划"开始实施的十余年间，当时国家的整体经济基础还很薄弱，诸多方面需要发展和建设，但在这样困难的时期，仍着眼于长远的战略考量，每年投入近10亿元人民币用于发展高新技术。正是基于这样高瞻远瞩的战略规划和胆识，使中国迅速成长为极富创造力的新兴工业化国家。目前，中国拥有世界上最完备的工业体系，是全球唯一拥有联合国产业分类中全部工业门类的国家，其中虽尚有技术短板，但很多领域水平已比肩西方发达国家，部分高新技术领先世界，且具有广阔的机电一体化应用领域和产品潜在市场。

工业国家的机电一体化技术经过初始的孕育与积累后，随即进入快速发展阶段，发展过程中无论国家层面还是相关企业均给予了极大的重视和持续性投入，各类国家科技规划、企业阶段性发展目标中机电一体化相关技术均得到充分的体现，专项投资轮番立项，项目数量繁多，经费总额大到无法统计。目前，机电一体化技术已成为工业现代化的代表，在发达国家工业产品和工业体系中无处不在，机电一体化的外延也在不断扩大，成为先进工业技术集成的代名词。

近年来，随着人工智能技术、数字化制造技术与移动互联网的快速发展，以及相互之间创新融合的步伐不断加快，先进工业化国家纷纷做出新的战略部署，抢占机电一体化领域内的"高端工业机器人产业"制高点，德国的"工业 4.0"、我国的"中国制造 2025"标志着在世界范围内将以机电一体化技术为代表的高技术持续竞争推向新一轮白热化。

1.2.3　技术发展趋势

机电一体化是多学科的交叉融合，其发展和进步有赖于相关技术的进步与发展，相关技术或促进或制约着机电一体化的总体发展趋势。21 世纪初，人们基于当时的水平与现实需求，以及在有限时期内技术的可达成度，对机电一体化的发展趋势做出了预测。现今，这些预测的发展趋势正处在逐渐变为现实的过程中，只是实现的程度各有差异，虽然部分方面已表现出较高的水平，但以目前的视角来看，尚有大量工作有待完成，未来一定时期内机电一体化的主要发展趋势仍可以概括为"六化"，即模块化、网络化、微型化、绿色化、人性化、智能化。

（1）模块化　模块化是一项重要的系统性工程。由于机电一体化产品的种类和生产厂家繁多，为便于分工协作，就需要研制和开发具有标准接口的机电一体化产品功能单元。这是一项十分复杂但又非常有意义的工作。这种具有标准接口的功能模块（如集智能调速和驱动于一体的动力单元）具有视觉、图像处理、识别和测距功能的控制单元，以及各种能完成典型动作的机械装置单元，这样可利用标准单元模块的组合快速开发出新的产品，同时也可以方便地扩大生产规模。功能单元的模块化需要在业内制定各项标准和规范，以便不同企业生产的部件、单元能够良好的匹配。由于利益冲突和涉及范围巨大，制定这方面完备的国际或国内标准并非一蹴而就，但通过行业组织与一些大企业的先行先试，已经起到了很好的引领与示范作用。显然，从电气产品和机械产品的标准化、系列化带来的好处可以肯定，无论是生产标准接口的机电一体化单元的企业还是生产机电一体化产品的企业，模块化都将给其带来美好的前程和可预见的收益。

（2）网络化　20 世纪 90 年代，计算机技术发展的突出成就是网络的普及。网络技术的兴起和飞速发展给科学技术、工业生产、政治、军事、教育以及人们的日常生产生活都带来了巨大的变化。各种网络将全球经济、生产连成一体，企业间的竞争扩展至全球化。由于网络的普及，基于网络的各种远程控制和监测技术方兴未艾，而远程控制的终端设备本身就是机电一体化产品。现场总线和局域网技术使各种生产设备、家用电器、实验仪器等组网应用已渐趋普及，为智能制造、智能家居、智能试验等提供了物质和技术基础。

（3）微型化　微型化是机电一体化产品发展的重要方向之一，是机电一体化向微型机器和微观领域发展的趋势，国外称其为微电子机械系统（MEMS，Micro Electro – Mechanical Systems）。微电子机械系统是整体大小在 1cm 以内、构成单元尺寸在微米或纳米级的可控制及可运动的微型机电装置，是集成微机构、微传感器、微执行器以及微信号处理控制等功能于一体的系统。微型化机电一体化产品体积小、耗能少、运动灵活，在生物、医疗、军事、信息等方面的特种应用场合具有不可比拟的优势。微型化发展的瓶颈在于微机械技术，这是因为微机电一体化产品的加工依赖超精密技术和微制造技术。

（4）绿色化　工业的发展给人们的生活带来了巨大变化，一方面，物质丰富，生活舒适便捷；另一方面，自然资源快速消耗，生态环境受到严重污染和破坏。于是人们呼吁保护环境、节约资源、回归自然，可持续发展成为时代的主题。绿色产品的概念在这种背景下应运而生，具有长远的战略意义。绿色产品在其设计、制造、使用和销毁的全生命过程中符合特定的环境保护和人类健康标准，对生态环境无害或危害极小，资源利用率极高。机电一体化产品的绿色化对于普通消费层面而言，就是使用时不会污染环境，没有健康危害，报废后可回收利用。

（5）人性化　人性化是一种理念，具体体现在满足产品美观的同时能根据使用者的生活习惯、操作习惯进行人机交互，既能满足使用者对功能的需求，又能满足其心理诉求。人性化的理念是在技术层面达到一定高度后，机电一体化产品向更优异性能进化过程中的重要思维基础，在众多领域都有其应用场景。机电一体化产品的最终使用和服务对象是人，未来的机电一体化会更加注重产品与人的关系，除传统的人机工程之外，赋予机电一体化产品以人的情感与性格特征，对拉近人机距离、高效人机互动极为重要，特别是对于家用机器人和医疗机器人，其至高境界就是基于类同感受与意愿感知的人机一体化。

（6）智能化　前面机电一体化技术发展阶段中已提及，初始于20世纪末的智能化是当前及未来机电一体化技术发展的永恒主题。所谓智能化即人工智能在机电一体化产品上的应用，它在现代机电一体化知识与技术体系内举足轻重。这里所说的"智能化"是对机器行为的描述，是在控制理论的基础上，综合运筹学、信息科学、模糊数学、心理学、生理学和混沌动力学，模拟人类智能，使机器具有逻辑判断、思维推理、自主决策，乃至自主学习等类人能力。诚然，以技术可行性和科技伦理的视角来看，使机电一体化产品具有与人完全相同甚至是超越人的智能是极其困难的，也是不必要的，但是高性能、高速度的微处理器使机电一体化产品具有人的低级思维或部分专项智能，并将其应用于特定的用途则是现实而又必要的。

1.3　机电一体化系统组成要素

应用机电一体化的核心目的是实现物质流、能量流、信息流的时空融合，在机电一体化系统或产品中的机械要素（机械本体）、能量转换要素（动力源、执行器）、检测控制要素（传感与检测系统、电子控制单元）正是现代工业三要素"物质、能量、信息"的综合体现。

机电一体化系统架构及组成要素关系如图1-2所示。

（1）机械本体　机械本体包括机座机架、传动机构、导向机构、执行机构（不包括接收控制信号并通过转换动力源能量而产生驱动动作的元器件，这些另称为"执行器"），以及必要的机械连接。所有的机电一体化系统都含有机械部分，它是机电一体化系统的基础，起着支撑系统中其他功能单元、传递运动和动力、执行最终动作的作用，构成了机电一体化产品的骨架和主体，因此称为机械本体。与纯粹的机械产品相比，机电一体化产品的技术性能要求更高、功能要求更强，这就要求机械本体在结构、材料、工艺、几何尺寸和动作特点等方面能够与之相适应，具有高效、多功能、可靠、节能、小型、轻量、美观等特点。

（2）传感与检测系统　传感与检测系统包括各种传感器与检测电路，其作用是采集和监测机电一体化系统工作过程中本身以及外界环境有关参数的变化，并将信息以电信号的形式传递给电子控制单元，电子控制单元再根据接收到的信息，经过综合分析计算后向执行器发出相应的控制指令。机电一体化系统要求传感器精度、灵敏度、响应速度和信噪比高，线性度好，漂移小，稳定性高，体积小，质量轻，对整机的适配性好，检测电路不易受被测对象物理特征（如电阻、磁导率等）的影响，对抗恶劣环境条件（如油污、高温、泥浆等）的能力强，不受高频干扰和强磁场等外部环境的影响，可靠性好，操作性能好，现场维修处理简单，价格低廉。

（3）电子控制单元　电子控制单元又称 ECU（Electronic Control Unit），是机电一体化系统的核心，负责将来自传感与检测系统的信号和外部输入指令进行集中、存储、计算、分析和判断，并根据信息处理结果，按照一定的程序和节奏发出相应的指令，控制

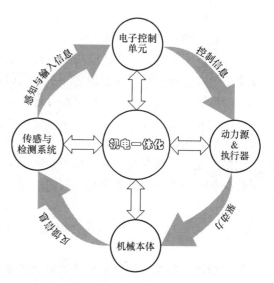

图 1-2　机电一体化系统架构及组成要素

整个系统有目的的运行。电子控制单元包括硬件和软件两个方面，系统硬件一般以各型计算机为核心，常用工控机、单片机、可编程控制器（PLC，Programable Logic Controller），配套 A/D 与 D/A 转换、I/O 接口、存储器及其他计算机外部设备等组成；系统软件为固化在计算机存储器内的信息处理和控制程序，根据机电一体化系统的设计功能编写。机电一体化系统对电子控制单元的基本要求是信息处理速度快、可靠性高、抗干扰能力强，以及具有完善的系统自诊断功能，追求信息处理的智能化和控制器的小型化、轻量化、标准化。

（4）动力源　动力源是机电一体化系统或产品的能量供应部分，其作用是按照控制要求向机器系统提供能量和动力，使系统运行，从而完成特定的动作。动力源提供能量的常用方式有电能、气压能、液压能，以电能为主，特殊需求可以采用电能与气压能或电能与液压能的组合方式（电能提供原始的能量，转化为气压能或液压能后提供给机电一体化产品的执行器使用）。除了要求可靠的能量供应外，机电一体化产品还要求动力源具有较高的效率，能够用尽可能小的能量来源获得尽可能大的功率输出，从而减小产品体积，提高系统整体结构规划和功能模块布置的灵活性。

（5）执行器　执行器的作用是根据电子控制单元的指令，将动力源的能量用于驱动机械部件运动。动力源供应能量的形式有电力驱动、气压驱动或液压驱动。机电一体化系统要求执行器效率高，响应速度快，同时要求对水、油、温度、尘埃等外部环境的适应性好，可靠性高，并且便于维修，标准化程度高。由于电工电子技术的快速进步，高性能步进驱动、直流和交流伺服电动机凭借其与控制系统接口方便，可执行精确的驱动动作且使用灵活方便，已大量应用于机电一体化系统中。

机电一体化产品的基本组成要素之间并非简单地拼凑堆叠在一起，而是在工作中它们各司其职，互相协调，共同完成所设定的功能。在结构上，各组成要素通过各种接口及相关软件有机地结合在一起，构成一个内部匹配合理、外部效能良好的完整产品。

例如，胶片式全自动电子照相机，它是机电一体化技术发展过程中一种典型的功能替代型产品，其内部装有测光测距传感器，测得的信号由微处理器进行处理，再根据信息处理结

果控制微型电动机，由微型电动机驱动快门、变焦、卷片等附属机构，实现从测光、测距、卷片、调光、调焦、闪光、曝光到胶片用完后自动倒片全过程的精确自动控制。

又如，汽车发动机上广泛应用的电控燃油喷射装置也是典型的机电一体化系统。分布在发动机上的空气流量计、水温传感器、节气门位置传感器、曲轴位置传感器、进气歧管压力传感器、爆燃传感器、排气氧传感器等连续不断地检测发动机的工作状况和燃油在燃烧室的燃烧情况，并将信号传给电子控制单元，电子控制单元首先根据进气和转速信号计算基本喷油时间，然后再根据发动机的水温、节气门开度、残氧量等参数对其进行修正，确定当前工况下的最佳喷油持续时间，从而精确控制发动机的空燃比。此外，随着发动机的工况变化，电子控制单元还可控制发动机点火时间、怠速转速、废气再循环，以及进行故障自诊断等。

1.4 机电一体化共性关键技术

如前所述，机电一体化是在传统机械技术的基础上由多种学科相互交叉、渗透而形成的一门综合性技术学科，所涉及的领域非常广泛，要深入进行机电一体化研究及产品开发，就必须了解并掌握这些相关技术。一般来讲，常规机电一体化共性关键技术主要有机械技术、传感与检测技术、自动控制技术、信息技术、伺服驱动技术、接口技术、系统总体技术。

1. 机械技术

在机电一体化学科中的机械技术又称精密机械技术，是机电一体化的基础，机电一体化产品的主体及主功能都是以机械结构与机械动作来呈现的。机电一体化系统中的机械技术着眼于如何与机电一体化的体系相适应，如何与其他功能模块相协调，并利用其他高新技术更新传统的机械学及机械设计的概念，实现结构、材料、性能以及功能上的改变，满足减轻重量、缩小体积、提高精度和刚度、统筹兼顾性能与功能平衡的要求。

2. 传感与检测技术

传感与检测技术指与传感器及其信号检测相关的电子技术。传感与检测系统用于将被测量变换成系统可识别的、与被测量有确定对应关系的电信号，并以规范的形式传送至信息处理器，实现机电一体化系统对外界环境及自我状态的感知。该系统是自动控制、自动调节的关键及必要组成部分。传感与检测技术与计算机技术相比发展相对缓慢，从某种角度上讲是制约机电一体化技术进一步提升的瓶颈。机电一体化要求传感与检测系统能快速、精确地获取信息并能经受各种严酷环境的考验，但是由于目前传感与检测技术在某些特殊信号的感知及某些常规信息的精确感知方面还不理想，使得部分机电一体化产品不能达到满意的效果或无法完成设计。因此加快传感与检测技术的研究对机电一体化整体水平的提高具有十分重要的意义。

3. 自动控制技术

自动控制技术是控制论的技术实现与工程应用，可通过具有一定控制功能的自动控制系统来完成某种控制任务，保证某个过程按照预想进行，或者实现某个预设的目标。它以状态空间法为基础，研究多输入、多输出、参变量、非线性、高精度、高效能等控制系统的分析和设计问题。由于被控制对象种类繁多，所以控制技术的内容极其丰富，包括高精度定位控制、速度控制、自适应控制，以及自诊断、校正、补偿与示教再现。自动控制技术的难点在于自动控制理论的工程化与实用化，这是由于现实世界中的被控制对象往往与理论上的控制模型之间存在较大差距，使得从控制设计到控制实施往往要经过多次反复的调试与修改才能获得较为满意的结果。随着微型计算机的广泛应用，自动控制技术已与计算机技术紧密联系在一起，成为机电一体化中重要的共性关键技术。

4. 信息技术

信息技术是在计算机技术和通信技术的支持下用以获取、加工、存储、变换、运算、判断、决策、显示和传输等信息管理和信息处理的技术，包括硬件与软件两个方面，是先进生产力的代表。信息技术的广泛应用使信息所蕴含的重要生产要素和战略资源属性得以发挥，使人们能更高效地进行资源的优化配置，从而推动传统产业不断升级，提高社会劳动生产率和社会运行效率。在机电一体化产品中，信息处理单元指挥整个体系的运行，是机电一体化系统的中枢，信息处理是否准确、及时，直接影响到产品工作的质量和效率。信息技术是促进机电一体化技术和产品发展最活跃的因素。

5. 伺服驱动技术

伺服驱动装置用于实现控制信号到机械动作的迅速而准确响应，对系统的动态性能、稳态精度、控制质量具有决定性的影响。伺服驱动技术的主要研究内容是执行元件及其驱动控制装置。执行元件根据所使用的能源类型（有电动、气动、液压以及三种能源组合等类型），常见的有电气/电液马达、脉冲气/液压缸、步进电动机、直流伺服电动机和交流伺服电动机，其中电动执行元件应用最为普遍。伺服驱动单元上端通过电气接口与信息处理器相连，接受指令，由驱动控制装置转换后驱动执行元件，并通过机械接口向下与机械传动和执行机构相连，实现规定的驱动动作。

6. 接口技术

接口技术是将机电一体化系统中各要素及功能模块融合为一综合系统、成为一有机整体的专门技术及实现途径。接口可分为机械接口、电气接口、人机接口三大类。机械接口用于机械与机械及机械与电气装置的连接，电气接口用于实现系统间电信号连接，人机接口提供人与机电系统间的交互界面。简单地说，接口就是机电一体化各子系统之间以及子系统内各模块之间相互连接的硬件及相关软件协议。从某种意义上讲，机电一体化系统的设计就是运用接口技术进行相关学科领域功能模块的技术组装过程。

7. 系统总体技术

系统总体技术是一种从整体目标出发，用系统工程的观点和方法，将对象系统的整体分解成相互有机联系的若干功能单元，并以功能单元为子系统细化分解，逐一确定可行的技术方案，然后把功能和方案组合后进行统一分析、评价和优选，从而实现对可靠性、经济性、标准化、系列化等总体优化设计的综合应用技术。系统总体技术是最能体现机电一体化优势和特点的关键技术，其原理和方法随着相关支撑技术的发展也在不断地发展和完善。

1.5　机电一体化技术运用流程

机电一体化技术的应用领域极其广泛，学科之间交叉十分复杂，导致每个具体的机电一体化产品或系统的开发都有自己的独特之处。但实际上，机电一体化技术的运用在总体规划方面是存在着普遍适用的流程以及一些具体的形式、方法和规律的，遵照这些形式和方法开展相关工作，有助于最大限度地实现使开发者和用户均能满意的结果，减少不必要的弯路与麻烦。

　　机电一体化技术运用流程与整体研发过程一般分为"可行性研究、系统（技术）设计和试验运行"三个阶段，如图1-3所示。

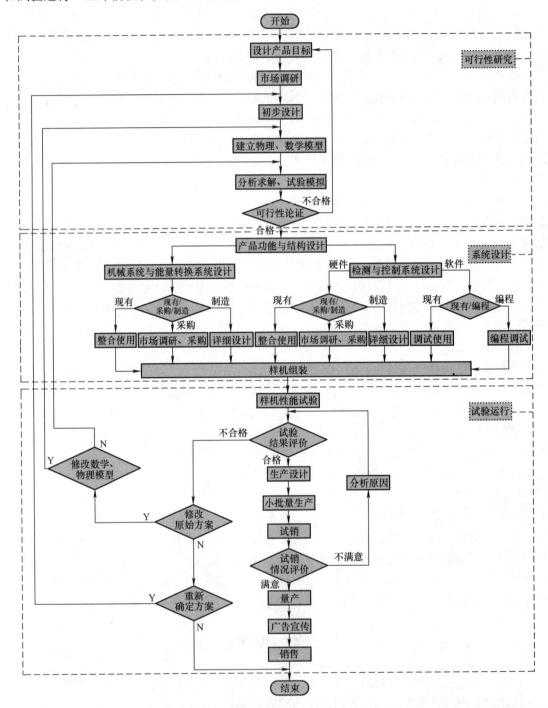

图 1-3　机电一体化技术运用一般流程与整体研发过程

1.5.1 可行性研究

可行性研究指在调查的基础上，通过市场、技术、财务等方面的系统性分析，对项目的技术可行性与经济合理性进行的综合评价。可行性研究的基本任务是针对项目的主要问题，从技术经济角度进行全面的分析研究，并对其投产后的效果进行预测，在既定的范围内进行方案设计、论证和选择，以便最合理地利用资源，达到预定的社会效益和经济效益。广义的可行性研究必须从系统总体出发，对技术、经济、财务、商业以至环境保护和法律等多个方面进行分析和论证，以确定项目是否可行，为正确进行投资决策提供科学依据。

机电一体化系统或产品研发项目可行性研究的主要操作环节包括目标设定、市场调研、总体方案设计和论证。

1. 目标设定和市场调研

在机电一体化技术实际运用之前，需要对待开发的新产品所实现的目标有初步的设定，接下来必须进行详细的市场调研（市场调研包括市场调查和市场预测）。市场调查就是运用科学的方法，系统、全面地收集所设计产品的市场需求和经销方面的信息，分析产品在供需双方之间进行转移的状况和趋势，而市场预测就是在市场调查的基础上，运用科学方法和手段，根据历史案例，通过定性的分析或定量的科学计算，对市场未来的不确定因素做出预计、测算和判断，为产品的方案设计提供依据。

市场调研的对象主要为该产品的潜在用户，调研的主要内容包括市场对基于目标设定的此类产品的需求量，用户对该产品要求应具有哪些功能和什么性能指标，以及所能承受的价格范围等。此外，目前国内外市场上销售的该类产品的情况，如技术特点、实际功能、性能指标、产销量及价格、在使用过程中存在的问题等都是市场调研需要调查和分析的信息。

市场调研一般采用实地走访调查、抽样调查、类比调查或专家调查等方法。走访调查就是直接与潜在的经销商和用户接触，搜集查找与所设计产品有关的经营信息和技术经济信息。抽样调查就是通过向有限范围群体搜集资料和数据而推测总体情况的预测方法，在抽样调查时要注意问题的针对性、对象的代表性和推测的局限性。类比调查就是调查了解国内外开发类似产品所经历的过程、时间和背景等情况，并分析比较其与自身环境条件的相似性和不同点，以类推这种技术和产品开发的可能性和前景。专家调查法就是通过调查表向有关专家征询意见。

调研结束后，需要在对结果进行系统分析后撰写市场调研报告，为产品的总体设计与细化设计提供可靠的依据。

2. 总体方案设计和论证

在系统的市场调研完成之后，便可以对产品总体方案进行设计，包括初步设计、数学与物理模型建立，以及分析求解与试验模拟。一个好的产品构思不仅能带来技术上的创新，功能上的突破，还能带来制造过程的简化，使用的方便，以及经济上的高效益。因此，机电一体化产品设计应鼓励创新，充分发挥研发人员的创造能力和聪明才智来构思和创造新的方案。

产品方案初步设计完成后，一般会以拓扑图的形式将设计方案表达出来。设计方案应简洁明了，既清晰反映机电一体化系统各组成部分的相互关系，同时又便于调整和修改，并能够指导系统模型的建立及分析求解和仿真模拟。分析和模拟的结果用于反馈，对初步方案进行多轮修正和优化，直至形成完整的总体方案。

产品的总体方案形成之后，需要对其进行可行性的论证。可行性论证一般包括投资必要性、技术可行性、组织可行性、财务可行性，以及风险因素与对策。可行性论证是运用多学科知识的综合性复杂系统工程，是机电一体化系统开发前期工作的一项重要内容，直接影响到后期工作是否顺利进行，对系统开发目标能否圆满达成意义重大。

1.5.2　系统设计

系统设计（或称技术设计）包括产品功能与结构的整体规划、各子系统的详细设计，以及样机的试制。其中，详细设计是根据综合评价后确定的系统方案，从技术上将细节逐层展开，直至完成产品样机试制所需全部技术图纸及文件的过程。根据系统的组成，机电一体化系统的详细设计需要针对机械、能量转换、检测控制等要素逐一进行，内容包括机械本体设计、检测系统设计、机电接口与人机接口设计、伺服系统设计、控制系统设计。除了系统本身的技术设计以外，在详细设计过程中还需考虑后备系统的规划、设计说明书的编写和产品出厂及使用文件的设计等。在机电一体化系统的设计过程中，详细设计是最为烦琐费时的过程，需要反复修改，逐步完善。

在各子系统的详细设计完成之后，即可进入样机试制。根据制造的成本和性能试验要求，一般需要制造数台样机供试验与测试使用。

1.5.3　试验运行

样机组装完成之后，即可进入到试验运行阶段。样机的试验一般分为实验室试验和实际工况试验。通过试验可考核样机的各项设定功能可否正常实现，各种性能指标是否满足设计要求，并验证样机的可靠性和安全性。如果样机的指标不满足设计要求，则要修改设计，重新制造样机，重新试验，直至满足设计要求。

样机满足设计要求后，即可进入产品的小批量生产阶段。产品的小批量生产阶段实际上是产品的试生产与试销售阶段。这一阶段的主要任务是跟踪调查产品在市场上的表现情况，收集用户意见，发现产品在设计和制造方面存在的问题，并反馈给设计、制造和质量控制部门进行修改完善。

经过小批量试生产和试销售的考核，排除产品设计和制造中存在的各种问题后，即可进行正常的生产组织与实施，研发过程结束。

复习与思考

1-1　论述机电一体化的概念和内涵。

1-2　机电一体化的发展经历了哪几个阶段？各个阶段的技术特征是什么？

1-3　机电一体化系统或产品主要由哪些部分组成？各部分的作用是什么？

1-4　试举例一个机电一体化产品，结合实际功能分析其组成模块及工作过程。

1-5　论述机电一体化的共性关键技术。

1-6　论述机电一体化技术运用的一般流程。

第2章 机械本体技术

章节导读：

机电一体化系统或产品中的机械部分称为机械本体，它是机电一体化系统或产品的基础与核心。与传统的机械相比，典型机械本体的结构型式与动作形成方式有其鲜明的特点，并具有稳定性好、精度高、动作响应快的总体性能。本章基于传统机械技术，针对机电一体化对机械本体的需求、机械设计中的精度保证与动作响应，系统讲解了机械本体构成所涉及的传动机构、导向机构、执行机构、轴系、机座与机架。

2.1 概述

传统的机械装置和一般机电一体化产品的功能都是用于完成一系列相互协调的机械运动，但是由于二者组成不同，因此各自实现运动的方式不同。传统机械装置一般是由动力件、传动件和执行件三部分加上电气、液压和机械控制等部分组成的设备。机电一体化产品则是由计算机协调与控制的用于完成包括机械力、运动、能量流等动力学任务和机电部件信息流相互联系的系统。机电一体化中的机械系统应满足稳定性好、精度高、动作响应快的总体要求，简而言之"稳、准、快"。机电一体化中所涉及的机械技术又称为精密机械技术，其机械本体一般由以下五部分组成。

（1）**传动机构** 主要功能是完成转速与转矩的匹配，传递能量和运动。传动机构对伺服系统的伺服特性有很大影响。

（2）**导向机构** 主要起导向作用。导向机构可限制运动部件按照给定的运动要求和方向运动。

（3）**执行机构** 主要作用是根据操作指令完成预定的动作。执行机构需要具有高的灵敏度、精确度和良好的重复性、可靠性。

（4）**轴系** 主要作用是传递转矩和回转运动。轴系由轴、轴承等部件组成。

（5）**机座与机架** 主要作用是支承其他零部件的重量和载荷，保证各零部件之间的相对位置。

2.2 传动机构

2.2.1 传动机构的性能要求

传动机构是一种把动力机产生的运动和动力传递给执行机构的中间装置，是一种转矩和转速的变换器，其作用是使驱动电动机与负载之间在转矩和转速上得到合理的匹配。在机电一体化系统中，伺服电动机的伺服变速功能在很大程度上代替了传动机构中的变速机构，大大简化了传动链。在机电一体化系统中，机械传动装置已成为伺服系统的组成部分，因此机电一体化机械系统应具有良好的伺服性能，要求机械传动部件精度高、摩擦小、转动惯量小、刚度大、阻尼合理，并满足精密、高速、小型、轻量、低噪声和高可靠性等要求。

为了达到以上要求，机电一体化系统的传动机构主要采取了以下措施：

1）减小反向死区误差，如采取措施消除传动间隙、减少支承变形。

2）采用低摩擦阻力的传动部件和导向支承部件，如采用滚珠丝杠、滚动导轨、静压导轨。

3）选用最佳传动比，以减少等效到执行元件输出轴上的等效转动惯量，提高系统的加速能力。

4）缩短传动链，提高传动与支承刚度，以减小结构的弹性变形，如用预紧的方法提高滚珠丝杠副和滚动导轨副的传动与支承刚度。

5）采用适当的阻尼。系统产生共振时，系统的阻尼越大，振幅越小，并且衰减较快。但是，阻尼过大，系统的稳态误差也会增大，精度降低。所以，在设计传动机构时要合理地选择阻尼。

随着机电一体化技术的发展，在满足了对传动机构一般性能要求的基础上，传动系统的设计与研究聚焦于以下几个方面：

1）精密化。虽然不是越精密越好，但是为了适应产品的高定位精度等要求，对机电一体化系统传动机构的精密度要求越来越高。

2）高速化。为了提高机电一体化系统的工作效率，传动机构应能满足高速运动的要求。

3）小型化、轻量化。在精密化和高速化的要求下，机电一体化系统的传动机构必然要向小型化、轻量化的方向发展，以提高其快速响应能力，减小冲击，降低能耗。

2.2.2　丝杠螺母传动

丝杠螺母副是能实现旋转运动和直线运动转换的机构。丝杠螺母传动按照螺母与丝杠之间的配合方式，可分为滑动丝杠螺母传动和滚动丝杠螺母传动。滑动丝杠螺母传动机构的优点是结构简单、加工方便、成本低、能自锁，缺点是摩擦阻力大、易磨损、传动效率低，低速时易出现爬行现象。滚动丝杠螺母传动机构的滚动体为球形时又称为滚珠丝杠副，其优点是摩擦系数小、传动效率高、磨损小、精度保持性好，由于具有以上优点，滚珠丝杠螺母副在机电一体化系统中得到了广泛应用；滚珠丝杠螺母副的缺点是结构复杂、制造成本高、安装调试比较困难并且不能自锁。这里主要介绍滚珠丝杠螺母副。

　1. 滚珠丝杠螺母副的组成和特点

滚珠丝杠螺母副由带螺旋槽的丝杠与螺母及中间传动元件（滚珠）组成。滚珠丝杠螺母副的组成如图2-1所示，它由丝杠、螺母、滚珠和滚珠循环装置4部分组成。丝杠转动时，带动滚珠沿螺纹滚道滚动，为防止滚珠从滚道端面脱出，在螺母的螺旋槽两端设有构成滚珠循环返回通道的滚珠回程引导装置，从而形成滚珠流动闭合通路。

滚珠丝杠螺母副与滑动丝杠螺母副相比，除了上述优点外，还具有以下特点：

1）运动平稳，灵敏度高，低速时无爬行现象。

2）定位精度和重复定位精度高。

3）使用寿命长，为滑动丝杠螺母副的4～10倍。

4）不能自锁，可逆向传动，即螺母为主动，丝杠为被动，将直线运动变为旋转运动。

2. 滚珠丝杠螺母副的结构类型

滚珠丝杠螺母副中滚珠的循环方式有两种：内循环和外循环。

内循环方式的滚珠在循环过程中始终与丝杠表面保持接触，螺母 1 上安装的反向器 3 接通相邻滚道，使滚珠成若干个单圈循环，如图 2-2 所示。这种形式结构紧凑、刚度好、滚珠流通性好、摩擦损失小，但制造

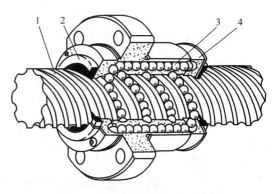

图 2-1　滚珠丝杠螺母副的组成
1—丝杠　2—端盖　3—滚珠　4—螺母

较困难，内循环方式适用于高灵敏、高精度的进给系统，不宜用于重载传动。

外循环方式的滚珠在循环过程结束后通过螺母外表面上的螺旋槽或插管返回丝杠螺母间重新进入循环。图 2-3 所示为常见的插管式外循环型式。在螺母外圆上装有螺旋形的弯管 1，其两端插入与螺纹滚道 3 相切的两个内孔，用弯管的端部引导滚珠 4 进入弯管构成滚珠的循环回路。压板 2 的作用是固定弯管。这种型式结构简单、易于制造、承载能力较大，但径向尺寸较大。外循环方式目前应用最为广泛，也可用于重载传动系统中。

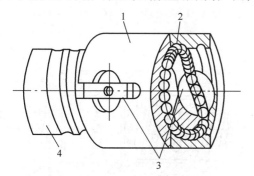

图 2-2　内循环滚珠丝杠
1—螺母　2—滚珠　3—反向器　4—丝杠

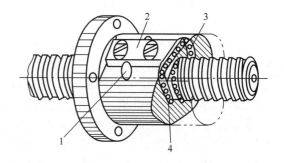

图 2-3　外循环滚珠丝杠
1—弯管　2—压板　3—滚道　4—滚珠

3. 滚珠丝杠螺母副的主要尺寸参数

如图 2-4 所示，滚珠丝杠螺母副的主要尺寸参数有：

公称直径 d_0：指滚珠与螺纹滚道在理论接触角状态时包络滚珠球心的圆柱直径。它是滚珠丝杠副的特征尺寸。

基本导程 P_h：丝杠相对螺母旋转 2π 弧度时，螺母上基准点的轴向位移。滚珠丝杠的导程越小，精度越高，但是承载能力也小。

行程 l：指丝杠相对于螺母旋转任意弧度时，螺母上基准点的最大轴向位移量。

此外还有丝杠螺纹大径 d_1、丝杠螺纹小径 d_2、滚珠直径 D_1、螺母螺纹大径 D_2、螺母螺纹小径 D_3、丝杠螺纹长度 l_s 等。

基本导程的大小应根据机电一体化产品的精度要求确定，精度要求高时应选取较小的基本导程。滚珠的工作圈数和滚珠数量 N 由试验得到，一般第一、第二和第三圈分别承受轴向载荷的 50%、30% 和 20% 左右，因此工作圈数一般取 2.5（或 2）~3.5（或 3）。滚珠数

量 N 一般不超过 150 个。

4. 滚珠丝杠螺母副轴向间隙的调整与预紧

滚珠丝杠螺母副除了对本身单一方向的
传动精度有要求外，对其轴向间隙也有严格
要求，以保证其反向传动精度。滚珠丝杠螺
母副的轴向间隙是承载时在滚珠与滚道型面
接触点的弹性变形所引起的螺母位移量和螺
母原有间隙的总和。换向时，轴向间隙会引

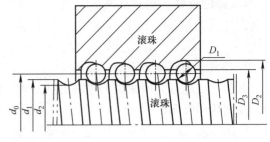

图 2-4　滚珠丝杠螺母副主要尺寸参数

起空行程，影响传动精度。通常采用双螺母预紧的方法，把弹性变形控制在最小限度内，以
减小或消除轴向间隙，并可以提高滚珠丝杠螺母副的刚度。

（1）双螺母螺纹预紧调整　如图 2-5
所示，滚珠丝杠螺母 3 的外端有凸缘，滚
珠丝杠螺母 4 外端制有螺纹，通过锁紧螺
母 1 和调整螺母 2 固定。调整螺母 2 可以消
除间隙并产生一定的预紧力，锁紧螺母 1 用
于锁紧。这种调整方式的特点是结构紧凑、
调整方便、工作可靠，因此应用广泛，但
预紧量不容易精确控制，一般用于刚度要
求不高或需要随时调整预紧力的传动机构。

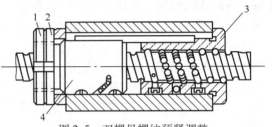

图 2-5　双螺母螺纹预紧调整

1—锁紧螺母　2—调整螺母　3、4—滚珠丝杠螺母

（2）双螺母齿差预紧调整　如图 2-6 所示，
两个螺母 3 两端分别制有外齿，二者相差一个齿
（齿数分别为 z_1 和 z_2，$z_1 = z_2 + 1$），两个内齿轮 2
分别与两个螺母 3 的外齿相互啮合，并固定在套
筒 1 上。调整时先取下两端的内齿轮 2，将两个
螺母 3 同时向相同方向转动，每转过一个齿，调
整的轴向位移量为 $P_h / (z_1 z_2)$，其中 P_h 为基本导
程。这种调整方式能够精确的调整预紧力，但是
结构尺寸较大，一般用于精密传动机构。

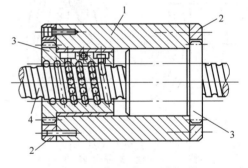

图 2-6　双螺母齿差预紧调整

1—套筒　2—内齿轮　3—螺母　4—丝杠

（3）双螺母垫片调整预紧　如图 2-7 所示，
通过调整垫片 1 的厚度，使两个螺母 2 产生相对位移，可以消除间隙，产生预紧力。这种调
整方式的特点是结构简单、刚性高、预紧可靠，但使用中调整不方便。

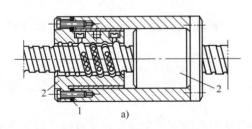

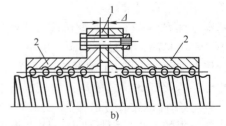

a）　　　　　　　　　　　　　　　　　b）

图 2-7　双螺母垫片调整预紧

a）螺母套筒间的垫片调整预紧　b）双螺母间的垫片调整预紧

1—垫片　2—螺母

5. 滚珠丝杠螺母副的安装

为了保证滚珠丝杠螺母副传动的刚度和精度，应选择合适的支承方式，选用高刚度、小摩擦力矩、高运转精度的轴承，并保证支承座有足够的刚度。

为了提高轴向刚度，常采用推力轴承为主的轴承组合来支承丝杠。目前常用的轴承组合有以下几种：

1）单推 – 单推式，如图 2-8 所示。其固定端均只有径向约束无轴向约束，预拉伸安装时，需加的载荷较大，轴承寿命较短。这种方式适用于中速、精度高的传动系统。

2）双推 – 自由式，如图 2-9 所示。其固定端轴向、径向都需要有约束，采用推力轴承，另一端悬空。双推端可以预拉伸安装，预紧力较小，轴承寿命较长，但轴向刚度和承载能力低。这种结构只能用于短丝杠或竖直安装的丝杠，在水平安装时，两轴承之间的距离要尽量大一些。该方式适用于轻载、低速的垂直安装丝杠传动系统。

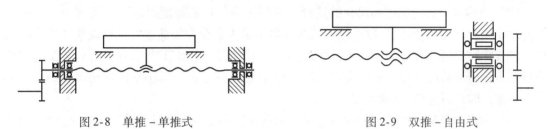

图 2-8　单推 – 单推式　　　　　　　　　图 2-9　双推 – 自由式

3）双推 – 简支式，如图 2-10 所示。固定端采用深沟球轴承 2 和双向推力球轴承 4，可分别承受径向和轴向负载，螺母 1、挡圈 3、轴肩、支承座 5 台肩、端盖 7 提供轴向限位，垫圈 6 可调节双向推力球轴承 4 的轴向预紧力。游动端需要径向约束，轴向无约束，采用深沟球轴承 8，其内圈由挡圈 9 限位，外圈不限位，以保证丝杠在受热变形后可在游动端自由伸缩。该方式适用于中速、精度较高的长丝杠传动系统。

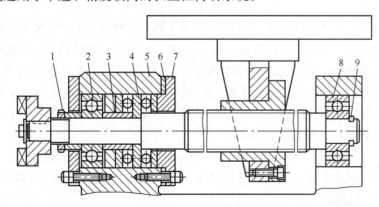

图 2-10　双推 – 简支式

1—螺母　2、8—深沟球轴承　3、9—挡圈　4—双向推力球轴承　5—支承座　6—垫圈　7—端盖

4）双推 – 双推式。这种两端固定的支承方式为减少丝杠因自重的下垂和补偿膨胀，应进行预拉伸。如图 2-11 所示，两端各采用一个推力角度接触球轴承，外圈限位，内圈分别用螺母进行限位和预紧，调节轴承的间隙，并根据预计温升产生的热膨胀量对丝杠进行预拉伸。只要实际温升不超过预计的温升，这种支承方式就不会产生轴向间隙。使用时要注意，

当温度升高时会使丝杠的预紧力增大，容易造成两端支承的预紧力不对称。该方式适用于高刚度、高速度、高精度的传动系统。

6. 滚珠丝杠螺母副的选择和设计计算

（1）滚珠丝杠螺母副结构的选择　滚珠丝杠螺母副需要根据防尘防护条件以及对调隙及预紧的要求，选择适当的结构型式。例如，当必须有预紧或在使用过程中因磨损而需要定期调整间隙时，应采用双螺母螺纹预紧或齿差预紧式结构；当具备良好的防尘条件，且只需在装配时调整间隙及预紧力时，可采用结构简单的双螺母垫片调整预紧式结构。

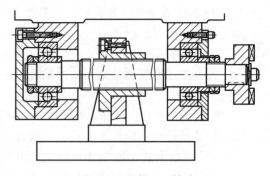

图 2-11　双推－双推式

（2）滚珠丝杠螺母副结构尺寸的选择　选用滚珠丝杠螺母副时通常主要选择丝杠的公称直径 d_0 和基本导程 P_h。公称直径 d_0 应根据轴向最大载荷在滚珠丝杠螺母副尺寸系列中选择。丝杠螺纹长度 l_s 在允许的情况下要尽量短，一般取 l_s/d_0 小于 30 为宜；基本导程 P_h 应按承载能力、传动精度及传动速度选取，P_h 大则承载能力也大，P_h 小则传动精度较高。要求传动速度快时，可选用大导程滚珠丝杠。

（3）滚珠丝杠螺母副结构的设计计算　滚珠丝杠螺母副设计计算要知道以下工作条件：最大工作载荷 F_{max}（或平均工作载荷 F_m）（N）、使用寿命 T（h）、丝杠的工作长度（或螺母的有效行程）L（mm）、丝杠的转速 n（或平均转速 n_m）（r/min）、滚道硬度（HRC）和运转情况。然后按以下步骤计算。

1）承载能力选择。计算作用于丝杠轴向的最大动载荷 F_Q，然后根据 F_Q 值选择丝杠副的型号。

$$F_Q = \sqrt[3]{L} f_H f_w F_{max} \tag{2-1}$$

式中，L 为滚珠丝杠寿命系数（单位为 1×10^6 转，如 1.5 则为 150 万转），$L = 60nT/10^6$（其中 T 为使用寿命时间，单位为 h，普通机械为 5000～10000h，数控机床、其他机电一体化设备及仪器装置为 15000h，航空机械为 1000h）；f_w 为载荷系数（平稳或轻度冲击时为 1.0～1.2，中等冲击时为 1.2～1.5，冲击或振动较大时为 1.5～2.5）；f_H 为硬度系数（≥58HRC 时为 1.0，等于 55HRC 时为 1.11，等于 52.5HRC 时为 1.35，等于 50HRC 时为 1.56，等于 45HRC 时为 2.40）；F_{max} 为最大工作载荷。

从手册或样本的滚珠丝杠螺母副的尺寸系列表中可以找出相应的额定动载荷 F 的滚珠丝杠螺母副的尺寸规格和结构类型，选用时应使 $F > F_Q$。当丝杠转速 $n < 10$r/min 时，以最大静载荷 F_0 为设计依据。

2）压杆稳定性计算。

$$F_k = f_k \pi^2 EI/(Kl_s^2) \geqslant F_{max} \tag{2-2}$$

式中，F_k 为实际承受载荷的能力；f_k 为压杆稳定的支承系数（单推－单推式为 1，双推－双推式为 4，双推－简支式为 2，双推－自由式为 0.25）；E 为钢的弹性模量，为 2.1×10^5 MPa；I 为丝杠螺纹小径 d_2 的截面惯性矩（$I = \pi d_2^4/32$）；K 为压杆稳定安全系数，一般取 2.5～4，垂直安装时取小值。

当 $F_{max} > F_k$ 时，会使丝杠失去稳定，易发生翘曲。两端装推力轴承与向心球轴承时，丝杠一般不会发生失稳现象。

3）刚度的验算。刚度验算主要是确定丝杠的变形量。滚珠丝杠在轴向力作用下会伸长或缩短，在转矩的作用下会产生扭转变形，丝杠的总变形量应小于系统精度要求的变形量。滚珠丝杠在轴向力和转矩作用下引起的每一导程的变形量为

$$\Delta L = \pm \frac{FP_h}{ES} \pm \frac{MP_h^2}{2\pi IE} \tag{2-3}$$

式中，E 为钢的弹性模量，为 2.1×10^5 MPa；S 为丝杠的最小截面积（cm^2）；M 为转矩（N·cm）；I 为丝杠螺纹小径 d_2 的截面惯性矩（$I = \pi d_2^4/32$）。

用该公式计算得出的 ΔL 单位为 cm，公式中 " + " 号用于拉伸时，" – " 号用于压缩时。在丝杠副精度标准中一般仅对单位长度内（每一米）弹性变形所允许的基本导程误差值进行规定。

2.2.3 齿轮传动

齿轮传动部件是转矩、转速和转向的变换器。齿轮传动具有结构紧凑、传动精确、强度大、能承受重载、摩擦小、效率高等优点。随着电动机直接驱动技术在机电一体化系统中的广泛应用，齿轮传动的应用有减少的趋势。下面就机电一体化系统设计中常遇到的一些问题进行分析。

1. 齿轮传动比的最佳匹配

机电一体化系统中的机械传动装置不仅仅是用来解决伺服电动机与负载间的转速、转矩匹配问题，更重要的是为了提高系统的伺服性能，因此在机电一体化系统中通常根据负载角加速度最大原则来选择总传动比，以提高伺服系统的响应速度。

图 2-12 所示为电动机驱动齿轮系统负载的计算模型。图中，J_m 为电动机 M 转子的转动惯量，θ_m 为电动机 M 的角位移，J_L 为负载 L 的转动惯量，θ_L 为负载 L 的角位移，T_{LF} 为负载 L 转矩，i 为齿轮传动机构 G 的总传动比。

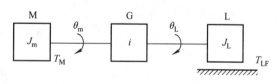

图 2-12 负载的计算模型

根据传动关系，有

$$i = \frac{\theta_m}{\theta_L} = \frac{\dot{\theta}_m}{\dot{\theta}_L} = \frac{\ddot{\theta}_m}{\ddot{\theta}_L} \tag{2-4}$$

T_{LF} 换算到电动机轴上为 T_{LF}/i，J_L 换算到电动机轴上为 J_L/i^2，若电动机转矩为 T_m，则电动机轴上的合转矩（即加速转矩）T_a 为

$$T_a = T_m - \frac{T_{LF}}{i} = \left(J_m + \frac{J_L}{i^2}\right) i\ddot{\theta}_L \tag{2-5}$$

则

$$\ddot{\theta}_L = \frac{(T_m i - T_{LF})}{(J_m i^2 + J_L)} = \frac{iT_a}{(J_m i^2 + J_L)} \tag{2-6}$$

根据负载角加速度最大原则，令 $\partial \ddot{\theta}_L / \partial i = 0$，可得

$$i = \frac{T_{LF}}{T_m} + \sqrt{\left(\frac{T_{LF}}{T_m}\right)^2 + \frac{J_L}{J_m}} \tag{2-7}$$

若 $T_{LF} = 0$，则

$$i = \sqrt{\frac{J_L}{J_m}} \tag{2-8}$$

在实际应用中，为了提高系统抗干扰力矩的能力，通常选用较大的传动比。

在计算出传动比后，根据对传动链的技术要求，选择传动方案，使驱动部件和负载之间的转矩、转速达到合理匹配。各级传动比的分配原则主要有以下三种：

1）最小等效转动惯量原则。利用该原则所设计的齿轮传动系统换算到电动机轴上的等效转动惯量为最小。

如图 2-13 所示的电动机驱动的二级齿轮减速系统，其总传动比为 $i = i_1 i_2$，假定各主动齿轮的转动惯量相同，分度圆直径为 d，齿宽为 B，密度为 γ，轴和轴承的转动惯量忽略不计，则等效到电动机轴上的等效转动惯量为

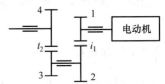

图 2-13　二级齿轮减速系统

$$J_{me} = J_1 + \frac{J_2 + J_3}{i_1^2} + \frac{J_4}{i_1^2 i_2^2} \tag{2-9}$$

因为　　　　　　　$J_1 = J_3 = \frac{\pi B \gamma}{32g} d_1^4,\ J_2 = \frac{\pi B \gamma}{32g} d_2^4,\ J_4 = \frac{\pi B \gamma}{32g} d_4^4$

所以　　　　　　　$J_2 = i_1^4 J_1,\ J_4 = (i/i_1)^4 J_1$

可得

$$J_{me} = \left(1 + i_1^2 + \frac{1}{i_1^2} + \frac{i^2}{i_1^4}\right) J_1 \tag{2-10}$$

令 $\partial J_{me} / \partial i_1 = 0$，可得

$$i_1^4 - 1 - 2i_2^2 = 0$$

即

$$i_2 = \sqrt{\frac{i_1^4 - 1}{2}} \tag{2-11}$$

当 $i_1^4 \gg 1$ 时，式（2-11）可简化为 $i_2 \approx i_1^2 / \sqrt{2}$，则

$$i_1 \approx (\sqrt{2} i)^{1/3} \tag{2-12}$$

同理，对于 n 级齿轮做相同分析可得

$$i_1 = 2^{\frac{2^n - n - 1}{2(2^n - 1)}} i^{\frac{1}{2^n - 1}},\ i_k = \sqrt{2}\left(\frac{i}{2^{n/2}}\right)^{\frac{2(k-1)}{2^n - 1}} \quad (k = 2, 3, 4, \cdots, n) \tag{2-13}$$

按此原则计算得到的各级传动比按"先小后大"次序分配，式（2-13）仅适用于小功率传动装置。大功率传动装置传递的转矩大，各级齿轮的模数、齿宽直径等参数逐级增加，式（2-13）则不再适用，但各级传动比分配的原则仍是"先小后大"。

2）重量最轻原则。对于小功率传动系统，假定各主动齿轮模数、齿数均相等，使各级传动比 $i_1 = i_2 = i_3 = \cdots = \sqrt[n]{i}$，即可使传动装置的重量最轻。对于大功率传动系统，因其传递的转矩大，齿轮的模数、齿宽等参数要逐级增加，此时要根据经验、类比的方法，并使其结

构紧凑等要求来综合考虑传动比。此时，各级传动比一般应以"先大后小"的原则确定各级传动比。

3）输出轴转角误差最小原则。在减速传动链中，从输入端到输出端的各级传动比应为"先小后大"，并且末端两级的传动比应尽可能大一些，齿轮的精度也应该提高，这样可以减少齿轮的加工误差、安装误差和回转误差对输出转角精度的影响。

对以上三种原则，应该根据具体情况综合考虑。对于以提高传动精度和减小回程误差为主的降速齿轮传动链，可按输出轴转角误差最小原则设计。对于升速传动链，则应在开始几级就增速。对于要求运动平稳、启停频繁和动态性能好的伺服降速传动链，可按最小等效转动惯量和输出轴转角误差最小原则进行设计。对于负载变化的齿轮传动装置，各级传动比最好采用不可约的比数，避免同时啮合。对于要求重量尽可能轻的降速传动链，可按重量最轻原则进行设计。

2. 齿轮传动间隙的调整方法

齿轮传动过程中，主动轮突然改变方向时，从动轮不能马上随之反转，而是有一个滞后量，使齿轮传动产生回差。回差产生的原因主要是齿轮副本身的间隙和加工装配误差。圆柱齿轮传动间隙调整方法主要由以下几种：

1）偏心套（轴）调整法。如图 2-14 所示，将相互啮合的一对齿轮中的一个齿轮装在电动机输出轴上，并将电动机 2 安装在偏心套 1 上，通过转动偏心套的转角，就可调节两啮合齿轮的中心距，从而消除圆柱齿轮正反转时的齿侧间隙。这种调整方法的特点是结构简单，但侧隙不能自动补偿。

2）轴向垫片调整法。如图 2-15 所示，将齿轮设计成一定锥度，齿轮 1 和 2 相互啮合，其分度圆弧齿厚沿轴线方向略有锥度，这样就可以用轴向垫片 3 使齿轮 1 沿轴向移动，从而消除两齿轮的齿侧间隙。装配时轴向垫片 3 的厚度应既使得齿轮 1 和 2 之间齿侧间隙小，又运转灵活。这种调整方法的特点是结构简单，但是其侧隙也不能自动补偿。

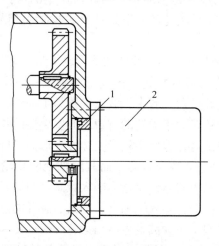
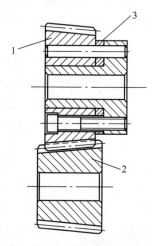

图 2-14　偏心套调整法　　　　　　　图 2-15　轴向垫片调整法
1—偏心套　2—电动机　　　　　　　1、2—齿轮　3—垫片

3）双片薄齿轮错齿调整法。如图 2-16 所示，齿数与齿形参数完全相同的两薄片齿轮 1 和 2 组合在一起。通过弹簧 4 的拉力使两薄片齿轮错位，分别与配对传动的另一普通宽齿齿

轮的齿槽两侧面贴紧，即可消除齿侧间隙，反向时不会出现死区。在两个薄片齿轮1和2上装有凸耳3，弹簧4的一端钩在凸耳3上，另一端钩在螺钉7上。弹簧4的拉力大小可通过旋转螺母5调节螺钉7的伸出长度来控制，调整好后再用螺母6锁紧。

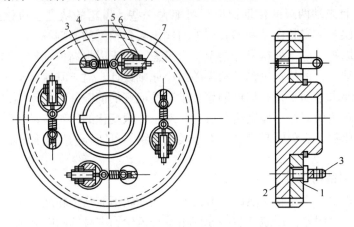

图2-16　双片薄齿轮错齿调整法

1、2—薄片齿轮　3—凸耳　4—弹簧　5、6—螺母　7—螺钉

3. 谐波齿轮传动

谐波齿轮传动是由美国学者麦塞尔（Walt Musser）发明的一种新型传动技术，它的出现为机械传动技术带来了重大突破。谐波齿轮传动具有结构简单、传动比大（几十～几百）、传动精度高、回程误差小、噪声低、传动平稳、承载能力强、效率高等优点，因此在机器人、机床分度机构、航空航天设备、雷达等机电一体化系统中得到了广泛的应用，如美国NASA发射的火星机器人——火星探测漫游者使用了19套谐波齿轮传动装置。

（1）谐波齿轮的原理　谐波齿轮传动的原理是依靠柔性齿轮所产生的可控制弹性变形波引起齿间的相对位移来传递动力和运动。柔性齿轮的变形是一个基本对称的谐波，故称为谐波传动。

如图2-17所示，谐波齿轮传动由刚性圆柱齿轮2、柔性圆柱齿轮1、波发生器H组成，柔性圆柱齿轮（简称柔轮）和刚性圆柱齿轮（简称刚轮）的齿形有直线三角齿形和渐开线齿形两种，后者应用较多。柔轮、刚轮、波发生器三者中，波发生器为主动件，柔轮或刚轮为从动件。谐波齿轮传动装置中，刚轮的齿数略大于柔轮的齿数，波发生器的长度比未变形的柔轮内圆直径大，当波发生器装入柔轮内圆时，迫使柔轮产生弹性变形而呈椭圆状，使其长轴处柔轮轮齿插入刚轮的轮齿槽内，成为完全啮合状态，而其短轴处两轮轮齿完全不接触，处于脱开状态。由啮合到脱开的过程为啮出状态，反之为啮入状态。当波发生器连续转动时，迫使柔轮不断产生变形，使两轮轮齿在进行啮入、啮合、啮出、脱开的过程中不断改变各自的工作状态，形成错齿运动，从而实现了主动波发生器与柔轮的运动传递。

（2）谐波齿轮的传动比　谐波齿轮传动的波发生器相当于行星轮系的转臂，柔轮相当于行星轮，刚轮则相当于中心轮。因此，谐波齿轮传动的传动比可以应用行星轮系求传动比的方式来计算。设 n_g、n_r、n_H 分别为刚轮、柔轮和波发生器的转速，Z_g、Z_r 分别为刚轮和柔轮的齿数，则

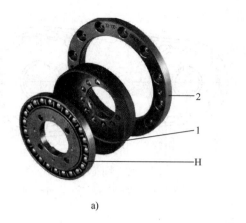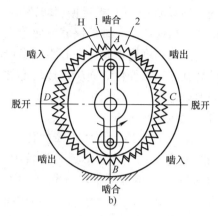

图 2-17 谐波齿轮减速器

a) 结构图 b) 原理图

1—柔性圆柱齿轮 2—刚性圆柱齿轮 H—波发生器

$$i_{rg}^{H} = \frac{n_r - n_H}{n_g - n_H} = \frac{Z_g}{Z_r} \tag{2-14}$$

1）当柔轮固定时，$n_r = 0$，则

$$i_{rg}^{H} = \frac{-n_H}{n_g - n_H} = \frac{Z_g}{Z_r}, \frac{n_g}{n_H} = 1 - \frac{Z_r}{Z_g} = \frac{Z_g - Z_r}{Z_g}$$

可得

$$i_{Hg} = \frac{n_H}{n_g} = \frac{Z_g}{Z_g - Z_r} \tag{2-15}$$

2）当刚轮固定时，$n_g = 0$，按照以上的推导方法，可得

$$i_{Hr} = \frac{n_H}{n_r} = \frac{Z_r}{Z_r - Z_g} \tag{2-16}$$

假设 $Z_g = 202$、$Z_r = 200$，将其分别代入式（2-15）与式（2-16），可得 $i_{Hg} = 101$，$i_{Hr} = -100$，说明当柔轮固定时，刚轮与波发生器转向相同。当刚轮固定时，柔轮与波发生器转向相反。

（3）谐波齿轮减速器的设计与选择 谐波齿轮减速器产品型号的选择应符合国家标准 GB/T 30819—2014《机器人用谐波齿轮减速器》的规定。谐波齿轮减速器的产品型号由型式代号、规格代号、减速比、结构代号、润滑方式、精度等级和连接方式 7 部分组成，如 CS－25－50－U－G－A1－I，表示齿轮为杯形标准柔轮、规格为 25、速比为 50、整机类、脂润滑、精度等级为 A1、连接方式为标准型的机器人用谐波齿轮减速器。

2.2.4 挠性传动

机电一体化系统中采用的挠性传动件有同步带传动、钢带传动、绳轮传动和挠性轴传动等。

1. 同步带传动

同步带传动是在带的工作面及带轮的外周上均制有啮合齿，由带齿与轮齿的相互啮合实现传动，如图 2-18 所示。同步带传动是一种兼有链、齿轮、V 带优点的新型传动，具有传动比准确、传动效率高、能吸振、噪声小、传动平稳、能高速传动、维护保养方便等优点，缺点是安装精度要求高、中心距要求严格，并且具有一定蠕变性。同步带传动部件有相应的国家标准，由专门生产厂家生产。

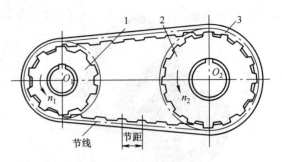

图2-18　同步带传动
1—主动带轮　2—从动带轮　3—同步带

2. 钢带传动和绳轮传动

钢带传动和绳轮传动均属于摩擦传动，主要应用在起重机、电梯、索道等设备中。钢带传动的特点是钢带与带轮间接触面积大、无间隙、摩擦阻力大、无滑动、结构简单紧凑、运行可靠、噪声低、驱动力大、寿命长、无蠕变。图2-19所示为钢带传动在磁头定位机构中的应用，钢带挂在驱动轮上，磁头固定在往复运动的钢带上，结构紧凑，磁头移动迅速，运行可靠。

绳轮传动具有结构简单、传动刚度大、结构柔软、成本较低、噪声低等优点。其缺点是带轮较大、安装面积大、加速度不宜太高。图2-20所示为绳轮传动在打印机字车送进机构中的应用。

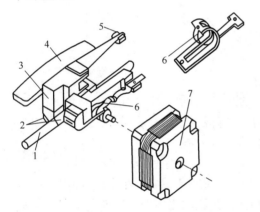

图2-19　钢带传动在磁头定位机构中的应用
1—导杆　2—轴承　3—小车　4—导轨　5—磁头
6—钢带　7—步进电动机

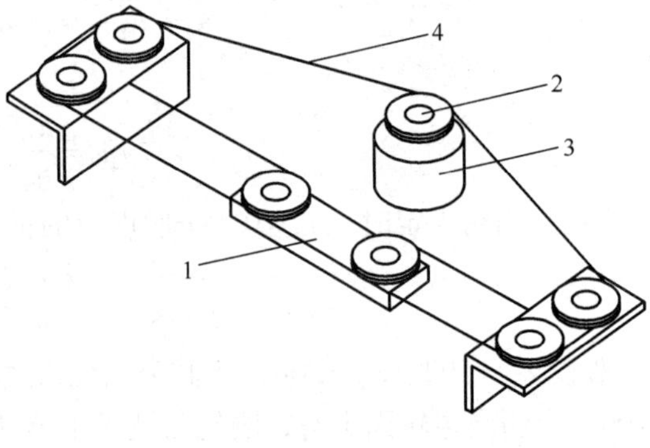

图2-20　绳轮传动在打印机字车送进机构中的应用
1—字车　2—绳轮（电动机输出轴上）
3—伺服电动机　4—钢丝绳

3. 挠性轴传动

挠性轴传动又称为软轴传动。图2-21所示为挠性轴的结构。挠性轴由几层缠绕成螺旋线的钢丝制成，相邻两层钢丝的旋向相反。挠性轴输入端转向要与轴的最外层钢丝旋向一致，这样可使钢丝趋于缠紧。挠性轴外层有保护软套管，其主要作用为引导和固定挠性轴的位置，使其位置稳定、不打结、不发生横向弯曲，还可以防潮、防尘和贮存润滑油。

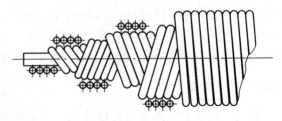

图2-21　挠性轴结构

挠性轴具有良好的挠性，能在轴线弯曲状态下灵活地将旋转运动和转矩传递到任何位置，因此挠性轴传动适用于两个传动机构不在同一条直线上或两个部件之间有相对位置差的情况。图 2-22 所示为挠性轴的一个应用实例。一般情况下，挠性轴传递的最大功率不超过5.5kW，伸直状态时传递的最大转矩不超过 50N·m，小尺寸挠性轴转速最高可达20000r/min，一般使用的转速可达 1800～3600r/min。

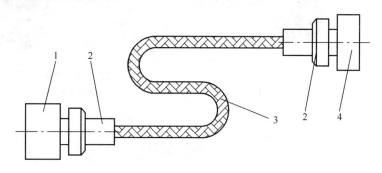

图 2-22　挠性轴的应用实例

1—动力源　2—接头　3—钢丝软轴　4—被驱动装置

2.2.5　间歇传动

机电一体化系统中常见的间歇传动部件有棘轮传动、槽轮传动、蜗形凸轮传动。间歇传动部件的作用是将原动机构的连续运动转换为间歇运动。

1. 棘轮传动

棘轮传动机构如图 2-23 所示。当主动摆杆 1 做顺时针方向摆动时，棘爪 2 与棘轮 3 的齿啮合，推动棘轮朝顺时针方向转动，此时止动爪 4 在棘轮齿上打滑。当主动摆杆 1 摆动一定的角度而反向做逆时针方向摆动时，止动爪4 把棘轮 3 卡住，使其不与主动摆杆 1 一起运动，此时棘爪 2 在棘轮齿上打滑而回到起始位置。主动摆杆 1 往复摆动时，棘轮 3 就不断地沿顺时针方向间歇的转动。棘轮传动结构简单，制造容易，但传动有噪声，易磨损。

图 2-23　棘轮传动机构

1—主动摆杆　2—棘爪
3—棘轮　4—止动爪

2. 槽轮传动

槽轮传动机构如图 2-24 所示，它由拨销盘 1 和槽轮 2 组成。工作原理如下：拨销盘 1 做匀速旋转运动，拨销盘 1 上的拨销 3 带动槽轮 2 转过一定的角度，而后拨销 3 与槽轮 2 分离，槽轮 2 静止不动，直到拨销 3 进入下一个槽内，又重复以上循环。为了保证槽轮 2 在静止时间内的位置准确，在拨销盘 1 和槽轮 2 上分别有锁紧弧面 4 和定位弧面 5 来锁住槽轮 2。

3. 蜗形凸轮传动

蜗形凸轮传动机构如图 2-25 所示，它由转盘 1、安装在转盘 1 上的滚子 2 和蜗形凸轮 3 组成。蜗形凸轮 3 做连续旋转，当凸轮转过一定角度 θ 时，转盘 1 就转过 $2\pi/n$ 角度（n 为滚子的个数，$2\pi/n$ 为相邻两个滚子之间的夹角），在凸轮转过其余的角度（$2\pi - \theta$）时，转盘 1 停止不动，并依靠凸轮的棱边卡在两个滚子中间，使转盘 1 定位，这样蜗形凸轮 3（主动件）的连续运动就变成了转盘 1（从动件）的间歇运动。

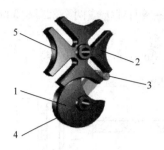

图 2-24 槽轮传动机构

1—拨销盘 2—槽轮 3—拨销 4—锁紧弧面 5—定位弧面

图 2-25 蜗形凸轮传动机构

1—转盘 2—滚子 3—蜗形凸轮

2.3 导向机构

机电一体化系统的导向机构可为各运动机构提供可靠的支承，并保证其正确的运动轨迹，以完成其特定方向的运动。简而言之，导向机构的主要作用是导向。机电一体化系统的导向机构是导轨，一副导轨主要由两部分组成，在工作时固定不动的部分称为支承导轨（或导轨），相对支承导轨做直线或回转运动的部分称为运动导轨（或滑块）。

2.3.1 性能要求与分类

1. 导轨的性能要求

机电一体化系统对导轨的基本要求是导向精度高、刚度足够大、运动轻便平稳、耐磨性好以及结构工艺性好等。

（1）导向精度 指运动导轨沿支承导轨运动的直线度。影响导向精度的因素有导轨的几何精度、结构型式、刚度和热变形等。

（2）刚度 导轨若受力变形会影响导轨的导向精度及部件之间的相对位置，因此要求导轨应有足够的刚度。

（3）低速运动平稳性 指导轨低速运动或微量位移时不出现爬行现象。爬行是指导轨低速运动时，速度不是匀速，而是时快时慢，时走时停。爬行产生的原因是静摩擦系数大于动摩擦系数。

（4）耐磨性 指导轨在长期使用过程中保持一定导向精度的能力。导轨在工作过程中难免有所磨损，所以应力求减少磨损量，并在磨损后能自动补偿或便于调整。

（5）其他方面 导轨应结构简单、工艺性好，并且热变形不应太大，以免影响导轨的运动精度，甚至卡死。

2. 导轨的分类及特点

常用的导轨种类很多，按导轨接触面间的摩擦性质可分为滑动导轨、滚动导轨、流体介质静压导轨等，按导轨结构特点可分为开式导轨（借助重力或弹簧力保证运动件与支承导轨面之间的接触）和闭式导轨（只靠导轨本身的结构形状保证运动件与支承导轨面之间的接触）。常见导轨的种类及特点见表 2-1。

表 2-1 常见导轨的种类及特点

导轨种类	一般滑动导轨	滚动导轨	塑料导轨	静压导轨	
				液体静压	气体静压
定位精度	一般	较高	高	高	高
刚度	高	较高	高	较高	低
摩擦性	大	小	较小	很小	很小
运动平稳性	低速易爬行	好	好	好	好
抗振性能	一般	较差	较好	好	好
成本	低	较高	较高	很高	很高
寿命	中等	防护好时高	高	很高	很高

一般滑动导轨静摩擦系数大，并且动、静摩擦系数差值也大，低速易爬行，不能满足机电一体化设备对伺服系统快速响应性、运动平稳性等要求，因此在数控机床等机电一体化设备中使用较少。

2.3.2 滚动直线导轨

1. 滚动直线导轨的特点

滚动直线导轨副即在滑块与导轨之间放入适当的滚动体，使滑块与导轨之间的滑动摩擦变为滚动摩擦。这种导轨可大大降低滑块与导轨二者之间的运动摩擦阻力。滚动直线导轨适用于工作部件要求移动均匀、动作灵敏以及定位精度高的场合，因此在高精密的机电一体化产品中应用广泛。目前各种滚动直线导轨基本上已经实现生产的标准化、系列化，只需了解滚动直线导轨的特点，掌握选用方法即可。

滚动直线导轨的特点如下：

1）摩擦系数低，摩擦系数为滑动导轨的 1/50 左右，动、静摩擦系数差小，不易爬行，运动平稳性好。

2）定位精度高，可达 $0.1 \sim 0.2 \mu m$，运动平稳，可微量移动。

3）刚度大。滚动直线导轨可以预紧，以提高刚度。

4）寿命长。由于是纯滚动，摩擦系数为滑动导轨的 1/50 左右，磨损小，因而寿命长，功耗低，便于机械小型化。

5）结构复杂，几何精度要求高，抗振性能较差，防护要求高，制造困难，成本高。

2. 滚动直线导轨的分类

（1）**按滚动体的形状分类** 分为滚珠式、滚柱式和滚针式，如图 2-26 所示。滚珠式的特点是点接触、摩擦小、承载力小、刚度低。滚柱式的特点是线接触、摩擦大、承载力大、刚度高、对导轨平行度敏感。滚针式的特点是尺寸小、结构紧凑、承载能力

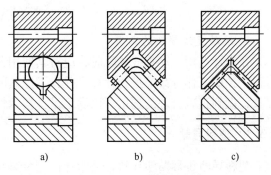

图 2-26 滚动导轨副的结构

a）滚珠式 b）滚柱式 c）滚针式

大，但精度低。

（2）按滚动体是否循环分类　分为滚动体循环式和滚动体不循环式。滚动体不循环式导轨的滚动体可以是滚珠、滚针或圆柱小滚子，该形式的导轨结构简单，制造容易，成本较低，但由于滚动体不循环，其行程有限，而且有时难以施加预紧力，刚度较低，抗振性能差，不能承受冲击载荷。滚动体循环式导轨行程不受限制，并且比滚动体不循环式导轨承载能力大、刚度高。

　　3. 滚动直线导轨实例

　　目前世界上有很多公司都生产标准化的各种用途的导轨，并使之规模化来降低成本。在设计机电一体化系统时应尽量采用标准化的导轨，来使产品的成本降低并使生产周期缩短，提高产品的市场竞争力。图 2-27 所示为 THK 公司生产的 HSR 型滚动直线导轨副的结构。滚珠在导轨与滑块被精密研磨加工过的 4 列滚动沟槽上进行滚动，再通过装在滑块上的端盖板使各列滚珠进行循环运动，因滚珠被保持板保持，故即使将滑块从轨道上抽出，滚珠也不会脱落；另外，这种导轨为使滑块的 4 个方向（径向方向、反径向方向、左侧方向、右侧方向）具有相同的额定负荷，各滚珠列被设计成 45°的接触角，并且施加均等的预压，因而既能维持较低的摩擦系数，又加强了 4 个方向的刚性，可以获得稳定的高精度直线运动。这种滚动直线导轨的用途非常广泛。

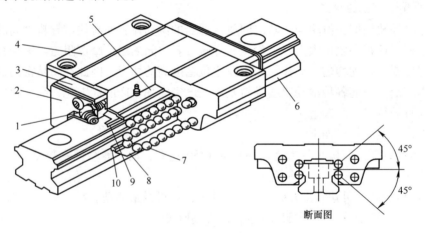

图 2-27　滚动直线导轨副的结构

1—油嘴　2—末端密封垫片　3—端盖板　4—滑块　5、8—保持板　6—导轨
7—滚珠　9—内部密封垫片　10—侧面密封垫片

　　4. 滚动直线导轨的选用

　　在设计选用滚动直线导轨时，应对其使用条件，包括工作载荷、精度要求、速度、工作行程、预期工作寿命等进行计算，并且考虑其刚度、摩擦特性及误差平均作用、阻尼特征等因素，做到正确合理的选用，以满足设备技术性能的要求。

2.3.3　塑料导轨

　　塑料导轨也称贴塑导轨，其床身仍是金属导轨，只是在运动导轨面上贴上或涂覆一层耐磨的塑料制品。采用塑料导轨的主要目的有以下两点：

　　1）克服金属滑动导轨摩擦系数大、磨损快、低速易爬行等缺点。

2）保护与其对磨的金属导轨面的精度，延长其使用寿命。

塑料导轨一般用在滑动导轨副中较短的导轨面上。塑料导轨的应用形式主要由以下几种：

（1）塑料导轨软带　塑料导轨软带的材料以聚四氟乙烯为基体，加入青铜粉、二硫化钼和石墨等填充剂混合烧结，并做成软带状。使用时采用黏结材料将其贴在所需处作为导轨表面，如图 2-28 所示。

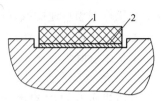

图 2-28　塑料导轨的结构
1—导轨软带　2—黏结材料

塑料导轨软带有以下特点：

1）摩擦系数低且稳定。其摩擦系数比铸铁导轨低一个数量级。

2）动、静摩擦系数相近。其低速运动平稳性较铸铁导轨好。

3）吸收振动。由于材料具有良好的阻尼性，其抗振性能优于接触刚度较低的滚动导轨。

4）耐磨性好。由于材料自身有润滑作用，因而即使无润滑也能工作。

5）化学稳定性好。能耐高低温、耐强酸强碱、耐强氧化剂及各种有机溶剂。

6）维护修理方便。塑料导轨软带使用方便，磨损后更换容易。

7）经济性好。结构简单、成本低，约为滚动导轨成本的 1/20。

（2）金属塑料复合导轨板　如图 2-29 所示，金属塑料复合导轨板分为三层。内层钢板保证导轨板的机械强度和承载能力。钢板上镀铜烧结球状青铜粉或铜丝网形成多孔中间层，以提高导轨板的导热性，然后用真空浸渍法使塑料进入孔或网中。当青铜与配合面摩擦发热时，由于塑料的热胀系数远大于金属，因而塑料将从多孔层的孔隙中挤出，向摩擦表面转移补充，

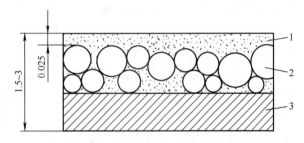

图 2-29　金属塑料复合导轨板
1—外层　2—中间层　3—内层

形成厚 0.01~0.05mm 的表面自润滑塑料层，即外层。金属塑料复合导轨板的特点是：摩擦特性优良，耐磨损。

（3）塑料涂层　摩擦副的两配对表面中若只有一个摩擦面磨损严重，则可把磨损部分切除，涂敷配制好的胶状塑料涂层，再利用模具或另一摩擦表面使涂层成型，固化后的塑料涂层即成为摩擦副中配对面之一，它与另一金属配对面组成新的摩擦副。新的摩擦副可利用高分子材料的性能特点，得到良好的工作状态。

2.3.4　流体静压导轨

流体静压导轨是指借助于输入到运动件和固定件之间微小间隙内流动着的黏性流体来支承载荷的滑动支承，包括液体静压导轨和气体静压导轨。流体静压导轨利用专用的供油（供气）装置，将具有一定压力的润滑油（压缩空气）送到导轨的静压腔内，形成具有压力的润滑油（气）层，静压腔之间的压力差形成流体静压导轨的承载力，可将滑块浮起，并承受外载荷。流体静压导轨具有多个静压腔，支承导轨和运动导轨间具有一定的间隙，并且

具有能够自动调节油腔间压力差的零件（该零件称为节流器）。

流体静压导轨内充满了液体或气体，支承导轨和运动导轨被完全隔开，导轨面不接触，因此流体静压导轨的动、静摩擦系数极小，基本无磨损、发热问题，使用寿命长；在低速条件下无爬行现象；速度或载荷变化对油膜或气膜的刚度影响小，并且油膜或气膜对导轨的制造误差有均化作用；工作稳定性和抗振性好。但其结构比较复杂，需要有一套供气或供油装置，调整比较麻烦，成本较高。

1. 液体静压导轨

液体静压导轨由支承导轨（导轨）、运动导轨（滑块）、节流器和供油装置组成，分为开式和闭式两种。闭式液体静压导轨的液压工作原理如图2-30所示。

在液体静压导轨的各方向及导轨面上都开有油腔，液压泵输出的压力油经过六个节流器后压力下降并分别流到对应的六个油腔，设六个油腔 I ~ VI 的油压分别为 p_1 ~ p_6。当工作台受到竖直方向的载荷 P 时，油腔 I 和 IV 间隙减小，油腔 III 和 VI 的间隙增大，由于节流器的作用，p_1 和 p_4 增大，p_3 和 p_6 降低，四个油腔产生向上的合力，使工作台稳定在新的平衡位置。当工作台受到水平方向的载荷 F 时，油腔 II 间隙减小，油腔 V 的间隙增大，由于节流器的作用，p_2 增大，p_5 降低，两个油腔产生向左的合力，使工作台稳定在新的平衡位置。当工作台受到颠覆力矩 M 时，油腔 IV 和 III 的间隙增大，油腔 I

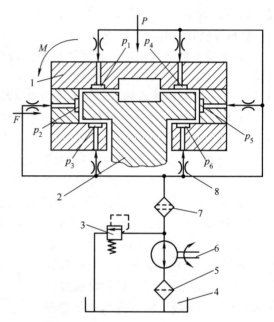

图2-30　闭式液体静压导轨液压工作原理
1—运动导轨　2—支承导轨　3—溢流阀　4—油箱
5、7—滤油器　6—液压泵　8—节流器

和 VI 间隙减小，由于各节流器的作用，使油腔 IV 和 III 的压力 p_4 和 p_3 减小，而油腔 I 和 VI 的压力 p_1 和 p_6 增大，这些力作用在工作台上，形成一个与颠覆力矩反向的力矩，从而使工作台保持平衡。所以闭式静压导轨具有承受各方向载荷和颠覆力矩的能力。

2. 气体静压导轨

气体静压导轨的工作原理和液体静压导轨的相同，只是其工作介质不同，液体静压导轨的工作介质为润滑油，气体静压导轨的工作介质为空气。由于气体具有可压缩性，黏度低，比起相同尺寸的液体静压导轨，气体静压导轨的刚度较低，阻尼较小。

2.4　执行机构

2.4.1　执行机构的基本要求

执行机构是利用某种驱动能源，在控制信号作用下提供直线或旋转运动的驱动装置。执行机构是机电一体化系统及产品实现其主功能的重要装置，它应能快速地完成预期的动作，并具有响应速度快、动态特性好、灵敏等特点。对执行机构的要求有：惯量小、动力大、体积小、重量轻、便于维修和安装、易于计算机控制。

　　机电一体化系统常用的执行机构主要有电磁执行机构、微动执行机构、机械手，以及液压执行机构和气压执行机构。这里介绍能够直接响应电信号指令的直线电动机、微动执行机构以及典型的机器人末端执行器。

2.4.2　直线电动机

　　随着机电一体化技术的高速发展，对各类系统的定位精度提出了更高的要求。对于直线运动及定位，传统的旋转电动机加上一套变换机构（如滚珠丝杠螺母副）组成的直线运动装置由于具有"间接"的性质，往往不能满足系统的精度要求。而直线电动机能够直接输出直线运动，不需要把旋转运动变成直线运动的附加装置，其传动具有"直接"的性质。

　　如图 2-31 所示，在结构上，直线电动机可以认为是将一台旋转电动机沿径向剖开，拉直演变而成。三相交流感应电动机的两个基本部件是定子（线圈）和转子。在三相交流感应电动机中，将转子沿径向剖开并拉直，则成为直线电动机的动子（也称为直线电动机的次级）；将三相交流感应电动机的定子（线圈）沿径向剖开并拉直，则成为直线电动机的定子（也称为直线电动机的初级）。

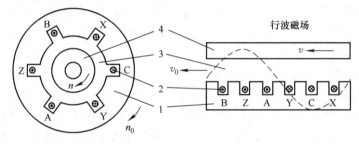

图 2-31　直线电动机结构
1—定子（初级）　2—线圈　3—气隙　4—转子/动子（次级）

　　如果将图 2-31 所示的直线电动机的初级绕组通入三相对称正弦交流电，则同样会产生气隙磁场。由图可见，该气隙磁场沿着展开的直线方向呈正弦分布，并按通电的 A、B、C 相序以 v_0 的速度沿直线移动，称为行波磁场。次级可看成像鼠笼式转子那样由无数导条组成，其在行波磁场的切割下产生感应电流，该电流与行波磁场相互作用即产生轴向推力。若初级固定，则次级将以速度 v 直线运动，该速度与行波磁场速度成正比。

　　在大多数无刷直线电动机的应用中，通常是永磁体保持静止，线圈运动，其原因是这两个部件中线圈的质量相对较小。但有时将此种布置反过来会更有利并完全可以接受。在这两种情况中，基本电磁工作原理是相同的，并且与旋转电动机完全一样。目前有两种类型的直线电动机，即无铁芯电动机和有铁芯电动机，如图 2-32 所示。每种类型电动机均具有取决于其应用的最优特征和特性。有铁芯电动机有一个绕在硅钢片上的线圈，以便通过一个单侧磁路产生最大的推力。无铁芯电动机没有铁芯或用于缠绕线圈的长槽，因此无铁芯电动机具有零齿槽效应、非常轻的质量以及在线圈与永磁体之间绝对没有吸引力。这些特性非常适合用于需要极低轴承摩擦力、轻载荷、高加速度以及能在极小的恒定速度下（甚至是在超低速度下）运行的情况。模块化的永磁体由双排永磁体总成组成，以产生最大的推力，并形成磁通返回的路径。

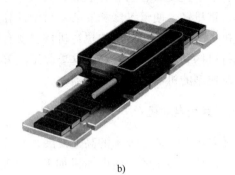

a)   b)

图 2-32　直线电动机

a）无铁芯　b）有铁芯

与旋转电动机相比，直线电动机有如下几个特点：

1）结构简单。直线电动机不需要把旋转运动变成直线运动的中间传递装置，使得系统本身的结构大为简化，重量和体积大大下降，提高了可靠性，易于维护。

2）极高的定位精度。直线电动机可以实现直接传动，消除了中间环节所带来的各种误差，定位精度仅受反馈分辨率的限制，通常可达到微米以下的分辨率，并且因为消除了定子和动子间的接触摩擦阻力，大大地提高了系统的灵敏度。

3）刚度高。在直线电动机系统中，电动机被直接连接到从动负载上，在电动机与负载之间不存在传动间隙，实际上也不存在柔度。

4）速度范围宽。由于直线电动机的定子和动子为非接触式部件，不存在机械传动系统的限制条件，因此很容易达到极高和极低的速度，通常可实现超过 $5m/s$ 或低于 $1\mu m/s$ 的速度。相比而言，机械传动系统（如滚珠丝杠副）通常将速度限制为 $0.5\sim0.7m/s$。

5）动态性能好。除了高速能力外，直线电动机还具有极高的加速度，大型电动机通常可得到 $3\sim5g$ 的加速度，而小型电动机通常很容易得到超过 $10g$ 的加速度。

6）适应性强，定子铁芯密封后可工作于恶劣环境。

7）由于直线电动机定子不闭合，故存在端部效应，使磁场波形产生畸变，会导致损耗增加，另外直线电动机的气隙比旋转电动机大，这些都会使直线电动机在低速时效率和功率因数下降较明显。

2.4.3　微动执行机构

微动执行机构是一种能在一定范围内精确、微量地移动到给定位置或实现特定的进给运动的机构，在机电一体化产品中，它一般用于精确、微量地调节某些部件的相对位置。微动执行机构应能满足以下要求：灵敏度高，最小移动量能达到移动要求；传动灵活、平稳，无空行程与爬行现象，制动后能保持在稳定的位置；抗干扰能力强，能快速响应；能实现自动控制；结构工艺性良好。按照运动原理，微动执行机构可分为热变形式、磁致伸缩式和压电陶瓷式。

1. 热变形式微动执行机构

热变形式微动执行机构以电热元件作为动力源，利用电热元件通电后产生的热变形来实

现微小位移，其工作原理如图2-33所示。传动
杆1的一端固定在机座上，另一端固定在沿导
轨移动的运动件3上。电阻丝2通电加热时，
传动杆1受热伸长，其伸长量 ΔL（mm）为

$$\Delta L = \alpha l(t_1 - t_0) = \alpha l \Delta t \qquad (2\text{-}17)$$

式中，α 为传动杆材料的线胀系数（℃^{-1}）；
l 为传动杆长度（mm）；t_1 为加热后的温度
（℃）；t_0 为加热前的温度（℃）；Δt 为加热前
后的温度差（℃）。

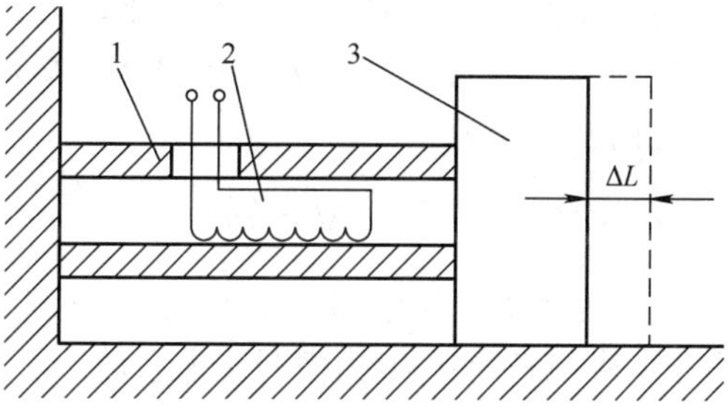

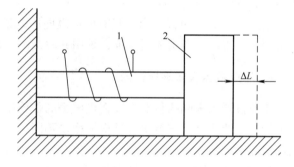

图 2-33　热变形式微动执行机构工作原理
1—传动杆　2—电阻丝　3—运动件

　　热变形式微动执行机构具有高刚度和无间
隙的优点，并可通过控制加热电流得到所需微量位移。但由于热惯性以及冷却速度等难以精
确控制，这种微动执行机构只适用于行程较短、频率不高的场合。

　　2. 磁致伸缩式微动执行机构

　　磁致伸缩式微动执行机构利用某些
材料在磁场作用下具有改变尺寸的磁致
伸缩效应来实现微量位移，其工作原理
如图2-34所示。磁致伸缩棒1左端固定
在机座上，右端与运动件2相连。绕在
磁致伸缩棒1外的磁致线圈通电励磁后，
在磁场作用下，磁致伸缩棒1产生伸缩
变形而使运动件2实现微量移动。通过
改变线圈的通电电流来改变磁场强度，
可使磁致伸缩棒1产生不同的伸缩变形，从而使运动件2得到不同的位移量。在磁场作用
下，磁致伸缩棒的变形量 ΔL（m）为

图 2-34　磁致伸缩式微动执行机构工作原理
1—磁致伸缩棒　2—运动件

$$\Delta L = \pm \lambda l \qquad (2\text{-}18)$$

式中，λ 为材料磁致伸缩系数（$\mu\text{m/m}$）；l 为磁致伸缩棒被磁化部分的长度（m）。

　　磁致伸缩式微动执行机构的特征为重复精度高，无间隙，刚度好，惯量小，工作稳定性
好，结构简单、紧凑。但由于工程材料的磁致伸缩量有限，该类机构所提供的位移量很小，
如100mm长的铁钴钒棒磁致伸缩只能伸长7μm，因而该类机构仅适用于精确位移调整、切
削刀具的磨损补偿及自动调节系统。

　　3. 压电陶瓷式微动执行机构

　　压电陶瓷式微动执行机构是利用压电材料的逆压电效应来产生微量位移。一些晶体可在
外力作用下产生电流，或反过来在电流作用下产生力或变形，这些晶体称为压电材料，这种
现象称为压电效应。压电效应是一种机械能与电能互换的现象。压电效应分为正压电效应和
逆压电效应。对压电材料沿一定的方向施加外力，其内部会产生极化现象，在两个相对的表
面上出现正负相反的电荷，这种现象称为正压电效应。相反，沿压电材料的一定方向施加电
场，压电材料会沿电场方向伸长，这种现象称为逆压电效应。工程上常用的压电材料为压电
陶瓷，如图2-35所示。利用压电陶瓷的逆压电效应可以做成压电微动执行器件。对压电器
件的要求是压电灵敏度高、线性好、稳定性好和重复性好。

压电器件的主要缺点是变形量小，为获得需要的驱动量常要加较高的电压，一般大于800V。矩形片状压电陶瓷长度方向变形量为

$$\Delta l = \frac{l}{b} d_{31} U \qquad (2\text{-}19)$$

式中，U 为施加于压电器件上的电压；b 为压电陶瓷厚度；l 为压电陶瓷长度；d_{31} 为横向压电系数。

由式（2-19）可以看出，增大压电陶瓷所用方向的长度、减少压电陶瓷厚度、增大外加电压、选用横向压电系数大的材料可以增大伸长量。

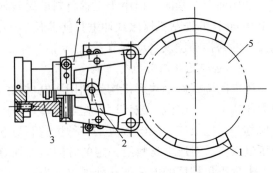

图 2-35 压电陶瓷

圆形片状压电陶瓷轴向方向变形量为

$$\Delta b = d_{33} U \qquad (2\text{-}20)$$

式中，d_{33} 为纵向压电系数。

由式（2-20）可以看出，只有增大纵向压电系数和外加电压才可以增大伸长量。另外，也可用多个压电陶瓷组成压电堆，采用并联接法，以增大伸长量。

2.4.4 工业机器人末端执行器

工业机器人末端执行器安装在机械手的手腕或手臂的机械接口上，是直接执行作业任务的装置。工业机器人末端执行器根据用途不同可分为三类，即机械夹持器、吸附式末端执行器和灵巧手。

1. 机械夹持器

机械夹持器具有夹持和松开的功能。夹持工件时，有一定的力约束和形状约束，以保证被夹工件在移动、停留和装入过程中不改变姿态。松开工件时，应完全松开。机械夹持器的组成部分包括手指、传动机构和驱动装置。手指是直接与工件接触的部件，夹持器松开和夹持工件都是通过手指的张开和闭合来实现。传动机构可通过向手指传递运动和动力，来实现夹持和松开动作。驱动装置是向传动机构提供动力的装置，一般有液压、气动、机械等驱动方式。根据手指夹持工件时运动轨迹的不同，机械夹持器分为圆弧开合型、圆弧平行开合型和直线平行开合型。

图 2-36 所示为圆弧开合型液压连杆传动夹持器。其工作过程如下：

1）抓取。液压缸 3 向右运动，通过连杆 2 使手指 1 绕支架 4 上的固定销轴转动，抓取工件 5。

2）夹持。液压缸 3 继续向右运动，使手指 1 以较大的力夹持工件 5。

3）放开。液压缸 3 向左运动，通过连杆 2 使手指 1 绕支架 4 上的固定销轴进行反向转动，放开工件 5。

该夹持器用于夹持圆柱形的工件。

图 2-36 圆弧开合型液压连杆传动夹持器

1—手指 2—连杆（传动机构） 3—液压缸（驱动装置）
4—支架 5—工件

图 2-37 所示为用于夹持方形工件的圆弧开合型夹持器。夹持器工作时，两手指绕支点做圆弧运动，同时对工件进行夹持和定心。这类夹持器对工件被夹持部位的尺寸有严格要求，否则可能会造成工件状态失常。

图 2-38 所示为圆弧平行开合型夹持器。这类夹持器工作时两手指做平行开合运动，而指端运动轨迹为一圆弧。图中所示的夹持器是采用平行四边形传动机构带动手指进行平行开合的两种情况，图 2-38a 所示为机构在夹持时指端前进，图 2-38b 所示为机构在夹持时指端后退。

图 2-39 所示为采用齿轮齿条机构的直线平行开合型夹持器。这类夹持器两手指的运动轨迹为直线，且两指夹持面始终保持平行。当活塞杆末端的齿条带动齿轮旋转时，手指上的齿条做直线运动，从而使两手指平行开合，以夹持工件。

2. 吸附式末端执行器

吸附式末端执行器分为气吸式和磁吸式。气吸式末端执行器利用真空吸力及负压吸力吸持工件，适用于抓取薄片、易碎工件，通常吸盘由橡胶或塑料制成；磁吸式末端执行器利用电磁铁和永久磁铁的磁场力吸取具有磁性物质的小五金工件。

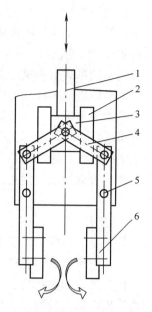

图 2-37　圆弧开合型夹持器
1—杆　2—十字头　3—导轨
4—中间连杆　5—支点　6—手指

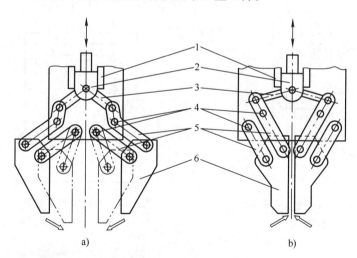

图 2-38　圆弧平行开合型夹持器
1—导轨　2—十字头　3—中间连杆　4—支点　5—平行连杆　6—手指

图 2-40 所示为真空吸附式末端执行器。抓取工件时，橡胶吸盘与工件表面接触，橡胶吸盘起到密封和缓冲两个作用，真空泵进行真空抽气，在吸盘内形成负压，实现工件的抓取。松开工件时，吸盘内通入大气，失去真空后，放下工件。该吸附式末端执行器结构简单，价格低廉，常用于小件搬运，也可根据工件形状、尺寸、重量的不同将多个真空吸附手组合使用。

图 2-41 所示为电磁吸附式末端执行器，又称为电磁吸附手。它利用通电线圈的磁场对

可磁化材料的作用来实现对工件的吸附，同样具有结构简单，价格低廉的特点。电磁吸附手的吸附力是由通电线圈的磁场提供的，所以可用于搬运较大的可磁化材料的工件。吸附手的形式根据被吸附工件表面形状来设计，既可用于吸附平坦表面工件又可用于吸附曲面工件，如图2-41所示的电磁吸附手可用于吸附曲面工件。吸附手的吸附部位装有磁粉袋，将可变形的磁粉袋贴在工件表面上，当线圈通电励磁后，在磁场作用下，磁粉袋端部外形固定成被吸附工件的表面形状，便可达到吸附不同表面形状工件的目的。

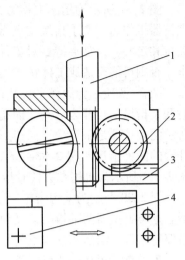

图2-39　直线平行开合型夹持器
1—活塞杆齿条　2—齿轮
3—手指齿条　4—手指

3. 灵巧手

灵巧手是一种模仿人手制作的多指多关节的机器人末端执行器。它可以适应物体外形的变化，给物体施以任意方向、任意大小的夹持力，可以满足对任意形状、不同材质的物体操作和抓持要求，但是其控制、操作系统技术难度大。图2-42所示为灵巧手的一些实例。

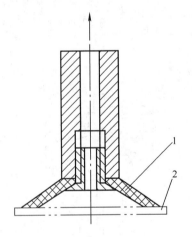

图2-40　真空吸附式末端执行器
1—橡胶吸盘　2—工件

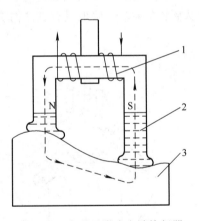

图2-41　电磁吸附式末端执行器
1—励磁线圈　2—磁粉袋　3—工件

图2-42　灵巧手

2.4.5 农业机器人末端执行器

农业机器人是一种以农业产品为操作对象、兼有人类部分信息感知和四肢行动功能、可重复编程的柔性自动化或半自动化设备。末端执行器是农业机器人的核心部件之一，是安装在机器人机械臂前端、直接作用于作业对象的部分。末端执行器的功能相当于人的手，可执行各种作业。末端执行器的工作直接关系到农业机器人作业能否准确、高效，因此机器人对末端执行器的要求有：作业精确，对作业对象的损伤尽可能少，速度尽可能快，复杂环境适应能力强，通用性尽可能好。由于它是直接接触目标作物的机构，直接完成各种生产作业，因而其研究发展对提高农业生产作业效率和质量具有重要意义。

农业机器人末端执行器的结构是由目标物体的生物特性和作业情况共同决定的，由此决定了末端执行器的一大特点是特定性，即一种末端执行器通常只能针对目标物体完成单一的任务而不能实现多用途。目前，已经开发出带有手指、剪刀、吸附器、针等各式各样的末端执行器，可以有效地完成采摘、移栽和田间管理作业等作物生产过程。

下面介绍几种典型的农业机器人末端执行器结构。

1. 夹持式末端执行器

与工业机器人一样，农业机器人的末端执行器上也常有夹持机构，其简单应用形式也和工业机器人的圆弧开合型及齿轮齿条平行开合型类似，但由于农业机器人的对象更为脆弱，故在夹持机构的设计中常用多指夹持机构。

图 2-43 所示为一款番茄采摘机器人的多指夹持式末端执行器。该夹持器由数字线性步进电动机、4 个夹持机械手指和吸盘等组成。吸盘为辅助夹持部分，采用了多个波纹管的设计，对番茄具有良好的吸附力。夹持机械手指主要由 ABS 导管构成，可利用缆绳和筋腱使其弯曲，利用扭矩弹簧使其伸展，其中筋腱由数字线性步进电动机驱动。与此结构类似的日本开发的番茄采摘机器人夹持式末端执行器由吸盘和 4 根 90°间隔分布的柔性机械手指组成。每根手指有 4 节，由多个软管连接而成，线缆穿过软管与前端部分（指尖）固连。拉动线缆，手指即可如图 2-44 所示弯曲；放松线缆，手指则在回复力作用下回到原位。这种末端执行器虽然各关节角度不能控制，但只靠拉动线缆即可实现手指的开闭，构造简单。其手指是柔性的，即便目标果实周围有其他果实和主茎等障碍，也可沿果实的表面前进。又因与果实的接触面较大，夹持力分散，故可以较大摩擦阻力防止果实滑脱。

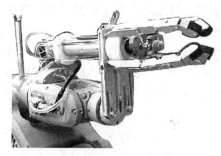

图 2-43 多指夹持式末端执行器

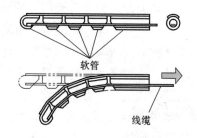

图 2-44 手指动作原理

2. 切断式末端执行器

农业机器人上需要切断式末端执行器的情况有收获、剪枝、摘果、除草和剪羊毛等。末端执行器若切断力太小则不能切断作业对象,但如果切断力过大,虽然可以轻松地完成切断作业,却会过度增加末端执行器和周边机器的重量、尺寸,增大机械臂和移动机构的负担,还会影响到机械臂移动时的惯性力和控制方法,因此切断力大小要选择适当,必须在充分了解作业对象的切断特性、形状、大小等情况下设计切断机构。

日本研制的甜椒采摘机器人的剪刀式末端执行器如图2-45所示,它主要由剪刀式切刀和驱动机构组成。剪刀式切刀的控制主要运用了平行四连杆机构原理。日本开发的茄子采摘机器人的剪刀式末端执行器如图2-46所示,该末端执行器由剪刀和机械手指组成,在彩色摄像机和超声波传感器配合下完成采摘作业。采摘时,首先用摄像机全局检测推断果实位置,使机械臂向果实方向前进,当机械臂移动到离果实160~250mm位置时,再进行局部检测,并用超声波传感器检测到果实位置,然后推进机械臂,使摄像机靠近果实基部,将果梗放入剪刀、机械手指内,以机械手指夹住果梗,用剪刀将其剪断。

图2-45　甜椒采摘剪刀式末端执行器

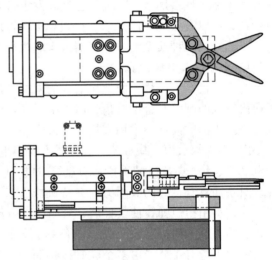

图2-46　茄子采摘剪刀式末端执行器

还有一些农业机器人为实现精准采摘作业,常配合吸入机构对果实进行定位,如日本开发的直角坐标系的草莓采摘机器人采用吸入－旋转切断式末端执行器(见图2-47),采摘时先由管状吸头吸住草莓果实,然后末端执行器旋转,将果梗引导至切割位置将其切断。

此外,番茄和黄瓜采摘常采用一种吸附－激光切断式末端执行器(见图2-48)。激光切割技术最大的特点在于通过高能激光束的聚焦实现对对象的非接触式切割,可以有效避免接触式切割所受到的空间限制和非结构化环境的影响。激光切割的工作原理是利用激光束能量的高度集中性,通过聚焦投射到对象表面,使果梗集中部位产生高温烧断,从而实现对果梗的切割。这种方式也非常有利于秧秆的伤口愈合。

3. 吸附式末端执行器

由于吸盘(吸附式末端执行器)具有优良的柔软夹持性能,不仅用于果实,还可应用在蘑菇采收上,如图2-49所示为安装吸盘的蘑菇采收机器人。蘑菇在培养基质的表面密集地生长,若用机械手指则很难夹持。该机器人用吸盘吸附蘑菇伞的表面,再对蘑菇施加扭转力即可使其脱离培养基质进行收获。另外,该机器人还可根据蘑菇的大小随时更换吸盘。

图 2-47 吸入–旋转切断式末端执行器

图 2-48 吸附–激光切割式末端执行器

4. 插入式末端执行器

美国在 20 世纪 80 年代研发出了幼苗移栽用两针插入式末端执行器。幼苗移栽一般包括夹住、从托盘的底部排水孔插入推杆、用铲状的机械手指夹住培养土并取出三个步骤。但该机器人是将两根针插入培养土取出幼苗。其末端执行器的前端装有由气缸驱动的两根倾斜相对的针，针在最大伸出状态（即插入培养土）时其前端呈交叉状，在该状态下抬升末端执行器，即可几乎不接触苗而连整块培养土（幼苗如果形成了根钵，培养土就不会散开而掉落）一起运送。

图 2-50 所示为我国研制的移栽穴盘苗用的四针式末端执行器，又称移栽爪。它主要由固定板、直线轴承、推杆、苗针连接板、苗针安装板和苗针等组成。当插入穴盘取苗时，推杆下降，苗针进入穴盘苗苗坨，推杆越低，苗针角度越大，越能夹紧苗坨，当推杆下降到最低处时，苗针对苗坨的夹持力达到最大；放苗移栽时，推杆上升，苗坨被固定板的两只退苗板挡住，当推杆上升到最高处时，穴盘苗苗坨与移栽爪分离。

图 2-49 蘑菇采收机器人

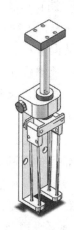

图 2-50 移栽穴盘苗用四针式末端执行器

5. 柔性爪

柔性爪具有柔软的气动手指，能够自适应地包覆住目标物体，无需根据物体精确的尺寸、形状进行预先调整，摆脱了传统生产线要求生产对象尺寸均等的束缚。柔性爪手指部分由柔性材质构成，抓持动作轻柔，尤其适合抓取易损伤或软质不定形物体。柔性爪最核心的部分就是基于材料学技术、弹性体有限元仿真技术制造的柔性手指。它的工作原理就像一个由气体驱动的异形气球,当输入正压时,柔性爪收紧,抽出空气形成负压时柔性爪松开,这样一张一合,柔性爪即可完成一次抓取动作。图2-51所示为柔性爪抓鱼和西瓜的应用案例。

图2-51　柔性爪应用实例

2.5　轴系

2.5.1　轴系的性能要求与分类

轴系由轴、轴承及安装在轴上的传动件组成。轴系的主要作用是传递转矩及传动精确的回转运动。轴系分为主轴轴系和中间传动轴轴系。对中间传动轴轴系一般要求不高。而随着机电一体化技术的发展,主轴的转速越来越高,所以对于起主要作用的主轴轴系的回转精度、刚度、抗振性及热变形等的要求较高。

(1) 回转精度　回转精度是指在装配后,在无负载、低速旋转的条件下,轴前端的径向跳动和轴向跳动量。回转精度大小取决于轴系各组成零件及支承部件的制造精度与装配调整精度。主轴的回转误差对加工或测量的精度影响很大。在工作转速下,主轴的回转精度取决于其转速、轴承以及轴系的动平衡状态。

(2) 刚度　轴系的刚度反映轴系组件抵抗静、动载荷变形的能力。载荷为弯矩、转矩时,相应的变形量为挠度、扭转角,刚度为抗弯刚度和抗扭刚度。设计轴系时除对强度进行验算之外,还必须进行刚度验算。

(3) 抗振性　轴系的振动表现为强迫振动和自激振动两种形式。其振动原因有轴系组件质量不均匀引起的不平衡和轴单向受力等。振动直接影响回转精度和轴承寿命。对高速运动的轴系必须以提高其静刚度、动刚度、增大轴系阻尼比等措施来提高轴系的抗振性。

(4) 热变形　轴系受热会使轴伸长或使轴系零件间隙发生变化,影响整个传动系统的传动精度、回转精度及位置精度。另外,温度的上升会使润滑油的黏度降低,使静压轴承或滚动轴承的承载能力下降。因此,应采取措施将轴系部件的温升限制在一定范围之内。常用的措施有:将热源与主轴组件分离,减少热源的发生量,采用冷却散热装置等。

根据主轴轴颈与轴套之间的摩擦性质不同,机电一体化系统常用的轴系可以分为滚动轴承轴系、磁悬浮轴承轴系和流体静压轴承轴系。表2-2列出了常用轴承及特点。

表 2-2　常用轴承及特点

种类	滚动轴承	磁悬浮轴承	流体静压轴承	
			液体静压	气体静压
精度	一般	一般	高	高
刚度	一般	低	高	低
抗振性	较差	较好	好	好
速度	中低速度	各种速度	各种速度	高速
摩擦系数	较小	小	小	很小
寿命	较短	长	长	长
成本	低	高	高	高

2.5.2　滚动轴承

滚动轴承是指在滚动摩擦条件下工作的轴承。轴承的内圈与外圈之间有滚球、滚柱等滚动体。常见的滚动轴承按受力方向不同可分为向心轴承、推力轴承和向心推力轴承。

向心轴承主要承受径向载荷，如图 2-52a 所示的深沟球轴承。推力轴承只承受轴向载荷，如图 2-52b 所示的推力球轴承。向心推力轴承能同时承受径向和轴向载荷，如图 2-52c 所示的圆锥滚子轴承。滚动轴承已标准化、系列化，并由轴承厂成批生产。在轴系设计时，只要根据负荷、转速、精度、刚度及空间大小等选用所需轴承即可。

a)　　　　　　　　　b)　　　　　　　　　c)

图 2-52　滚动轴承

a）深沟球轴承　b）推力球轴承　c）圆锥滚子轴承

近二三十年来，陶瓷球轴承逐渐兴起、发展，并进入了工程应用。陶瓷球轴承的结构和普通滚动轴承一样。陶瓷球轴承分为全陶瓷轴承（套圈、滚动体均为陶瓷）和复合陶瓷轴承（仅滚动体为陶瓷，套圈为金属）两种，如图 2-53 所示。

陶瓷轴承具有以下特点：陶瓷耐腐蚀，可用于带腐蚀性介质的恶劣环境；陶瓷的密度比钢低，重量轻，可减少因离心力产生的动载荷，大大延长使用寿命；陶瓷硬度高，耐磨性高，可减少因高速旋转产生的沟道表面损伤；陶瓷的弹性模量高，受力弹性小，可减少因载荷大所产生的变形，因此有利于提高工作速度，并达到较高的精度。

2.5.3　流体静压轴承

流体静压轴承的工作原理和流体静压导轨相似。流体静压轴承也分为液体静压轴承和气体静压轴承。

a)   b)

图 2-53　陶瓷球轴承
a）全陶瓷　b）复合陶瓷

1. 液体静压轴承

图 2-54 所示为广泛采用的液体静压轴承轴套的结构。在轴套的内圆面上对称地开有 4 个矩形油腔 2 和回油槽 3，油腔 2 和回油槽 3 之间的圆弧面称为周向封油面 4，轴承两端面和油腔 2 之间的圆弧面称为轴向封油面 1。主轴装进轴套后，轴承封油面和主轴之间有一个适量的间隙。

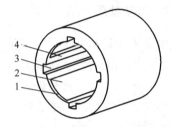

图 2-54　液体静压轴承轴套的结构
1—轴向封油面　2—油腔
3—回油槽　4—周向封油面

液体静压轴承系统的工作原理如图 2-55 所示。液体静压轴承系统包括四部分：静压轴承、节流器、供油装置和润滑油。油泵未工作时，油腔内没有压力油，主轴压在轴承上。油泵启动以后，从油泵输出的具有一定压力的润滑油通过各个节流器进入对应的油腔内，由于油腔是对称分布的，若不计主轴自重，主轴处于轴承的中间位置。此时，轴与轴承之间各处的间隙（h_0）相同，各油腔的压力（P_r）也相等。主轴表面和轴承表面被润滑油完全隔开，轴承处于全液体摩擦状态。

当主轴受到向下的外载荷时，主轴往油腔 1 的方向产生微小位移 e，这时油腔 1 的间隙减少，变为 $h_0 - e$，封油面上润滑油流动的阻力增大，从油腔 1 经封油面流出的流

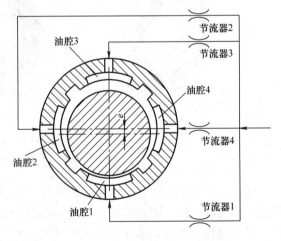

图 2-55　液体静压轴承的工作原理

量减少，根据流量连续定律，从供油系统流经节流器 1 进入油腔 1 的流量也减少，因而流过节流器 1 时产生的压力降减少，油腔 1 的压力变大，从 P_{r1} 变为 P'_{r1}。油腔 3 的间隙变大，变为 $h_0 + e$，从油腔 3 经封油面流出的流量增大，根据流量连续定律，从供油系统流经节流器 3 进入油腔 3 的流量也增大，因而流过节流器 3 时产生的压力降增大，油腔 3 的压力变小，从 P_{r3} 变为 P'_{r3}。设油腔的有效承载面积为 A_e，则油腔 1 和油腔 3 压差形成的合力 A_e（$P'_{r1} - P'_{r3}$）即为轴承用以平衡外载荷的承载力。选择合适的轴承参数和节流器参数，可以使偏心

量 e 很小，如 e 为几微米就可产生足够大的承载力来平衡外载荷，使主轴稳定在偏心量 e 的位置上。

2. 气体静压轴承

气体静压轴承的工作原理和液体静压轴承相同。液体静压轴承的转速不宜过大，否则润滑油发热较严重，会使轴承结构产生变形，影响精度，而气体的黏度远小于润滑油，气体静压轴承的转速可以很高，并且空气具有不需回收、不污染环境的特点。气体静压轴承主要用于超精密机床、精密测量仪器、医疗器械等场合。例如，牙医使用的牙钻，其转速高达 $4 \times 10^5 \, \mathrm{r/min}$。

2.5.4　磁悬浮轴承

磁悬浮轴承是利用电磁力将被支承件稳定悬浮在空间，使支承件与被支承件之间没有机械接触的一种高性能机电一体化轴承。图 2-56 所示为磁悬浮轴承的工作原理图。这种轴承由控制器、功率放大器、转子、定子和传感器组成。传感器 5 检测到转子 3 的偏差信号，通过控制器 1 进行调节，发出信号，并采用功率放大器 2 控制线圈的电流，从而控制线圈产生的磁场以及作用在转子 3 上的电磁力，以使转子保持在正确的位置上。图 2-57 磁悬浮轴承其实物照片。

磁悬浮轴承具有以下优点：无机械接触，无磨损，寿命理论上无限长；适用于高转速，精度高；功耗低，为普通轴承的 $1/100 \sim 1/10$；无需润滑，不污染环境，可应用于真空等特殊环境。缺点是需要很大的电场强度。

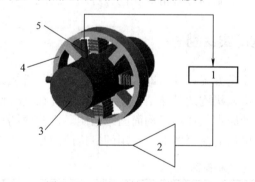

图 2-56　磁悬浮轴承工作原理图
1—控制器　2—功率放大器　3—转子　4—定子　5—传感器

图 2-57　磁悬浮轴承
1—定子（外圈）　2—磁极　3—转子（内圈）

2.6　机座与机架

机电一体化系统的机座或机架的作用是支承和连接设备的零部件，使这些零部件之间保持规定的尺寸和几何公差要求。机座或机架的基本特点是尺寸较大、结构复杂、加工面多，几何精度和相对位置精度要求较高。一般机座多采用铸件，机架多由型材装配或焊接构成。设计机座或机架时主要从以下几点进行考虑：

1）刚度。机座或机架的刚度是指其抵抗载荷变形的能力。刚度分为静刚度和动刚度，抵抗恒定载荷变形的能力称为静刚度，抵抗动态载荷变形的能力称为动刚度。如果机座或机架的刚度不够，则在工件的重力、夹紧力、惯性力和工作载荷等的作用下就会产生变形、振动或爬行现象，从而影响产品定位精度、加工精度及其他性能。

机座或机架的静刚度主要是指它们的结构刚度和接触刚度。机电一体化系统的动刚度与其静刚度、阻尼及固有频率有关。对机电一体化系统来说，影响其性能的往往是动态载荷，当机座或机架受到振源影响时，整机会发生振动，使各主要部件及其相互间产生弯曲或扭转振动，尤其是当振源振动频率与机座或机架的固有振动频率接近或重合时将产生共振，严重影响机电一体化系统的工作精度，因此应该重点关注机电一体化系统的动刚度。系统的动刚度越大，抗振性越好。在共振条件下的动刚度 K_ω 可用下式表示：

$$K_\omega = 2K\zeta = 2K\frac{B}{\omega_n} \tag{2-21}$$

式中，K 为系统的静刚度（N/m）；ζ 为系统阻尼比；B 为系统阻尼系数；ω_n 为系统固有频率（s^{-1}）。

根据式（2-21），为提高机架或机座的抗振性，可采取如下措施：提高系统的静刚度，也即提高系统固有频率，以避免产生共振；增加系统阻尼；在不降低机架或机座静刚度的前提下，减轻质量以提高固有频率；采取隔振措施。

2）热变形。机电一体化系统运转时，电动机等热源散发的热量、零部件之间因相对运动而产生的摩擦热、电子元器件的发热等都将传到机座或机架上，引起机座或机架的变形，影响其精度。为了减小机座或机架的热变形，可以控制热源的发热，如改善润滑或采用热平衡的办法，控制各处的温度差，减小其相对变形。

3）其他方面。除以上两点外，还要考虑机械结构的加工和装配的工艺性、经济性。设计机座或机架时还要考虑人机工程方面的要求，要做到造型精美、色彩协调、美观大方。

2.7　机构简图绘制

机电一体化系统机械结构设计的第一步往往是方案设计，即首先设计、分析其机械原理方案。这一设计阶段的重点在于机构的运动分析，机构的具体结构、组成方式等在这一设计阶段并不影响机构的运动特性，因此机构的运动原理往往用机构简图来绘制。机构简图是指用简单符号和线条表示运动副和构件，绘制出机构的简明图形。常用的机构简图见表2-3。

表2-3　常用的机构简图

序号	名称	运动方向（参考）	备　　注
1	直线运动（1）		
2	直线运动（2）		
3	旋转机构		
4	摆动（1）	1） 2）	1）为常用符号，2）为1）的俯视投影的符号

（续）

序号	名称	运动方向（参考）	备　注
5	摆动（2）	1） 2）	1）为常用符号，2）为1）的俯视投影的符号
6	爪（抓取）		
7	固定基面		

图 2-58 ~ 图 2-61 所示为用机构简图表示的工业机器人。

图 2-58 所示为直角坐标机器人。这种形式的机器人可以在三个互相垂直的方向上做直线伸缩运动，并且在三个方向上的运动是独立的，控制方便，但其占地面积大。

图 2-59 所示为圆柱坐标机器人。这种形式机器人的运动包括一个绕基座轴的旋转运动和两个在相互垂直方向上的直线伸缩运动。它的运动范围为一个圆柱体，与直角坐标机器人相比，其占地面积小，活动范围广。

图 2-60 所示为极坐标机器人。这种形式机器人的运动由一个直线运动和两个回转运动组成。其特点类似于圆柱坐标机器人。

图 2-61 所示为多关节机器人。该形式的机器人由多个旋转或摆动关节组成，其结构接近于人的手臂。多关节机器人动作灵活，工作范围广，但其运动主观性差。

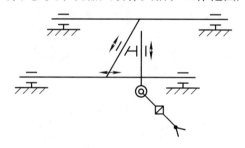

图 2-58　直角坐标机器人

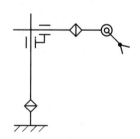

图 2-59　圆柱坐标机器人

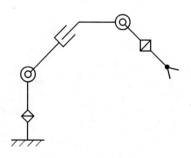

图 2-60　极坐标机器人

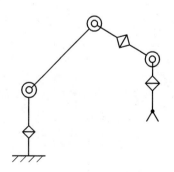

图 2-61　多关节机器人

复习与思考

2-1　机电一体化系统中典型的传动机构有哪些？说明其优缺点。

2-2　滚珠丝杠螺母副的公称尺寸参数指的是什么？

2-3　滚珠丝杠螺母副轴向间隙对传动有什么影响？消除轴向间隙的方法有哪些？

2-4　齿轮传动中最佳传动比的分配原则有哪些？

2-5　导向机构的作用是什么？导轨的种类及各自特点是什么？

2-6　机电一体化系统常用的执行机构包括哪几类？说明适用的场合。

2-7　机器人末端执行器的结构包括哪几类？各有什么特点？如何设计选型？

2-8　机电一体化系统对轴系的要求有哪些？

第3章　电子技术应用基础

章节导读：

　　在日常生产和生活中，人们会接触到多种多样的机电一体化产品，如数控机床、电梯、智能化仪器仪表、汽车等，这些机电一体化产品为了实现正常运行，需要其内部设置有不同的交直流电路，其中电子电路是机电一体化系统中重要的基础组成部分，也是机电一体化系统或产品的构成特征。那么哪些基本电路可以实现信号运算、信号处理、信号放大、逻辑运算等功能呢？它们的结构和原理又是什么？本章将对这些问题进行解答。

3.1　集成运算放大器

3.1.1　基本知识

1. 集成运算放大器的特点

　　集成运算放大器（Integrated Circuit Operational Amplifier，简称 IC Op – Amp）的功能是实现高增益的放大和信号运算，具有以下特点：

　　1）高增益。集成运算放大器的增益可以达到几万倍以上，能够放大微弱信号。

　　2）高输入阻抗。集成运算放大器的输入阻抗通常很高，可以接受高阻抗的信号源。

　　3）低输出阻抗。集成运算放大器的输出阻抗很低，可以驱动各种负载。

　　4）宽频带。集成运算放大器的频带宽度较宽，可以放大高频信号。

　　5）高共模抑制比。集成运算放大器具有较高的共模抑制比，可以抵消噪声和干扰。

　　6）可调节放大倍数。通过控制反馈电路中的电阻值可以调节集成运算放大器的放大倍数。

　　7）稳定性好。集成运算放大器的内部结构采用了负反馈的设计，可以提高其稳定性和线性度。

　　集成运算放大器广泛应用于电子测量、控制、通信等领域，其功能包括信号放大、滤波、求和、积分、微分、比较和电压跟随等，可以用于各种模拟电路和信号处理系统中。

2. 集成运算放大器的发展概况

　　集成运算放大器实质上是高增益的直接耦合放大电路，它的应用十分广泛，且远远超出了运算的范围。常见的集成运算放大器的外形有圆形、扁平形、双列直插式等，有 8 引脚及 14 引脚等，如图 3-1 所示。自 1964 年 FSC 公司研制出第一块集成运算放大器 μA702 以来，集成运算放大器发展飞速，目前已经历了四代产品。

　　第一代产品基本上沿用了分立元器件放大电路的设计思想，构成的是以电流源为偏置电路的

图 3-1　集成运算放大器

三级直接耦合放大电路，能满足一般应用的要求。典型产品有 μA709 和国产的 FC3、F003 及 5G23 等。

第二代产品以普遍采用有源负载为标志，简化了电路的设计，并使开环增益有了明显提高，各方面的性能指标比较均衡，属于通用型运算放大器。典型产品有 μA741 和国产的 BG303、BG305、BG308、BG312、FC4、F007、F324 及 5G24 等。

第三代产品的输入级采用了超 β 管，β 值高达 1000～5000，而且在版图设计上考虑了热效应的影响，从而减小了失调电压、失调电流及温度漂移，增大了共模抑制比和输入电阻。典型产品有 AD508、MC1556 和国产的 F1556 及 F030 等。

第四代产品采用了斩波稳零的动态稳零技术，使各项性能指标和参数更加理想化，一般情况下不需调零就能正常工作，大大提高了精度。典型产品有 HA2900、SN62088 和国产的 5G7650 等。

3. 集成运算放大器内电路

集成运算放大器品种繁多，内部电路结构各不相同，但它们的基本组成部分、结构型式和组成原则基本一致。下面以图 3-2 所示的 F007 集成运算放大器内电路为例进行介绍。该集成运算放大器具有高增益、高输入电阻、低输出电阻、高共模抑制比和低失调等优点。

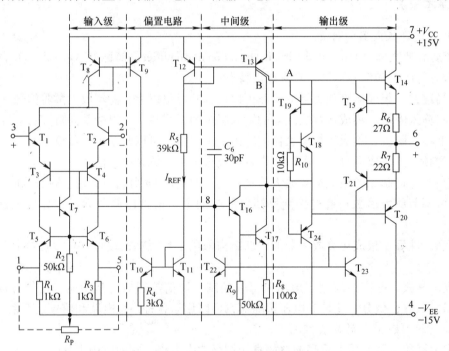

图 3-2　F007 集成运算放大器内电路

1、5—外接调零电位器的两个端点　2—反相输入端　3—同相输入端　4—负电源端
6—输出端　7—正电源端　8—空脚

（1）偏置电路　偏置电路包含在各级电路中，采用多路偏置的形式，为各级电路提供稳定的恒流偏置和有源负载，其性能的优劣直接影响其他部分电路的性能。其中，T_{10}、T_{11} 组成的微电流源作为整个集成运算放大器的主偏置。

（2）差动输入级　由 T_1、T_3 和 T_2、T_4 组成的共集－共基组合差分放大电路组成，双端输入，单端输出。其中，T_5、T_6、T_7组成的改进型镜像电流源作为其有源负载，T_8、T_9组成的镜像电流源为其提供恒流偏置。

（3）中间增益级　由T_{17}构成的共发射极电路组成。其中，T_{13B}和T_{12}组成的镜像电流源为其集电极有源负载，因此该级可获得很高的电压增益。

（4）互补输出级　由T_{14}、T_{20}构成的甲乙类互补对称放大电路组成。其中，T_{18}、T_{19}、R_8组成的电路用于克服交越失真，T_{12}和T_{13A}组成的镜像电流源为其提供直流偏置。输出级输出电压大，输出电阻小，带负载能力强。

（5）隔离级　在输入级与中间级之间插入由T_{16}构成的射随器，可利用其高输入阻抗的特点，提高输入级的增益。在中间级与输出级之间插入由T_{24}构成的有源负载（T_{12}和T_{13A}）射随器，可用来减小输出级对中间级的负载影响，保证中间级的高增益。

（6）保护电路　T_{15}、R_6保护T_{14}，T_{21}、T_{23}、T_{22}、R_7保护T_{20}。正常情况下，保护电路不工作，当出现过载情况时，保护电路才动作。

（7）调零电路　由电位器R_P组成，保证零输入时产生零输出。

4. 集成运算放大器电路符号

集成运算放大器的电路符号如图 3-3 所示。图中，"▷"表示信号的传输方向，"∞"表示放大倍数为理想条件。两个输入端中，符号"−"表示反相输入端，电压用"u_-"表示；符号"+"表示同相输入端，电

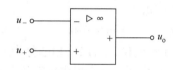

图 3-3　集成运算放大器的电路符号

压用"u_+"表示。输出端的"+"号表示输出电压为正极性，输出电压用"u_o"表示。

5. 集成运算放大器的主要参数

集成运算放大器的参数是评价运算放大器性能优劣的依据。为了正确地挑选和使用集成运算放大器，必须掌握各参数的含义。

1）差模电压增益 A_{ud}：指在标称电源电压和额定负载下，开环运用时对差模信号的电压放大倍数。A_{ud}是频率的函数，但通常给出的是直流开环增益。

2）共模电压增益 A_{uc}：共模输出电压与共模输入电压之比表示集成运算放大器对共模输入信号的放大能力。在集成运算放大器的输入级完全对称时，共模增益应趋于零。

3）共模抑制比 K_{CMRR}：指运算放大器的差模电压增益与共模电压增益之比的绝对值，即

$$K_{CMRR} = |A_{ud}/A_{uc}| \tag{3-1}$$

K_{CMRR}越大越好。

4）差模输入电阻 r_{id}：指运算放大器对差模信号所呈现的电阻，即运算放大器两输入端之间的电阻，它反映了输入端向差动信号源索取电流的能力。

5）输出电阻 r_{od}：在开环条件下，运算放大器输出端等效为电压源时的等效动态内阻称为运算放大器的输出电阻，记为r_{od}。输出电阻r_{od}的理想值为零，实际值一般为$100\Omega \sim 1k\Omega$。

此外，还有开环带宽、单位增益带宽、转换速率、最大差模输入电压、最大共模输入电压、最大输出电压及最大输出电流等参数。

6. 理想运算放大器的特点

一般情况下，我们把在电路中的集成运算放大器看作理想集成运算放大器。

（1）理想运算放大器的主要性能指标 集成运算放大器的理想化性能指标是：差模电压增益 $A_{ud} = \infty$，输入电阻 $r_{id} = \infty$，输出电阻 $r_{od} = 0$，共模抑制比 $K_{CMRR} = \infty$。

此外，没有失调，没有失调温度漂移等。尽管理想运算放大器并不存在，但由于集成运算放大器的技术指标都比较接近于理想值，在具体分析时将其理想化是允许的，这种分析所带来的误差一般比较小，可以忽略不计。

（2）"虚短"和"虚断"概念 对于理想集成运算放大器，由于其 $A_{ud} = \infty$，因而若两个输入端之间加无穷小电压，则输出电压将超出其线性范围。因此，只有引入负反馈，才能保证理想集成运算放大器工作在线性区。理想集成运算放大器线性工作区的特点是存在着"虚短"和"虚断"两个概念。

1）虚短：当集成运算放大器工作在线性区时，输出电压在有限值之间变化，而集成运算放大器的 $A_{ud} \to \infty$，故 $u_{id} = u_{od}/A_{ud} \approx 0$。由 $u_{id} = u_+ - u_- \approx 0$，得

$$u_+ \approx u_- \tag{3-2}$$

即反相端与同相端的电压几乎相等，近似于短路又不是真正短路，我们将此称为虚短路，简称"虚短"。

另外，当同相端接地时，使 $u_+ = 0$，则有 $u_- \approx 0$。这说明同相端接地时，反相端电位接近于地电位，所以反相端称为"虚地"。

2）虚断：由于集成运算放大器的输入电阻 $r_{id} \to \infty$，故两个输入端的电流 $i_+ - i_- = 0$，这表明流入集成运算放大器同相端和反相端的电流几乎为零，所以称为虚断路，简称"虚断"。

3.1.2 信号运算

1. 比例放大电路

（1）反相比例放大电路 图3-4所示为反相比例放大电路。输入信号 u_i 经过电阻 R_1 加到集成运算放大器的反相端，反馈电阻 R_F 接在输出端和反相输入端之间，构成电压并联负反馈，则集成运算放大器工作在线性区；同相端加平衡电阻 R_2，主要是使同相端与反相端外接电阻相等，即 $R_2 = R_1 // R_F$，以保证运算放大器处于平衡对称的工作状态，从而消除输入偏置电流及其温度漂移的影响。

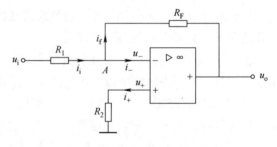

图3-4 反相比例放大电路

根据虚断的概念，有 $i_+ = i_- \approx 0$，得 $u_+ = 0$，$i_i = i_f$。又根据虚短的概念，有 $u_- \approx u_+ = 0$，故称 A 点为虚地点。虚地是反相输入放大电路的一个重要特点。又因为有

$$i_1 = \frac{u_i}{R_1}, \ i_f = -\frac{u_o}{R_F} \tag{3-3}$$

所以有

$$\frac{u_i}{R_1} = -\frac{u_o}{R_F}$$

整理后得电压放大倍数

$$A_u = \frac{u_o}{u_i} = -\frac{R_F}{R_1} \tag{3-4}$$

式（3-4）表明，电压放大倍数与 R_F 成正比，与 R_1 成反比，负号表示输出电压与输入电压相位相反。当 $R_1 = R_F = R$ 时，$u_o = -u_i$，输入电压与输出电压大小相等、相位相反，反相比例放大电路成为反相器。

（2）同相比例放大电路　在图 3-5 中，输入信号 u_i 经过电阻 R_2 接到集成运算放大器的同相端，反馈电阻接到其反相端，构成了电压串联负反馈。根据虚断概念，有 $i_+ \approx 0$，可得 $u_+ = u_i$。又根据虚短概念，有 $u_+ \approx u_-$，于是有

$$u_i \approx u_- = u_o \frac{R_1}{R_1 + R_F}$$

整理后得电压放大倍数

$$A_u = \frac{u_o}{u_i} = 1 + \frac{R_F}{R_1} \tag{3-5}$$

或

$$u_o = \left(1 + \frac{R_F}{R_1}\right) u_i \tag{3-6}$$

当 $R_F = 0$ 或 $R_1 \to \infty$ 时（见图 3-6），有 $u_o = u_i$，即输出电压与输入电压大小相等、相位相同，该电路称为电压跟随器。

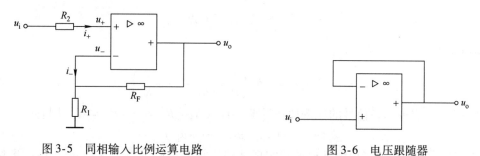

图 3-5　同相输入比例运算电路　　　　图 3-6　电压跟随器

例 3-1　电路如图 3-7 所示，试求当 R_5 的阻值为多大时才能使 $u_o = -55u_i$。

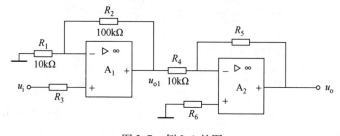

图 3-7　例 3-1 的图

解： 在图 3-7 所示的电路中，A_1 构成同相比例放大电路，A_2 构成反相比例放大电路，因此有

$$u_{o1} = \left(1 + \frac{R_2}{R_1}\right) u_i = \left(1 + \frac{100}{10}\right) u_i = 11 u_i$$

$$u_o = -\frac{R_5}{R_4} u_{o1} = -\frac{R_5}{10} \times 11 u_i = -55 u_i$$

化简后得 $R_5 = 50\text{k}\Omega$。

2. 加、减法运算电路

（1）加法运算电路　在自动控制电路中，往往需要将多个采样信号按一定的比例叠加起来输入到放大电路中，这就需要用到加法运算电路，如图3-8所示。根据虚断的概念及结点电流定律，可得

$$i_f = i_i = i_1 + i_2 + \cdots + i_n$$

再根据虚短的概念可得

$$i_1 = \frac{u_{i1}}{R_1}, \ i_2 = \frac{u_{i2}}{R_2}, \ \cdots, \ i_n = \frac{u_{in}}{R_n}$$

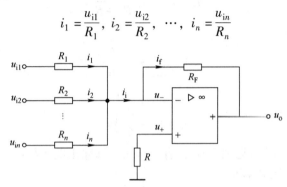

图3-8　加法运算电路

则输出电压为

$$u_o = -R_F i_f = -R_F\left(\frac{u_{i1}}{R_1} + \frac{u_{i2}}{R_2} + \cdots + \frac{u_{in}}{R_n}\right) \tag{3-7}$$

式（3-7）实现了各信号的比例加法运算。若取 $R_1 = R_2 = \cdots = R_n = R_F$，则有

$$u_o = -(u_{i1} + u_{i2} + \cdots + u_{in}) \tag{3-8}$$

（2）减法运算电路　利用反相求和实现减法运算的电路如图3-9所示。第一级为反相比例放大电路，若取 $R_{F1} = R_1$，则 $u_{o1} = -u_{i1}$。第二级为反相加法运算电路，可导出

$$u_o = -\frac{R_{F2}}{R_2}(u_{o1} + u_{i2}) = \frac{R_{F2}}{R_2}(u_{i1} - u_{i2}) \tag{3-9}$$

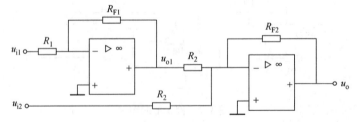

图3-9　利用反相求和实现减法运算电路

若取 $R_2 = R_{F2}$，则有

$$u_o = u_{i1} - u_{i2} \tag{3-10}$$

于是实现了两信号的减法运算。

利用差分式电路实现减法运算的电路如图3-10所示。u_{i2} 经 R_1 加到反相输入端，u_{i1} 经 R_2 加到同相输入端。根据叠加定理，首先令 $u_{i1} = 0$，当 u_{i2} 单独作用时，电路成为反相放大

电路，其输出电压为

$$u_{o2} = -\frac{R_F}{R_1}u_{i2}$$

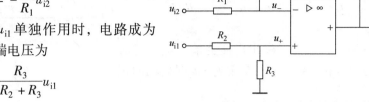

再令 $u_{i2} = 0$，当 u_{i1} 单独作用时，电路成为同相放大电路，同相端电压为

$$u_+ = \frac{R_3}{R_2 + R_3}u_{i1}$$

则输出电压为

图 3-10　利用差分式电路实现减法运算电路

$$u_{o1} = \left(1 + \frac{R_F}{R_1}\right)u_+ = \left(1 + \frac{R_F}{R_1}\right)\left(\frac{R_3}{R_2 + R_3}\right)u_{i1}$$

这样，当 u_{i1} 和 u_{i2} 同时输入时，有

$$u_o = u_{o1} + u_{o2} = \left(1 + \frac{R_F}{R_1}\right)\left(\frac{R_3}{R_2 + R_3}\right)u_{i1} - \frac{R_F}{R_1}u_{i2} \tag{3-11}$$

当 $R_1 = R_2 = R_3 = R_F$ 时，有

$$u_o = u_{i1} - u_{i2} \tag{3-12}$$

于是实现了两信号的减法运算。

例 3-2　加减法运算电路如图 3-11 所示，求输出电压与输入电压之间的关系。

解：输入信号有 4 个，可利用叠加法求之。

① 当 u_{i1} 单独输入、其他输入端接地时，有

$$u_{o1} = -\frac{R_F}{R_1}u_{i1} \approx -1.3u_{i1}$$

② 当 u_{i2} 单独输入、其他输入端接地时，有

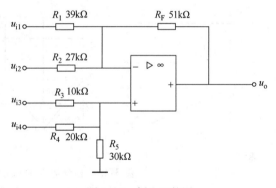

图 3-11　例 3-2 的图

$$u_{o2} = -\frac{R_F}{R_2}u_{i2} \approx -1.9u_{i2}$$

③ 当 u_{i3} 单独输入、其他输入端接地时，有

$$u_{o3} = \left(1 + \frac{R_F}{R_1//R_2}\right)\left(\frac{R_4//R_5}{R_3 + R_4//R_5}\right)u_{i3} \approx 2.3u_{i3}$$

④ 当 u_{i4} 单独输入、其他输入端接地时，有

$$u_{o4} = \left(1 + \frac{R_F}{R_1//R_2}\right)\left(\frac{R_3//R_5}{R_4 + R_3//R_5}\right)u_{i4} \approx 1.15u_{i4}$$

由此可得到

$$u_o = u_{o1} + u_{o2} + u_{o3} + u_{o4} = -1.3u_{i1} - 1.9u_{i2} + 2.3u_{i3} + 1.15u_{i4}$$

3. 积分、微分运算电路

（1）积分运算电路　图 3-12 所示为积分运算电路。根据虚地的概念，有 $u_A \approx 0$，$i_R = u_i/R$。再根据虚断的概念，有 $i_C \approx i_R$，即电容 C 以 $i_C = u_i/R$ 进行充电。假设电容 C 的初始

电压为零，那么

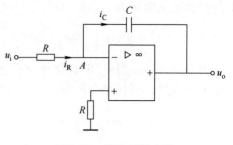

$$u_o = -\frac{1}{C}\int i_C dt = -\frac{1}{C}\int \frac{u_i}{R}dt = -\frac{1}{RC}\int u_i dt$$

$$(3-13)$$

式（3-13）表明，输出电压为输入电压对时间的积分，且相位相反。当求解 $t_1 \sim t_2$ 时间段的积分值时，有

$$u_o = -\frac{1}{RC}\int_{t_1}^{t_2} u_i dt + u_o(t_1) \qquad (3-14)$$

图 3-12　积分运算电路

式（3-14）中，$u_o(t_1)$ 为积分起始时刻 t_1 的输出电压，即积分的起始值；积分的终值是 t_2 时刻的输出电压。当 u_i 为常量 U_i 时，有

$$u_o = -\frac{1}{RC}U_i(t_2 - t_1) + u_o(t_1) \qquad (3-15)$$

积分运算在不同输入情况下的波形变换如图 3-13 所示。当输入为阶跃波时，若 t_0 时刻电容上的电压为零，则输出电压波形如图 3-13a 所示。当输入为方波和正弦波时，输出电压波形分别如图 3-13b 和 c 所示。

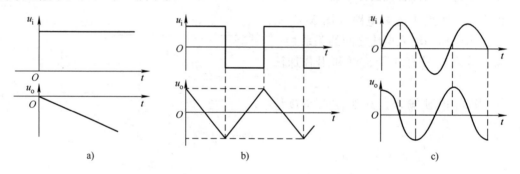

图 3-13　积分运算在不同输入情况下的波形变换

a）输入为阶跃波　b）输入为方波　c）输入为正弦波

例 3-3　电路及输入分别如图 3-14a 和 b 所示，电容器 C 的初始电压 $u_C(0)=0$，试画出输出电压 u_o 稳态的波形，并标出 u_o 的幅值。

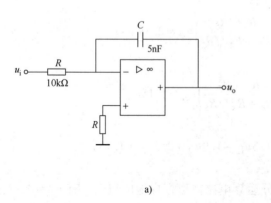

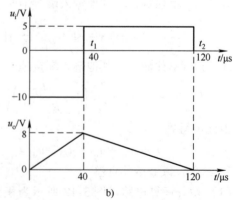

图 3-14　例 3-3 的图

解：当 $t = t_1 = 40\mu s$ 时，有

$$u_o(t_1) = -\frac{u_i}{RC}t_1 = -\frac{-10V \times 40 \times 10^{-6}s}{10 \times 10^3\Omega \times 5 \times 10^{-9}F} = 8V$$

当 $t = t_2 = 120\mu s$ 时，有：

$$u_o(t_2) = u_o(t_1) - \frac{u_i}{RC}(t_2 - t_1) = 8V - \frac{5V \times (120-40) \times 10^{-6}s}{10 \times 10^3\Omega \times 5 \times 10^{-9}F} = 0V$$

得输出波形如图 3-14b 所示。

（2）微分运算电路　将积分电路中的 R 和 C 位置互换，就可得到微分运算电路，如图 3-15 所示。在这个电路中，A 点为虚地，即 $u_A \approx 0$。再根据虚断的概念，则有 $i_R \approx i_C$。假设电容 C 的初始电压为零，那么有 $i_C = C\dfrac{du_i}{dt}$，则输出电压为

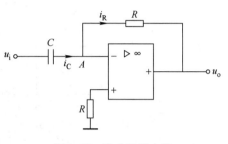

图 3-15　微分运算电路

$$u_o = -i_R R = -RC\frac{du_i}{dt} \qquad (3-16)$$

式（3-16）表明，输出电压为输入电压对时间的微分，且相位相反。

图 3-15 所示的电路实用性差，当输入电压产生阶跃变化时，i_C 电流极大，会使集成运算放大器内部的放大管进入饱和或截止状态，即使输入信号消失，放大管仍不能恢复到放大状态，也就是电路不能正常工作。同时，由于反馈网络为滞后移相，它与集成运算放大器内部的滞后附加相移相加，易满足自激振荡条件，从而使电路不稳定。

实用微分电路如图 3-16a 所示，它在输入端串联了一个小电阻 R_1，以限制输入电流；同时在 R 上并联稳压二极管，以限制输出电压，这就保证了集成运算放大器中的放大管始终工作在放大区。另外，在 R 上并联小电容 C_1，起相位补偿作用。该电路的输出电压与输入电压近似为微分关系，当输入为方波，且 $RC \ll T/2$ 时（T 为方波的周期），则输出为尖顶波，波形如图 3-16b 所示。

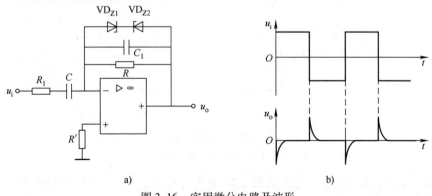

a)　　　　　　　　　　　　　　　　b)

图 3-16　实用微分电路及波形

a）实用微分电路　b）输入和输出波形

3.1.3　信号滤波

在电子技术和控制系统领域中广泛使用着滤波电路。它的作用是让负载需要的某一频段

的信号顺利通过电路，而其他频段的信号被滤波电路滤除，即过滤掉负载不需要的信号。

对于幅频特性，通常把能够通过的信号频率范围定义为通带，而把受阻或衰减的信号频率范围称为阻带，通带与阻带的界限频率称为截止频率。按照通带与阻带的相互位置不同，滤波电路通常可分为 4 类，即低通滤波（LPF）电路、高通滤波（HPF）电路、带阻滤波（BEF）电路和带通滤波（BPF）电路。四类滤波电路的幅频特性如图 3-17 所示，其中实线为理想特性，虚线为实际特性。各种滤波电路的实际幅频特性与理想情况是有差别的，设计者的任务是力求向理想特性逼近。

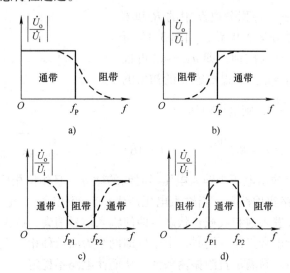

图 3-17　四类滤波电路的幅频特性
a）低通滤波　b）高通滤波　c）带阻滤波　d）带通滤波

1. 无源滤波电路

无源滤波电路由无源元件（电阻、电容及电感）组成。由于此类滤波电路不用加电源，因而称为无源滤波电路。图 3-18 所示为无源低通滤波电路和无源高通滤波电路。

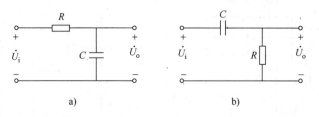

图 3-18　无源滤波电路
a）低通滤波　b）高通滤波

对于图 3-18 所示的电路，滤波的截止频率均为 $f_P = \dfrac{1}{2\pi RC}$。当信号频率等于截止频率时，也就是电容的容抗等于电阻阻值，此时 $|\dot U_o| = 0.707 |\dot U_i|$。对于频率 $f \ll f_P$ 的信号，有容抗 $X_C \gg R$，信号能从图 3-18a 所示的电路通过，但不能从图 3-18b 所示的电路通过；对于频率 $f \gg f_P$ 的信号，有容抗 $X_C \ll R$，信号不能从图 3-18a 电路通过，但能从图 3-18b 电路通过。无源滤波幅频特性如图 3-19 所示。

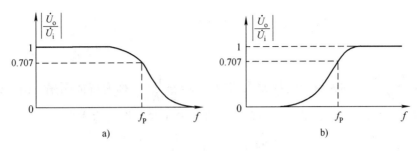

图 3-19　无源滤波幅频特性

a）低通滤波　b）高通滤波

无源滤波电路的优点是结构简单，无需外加电源，但有以下缺点：R 和 C 上有信号电压降，故要消耗信号能量；带负载能力差，当在输出端接入负载 R_L 时，滤波特性随之改变；滤波性能也不大理想，通带与阻带之间存在着一个频率较宽的过渡区。

2. 有源滤波电路

如果在无源滤波电路之后加上一个放大环节，则构成一个有源滤波电路，如图 3-20 所示。有源滤波电路的放大环节可由分立元器件电路组成，也可以由集成运算放大器组成。若引入电压串联负反馈，以提高输入电阻、降低输出电阻，则可克服无源滤波带负载能力差的缺点。若适当地将正反馈引入滤波电路，则可以提高截止频率附近的电压放大倍数，以补偿由于滤波阶次上升给滤波截止频率附近的输出信号所带来的过多衰减。由此可见，有源滤波可大大提高滤波性能。

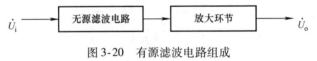

图 3-20　有源滤波电路组成

（1）有源低通滤波

1）一阶电路。同相输入一阶有源低通滤波电路如图 3-21a 所示，它由一段 RC 低通滤波电路及同相比例放大电路组成。它不仅可使低频信号通过，还能使通过的信号得到放大。

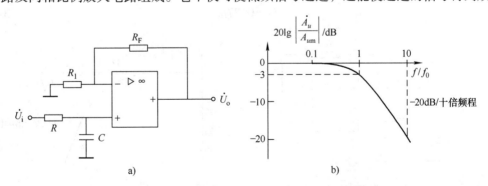

图 3-21　同相输入一阶有源低通滤波电路

a）电路　b）幅频特性

根据虚断特性，有 $\dot{U}_+ = \dfrac{1}{1 + \mathrm{j}\omega RC}\dot{U}_i$。根据虚短特性，又有 $\dot{U}_+ = \dot{U}_- = \dfrac{R_1}{R_1 + R_F}\dot{U}_o$。因此有

$$\dot{A}_u = \frac{\dot{U}_o}{\dot{U}_i} = \frac{\dot{U}_o}{\dot{U}_+} \times \frac{\dot{U}_+}{\dot{U}_i} = \frac{R_1 + R_F}{R_1} \times \frac{1}{1 + j\omega RC} = \frac{A_{um}}{1 + j\dfrac{f}{f_0}} \qquad (3\text{-}17)$$

式中，$A_{um} = \dfrac{R_1 + R_2}{R_1}$，称为通带电压放大倍数；$f_0 = \dfrac{1}{2\pi RC}$，称为特征频率。由于式（3-17）中分母 f 的最高次幂为一次，故称为一阶滤波器，其幅频特性表达式为

$$20\lg \left| \frac{\dot{A}_u}{A_{um}} \right| = -20\lg \sqrt{1 + \left(\frac{f}{f_0} \right)^2} \qquad (3\text{-}18)$$

幅频特性曲线如图 3-21b 所示。当 $f = f_0$ 时，$20\lg \left| \dfrac{\dot{A}_u}{A_{um}} \right| = -3\mathrm{dB}$，所以通带的截止频率 $f_P = f_0$。当 $f \ll f_P$ 时，$|\dot{A}_u| = A_{um}$，$20\lg \left| \dfrac{\dot{A}_u}{A_{um}} \right| = 0\mathrm{dB}$。当 $f \gg f_P$ 时，特性曲线按 $-20\mathrm{dB}$/十倍频程速率下降。

一阶低通滤波的滤波特性与理想特性相比差距很大。在理想情况下，希望当 $f > f_P$ 后，电压放大倍数立即下降到零，使大于截止频率的信号完全不能通过低通滤波器。但是，一阶低通滤波对数幅频特性只是每十倍频程以 $-20\mathrm{dB}$ 的缓慢速率下降。为了使滤波特性接近于理想情况，可采用二阶低通滤波电路。

2）简单的二阶电路。简单二阶有源低通滤波电路如图 3-22a 所示，它由两段 RC 低通滤波电路及同相比例放大电路组成。经推导，电压放大倍数表达式为

$$\dot{A}_u = \frac{\dot{U}_o}{\dot{U}_i} = \frac{A_{um}}{1 - \left(\dfrac{f}{f_0} \right)^2 + j3\dfrac{f}{f_0}} \qquad (3\text{-}19)$$

式中，$A_{um} = 1 + \dfrac{R_F}{R_1}$，称通带电压放大倍数；$f_0 = \dfrac{1}{2\pi RC}$，称特征频率。由于式（3-19）分母中 f 的最高次幂为二次，故称为二阶滤波器。若令式（3-19）分母的模等于 $\sqrt{2}$，则可求出低通的截止频率为

$$f_P \approx 0.37 f_0 \qquad (3\text{-}20)$$

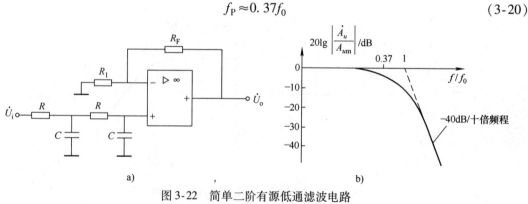

图 3-22　简单二阶有源低通滤波电路
a）电路　b）幅频特性

幅频特性如图 3-22b 所示。虽然衰减斜率达 $-40\mathrm{dB}$/十倍频程，但是 f_P 远离 f_0。若使 $f = f_0$ 附近的电压放大倍数数值更大，则可使 f_P 接近于 f_0，滤波特性趋于理想。

3）压控电压源二阶电路。压控电压源二阶有源低通滤波电路及幅频特性如图 3-23 所示，它因同相端电位控制由运算放大器和 R_F 及 R_1 组成的电压源来完成，故称为压控电压源二阶低通滤波电路。与图 3-22 所示电路不同的是，滤波电容 C_1 由原来接地改接到集成运算放大器的输出端，从而引入正反馈。若 $C_1 = C_2 = C$，则滤波的特征频率 $f_0 = \dfrac{1}{2\pi RC}$。

当 $f \ll f_0$ 时，由于 C_1 容抗趋于无穷大，因而正反馈很弱，又因 C_2 容抗趋于无穷大，输入信号没有被衰减，此时通带电压放大倍数为 $A_{um} = 1 + R_F/R_1$。当 $f = f_0$ 时，每级 RC 低通移相为 $-45°$，两级 RC 低通移相为 $-90°$。因此，当 f 接近于 f_0 时，由 C_1 引回来的反馈基本上是正反馈，从而使 f_0 频率附近的放大倍数增大，并随着 A_{um} 的增大而出现峰值，如图 3-23b 所示。

当 $f \gg f_0$ 时，由于 C_2 容抗趋于零，输入信号被衰减到零，而且 C_1 和 C_2 各自移相近似为 $-90°$，则总相移趋于 $-180°$，于是 C_1 引回来的反馈成为负反馈，使放大倍数按 $-40\text{dB}/$十倍频程速率下降。

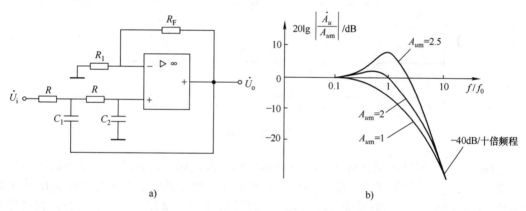

图 3-23　压控电压源二阶有源低通滤波电路
a）电路　b）幅频特性

经推导，电压放大倍数可写成

$$\dot{A}_u = \frac{\dot{U}_o}{\dot{U}_i} = \frac{A_{um}}{1 - \left(\dfrac{f}{f_0}\right)^2 + \mathrm{j}\dfrac{f}{f_0}(3 - A_{um})} \tag{3-21}$$

式（3-21）表明，电路应避免 $A_{um} = 3$，否则电路将产生自激振荡。

（2）有源高通滤波　高通滤波电路与低通滤波电路具有对偶性，如果将图 3-21 和图 3-22 所示电路中的滤波环节的电容换成电阻，电阻换成电容，则可分别得到如图 3-24a 所示的同相输入一阶有源高通滤波电路和如图 3-24b 所示的同相简单二阶有源高通滤波电路。

（3）有源带通滤波　带通滤波电路可仅让某一频段的信号通过，而将该频段以外的所有信号阻断。实现带通滤波的方法有很多，将低通滤波电路与高通滤波电路串联，就可以得到带通滤波电路，如图 3-25 所示。要求低通滤波的截止频率 f_{P1} 应大于高通滤波的截止频率 f_{P2}，通带为（$f_{P1} - f_{P2}$）。将带通滤波电路与放大环节结合，就可得到有源带通滤波电路。

（4）有源带阻滤波　与带通滤波电路相反，带阻滤波电路可阻止或衰减某一频段的信号，而让该频段以外的所有信号通过。带阻滤波电路又称陷波电路。实现带阻滤波的方法有

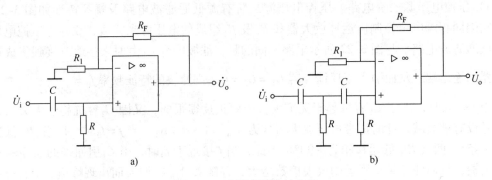

图 3-24 有源高通滤波电路

a) 同相输入一阶 b) 同相简单二阶

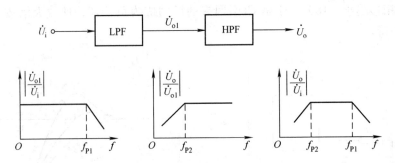

图 3-25 带通滤波电路的组成

很多，将输入信号同时作用在低通滤波电路和高通滤波电路，再将两个电路的输出信号相加，就可以得到有源带阻滤波电路，如图 3-26 所示。若要求低通滤波的截止频率 f_{P1} 小于高通滤波的截止频率 f_{P2}，则阻带为（$f_{P2} - f_{P1}$）。将带阻滤波电路与放大环节结合，就可得到有源带阻滤波电路。

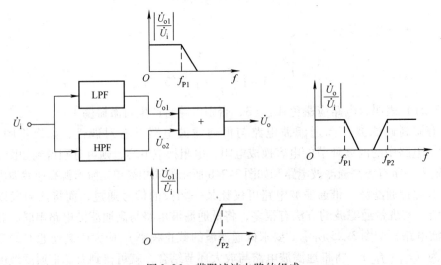

图 3-26 带阻滤波电路的组成

3.2　功率放大电路

多级放大电路的末级一般都是功率放大级,以将前级送来的低频信号进行功率放大,去推动负载工作,如使扬声器发声,继电器动作等。能够向负载提供足够信号功率的放大电路称为功率放大电路,简称功放。从能量控制和转换的角度看,功率放大电路和普通电压放大电路并没有本质上的不同,它们都是利用晶体管的电流放大作用,把电源的直流功率转换成输出负载的交流功率。电压放大电路与功率放大电路的不同点在于电压放大电路是在小信号输入条件下工作,要求在信号不失真的前提下输出足够大的电压;而功率放大电路中不仅要求比较大的电压,还要求有比较大的电流输出,即获得较大的功率输出。

3.2.1　功率放大电路的特点与分类

1. 功率放大电路的分析方法

功率放大电路的输出电压和电流较大,功放管特性的非线性不可忽略,所以在分析功放电路时,不能采用仅适用于小信号的交流等效电路,应采用图解法。

2. 功率放大电路的主要技术指标

功率放大电路的主要技术指标为最大输出功率 P_{om} 和转换效率 η。

(1) 最大输出功率 P_{om}　功率放大电路提供给负载的信号功率称为输出功率。输出功率是交流功率,而最大输出功率是在电路参数确定的情况下负载上可能获得的最大交流功率。

(2) 转换效率 η　功率放大电路的输出功率与电源所提供的功率之比称为转换效率。通常输出功率大,电源消耗的功率也多,因此在一定的输出功率下,减小直流电源的消耗,就可以提高电路的效率。

3. 功率放大电路中的晶体管

在功率放大电路中,为了使输出功率尽可能大,要求晶体管工作在极限应用状态。I_{CM}、$U_{BR(CEO)}$ 和 P_{CM} 是晶体管的极限参数,即晶体管集电极电流最大时接近 I_{CM},管压降最大时接近 $U_{BR(CEO)}$,耗散功率最大时接近 P_{CM}。在选择晶体管时,要特别注意极限参数的选择,以确保晶体管能够安全工作。以上三个参数反映在晶体管的输出特性曲线上,如图 3-27 所示。三条特性曲线限制了晶体管必须工作在安全工作区。另外,工作在功率放大电路中的晶体管要注意散热及加保护电路。

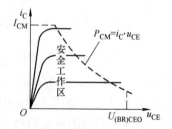

图 3-27　晶体管的安全工作区

4. 功率放大电路的非线性失真

功率放大电路是在大信号下工作,所以不可避免地会产生非线性失真,而且同一功放管输出功率越大,非线性失真越严重。在实际应用中,有的场合对波形要求比较严格,要求失真较小;有的场合则以输出功率为主要目的,失真则相对次要。另外,功率放大电路中的非线性失真还可以通过引入交流负反馈来加以改善。

5. 功率放大电路的分类

按照晶体管静态工作点设置的不同,功率放大电路主要分为甲类、乙类和甲乙类放大电路。甲类功率放大电路的导通角 $\theta = 2\pi$,乙类功率放大电路的导通角 $\theta = \pi$,甲乙类的导通

角为 $\pi < \theta < 2\pi$。

还有其他的分类方式，如按电路形式可分为：单管功放、推挽式功放、桥式功放；按耦合的方式可分为：变压器耦合、直接耦合（OCL）、电容耦合（OTL）；按功放管的类型可分为：电子管、晶体管、场效应晶体管、集成功放。

3.2.2 甲类功率放大电路

1. 甲类共射极放大电路

图3-28a所示的电路为共射极放大电路结构。该电路在电压放大方面有着广泛应用，但在功率放大方面却不太适用。有关这种放大器的电压放大特性已经分析过，这里只分析与功率放大有关的参数。

若图3-28a中各元器件给予的参数值适当，电路有合适的静态工作点，晶体管总是工作在放大区，那么这种放大器就属于甲类放大器。设电路中负载开路（$R_L = \infty$），晶体管输出特性曲线图中的交流负载线和直流负载线重合，如图3-28b所示。图中输出特性曲线与负载线的交点即为静态工作点 Q。

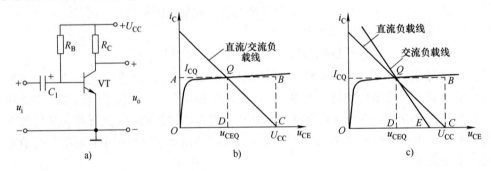

图3-28 共射极放大电路输出功率与效率的分析

a) 共射级放大电路 b) 空载时输出功率和效率的图解分析 c) 带载时输出功率和效率的图解分析

当电路中输入正弦波信号时，集电极电流的交流分量也为正弦波，电路工作点沿着交流负载线上下移动。忽略晶体管基极的电流，则电源输出的平均电流为 I_{CQ}，因而电源提供的功率为 $I_{CQ}U_{CC}$，即图3-28b中 $ABCO$ 的面积，这是电路的总功率。为保证波形不失真，集电极电流交流分量的最大幅值为 I_{CQ}，管压降和 R_C 两端交流电压最大幅值为 $I_{CQ}R_C$，所以在 R_C 两端可能获得的最大交流功率 P_{om} 为

$$P_{om} = \left(\frac{I_{CQ}}{\sqrt{2}}\right)^2 R_C = \frac{1}{2}I_{CQ}(I_{CQ}R_C) \tag{3-22}$$

即图中 QDC 的面积。从图3-28b中可以看出，总功率为电源提供的功率，即图3-28b中 $ABCO$ 的面积，有用输出功率最大为 QDC 的面积，电路效率比较低。用同样分析方法，当电路带负载 R_L 时，电路中交流负载线与直流负载线不重合，如图3-28c所示。电阻 R_C 和 R_L 上可能获得的总的最大交流功率为 QDE 的面积，电路效率较低。

从上述对电路功率参数的分析可知，这类放大电路在保证信号不失真方面有良好特性，但是自身功率损耗大，电路效率低。另外输入电阻小，输出电阻大，用作功率放大的场合较少。

2. 射极输出器的输出功率与效率

共集电极放大电路（即射极输出器）的电流增益较大，比较容易获得较大的功率增益。图 3-29 所示为用电流源作射极偏置和负载的射极输出器电路。

假设输入信号 u_i 为正弦信号，VT_3 管工作在放大区。在输入信号 u_i 的正半周，u_o 输出正半周波形，当输入信号逐渐增大使 VT_3 管达到临界饱和时，输出 u_o 正向振幅达到最大值 U_{om+}。设 VT_3 管的饱和压降为 U_{CES3}，则有

$$U_{om+} = U_{CC} - U_{CES3} \tag{3-23}$$

在输入信号 u_i 的负半周，随着输入信号幅值增大，VT_3 出现截止或 VT_2 达到饱和，输出 u_o 负向振幅达到最大值 U_{om-}。设 VT_3 管首先出现截止，则有

$$U_{om-} = |-I_{REF}R_L| \tag{3-24}$$

设 VT_2 管首先出现饱和，VT_2 管饱和压降为 U_{CES2}，则有

$$U_{om-} = |-U_{EE} + U_{CES2}| \tag{3-25}$$

例3-4 在给定参数条件下，进行电路输出功率和效率的计算。已知射极输出器电路如图 3-29 所示，输入信号 u_i 为正弦信号。假定给定电路中 $U_{CC} = U_{EE} = 12V$，$I_{REF} = 1.50A$，$R_L = 8\Omega$，各晶体管的饱和压降均为 0V。

解： 先求电路最大输出功率 P_{om}。

$$U_{om+} = 12V$$
$$U_{om-} = |-I_{REF}R_L| = 12V$$
$$U_{om-} = |-U_{EE} + U_{CES2}| = 12V$$

为了保证波形不发生失真，取以上三个幅值中最小的值作为最大输出幅度，因此输出电压是幅值为 $U_{om} = 12V$ 的正弦波，最大输出功率为

$$P_{om} = \left(\frac{U_{om}}{\sqrt{2}}\right)^2 \frac{1}{R_L} = \left(\frac{12}{\sqrt{2}}\right)^2 \frac{1}{8}W = 9W$$

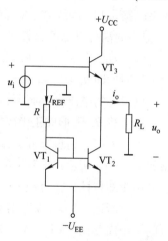

图 3-29 射极输出器电路

考虑到正弦信号的平均值是 0，i_{C3} 的平均值 $I_{CIAV} = I_{REF} = 1.50A$，因此正电源 U_{CC} 提供的功率为

$$P_{VC} = U_{CC}I_{CIAV} = 12 \times 1.50W = 18W$$

负电源 U_{EE} 提供的功率为

$$P_{VE} = U_{EE}I_{REF} = 12 \times 1.50W = 18W$$

电源供给的总功率为正负电源提供功率之和，负载输出功率为有用功，其他为无用功，则电路的效率为有用功与总功率之比，即

$$\eta = \frac{P_{om}}{P_{VC} + P_{VE}} \times 100\% = \frac{9}{18 + 18} \times 100\% = 25\%$$

由上例可知，图 3-29 所示的工作在甲类的射极输出器的效率较小。即使在理想情况下，甲类放大电路的效率最高也只能达到 50%。

射极输出器具有输入电阻高、输出电阻低、带负载能力强等特点，所以射极输出器比较适宜作功率放大电路。由于甲类放大电路静态功耗大，电路效率比较低，所以大多采用乙类功率放大电路。但乙类放大电路静态工作点低至截止区，因此只能放大半个周期的信号，会

导致信号失真。为了有效解决失真问题，常采用两个对称的乙类放大电路构成互补电路。

3.2.3　互补推挽乙类功率放大电路

1. 乙类双电源互补对称功率放大电路

如图 3-30 所示，乙类双电源互补对称功率放大电路由一对特性相同的 NPN、PNP 互补 BJT 晶体管组成，两管构成的电路形式都为射极输出器。电路采用正、负双电源供电。由于输出端无电容，此电路又称为 OCL 电路。其工作原理分析如下。

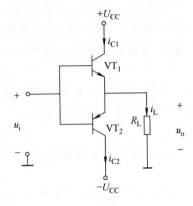

图 3-30　乙类双电源互补对称
功率放大电路

（1）静态分析　由于电路没有静态偏置电路，所以电路中两个晶体管都工作在截止区，无管耗。该电路属于乙类工作状态。此时负载上无电流流过，输出电压 $u_o = 0$，即该电路可以实现零输入时的零输出，因此该电路中输入/输出的耦合电容可以省略。

（2）动态分析　设输入信号为正弦信号，当输入信号为正半周，即 $u_i > 0$ 时，VT$_1$ 导通，VT$_2$ 截止，$i_{C2} = 0$。VT$_1$ 导通的等效电路如图 3-31a 所示，负载上的电流自上而下，输出电压 $u_o > 0$。根据 VT$_1$ 所构成射极输出器的电压跟随特性，在负载 R_L 上形成正半周电压信号输出，如图 3-31c 所示。

当输入信号为负半周，即 $u_i < 0$ 时，VT$_1$ 截止，VT$_2$ 导通，$i_{C1} = 0$。VT$_2$ 导通的等效电路如图 3-31b 所示，负载上的电流自下而上，输出电压 $u_o < 0$。根据 VT$_2$ 所构成射极输出器的电压跟随特性，在负载 R_L 上形成负半周电压信号输出，如图 3-31c 所示。

综上所述，VT$_1$、VT$_2$ 分别只在输入信号的半个周期内导通，属于乙类放大。在输入信号的一个周期内，VT$_1$、VT$_2$ 轮流导通，且流过负载的电流方向相反，从而可在负载上形成完整的正弦波信号。图 3-31c 所示为加入正弦交流信号时电路中各参数的波形，各电流正方向如图 3-30 中的箭头所示。这种电路中，VT$_1$、VT$_2$ 交替工作，互相补充，故又称为乙类互补对称推挽电路。

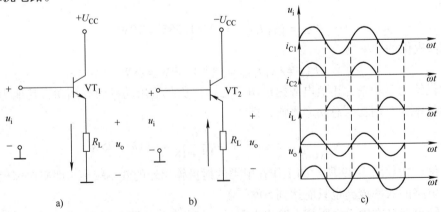

图 3-31　乙类双电源互补对称功率放大电路分析
a）VT$_1$ 导通的等效电路　b）VT$_2$ 导通的等效电路　c）各参数波形

由于该电路没有静态工作点，而晶体管导通需要一定的阈值电压，所以这部分电压需要由交流输入信号来提供。当输入信号小于阈值电压时，晶体管不导通，$u_o = 0$，因此输出电压 u_o 在过零点附近出现失真，称为交越失真，如图 3-32 所示。

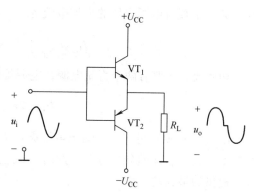

图 3-32　乙类功率放大电路的交越失真

（3）电路参数的计算　在图 3-30 所示的电路中，设输入是正弦电压，在输入信号 u_i 的整个周期内，VT_1、VT_2 轮流导通半个周期，使输出 u_o 是一个完整的正弦信号波形。如图 3-33 所示，图中假定，只要基极电流 $i_B > 0$，晶体管就开始导通。为了便于分析，将 VT_2 的特性曲线倒置在 VT_1 的右下方，并令二者在 Q 点处重合，这时负载线通过 Q 点形成一条斜线，其斜率为 $-1/R_L$。显然，i_C 的最大变化范围为 $2I_{cm}$，u_{CE} 的变化范围为 $2(U_{CC} - U_{CES}) = 2U_{omax}$。

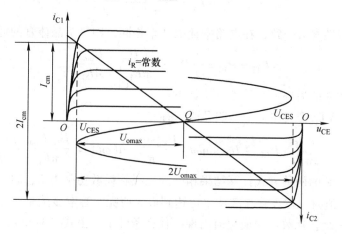

图 3-33　乙类双电源互补对称电路的图解分析

根据乙类双电源互补对称电路的工作情况，输出也是与输入同相的正弦电压，即

$$u_o = \sqrt{2}U_o\sin\omega t = U_{om}\sin\omega t \tag{3-26}$$

式中，U_o 为输出电压有效值；U_{om} 为输出电压振幅。

1）输出功率 P_o。根据功率定义，其大小为电压和电流有效值的乘积，即

$$P_o = U_o I_o = \frac{U_{om}}{\sqrt{2}} \cdot \frac{U_{om}}{\sqrt{2}R_L} = \frac{U_{om}^2}{2R_L} \tag{3-27}$$

由式（3-27）并结合式（3-26）可知，输出电压 u_o 越大，输出功率越高，当晶体管达到临界饱和时，输出电压最大。如图 3-33 所示，$U_{omax} = U_{CC} - U_{CES}$，若忽略 U_{CES}，则 $U_{omax} \approx U_{CC}$，故负载上得到的最大不失真输出功率为

$$P_{omax} = \frac{U_{omax}^2}{2R_L} = \frac{U_{CC}^2}{2R_L} \tag{3-28}$$

2）直流电源提供的功率 P_E。两个直流电源各提供半个周期的电流，其峰值为 $I_{om} = U_{om}/$

R_L，故每个直流电源提供的平均电流为

$$I_E = \frac{1}{2\pi}\int_0^\pi I_{om}\sin\omega t\mathrm{d}(\omega t) = \frac{U_{om}}{\pi R_L} \tag{3-29}$$

功率放大电路有两个直流电源，电源提供的总功率为

$$P_E = 2I_E U_{CC} = \frac{2U_{CC}}{\pi R_L}U_{om} \tag{3-30}$$

由式（3-30）可知，当输出电压振幅 U_{om} 取最大值 $U_{omax} = U_{CC} - U_{CES}$ 时，直流电源提供的功率最大。由前面分析可知，此时负载上的输出功率达到最大功率。若忽略 U_{CES}，直流电源提供的最大功率为

$$P_{Em} = \frac{2U_{CC}(U_{CC} - U_{CES})}{\pi R_L} \approx \frac{2U_{CC}^2}{\pi R_L} \tag{3-31}$$

3）三级管耗散功率 P_T。直流电源提供的功率与输出功率之差即为两个晶体管的耗散功率，即

$$P_T = P_E - P_O = \frac{2U_{CC}U_{om}}{\pi R_L} - \frac{U_{om}^2}{2R_L} \tag{3-32}$$

两个晶体管特性参数一致，在电路中耗散功率相同，则每个晶体管的耗散功率为

$$P_{T1} = P_{T2} = \frac{1}{2}P_T = \frac{U_{CC}U_{om}}{\pi R_L} - \frac{U_{om}^2}{4R_L} \tag{3-33}$$

三级管耗散功率的另外一种计算方法如下：

由分析可知，VT_1 管只在半个周期导通，有

$$P_{T1} = \frac{1}{2\pi}\int_0^\pi (U_{CC} - U_{om}\sin\omega t)\frac{U_{om}\sin\omega t}{R}\mathrm{d}(\omega t) = \frac{U_{CC}U_{om}}{\pi R_L} - \frac{U_{om}^2}{4R_L}$$

三级管耗散功率的两种方式计算结果相同。三级管耗散功率为 U_{om} 的二次函数，那么是不是 U_{om} 达到最大值时，三级管耗散功率也达到最大值呢？答案显然是否定的。下面用求极值的方法来计算三级管耗散功率最大值出现在什么条件下。由式（3-33），有

$$\frac{\mathrm{d}P_{T1}}{\mathrm{d}U_{om}} = \frac{U_{CC}}{\pi R_L} - \frac{U_{om}}{2R_L}$$

令 $\mathrm{d}P_{T1}/\mathrm{d}U_{om} = 0$，可得

$$\frac{U_{CC}}{\pi R_L} - \frac{U_{om}}{2R_L} = 0$$

由分析可知，晶体管耗散功率达到最大值的条件为

$$U_{om} = \frac{2U_{CC}}{\pi} \approx 0.6U_{CC} \tag{3-34}$$

将 $U_{om} = \frac{2U_{CC}}{\pi}$ 代入式（3-33）中，可计算得出单个三级管耗散功率最大的值为

$$P_{T1m} = P_{T2m} = \frac{U_{CC}^2}{\pi^2 R_L} \tag{3-35}$$

由式（3-28）和式（3-35）可以得出负载最大输出功率与最大三级管耗散功率的关系为

$$P_{T1m} = P_{T2m} = \frac{U_{CC}^2}{\pi^2 R_L} = \frac{2}{\pi^2} P_{omax} \approx 0.2 P_{omax} \qquad (3-36)$$

4）效率 η。输出功率与电源提供的总功率之比为功率放大电路的效率，即

$$\eta = \frac{P_o}{P_E} = \frac{\pi}{4} \cdot \frac{U_{om}}{U_{CC}} \qquad (3-37)$$

由式（3-37）可知，输出电压越大，电路效率越高。输出电压最大为 $U_{om} = U_{omax} = U_{CC} - U_{CES}$，若忽略 U_{CES}，则 $U_{om} \approx U_{CC}$，故电路的最大效率为

$$\eta = \frac{P_o}{P_E} = \frac{\pi}{4} \cdot \frac{U_{om}}{U_{CC}} \approx \frac{\pi}{4} \approx 78.5\% \qquad (3-38)$$

5）功率晶体管的选择。在分立元器件功率放大电路中，晶体管是最重要的器件，并且一般都工作在极限状态。为了保证晶体管在电路工作过程中不被损坏，在选择晶体管时必须满足以下条件：

① 晶体管的最大允许耗散功率应大于晶体管在电路中的单管最大耗散功率，即

$$P_{cm} > P_{T1m} = 0.2 P_{omax} \qquad (3-39)$$

② 在功率放大电路中，处于截止状态的晶体管承受的最大反向电压约 2V。晶体管的最大耐压，即反向击穿电压应满足

$$U_{(BR)CEO} > 2 U_{CC} \qquad (3-40)$$

③ 晶体管的最大集电极电流应满足

$$I_C \geqslant \frac{U_{CC}}{R_L} \qquad (3-41)$$

2. 甲乙类双电源互补对称功率放大电路

前面讨论的乙类双电源互补对称功率放大电路在负载上可以得到正、负半周的电压输出信号，但是实际上输出电压波形存在交越失真。为了消除交越失真，可以采用一定的辅助电路建立合适的静态工作点，使两个三级管均工作在临界导通或微导通状态，避开死区段，即工作在甲乙类状态。这样既能消除失真，又不会对功率和效率有太大影响。

图 3-34 所示为甲乙类双电源互补对称功率放大电路，R_1、R_2、VD_1、VD_2 用来作为 VT_1 和 VT_2 的偏置电路。通过合理选择电路中电阻的参数值，使静态时输入到两个三级管基极上的电压刚好克服晶体管的死区电压，则两个晶体管均可达到微导通，晶体管工作在甲乙类状态。由于两二极管 VD_1 和 VD_2 的交流等效电阻很小，故对电路放大性能的影响程度极低，基本可以忽略。在实际应用中，这种电路仍然可以看作乙类双电源互补对称功率放大电路来处理。这种电路的输出功率、效率等指标估算仍使用乙类双电源互补对称功率放大电路的相关公式。

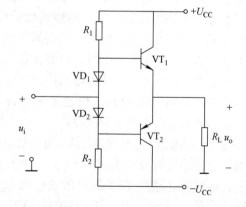

图 3-34　甲乙类双电源互补对称功率放大电路

图 3-34 所示的电路中，为了与前面推动级电路配合方便，输入端一般选在 VT_1 或 VT_2 的基极，如图 3-35a 所示。其中，VT_1 组成前置放大级，VT_1 和 VT_2 组成互补输出级。当

然，这种方式会导致两个晶体管输入信号的不平衡，但是由于二极管的交流等效电阻很小，所以这种影响可以忽略。图3-35b所示的电路也是一种常用的甲乙类双电源互补对称功率放大电路，其中VT$_4$组成前置放大级，与图3-35a所示的电路相比，它的优点是偏置电压易调整。图3-35b所示的电路中，VT$_3$基极的电流远小于流过电阻R_2和R_3的电流，因此VT$_3$基极的电流可忽略不计。于是可以得到VT$_1$、VT$_2$两管基极的偏置电压为

$$U_{BB} = U_{CE3} = U_{R1} + U_{R2} = U_{BE3}\frac{R_2 + R_3}{R_3}$$

因此，利用VT$_3$管的U_{BE3}基本为一固定值0.7V，只要适当调节R_2和R_3的阻值，就可以改变VT$_1$、VT$_2$两管基极的偏置电压大小。这种方法通常称为U_{BE}扩大电路，在集成电路中应用广泛。

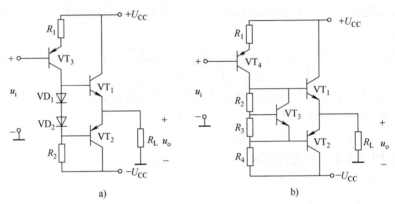

图3-35　常见的甲乙类双电源互补对称功率放大电路

a）带前置放大级的电路　b）U_{BE}扩大电路

3. 甲乙类单电源互补对称功率放大电路

双电源互补对称功率放大电路由于静态时输出端电位为零，负载可以直接连接，不需要耦合电容便可构成OCL电路。OCL电路低频响应好，输出功率大，便于集成，但需要双电源供电，使用不便。如果采用单电源供电，只要在负载之前接入一个大电容即可，这种电路又称为无输出变压器电路，简称OTL电路。甲乙类单电源互补对称功率放大电路如图3-36所示。

适当选取电路中电阻的参数值，可使静态时两个晶体管公共发射极的电压为$U_{CC}/2$，则电路稳定后，输出端电容C_2两端的电压也达到$U_{CC}/2$。

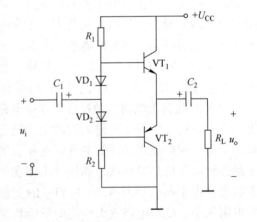

图3-36　甲乙类单电源互补对称功率放大电路

当输入信号u_i为正半周，即$u_i > 0$时，VT$_1$导通，VT$_2$截止，VT$_1$的集电极电流从U_{CC}正极通过VT$_1$、C_2和R_L向C_2充电，根据VT$_1$所构成射极输出器的电压跟随特性，负载R_L上形成正半周输出电压；当输入信号u_i为负半周时，VT$_2$导通，VT$_1$截止，电容C_2通过VT$_2$和R_L放电，负载R_L上形成负半周输出电压，此时，C_2充当VT$_2$的直流电源。在此工作过程中，只要电容C_2值足够大（$R_L C_2$远大于信号周期），其两端电压基本不变。C_2相当于一个

输出电压为 $U_{CC}/2$ 的电压源。在进行相关功率计算时，只需将双电源电路公式中的 U_{CC} 换成 $U_{CC}/2$ 即可。

3.2.4　集成功率放大器

集成功率放大器具有输出功率大、外围连接元器件少、使用方便等优点，目前应用越来越广泛。它的品种很多，TDA2030A 是较为常用的一款放大器。

1. TDA2030A 音频集成功率放大器的组成及功能

TDA2030A 的电气性能稳定，能适应长时间连续工作，内部集成了过载保护和过热保护电路。其金属外壳与负电源引脚相连，所以在单电源使用时，金属外壳能直接固定在散热片上并与地线相连，无需绝缘，使用方便。TDA2030A 既适合作为音频功率放大器，又适合作为其他电子设备中的功率放大器。其主要性能参数如下：

电源电压 U_{CC}：$\pm 3 \sim \pm 18\text{V}$。

输出峰值电流：3.5A。

静态电流：<60mA（测试条件 $U_{CC} = \pm 18\text{V}$）。

电压增益：30dB。

输入电阻：>0.5MΩ。

频响带宽：0 ~ 140kHz。

输出功率：14W（电源电压 $U_{CC} = \pm 15\text{V}$，负载 R =4Ω）。

TDA2030A 的内部电路结构如图 3-37 所示。与其他功放相比，它的引脚和外部元器件都比较少，其外形及引脚排列如图 3-38 所示。其中，引脚 1 为同相输入端，引脚 2 为反相输入端，引脚 3 为负电源端，引脚 4 为输出端，引脚 5 为正电源端。

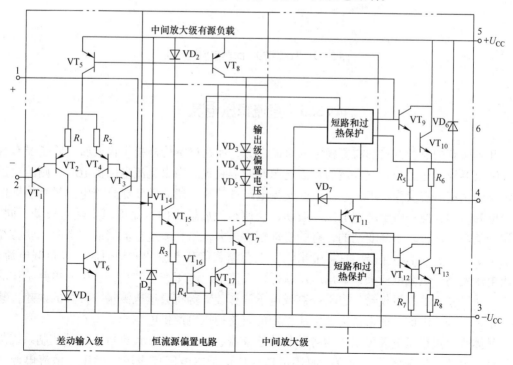

图 3-37　TDA2030A 内部电路结构

2. TDA2030A 的典型应用

图 3-39 所示为 TDA2030A 使用双电源时的典型应用电路。输入信号从同相端输入，R_1、R_2、C_2 构成交流串联电压负反馈，且为深度负反馈。因此，该电路的闭环电压放大倍数为

$$A_{uf} = 1 + \frac{R_2}{R_1} = 1 + \frac{22000}{680} \approx 33 \qquad (3\text{-}42)$$

R_3 为输入端的静态平衡电阻，为了保持两输入端直流电阻平衡，选择 R_1 和 R_2。VD_1、VD_2 为保护二极管，用来限制输出端的电压最大为 $\pm(U_{CC} + 0.7)$ V。C_1、C_4 为去耦电容，用于减少电源内阻对交流信号的影响。C_2、C_3 为耦合电容。

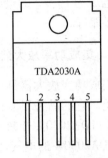

图 3-38　TDA2030A 外形及引脚排列

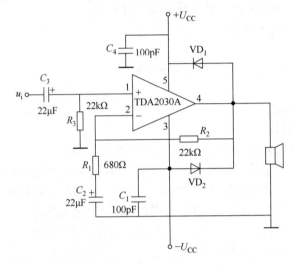

图 3-39　TDA2030A 的典型应用电路

3.3　直流稳压电源

几乎所有的电子电路都需要稳定的直流电源，如在检定检修指示仪表时，除了要有合适的标准仪器外，还必须要有合适的直流电源及调节装置。当由交流电网供电时，则需要把电网供给的交流电转换为稳定的直流电。交流电经过整流、滤波后变成直流电，虽然能够作为直流电源使用，但是由于电网电压的波动，会使整流后输出的直流电压也随着波动。同时，使用中负载电流也是不断变动的，有的变动幅度很大，当它流过整流器的内阻时，就会在内阻上产生一个波动的电压降，这样输出电压也会随着负载电流的波动而波动。负载电流小，输出电压就高，负载电流大，输出电压就低。直流电源电压产生波动，会引起电路工作的不稳定，对于精密的测量仪器、自动控制或电子计算装置等将会造成测量、计算的误差，甚至无法正常工作。因此，通常都需要电压稳定的直流稳压电源供电。

晶体管直流稳压电源可以作为各种晶体管仪器、仪表、电子计算机、自动控制系统与设备的直流电源。精密稳压、稳流电源还可作为检定某些电工仪表用的稳压、稳流电源。因此，晶体管直流稳压电源是科研、生产、教学和维修等单位常用的设备。

3.3.1　工作原理

晶体管串联型直流稳压电源的典型电路框图如图 3-40 所示。它由整流滤波电路、串联型稳压电路、辅助电源和保护电路等部分组成。

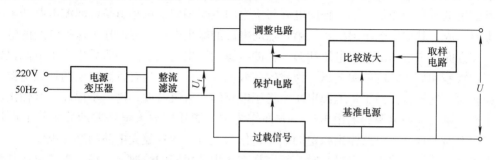

图 3-40　晶体管串联型直流稳压电源的典型电路框图

整流滤波电路包括电源变压器、整流电路和滤波电路。半导体电路常用的直流电源有 6V、12V、18V、24V、30V 等额定电压值，而电网电压一般为交流 220V，要把电网的交流电压变换成所需要的直流电压，首先要经过电源变压器降压，然后通过整流电路将交流电变成脉动的直流电。由于整流后的电压还有较大的交流成分，因此必须通过滤波电路加以滤除，从而得到比较平滑的直流电压。

经过滤波电路后所得到的直流电压虽然脉动小了，但是电压的数值仍是不稳定的，其主要原因有三个方面：一是交流电网的电压一般有 ±10% 左右的波动，因而会引起整流滤波输出的直流电压也有 ±10% 左右的波动；二是整流滤波电路存在内阻，当负载电流变化时，在内阻上的电压降也会变化，使输出的直流电压也随之变化；三是在整流稳压电路中，由于采用的半导体器件特性随环境温度而变化，所以也会造成输出电压不稳定。

稳压电路可以保持输出直流电压的稳定，使之不随电网电压、负载或温度的变化而变化。串联型稳压电路由调整环节、比较放大电路、取样电路和基准电压等部分组成。调整环节中的调整管是串接在滤波电路和负载之间，故称为串联型稳压电路。调整管相当于一个可变电阻，如果输出电压升高了，则其电阻值相应地增大，使输出电压下降；反之，如果输出电压下降了，则其电阻值相应地减小，使输出电压有所升高。这样调整输出电压，使其保持不变，就可达到稳压的目的。

取样电路用电阻分压的方法将输出电压的变化按一定的比例取样，作为取样信号。基准电压是稳定而标准的参考电压。取样信号与基准电压同时加至比较放大电路进行比较，然后将两者之差进行放大，用放大后的电压去控制调整管的基极输入电流，从而改变调整管的直流内阻，使输出电压稳定不变。为提高稳压器的性能，比较放大电路常采用两级差动放大器，放大倍数较大，控制能力较强。另外，对比较放大电路还要求零点漂移小，温度稳定性好。

上述的整流滤波电路与串联型稳压电路组合在一起也称为主电源。其稳压原理是：当电网电压或负载变化引起输出电压增大时，经取样电路产生的取样电压也增大，这时取样电压大于基准电压，其差值经比较放大电路放大后，再经调整环节使调整管的发射极电压减小，从而使调整管的基极电流减小、直流内阻增大，其管压降相应增大，这样便可以使输出电压减小，维持输出电压的稳定。同理，当输出电压减小时，通过取样电路、比较放大电路和调整环节可使调整管的直流内阻减小，并使其管压降减小，从而使输出电压回升，也会使输出电压基本保持不变。

直流稳压电源除了主电源，一般都有两组辅助电源。第一辅助电源由整流器和稳压器组成，其输出电压相当稳定；第二辅助电源与主电源电路相似，也是由整流滤波电路和串联型稳压电路组成，其输出电压很稳定。第一辅助电源的输出电压一方面作为保护电路的电源电压，另一方面与主电源的输出电压和第二辅助电源的输出电压正向串联后作为主电源比较放大电路末级差动放大管的电源电压，为比较放大电路提供一个具有较高电压的稳压电源，使其增益较大，这样就提高了主电源串联型稳压电路的调整灵敏度，进一步提高了其输出电压的稳定性。第二辅助电源的输出电压一方面作为主电源比较放大电路差动放大管的电源电压，另一方面通过分压电路输出稳定的电压，作为主电源比较放大电路的基准电压。

在串联型稳压电路中，当过载时，特别是在输出端短路的情况下，输入直流电压几乎全部落在调整管的两端，这种过载现象即使时间很短，也会使调整管和整流二极管立即烧毁，因此必须采用快速动作的过流自动保护电路，当发生过载或短路时，可以通过保护电路使调整管截止。这时，输出电压和电流基本都下降为零，起到保护作用。这种保护电路称为截止式保护电路。

3.3.2 串联型稳压电路

图 3-41 所示为具有放大环节的串联型晶体管稳压电路。输入电压 U_i 由整流滤波电路供给。取样电路中的电阻 R_1、R_2 组成分压器，把输出电压的变化量取出一部分加到由 T_1 组成的放大器的输入端。电阻 R_3 和稳压管 D_z 组成稳压管稳压电路，用以提供基准电压，使 T_1 的发射极电位固定不变。晶体管 T_1 组成放大器，起比较和放大信号的作用。R_4 是 T_1 的集电极电阻，从 T_1 集电极输出的信号直接加到调整管 T_2 的基极。

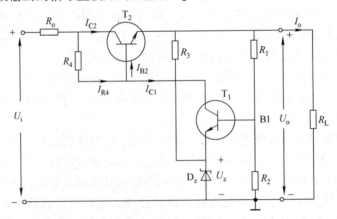

图3-41 串联型稳压电路

当电网电压降低或负载电流增大使输出电压 U_o 降低时，通过 R_1、R_2 的分压作用，T_1 的基极电位 U_{B1} 下降，由于 T_1 的发射极电位 U_{E1} 被稳压管 D_z 稳住而基本不变，二者比较的结果，使 T_1 发射极的正向电压减小，从而使 T_1 的 I_{C1} 减小，U_{C1} 升高。U_{C1} 的升高又使 T_2 的 I_{B2} 和 I_{C2} 增大，U_{CE2} 减小，最后使输出电压 U_o 升高到接近原来的数值。图 3-42 所示为上述稳压过程。

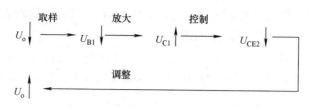

图 3-42　稳压过程

同理，当 U_o 升高时，通过稳压过程也可使 U_o 基本保持不变。

比较放大器可以是一个单管放大电路，但为了提高其增益及输出电压温度稳定性，也可以采用多级差动放大电路和集成运放。调整管通常是功率晶体管，为增大 β 值，使比较放大器的小电流能驱动功率晶体管，也可以是两个或三个晶体管组成的复合管。当调整管的功率不能满足要求时，也可以将若干个调整管并联使用，增加支路，以便扩大输出电流。

由于用途不同，取样电路的接法也不同，如对稳压源，取样电阻是与负载并联，而对稳流源，取样电阻则是与负载串联。有些电子设备需要大小相等而极性相反的双路电源电压。这样的电源电压可以通过对称的双路稳压电路来获得。

3.3.3　辅助电源电路

1. 第一辅助电源电路

在图 3-41 所示的电路中，放大管 T_1 的负载 R_4 直接接在变化较大的输入电压 U_i 上，因此输入电压的变化会直接通过 R_4 作用到调整管 T_2 的基极上，从而使输出电压发生变化，影响其稳定性。为了克服这个缺点，可以采用一个独立的辅助电源 U_{z2} 供电，如图 3-43 所示。这个电源也称为第一辅助电源，是由 R_4 和 D_{z2} 组成的稳压电路。由同一变压器的另一次级绕组经整流滤波得到电压 U_{i1}，经稳压电路得到稳定电压 U_{z2}，该电压与 U_o 串联后作为 T_1 的

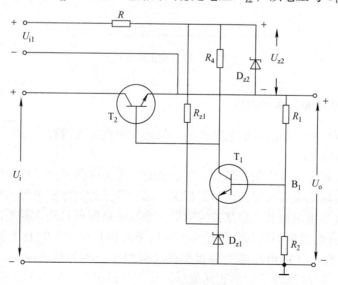

图 3-43　第一辅助电源电路

电源。由于 U_{z2} 与 U_o 都是相当稳定的，所以电源电压的波动对输出电压的影响可大大减小。

由于 U_{z2} 与 U_o 相加作为比较放大器的电源，所以 R_4 可以选得比较大，以提高放大倍数，从而进一步增强控制能力，提高输出电压的稳定性。

2. 第二辅助电源电路

在图 3-41 所示的电路中，串联型稳压电路的输出电压 U_o 可以由下式给出：

$$U_o = (U_z + U_{BE1}) \frac{R_1 + R_2}{R_2} \tag{3-43}$$

可见，改变取样电路的分压比，可以调节输出电压的大小。R_1 越小则输出电压 U_o 也越小。当 $R_1 = 0$ 时，输出电压最低，其值为 $U_{omin} = U_z + U_{BE1}$，即输出电压的最低值仍高于稳压管工作电压 U_z。输出电压不可能调整到零是这种电路的缺点。为了扩大输出电压的调整范围，可增加第二辅助电源，如图 3-44 所示。这种电路稳压管的电压是由另一组整流电路的 U_{i2} 供给，从图中可以直观看出，如果 $R_1 = 0$，则 $U_o = U_{BE1} \approx 0$。可见，第二辅助电源提供了调节输出电压接近于零的可能性，只要改变取样电路的分压比，就可实现输出电压在大范围内连续可调的要求。

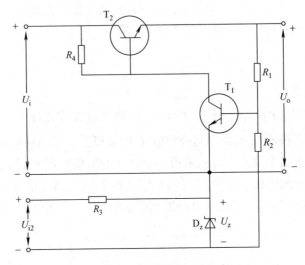

图 3-44 第二辅助电源电路

3.3.4 串联型稳压电路的保护电路

串联型晶体管稳压电路的保护电路可分为限流式和截止式两种。

1. 限流式保护电路

限流式保护电路是当输出电流超过一定数值时，保护电路开始工作，使调整管处于不完全截止状态，此时输出电流和输出电压都相应下降，即可达到保护电源的目的。这种保护电路比较简单，而且当输出过载或短路被排除后，稳压电路便可自动恢复工作。

图 3-45 中双点画线包围的部分是较常见的限流式保护电路。T_3 称为保护管。输出电压经 R_5 和 R_6 分压，取 R_6 上的电压给 T_3 基极提供反向偏压。R_7 为检测电阻，其阻值较小。输出电流在 R_7 上的压降给 T_3 基极提供正向偏压。在正常情况下，R_6 上的反向偏压超过 R_7 上的正向偏压，所以 T_3 处于截止状态，对稳压电路工作没有影响。当过载使输出电流过大时，

R_7 正向压降也增大，使 T_3 处于导通状态，于是 T_3 管两端电压减小，使调整管 T_2 发射极正向电压也减小，从而使调整管电流减小，输出电流和电压都减小，起到保护调整管的作用。

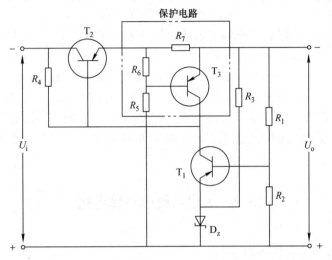

图 3-45　限流保护电路

这种保护电路维持 T_3 导通的必要条件是输出电流经过 R_7 产生正向偏压，因此只能把输出电流减小到一定程度，而不能使调整管截止。当输出过载原因被排除后，这种保护电路可以自动恢复到正常状态。其优点是简单可靠，缺点是过载时调整管上仍消耗较大的功率。

2. 截止式保护电路

截止式保护电路是当负载过载或短路时，通过保护电路使调整管截止，这时输出电压和电流基本都下降为零，从而起到保护作用。截止式保护电路稍微复杂。它又可分为两种情况：一种是可自动恢复工作；另一种是当故障排除后必须依靠复位按钮或切断交流电源重新开机，稳压电源才能恢复正常工作。

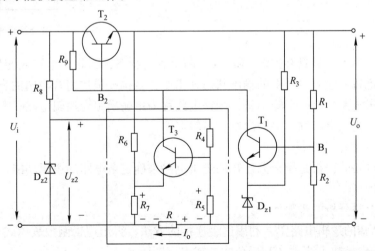

图 3-46　截止式保护电路

图 3-46 中双点画线包围的部分为截止式保护电路。图中电阻 R_8、稳压管 D_{z2} 及分压电阻 R_4、R_5 为保护管 T_3 提供基极电压，由输出电压 U_o 经电阻 R_6、R_7 分压供给 T_3 发射极电

压，检测电阻 R 接在 R_7 和 R_5 之间，输出电流 I_o 流过它产生电压降，R_5、R_7 和 R 上电压的极性如图所示，可见加在保护管 T_3 的发射极电压为

$$U_{BE3} = (U_{R5} + U_R) - U_{R7} \tag{3-44}$$

当稳压电路正常工作时，I_o 在额定值内，$U_R = I_o R$ 较小，使 $U_{R5} + U_R < U_{R7}$，则 U_{BE3} 为负值，T_3 管发射极反向偏置而可靠地截止。此时保护电路不起作用，对稳压电路的正常工作没有影响。当输出电流 I_o 超过额定值时，R 上电压增加使 T_3 导通，其集电极电压 U_{C3} 下降，即调整管 T_2 的 U_{B2} 下降，致使它趋于截止，U_{CE2} 增大，输出电压 U_o 随之减小，结果 R_7 上的电压 U_{R7} 减小，使 T_3 管进一步导通，又使 U_o 进一步下降，形成正反馈过程，以致调整管 T_2 迅速截止，输出电压和电流均接近于零。此时靠 R_5 上的电压 U_{R5} 维持 T_3 导通，T_2 截止，达到了保护的目的。

3.4　组合与时序逻辑电路

3.4.1　组合逻辑电路的分析与设计

所谓组合逻辑电路，是指电路任何时刻的输出状态只由同一时刻的输入状态决定，而与输入信号作用前电路的输出状态无关。组合逻辑电路的特点是：输出与输入之间没有反馈，电路不具有记忆功能，电路在结构上由基本门电路组成。组合逻辑电路框图如图 3-47 所示。

从图 3-47 可知，它有 n 个输入端，m 个输出端。输出端的状态仅取决于此刻 n 个输入端的状态。输出与输入之间的关系可用 m 个逻辑函数式来进行描述，即

图 3-47　组合逻辑电路框图

$$Z_1 = f_1(x_1, x_2, \cdots, x_n)$$
$$Z_2 = f_2(x_1, x_2, \cdots, x_n)$$
$$\cdots$$
$$Z_m = f_m(x_1, x_2, \cdots, x_n)$$

每个输入、输出变量只有 "0" 和 "1" 两个逻辑状态，因此 n 个输入变量有 2^n 种不同的输入组合，把每种输入组合下的输出状态列出来，就构成描述组合逻辑的真值表。

若组合逻辑电路只有一个输出量，则该电路称为单输出组合逻辑电路；若组合逻辑电路有多个输出量，则该电路称为多输出组合逻辑电路。

1. 组合逻辑电路的分析

组合逻辑电路的分析是指根据已知的逻辑电路来确定该电路的逻辑功能，或者检查电路的设计是否合理。

组合逻辑电路分析的步骤如下：

1）根据已知的逻辑电路图，利用逐级递推的方法，得出逻辑函数表达式。

2）化简逻辑函数表达式（利用公式法或卡诺图法）。

3）列出真值表。

4）说明电路的逻辑功能。

例 3-5　分析图 3-48 所示组合逻辑电路的功能。

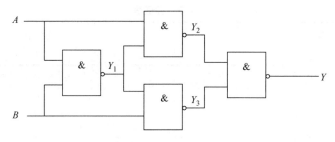

图 3-48　组合逻辑电路

解：① 根据逻辑电路图写出逻辑表达式：

$$Y_1 = \overline{AB}$$

$$Y_2 = \overline{A \cdot Y_1} = \overline{A \cdot \overline{AB}} = \overline{A \cdot \overline{B}}$$

$$Y_3 = \overline{Y_1 \cdot \overline{B}} = \overline{\overline{AB} \cdot B} = \overline{\overline{A} \cdot B}$$

$$Y = \overline{Y_2 \cdot Y_3}$$

② 化简逻辑函数表达式：

$$Y = \overline{Y_2 \cdot Y_3} = \overline{\overline{A \cdot \overline{B}} \cdot \overline{\overline{A} \cdot B}} = A\overline{B} + \overline{A}B = A \oplus B$$

③ 列真值表（见表 3-1）：

表 3-1　真值表

A　B	Y
0　0	0
0　1	1
1　0	1
1　1	0

④ 说明电路的功能：由真值表可知，该电路完成了"异或"运算功能。

2. 组合逻辑电路的设计

组合逻辑电路的设计是根据给定的逻辑功能要求，设计出最佳的逻辑电路。

组合逻辑电路设计的步骤如下：

1）根据给定的逻辑功能要求列出真值表。

2）根据真值表写出输出逻辑函数表达式。

3）化简逻辑函数表达式。

4）根据表达式画出逻辑电路。

例 3-6　某职业技术学校进行职业技能测评，有三名评判员：一名主评判员（取值用 A 表示）、两名副评判员（取值分别用 B 和 C 表示）。测评通过按照少数服从多数的原则，若主评判员判为合格也通过。设计该逻辑电路。

解：① 设 A、B 和 C 取值为"1"表示评判员判合格，为"0"则表示判不合格。输出 Y 为"1"表示学生测评通过，为"0"则表示测评不通过。根据题意列出真值表（见表 3-2）。

表 3-2　真值表

输　入	输　出
$A\ B\ C$	Y
0　0　0	0
0　0　1	0
0　1　0	0
0　1　1	1
1　0　0	1
1　0　1	1
1　1　0	1
1　1　1	1

② 根据真值表写出逻辑函数表达式：

$$Y = \overline{A}BC + A\overline{B}\,\overline{C} + A\overline{B}C + AB\overline{C} + ABC$$

③ 化简逻辑函数：利用卡诺图法化简，如图 3-49 所示。

$$Y = A + BC$$

④ 根据逻辑函数表达式画出逻辑电路，如图 3-50 所示。

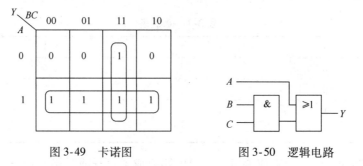

图 3-49　卡诺图　　　　　　图 3-50　逻辑电路

注意：若本题要求用"与非"门来设计逻辑电路，则需要将表达式转换为

$$Y = A + BC = \overline{\overline{A + BC}} = \overline{\overline{A} \cdot \overline{BC}}$$

然后画出逻辑电路，如图 3-51 所示。

3.4.2　编码器

编码是指以二进制码来表示给定的数字、字符或信息。实现编码功能的数字逻辑电路称为编码器。按照编码方式不同，编码器可分为普通编码器和优先编码器；按照输出代码种类的不同，可分为二进制编码器和非二进制编码器。

1. 组合二进制编码器

在编码过程中，要注意二进制代码的位数。1 位二进制代码能确定 2 个特定含义，2 位二进制代码能确定 4 个特定含义，3 位二进制代码能确定 8 个特定含义，以此类推，n 位二进制代码能确定 2^n 个特定含义。若输入信号的个数 N 与输

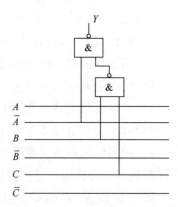

图 3-51　"与非"门构成的
逻辑电路

出变量的位数 n 满足关系式 $N = 2^n$，此电路则称为二进制编码器。常见的编码器有 8 线 – 3 线，16 线 – 4 线等。下面以 74LS148 优先编码器为例进行介绍。

74LS148 是 8 线 – 3 线优先编码器。优先编码器是当多个输入端同时有信号时，电路按照输入信号的优先级别依次进行编码。图 3-52 所示为 74LS148 的引脚排列图及逻辑符号，其中 $\overline{I_0} \sim \overline{I_7}$ 为输入信号端，$\overline{S}$ 是使能输入端，$\overline{Y_0} \sim \overline{Y_2}$ 是三个输出端，$\overline{Y_S}$ 和 $\overline{Y}_{EX}$ 是用于扩展功能的输出端。

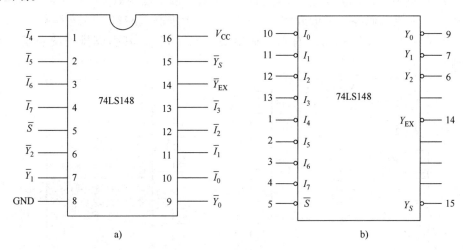

图 3-52　74LS148 优先编码器

a）引脚排列图　b）逻辑符号

74LS148 优先编码器的功能见表 3-3。

表 3-3　74LS148 优先编码器的功能

使能端	输　入								输　出			扩展输出	使能输出
$\overline{S}$	$\overline{I_7}$	$\overline{I_6}$	$\overline{I_5}$	$\overline{I_4}$	$\overline{I_3}$	$\overline{I_2}$	$\overline{I_1}$	$\overline{I_0}$	$\overline{Y_2}$	$\overline{Y_1}$	$\overline{Y_0}$	$\overline{Y}_{EX}$	$\overline{Y_S}$
1	×	×	×	×	×	×	×	×	1	1	1	1	1
0	1	1	1	1	1	1	1	1	1	1	1	1	0
0	0	×	×	×	×	×	×	×	0	0	0	0	1
0	1	0	×	×	×	×	×	×	0	0	1	0	1
0	1	1	0	×	×	×	×	×	0	1	0	0	1
0	1	1	1	0	×	×	×	×	0	1	1	0	1
0	1	1	1	1	0	×	×	×	1	0	0	0	1
0	1	1	1	1	1	0	×	×	1	0	1	0	1
0	1	1	1	1	1	1	0	×	1	1	0	0	1
0	1	1	1	1	1	1	1	0	1	1	1	0	1

从表 3-3 可知，输入和输出均为低电平有效。当使能输入端 $\overline{S} = 1$ 时，编码器禁止编码；只有 $\overline{S} = 0$ 时允许编码。

输入中 $\overline{I_7}$ 优先级最高，$\overline{I_0}$ 优先级最低，即只要 $\overline{I_7} = 0$，此时其他输入端即使为 0，输出也只对 $\overline{I_7}$ 编码，对应的输出为 $\overline{Y_2}\,\overline{Y_1}\,\overline{Y_0} = 000$。

$\overline{Y}_S$ 为使能输出端，在 $\overline{S}=0$ 允许工作时，如果 $\overline{I}_0 \sim \overline{I}_7$ 端有信号输入，$\overline{Y}_S=1$；若 $\overline{I}_0 \sim \overline{I}_7$ 端无信号输入时，$\overline{Y}_S=0$。

$\overline{Y}_{EX}$ 为扩展输出端，当 $\overline{S}=0$ 时，只要有编码信号，$\overline{Y}_{EX}$ 就是低电平。

利用 $\overline{S}$、$\overline{Y}_S$ 和 $\overline{Y}_{EX}$ 三个特殊功能端可以将编码器进行扩展。

2. 二-十进制编码器

二-十进制编码器是指用 4 位二进制代码表示 1 位十进制数（0~9）的编码器电路，也称为 10 线 -4 线编码器。下面介绍 74LS147 二-十进制（8421）优先编码器。74LS147 编码器有 9 个输入端（$\overline{I}_1 \sim \overline{I}_9$），有 4 个输出端（$\overline{Y}_0 \sim \overline{Y}_3$）。其引脚排列图及逻辑符号如图 3-53 所示。

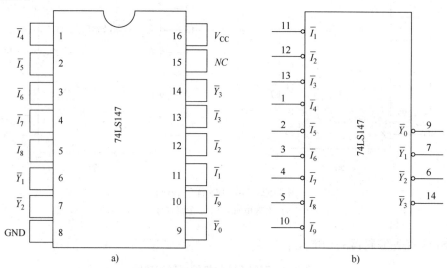

图 3-53　74LS147 优先编码器

a）引脚排列图　b）逻辑符号

74LS147 优先编码器的功能见表 3-4。

表 3-4　74LS147 优先编码器的功能

输　入									输　出			
$\overline{I}_9$	$\overline{I}_8$	$\overline{I}_7$	$\overline{I}_6$	$\overline{I}_5$	$\overline{I}_4$	$\overline{I}_3$	$\overline{I}_2$	$\overline{I}_1$	$\overline{Y}_3$	$\overline{Y}_2$	$\overline{Y}_1$	$\overline{Y}_0$
1	1	1	1	1	1	1	1	1	1	1	1	1
1	1	1	1	1	1	1	1	0	1	1	1	0
1	1	1	1	1	1	1	0	×	1	1	0	1
1	1	1	1	1	1	0	×	×	1	1	0	0
1	1	1	1	1	0	×	×	×	1	0	1	1
1	1	1	1	0	×	×	×	×	1	0	1	0
1	1	1	0	×	×	×	×	×	1	0	0	1
1	1	0	×	×	×	×	×	×	1	0	0	0
1	0	×	×	×	×	×	×	×	0	1	1	1
0	×	×	×	×	×	×	×	×	0	1	1	0

由表3-4可知，编码器的输入端中$\bar{I}_9$级别最高，$\bar{I}_1$级别最低。编码器的输出端以反码的形式输出，$\bar{Y}_3$为最高位，$\bar{Y}_0$为最低位。用一组4位二进制代码来表示1位十进制数，在使用二–十进制编码器电路时输入信号为低电平有效，若信号输入无效，即9个输入信号全部为"1"，表示输入的十进制数为"0"，则输出$\bar{Y}_3\bar{Y}_2\bar{Y}_1\bar{Y}_0 = 1111$（0的反码）；若输入信号有效，则根据输入信号的优先级别输出级别最高的信号的编码。

3.4.3　译码器

译码是编码的逆过程，是把每一组输入的二进制代码"翻译"成为一个特定的输出信号的过程。实现译码功能的数字电路称为译码器。译码器分为变量译码器和显示译码器。

1. 二进制译码器

将二进制代码"翻译"成对应的输出信号的电路称为二进制译码器。常见的二进制译码器有2线–4线译码器、3线–8线译码器、4线–16线译码器等。下面以3线–8线的集成译码器74LS138为例介绍二进制译码器。74LS138的引脚排列图和逻辑符号如图3-54所示。A_2、A_1、A_0为译码器的3个输入端，$\bar{Y}_0 \sim \bar{Y}_7$为译码器的输出端（低电平有效）。

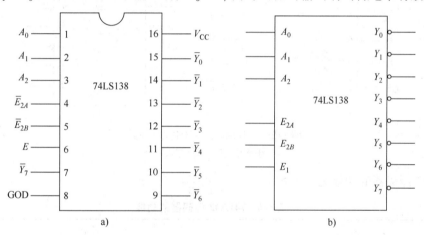

图 3-54　74LS138 译码器

a）引脚排列图　b）逻辑符号

74LS138译码器的功能见表3-5。

表 3-5　74LS138 译码器的功能

输　　入						输　　出							
E_1	$\overline{E_{2A}} + \overline{E_{2B}}$		A_2	A_1	A_0	$\bar{Y}_7$	$\bar{Y}_6$	$\bar{Y}_5$	$\bar{Y}_4$	$\bar{Y}_3$	$\bar{Y}_2$	$\bar{Y}_1$	$\bar{Y}_0$
×	1		×	×	×	1	1	1	1	1	1	1	1
0	×		×	×	×	1	1	1	1	1	1	1	1
1	0		0	0	0	1	1	1	1	1	1	1	0
1	0		0	0	1	1	1	1	1	1	1	0	1
1	0		0	1	0	1	1	1	1	1	0	1	1
1	0		0	1	1	1	1	1	1	0	1	1	1
1	0		1	0	0	1	1	1	0	1	1	1	1
1	0		1	0	1	1	1	0	1	1	1	1	1
1	0		1	1	0	1	0	1	1	1	1	1	1
1	0		1	1	1	0	1	1	1	1	1	1	1

由表 3-5 可知，当三个使能输入端 $E_1 = 1$，且 $\overline{E}_{2A} = \overline{E}_{2B} = 0$ 时，74LS138 译码器才工作，否则译码器不工作。74LS138 译码器正常工作时，输出端与输入端的逻辑函数关系为

$$\overline{Y}_0 = \overline{\overline{A}_2\, \overline{A}_1\, \overline{A}_0} \qquad \overline{Y}_1 = \overline{\overline{A}_2\, \overline{A}_1 A_0} \qquad \overline{Y}_2 = \overline{\overline{A}_2 A_1\, \overline{A}_0} \qquad \overline{Y}_3 = \overline{\overline{A}_2 A_1 A_0}$$

$$\overline{Y}_4 = \overline{A_2\, \overline{A}_1\, \overline{A}_0} \qquad \overline{Y}_5 = \overline{A_2\, \overline{A}_1 A_0} \qquad \overline{Y}_6 = \overline{A_2 A_1\, \overline{A}_0} \qquad \overline{Y}_7 = \overline{A_2 A_1 A_0}$$

2. 二 – 十进制译码器

将 4 位二进制代码 "翻译" 成对应的输出信号的电路称为二 – 十进制译码器。下面以二 – 十进制译码器 74LS42 为例，如图 3-55 所示为 74LS42 的引脚排列图和逻辑符号。该译码器有 4 个输入端（$A_0 \sim A_3$）、10 个输出端（$\overline{Y}_0 \sim \overline{Y}_9$），简称 4 线 – 10 线译码器。

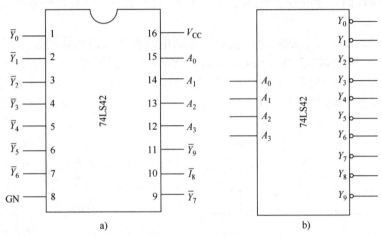

图 3-55　74LS42 二 – 十进制译码器

a) 引脚排列图　b) 逻辑符号

74LS42 译码器的功能见表 3-6。

表 3-6　74LS42 译码器的功能

| 输　入 | | | | 输　出 | | | | | | | | | |
A_3	A_2	A_1	A_0	$\overline{Y}_9$	$\overline{Y}_8$	$\overline{Y}_7$	$\overline{Y}_6$	$\overline{Y}_5$	$\overline{Y}_4$	$\overline{Y}_3$	$\overline{Y}_2$	$\overline{Y}_1$	$\overline{Y}_0$
0	0	0	0	1	1	1	1	1	1	1	1	1	0
0	0	0	1	1	1	1	1	1	1	1	1	0	1
0	0	1	0	1	1	1	1	1	1	1	0	1	1
0	0	1	1	1	1	1	1	1	1	0	1	1	1
0	1	0	0	1	1	1	1	1	0	1	1	1	1
0	1	0	1	1	1	1	1	0	1	1	1	1	1
0	1	1	0	1	1	1	0	1	1	1	1	1	1
0	1	1	1	1	1	0	1	1	1	1	1	1	1
1	0	0	0	1	0	1	1	1	1	1	1	1	1
1	0	0	1	0	1	1	1	1	1	1	1	1	1

由表 3-6 可知，Y_0 的输出为 $Y_0 = \overline{\overline{A}_3\, \overline{A}_2\, \overline{A}_1\, \overline{A}_0}$，在输入 $A_3 A_2 A_1 A_0$ 为 0000 时，对应的十进制数为 0，从而输出 $\overline{Y}_0 = 0$。其余输出请读者自行推导。

3. 译码器的应用

由 74LS138 译码器的逻辑函数关系表达式可知，它的每个输出端都表示一个最小项，而任何函数都可以写成最小项表达式的形式，利用这个特点，可以用 74LS138 译码器来实现逻辑函数。

例 3-7　用 74LS138 译码器实现逻辑函数 $Y = \overline{A}B\overline{C} + ABC + A\overline{B}\,\overline{C}$。

解：由于

$$Y = \overline{A}B\overline{C} + ABC + A\overline{B}\,\overline{C} = \overline{\overline{\overline{A}B\overline{C}} \cdot \overline{ABC} \cdot \overline{A\overline{B}\,\overline{C}}}$$

用逻辑函数中的变量 A、B、C 来代替 74LS138 译码器中的输入 A_2、A_1、A_0，则有

$$Y = \overline{\overline{Y_2} \cdot \overline{Y_7} \cdot \overline{Y_4}}$$

将 74LS138 译码器中相对应的输出端连接到一个"与非"门上，那么"与非"门的输出就是逻辑函数 $Y = \overline{A}B\overline{C} + ABC + A\overline{B}\,\overline{C}$。其逻辑电路如图 3-56 所示。

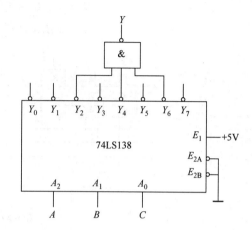

图 3-56　74LS138 译码器实现逻辑函数的逻辑电路

3.4.4　加法器

1. 半加器

半加器是只考虑两个加数本身，而不考虑来自低位进位的逻辑电路。

如果设计 1 位二进制半加器，那么输入变量有两个，分别为加数 A 和被加数 B，输出变量也有两个，分别为和数 S 和进位 C。半加器的真值表见表 3-7。

表 3-7　半加器的真值表

A	B		S	C
0	0		0	0
0	1		1	0
1	0		1	0
1	1		0	1

由表 3-7 可以写出半加器的逻辑表达式为

$$S = \overline{A}B + A\overline{B}$$

$$C = AB$$

根据半加器的逻辑函数表达式，可采用"与非"门来实现，其逻辑电路如图 3-57a 所示，逻辑符号如图 3-57b 所示。

2. 全加器

全加器指的是不仅考虑两个 1 位二进制数 A_i 和 B_i 相加，而且还考虑来自低位进位数 C_{i-1} 相加的逻辑运算电路。在全加器的输入中，A_i 和 B_i 分别是被加数和加数，C_i 为低位的进位数；其输出 SO 表示本位的和数，CO 表示本位向高位的进位数。全加器的真值表见表 3-8。

由表 3-8 可求出全加器的逻辑函数表达式为

$$
\begin{aligned}
SO &= \overline{A}_i\,\overline{B}_i C_i + \overline{A}_i B_i\,\overline{C}_i + A_i\,\overline{B}_i\,\overline{C}_i + A_i B_i C_i \\
&= (A_i \oplus B_i)\overline{C}_i + \overline{A_i \oplus B_i}\,C_i \\
&= A_i \oplus B_i \oplus C_i \\
CO &= \overline{A}_i B_i C_i + A_i\,\overline{B}_i C_i + A_i B_i\,\overline{C}_i + A_i B_i C_i \\
&= A_i B_i + B_i C_i + A_i C_i
\end{aligned}
$$

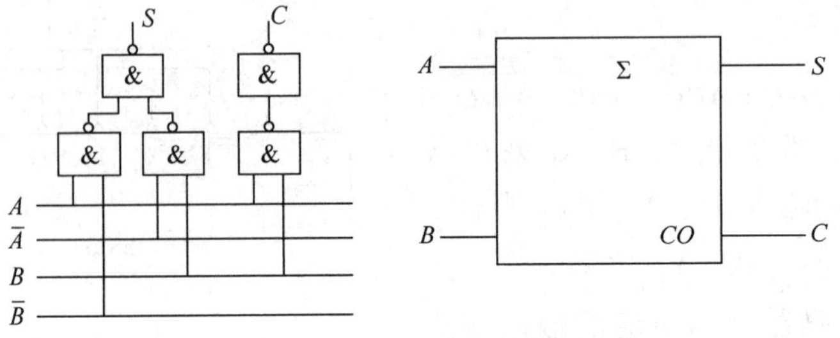

a)　　b)

图 3-57　半加器

a）逻辑电路　b）逻辑符号

根据全加器的逻辑函数表达式，可以画出全加器的逻辑电路如图 3-58a 所示，其逻辑符号如图 3-58b 所示。

3. 多位加法器

能够实现多位二进制数相加运算的电路称为多位加法器。多位加法器按进位方式的不同可分为串行进位和超前进位两种。任意一位的加法运算必须在低一位的运算完成之后才能进行，这种方式称为串行进位。这种加法器的逻辑电路比较简单，但它的运算速度不高。而超前进位的加法器则是使每位的进位只由加数和被加数决定，利用快速进位电路把各位的进位同时算出来，因而运算速度较高。

表 3-8　全加器的真值表

输入 A_i　B_i　C_i	输出 SO　CO
0 0 0	0 0
0 0 1	1 0
0 1 0	1 0
0 1 1	0 1
1 0 0	1 0
1 0 1	0 1
1 1 0	0 1
1 1 1	1 1

3.4.5　时序逻辑电路的分析与设计

组合逻辑电路的输出只与当时的输入有关，而与电路以前的状态无关。时序逻辑电路是一种与时序有关的逻辑电路，它以组合逻辑电路为基础，又与组合逻辑电路不同。时序逻辑

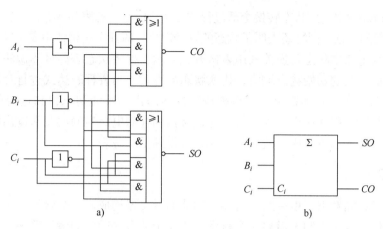

图 3-58　全加器

a）逻辑电路　b）逻辑符号

电路的特点是，在任何时刻电路产生的稳定输出信号不仅与该时刻电路的输入信号有关，而且还与电路过去的状态有关。所以时序逻辑电路都是由组合逻辑电路和存储电路两部分组成。

时序逻辑电路可以分为两大类：同步时序逻辑电路和异步时序逻辑电路。在同步时序逻辑电路中，电路的状态仅仅在统一的时钟信号控制下才同时变化一次。如果没有时钟信号，即使输入信号发生变化，它也只可能会影响输出，而不会改变电路的状态。

在异步时序逻辑电路中，存储电路的状态变化不是同时发生的。这种电路中没有统一的时钟信号。任何输入信号的变化都可能立刻引起异步时序逻辑电路状态的变化。

此外，有时还根据输出信号的特点将时序逻辑电路划分为米利（Mealy）型和穆尔（Moore）型两种。米利型电路的输出信号不仅取决于存储电路的状态，而且还取决于输入变量。米利型电路的输出是输入变量和现态的函数。而在穆尔型电路中，输出信号仅取决于存储电路的状态。可见，穆尔型电路只不过是米利型电路的一种特例而已。

鉴于时序逻辑电路在工作时是在电路的有限个状态之间按一定的规律转换的，因此在有些文献中又将时序逻辑电路称为有限状态机（Finite State Machine）或算法状态机（Algorithmic State Machine）。它是一个从实际中抽象出来的数学模型，用来描述一个系统的操作特性。

由于时序逻辑电路与组合逻辑电路在结构和性能上不同，因此在研究方法上两者也有所不同。组合逻辑电路的分析和设计所用到的主要工具是真值表，而时序逻辑电路的分析和设计所用到的工具主要是状态转换表（简称状态表）和状态图。

时序逻辑电路中用"状态"来描述时序问题。使用"状态"概念后，我们就可以将输入和输出中的时间变量去掉，直接用表达式来说明时序逻辑电路的功能。所以"状态"是时序逻辑电路中非常重要的概念。

我们把正在讨论的状态称为"现态"，用符号 Q 表示；把在时钟脉冲 CP 作用下将要发生的状态称为"次态"，用符号 Q^* 表示。描述次态的方程称为状态方程，一个时序逻辑电路的主要特征是由状态方程给出的，因此状态方程在时序逻辑电路的分析与设计中十分重要。

用于描述时序逻辑电路状态转换全部过程的方法主要是状态表和状态图。它们不但能说明输出与输入之间的关系，同时还表明了状态的转换规律。两种方法相辅相成，经常配合使用。

在时序逻辑电路中状态转换关系用表格方式表示，称为状态表。具体做法是将任意一组输入变量及存储电路的初始状态取值，代入状态方程和输出方程表达式进行计算，求出存储电路的下一状态（次态）和输出值，再把得到的次态作为新的初态，和这时的输入变量取值一起再代入状态方程和输出方程进行计算，又得到存储电路新的次态和输出值，如此继续下去，将全部的计算结果列成真值表的形式，就得到了状态表。

3.4.6　寄存器

寄存器用于存储数据，由一组具有存储功能的触发器构成。一个触发器可以存储 1 位二进制数，要存储 n 位二进制数需要 n 个触发器。无论是电平触发的触发器还是边沿触发的触发器都可以组成寄存器。

按照功能的不同，可将寄存器分为基本寄存器和移位寄存器两类。基本寄存器只能并行送入数据，需要时也只能并行输出。移位寄存器具有数据移位功能，在移位脉冲作用下，存储在寄存器中的数据可以依次逐位右移或左移。数据输入输出方式有并行输入并行输出、串行输入串行输出、并行输入串行输出、串行输入并行输出四种。

移位寄存器不仅具有存储功能，而且存储的数据能够在时钟脉冲控制下逐位左移或者右移。根据移位方式的不同，移位寄存器可分为单向移位寄存器和双向移位寄存器两大类。

1. 单向移位寄存器

单向移位寄存器分为左移寄存器和右移寄存器，如图 3-59 所示。图 3-59a 所示为右移寄存器，当 CP（时钟脉冲）上升沿到来时，串行输入端 D_i 送数据入 FF_0 中，$FF_1 \sim FF_3$ 接受各自左边触发器的状态，即 $FF_0 \sim FF_2$ 的数据依次向右移动一位。经过 4 个 CP 作用，4 个数据被串行送入到寄存器的 4 个触发器中，此后可从 $Q_0 \sim Q_3$ 获得 4 位并行输出，实现串并转换。再经过 4 个 CP 的作用，存储在 $FF_0 \sim FF_3$ 的数据依次从串行输出端 Q_3 移出，实现并串转换。

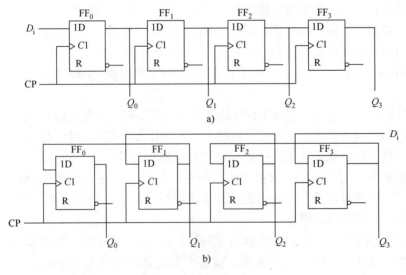

图 3-59　单向移位寄存器

a）右移寄存器　b）左移寄存器

表 3-9 中列出了 4 位右移寄存器的状态。在 4 个时钟周期内依次输入 4 个 1，经过 4 个 CP，寄存器变成全 1 状态，再经过 4 个 CP，连续输入 4 个 0，寄存器被清零。

表 3-9　4 位右移寄存器的状态表

输　入		现　态				次　态				输　出
D_i	CP	Q_0	Q_1	Q_2	Q_3	Q_0^*	Q_1^*	Q_2^*	Q_3^*	Q_3
1	↑	0	0	0	0	1	0	0	0	0
1	↑	1	0	0	0	1	1	0	0	0
1	↑	1	1	0	0	1	1	1	0	0
1	↑	1	1	1	1	1	1	1	1	1
0	↑	1	1	1	1	0	1	1	1	1
0	↑	0	1	1	1	0	0	1	1	1
0	↑	0	0	1	1	0	0	0	1	1
0	↑	0	0	0	1	0	0	0	0	0

单向移位寄存器的特点是：在 CP 的作用下，单向移位寄存器中的数据可以依次左移或右移；n 位单向移位寄存器可以寄存 n 位二进制代码。n 个 CP 即可完成串行输入工作，并从 $Q_0 \sim Q_{n-1}$ 并行输出端获得 n 位二进制代码，再经 n 个 CP 又可实现串行输出工作；若串行输入端连续输入 n 个 0，则在 n 个 CP 后寄存器被清零。

2. 双向移位寄存器

在单向移位寄存器的基础上，把右移寄存器和左移寄存器组合起来，加上移位方向控制信号和控制电路，即可构成双向移位寄存器。常用的中规模集成芯片有 74LS194，它除了具有左移、右移功能之外，还具有并行数据输入和在时钟信号到达时保持原来状态不变等功能。

74LS194 由 4 个 RS 触发器和一些门电路构成，每个触发器的输入都是由一个四选一数据选择器给出。其逻辑符号如图 3-60 所示。

$D_0 \sim D_3$ 是并行数据输入端，$Q_0 \sim Q_3$ 是并行数据输出端，D_{IR} 是右移串行数据输入端，D_{IL} 是左移串行数据输入端，R_D' 是异步清零端，低电平有效。S_1、S_0 是工作方式选择端，其选择功能是：$S_1 S_0 = 00$ 为状态保持，$S_1 S_0 = 01$ 为右移，$S_1 S_0 = 10$ 为左移，$S_1 S_0 = 11$ 为并行送数。双向移位寄存器 74LS194 的功能见表 3-10。

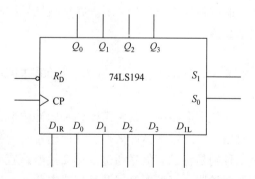

图 3-60　4 位双向移位寄存器 74LS194 逻辑符号

表 3-10　双向移位寄存器 74LS194 的功能

R_D'	$S_1 \ S_0$	CP	D_{IL}	D_{IR}	$D_0 \ D_1 \ D_2 \ D_3$	$Q_0^* \ Q_1^* \ Q_2^* \ Q_3^*$	说明
0	× ×	×	×	×	× × × ×	0　0　0　0	异步清零
1	× ×	0	×	×	× × × ×	$Q_0 \ Q_1 \ Q_2 \ Q_3$	保持
1	1 1	↑	×	×	$D_0 \ D_1 \ D_2 \ D_3$	$D_0 \ D_1 \ D_2 \ D_3$	并行送数

（续）

R_D'	S_1 S_0	CP	D_{IL}	D_{IR}	D_0 D_1 D_2 D_3	$Q_0^*Q_1^*Q_2^*Q_3^*$	说明
1	0 1	↑	×	0	× × × ×	0 Q_1 Q_2 Q_3	右移
1	0 1	↑	×	1	× × × ×	1 Q_1 Q_2 Q_3	右移
1	1 0	↑	×	0	× × × ×	Q_0 Q_1 Q_2 0	左移
1	1 0	↑	×	1	× × × ×	Q_0 Q_1 Q_2 1	左移
1	0 0	×	×	×	× × × ×	Q_0 Q_1 Q_2 Q_3	保持

3.4.7 计数器

计数器是一种对输入脉冲进行计数的时序逻辑电路。计数器不仅可以计数，还可以实现分频、定时、产生脉冲和执行数字运算等功能，是数字系统中用途最广泛的基本部件之一。

计数器的种类很多，可以按照多种方式进行分类。

如果按计数器中进位模数分类，可以分为二进制计数器、十进制计数器和任意进制计数器。当输入计数脉冲到来时，按二进制规律进行计数的电路叫作二进制计数器，按十进制规律进行计数的电路叫作十进制计数器。除了二进制和十进制计数器之外的其他进制的计数器都称为任意进制计数器。

如果按计数器中的触发器是否同步翻转，可以把计数器分为同步计数器和异步计数器。在同步计数器中，各个触发器的计数脉冲相同，即电路中有一个统一的计数脉冲。在异步计数器中，各个触发器的计数脉冲不同，即电路中没有统一的计数脉冲来控制电路状态的变化，电路状态改变时，电路中要更新状态的触发器的翻转有先有后，是异步进行的。

如果按计数增减趋势分类，还可以把计数器分为加法计数器、减法计数器和可逆计数器。当输入计数脉冲到来时，按递增规律进行计数的电路叫作加法计数器，按递减规律进行计数的电路称为减法计数器。在加减信号控制下，既可以递增计数又可以递减计数的称为可逆计数器。

3.5 脉冲波形的产生和整形电路

在数字电路中，常常需要各种脉冲波形，如时序逻辑电路中的时钟脉冲、控制过程中的定时信号等。这些脉冲波形的获取通常有两种方法：一种是用脉冲信号产生电路直接产生，另一种则是将已有信号通过波形变换电路获得。本节介绍用门电路组成的单稳态触发器、施密特触发器、多谐振荡器及其集成电路。

3.5.1 单稳态触发器

前面介绍的触发器有 0、1 两个稳定状态，因此这种触发器也称为双稳态触发器。一个双稳态触发器可以保存一位二值信息。单稳态触发器只有一个稳定状态，并具有如下的工作特点：

1）没有触发脉冲作用时，触发器处于一种稳定状态。

2）在触发脉冲作用下，触发器会由稳态翻转到暂稳态。暂稳态是一种不能长久保持的状态。

3）由于电路中 RC 延时环节的作用，触发器的暂稳态在维持一段时间后，会自动返回到稳态。暂稳态持续时间由 RC 延时环节参数值决定。

单稳态触发器被广泛地应用于脉冲的变换、延时和定时等。

1. 用门电路组成的单稳态触发器

（1）电路组成及工作原理　单稳态触发器可由逻辑门和 RC 电路组成。根据 RC 电路连接方式的不同，单稳态触发器可分为微分型单稳态触发器和积分型单稳态触发器两种。用不同的 CMOS 门组成的微分型单稳态触发器如图 3-61 所示，其中 RC 电路按微分电路的方式连接在 G_1 门的输出端和 G_2 门的输入端。

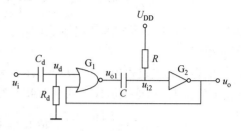

图 3-61　微分型单稳态触发器

为了便于讨论，这里将 CMOS 门电路的电压传输特性理想化，且设定 CMOS 门的阈值电压 $U_{TH} \approx \dfrac{U_{DD}}{2}$，输出高电平 $U_{OH} \approx U_{DD}$，输出低电平 $U_{OL} \approx 0V$。

1）没有触发信号时电路处于一种稳定状态。无触发信号作用时，u_i 为低电平。由于 G_2 门的输入端经电阻 R 接 U_{DD}，故 $u_o = U_{OL}$，这样，G_1 门两输入端均为 0，$u_{o1} = U_{OH}$，电容 C 两端的电压接近 0V，电路处于一种稳定状态。只要没有正脉冲触发，电路就一直保持这一稳态不变。

2）外加触发信号电路由稳态翻转至暂稳态。输入触发脉冲，在 R_d 和 C_d 组成的微分电路的输出端得到很窄的正、负脉冲 u_d。当 u_d 上升到 G_1 门的阈值电压 U_{TH} 时，在电路中产生如下正反馈过程：

$$u_d \uparrow \longrightarrow u_{o1} \downarrow \longrightarrow u_{i2} \downarrow \longrightarrow u_o \uparrow$$

这一正反馈过程使 u_{o1} 迅速地从高电平跳变为低电平。由于电容 C 两端的电压不能突变，u_{i2} 也同时跳变为低电平，并使 u_o 跳变为高电平，电路进入暂稳态。此时，即使 u_d 返回到低电平，u_o 仍将维持高电平。由于电容 C 的存在，电路的这种状态是不能长久保持的，所以将电路此时的状态称之为暂稳态。暂稳态时 $u_{o1} \approx 0$，$u_o \approx U_{DD}$。

3）暂稳态期间电容 C 充电电路自动从暂稳态返回至稳态。进入暂稳态后，电源 U_{DD} 经电阻 R 和 G_1 门导通的工作管对电容 C 充电，u_{i2} 按指数规律升高。当 u_{i2} 达到 G_2 门的阈值电压 U_{TH} 时，电路又产生下述正反馈过程：

$$u_{i2} \uparrow \longrightarrow u_o \downarrow \longrightarrow u_{o1} \uparrow$$

假如此时触发脉冲已消失，即 u_d 返回到低电平，上述正反馈过程使 u_{o1}、u_{i2} 迅速跳变到高电平，输出返回到 $u_o \approx 0V$ 的状态。此后电容通过电阻 R 和 G_2 门的输入保护电路放电，使电容 C 上的电压最终恢复到稳定状态时的初始值，电路从暂稳态自动返回到稳态。

根据上述电路工作过程分析，可画出电路工作时各点电压波形，如图 3-62 所示。

（2）主要参数的计算

1）输出脉冲宽度 t_w。由图 3-62 可知，触发信号作用后，输出脉冲宽度 t_w 就是暂稳态维持时间，也就是 RC 电路在充电过程中使 0V 从上升到 U_{TH} 所需时间。

根据 RC 电路过渡过程的分析，可求输出脉冲宽度：

$$t_w = RC\ln\frac{u_C(\infty) - u_C(0)}{u_C(\infty) - U_{TH}} \tag{3-45}$$

式中，$u_C(0)$ 是电容的起始电压值；$u_C(\infty)$ 是电容的充电终了电压值。

电容在充电过程中，$u_C(0) = 0, u_C(\infty) = U_{DD}$，$\tau = RC$，$U_{TH} = U_{DD}/2$。将这些值代入式（3-45）得

$$t_w = RC\ln\frac{U_{DD} - 0}{U_{DD} - U_{TH}} = RC\ln 2 = 0.69RC \tag{3-46}$$

可取近似值

$$t_w \approx 0.7RC \tag{3-47}$$

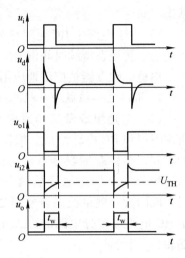

图 3-62　微分型单稳态触发器中各点的电压波形图

2）恢复时间 t_{re}。暂稳态结束后，还要经过一段恢复时间让电容 C 上的电荷释放完，才能使电路完全恢复到触发前的起始状态。恢复时间一般认为要经过放电时间常数的 3~5 倍，RC 电路才基本达到稳态。

3）最高工作频率 f_{max}。设触发信号 u_1 的周期为 T，为了使单稳态触发器能正常工作，应满足 $T > (t_w + t_{re})$ 的条件，因此单稳态触发器的最高工作频率为

$$f_{max} = \frac{1}{T_{min}} < \frac{1}{t_w + t_{re}} \tag{3-48}$$

2. 集成单稳态触发器

用逻辑门组成的单稳态触发器虽然电路结构简单，但它存在触发方式单一、输出脉宽稳定性差、调节范围小等缺点。为提高单稳态触发器的性能指标，现已制成单片的集成电路，如 74LS122 和 74121 等 TTL 产品和 74HC123、MC14098、MC14528 等 CMOS 产品。集成单稳态触发器根据电路工作特性的不同，可分为不可重复触发和可重复触发两种，其工作波形分别如图 3-63a、b 所示。

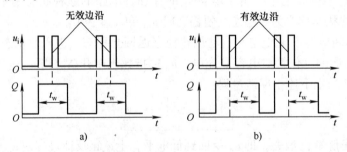

图 3-63　两种集成单稳态触发器的工作波形
a）前沿触发的不可重复触发单稳态触发器　b）后沿触发的可重复触发单稳态触发器

不可重复触发单稳态触发器在暂稳态期间如有触发脉冲加入，电路的输出脉宽不受其影响，仍由电路中的 R、C 参数值确定。而可重复触发单稳态触发器在暂稳态期间如有触发脉冲加入，电路会被输入脉冲重复触发，暂稳态将延长，暂稳态在最后一个脉冲的触发沿再延

时 1 时间后返回到稳态。其输出脉宽根据触发脉冲输入情况的不同而改变。

3.5.2 施密特触发器

施密特触发器常用于波形变换和幅度鉴别等。施密特触发器具有以下工作特点：电路属于电平触发，对于缓慢变化的信号仍然适用；当输入信号达到某一电压值时，输出电压会发生跳变，但输入信号在增加过程和减小过程中使输出状态跳变时，所对应的输入电平不相同。

由于电路内部的正反馈的作用，当电路输出状态变换时，输出电压波形的边沿很陡直。根据输入、输出相位关系的不同，施密特触发器可分为同相输出和反相输出两种类型，它们的电压传输特性曲线及电路图如图 3-64 所示。由于电路的电压传输特性曲线类似于铁磁材料的磁滞回线，磁滞曲线就成为了施密特触发器的符号标志。

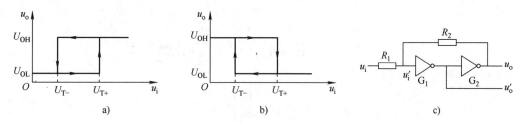

图 3-64 施密特触发器电压传输特性曲线及电路图

a）同相输出传输特性　b）反相输出传输特性　c）电路图

1. 用门电路组成的施密特触发器

（1）电路组成　用 CMOS 门电路组成的施密特触发器如图 3-64 所示。电路中两个 CMOS 反相器串接，分压电阻 R_1、R_2 将输出端的电压反馈到 G_1 门的输入端并对电路产生影响。

（2）工作原理　设 CMOS 反相器的阈值电压 $U_{TH} \approx \dfrac{U_{DD}}{2}$，电路中 $R_1 < R_2$。

从图 3-64 可见，G_1 门的输入电平 u_{11} 决定着电路的输出状态。根据叠加原理，有

$$u_{i1} = \frac{R_2}{R_1 + R_2} u_i + \frac{R_1}{R_1 + R_2} u_o \tag{3-49}$$

设输入信号 u_1 为三角波。

当 $u_i = 0\text{V}$ 时，$u_{i1} \approx 0\text{V}$，G_1 门截止，G_2 门导通，$u_{o1} = U_{OH} \approx U_{DD}$，$u_o = U_{OL} \approx 0\text{V}$。

u_i 从 0V 电压逐渐增加，只要 $u_{i1} < U_{TH}$，电路便可保持 $u_o \approx 0\text{V}$ 不变。当 u_i 上升到 $u_{i1} = U_{TH}$ 时，G_1 门进入其电压传输特性转折区，随着 u_{i1} 的增加，在电路中产生如下正反馈过程：

$$u_i \uparrow \longrightarrow u_{i1} \uparrow \longrightarrow u_{o1} \downarrow \longrightarrow u_o \uparrow$$

这样，电路的输出状态很快从低电平跳变为高电平，$u_o \approx U_{DD}$。

我们把在输入信号在上升过程中使电路的输出电平发生跳变时所对应的输入电压称为正向阈值电压，用 U_{T+} 表示。

即由式（3-49）得

$$u_{i1} = U_{TH} = \frac{R_2}{R_1 + R_2} U_{T+} \qquad (3-50)$$

$$U_{T+} = \left(1 + \frac{R_1}{R_2}\right) U_{TH} \qquad (3-51)$$

如果 u_{i1} 继续上升，则电路在 $u_{i1} > U_{TH}$ 后，输出状态维持 $u_o \approx U_{DD}$ 不变。

如果 u_i 从高电平开始逐渐下降，当降至 $u_{i1} = U_{TH}$ 时，G_1 门又进入其电压传输特性转折区，随着 u_i 的下降，电路产生如下的正反馈过程：

$$u_i \downarrow \longrightarrow u_{i1} \downarrow \longrightarrow u_{o1} \uparrow \longrightarrow u_o \downarrow$$

电路迅速从高电平跳变为低电平，$u_o \approx 0\text{V}$。

我们将输入信号在下降过程中使输出电平发生跳变时所对应的输入电平称为负向阈值电压，用 U_{T-} 表示。

$$u_{i1} \approx U_{TH} = \frac{R_2}{R_1 + R_2} U_{T-} + \frac{R_1}{R_1 + R_2} U_{DD}$$

将 $U_{DD} = 2U_{TH}$ 代入可得

$$U_{T-} \approx \left(1 - \frac{R_1}{R_2}\right) U_{TH} \qquad (3-52)$$

定义正向阈值电压 U_{T+} 与负向阈值电压 U_{T-} 之差为回差电压，记作 ΔU_T。由式（3-51）和式（3-52）可得

$$\Delta U_T = U_{T+} - U_{T-} \approx 2\frac{R_1}{R_2} U_{TH} = \frac{R_1}{R_2} U_{DD} \qquad (3-53)$$

式（3-53）表明，电路的回差电压与 R_1/R_2 成正比，改变 R_1、R_2 的比值即可调节回差电压的大小。

例3-8　在图3-64所示的电路中，电源电压 $U_{DD} = 10\text{V}$，G_1、G_2 选用 CC4069 反相器，其负载电流最大允许值 $I_{OH(max)} = 1.3\text{mA}$，门的阈值电压 $U_{TH} \approx \frac{1}{2} U_{DD} = 5\text{V}$，且 $R_1/R_2 = 0.5$。求电路 U_{T+}、U_{T-} 和 ΔU_T 的值，试计算 R_1、R_2 的值。

解：① 求电路 U_{T+}、U_{T-} 和 ΔU_T 的值。

由式（3-51）、式（3-52）和式（3-53）可求出：

$$U_{T+} = \left(1 + \frac{R_1}{R_2}\right) U_{TH} = 1.5 \times 5\text{V} = 7.5\text{V}$$

$$U_{T-} = \left(1 - \frac{R_1}{R_2}\right) U_{TH} = (1 - 0.5) \times 5\text{V} = 2.5\text{V}$$

$$\Delta U_T = U_{T+} - U_{T-} = 5\text{V}$$

② 计算 R_1、R_2 的值。

为保证反相器 G 输出高电平时的负载电流不超过最大允许值 $I_{OH(max)}$，应使

$$\frac{U_{OH} - U_{TH}}{R_2} < I_{OH(max)}$$

考虑到 $U_{OH} \approx U_{DD} = 10\text{V}$，故由上式可得

$$R_2 > \frac{10\text{V} - 5\text{V}}{1.3\text{mA}} = 3.85\text{k}\Omega$$

当选 $R_2 = 15\text{k}\Omega$ 时，则 $R_1 = \frac{1}{2}R_2 = 7.5\text{k}\Omega$。

2. 施密特触发器的应用

（1）波形变换　施密特触发器常用于波形变换，如将正弦波、三角波等变换成矩形波等。将幅值大于 U_{T+} 的正弦波输入到施密特触发器的输入端，根据施密特触发器的电压传输特性，可画出输出电压波形，如图 3-65 所示。结果表明，通过电路在状态变化过程中的正反馈作用，施密特触发器可将输入变化缓慢的周期信号变换成与其同频率、边缘陡直的矩形波。调节施密特触发器的 U_{T+} 或 U_{T-} 可改变 u_o 的脉宽。

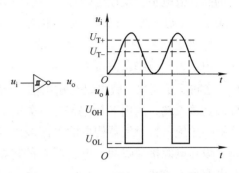

图 3-65　用施密特触发器实现波形变换

（2）波形的整形与抗干扰　在工程实际中，常遇到信号在传输过程中发生畸变的现象。如果传输线较长，且接收端的阻抗与传输线的阻抗也不匹配，则在波形的上升沿和下降沿将产生阻尼振荡，如图 3-66 所示的输入信号。

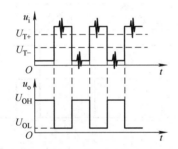
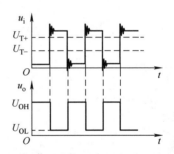

图 3-66　用施密特触发器实现脉冲波形的整形

（3）幅度鉴别　施密特触发器属电平触发方式，即其输出状态与输入信号的幅值有关。利用这一工作特点，可将它作为幅度鉴别电路。例如，在施密特触发器输入端输入一串幅度不等的脉冲，经分析电路可得如图 3-67 所示的输入、输出波形。图 3-67 表明，只有幅度大于 U_{T+} 的那些脉冲才会使施密特触发器翻转，u_o 有脉冲输出；而对于幅度小于 U_{T+} 的脉冲，施密特触发器不翻转，u_o 就没有脉冲输出。

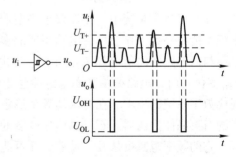

图 3-67　用施密特触发器进行幅度鉴别

3.5.3 多谐振荡器

多谐振荡器是一种自激振荡电路，它在接通电源后不需要外加触发信号，电路就能自行产生一定频率和一定幅值的矩形波。由于矩形波含有丰富的谐波分量，所以将这种电路称为多谐振荡器。多谐振荡器在工作过程中没有稳定状态，故又被称为无稳态电路。

多谐振荡器的电路形式有多种，但它们都具有如下共同的结构特点：电路由开关器件和反馈延时环节组成。开关器件可以是逻辑门、电压比较器、定时器等，其作用是产生脉冲信号的高、低电平。反馈延时环节一般由 RC 电路组成，其作用是将输出电压延时后再反馈到开关器件的输入端，以改变输出状态，得到矩形波。

1. 用施密特触发器构成的多谐振荡器

由于施密特触发器有 U_{T+} 和 U_{T-} 两个不用的阈值电压，如果能使其输入电压在 U_{T+} 和 U_{T-} 之间反复变化，就可以在输出端得到矩形波。将施密特触发器的输出端经 RC 积分电路接回其输入端，利用 RC 电路充、放电过程改变输入电压，即可用施密特触发器构成多谐振荡器。用施密特触发器构成的多谐振荡器如图 3-68 所示。

设在电源接通瞬间，电容器 C 的初始电压为零，输出电压 u_o 为高电平。u_o 通过电阻 R 对电容器 C 充电，当 u_C 达到 U_{T+} 时，施密特触发器翻转，u_o 由高电平跳变为低电平。此后，电容器 C 又开始放电，u_C 下降，当它下降到 U_{T-} 时，电路又发生翻转，u_o 又由低电平跳变为高电平，电容器 C 又被重新充电。如此周而复始，在电路的输出端就产生了矩形波。u_i 和 u_o 的波形如图 3-69 所示。

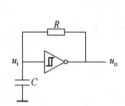

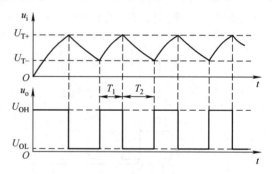

图 3-68　用施密特触发器构成的多谐振荡器　　　　图 3-69　电路的电压波形

2. 石英晶体多谐振荡器

在现代数字系统中，往往要求多谐振荡器的振荡频率具有很高的稳定性，否则就会导致系统不能可靠地工作。用门电路组成的多谐振荡器的振荡频率不仅与时间常数 RC 有关，而且还与门电路的阈值电压 U_{TH} 有关。当电源电压波动、温度变化（引起门电路的阈值电压 U_{TH} 变化）时，电路振荡频率稳定性会变得很差，因此用门电路组成的多谐振荡器很难适应现代数字系统的要求。在对振荡频率稳定性要求很高的电子设备中，只能采用由石英晶体组成的石英晶体振荡器。石英晶体振荡器的振荡频率不仅频率稳定度极高，而且频率范围也很宽，它的频率范围可从几百赫兹到几百兆赫兹。

石英晶体的电路符号、等效电路及其阻抗频率特性如图 3-70 所示。石英晶体阻抗频率特性表明，它的选频特性非常好，将它接入多谐振荡器的正反馈环路中后，只有频率为 f_s 的电压信号容易通过，在电路中形成正反馈，而其他频率信号都被石英晶体衰减，电路的振荡频率就是 f_s。而 f_s 仅与石英晶体的结晶方向和外尺寸有关，与电路中的电阻、电容无关。石英晶体振荡器的频率稳定度极高，其频率稳定度 $\Delta f_s / f_s$ 可达 $10^{-11} \sim 10^{-10}$。

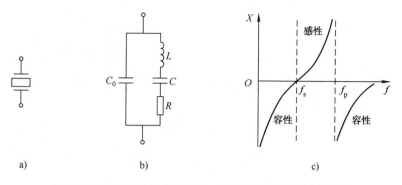

图 3-70　石英晶体的电路符号、等效电路及阻抗频率特性

a）电路符号　b）等效电路　c）阻抗频率特性

复习与思考

3-1　什么是理想运算放大器？理想运算放大器工作在线性区和饱和区各有什么特点？分析方法有何不同？

3-2　题 3-2 图是应用运算放大器测量电压的原理电路，共有 0.5、1、5、10、50V 五种量程，试计算电阻 $R_{11} \sim R_{15}$ 的阻值。已知输出端所接的电压表满量程为电压 5V，电流为 $500\mu A$。

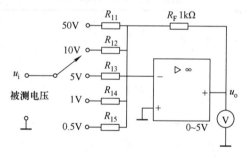

题 3-2 图

3-3　通用型集成运放一般由几部分电路组成？每一部分常采用哪种基本电路？通常对每一部分性能的要求是什么？

3-4　电路图如题 3-4 图所示，试画出其电压传输特性，要求标出有关数值。设 A 为理想运算放大器。

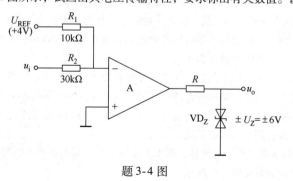

题 3-4 图

3-5　题 3-5 图是监控报警装置，在对某一参数（如温度、压力等）进行监控时，可由传感器取得监控信号 u_i。u_R 是参考电压。当 u_i 超过正常值时，报警灯亮，试说明其工作原理。二极管 D 和电阻 R_3 在此起何作用？

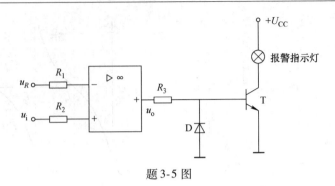

题 3-5 图

3-6　用红、黄、绿三个指示灯表示三台设备的工作情况：绿灯亮表示全部正常，红灯亮表示有一台不正常，黄灯亮表示两台不正常，红、黄灯全亮表示三台都不正常。试列出控制电路真值表，并选用合适的集成电路来实现。

3-7　试用 8 线 – 3 线优先编码器 74LS148 连成 32 线 – 5 线的优先编码器。

3-8　习题 1 表为循环 BCD 码的编码表，试用 JK 触发器设计一个循环 BCD 码十进制同步加法计数器，并将其输出信号用与非门电路译码后控制交通灯（红灯 R、绿灯 G 和黄灯 Y），交通灯的一个工作循环为：红灯亮 30s，黄灯亮 10s，绿灯亮 50s，黄灯亮 10s。要求写出设计过程，并画出 CP、R、G 和 Y 的波形图。

习题 1 表　循环 BCD 码

十进制数	D	C	B	A	十进制数	D	C	B	A
0	0	0	0	0	5	1	1	1	0
1	0	0	0	1	6	1	0	1	0
2	0	0	1	1	7	1	0	1	1
3	0	0	1	0	8	1	0	0	1
4	0	1	1	0	9	1	0	0	0

3-9　设计一台可供 4 名选手参加比赛的智力竞赛抢答器。用数字显示抢答倒计时间，由"9"倒计到"0"时，若无人抢答则蜂鸣器连续响 1s，若有选手抢答则数码显示选手编号，同时蜂鸣器响 1s，倒计时停止。设计要求：

1）4 名选手编号为 1、2、3、4，各有一个抢答按钮，按钮的编号与选手的编号对应，也分别为 1、2、3、4。

2）给主持人设置一个控制按钮，用来控制系统清零（抢答显示数码管灭灯）和抢答的开始。

3）抢答器具有数据锁存和显示的功能。抢答开始后，若有选手按动抢答按钮，该选手编号立即锁存，并在抢答显示器上显示该编号，同时扬声器给出音响提示，封锁输入编码电路，禁止其他选手抢答。抢答选手的编号一直保持到主持人将系统清零为止。

4）抢答器具有定时（9s）抢答的功能。当主持人按下开始按钮后，定时器开始倒计时，定时显示器显示倒计时间，若无人抢答，倒计时结束时，扬声器响，音响持续 1s。若有参赛选手在设定时间（9s）内抢答成功，扬声器响，音响持续 1s，同时定时器停止倒计时，抢答显示器上显示选手的编号，定时显示器上显示剩余抢答时间，并保持到主持人将系统清零为止。

5）如果抢答定时已到，却没有选手抢答，则本次抢答无效。系统扬声器报警（音响持续 1s），并封锁输入编码电路，禁止选手超时后抢答，时间显示器显示 0。

6）可用石英晶体振荡器产生频率为 1Hz 的脉冲信号，作为定时计数器的 CP 信号。

第4章　传感与检测技术

章节导读：

　　传感与检测是机电一体化系统中的重要环节，能够实现对规定信息的检测，包括系统自身状态、控制对象与环境参数等，并能够将检测到的信息转换成系统可用的信号输出至下一环节。传感与检测技术是自动化技术的重要基础之一，已经广泛应用于机械加工、汽车、机器人、家用电器、军事、医疗、航天等领域的机电一体化系统中。机电一体化系统的自动化程度越高，对传感与检测技术的依赖性也就越大。传感器是检测系统中的重要器件，种类繁多。本章主要介绍了机电一体化系统中常用的传感器，包括传感器原理、基本特性、信号预处理与非线性补偿技术等。

4.1　概述

　　人类可以通过五官感知外界信息，通过大脑对这些信息进行处理并做出合理的判断，从而指导人类的行动。在科学试验和生产实际中，很多物体和现象都具有明显和直观的数量特征，如机械零件尺寸，可以通过测量和计算来确定该量的大小，并用数字给出结果。但是，还有一些物体的数量特征难以感知，就需要利用传感器及检测技术。随着测量、控制与信息技术的发展，传感器以及相关检测技术被视为当今科学技术发展的关键性因素之一。在机电一体化系统中，传感器的重要性越加明显。因此，掌握和深入研究传感器的基本原理、使用方法和应用场合，对于机电一体化系统的发展具有重要的实际意义。

　　一般检测系统的构成框图如图4-1所示。

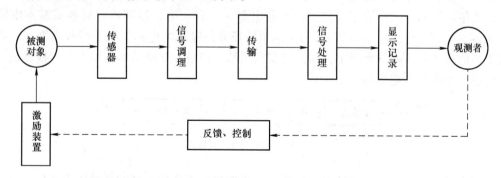

图4-1　检测系统构成框图

　　1）传感器直接作用于被测量对象，并能按一定规律将被测量转换成同种或别种量值输出。这种输出通常是电信号。

　　2）信号调理环节把来自传感器的信号转换成更适合进一步传输和处理的形式。信号调理环节中的信号转换通常是在电量之间的转换。

　　3）信号处理环节接收来自调理环节的信号，完成对前级信号的各种运算、滤波和分析工作，并最终将处理后的信息输至显示、记录或控制系统。

4）信号显示、记录环节以观察者易于识别的形式来显示测量的结果，或者将测量结果存储，供必要时使用。

实际上，并非所有的检测系统的构成都如图4-1所示。例如，传输环节实际上存在于各个环节的信号传递过程中，图中特别列出的传输环节是专指较远距离的通信传输，与其他环节之间的信号传输相比，远距离信号传输需要专门技术来解决传输过程中的信号衰减和干扰问题，因此单独在图4-1中列出。

影响检测系统性能的因素有很多，相关理论也复杂。下面将重点介绍常用传感器的基本原理、结构、性能，以及传感器输出信号的调理、传输和预处理方法。

4.2 传感器的分类及特性

4.2.1 传感器的定义与作用

工程上通常把直接作用于被测量对象，能按一定规律将其转换成同种或别种量值输出的器件称为传感器。

传感器与人的感觉器官具有相似的作用，可以认为是人类感官的延伸。传感器将力、位移、温度等物理量转换为易测信号（通常是电信号），然后由测量系统的调理环节进行进一步处理。传感器拓展了人类无法用感官直接感知事物属性的能力，是人们认识自然界事物的强有力的工具。

4.2.2 传感器的构成与分类

传感器一般是由敏感元件、能量转换元件以及基本转换电路三部分组成，如图4-2所示。其中，敏感元件可以直接感知被测量对象，然后按照一定关系输出同种或其他种类的物理量，能量转换元件能将敏感元件输出的非电量（位移、力、温度等）转换成基本电路参数（电容、电阻、电感、电压等），由于能量转换元件输出的电路参数一般较为微弱，难以被接下来的环节直接测量和利用，因此需要利用基本转换电路将基本电路参数转换成易于测量的电量（如电压、电流等）。

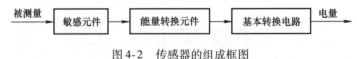

图4-2 传感器的组成框图

工程中常用传感器的种类繁多，往往一种物理量可用多种类型的传感器来测量，而同一种传感器也可以用于测量多种物理量。对于机电一体化系统中常用的传感器，其分类方法如下：

1）按被测量分类，可分为力传感器、位移传感器、速度和加速度传感器、温度传感器、湿度传感器等。

2）按传感器工作原理分类，可分为机械式传感器、电气式传感器、光学式传感器、流体式传感器、磁学式传感器、半导体式传感器、谐振式传感器和电化学式传感器等。

3）按输出信号分类，可分为模拟式和数字式。

4）按信号变换特征分类，可分为物性型和结构型。物性型传感器是依靠敏感元件材料本身物理化学性质的变化来实现信号的变换，结构型传感器则是依靠传感器结构参量的变化来实现信号的变换。例如，用水银温度计测温是利用水银的热胀冷缩现象，压电测力传感器是利用石英晶体的压电效应，水银温度计和压电测力传感器均属于物性型传感器；电容式传感器依靠极板间距离变化引起电容量的变化，电感式传感器依靠衔铁位移引起自感或互感的变化，电容式传感器和电感式传感器均属于结构型传感器。

5）根据敏感元件与被测对象之间的能量关系分类，可分为能量转换型和能量控制型。能量转换型传感器也称无源传感器，它不需要外部输入能量，而是直接由被测对象输入能量使其工作，如热电偶温度传感器和弹性压力传感器等。能量控制型传感器也称有源传感器，它是从外部供给辅助能量，并且由被测量来控制外部供给能量的变化。例如，电感式位移传感器需要外接高频振荡电源才能使用。

表 4-1 汇总了机电一体化系统中常用传感器的类型及其名称、被测量、性能指标。

表 4-1　机电一体化系统中常用的传感器

类型	名　　称	变换量	被测量	应用举例	性能指标（一般参考）
机械式	测力环	力－位移	力	三等标准测力仪	测量范围 10 ~ 数万牛，示值误差 ±（0.3 ~ 0.5）%
	弹簧	力－位移	力	弹簧秤	
	波纹管	压力－位移	压力	压力表	测量范围 500Pa ~ 0.5MPa
	波登管	压力－位移	压力	压力表	测量范围 300Pa ~ 0.5MPa
	波纹膜片	压力－位移	压力	压力表	测量范围 <500Pa
	双金属片	温度－位移	温度	温度传感器	测量范围 0 ~ 300℃
	微型开关	力－位移	物体尺寸、位置、有无		位置精密度数微米
电磁及光电式	电位计	位移－电阻	位移	直线电位计	分辨力 0.025 ~ 0.05mm，直线性 0.05% ~ 0.1%
	电阻丝应变片	形变－电阻	力、位移、应变	应变仪	最小应变 1 ~ 2με
	半导体应变片	形变－电阻	加速度		最小测力 0.1 ~ 1N
	电容	位移－电容	位移、力、声	电容测微仪	分辨力 0.025μm
	电涡流	位移－自感	位移、测厚	涡流式测振仪	测量范围 0 ~ 15mm，分辨力 1μm
	磁电	速度－电动势	速度	磁电式速度传感器	频率 2 ~ 500Hz，振幅 ±1mm
	电感	位移－自感	位移、力	电感测微仪	分辨力 0.5μm
	差动变压器	位移－互感	位移、力	电感比较仪	分辨力 0.5μm
	压电元件	力－电荷	力、加速度	力传感器	分辨力 0.01N
	压电元件	力－电荷	力、加速度	加速度传感器	频率 0.1Hz ~ 20kHz，测量范围 $10^{-2} ~ 10^5 ms^{-2}$
	压磁元件	力－磁导率	力、转矩	测力传感器	
	热电偶	温度－电动势	温度	热电温度传感器 （铂铑 - 铂）	测量范围 0 ~ 1600℃

（续）

类型	名　称	变换量	被测量	应用举例	性能指标（一般参考）
电磁及光电式	霍尔元件	位移－电动势	位移、探伤	位移传感器	测量范围 0～2mm，直线性 1%
	热敏元件	温度－电阻	温度	半导体温度传感器	测量范围 -10～300℃
	气敏元件	气体－温度	可燃气体	气敏检测仪	
	光敏元件	光－电阻	开、关量		
	光电池	光－电压		硒光电池	灵敏度 500μA/1m
	光电晶体管	光－电流	转速、位移	光电转速仪	最大截止频率 50kHz
辐射线式	激光	光波干涉	加速度	激光干涉测振仪	振幅（±5～±3）×10⁻⁴mm，频率 5Hz～3kHz
	超声	超声波反射、穿透	厚度、探伤	超声波测厚仪	测量范围 4～40mm，测量精密度 ±0.25mm
	β 射线	穿透作用	厚度、成分分析		
流体式	气动	尺寸－压力	尺寸、物体大小	气动量仪	可测小直径 0.05～0.76mm
	气动	间隙－压力	距离	气动量仪	测量间隙 6mm，分辨力 0.025mm
	气动	压力－尺寸	尺寸、间隙	浮标式气动量仪	放大倍率 1000～10000，测量间隙 0.05～0.2mm
	液体	压力平衡	压力	活塞压力传感器	测量精密度 0.02%～0.2%
	液体	液体静压变化	流量	节流式流量传感器	
	液体	液体阻力变化	测量	转子式流量传感器	
不辐射线式	红外	热－电	温度、物体有无	红外测温仪	测量范围 -10～1300℃，分辨力 0.1℃
	X 射线	散射、干涉	测度、探伤、应力	X 射线应力仪	
	γ 射线	对物质穿透	测厚、探伤	γ 射线测厚仪	
	激光	光波干涉	长度、位移转角	激光测长仪	测距 2m，分辨力 0.2μm
电磁及光电式	光纤	声－光相位调制	声压	水听器	检测最小声压 1μPa
	光纤	传光型	温度	光纤辐射温度传感器	测量范围 700～1100℃，测量误差小于 ±5℃
	光学	光电、数显	长度	光学测长仪	测量范围 0～500mm，最小划分值 0.1μm
	光栅	光－电	长度	长光栅	测程 3m，分辨力 0.5μm
			角度	圆光栅	分辨力 0.1

4.2.3　传感器特性

1. 静态特性

如果被测试的信号是不随时间而变化的常量或者是在测试所需时间段内变化极缓慢的变量，那么这样的信号称为静态信号。此时，传感器的输入输出关系称为传感器的静态特性。传感器的静态特性技术指标包括线性度、灵敏度、分辨力、迟滞和漂移。

（1）线性度　在测量静态信号时，被测量的实际值和传感器的显示值之间并不是线性关系，而为了便于标定和数据处理，总是以线性关系来代替实际曲线。此时，需要采用直线对实际曲线进行拟合。拟合直线接近实际曲线的程度就是线性度。作为传感器的一项技术指标，一般用线性误差来表示，如图 4-3 所示。在装置标称输出范围 A 内，拟合直线与实际曲线的最大偏差用 B 来表示，此时线性误差的相对值表达式为

$$线性误差 = \frac{B}{A} \times 100\% \tag{4-1}$$

拟合直线的算法较多，对于不同的拟合方法，按照式（4-1）计算得到的线性误差也不同，如图 4-3 所示。显然，根据图 4-3b 所示拟合直线计算得到的线性误差明显小于根据图 4-3a 所示拟合直线计算得到的线性误差。对于拟合直线的算法，目前没有一个统一的标准，因此在工程实际中，需要根据实际情况和使用要求选择合适的拟合直线算法。

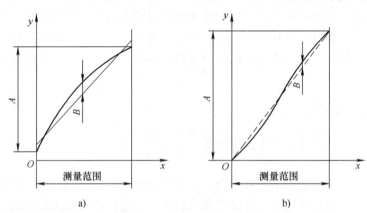

图 4-3　线性误差示意图

（2）灵敏度　灵敏度是用来描述测量装置对被测量变化的反应能力的技术指标。若装置的输入 x 有一个变化量 Δx，它引起输出 y 发生相应的变化量 Δy，则定义灵敏度

$$S = \frac{\Delta y}{\Delta x} \tag{4-2}$$

对于理想的线性传感器，其灵敏度应当是

$$S = \frac{\Delta y}{\Delta x} = \frac{y}{x} = \frac{b_0}{a_0} = 常数 \tag{4-3}$$

但是，传感器实际的输入输出关系并不总是线性的，灵敏度也不一定是常数。尽管如此，一般仍然将输入输出曲线的拟合直线的斜率作为该传感器的灵敏度。

（3）分辨力　分辨力是指指示装置有效地辨别紧密相邻量值的能力，即在规定测量范围内所能检测出的被测量的最小变化值。该值相对于被测量满量程的百分数为分辨率。一般认为数字装置的分辨力就是最后一位数字，模拟装置的分辨力为指示标尺分度值的一半。

（4）迟滞　迟滞反映的是传感器的输出与输入变化方向有关的特性。理想线性传感器的输出与输入关系如图 4-4 中直线所示，它有着完全单调的一一对应的线性关系。但对于实际的传感器，在同样的测试条件下，当输入量由小变大和由大变小时，对于同一输入量所得到的两个输出量往往存在着一定的差值。在全测量范围内，最大的差值 h 称为迟滞误差，如

图 4-4 中的迟滞误差 $h = y_{20} - y_{10}$。

（5）漂移　传感器的静态特性随时间缓慢变化的现象称为漂移。在规定条件下，对一个恒定的输入在规定时间内的输出变化称为点漂。标称范围内低值处的点漂称为零点漂移，简称零漂。

2. 传感器的动态特性

当被测量对象是随时间变化的动态信号时，需要研究被测量信号随时间的变化历程，此时，传感器不仅要能够反映

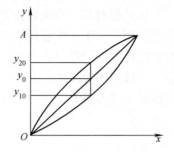

图 4-4　线性传感器的迟滞
特性示意图

被测量的大小，还需要显示被测量随时间的变化规律，即被测量的波形。传感器测量动态信号的能力用动态特性表示。动态特性是指传感器测量动态信号时，输出对输入的响应特性。

理想情况下，传感器的输出信号能够真实地再现输入信号随时间的变化规律。但在工程实际中，输出信号与输入信号相比都会存在一定的失真，为了使动态测量的失真较小，需要满足一定的不失真条件。不失真测试的相关内容请查阅信号处理方面的相关书籍，本书中不做讲解。

4.2.4　传感器的选用原则

选用传感器一般需要考虑以下几个方面。

1. 灵敏度

传感器的灵敏度高，意味着即使被测量发生很微小变化，传感器也可以输出较强的信号，因此一般情况下希望传感器的灵敏度越高越好。但是传感器性能指标的选择不能只考虑灵敏度的参数，需要综合考虑系统整体性能，并且与实际应用环境及被测对象的性质相结合，从而确定适当的灵敏度指标。具体应注意以下几个方面：

1）考虑外界干扰信号的影响。传感器的灵敏度越高，对信号的感知能力就越强，但外界微小的干扰信号也容易混入，因此需要传感器有较高的信噪比。

2）考虑测量范围。需要避免因选择的灵敏度过高而导致测量范围减小。

3）考虑被测对象的性质。当被测量为向量时，要求传感器在该方向的灵敏度越高越好，而其他方向的灵敏度越低越好。在测量多维向量时，还要求传感器的交叉灵敏度越低越好。

2. 响应特性

在动态特性测量中特别需要考虑响应特性的影响。一般情况下，光电效应、压电效应等物性型传感器响应较快，而结构型传感器（如电感、电容、磁电式传感器等）往往受机械结构惯性的限制，响应较慢。

3. 线性范围

传感器工作在线性区域内是进行准确测量的基础，当传感器处于非线性范围内时将产生线性误差，因此通常希望传感器的线性范围越大越好。但是，线性范围与灵敏度一般成反比，所以需要综合考虑传感器的应用场合和需求来确定传感器的工作范围。

4. 可靠性

可靠性指仪器、装置等产品在规定的使用条件下，在规定的时间内可完成规定功能的能

力。保证传感器在应用中具有高的可靠性是一项综合性的复杂的工作，事前须选用设计、制造良好，使用条件适宜的传感器，在使用过程中还应严格保持规定的使用条件，尽量减轻使用条件的不良影响。

5. 精确度

传感器的精确度表示传感器的输出与被测量真值一致的程度。传感器能否真实地反映被测量值，对整个测试系统具有直接影响。然而，并非要求传感器的精确度越高越好，还应考虑到经济性，因此应从实际出发，尤其应从测试的目的出发来选择传感器。

6. 测量方式

传感器在实际测试条件下的工作方式也是选用传感器时应考虑的重要因素，这是因为不同的工作方式对传感器的要求也不同。例如，在机械系统中，一般采用非接触式测量方法，因为接触式测量会对被测系统的性能带来不同程度的影响，而且测量头的磨损、接触状态的变动、信号的采集都不易妥善解决，还会引入测量误差。因此，一般采用电容式、涡电流式等非接触式传感器。

除了以上选用传感器时应充分考虑的一些因素外，还应尽可能兼顾结构简单、体积小、重量轻、价格便宜、易于维修、易于更换等方面。

4.3　常用传感器与传感元件

传感器按其工作原理可分为电阻式、电容式、电感式、磁电式、压电式、热电式、光电式、光纤式、半导体式等传感器。现有传感器的测量原理都是基于物理、化学和生物等各种效应和定律，这种分类方法便于从原理上认识输入与输出之间的变换关系。

4.3.1　电阻式、电容式与电感式传感器

1. 电阻式传感器

1856 年，英国物理学家开尔文（Load Kelvin）在指导铺设大西洋海底电缆时发现了金属材料在压力和张力的作用下会发生电阻值变化的现象。金属材料的这种应变（即电阻效应）是现今电阻应变片的基本原理。美国西蒙斯（Simmons）和鲁奇（Ruge）在 1938 年几乎同时发明了现今的金属应变片（电阻应变片）。1954 年，史密斯（C. S. Smith）发现了半导体材料硅、锗的压阻效应，随着半导体技术不断地发展和完善，半导体应变片在传感器方面的应用也有了新的进展。由于半导体应变片的发现，使传感器集成化、微型化以及智能化成为可能。

电阻式传感器是一种把被测量转换为电阻值变化的传感器。常用的电阻式传感器有电位器式、电阻应变式和热敏效应式等类型。这里主要介绍电阻应变式传感器。

电阻应变式传感器是一种利用电阻应变效应，由电阻应变片和弹性敏感元件组合起来的传感器。将电阻应变片粘贴在各种弹性敏感元件上，当弹性敏感元件感受到外力。位移、加速度等参数的作用时会产生应变，电阻应变式传感器可通过粘贴在上面的电阻应变片将弹性敏感元件产生的应变转换成电阻值的变化。通常，电阻应变式传感器主要由敏感元件、基底、引线和覆盖层等组成。其核心元件是电阻应变片（敏感元件），它的主要作用是实现应变-电阻的变换。根据敏感元件材料与结构的不同，电阻应变片可分为金属电阻应变片和半导体应变片。

电阻应变式传感器由于具有测量精度高、动态响应好、使用简单和体积小等优点，因而被广泛应用于应变、压力、弯矩、转矩、加速度和位移等物理量的测量。将电阻应变片粘贴在弹性敏感元件上，当弹性敏感元件在被测物理量（如力、压力、加速度等）的作用下产生一个与之成正比的应变时，可由电阻应变片将应变转换为电阻的变化，从而通过测量电路检测出被测物理量，这样就可以组成各种专用的应变式传感器。这种传感器在目前的传感器中，尤其是在测力传感器中占有重要的地位。

电阻应变片式力传感器的基本原理是使用电阻应变片测量构件的表面应变，然后根据应变与应力的关系式确定构件表面的应力状态，进而转化成力，实现力的测量。通过布置电阻应变片在被测构件表面的位置，可以实现弯曲、扭转、拉压、弯扭复合等其他物理量的测量。电阻应变片的布置和接桥方法可参阅有关专著。

图4-5a所示为一种用于测量压力的电阻应变片式传感器的典型构造。其中，受力弹性元件是一个用圆柱加工成的方柱体，在其四侧面上粘贴有电阻应变片。为了提高灵敏度，其结构采用内圆外方的空心柱。传感器的敏感方向为z轴方向，增加的侧向加强板可用来增大弹性元件在传感器径向截面的刚度，同时对传感器轴向灵敏度的影响较小。电阻应变片如图4-5b所示粘贴并采用全桥接法（全桥接法可以消除弯矩的影响，同时也具有温度补偿的功能）。为了提高力传感器的精度，在电桥某一臂上串

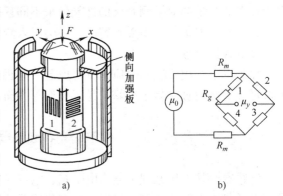

图4-5　测量压力的电阻应变片式传感器
注：电阻应变片3和4分别贴在1和2的对面。

接了一个温度敏感电阻R_g，用以补偿电阻应变片温度系数的微小差异，并用温度敏感电阻R_m和电桥串接，用以改变电桥的激励电压，以补偿弹性元件弹性模量随温度而变化的影响。

若在传感器上施加一压缩力F，则传感器弹性元件的轴向应变ε_1为

$$\varepsilon_1 = \frac{\sigma}{E} = \frac{F}{EA} \tag{4-4}$$

用电阻应变仪测出的指示应变为

$$\varepsilon = 2(1+\mu)\varepsilon_1 \tag{4-5}$$

式中，F为作用于传感器上的载荷；E为承载材料的弹性模量；μ为承载材料的泊松比；A为承载截面积。

2. 电容式传感器

电容式传感器是以不同类型的电容器作为传感元件，并通过电容传感元件把被测物理量的变化转换成电容量的变化，再经转换电路转换成电压、电流或频率等信号输出的测量装置。随着电子技术的迅速发展，特别是集成电路的出现，电容式传感器所具有的优点将得到进一步的体现，而电容式传感器自身存在的分布电容、非线性等缺点也会不断地得到克服，因此电容式传感器在非电测量和自动检测，特别是在位移、振、角度、加速度等机械量的精密测量中得到了广泛的应用。

电容式传感器是将被测物理量转换为电容量变化的装置。由两个平行极板组成的电容

器，其电容量计算公式为

$$C = \frac{\varepsilon_0 \varepsilon_r A}{\delta} \tag{4-6}$$

式中，ε_r 为极板间介质的相对介电常数，在空气中 $\varepsilon_r = 1$；ε_0 为真空中介电常数，$\varepsilon_0 = 8.85 \times 10^{-12} \mathrm{F/m}$；$\delta$ 为极板间距离（简称极距）m；A 为极板面积 m^2。

式（4-6）表明，电容器基本参数 ε、A 或 δ 的变化都会引起电容量 C 的变化。因此，可以将电容器的某一个参数的变化量转换为电容量的变化。根据电容器参数变化的不同，电容式位移传感器可分为极距变化型、面积变化型和介质变化型三类。在实际应用中，极距变化型与面积变化型都可以用于测量位移，介质变化型则可以用于鉴别材料。

（1）极距变化型　根据式（4-6），如果两极板互相覆盖面积及极间介质不变，则电容量 C 与极距 δ 呈非线性关系，如图 4-6 所示。当极距有一微小变化量 $\mathrm{d}\delta$ 时，引起电容的变化量 $\mathrm{d}C$ 为

$$\mathrm{d}C = -\varepsilon \varepsilon_0 A \frac{1}{\delta^2} \mathrm{d}\delta$$

由此可以得到传感器灵敏度

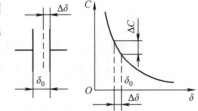

图 4-6　极距变化型电容传感器

$$S = \frac{\mathrm{d}C}{\mathrm{d}\delta} = -\varepsilon \varepsilon_0 A \frac{1}{\delta^2} \tag{4-7}$$

可以看出，灵敏度 S 与极距的二次方成反比，极距越小，灵敏度越高。根据灵敏度公式（4-7）可以看出，灵敏度是随极距的变化而改变的，这将引起线性误差。因此，通常将极距的变化规定在较小的间隙变化范围内，以便获得近似线性关系。一般取极距的变化范围为 $\Delta\delta/\delta_0 \approx 0.1$。

极距变化型电容传感器的优点是：可进行动态非接触式测量，对被测系统的影响小；灵敏度高，适用的位移范围较小，仅 $0.01\,\mu\mathrm{m}$ 到数百微米。但这种传感器有线性误差，传感器的杂散电容对灵敏度和测量精确度有影响，与传感器配合使用的电子线路也比较复杂。由于有这些缺点，故其使用范围受到一定限制。

（2）面积变化型　在变换极板面积的电容传感器中，一般常用的有角位移型和线位移型两种。

图 4-7a 所示为平面线位移型电容传感器。

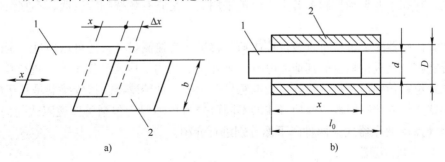

图 4-7　面积变化型电容传感器
a）平面线位移型　b）圆柱体线位移型
1—动板　2—定板

当动板沿 x 方向移动时，动板和定板的重合面积发生变化，电容量也随之变化，其电容量 C

$$C = \frac{\varepsilon_0 \varepsilon bx}{\delta} \tag{4-8}$$

式中，b 为极板宽度。

其灵敏度为

$$S = \frac{\mathrm{d}C}{\mathrm{d}x} = \frac{\varepsilon_0 \varepsilon b}{\delta} = 常数 \tag{4-9}$$

对于图 4-7b 所示的圆柱体线位移型电容传感器，其电容量

$$C = \frac{2\pi\varepsilon_0 \varepsilon x}{\ln(D/d)} \tag{4-10}$$

式中，D 为圆筒孔径；d 为圆柱外径。

当覆盖长度 x 变化时，电容量 C 发生变化，其灵敏度为

$$S = \frac{\mathrm{d}C}{\mathrm{d}x} = \frac{2\pi\varepsilon_0 \varepsilon}{\ln(D/d)} = 常数 \tag{4-11}$$

根据灵敏度公式可知，面积变化型电容传感器的输出与输入呈线性关系。面积变化型与极距变化型相比，灵敏度较低，适用于相对较大直线位移及角位移的测量。

3. 电感式传感器

电感式传感器是利用电磁感应原理将被测非电量的变化转换为线圈的自感系数 L（或互感系数 M）变化的一种机电转换装置。利用电感式传感器可以把连续变化的线位移或角位移转换成线圈的自感或互感的连续变化，经过一定的转换电路再变成电压或电流信号以供显示。

电感式传感器具有以下特点：

1）结构简单，传感器无活动电触点，因此工作可靠，寿命长。

2）灵敏度和分辨力高，能测出 $0.01\mu m$ 的位移变化。传感器的输出信号强，一般每毫米的位移可输出数百毫伏的电压。

3）线性度和重复性较好，在一定位移范围（几十微米至数毫米）内，传感器非线性误差可达到 $0.05\% \sim 0.1\%$，并且稳定性也较好。同时，能实现信息的远距离传输、记录、显示和控制，它在工业自动控制系统中广泛被采用。但是它有频率响应较低，不宜快速动态测控等缺点。

电感式传感器除了可以对直线位移或角位移进行直接测量外，还可以通过一定的感受机构对部分能够转换成位移量的其他非电量（如振动、压力、应变、流量等）进行检测。

电感式位移传感器是将位移转换为电感量变化的一种传感器。该传感器是基于电磁感应原理。电感式位移传感器按照变换方式的不同可分为自感型（包括可变磁阻式与涡电流式）与互感型（差动变压器式）两种。下面分别进行介绍。

（1）自感型传感器

1）可变磁阻式位移传感器。可变磁阻式位移传感器如图 4-8 所示，它由线圈、铁心和衔铁组成。

在铁心和衔铁之间有气隙。由电工学得知，线圈自感量 L 为

$$L = \frac{W^2}{R_{\mathrm{m}}} \quad\quad\quad (4\text{-}12)$$

式中，W 为线圈匝数；R_{m} 为磁路总磁阻（H^{-1}）。

如果气隙长度 δ 较小，而且不考虑磁路的铁损，则总磁阻

$$R_{\mathrm{m}} = \frac{l}{\mu A} + \frac{2\delta}{\mu_0 A_0} \quad\quad\quad (4\text{-}13)$$

式中，l 为铁心导磁长度（m）；μ 为铁心磁导率（H/m）；A 为铁心导磁截面积（m^2）；δ 为气隙长度（m）；μ_0 为空气磁导率，$\mu_0 = 4\pi \times 10^{-7}$（H/m）；$A_0$ 为气隙导磁横截面积（m^2）。

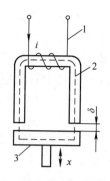

图 4-8　可变磁阻式位移传感器
1—线圈　2—铁心　3—衔铁

因为铁心磁阻远远小于气隙的磁阻，计算时可忽略，故

$$R_{\mathrm{m}} \approx \frac{2\delta}{\mu_0 A_0} \quad\quad\quad (4\text{-}14)$$

代入式（4-12），有

$$L = \frac{W^2 \mu_0 A_0}{2\delta} \qu\quad\quad (4\text{-}15)$$

式（4-15）表明，自感 L 与气隙长度 δ 成反比，而与气隙导磁横截面积 A_0 成正比。当 A_0 值固定、δ 变化时，L 与 δ 呈非线性关系，此时传感器的灵敏度

$$S = -\frac{W^2 \mu_0 A_0}{2\delta^2} \quad\quad\quad (4\text{-}16)$$

灵敏度 S 与气隙长度 δ 的二次方成反比，即 δ 越小，S 越高。由于 S 不是常数，故会出现线性误差。为了减小这一误差，通常规定在较小间隙范围内工作。设间隙变化范围为 $(\delta_0,\ \delta_0 + \Delta\delta)$。一般实际应用中，取 $\Delta\delta / \delta_0 \leqslant 0.1$。这种传感器适用于较小位移的测量，一般为 $0.001 \sim 1\mathrm{mm}$。

2）涡电流式位移传感器。涡电流式位移传感器的变换是利用金属体在交变磁场中的涡电流效应。

涡电流式位移传感器的原理如图 4-9 所示。将金属板置于一只线圈的附近，其间距为 δ。在线圈中通一高频交变电流 i，产生磁通 Φ。磁通 Φ 通过邻近的金属板，在金属板上产生感应电流 i_1。感应电流 i_1 在金属体内自身闭合，称为"涡电流"或"涡流"。同时，涡电流也会产生磁通 Φ_1。根据楞次定律，涡电流的交变磁场与线圈的磁场变化方向相反，Φ_1 总是抵抗 Φ 的变化。涡流磁场的作用可使原线圈的等效阻抗发生变化，其变化程度与 δ 有关。

研究表明，高频线圈阻抗 Z 除了受线圈与金属板间距离 δ 的影响外，还受金属板电阻率 ρ、磁导率 μ 以及线圈励磁

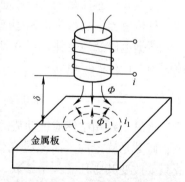

图 4-9　涡电流式位移传感器原理

圆频率 ω 等因素的影响。当改变其中某一因素时，可以进行不同目的的测量。例如，变化 δ，可进行位移、振动测量；变化 ρ 或 μ，可进行材质鉴别或探伤等。

涡电流式位移传感器的一个优点是可用于动态非接触测量，测量范围与传感器结构尺

寸、线圈匝数和励磁频率密切相关，测量范围从 ±1mm 到 ±10mm，最高分辨力可达 1μm。除了以上优点之外，这种传感器还具有结构简单、使用方便、不受油液等介质影响等特点。以涡电流式传感器为核心的涡电流式位移和振动测量仪、测厚仪和无损探伤仪等在机械、冶金工业中日益得到广泛应用。实际上，这种传感器在径向振摆、转速和厚度测量、回转轴误差运动，以及在零件计数、表面裂纹和缺陷测量中都有成功应用。

（2）互感型（差动变压器式）传感器　这种传感器的工作原理是利用电磁感应中的互感现象，如图 4-10 所示。

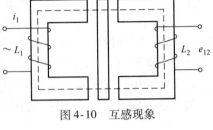

图 4-10　互感现象

线圈 L_1 输入交流电流 i_1 时，在线圈 L_2 中产生感应电动势 e_{12}，其大小与电流 i_1 的变化率成正比，即

$$e_{12} = -M \frac{\mathrm{d}i_1}{\mathrm{d}t} \tag{4-17}$$

式中，M 为比例系数，称为互感，其大小与两线圈相对位置及周围介质的导磁能力等因素有关，它表明两线圈之间的耦合程度。

互感型传感器利用这一原理，可将被测位移量转换成线圈互感的变化。实际上，互感型传感器的本质就是一个变压器，将一次线圈接入稳定交流电源，便可以在二次线圈感应出输出电压。这种变压器由于常常采用两个二次线圈组成差动式，故又称为差动变压器式传感器。

差动变压器式传感器的分辨力能够达到 0.1μm，线性范围可达到 ±100mm，同时具备稳定度好和使用方便等特点，因此被广泛应用于直线位移的测量。但是差动变压器式传感器的实际测量频率上限受制于传感器中所包含的机械结构。

4.3.2　磁电式、压电式与热电式传感器

1. 磁电式传感器

磁电式传感器是利用电磁感应原理将被测量（如振动、位移、速度等）转换成电信号的一种传感器，也称为电磁感应传感器。

根据电磁感应定律，当 N 匝线圈在恒定磁场内运动时，假设穿过线圈的磁通为 Φ，则线圈内会产生感应电动势 e：

$$e = -N \frac{\mathrm{d}\Phi}{\mathrm{d}t} \tag{4-18}$$

可见，线圈中感应电动势的大小跟线圈的匝数和穿过线圈的磁通变化率有关。一般情况下，匝数是确定的，而磁通变化率与磁场强度 B、磁路磁阻 R_m、线圈的运动速度 v 有关，故只要改变其中任意一个参数，都会改变线圈中的感应电动势。

磁电式传感器在力、速度等物理量的测量中应用十分广泛。

（1）压磁式力传感器　压磁式力传感器是基于压磁现象原理制成的力传感器。某些铁磁材料受压缩时，其磁导率沿应力方向会下降，而沿着与应力垂直的方向则增加，这种现象称为压磁现象。压磁式力传感器的原理如图 4-11 所示，在铁磁材料上开 4 个对称的通孔 1~4，将线圈按照图中所示的方法分别穿绕 1、2 和 3、4 孔，然后在 1、2 线圈（作为励磁绕

组）中通入交流电流 I，3、4 线圈作为测量绕组。当没有外力作用时，励磁绕组所产生的磁力线对称分布在测量绕组两侧，合成磁场强度与测量绕组平面平行，磁力线不和测量绕组交链，因而后者不会产生感应电动势。当受到外力作用时，磁力线分布发生变化，部分磁力线和测量绕组交链，在该绕组中产生感应电动势，并随着作用力的增大而增大。压磁式力传感器输出的感应电动势较大，一般不需要放大，只需经滤波和整流处理。

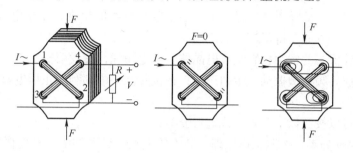

图 4-11　压磁式力传感器原理

（2）磁电式速度传感器　图 4-12 所示为磁电式速度传感器的结构。磁铁与外壳形成磁回路，装在心轴上的线圈和阻尼环组成惯性系统的质量块并在磁场中运动。弹簧片径向刚度很大，轴向刚度很小，可保证惯性系统的径向刚度较高，同时具有很低的轴向固有频率。铜制的阻尼环一方面可增加惯性系统质量，降低固有频率，另一方面又利用闭合铜环在磁场中运动产生的磁阻尼力使振动系统具有合理的阻尼。

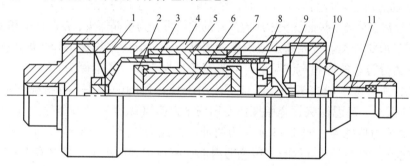

图 4-12　磁电式速度传感器结构

1—弹簧片　2—磁靴　3—阻尼环　4—外壳　5—铝架
6—磁钢　7—线圈　8—线圈架　9—弹簧片　10—导线　11—接线座

2. 压电式传感器

压电式传感器是有源双向机电传感器，它的工作原理基于压电材料的压电效应。石英晶体的压电效应早在 1880 年就已经被发现，但是直到 1948 年才制作出第一台石英晶体压电式传感器。

某些物质在沿其一定方向施加压力或拉力时会产生变形，此时这种物质的两个表面将产生符号相反的电荷，当去掉外力后，它又重新回到不带电状态，这种现象称为压电效应。有时人们又把这种机械能转变为电能的现象称为"正压电效应"。反之，在某些物质的极化方向上施加电场，它会产生机械变形，当去掉外加电场后，该物质的变形随之消失，人们把这种电能转变为机械能的现象称为"逆压电效应"。具有压电效应的电介质称为压电材料。在自然界中，大多数晶体都具有压电效应，然而大多数晶体的压电效应都十分微弱。随着对压电材料的深入研究，发现石英晶体、钛酸钡、锆钛酸铅等人造压电陶瓷是性能优良的压电材料。

压电式传感器是一种典型的自发电式力敏感传感器。它是利用某些电介质的压电效应，将力、加速度、力矩等非电量转换为电量的装置。压电式传感器具有使用频带宽、灵敏度高、信噪比高、结构简单、工作可靠、重量轻等优点。近年来，电子技术的快速发展，以及与之配套的二次仪表、低噪声高绝缘电阻、小电容量电缆的出现，使压电式传感器在声学、医学、力学、航天等方面获得了广泛的应用。

例如，超声波探头的常用材料是压电晶体和压电陶瓷，在发射探头中利用逆压电效应将高频电振动转换成高频机械振动产生超声波，在接收探头中则利用正压电效应将接收的超声振动转换成电信号。

超声波探头可以按照以下几种方式进行分类：

1）按工作原理分类。按照工作原理可分为压电式、磁致伸缩式和电磁式等，其中以压电式最为常用。

2）按波形分类。按照在被测工件中产生的波形不同可分为纵波探头、横波探头、板波（兰姆波）探头和表面波探头。

3）按入射波束方向分类。按入射波束方向可分为直探头和斜探头。前者入射波束与被测工件表面垂直，后者入射波束与被测工件表面成一定的角度。

4）按耦合方式分类。按照探头与被测工件表面的耦合方式可分为直接接触式探头和液浸式探头。前者通过薄层耦合剂与工件表面直接接触，后者与工件表面之间有一定厚度的液层。

5）按晶片数目分类。按照探头中压电晶片的数目可分为单晶探头、双晶探头和多晶片探头。

6）按声束形状分类。按照超声波声束的集聚与否可分为聚焦探头和非聚焦探头。

7）按频谱分类。按照超声波频谱可分为宽频带探头和窄频带探头。

8）特殊探头。除一般探头外，还有一些用于特殊目的的探头，如机械扫描切换探头、电子扫描阵列探头、高温探头、瓷瓶探伤专用扁平探头（纵波）及 S 型探头（横波）等。

（1）压电式力传感器 图 4-13 所示为两种压电式力传感器的构造。为了避免内部元件出现松弛的现象，图 4-13a 所示的力传感器内部加有恒定预压载荷，使之在 1000N 的拉伸力至 5000N 的压缩力范围内工作；图 4-13b 所示的力传感器带有一个外部预紧螺母，可用来调整预紧力，这种形式的力传感器能在 4000N 拉伸力到 16000N 压缩力的范围中正常工作。

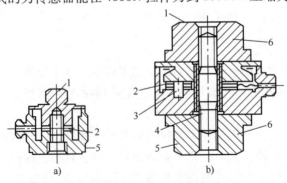

图 4-13 压电式力传感器构造

1—承力头 2—压电晶体片 3—导电片 4—预紧螺栓 5—基座 6—预紧螺母

（2）压电式加速度传感器　常用的压电式加速度传感器的结构如图 4-14 所示。图中 S 是弹簧，M 是质量块，B 是基座，P 是压电元件，R 是夹持环。

图 4-14a 所示为中央安装压缩型。P－M－S 系统装在圆形中心支柱上，支柱与基座 B 连接，这种结构的共振频率较高。但是，当基座 B 与测试对象连接时，如果基座 B 有变形，则将直接影响输出。此外，测试对象和环境温度变化将影响压电片，并使预紧力发生变化，易引起温度漂移。

图 4-14b 所示为环形剪切型。这种形式结构简单，能做成极小型、高共振频率的加速度传感器。环形剪切型的缺点在于它将环形质量块粘到装在中心支柱上的环形压电元件上，当温度升高时，黏结剂会变软，因此对其最高工作温度有限制。

图 4-14c 所示为三角剪切型。压电片被夹持环夹在三角形中心柱上，当加速度传感器感受轴向振动时，压电片承受切应力。这种结构对基座变形和温度变化有极好的隔离作用，有较高的共振频率和良好的线性。

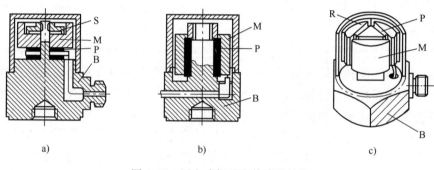

图 4-14　压电式加速度传感器结构

3. 热电式传感器

热电式传感器是一种将温度变化转换为电量变化的装置。在各种热电式传感器中，以把温度转换成电动势和电阻的应用最为普遍。其中最常用的是热电偶和热电阻，热电偶可将温度变化转换为电动势变化，热电阻可把温度变化转换为电阻值的变化。目前，这两种热电式传感器在工业生产中已经得到了广泛的应用。

热电偶传感器的工作原理是热电效应。将两种不同材料的导体串接成一个闭合回路，当两个接点温度不同时，在回路中就会产生电势，形成电流，此现象称为热电效应。

利用电阻随温度变化的特性制成的传感器叫作热电阻传感器。它主要用于对温度和与温度有关的参量进行检测。通常将热电阻传感器分为金属热电阻和半导体热电阻，有时习惯上将前者称为热电阻，后者称为热敏电阻。

热敏电阻是一种新型的半导体测温元件，按温度系数可分为负温度系数热敏电阻（NTC）和正温度系数热敏电阻（PTC）两大类。NTC 研制得较早，也较成熟，最常见的是由金属氧化物（如锰、钴、铁、镍、铜等多种氧化物）混合烧结而成的热敏电阻。

热敏电阻在工业上的用途很广。产品型号不同，其适用范围也不相同。

（1）热敏电阻测温　作为测量温度的热敏电阻一般结构较简单，价格较低廉。没有外面保护层的热敏电阻只能应用在干燥的地方。密封的热敏电阻不怕湿气的侵蚀，可以使用在较恶劣的环境中。由于热敏电阻的阻值较大，故其连接导线的电阻和接触电阻可以忽略，热敏电阻可以在长达几千米的远距离测量温度中应用。测量电路多采用桥路。

（2）热敏电阻用于温度补偿　热敏电阻可在一定的温度范围内对某些元件进行温度补偿。例如，动圈式表头中的动圈由铜线绕制而成，当温度升高时，电阻增大，会引起测量误差，若在动圈回路中串入由负温度系数热敏电阻组成的电阻网络，则可抵消由于温度变化所产生的误差。在晶体管电路、对数放大器中也常用热敏电阻补偿电路，补偿由于温度变化引起的漂移误差。

（3）热敏电阻用于温度控制　将突变型热敏电阻埋设在被测物中，并与继电器串联，给电路加上恒定电压后，当周围介质温度升到某一定数值时，电路中的电流可以由十分之几毫安变为几十毫安，使继电器动作，从而实现温度控制或过热保护。

热敏电阻在家用电器中用途也十分广泛，如空调、干燥器、热水取暖器和电烘箱体温度检测等都用到热敏电阻。热敏电阻传感器组成的热敏继电器还可用于电动机过热保护。

4.3.3　光电与光纤传感器

1. 光电传感器

光电传感器是将光信号转换成电信号的光电装置，可用于检测直接引起光强变化的非电量，如光强、辐射测温和气体成分分析等，也可用来检测能转换成光量变化的其他非电量，如零件直径、表面粗糙度、位移、速度和加速度等。光电式传感器具有响应快、性能可靠、能实现非接触测量等优点，因而在检测和控制领域获得广泛应用。

光电传感器的核心元器件是光电转换元器件。光电转换元器件是利用物质的光电效应，将光量转换为电量的一种元器件。应用这种元器件检测时，往往先将被测量转换为光量，再通过光电元器件转换为电量。光电晶体管是受光照时载流子增加的半导体光电元器件，光电二极管有一个 PN 结，光电晶体管有两个 PN 结。图 4-15 所示为光电晶体管及其伏安特性曲线。光电转换元器件具有很高的灵敏度，并且体积小、重量轻、性能稳定、价格便宜，在工业技术中得到了广泛应用。

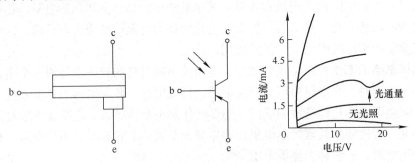

图 4-15　光电晶体管及其伏安特性曲线

（1）光栅　光栅是基于光电转化原理而制成的位移检测元器件，它的测量精度很高，分辨力可以达到 ±1μm 甚至更高，响应速度很快，量程很大。

光栅的组成如图 4-16 所示，它由光栅尺、指示光栅、光电二极管和光源构成。光栅尺长度一般远超指示光栅，但光栅尺与指示光栅的光刻密度相同，一般为 25 条/mm、50 条/mm、100 条/mm、250 条/mm。使用时，一般将光栅尺安装在相对固定的基体上，而指示光栅安装在移动被测物体上，使指示光栅平行于光栅尺，并使两者的刻线相互倾斜一个很小的角度，这时在指示光栅上就会产生几条较粗的明暗条纹（称为莫尔条纹，即图 4-17 中的三条横向莫尔条纹），它们是沿着与光栅条纹几乎垂直的方向排列。随着技术进步，光栅的基本组成元器件的集成度越来越高，有些光栅只包含光栅尺和读数头（读数头起到了指示光栅、光电二极管和光源的作用）两部分，使得光栅的结构更为简单，可靠性更高，但基本原理并没有明显变化。

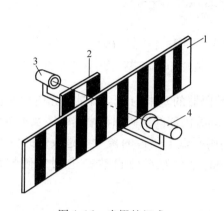

图 4-16　光栅的组成

1—光栅尺　2—指示光栅　3—光电二极管　4—光源

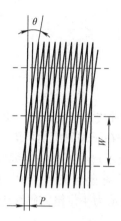

图 4-17　莫尔条纹

光栅莫尔条纹的特点是起放大作用，用 W 表示莫尔条纹宽度，P 表示光栅栅距，则有

$$W \approx \frac{P}{\theta} \tag{4-19}$$

（2）光电编码器　光电编码器与光栅的原理类似，同样是基于光电转化原理。两者的区别在于光电编码器可以将机械传动的模拟量转换成旋转角度的数字信号，是进行角位移检测的传感器。根据刻度方法及信号输出形式，光电编码器可以分为增量式光电编码器和绝对式光电编码器。

1）增量式光电编码器。增量式光电编码器采用圆光栅，通过光电转换元器件，将旋转角位移转换成电脉冲信号，再经过电路处理，将输入的机械量转换成相应的数字量。增量式光电编码器是由装在被测轴（或与被测轴相连接的输入轴）上的带缝隙的编码圆盘、带两相缝隙的指示标度盘和光电元器件组成，如图 4-18 所示。编码圆盘安装在旋转轴上并随之一起旋转，指示标度盘与传感器外壳固定。编码圆盘上刻有等分的明暗相间的主信号窗口和一个绝对零点信号窗口。在指示表盘上有三个窗口，一个作为零点信号窗口，一般定义为 Z 相原点信号输出，其余两个窗口中当一个窗口与编码圆盘窗口对准时，另一个窗口与编码圆盘上的相应窗口相差 90°。这两个窗口一般定义为 A 相输出和 B 相输出，采用 A 相和 B 相两相信号输出可以用于判断编码圆盘的旋转方向。

增量式光电编码器只需要发光二极管和光电二极管两个光电转换器件，体积小、结构紧凑、重量轻、起动力矩小，同时具有较高的精度。增量式光电编码器是非接触式，寿命长、功耗低、耐振动、可靠性高，在角度测量领域应用广泛，在一些情况下，可以间接用于转速和转动加速度测量。

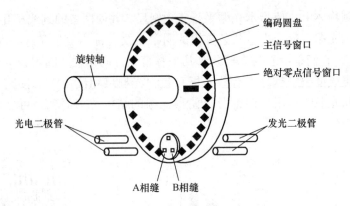

图 4-18　增量式光电编码器

2）绝对式光电编码器。绝对式光电编码器的基本构成与增量式光电编码器类似，两者的主要区别在于编码圆盘不同。绝对式光电编码器的编码圆盘由透明区及不透明区组成，这些透明区及不透明区按一定编码构成，编码圆盘上码道的条数就是数码的位数，如图 4-19 所示。编码圆盘含有 4 个码道，图 4-19a 所示为 4 位自然二进制编码器的编码圆盘，图 4-19b 所示为 4 位格雷码编码圆盘。

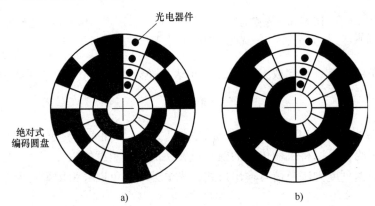

图 4-19　绝对式光电编码器的编码圆盘

绝对式光电编码器编码圆盘的码道数量可以做得很多。相应地，码道数越多，编码器的分辨力越高。与增量式光电编码器类似，绝对式光电编码器同样为非接触式测量，使用寿命长，可靠性高。但缺点是结构较增量式光电编码器复杂，光源寿命较短。

2. 光纤传感器

光纤传感器是随着光导纤维技术的发展而出现的新型传感器。由于它具有灵敏度高、电绝缘性能好、抗电磁干扰、耐腐蚀、耐高温、体积小、重量轻等优点，因而广泛应用于位移、速度、加速度、压力、温度、液位、流量、水声、电流、磁场、放射性射线等物理量的测量。随着光纤传感器研究工作的不断开展，各种形式的光纤传感器层出不穷，目前已相继研制出数十种不同类型的光纤传感器。

光纤传感器包含了光源、光纤、传感头、光探测器和信号处理电路 5 个部分。光源相当于一个信号源，负责信号的发射；光纤是传输介质，负责信号的传输；传感头用于感知外界信息，相当于调制器；光探测器负责信号转换，可将光纤传输的光信号转换为电信号；信号处理电路的功能是还原外界信息，相当于解调器。

光纤传感器的基本原理是，将从光源入射的光束经光纤送入调制区，在调制区内，外界被测参数与进入调制区的光相互作用，使光的光学性质（如光的强度、波长频率、相位、偏振态等）发生变化，成为被调制的信号光，再经光纤送入光电器件、解调器而获得被测参数。

利用光纤传感器的调制机理、光纤导光及调制方式，可以制备出各种光纤传感器，如光纤压力传感器、光纤温度传感器、光纤声传感器和光纤图像传感器等。

4.3.4　半导体传感器

半导体传感器是以半导体为敏感材料，利用各种物理量的作用，引起半导体内载流子浓度或分布的变化，来反映被测量的一类新型传感器。可以说，凡是使用半导体为材料的传感器都可属于半导体传感器，如霍尔元件、光电二极管和晶体管、光电池、热敏电阻、压阻式传感器、气敏传感器、湿敏传感器和色敏传感器等。半导体传感器的优点是灵敏度高、响应速度快、体积小、重量轻，便于集成化和智能化，能使检测转换一体化，因而在工业自动化、遥测、工业机器人、家用电器、环境污染监测、医疗保健、医药工程和生物工程等领域得到了广泛应用。

1. 霍尔元件

霍尔元件是利用霍尔效应的一种传感器。霍尔元件因其具有灵敏度高、线性好、稳定性高、体积小、耐高温等一系列优点，得到广泛应用。

如图 4-20 所示，半导体薄片垂直地处于磁感应强度为 B 的磁场中，在薄片中通入控制电流 I（电流由 a 端进入，b 端流出），便可在薄片两端产生一个霍尔电势 V_H，这种现象称为霍尔效应，其中的半导体薄片称为霍尔元件。

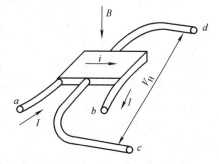

图 4-20　霍尔元件及霍尔效应原理

在霍尔元件 c、d 两端之间建立的电场称为霍尔电场，相应的电势称为霍尔电势 V_H，其大小计算如下：

$$V_H = k_H IB\sin\alpha \qquad (4\text{-}20)$$

式中，k_H 为霍尔常数，取决于材质、温度和元件尺寸；I 为通过霍尔元件的控制电流；B 为磁感应强度；α 为电流与磁场方向的夹角。

近年来，随着制造工艺的进步，尤其是采用了硅集成电路制造工艺，霍尔元件的厚度、体积大大减小，同时灵敏度也有较大提高，从而拓宽了霍尔元件的应用范围。

2. 半导体磁阻式传感器

磁阻式传感器是基于半导体材料磁阻效应的传感器。磁阻效应与霍尔效应的区别在于，霍尔电势是指加于电流方向的电压，而磁阻效应则是沿电流方向电阻的变化。磁阻效应与材料性质及几何形状有关，即随着材料迁移率的增加，磁阻效应愈加显著；元件的长宽比越小，磁阻效应则越明显。基于磁阻效应的磁阻式传感器可以用于测量位移、力、加速度等物理量。

图 4-21 所示为一种用于位移测量的磁阻式传感器。位于磁场中的磁阻元件相对于磁场发生位移时，磁阻元件内阻 R_1、R_2 将发生变化。如果将 R_1、R_2 接于电桥，则其输出电压与电阻的变化成比例。

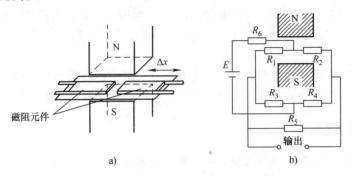

图 4-21　磁阻式位移传感器

a) 结构图　b) 电路原理图

3. 半导体温敏传感器

根据半导体材料（多为金属氧化物 NiO、MnO_2、CuO、TiO_2 等）与温度之间的关系而制成的热敏电阻在温度检测应用中最为常见。热敏电阻具有负的电阻温度系数，其阻值可随温度上升而下降。随着半导体技术的发展，近年来研发出来了集成温度传感器并得到并广泛应用。它将辅助电路与传感器同时集成在一块芯片上，具有校准、补偿、自诊断和网络通信功能，使用十分简单方便。相关内容可查阅相关芯片手册。

根据半导体理论，热敏电阻在温度 T 时的电阻温度系数

$$\alpha = \frac{\mathrm{d}R/\mathrm{d}T}{R} = -\frac{b}{T^2} \tag{4-21}$$

式中，b 为常数，由材质而定。

半导体热敏电阻与常用的金属电阻的区别在于：

1）热敏电阻的灵敏度很高，可测微小温度（$0.001 \sim 0.005℃$）的变化。

2）热敏电阻元件可制成片状或柱状等，体积小，热惯性小，响应速度快，时间常数可达到毫秒级。

3）热敏电阻元件本身的电阻值范围很大，一般在 $3 \sim 700\mathrm{k}\Omega$ 之间，导线电阻在远距离测量时可以忽略不计。

4）在工程常用的温度范围（$-50 \sim 350℃$）内具有较好的稳定性。

热敏电阻的缺点是线性交叉，易受环境温度影响。图 4-22 所示为热敏电阻元件及其温度特性曲线，曲线上所标的是其室温下的电阻值。

4. 半导体湿敏传感器

一些半导体材料，如氧化铁（Fe_3O_4）、氧化铝（Al_2O_3）、氧化钒（V_2O_5）等，具有吸湿

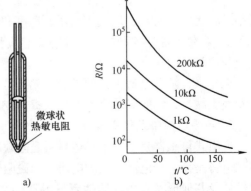

图 4-22　热敏电阻元件及其温度特性曲线

a) 热敏电阻元件　b) 温度特性曲线

特性并且其电阻值在湿气吸附和脱附的过程中会发生改变。利用这一性质可以制成检测湿度的湿敏传感器。在绝缘基板上用丝网印刷工艺制成一对梳背状金质电极，其上涂覆一层厚约 $30\mu m$ 的固体 Fe_3O_4 薄膜，然后低温烘干，从金质电极中引出端线即可制成湿敏传感器。图 4-23a 所示为一种 Fe_3O_4 湿敏传感器的结构，图 4-23b 所示为 Fe_3O_4 湿敏传感器的电阻－相对湿度（RH）特性曲线。

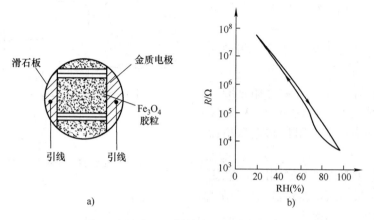

图 4-23　Fe_3O_4 湿敏传感器及其特性曲线

a）结构图　b）特性曲线

5. 半导体气敏传感器

半导体气敏传感器主要用于检测各种还原性气体，如 CO_2、H_2、乙醇和甲醇等。气敏半导体材料在吸附被测气体时，会发生化学反应，放出热量，使温度相应升高，电阻发生变化。利用这种特性，可将气体的浓度和成分信息变换成电信号，进行监测和报警。这种气敏传感器可用于众多工业部门，对危险气体进行监测、报警，以保证生产安全。图 4-24 所示为气敏电阻的阻值－浓度关系曲线。

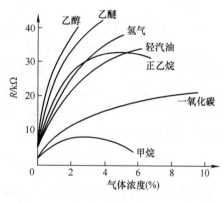

图 4-24　气敏电阻的阻值－浓度关系曲线

4.4　信号预处理

4.4.1　信号放大

传感器所感知、检测、转换和传递的信息表现形式为不同的电信号。电信号可分为电压输出、电流输出和频率输出，其中以电压输出为最多，因此电压信号的处理十分重要。随着集成运算放大器的性能不断完善和价格下降，传感器的信号放大越来越多地采用集成运算放大器。运算放大器通过与电阻组合就可以实现放大运算，适用于传感器输出模拟信号的放大和运算。下面主要介绍几种典型的传感器信号放大器。

1. 测量放大器

一般情况下，不包含变送器的传感器输出信号都十分微弱，而且夹杂着大量的干扰信号，此时要求信号放大器具有很高的共模抑制比（抑制共模干扰信号），同时具有高增益、低噪声和较高的输入阻抗（减小负载效应），具有这些特点的信号放大器称为测量放大器。

图4-25所示为由三个运算放大器构成的测量放大器。采用这种连接方式有如下好处：

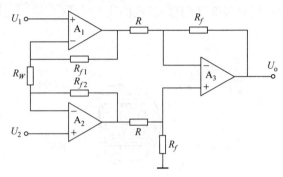

1）U_1和U_2为两个放大器的同相输入端，输入阻抗很高。

2）放大器A_1和A_2采用对称布置的结构，共模抑制比较高。此时A_1和A_2应经过挑选，使得两者的输入阻抗和电压增益尽量一致。

3）A_3起电压跟随器的作用，可稳定前一级电压，隔离后级电路对输出信号的影响。

图4-25　测量放大器

该种接法的放大倍数为

$$A = \frac{R_f}{R}\left(1 + \frac{R_{f1} + R_{f2}}{R_W}\right) \tag{4-22}$$

2. 程控放大器

程控放大器的核心元器件为一个运算放大器，其电压增益可以通过一定的控制方法进行调整，以适合变化范围较大的测量信号，实现不同幅度信号的放大。

图4-26所示为程控放大器，它可通过改变反馈电阻来实现量程变化。图中的开关S_1、S_2、S_3由外部控制，当其中一个闭合、其他两个断开时，放大倍数为

$$A = -\frac{R_i}{R} \tag{4-23}$$

可以根据所测信号的幅值范围，选择不同的开关开闭组合。

3. 隔离放大器

隔离放大器用于隔离强电磁环境下电网电压对测量回路的干扰。它是将输入、输出

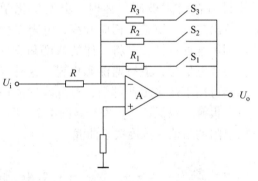

图4-26　程控放大器

和电源彼此隔离，使之没有直接耦合的测量放大器。它具有以下优点：

1）保护系统元器件不受高共模电压的损害，防止高压对低压信号系统的损坏。

2）泄漏电流低，对于测量放大器的输入端无须提供偏流返回通路。

3）共模抑制比高，能对直流和低频信号进行准确、安全的测量。

隔离放大器的耦合方式主要有两种：变压器耦合和光电耦合。两者各有优缺点：变压器耦合方式具有较高的线性度和隔离性能，但带宽在1kHz以下；光电耦合方式带宽能达到10kHz，但其隔离性能不如变压器耦合方式。两者都需要提供隔离电源为差动输入级供电，以达到预定的隔离性能。

4.4.2　调制与解调

一些被测物理量经传感器变换后，虽然已变换为电量，但电信号通常微弱。这类信号在经过直流放大器之前，还需要先将它转换为高频交流信号，即先行调制，而后用交流放大器放大。

调制是使一个信号的某一参数在另一信号的控制下发生变化的过程。前一信号称为载波，一般是较高频率的交流信号，后一信号称为调制或控制信号，调制出来的信号称为已调制波。已调制波携带调制波的信息，具有交变、高频的特点，一般都便于放大与传输。解调是从已调制波中恢复出调制信号的过程。调制与解调是工程测试中的常用技术，应用极广。

在调制过程中，载波的幅值 A、频率 f、相位 P 均可以进行控制，分别称为调幅（AM）、调频（FM）和调相（PM）。三种模式的已调制波分别称为调幅波、调频波和调相波。图 4-27 所示分别为载波、调制信号及已调制波（调幅波、调频波）。下面着重讨论调幅和解调的原理和常用技术。

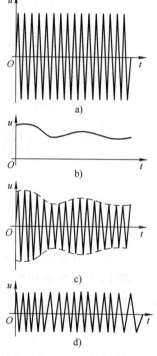

图 4-27　载波、调制信号及
已调制波
a）载波　b）调制信号
c）调幅波　d）调频波

1. 调幅原理

调幅即将一个高频简谐信号（载波）与测试信号（调制信号）相乘，使高频信号的幅值随测试信号的变化而变化。下面以频率为 f_0 的余弦信号作为载波的情况为例，介绍调幅的基本原理。

根据傅里叶变换，即两个信号积乘的谱，等于这两个信号的谱的卷积，有

$$x(t)y(t) \Leftrightarrow X(f) \times Y(f) \tag{4-24}$$

余弦函数 $\cos(2\pi f_0 t)$ 的频谱是一对脉冲：

$$\frac{1}{2}\delta(f-f_0) + \frac{1}{2}\delta(f+f_0) \tag{4-25}$$

在频域内，一个函数与单位脉冲函数做卷积，相当于将其频谱由坐标原点平移至该脉冲函数所在之处。所以，若以高频余弦信号作载波，把信号 $x(t)$ 和载波信号相乘，其结果就相当于把原信号的频谱图形由原点平移至载波频率 f_0 处，其幅值减半，即

$$x(t)\cos(2\pi f_0 t) \Leftrightarrow \frac{1}{2}X(f) \times \delta(f-f_0) + \frac{1}{2}X(f) \times \delta(f+f_0) \tag{4-26}$$

如图 4-28 所示，调幅过程就相当于频谱"搬移"，即频移过程。

2. 解调原理

把调幅波再次与原载波信号相乘，则频谱将再一次进行"搬移"，其结果如图 4-29 所示。若用一个低通滤波器滤去中心频率为 $2f_0$ 的高频成分，就可以复现原信号的频谱，这一过程称为同步解调。经过同步解调后的信号幅值与调制前的信号相比，幅值减小一半，可以用放大处理来恢复原有幅值。同步解调时所乘的信号与调制时的载波具有相同的频率和相位。在时域分析中也可看到：

$$x(t)\cos(2\pi f_0 t)\cos(2\pi f_0 t) = \frac{x(t)}{2} + \frac{1}{2}x(t)\cos(4\pi f_0 t) \tag{4-27}$$

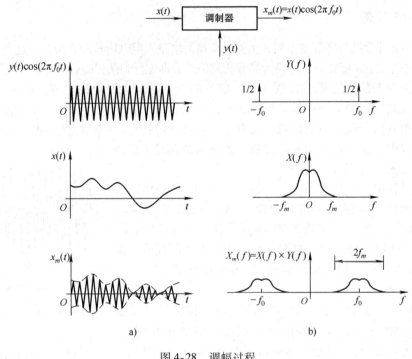

图 4-28　调幅过程

a）时域　b）频域

除了同步解调以外，工程实际中还经常采用整流检波解调和相敏检波解调的方式来进行。

4.4.3　滤波

传感器信号的传输过程中可能包含大量的噪声，因此信号的处理主要是指对信号的滤波处理。这一过程一般是通过滤波器来完成的。滤波器是一种选频装置，可以使信号中特定的频率成分通过，而极大衰减其他频率成分。利用滤波器的这种筛选作用，可以滤除干扰噪声。滤波器在自动检测、自动控制及电子测试仪器中被广泛使用。

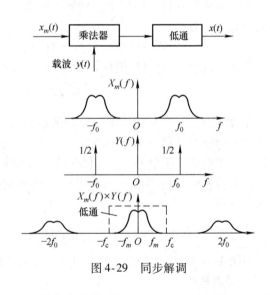

图 4-29　同步解调

根据滤波器所处理的信号性质，可分为模拟滤波器与数字滤波器。

1. 模拟滤波

模拟滤波器主要对模拟信号进行滤波。根据滤波器的选频作用，一般将滤波器分为四种，即低通、高通、带通和带阻滤波器。图 4-30 所示为这 4 种滤波器的幅频特性。

根据滤波器的幅频特性可知，滤波器可以分为通频带、阻频带和过渡带三个大致区域。通频带能够使相对应的频率成分几乎不受衰减地通过，阻频带则几乎完全阻碍相应的频率成

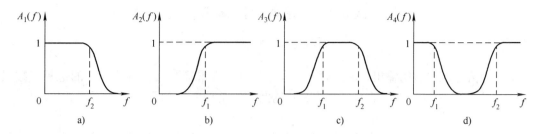

图 4-30　4 种滤波器的幅频特性

a) 低通　b) 高通　c) 带通　d) 带阻

分通过。在通频带与阻频带之间存在的一个过渡带，其幅频特性是一条斜线，在此频带内，信号受到不同程度地衰减。这个过渡带只能尽量减小，而不可避免。

（1）低通滤波器　通频带频率为 $0 \sim f_2$，幅频特性平直。低通滤波器可以使信号中低于 f_2 的频率成分几乎不受衰减地通过，而高于 f_2 的频率成分受到极大的衰减。

（2）高通滤波器　与低通滤波器相反，频率 $f_1 \sim \infty$ 为其通频带，其幅频特性平直。它使信号中高于 f_1 的频率成分几乎不受衰减地通过，而低于 f_1 的频率成分将受到极大的衰减。

（3）带通滤波器　它的通频带在 $f_1 \sim f_2$ 之间。它使信号中高于 f_1 并低于 f_2 的频率成分几乎不受衰减地通过，而其他成分受到极大的衰减。

（4）带阻滤波器　与带通滤波器相反，其阻带在频率 $f_1 \sim f_2$ 之间。它使信号中高于 f_1 并低于 f_2 的频率成分受到极大的衰减，而其他频率成分则几乎不受衰减地通过。

图 4-30 所示的 4 种滤波器的幅频特性曲线在通带与阻带之间都有一段倾斜的过渡曲线。理想的过渡曲线是一条陡峭的垂线，如对于低通滤波器，人们希望低通滤波器可以将输入信号中频率小于 f_2 的各成分所构成的信号无失真地筛选出来，而将频率大于 f_2 的各成分完全衰减掉。然而，理想滤波器在物理上是不可能实现的。理想滤波器的意义仅在于供理论研究，用以建立评价滤波器的指标。

对理想滤波器，有

$$BT_e = 常数 \tag{4-28}$$

即低通滤波器对阶跃响应的反应时间 T_e 和带宽 B 成反比，或者说带宽和反应时间的乘积是常数。这一结论对其他滤波器（高通、带通、带阻）也适用。

滤波器带宽代表其频率分辨力，它随着通带的变宽而降低。因此，式（4-28）表明，滤波器的高分辨能力和测量时快速响应的要求是互相矛盾的。滤波的方法必然导致测量速度下降，甚至会产生谬误和假象。但对已定带宽的滤波器，过长的测量时间也是不必要的。一般采用 $BT_e = 5 \sim 10$。

2. 数字滤波

数字滤波就是通过一定的计算或判断提高信号的信噪比，可以通过软件来实现。数字滤波器在机电一体化系统中应用十分广泛。下面介绍几种常用的数字滤波方法。

（1）算术平均值法　算术平均值法是寻找一个 S 值，使该值与各采样值间误差的二次方和为最小，即

$$E = \min\left[\sum_{i=1}^{N} e_i^2\right] = \min\left[\sum_{i=1}^{N}(S - S_i)^2\right] \tag{4-29}$$

为使二次方和 E 最小，对式（4-29）求导，可得算术平均值法的算式：

$$S = \frac{1}{N} \sum_{i=1}^{N} S_i \qquad (4\text{-}30)$$

式中，S 为信号滤波后的输出；S_i 为第 i 次采样值；N 为采样次数。其中，N 的选择应按具体情况决定，N 越大，平滑度越高，灵敏度越低，但是计算量越大。对于不同类型的信号，可以取不同的 N 值，如流量信号可以取 $N = 12$，压力信号取 $N = 4$。

（2）中值滤波法　中值滤波法即通过连续检测 3 个采样信号，从中选择居中的数据作为有效信号的方法。采用这种方法可以滤除三个采样信号中的一次干扰信号，当三个采样信号中包含两次异向干扰信号时，也能保证正确选择有效信号。但是，对于两次干扰信号为同向信号，或者三个采样信号同为干扰信号的情况，中值滤波法无能为力。中值滤波法能够滤除脉冲干扰，可用于缓慢变化过程的滤波，不适用于快速变化过程。

（3）防脉冲干扰平均值法　该方法结合了算术平均值法和中值滤波法，其原理是先运用中值滤波法滤除脉冲干扰，然后对剩下的采样信号进行算术平均。

若 $S_1 \leqslant S_2 \leqslant \cdots \leqslant S_N$，则有

$$S = (S_1 + S_2 + \cdots + S_N)/(N - 2) \qquad (4\text{-}31)$$

一般取 $3 \leqslant N \leqslant 14$，当 $N = 3$ 时，上式蜕化成中值滤波法。

防脉冲干扰平均值法综合了算术平均值法和中值滤波法的优点，具有较好的滤波质量。

除了以上三种基本的数字滤波方法之外，还有惯性滤波、程序判断滤波等多种滤波方法，感兴趣的读者可以查阅相关的著作进一步深入了解和研究。

4. 4. 4　信号采样与保持

传感器输出信号的采样是把连续时间信号变换成离散时间序列的过程。采样是模数转换（即将模拟信号转换为数字信号）并输入计算机进行处理的基础。采样过程是以等时距的单位脉冲序列乘以连续时间信号来实现的，其中的单位脉冲序列称为采样信号。采样信号的周期或者采样间隔的选择非常重要。采样间隔太小（采样频率高），当处理时间长度一定的信号时，采集的数字序列将会迅速增大，并使计算机的工作量快速增加，如果计算机只能处理一定长度的数字序列，采集时间将会很有限，以致不能反映需要处理的信号准确特征，产生较大的误差；若采样间隔过大（采样频率低），则可能丢掉有用的信息。

如图 4-31a 所示，曲线 A 为被采样曲线，根据某一频率采样得到点 1 ~ 4 四个采样值，但是由于出现了混叠现象，仅根据这四个点不能分清曲线 A、B 和 C 的差别，很容易将曲线 B 或 C 误认为 A。图 4-31b 所示为用过大的采样间隔 T_s 对两个不同频率的正弦波采样的结果，由于得到一组相同的采样值，无法分辨两者的差别，将其中的高频信号误认为某种相应的低频信号，因此出现了混叠现象。

避免频率混淆的方法是：首先，进行抗混叠滤波预处理，也就是使被采样的模拟信号成为有限带宽信号（对不满足此要求的信号，可使其通过模拟低通滤波器滤去高频成分成为有限带宽信号）；其次，采样信号应满足式（4-32），即采样频率 f_s 大于有限带宽信号的最高频率 f_h 的 2 倍，即

$$f_s = \frac{1}{T_s} > 2f_h \qquad (4\text{-}32)$$

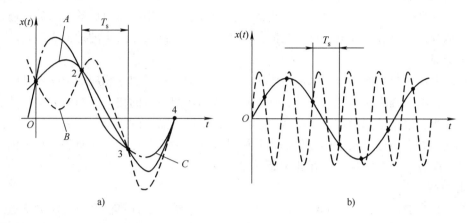

图 4-31　混叠现象

式（4-32）即采样定理。

信号采样一般由模数转换器完成。在进行
模数转换时，从启动转换到转换结束，输出数
字量需要的时间称为孔径时间。由于孔径时间
的存在，当输入信号频率提高时会带来较大的
转换误差，因此需要采样－保持器在模数转换
开始时将信号电平保持住，而在模数转换结束
时能迅速地开始下次采样。图 4-32 所示为采样－保持器的原理图。

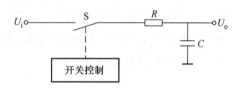

图 4-32　采样－保持器原理图

采样－保持器由存储电容 C 和模拟开关 S 等元件组成。当 S 接通时，输出信号与输入信
号同步，该阶段为采样阶段；当 S 断开时，电容 C 两端电压为断开电压，该阶段为保持阶
段。为了使采样－保持器具有较高的精度，一般需要在输入级和输出级设置缓冲器，以减小
信号源的输出阻抗，增加负载的输入阻抗。对电容的要求是大小和时间常数适中，并要求泄
漏量较小。

4.5　传感器的非线性补偿

在机电一体化系统中，为了便于读数以及对系统进行分析处理，总希望传感器及检测电
路的输入与输出保持线性关系，以使得测量对象在整个刻度范围内的灵敏度保持一致。但是
由于受非线性的物理原理和特性的限制，一些传感器的输入和输出之间具有非线性特性，当
这些传感器用于动态监测时会存在很大的误差。补偿非线性误差一般有两种方法，分别为在
传感器的检测电路中增加补偿回路的硬件补偿，以及利用计算机软件补偿。硬件补偿增加了
电路的复杂性，补偿效果一般不太理想，而软件补偿过程简单、精度很高。在机电一体化系
统中，采用软件补偿较为简单易行，因此这里只介绍软件补偿方法。

利用软件进行非线性补偿，主要有三种方法：计算法、查表法和插值法。

1. 计算法

计算法适用于输出的电信号与被测参数之间存在确定的数学表达式的情况。该方法可通过软件编制数学表达式的计算程序，然后将传感器得到的数值输入编制的程序中，从而得到经过线性化处理的输出参数。例如，将得到的被测参数和输出电压组成的一组数据通过曲线拟合方法拟合出被测参数和输出电压之间的关系，可以得到误差最小的近似表达式。

2. 查表法

在输出电信号与被测参数之间的数学关系十分复杂、难以建立相应的数学模型时，一般可以采用查表法。查表法即把事先计算或测得的数据按照一定的格式编制成表格，然后通过编写查表程序，根据被测参数的值或者中间结果查出最终需要的结果。查表程序的算法可以看成是在众多数据中搜索某个确定数据，其搜寻效率与采用的搜索算法有关。相关内容可阅读计算机程序算法的相关论著，在此不做详述。

3. 插值法

插值法是当前最为常用的非线性误差补偿方法，它结合了计算法和查表法的优点，即首先利用查表法确定数据所处分段，然后在分段内采用相对简单的数学表达式来拟合数据曲线。插值法克服了查表法带来的表格编制的困难，减少了列表点和测量次数。

（1）插值原理　假设输出电信号与被测参数之间的函数表达式为 $y = f(x)$，如果该公式不是简单的线性方程，使用插值法先将该函数按一定的要求分成若干段，然后在相邻的分段点之间利用直线代替曲线，即可求出输入值 x 所对应的输出值 y。对于任一在 x_i 和 x_{i+1} 之间的 x，则对应的被测参数值为

$$y = y_i + \frac{y_{i+1} - y_i}{x_{i+1} - x_i}(x - x_i) \tag{4-33}$$

令 $k_i = \dfrac{y_{i+1} - y_i}{x_{i+1} - x_i}$，有

$$y = y_i + k_i(x - x_i) \tag{4-34}$$

再令 $y_{i0} = y_i - k_i x_i$，有

$$y = y_{i0} + k_i x \tag{4-35}$$

（2）插值算法　根据插值原理，计算机程序的插值算法如下：

1）用实验的方法测出传感器的变化曲线 $y = f(x)$。为了避免人为操作等带来的误差，需要重复测量，选择测量数据较为稳定的输入 – 输出曲线。

2）将实验曲线分段，分段方法主要有等距分段法和非等距分段法两种。等距分段法即沿 x 轴等距离选取插值基点，这种方法中 $x_{i+1} - x_i$ 是常数，计算十分简单，但对于曲率或斜率变化明显的曲线，等距分段法会产生较大误差，而要想减小误差，就必须把基点分得很细，这样又会占用很大内存，导致效率较低。非等距分段法通常主动地将常用刻度范围内插值距离划分得小一些，而将不常用的刻度区域插值距离划分得大一些，该方法插值点的选取较为复杂。

3）确定插值点的坐标值 (x_i, y_i)，以及相邻插值点之间的斜率 k_i。

4）对于任意的 x 值，计算 $x - x_i$，并根据该值找出区域 $x_i \sim x_{i+1}$ 和该段斜率 k_i。

5）根据 $x_i \sim x_{i+1}$ 和 k_i，以及公式计算 y 值。

除了上述非线性处理方法，还有许多其他的方法，如最小二乘法、函数逼近法和数值积分法等，具体选择何种方法进行非线性处理，需要根据实际情况和具体被测对象来确定。

复习与思考

4-1　电感传感器的灵敏度与哪些因素有关？要提高灵敏度可采取哪些措施？采取这些措施会带来什么后果？

4-2　何谓霍尔效应？其物理本质是什么？用霍尔元件可测哪些物理量？举例说明。

4-3　选用传感器的基本原则是什么？在实际中如何运用这些原则？试举一例说明。

4-4　在轧钢过程中，要监测钢板的厚度宜采用哪种传感器？说明其原理。

4-5　试举出 5 种机械量测量传感器，并说明它们的变换原理。

4-6　试按接触式与非接触式分类传感器，列出它们的名称，并说明用在何处。

4-7　数字滤波较一般模拟滤波有何优点？

4-8　在机电一体化测控系统中，传感器信号放大常采用哪几种放大器？各有什么特点？

4-9　试述对传感器非线性误差进行补偿的方法和流程。

第 5 章　自动控制基础

章节导读：

　　自动控制是指在没有人直接参与的情况下，利用控制装置或控制器，使机器、设备或生产过程等被控对象的某个工作状态或参数（被控量）自动地按照预定的程序运行。例如，数控车床按照预定程序自动地切削工件，化学反应炉自动地保持温度或压力的恒定，雷达和计算机组成的导弹发射和制导系统自动地将导弹引导到敌方目标等，这些都是通过高水平的自动控制技术来完成的。本章将着重介绍自动控制系统数学模型的建立，包括时域模型、复数域模型、结构图与信号流图等，以及几种线性系统分析的基本方法与原理。

5.1　概述

5.1.1　控制系统的组成

　　自动控制系统是由各种结构不同的元部件组成的。从完成"自动控制"这一功能来看，一个控制系统必然包含被控对象和控制装置两大部分，其中控制装置由具有一定功能的各种基本元件组成。在不同的系统中，结构完全不同的元部件可以具有相同的功能。组成系统的元部件按功能分类主要有以下几种：

　　1）测量元件：其功能是检测被控制的物理量。如果这个物理量是非电量，一般要再转换为电量，如测速发电机用于检测电动机轴的速度并转换为电压，电位器、旋转变压器或自整角机用于检测角度并转换为电压，热电偶用于检测温度并转换为电压等。

　　2）给定元件：其功能是给出与期望的被控量相对应的系统输入量。

　　3）比较元件：其功能是把测量元件检测的被控量实际值与给定元件给出的输入量进行比较，求出它们之间的偏差。常用的比较元件有差动放大器、机械差动装置和电桥电路等。

　　4）放大元件：其功能是将比较元件给出的偏差信号进行放大，使其驱动执行元件来控制被控对象。电压偏差信号可用集成电路、晶闸管等组成的电压放大级和功率放大级加以放大。

　　5）执行元件：其功能是直接驱动被控对象，使其被控量发生变化。用来作为执行元件的有阀、电动机和液压马达等。

　　6）校正元件：也叫补偿元件，它是结构或参数便于调整的元部件，用串联或反馈的方式连接在系统中，以改善系统的性能。最简单的校正元件是由电阻、电容组成的无源或有源网络，复杂的则用计算机。

　　一个典型的自动控制系统基本组成的方块图如图 5-1 所示，采用其他控制方式的自动控制系统在此基本组成的基础上稍有变化。图中，"○"表示比较元件，它可将测量元件检测到的被控量与输入量进行比较；负号（－）表示两者符号相反，即负反馈；正号（＋）则表示两者符号相同，即正反馈。信号从输入端沿箭头方向到达输出端的传输通路称前向通路，系统输出量经测量元件反馈到输入端的传输通路称主反馈通路。前向通路与主反馈通路共同构成主回路。此外，还有局部反馈通路以及由它构成的内回路。只有一个主反馈通路的系统称单回路系统，有两个或两个以上反馈通路的系统称多回路系统。

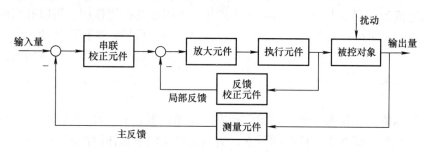

图 5-1　自动控制系统基本组成的方块图

通常加到自动控制系统上的外作用有两种类型，一种是有用输入，一种是扰动。有用输入可决定系统被控量的变化规律，如输入量；而扰动是系统不希望有的外作用，它破坏有用输入对系统的控制。在实际系统中，扰动总是不可避免的，而且它可以作用于系统中的任何元部件上，也可能一个系统会同时受到几种扰动作用。电源电压的波动，环境、温度、压力以及负载的变化，切削工件外形及切削量的变化，飞行中气流的冲击，航海中的波浪等，都是系统中存在的扰动。

5.1.2　控制方式及特点

反馈控制是自动控制系统最基本的控制方式，也是应用最广泛的一种控制方式。除此之外，还有开环控制方式和复合控制方式，它们都有各自的特点和不同的适用场合。

1. 反馈控制方式

如前所述，反馈控制方式是按偏差进行控制的，其特点是不论什么原因使被控量偏离期望值而出现偏差时，必定会产生一个相应的控制作用去降低或消除这个偏差，使被控量与期望值趋于一致。可以说，按反馈控制方式组成的反馈控制系统具有抑制任何内、外扰动对被控量产生影响的能力，有较高的控制精度。但这种系统使用的元件多，结构复杂，特别是系统的性能分析和设计也较麻烦。尽管如此，它仍是一种重要的并被广泛应用的控制方式，自动控制理论主要的研究对象就是用这种控制方式组成的系统。

2. 开环控制方式

开环控制方式是指控制装置与被控对象之间只有顺向作用而没有反向联系的控制方式。按这种方式组成的系统称为开环控制系统，其特点是系统的输出量不会对系统的控制作用产生影响。开环控制系统可以按给定量控制方式组成，也可以按扰动控制方式组成。

按给定量控制的开环控制系统，其控制作用直接由系统的输入量产生，给定一个输入量，就有一个输出量与之相对应，控制精度完全取决于所用的元件及校准的精度。开环控制方式没有自动修正偏差的能力，抗扰动性较差。但由于其结构简单、调整方便、成本低，在精度要求不高或扰动影响较小的情况下，这种控制方式还有一定的实用价值。

目前，一些常见的自动化装置，如自动售货机、自动洗衣机、产品生产自动线、数控车床以及指挥交通的红绿灯的转换等一般都是采用开环控制系统。

按扰动控制的开环控制系统是利用可测量的扰动量产生一种补偿作用，以降低或抵消扰动对输出量的影响。这种控制方式也称顺馈控制。例如，在一般的直流速度控制系统中，转速常常随负载的增加而下降，且其转速的下降是由于电枢回路的电压降引起的，如果设法将负载引起的电流变化测量出来，并按其大小产生一个附加的控制作用，用以补偿由它引起的转速下降，这样就可以构成按扰动控制的开环控制系统。可见，这种按扰动控制的开环控制方式是直接从扰动取得信息，并据以改变被控量，因此其抗扰动性好，控制精度也较高。但它只适用于扰动是可测量的场合。

3. 复合控制方式

按扰动控制方式在技术上较按偏差控制方式简单，但它只适用于扰动是可测量的场合，而且一个补偿装置只能补偿一种扰动因素，对其他扰动均不起补偿作用。因此，比较合理的控制方式是把按偏差控制与按扰动控制结合起来，对于主要扰动采用适当的补偿装置实现按扰动控制，同时，再采用反馈控制系统实现按偏差控制，以消除其他扰动产生的偏差。这样，系统的主要扰动已被补偿，反馈控制系统就比较容易设计，控制效果也会更好。这种按偏差控制和按扰动控制相结合的控制方式称为复合控制方式。

近几十年来，以现代数学为基础，引入计算机的新的控制方式也有了很大发展，如最优控制、自适应控制和模糊控制等。

5.1.3 控制系统的分类

自动控制系统有多种分类方法，按控制方式可分为开环控制系统、反馈控制系统、复合控制系统等，按元件类型可分为机械系统、电气系统、机电系统、液压系统、气动系统、生物系统等，按系统功用可分为温度控制系统、压力控制系统、位置控制系统等，按系统性能可分为线性系统和非线性系统、连续系统和离散系统、定常系统和时变系统、确定性系统和不确定性系统等，按输入量变化规律又可分为恒值控制系统、随动系统和程序控制系统等。为了使自动控制系统能够实现全面控制，常常将上述各种分类方法中的系统组合应用。

1. 线性连续控制系统

这类系统可以用线性微分方程式描述，其一般形式为

$$
a_0 \frac{\mathrm{d}^n}{\mathrm{d}t^n} c(t) + a_1 \frac{\mathrm{d}^{n-1}}{\mathrm{d}t^{n-1}} c(t) + \cdots + a_{n-1} \frac{\mathrm{d}}{\mathrm{d}t} c(t) + a_n c(t)
$$

$$
= b_0 \frac{\mathrm{d}^m}{\mathrm{d}t^m} r(t) + b_1 \frac{\mathrm{d}^{m-1}}{\mathrm{d}t^{m-1}} r(t) + \cdots + b_{m-1} \frac{\mathrm{d}}{\mathrm{d}t} r(t) + b_m r(t)
$$

式中，$c(t)$ 是被控量；$r(t)$ 是系统输入量。系数 a_0，a_1，$\cdots$，a_n 和 b_0，b_1，$\cdots$，b_m 是常数时，称为定常系统；系数 a_0，a_1，$\cdots$，a_n 和 b_0，b_1，$\cdots$，b_m 随时间变化时，称为时变系统。线性定常连续系统按其输入量的变化规律不同又可分为恒值控制系统、随动系统和程序控制系统。

（1）恒值控制系统　这类控制系统的输入量是一个常值，要求被控量也是一个常值，故又称为调节器。但由于扰动的影响，被控量会偏离输入量而出现偏差，控制系统便根据偏差产生控制作用，以克服扰动的影响，使被控量恢复到给定的常值。因此，恒值控制系统分析、设计的重点是研究各种扰动对被控对象的影响以及抗扰动的措施。在恒值控制系统中，输入量可以随生产条件的变化而改变，但是输入量一经调整后，被控量就应与调整好的输入

量保持一致。例如，刨床速度控制系统就是一种恒值控制系统。此外，还有温度控制系统、压力控制系统、液位控制系统等。在工业控制中，如果被控量是温度、流量、压力、液位等生产过程参量时，这种控制系统则称为过程控制系统。这种过程控制系统大多数都属于恒值控制系统。

（2）随动系统　这类控制系统的输入量是预先未知的随时间任意变化的函数，要求被控量以尽可能小的误差跟随输入量的变化，故又称为跟踪系统。在随动系统中，扰动的影响是次要的，系统分析、设计的重点是研究被控量跟随的快速性和准确性。在随动系统中，如果被控量是机械位置或其导数，则这类系统称为伺服系统。

（3）程序控制系统　这类控制系统的输入量是按预定规则随时间变化的函数，要求被控量能够迅速、准确地加以复现。例如，机械加工使用的数字程序控制机床，程序控制系统和随动系统的输入量都是时间函数，不同之处在于前者是已知的时间函数，后者则是未知的任意时间函数。恒值控制系统则可视为程序控制系统的特例。

2. 线性定常离散控制系统

离散系统是指系统的某处或多处的信号以脉冲序列或数码形式传递的系统，因而信号在时间上是离散的。连续信号经过采样开关的采样就可以转换成离散信号。一般，在离散系统中既有连续的模拟信号，也有离散的数字信号，因此离散系统要用差分方程描述。线性差分方程的一般形式为

$$a_0 c(k+n) + a_1 c(k+n-1) + \cdots + a_{n-1} c(k+1) + a_n c(k)$$
$$= b_0 r(k+m) + b_1 r(k+m-1) + \cdots + b_{m-1} r(k+1) + b_m r(k)$$

式中，$m \leqslant n$，n 为差分方程的次数；a_0，a_1，$\cdots$，a_n 和 b_0，b_1，$\cdots$，b_m 是常系数；$r(k)$、$c(k)$ 分别为输入和输出采样序列。

工业计算机控制系统就是典型的离散系统。

3. 非线性控制系统

系统中只要有一个元部件的输入－输出特性是非线性的，这类系统就称为非线性控制系统。对非线性控制系统，要用非线性微分（或差分）方程描述其特性。非线性方程的特点是，系数与变量有关，或者方程中含有变量及其导数的高次幂或乘积项，例如

$$\ddot{y}(t) + y(t)\dot{y}(t) + y^2(t) = r(t)$$

严格地说，实际的物理系统中都含有程度不同的非线性电子元器件与机械部件，其特性曲线都是非线性的，如放大器和电磁元件的饱和特性，运动部件的死区、间隙和摩擦特性等。由于非线性方程在数学处理上较困难，因此目前对不同类型的非线性控制系统的研究还没有统一的方法。但对于非线性程度不太严重的元部件可采用在一定范围内线性化的方法，从而将非线性控制系统近似为线性控制系统。

5.1.4　自动控制科学发展历程

自动控制科学是研究自动控制共同规律的技术科学，它的诞生与发展源于自动控制技术的应用。最早的自动控制技术的应用可以追溯到公元前我国的自动计时器和漏壶指南车，而自动控制技术的广泛应用则开始于欧洲工业革命时期。英国人瓦特在改良蒸汽机的同时，应用反馈原理，于 1788 年发明了离心式调速器，当负载或蒸汽供给量发生变化时，离心式调速器能够自动调节进汽阀门的开度，从而控制蒸汽机的转速。1868 年，以离心式调速器为

研究对象，物理学家麦克斯韦尔研究了反馈系统的稳定性问题，发表了论文"论调速器"。随后，源于物理学和数学的自动控制原理开始逐步形成。1892 年，俄国学者李雅普诺夫发表了"论运动稳定性的一般问题"的博士论文，提出了李雅普诺夫稳定性理论。20 世纪 10 年代，PID 控制器出现，并获得广泛应用。1927 年，为了使广泛应用的电子管在其性能发生较大变化的情况下仍能正常工作，反馈放大器正式诞生，从而确立了"反馈"在自动控制技术中的核心地位，并且有关系统稳定性和性能品质分析的大量研究成果也应运而生。

20 世纪 40 年代，是系统和控制思想空前活跃的年代，1945 年贝塔朗菲提出了《系统论》，1948 年维纳提出了著名的《控制论》，至此形成了完整的控制理论体系，即以传递函数为基础的经典控制理论，主要研究单输入单输出、线性定常系统的分析和设计问题。

20 世纪 50 年代，人类开始征服太空。1957 年，苏联成功发射了第一颗人造地球卫星。1968 年，美国阿波罗飞船成功登上月球。在这些举世瞩目的成就中，自动控制技术起着不可磨灭的功劳，也因此催生了 20 世纪 60 年代第二代控制理论——现代控制理论，其中包括以状态为基础的状态空间法、贝尔曼的动态规划法和庞特里亚金的极小值原理，以及卡尔曼滤波器。现代控制理论主要研究具有高性能、高精度和多耦合回路的多变量系统的分析和设计问题。

从 20 世纪 70 年代开始，随着计算机的不断发展，出现了许多以计算机控制为代表的自动化技术，如可编程控制器和工业机器人，自动化技术发生了根本性的变化，与其相关的自动控制科学研究也出现了许多分支，如自适应控制、混杂控制、模糊控制及神经网络控制等。1965 年，傅京孙提出把人工智能学科的规则运用到学习控制系统。1967 年，莱昂德斯等人首次正式使用"智能控制"一词，智能控制理论进入萌芽阶段。1977 年，萨里迪斯把傅京孙提出的二元结构扩展为三元结构，即自动控制、人工智能和运筹学的交叉。随着智能控制理论研究的逐渐深入，IEEE 于 1985 年在美国纽约召开了第一届智能控制学术讨论会，讨论了智能控制原理和系统结构。由此，智能控制作为一门新兴学科得到广泛认同，智能控制理论体系得以形成，随后进入迅速发展阶段。

目前，智能控制已经被应用于各类复杂被控对象的控制问题，如工业过程控制系统、机器人系统、现代生产制造系统等。但智能控制理论仍未形成较为完整统一的理论体系，将其作为第三代控制理论还稍显牵强，不过智能控制的成果与理论发展表明其正在成为自动控制领域的热门学科。此外，控制论的概念、原理和方法还被用来处理社会、经济、人口和环境等复杂系统的分析与控制，形成了经济控制论和人口控制论等学科分支。

5.2　控制系统数学模型

在控制系统的研究、分析和设计中，仅仅分析其工作原理及大致的运动过程是不够的，必须进行定量的分析。对控制系统的研究，定量分析和设计控制系统首先要解决的问题是建立合适的数学模型。控制系统的数学模型是用数学的方法和形式描述系统内部物理量（或变量）之间关系的数学表达式。由于相似性原理，不同类型的系统（如机械系统、电气系统、液压系统、气动系统、经济学系统和管理学系统等）可以拥有反映其运动规律的相同形式的数学模型，因此通过数学模型研究控制系统，可以摆脱各种类型系统的外部特征而研究其内在的共性运动规律。

在静态条件下（即变量各阶导数为零），描述变量之间关系的代数方程叫作静态数学模型，描述变量各阶导数之间关系的微分方程叫作动态数学模型。如果已知输入量及变量的初始条件，对微分方程求解，就可以得到系统输出量的表达式，并由此可对系统进行性能分析。因此，建立控制系统的数学模型是分析和设计控制系统的首要工作。

建立控制系统数学模型的方法有分析法和实验法两种。分析法是对系统各部分的运动机理进行分析，根据它们所依据的物理规律或化学规律分别列出相应的运动方程。例如，电学中有基尔霍夫定律，力学中有牛顿定律，热力学中有热力学定律等。实验法是人为地给系统施加某种测试信号，记录其输出响应，并用适当的数学模型去逼近。这种方法又称为系统辨识。近年来，系统辨识已发展成一门独立的分支学科。

在自动控制理论中，数学模型有多种形式，如时域中常用的数学模型有微分方程、差分方程和状态方程，复数域中有传递函数和结构图，频域中有频率特性等。本节主要介绍各类系统的数学模型的建立。

5.2.1　时域数学模型

1. 控制系统微分方程的建立

建立控制系统的微分方程时，一般先由系统原理图画出系统方块图，并分别列出组成系统各元器件的微分方程；在列出系统各元器件的微分方程后，消去中间变量，便可得到描述系统输出量与输入量之间关系的微分方程。列写微分方程的步骤可归纳如下：

1）根据元器件的工作原理及其在控制系统中的作用，确定其输入量和输出量。

2）分析元器件工作中所遵循的物理规律或化学规律，列出相应的微分方程。

3）消去中间变量，得到输出量与输入量之间关系的微分方程，这便是元器件时域的数学模型。

一般情况下，应将微分方程写为标准形式，即与输入量有关的项写在方程的右端，与输出量有关的项写在方程的左端，方程两端变量的导数项均按降幂次序排列。

例 5-1　图 5-2 所示为由电阻 R、电感 L 和电容 C 组成的无源网络，试列出以 $u_i(t)$ 为输入量、以 $u_o(t)$ 为输出量的网络微分方程。

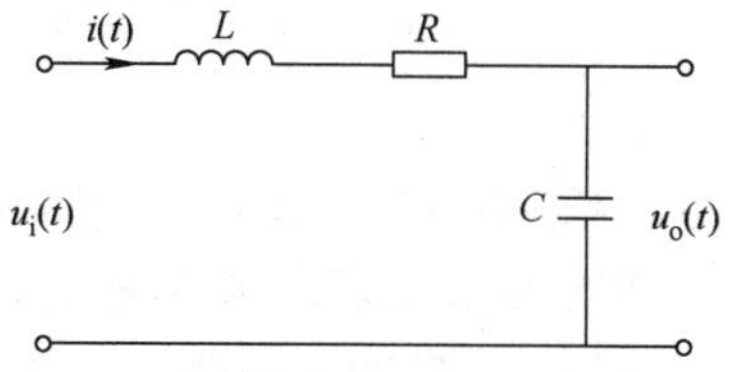

解：设回路电流为 $i(t)$，由基尔霍夫定律，可写出回路方程为

$$L\frac{\mathrm{d}i(t)}{\mathrm{d}t} + \frac{1}{C}\int i(t)\mathrm{d}t + Ri(t) = u_i(t)$$

图 5-2　RLC 无源网络

$$u_o(t) = \frac{1}{C}\int i(t)\mathrm{d}t$$

消去中间变量 $i(t)$，便可得到描述网络输入输出关系的微分方程，即

$$LC\frac{\mathrm{d}^2 u_o(t)}{\mathrm{d}t^2} + RC\frac{\mathrm{d}u_o(t)}{\mathrm{d}t} + u_o(t) = u_i(t) \tag{5-1}$$

显然，这是一个二阶线性微分方程，也就是图 5-2 所示无源网络的时域数学模型。

列写系统各元器件的微分方程时，一是应注意信号传递的单向性，即前一个元器件的输出是后一个元器件的输入，一级一级地单向传送，二是应注意前后连接的两个元器件中后级对前级的负载效应。例如，无源网络输入阻抗对前级的影响，齿轮系对电动机转动惯量的影响等。

例 5-2 试列写图 5-3 所示速度控制系统的微分方程。

解： 控制系统的被控对象是电动机（带负载），系统的输出量是转速 ω，输入量是 u_i。

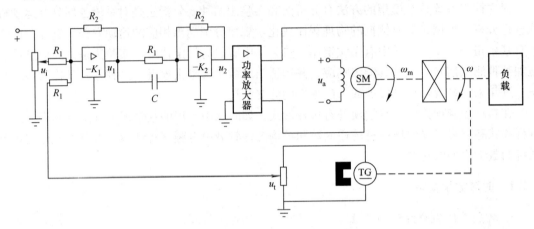

图 5-3 速度控制系统

控制系统由给定电位器、运算放大器 I （含比较作用）、运算放大器 II （含 RC 校正网络）、功率放大器、直流电动机、测速发电机和减速器等部分组成。现分别列写各元部件的微分方程。

① 运算放大器 I 。输入量（即给定电压）u_i 与速度反馈电压 u_t 在此合成，产生偏差电压并经放大，即

$$u_1 = K_1(u_i - u_t) = K_1 u_e \tag{5-2}$$

式中，$K_1 = R_2/R_1$ 是运算放大器 I 的放大系数。

② 运算放大器 II 。考虑 RC 校正网络，u_2 与 u_1 之间的微分方程为

$$u_2 = K_2\left(\tau \frac{\mathrm{d}u_1}{\mathrm{d}t} + u_1\right) \tag{5-3}$$

式中，$K_2 = R_2/R_1$ 是运算放大器 II 的放大系数；$\tau = R_1 C$ 是微分时间常数。

③ 功率放大器。本系统采用晶闸管整流装置，它包括触发电路和晶闸管主回路。忽略晶闸管控制电路的时间滞后，其输入输出方程为

$$u_a = K_3 u_2 \tag{5-4}$$

式中，K_3 为功放系数。

④ 直流电动机。直流电动机的微分方程为

$$T_m \frac{\mathrm{d}\omega_m}{\mathrm{d}t} + \omega_m = K_m u_a - K_c M_c' \tag{5-5}$$

式中，T_m、K_m、K_c 及 M_c' 均是考虑齿轮系和负载后折算到电动机轴上的等效值。

⑤ 齿轮系。设齿轮系的速比为 i，则电动机转速 ω_m 经齿轮系减速后变为 ω，故有

$$\omega = \frac{1}{i} \omega_m \tag{5-6}$$

⑥ 测速发电机。测速发电机的输出电压 u_t 与其转速 ω 成正比，即

$$u_t = K_t \omega \tag{5-7}$$

式中，K_t 是测速发电机比例系数。

从上述各方程中消去中间变量 u_t、u_1、u_2、u_a 及 ω_m，整理后便得到控制系统的微分方程：

$$T'_m \frac{d\omega}{dt} + \omega = K'_g \frac{du_i}{dt} + K_g u_i - K'_c M'_c \tag{5-8}$$

式中，

$$T'_m = \frac{iT_m + K_1 K_2 K_3 K_m K_t \tau}{i + K_1 K_2 K_3 K_m K_t} \qquad K'_g = \frac{K_1 K_2 K_3 K_m \tau}{i + K_1 K_2 K_3 K_m K_t}$$

$$K_g = \frac{K_1 K_2 K_3 K_m}{i + K_1 K_2 K_3 K_m K_t} \qquad K_c = \frac{K_c}{i + K_1 K_2 K_3 K_m K_t}$$

式（5-8）可用于研究在给定电压 u_i 或有负载扰动转矩 M_c 时，速度控制系统的动态性能。

2. 线性系统的基本特性

用线性微分方程描述的元件或系统称为线性元件或线性系统。线性系统的重要性质是可以应用叠加原理。叠加原理有两重含义，即系统具有可叠加性和均匀性（或齐次性）。现举例说明：设有线性微分方程

$$\frac{d^2 c(t)}{dt^2} + \frac{dc(t)}{dt} + c(t) = f(t)$$

当 $f(t) = f_1(t)$ 时，上述方程的解为 $c_1(t)$；当 $f(t) = f_2(t)$ 时，上述方程的解为 $c_2(t)$。如果 $f(t) = f_1(t) + f_2(t)$，容易验证，方程的解必为 $c(t) = c_1(t) + c_2(t)$，这就是可叠加性。而当 $f(t) = A f_1(t)$ 时（其中 A 为常数），则方程的解必为 $c(t) = A c_1(t)$，这就是均匀性。

线性系统的叠加原理表明，两个外作用同时加于系统所产生的总输出等于各个外作用单独作用时分别产生的输出之和，且外作用的数值增大若干倍时，其输出也相应增大同样的倍数。因此，对线性系统进行分析和设计时，如果有几个外作用同时加于系统，则可以将它们分别处理，依次求出各个外作用单独加入时系统的输出，然后将它们叠加。此外，每个外作用在数值上可只取单位值，从而大大简化了线性系统的研究工作。

3. 线性定常微分方程的求解

建立控制系统数学模型的目的之一是为了用数学方法定量研究控制系统的工作特性。当系统微分方程列写出来后，只要给定输入量和初始条件，便可对微分方程求解，并由此了解系统输出量随时间变化的特性。线性定常微分方程的求解方法有经典法和拉普拉斯变换（以下简称拉氏变换）法两种，也可借助电子计算机求解。这里只研究用拉氏变换法求解微分方程的方法，同时分析微分方程的组成，为引出传递函数概念奠定基础。

例 5-3　在例 5-1 中，若已知 $L = 1H$，$C = 1F$，$R = 1\Omega$，且电容的初始电压 $u_o(0) = 0.1V$，初始电流 $i(0) = 0.1A$，电源电压 $u_i(t) = 1V$，试求电路突然接通电源时，电容电压 $u_o(t)$ 的变化规律。

解：已求得网络微分方程为

$$LC \frac{d^2 u_o(t)}{dt^2} + RC \frac{du_o(t)}{dt} + u_o(t) = u_i(t) \tag{5-9}$$

令 $U_i(s) = L[u_i(t)]$，$U_o(s) = L[u_o(t)]$，且

$$L\left[\frac{du_o(t)}{dt}\right] = sU_o(s) - u_o(0)$$

$$L\left[\frac{d^2 u_o(t)}{dt^2}\right] = s^2 U_o(s) - su_o(0) - u'_o(0)$$

式中，$u'_o(0)$ 是 $du_o(t)/dt$ 在 $t=0$ 时的值，即

$$u'_o(0) = \frac{du_o(t)}{dt}\bigg|_{t=0} = \frac{1}{C}i(t)\bigg|_{t=0} = \frac{1}{C}i(0)$$

对式（5-9）中各项分别求拉氏变换并代入已知数据，经整理后有

$$U_o(s) = \frac{U_i(s)}{s^2 + s + 1} + \frac{0.1s + 0.2}{s^2 + s + 1} \qquad (5\text{-}10)$$

由于电路是突然接通电源的，故 $u_i(t)$ 可视为阶跃输入量，即 $u_i(t) = 1(t)$，或 $U_i(s) = L[u_i(t)] = 1/s$。对式（5-10）的 $U_o(s)$ 求拉氏反变换，便得到式（5-9）网络微分方程的解 $u_o(t)$，即

$$u_o(t) = L^{-1}[U_o(s)] = L^{-1}\left[\frac{1}{s(s^2 + s + 1)} + \frac{0.1s + 0.2}{s^2 + s + 1}\right] \qquad (5\text{-}11)$$

$$= 1 + 1.15e^{-0.5t}\sin(0.866t - 120°) + 0.2e^{-0.5t}\sin(0.866t + 30°)$$

在式（5-11）中，前两项是由网络输入电压产生的输出分量，与初始条件无关，故称为零初始条件响应；后一项则是由初始条件产生的输出分量，与输入电压无关，故称为零输入响应。它们统称为网络的单位阶跃响应。

如果输入电压是单位脉冲量 $\delta(t)$，相当于电路突然接通电源又立即断开的情况，此时 $U_i(s) = L[\delta(t)] = 1$，网络的输出则称为单位脉冲响应，即

$$u_o(t) = L^{-1}\left[\frac{1}{s^2 + s + 1} + \frac{0.1s + 0.2}{s^2 + s + 1}\right] \qquad (5\text{-}12)$$

$$= 1.15e^{-0.5t}\sin 0.866t + 0.2e^{-0.5t}\sin(0.866t + 30°)$$

利用拉氏变换的初值定理和终值定理，可以直接从式（5-10）中了解网络中电容电压 $u_o(t)$ 的初始值和终值。当 $u_i(t) = 1(t)$ 时，$u_o(t)$ 的初始值为

$$u_o(0) = \lim_{t \to 0} u_o(t) = \lim_{s \to \infty} s \cdot U_o(s) = \lim_{s \to \infty} s\left[\frac{1}{s(s^2 + s + 1)} + \frac{0.1s + 0.2}{s^2 + s + 1}\right] = 0.1V$$

$u_o(t)$ 的终值为

$$u_o(\infty) = \lim_{t \to \infty} u_o(t) = \lim_{s \to 0} s \cdot U_o(s) = \lim_{s \to 0} s\left[\frac{1}{s(s^2 + s + 1)} + \frac{0.1s + 0.2}{s^2 + s + 1}\right] = 1V$$

其结果与从式（5-11）中求得的数值一致。

于是，用拉氏变换法求解线性定常微分方程的过程可归结如下：

1）考虑初始条件，对微分方程中的每一项分别进行拉氏变换，将微分方程转换为变量 s 的代数方程。

2）由代数方程求出输出量拉氏变换函数的表达式。

3）对输出量拉氏变换函数求反变换，得到输出量的时域表达式，即可求出微分方程的解。

5.2.2　复数域数学模型

控制系统的微分方程是在时间域描述系统动态性能的数学模型，在给定外作用及初始条件下，求解微分方程可以得到系统的输出响应。这种方法比较直观，特别是借助于计算机可以迅速而准确的求得结果，但是如果系统的结构改变或某个参数变化时，就要重新列写并求解微分方程，不便于对系统进行分析和设计。

用拉氏变换法求解线性系统的微分方程时，可以得到控制系统在复数域中的数学模型"传递函数"。传递函数不仅可以表征系统的动态性能，而且可以用来研究系统的结构或参数变化对系统性能的影响。经典控制理论中广泛应用的频率法和根轨迹法就是以传递函数为基础建立起来的，传递函数是经典控制理论中最基本和最重要的概念。

1. 传递函数的定义

线性定常系统的传递函数，定义为零初始条件下系统输出量的拉氏变换与输入量的拉氏变换之比。

设线性定常系统由以下 n 阶线性常微分方程描述：

$$a_0 \frac{\mathrm{d}^n}{\mathrm{d}t^n} c(t) + a_1 \frac{\mathrm{d}^{n-1}}{\mathrm{d}t^{n-1}} c(t) + \cdots + a_{n-1} \frac{\mathrm{d}}{\mathrm{d}t} c(t) + a_n c(t)$$

$$= b_0 \frac{\mathrm{d}^m}{\mathrm{d}t^m} r(t) + b_1 \frac{\mathrm{d}^{m-1}}{\mathrm{d}t^{m-1}} r(t) + \cdots + b_{m-1} \frac{\mathrm{d}}{\mathrm{d}t} r(t) + b_m r(t)$$

式中，$c(t)$ 是系统输出量；$r(t)$ 是系统输入量；$a_i (i = 1, 2, \cdots, n)$ 和 $b_j (j = 1, 2, \cdots, m)$ 是与系统结构和参数有关的常系数。设 $r(t)$ 和 $c(t)$ 及其各阶导数在 $t = 0$ 时的值均为 0，即零初始条件，对上式中各项分别进行拉氏变换，并令 $C(s) = L[c(t)]$，$R(s) = L[r(t)]$，可得 s 的代数方程为

$$[a_0 s^n + a_1 s^{n-1} + \cdots + a_{n-1} s + a_n] C(s) = [b_0 s^m + b_1 s^{m-1} + \cdots + b_{m-1} s + b_m] R(s)$$

于是，由定义得系统的传递函数：

$$G(s) = \frac{C(s)}{R(s)} = \frac{b_0 s^m + b_1 s^{m-1} + \cdots + b_{m-1} s + b_m}{a_0 s^n + a_1 s^{n-1} + \cdots + a_{n-1} s + a_n} = \frac{M(s)}{N(s)}$$

式中

$$M(s) = b_0 s^m + b_1 s^{m-1} + \cdots + b_{m-1} s + b_m$$

$$N(s) = a_0 s^n + a_1 s^{n-1} + \cdots + a_{n-1} s + a_n$$

例 5-4　RLC 网络的微分方程如下：

$$LC \frac{\mathrm{d}^2 u_o(t)}{\mathrm{d}t^2} + RC \frac{\mathrm{d} u_o(t)}{\mathrm{d}t} + u_o(t) = u_i(t)$$

求传递函数。

解：在零初始条件下，对上述方程中各项求拉氏变换，并令 $U_i(s) = L[u_i(t)]$，$U_o(s) = L[u_o(t)]$，可得 s 的代数方程为 $(LCs^2 + RCs + 1) U_o(s) = U_i(s)$，再由传递函数定义，网络传递函数为

$$G(s) = \frac{U_o(s)}{U_i(s)} = \frac{1}{LCs^2 + RCs + 1}$$

2. 传递函数的性质

1) 传递函数是复变量 s 的有理真分式函数，具有复变函数的所有性质；$m \leqslant n$，且所有系数均为实数。

2) 传递函数是一种用系统参数表示输出量与输入量之间关系的表达式，它只取决于系统或元件的结构和参数，而与输入量的形式无关，也不反映系统内部的任何信息。因此，可以用如图 5-4 所示的方块图来表示一个具有传递函数 $G(s)$ 的线性系统。图中表明，系统的输入量与输出量的因果关系可以用传递函数联系起来。

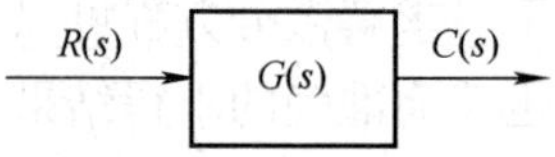

图 5-4　传递函数的方块图

3) 传递函数与微分方程有相通性。传递函数分子多项式系数及分母多项式系数分别与相应的微分方程的右端及左端微分算符多项式系数相对应，故在零初始条件下，将微分方程的算符 $\mathrm{d}/\mathrm{d}t$ 用复数 s 置换可得到传递函数；反之，将传递函数多项式中的变量 s 用算符 $\mathrm{d}/\mathrm{d}t$ 置换可得到微分方程。例如，由传递函数

$$G(s) = \frac{C(s)}{R(s)} = \frac{b_1 s + b_2}{a_0 s^2 + a_1 s + a_2}$$

可得 s 的代数方程 $(a_0 s_2 + a_1 s + a_2) C(s) = (b_1 s + b_2) R(s)$，在零初始条件下，用微分算符 $\mathrm{d}/\mathrm{d}t$ 置换 s，便得到相应的微分方程：

$$a_0 \frac{\mathrm{d}^2}{\mathrm{d}t^2} c(t) + a_1 \frac{\mathrm{d}}{\mathrm{d}t} c(t) + a_2 c(t) = b_1 \frac{\mathrm{d}}{\mathrm{d}t} r(t) + b_2 r(t)$$

4) 传递函数 $G(s)$ 的拉氏变换是脉冲响应 $g(t)$。脉冲响应（也称脉冲过渡函数）$g(t)$ 是系统在单位脉冲 $\delta(t)$ 输入时的输出响应，此时 $R(s) = L[\delta(t)]$，故有

$$g(t) = L^{-1}[C(s)] = L^{-1}[G(s)R(s)] = L^{-1}[G(s)]$$

传递函数是在零初始条件下定义的。控制系统的零初始条件有两方面的含义：一是指输入量是在 $t \geqslant 0$ 时才作用于系统，因此在 $t = 0^-$ 时，输入量及其各阶导数均为零；二是指输入量加于系统之前，系统处于稳定的工作状态，即输出量及其各阶导数在 $t = 0^-$ 时的值也为零，现实的工程控制系统多属于此类情况。因此，传递函数可表征控制系统的动态性能，并用以求出在给定输入量时系统的零初始条件响应，即由拉氏变换的卷积定理，有

$$c(t) = L^{-1}[C(s)] = L^{-1}[G(s)R(s)] = \int_0^t r(\tau)g(t - \tau)\mathrm{d}\tau = \int_0^t r(t - \tau)g(\tau)\mathrm{d}\tau$$

式中，$g(t) = L^{-1}[G(s)]$ 是系统的脉冲响应。

例 5-5　对电枢控制直流电动机取电枢电压 $u_a(t)$ 为输入量，取电动机转速 $\omega_m(t)$ 为输出量。$M_c(t)$ 是折合到电动机轴上的总负载转矩，其微分方程式如下：

$$T_m \frac{\mathrm{d}\omega_m(t)}{\mathrm{d}t} + \omega_m(t) = K_m u_a(t) - K_c M_c(t)$$

式中，T_m 为电动机机电时间常数；K_m 为电动机传递系数；$M_c(t)$ 可视为负载扰动转矩；K_c 为负载扰动转矩系数。试求传递函数 $\Omega_m(s)/U_a(s)$。

解：根据线性系统的叠加原理，可分别求 $u_a(t)$ 到 $\omega_m(t)$ 和 $M_c(t)$ 到 $\omega_m(t)$ 的传递函数，以便研究在 $u_a(t)$ 和 $M_c(t)$ 分别作用下电动机转速 $\omega_m(t)$ 的性能，将它们叠加后，便是电动机转速的响应特性。为求 $\Omega_m(s)/U_a(s)$，令 $M_c(t) = 0$，则有

$$T_\mathrm{m} \frac{\mathrm{d}\omega_\mathrm{m}(t)}{\mathrm{d}t} + \omega_\mathrm{m}(t) = K_\mathrm{m} u_\mathrm{a}(t)$$

在零初始条件下，即 $\omega_\mathrm{m}(0) = \omega'_\mathrm{m}(0) = 0$ 时，对上式各项进行拉氏变换，并令 $\Omega_\mathrm{m}(s) = L[\omega_\mathrm{m}(t)]$，$U_\mathrm{a}(s) = L[u_\mathrm{a}(t)]$，可得 s 的代数方程为 $(T_\mathrm{m}s + 1)\Omega_\mathrm{m}(s) = K_\mathrm{m}U_\mathrm{a}(s)$，由传递函数定义，于是有

$$G(s) = \frac{\Omega_\mathrm{m}(s)}{U_\mathrm{a}(s)} = \frac{K_\mathrm{m}}{T_\mathrm{m}s + 1} \tag{5-13}$$

$G(s)$ 便是电枢电压 $u_\mathrm{a}(t)$ 到转速 $\omega_\mathrm{m}(t)$ 的传递函数。令 $u_\mathrm{a}(t) = 0$，用同样方法可求得负载扰动转矩 $M_\mathrm{c}(t)$ 到转速 $\omega_\mathrm{m}(t)$ 的传递函数为

$$G_\mathrm{m}(s) = \frac{\Omega_\mathrm{m}(s)}{M_\mathrm{c}(s)} = \frac{-K_\mathrm{c}}{T_\mathrm{m}s + 1} \tag{5-14}$$

由式（5-13）和式（5-14）可求得电动机转速 $\omega_\mathrm{m}(t)$ 在电枢电压 $u_\mathrm{a}(t) = 0$ 和负载转矩 $M_\mathrm{c}(t)$ 同时作用下的响应特性为

$$\omega_\mathrm{m}(t) = L^{-1}[\Omega_\mathrm{m}(s)] = L^{-1}\left[\frac{K_\mathrm{m}}{T_\mathrm{m}s + 1}U_\mathrm{a}(s) - \frac{K_\mathrm{c}}{T_\mathrm{m}s + 1}M_\mathrm{c}(s)\right]$$

$$= L^{-1}\left[\frac{K_\mathrm{m}}{T_\mathrm{m}s + 1}U_\mathrm{a}(s)\right] + L^{-1}\left[\frac{-K_\mathrm{c}}{T_\mathrm{m}s + 1}M_\mathrm{c}(s)\right] = \omega_1(t) + \omega_2(t)$$

式中，$\omega_1(t)$ 是 $u_\mathrm{a}(t)$ 作用下的转速特性；$\omega_2(t)$ 是 $M_\mathrm{c}(t)$ 作用下的转速特性。

3. 传递函数的零点和极点

传递函数的分子多项式和分母多项式经因式分解后可写为如下形式：

$$G(s) = \frac{b_0(s - z_1)(s - z_2)\cdots(s - z_m)}{a_0(s - p_1)(s - p_2)\cdots(s - p_n)} = K^* \frac{\displaystyle\prod_{i=1}^{m}(s - z_i)}{\displaystyle\prod_{j=1}^{n}(s - p_j)}$$

式中，z_i（$i = 1, 2, \cdots, m$）是分子多项式的零点，称为传递函数的零点（传递函数的零点可以是实数，也可以是复数）；p_j（$j = 1, 2, \cdots, n$）是分母多项式的零点，称为传递函数的极点（传递函数的极点可以是实数，也可以是复数）；系数 $K^* = b_0/a_0$ 称为传递系数或根轨迹增益。这种用零点和极点表示传递函数的方法在根轨迹法中使用较多。

在复数平面上表示传递函数的零点和极点的图形，称为传递函数的零极点分布图。在图中一般用"○"表示零点，用"×"表示极点。传递函数的零极点分布图可以更形象地反映系统的全面特性。

5.2.3　典型元件数学模型

1. 机械平移系统

机械平移系统的基本元件是质量、阻尼和弹簧。图 5-5 所示为这三个机械元件的符号表示。图中，$F(t)$ 为外力，$x(t)$ 为位移，m 为质量，f 为黏滞阻尼系数，K 为弹簧刚度。由图可得到质量的数学模型为

$$F(t) = m \frac{\mathrm{d}^2 x(t)}{\mathrm{d}t^2} \tag{5-15}$$

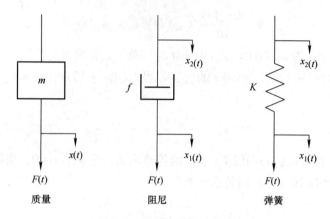

图 5-5　机械直线移动元件

阻尼器的数学模型为

$$F(t) = f\left(\frac{\mathrm{d}x_1(t)}{\mathrm{d}t} - \frac{\mathrm{d}x_2(t)}{\mathrm{d}t}\right) \tag{5-16}$$

弹簧的数学模型为

$$F(t) = K[x_1(t) - x_2(t)] \tag{5-17}$$

下面举例说明平移系统的建模方法。

图 5-6 所示为组合机床动力滑台铣平面。若不计运动体（质量为 M）与地面间的摩擦，系统可以抽象成如图 5-7 所示的力学模型。根据牛顿第二定律，系统方程为

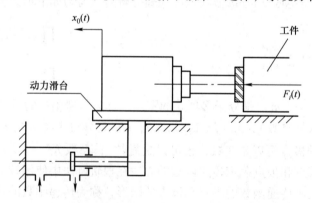

图 5-6　动力滑台铣平面

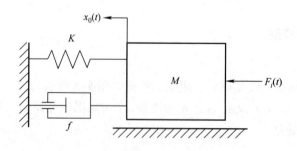

图 5-7　力学模型

$$F_i(t) - Kx_0(t) - f\frac{\mathrm{d}x_0(t)}{\mathrm{d}t} = M\frac{\mathrm{d}^2x_0(t)}{\mathrm{d}t^2} \tag{5-18}$$

对式（5-18）进行拉普拉斯变换，得该系统传递函数为

$$\frac{X_0(s)}{F_i(s)} = \frac{1}{Ms^2 + fs + K} \tag{5-19}$$

图 5-8 所示为一个简单隔震装置。对其受力情况进行分析后，同样可以得出系统运动方程

$$F(t) - Kx(t) - f\frac{\mathrm{d}x(t)}{\mathrm{d}t} = m\frac{\mathrm{d}^2x(t)}{\mathrm{d}t^2} \tag{5-20}$$

式（5-20）与式（5-18）几乎完全相同。对式（5-20）进行拉普拉斯变换，得系统传递函数为

$$\frac{X(s)}{F(s)} = \frac{1}{ms^2 + fs + K} \tag{5-21}$$

图 5-9 所示为单轮汽车支撑系统的简化模型。图中，m_1 为汽车质量；f 为振动阻尼器系数；K_1 为弹簧刚度；m_2 为轮胎质量；K_2 为轮胎弹性刚度；$x_1(t)$ 和 $x_2(t)$ 分别为 m_1 和 m_2 的独立位移。通过对系统进行受力分析，可以建立 m_1 的力平衡方程（运动方程）：

$$m_1\frac{\mathrm{d}^2x_1}{\mathrm{d}t^2} = -f\left(\frac{\mathrm{d}x_1}{\mathrm{d}t} - \frac{\mathrm{d}x_2}{\mathrm{d}t}\right) - K_1(x_1 - x_2) \tag{5-22}$$

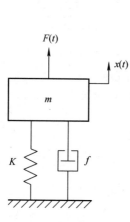

图 5-8　隔震装置

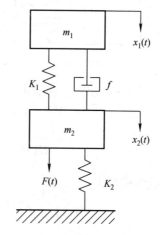

图 5-9　汽车支撑系统

又 m_2 的力平衡方程式为

$$m_2\frac{\mathrm{d}^2x_2}{\mathrm{d}t^2} = F(t) - f\left(\frac{\mathrm{d}x_2}{\mathrm{d}t} - \frac{\mathrm{d}x_1}{\mathrm{d}t}\right) - K_1(x_2 - x_1) - K_2x_2 \tag{5-23}$$

对式（5-22）和式（5-23）分别进行拉普拉斯变换，可得

$$m_1s^2X_1(s) = -fs[X_1(s) - X_2(s)] - K_1[X_1(s) - X_2(s)] \tag{5-24}$$

$$m_2s^2X_2(s) = F(s) - fs[X_2(s) - X_1(s)] - K_1[X_2(s) - X_1(s)] - K_2X_2(s) \tag{5-25}$$

消去中间变量，可以求出以作用力 $F(s)$ 为输入、分别以 $X_1(s)$ 和 $X_2(s)$ 为输出位移的传递函数：

$$\frac{X_1(s)}{F(s)} = \frac{G_1(s)G_2(s)}{1 + m_1 s^2 G_1(s)G_2(s)} = \frac{fs + K_1}{(m_2 s^2 + K_2)(m_1 s^2 + fs + K_1) + m_1 s^2(fs + K_1)}$$

$$= \frac{fs + K_1}{m_1 m_2 s^4 + (m_1 + m_2)fs^3 + (m_1 K_1 + m_1 K_2 + m_2 K_1)s^2 + fK_2 s + K_1 K_2}$$

$$\text{(5-26)}$$

$$\frac{X_2(s)}{F(s)} = \frac{G_1(s)}{1 + G_1(s)G_2(s)m_1 s^2}$$

$$= \frac{m_1 s^2 + fs + K_1}{m_1 m_2 s^4 + (m_1 + m_2)fs^3 + (m_1 K_1 + m_1 K_2 + m_2 K_1)s^2 + fK_2 s + K_1 K_2}$$

$$\text{(5-27)}$$

式（5-26）和式（5-27）完全描述了该机械系统的动力特性，只要给定汽车的质量、轮胎的质量、阻尼器及弹簧参数、轮胎的弹性，便可决定车辆行驶的运动特性。

2. 机械转动系统

机械转动系统的基本元件是转动惯量、阻尼器和弹簧。图5-10所示为三个元件的表示符号。图中，M 为外力矩，θ 为转角，J 为转动惯量，f 为黏滞阻尼系数，K 为弹簧刚度。由图可得到转动惯量的数学模型为

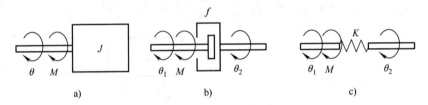

图 5-10　机械转动元件

a) 转动惯量　b) 阻尼器　c) 弹簧

$$M(t) = J\frac{\mathrm{d}^2\theta(t)}{\mathrm{d}t^2} \tag{5-28}$$

黏滞阻尼器的数学模型为

$$M(t) = f\left[\frac{\mathrm{d}\theta_1(t)}{\mathrm{d}t} - \frac{\mathrm{d}\theta_2(t)}{\mathrm{d}t}\right] \tag{5-29}$$

弹簧的数学模型为

$$M(t) = K[\theta_1(t) - \theta_2(t)] \tag{5-30}$$

下面举例说明机械转动系统的建模方法。

图5-11所示为一个扭摆的工作原理图。图中，J 表示摆锤的转动惯量，f 表示摆锤与空气的黏性阻尼系数，K 表示扭簧弹性刚度。由图可得到加在摆锤上的力矩 $M(t)$ 与摆锤转角 $\theta(t)$ 之间的运动方程为

$$J\frac{\mathrm{d}^2\theta(t)}{\mathrm{d}t^2} = M(t) - f\frac{\mathrm{d}\theta(t)}{\mathrm{d}t} - K\theta(t) \tag{5-31}$$

对式（5-31）进行拉普拉斯变换，得该系递传递函数为

$$\frac{\theta(s)}{M(s)} = \frac{1}{Js^2 + fs + K} \qquad (5-32)$$

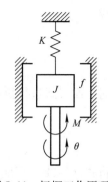

图 5-12 所示为打印机步进电动机 – 同步齿形带驱动装置示意图。图中，K 和 f 分别为同步齿形带的弹性与阻尼系数，M 为步进电动机的力矩，J_m 和 J_L 分别为步进电动机轴和负载的转动惯量，θ_i 与 θ_o 分别为输入轴与输出轴的转角。

针对输入轴和输出轴，可以分别写出力矩平衡方程为

$$J_m \frac{d^2\theta_i}{dt^2} = M(t) - f\left(\frac{d\theta_i}{dt} - \frac{d\theta_o}{dt}\right) - K(\theta_i - \theta_o) \qquad (5-33)$$

图 5-11　扭摆工作原理图

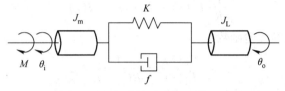

图 5-12　同步齿形带驱动装置

及

$$J_L \frac{d^2\theta_o}{dt^2} = -f\left(\frac{d\theta_o}{dt} - \frac{d\theta_i}{dt}\right) - K(\theta_o - \theta_i) \qquad (5-34)$$

对上两式进行拉普拉斯变换，得

$$J_m s^2 \theta_i(s) = M(s) - (fs + K)[\theta_i(s) - \theta_o(s)] \qquad (5-35)$$

$$J_L s^2 \theta_o(s) = (fs + K)[\theta_i(s) - \theta_o(s)] \qquad (5-36)$$

可得该系统的传递函数为

$$\frac{\theta_o(s)}{M(s)} = \frac{\dfrac{fs + K}{J_L s^2(J_m s^2 + fs + K)}}{1 + \dfrac{J_m s^2(fs + K)}{J_L s^2(J_m s^2 + fs + K)}} = \frac{fs + K}{J_L s^2(J_m s^2 + fs + K) + J_m s^2(fs + K)} \qquad (5-37)$$

$$= \frac{fs + K}{(J_L + J_m)s^2\left[\dfrac{J_L J_m}{J_L + J_m}s^2 + fs + K\right]}$$

3. 电路网络

电路网络包括无源电路网络和有源电路网络两部分。建立电路网络动态模型依据的是电路方面的物理定律，如基尔霍夫定律等。使用复阻抗的概念通常使电路建模较为方便，这时电阻值用 R 表示，电感值用 Ls 表示，而电容值用 $1/Cs$ 表示，这样可以用 s 的代数方程代替复杂的微分方程，从而方便地得到电路网络系统的传递函数。

图 5-13 所示的 RC 电路网络的微分方程组为

$$u_i = Ri + u_o$$

$$u_o = \frac{1}{C}\int i dt$$

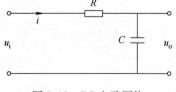

图 5-13　RC 电路网络

或写成

$$u_i - u_o = Ri$$

$$u_o = \frac{1}{C}\int i\mathrm{d}t$$

对上面二式进行拉普拉斯变换，得

$$U_i(s) - U_o(s) = RI(s) \tag{5-38}$$

$$U_o(s) = \frac{1}{Cs}I(s) \tag{5-39}$$

将式（5-38）写成

$$\frac{1}{R}\big[\,U_i(s) - U_o(s)\,\big] = I(s)$$

可以写出 RC 网络的传递函数：

$$\frac{U_o(s)}{U_i(s)} = \frac{1}{RCs + 1} \tag{5-40}$$

又如图 5-14 所示的 RC 无源电路网络，利用复阻抗的概念可直接写出以下关系式：

$$I_1(s) = \frac{1}{R_1}(U_i(s) - U_o(s))$$

$$I_2(s) = Cs(U_i(s) - U_o(s))$$

$$I(s) = I_1(s) + I_2(s)$$

$$U_o(s) = I(s)R_2$$

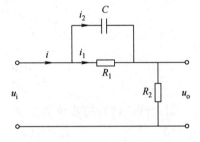

图 5-14　RC 无源电路网络

可得出系统传递函数为

$$\frac{U_o(s)}{U_i(s)} = \frac{\left(Cs + \dfrac{1}{R_1}\right)R_2}{1 + \left(Cs + \dfrac{1}{R_1}\right)R_2} = \frac{R_1R_2Cs + R_2}{R_1R_2Cs + R_1 + R_2} \tag{5-41}$$

对于求传递函数的无源电路网络，由于无源电路网络内部不含任何电压源或电流源，只由电阻、电容和电感组合而成，因此对于串联网络，复阻抗等于各串联复阻抗之和；对于并联网络，复阻抗的倒数等于各并联复阻抗的倒数之和。通过这样的简化，利用复阻抗分压，往往就可以求出多数无源电路网络的传递函数。

图 5-15 所示的电路为无源双 T 网络，由图可得到下列方程组：

$$\frac{U_i(s) - U_a(s)}{\dfrac{1}{Cs}} = \frac{U_a(s) - U_o(s)}{\dfrac{1}{Cs}} + \frac{U_a(s)}{\dfrac{R}{2}}$$

$$\frac{U_i(s) - U_b(s)}{R} = \frac{U_b(s) - U_o(s)}{R} + \frac{U_b(s)}{\dfrac{1}{2Cs}}$$

$$\frac{U_a(s) - U_o(s)}{\dfrac{1}{Cs}} + \frac{U_b(s) - U_o(s)}{R} = 0$$

消去中间变量 $U_a(s)$ 和 $U_b(s)$，求得传递函数为

$$\frac{U_o(s)}{U_i(s)} = \frac{R^2C^2s^2 + 1}{R^2C^2s^2 + 4RCs + 1} \tag{5-42}$$

令 $s = j\omega$，可得该电路网络的频率特性为

$$\frac{U_o(j\omega)}{U_i(j\omega)} = \frac{1 - R^2C^2\omega^2}{(1 - R^2C^2\omega^2) + j4RC\omega} \tag{5-43}$$

由式（5-43）可见，当频率很低或很高时，该电路网络放大倍数接近 1，当 $\omega = 1/RC$ 时，放大倍数为 0。若选择合适的电阻 R 和电容 C 值，可以滤掉频率为 ω 的干扰，因此这是一种使用效果很好的带阻滤波器。

运算放大器等有源装置由于开环放大倍数大、输入阻抗高、价格低，获得了越来越广泛的应用。由运算放大器组成的有源电路网络在很多场合可取代无源电路网络。运算放大器相互连接时，由于各运算放大器输入阻抗很高，可以忽略负载效应。系统数学模型可通过分别求取各运算放大器的数学模型得到，大大简化了建模的步骤，降低了难度。各个运算放大器的模型一般可通过反馈复阻抗对输入复阻抗之比求得。

图 5-16 所示为运算放大器。由于运算放大器的开环增益极大，输入阻抗也极大，所以把 A 点看成"虚地"，即 $U_A \approx 0$，同时 $i_2 \approx 0$ 及 $i_1 \approx -i_f$。

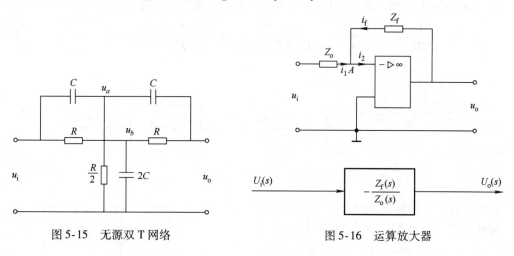

图 5-15 无源双 T 网络　　　　图 5-16 运算放大器

于是有

$$\frac{u_i}{Z_o} = -\frac{u_o}{Z_f}$$

对上式进行拉普拉斯变换，得

$$\frac{U_i(s)}{Z_o(s)} = -\frac{U_o(s)}{Z_f(s)}$$

因此，运算放大器的传递函数为

$$\frac{U_o(s)}{U_i(s)} = -\frac{Z_f(s)}{Z_o(s)} \tag{5-44}$$

式中，$Z_f(s)$ 和 $Z_o(s)$ 为复阻抗。

由式（5-44）可见，若选择不同的输入电路阻抗 Z_o 和反馈回路阻抗 Z_f，就可组成各种

不同的传递函数，这是运放的一个突出优点。应用这一点，可以做成各种调节器和各种模拟电路。

图 5-17 所示为比例 – 积分（PI）调节器。由图可求出传递函数为

$$\frac{U_o(s)}{U_i(s)} = -\frac{Z_f(s)}{Z_o(s)} = -\frac{R_1 + \dfrac{1}{C_1 s}}{R_0} = -\left(\frac{R_1}{R_0} + \frac{1}{R_0 C_1 s}\right) = -\frac{R_1}{R_0}\frac{R_1 C_1 s + 1}{R_1 C_1 s} = -K_1 \frac{\tau_1 s + 1}{\tau_1 s} \tag{5-45}$$

式中，$K_1 = \dfrac{R_1}{R_0}$；$\tau_1 = R_1 C_1$。

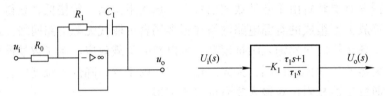

图 5-17　比例 – 积分调节器

图 5-18 所示为比例 – 微分（PD）调节器。由图可求出其传递函数为

$$\frac{U_o(s)}{U_i(s)} = -\frac{Z_f}{Z_o} = -\frac{R_1}{R_0/(R_0 C_0 s + 1)} = -\frac{R_1}{R_0}(R_0 C_0 s + 1) \tag{5-46}$$

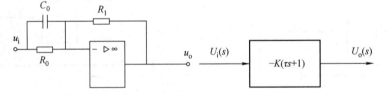

图 5-18　比例 – 微分调节器

下面再看两个较复杂的网络。图 5-19 所示为一种有源带通滤波器。设中间变量为 $i_1(t)$、$i_2(t)$、$i_3(t)$、$i_4(t)$ 和 $u_a(t)$，按照复阻抗可写出如下代数方程组：

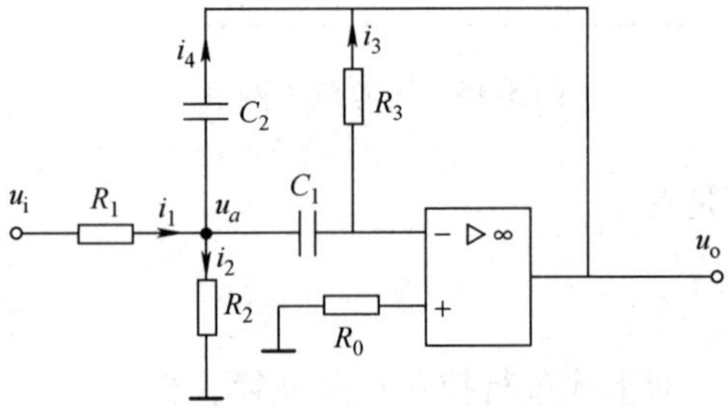

$$U_i(s) - U_a(s) = I_1(s)R_1$$
$$I_1(s) = I_2(s) + I_3(s) + I_4(s)$$
$$I_2(s) = \frac{U_a(s)}{R_2}$$
$$I_3(s) = U_a(s)sC_1$$
$$I_4(s) = [U_a(s) - U_o(s)]sC_2$$
$$I_3(s) = -\frac{U_o(s)}{R_3}$$

图 5-19　有源带通滤波器

消去中间变量 $I_1(s)$、$I_2(s)$、$I_3(s)$、$I_4(s)$ 和 $U_a(s)$，得该网络传递函数为

$$\frac{U_o(s)}{U_i(s)} = - \frac{\dfrac{R_2 R_3}{R_1 + R_2} C_1 s}{\dfrac{R_1 R_2 R_3}{R_1 + R_2} C_1 C_2 s^2 + \dfrac{R_1 R_2}{R_1 + R_2}(C_1 + C_2)s + 1} \tag{5-47}$$

图 5-20 所示为一种滤除固定频率干扰的有源带通滤波器。设中间变量为 $u_a(t)$ 和 $u_b(t)$，则有如下代数方程组：

$$\frac{U_i(s)}{R_1} + \frac{U_a(s)}{R_2} + \frac{U_a(s)}{\dfrac{1}{C_1 s}} + \frac{U_b(s)}{R_3} = 0$$

$$\frac{U_i(s)}{R_4} + \frac{U_a(s)}{R_7} + \frac{U_o(s)}{R_8} = 0$$

$$\frac{U_i(s)}{R_5} + \frac{U_o(s)}{R_6} + \frac{U_b(s)}{\dfrac{1}{C_2 s}} = 0$$

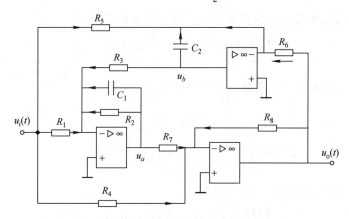

图 5-20 滤除固定频率干扰的有源带通滤波器

消去中间变量 $U_a(s)$ 和 $U_b(s)$，可得系统传递函数为

$$\frac{U_o(s)}{U_i(s)} = - \frac{R_8}{R_4} \frac{s^2 + \dfrac{R_1 R_7 - R_2 R_4}{R_1 R_2 R_7 C_1} s + \dfrac{R_4}{R_3 R_5 R_7 C_1 C_2}}{s^2 + \dfrac{1}{R_2 C_1} s + \dfrac{R_8}{R_3 R_6 R_7 C_1 C_2}} \tag{5-48}$$

使 $R_1 R_7 = R_2 R_4$，$R_4 / R_5 = R_8 / R_6$，则式（5-48）变为

$$\frac{U_o(s)}{U_i(s)} = - \frac{R_8}{R_4} \frac{s^2 + \dfrac{R_8}{R_3 R_6 R_7 C_1 C_2}}{s^2 + \dfrac{1}{R_2 C_1} s + \dfrac{R_8}{R_3 R_6 R_7 C_1 C_2}} \tag{5-49}$$

5.2.4 机械系统与电系统的模型相似

从上述各控制系统的元件或系统的微分方程可以发现，不同类型的元件或系统可具有形式相同的数学模型。例如，RLC 无源电路网络和弹簧 – 质量 – 阻尼器机械系统的数学模型

均是二阶微分方程，我们称这些物理系统为相似系统。相似系统揭示了不同物理现象之间的相似关系，便于我们使用一个简单的系统模型去研究与其相似的复杂系统，也为控制系统的计算机数字仿真提供了基础。

前面讨论了机电系统及其一些典型元件的数学模型、运动微分方程和传递函数。导出了系统的数学模型之后，可以完全不管系统的物理模型如何，只要求解数学模型，就可以对系统性能进行分析。下面讨论图 5-21 和图 5-22 所示的两个系统。

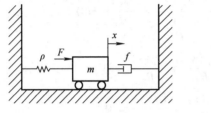 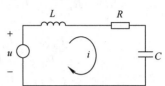

图 5-21　机械系统　　　　　图 5-22　含电压源电路系统

图 5-21 所示为做平移运动的机械系统，其运动方程为

$$m\frac{\mathrm{d}^2x(t)}{\mathrm{d}t^2} + f\frac{\mathrm{d}x(t)}{\mathrm{d}t} + \frac{1}{\rho}x(t) = F(t) \tag{5-50}$$

式中，m 为质量；f 为黏性阻尼系数；$\frac{1}{\rho}$ 为弹簧刚度。

若以速度 $v(t)$ 来代替 $\frac{\mathrm{d}x(t)}{\mathrm{d}t}$，则式（5-50）可改写为

$$m\frac{\mathrm{d}v(t)}{\mathrm{d}t} + fv(t) + \frac{1}{\rho}\int v(t)\mathrm{d}t = F(t) \tag{5-51}$$

而图 5-22 所示的电路系统的运动方程为

$$L\frac{\mathrm{d}i(t)}{\mathrm{d}t} + Ri(t) + \frac{1}{C}\int i(t)\mathrm{d}t = u(t) \tag{5-52}$$

比较式（5-51）和式（5-52），可以看出它们具有完全相似的形式，因此可以称为相似系统。两个相似系统中相对应的物理量称为相似量，如上述机械系统和电路系统中，驱动力源 F 与电压源 u 对应，质量 m 与电感 L 对应，黏性阻尼系数 f 与电阻 R 对应，弹簧柔度 ρ 与电容 C 对应。

分析机械系统时，如果能把它转化为相似的电路系统来研究，则有许多优点：①可以将一个复杂的机械系统变换为相似的电路图，容易利用电路理论，如网络理论等来分析机械系统，使问题变得简单；②可以利用相似电路来模拟机械系统。用相似电路进行系统分析（实验）时，由于电路元器件易于更换，且电气参数（如电流、电压等）容易测量，可以很方便地观察系统参数的变化对系统性能的影响，从而为选定参数来构成具有优良性能的系统提供了便利。

再看图 5-23 所示的电路系统，它具有一个电流源和三个无源元件 R、L 和 C。利用基尔霍夫电流定律，很容易导出节点方程为

$$C\frac{\mathrm{d}u(t)}{\mathrm{d}t} + Gu(t) + \frac{1}{L}\int u(t)\mathrm{d}t = i(t) \tag{5-53}$$

式中，G 为电导，$G = 1/R$。

可以看出，式（5-53）与式（5-51）相似，因此图5-23所示的电路系统也是图5-21所示机械系统的相似系统。其对应的相似量为：驱动力源 F 相似于电流源 i；质量 m 相似于电容 C；黏性阻尼系数 f 相似于电导 G；弹簧柔度 ρ 相似于电感 L 等。

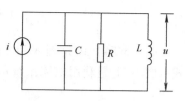

图 5-23 含电流源电路系统

我们注意到，图 5-22 和图 5-23 所示的两个电路系统电路图的不同是因为驱动源不同，前者为电压源，后者为电流源，它们都是图 5-21 所示的机械系统的相似系统。由于机械系统的驱动源为力源，所以我们称图 5-21 与图 5-22 的相似为力 – 电压相似，而将图 5-21 与图 5-23 的相似称为力 – 电流相似。

1. 力 – 电压相似

对机械系统进行研究时，首先必须确定连接点、参考地和参考方向。连接点是若干机械元件相互连接的地方。若系统中各连接点的力、位移和速度确定了，则整个系统中各元件的力、位移和速度也就确定了。我们规定，同一刚体上的所有点都属于同一个连接点。这样，在图 5-21 中，由于外力 F 和质量 m 引起的惯性力的作用点以及弹簧和阻尼的一端均位于小车这一刚体上，所以只选了一个连接点，即小车这一刚体。阴影部分表示参考地，连接点的位移和速度都是相对于参考地而言的，参考方向如图 5-21 中箭头所示。前面已经得到了图 5-21 和图 5-22 所示相似系统的运动方程式，即式（5-51）和式（5-52），由这两个方程式可以获得力 – 电压相似变换关系（见表 5-1）。

表 5-1 力 – 电压相似变换关系

机械系统	电路系统
力，F	电压，u
位移，$x = \int v \mathrm{d}t$	电荷，$g = \int i \mathrm{d}t$
速度，$v = \dfrac{\mathrm{d}x}{\mathrm{d}t}$	电流，$i = \dfrac{\mathrm{d}g}{\mathrm{d}t}$
质量，m	电感，L
黏滞阻尼系数，f	电阻，R
弹簧柔度，ρ	电容，C
连接点	闭合回路
参考壁（地）	地

利用力 – 电压相似原理，将一个机械系统变换成相似的电路图时，应遵循如下的变换规则：机械系统的一个连接点对应于一个由电压源和无源元件所组成的独立闭合回路，回路中的电压源和无源元件分别相似于机械系统中的对应元件，而参考地则相应于电路系统的公共点——地。

在将机械系统变换成相似的电路图时，可以只利用电路的各种符号，而参数及数值原封不动地按相似关系标注在电路图中。例如，图 5-21 所示的机械系统可变换成图 5-24 所示的相似电路图，电路的符号皆用相似的机械系统的参数来标注。根据基尔霍夫电压定律，很容易得出图 5-24 所示电路的方程式：

$$m \frac{\mathrm{d}v(t)}{\mathrm{d}t} + fv(t) + \frac{1}{\rho} \int v(t) \mathrm{d}t = F(t) \qquad (5\text{-}54)$$

式（5-54）就是图 5-21 所示机械系统的运动方程式。图 5-21 是利用电路系统的形式来表示机械系统的内容。

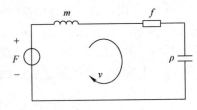

图 5-24　机械系统
（图 5-21 所示）的相似电路图

例 5-6　对图 5-25 所示的机械平移系统进行力 - 电压相似变换，得出系统运动方程式。

解：对图 5-25，选择右向为参考方向的正方向（如 x_1、x_2 和 F 的箭头所示方向）；m_1 与 m_2 刚性相连，可视为一个质量（$m_1 + m_2$）；选择两个连接点①和②；参考地为阴影部分。

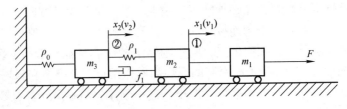

图 5-25　机械平移系统

首先画出此机械系统的相似电路图。因为有两个连接点，所以相似电路有两个独立的闭合回路：第一个回路相应于连接点①，由相似于连接点①上的电压源 u（力源 F）、电感 L_1 和 L_2（质量 m_1 和 m_2）、电容 C_1（弹簧 ρ_1）、电阻 R_1（阻尼器 f_1）所组成，第二个回路相应于连接点②，由相似于连接点②上的电感 L_3（质量 m_3）、电容 C_0 和 C_1（弹簧 ρ_0 和 ρ_1）、电阻 R_1（阻尼器 f_1）所组成。可以看到，R_1 和 C_1 是两个回路共有的，所以 R_1 和 C_1 应串联在两个回路的公共支路上。由图 5-26a 所示的相似电路，很容易列出它的回路方程式：

$$(L_1 + L_2) \frac{\mathrm{d}i_1}{\mathrm{d}t} + R_1(i_1 - i_2) + \frac{1}{C_1} \int (i_1 - i_2) \mathrm{d}t = u \qquad (5\text{-}55)$$

$$L_3 \frac{\mathrm{d}i_2}{\mathrm{d}t} + R_1(i_2 - i_1) + \frac{1}{C_1} \int (i_2 - i_1) \mathrm{d}t + \frac{1}{C_0} \int i_2 \mathrm{d}t = 0 \qquad (5\text{-}56)$$

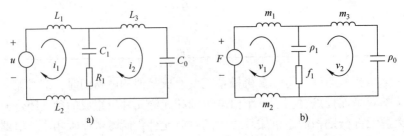

a)　　　　　　　　　　　　　　　　b)

图 5-26　机械平移系统（图 5-25 所示）的力 - 电压相似电路

a）用电气参数标注的相似电路　b）用机械参数标注的相似电路

再利用力 - 电压相似变换表进行相似量的变换，便可得到机械系统的运动方程式。同样，由图 5-26b 可以直接写出机械系统的运动方程式：

$$(m_1 + m_2) \frac{\mathrm{d}v_1}{\mathrm{d}t} + f_1(v_1 - v_2) + \frac{1}{\rho_1}\int(v_1 - v_2)\mathrm{d}t = F \tag{5-57}$$

$$m_3 \frac{\mathrm{d}v_2}{\mathrm{d}t} + f_1(v_2 - v_1) + \frac{1}{\rho_1}\int(v_2 - v_1)\mathrm{d}t + \frac{1}{\rho_0}\int v_2\mathrm{d}t = 0 \tag{5-58}$$

其中，图 5-26b 中的元件参数是根据力 – 电压相似变换表由图 5-25 进行相似量变换得到的。

2. 力 – 电流相似

若设法将机械系统中的连接点与电路系统中的节点相对应，则在变换中将显得更自然些，这就导出了力 – 电流相似。在这种相似变换中，通过机械元件传递的力与流经电路元件的电流相似，而连接点之间的速度差与电路中节点之间或节点与地之间的电位差相似。力 – 电流相似中的相似变换关系见表 5-2。

表 5-2　力 – 电流相似变换关系

机械系统	电路系统
力，F	电流，i
位移，x	磁通量，Φ
速度，$v = \dfrac{\mathrm{d}x}{\mathrm{d}t}$	电压，$u = \dfrac{\mathrm{d}\Phi}{\mathrm{d}t}$
质量，m	电容，C
黏滞阻尼系数，f	电导，G
弹簧柔度，ρ	电感，L
连接点	节点
参考壁（地）	地

力 – 电流相似的变换规则为：机械系统中的一个连接点相应于相似电路中的一个节点。机械系统连接点所连接的驱动力源及无源机械元件与相似电路中的相应节点所连接的电流源及无源电路元件一一对应。同样规定，刚体上的所有点都看作处于同一连接点上。在力 – 电流相似中，质量 m 与电容 C 相似，而各质量的速度皆是相对参考地而言。既然如此，则在相似电路中，电容器的一端总是接地的，因为与质量 m 的速度 v 相似的电容器两端的电位也是相对于地电位而言的。这样，若有两个以上的质量刚性相连，则在相似电路中相应有两个以上的电容器接在节点与地之间。

例 5-7　仍以图 5-25 所示的机械平移系统为例，应用力 – 电流相似，写出该系统的运动方程式。

解： 选择图 5-25 中的两个连接点①和②，与之相对应，在相似电路中有节点 1 和 2。按照力 – 电流相似变换规则，节点 1 和地之间的电位差（速度）为 v_1，节点 2 与地之间的电位差为 v_2，两节点间的电位差为 $v_1 - v_2$。与节点 1 相连的有电流源（力源）F，无源元件有电容（质量）m_1 和 m_2、电导（阻尼器）f_1 以及电感（弹簧）ρ_1；与节点 2 相连的有电容（质量）m_3、电感（弹簧）ρ_0 和 ρ_1 以及电导（阻尼器）f_1。节点 1 和 2 之间为电感 ρ_1 和电导 f_1 并联。这样就构成了如图 5-27 所示的相似电路图。在图 5-27 中，电气元件的参数皆用相似的机械参数来标注。

对此电路图应用基尔霍夫电流定律，可列出节点方程式。

对节点 1，有

$$(m_1 + m_2)\frac{\mathrm{d}v_1}{\mathrm{d}t} + f_1(v_1 - v_2) +$$

$$\frac{1}{\rho_1}\int(v_1 - v_2)\mathrm{d}t = F \qquad (5\text{-}59)$$

对节点 2，有

$$-\frac{1}{\rho_1}\int(v_1 - v_2)\mathrm{d}t - f_1(v_1 - v_2) +$$

$$m_3\frac{\mathrm{d}v_2}{\mathrm{d}t} + \frac{1}{\rho_0}\int v_2\mathrm{d}t = 0$$

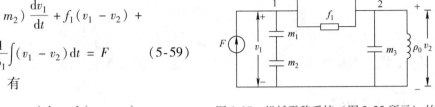

图 5-27　机械平移系统（图 5-25 所示）的
力 - 电流相似电路

或

$$m_3\frac{\mathrm{d}v_2}{\mathrm{d}t} + f_1(v_2 - v_1) + \frac{1}{\rho_1}\int(v_2 - v_1)\mathrm{d}t + \frac{1}{\rho_0}\int v_2\mathrm{d}t = 0 \qquad (5\text{-}60)$$

可以看到，得到的运动方程式与前面导出的结果相同，这就表明无论是利用力 - 电压相似，还是应用力 - 电流相似，皆可获得机械系统的相似电路图。

前面讨论了机械平移系统的相似变换，对于机械旋转系统同样可以根据力 - 电压相似或力 - 电流相似的原理来进行相似变换，只不过要将旋转系统中的参数变成平移系统中的相似量，其相似变换关系见表 5-3。下面举例说明。

表 5-3　机械平移系统与机械旋转系统相似变换关系

平移系统	旋转系统
力，F	转矩，M
位移，x	角位移，θ
速度，$v = \dfrac{\mathrm{d}x}{\mathrm{d}t}$	角速度，$\Omega = \dfrac{\mathrm{d}\theta}{\mathrm{d}t}$
加速度，$a = \dfrac{\mathrm{d}^2x}{\mathrm{d}t^2} = \dfrac{\mathrm{d}v}{\mathrm{d}t}$	角加速度，$a = \dfrac{\mathrm{d}^2\theta}{\mathrm{d}t^2} = \dfrac{\mathrm{d}\Omega}{\mathrm{d}t}$
质量，m	转动惯量，J
黏滞阻尼系数，f	旋转黏滞阻尼系数，f_θ
弹簧柔度，ρ	弹簧扭转柔度，ρ_θ

例 5-8　试画出图 5-28 所示机械旋转系统的相似电路图，并导出该系统的运动方程。图中，参数 M 为作用在飞轮上的外力矩，J 为飞轮转动惯量，ρ_θ 为轴的弹簧扭转柔度，f_θ 为飞轮旋转黏滞阻尼系数，θ 为轴的扭转角位移。

解： 本例利用力矩 - 电流相似原理来进行研究。选择飞轮为连接点，它连接力矩源 M 和三个元件，即扭转刚度为 $1/\rho_\theta$ 的轴、转动惯量为 J 的飞轮以及黏滞阻尼系数为 f_θ 的阻尼器。这相应于相似电路中有一个节点，它连接一个电流源（力矩源）和三个元件，即电容 C（转动惯量 J）、电导 G（阻尼器 f_θ）和电感 L（弹簧扭转柔度 ρ_θ）。相似电路系统如图 5-29 所示。由图可得节点方程为

$$C\frac{\mathrm{d}u}{\mathrm{d}t} + Gu + \frac{1}{L}\int u\mathrm{d}t = i \qquad (5\text{-}61)$$

根据力矩 - 电流相似变换关系，很容易写出相似方程式：

$$J\frac{\mathrm{d}\Omega}{\mathrm{d}t} + f_\theta\Omega + \frac{1}{\rho_\theta}\int\Omega\mathrm{d}t = M \tag{5-62}$$

这就是机械旋转系统的运动方程式。

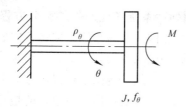

图 5-28　机械旋转系统

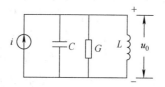

图 5-29　机械旋转系统（图 5-28 所示）的
相似电路系统

5.3　结构图与信号流图

控制系统的结构图和信号流图都是描述系统各元部件之间信号传递关系的数学图形，它们表示了系统中各变量之间的因果关系以及对各变量所进行的运算，是控制理论中描述复杂系统的一种简便方法。与结构图相比，信号流图符号简单，更便于绘制和应用，特别是在系统的计算机模拟仿真研究以及状态空间法分析设计中，信号流图可以直接给出计算机模拟仿真程序和系统的状态方程描述，更显示出其优越性。但是，信号流图只适用于线性系统，而结构图也可用于非线性系统。

5.3.1　结构图的组成与绘制

控制系统的结构图是由许多对信号进行单向运算的方框和一些信号流向线组成，它包含如下四种基本单元：

1）信号线。信号线是带有箭头的直线，箭头表示信号的流向，在直线旁标记信号的时间函数或象函数，如图 5-30a 所示。

2）引出点（或测量点）。引出点表示信号引出或测量的位置，从同一位置引出的信号在数值和性质方面完全相同，如图 5-30b 所示。

3）比较点（或综合点）。比较点表示对两个以上的信号进行加减运算，"＋"号表示相加，"－"号表示相减，"＋"号可省略不写，如图 5-30c 所示。

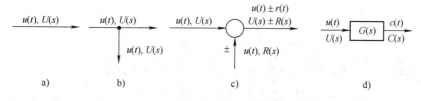

图 5-30　结构图的基本组成单元
a）信号线　b）引出点　c）比较点　d）方框

4）方框（或环节）。方框表示对信号进行的数学变换，方框中写入元部件或系统的传递函数，如图 5-30d 所示。显然，方框的输出变量等于方框的输入变量与传递函数的乘

积，即

$$C(s) = G(s)U(s)$$

因此，方框可视为单向运算的算子。

　　绘制系统结构图时，首先考虑负载效应，分别列写系统各元部件的微分方程或传递函数，并将它们用方框表示；然后根据各元部件的信号流向，用信号线依次将各方框连接便得到系统的结构图。因此，系统结构图实质上是系统原理图与数学方程两者的结合，既补充了原理图所缺少的定量描述，又避免了纯数学的抽象运算。从结构图上可以用方框进行数学运算，也可以直观了解各元部件的相互关系及其在系统中所起的作用，更重要的是，从系统结构图可以方便地求得系统的传递函数。所以，系统结构图也是控制系统的一种数学模型。

　　要指出的是，虽然系统结构图是从系统元部件的数学模型得到的，但结构图中的方框与实际系统的元部件并非一一对应。一个实际元部件可以用一个方框或几个方框表示；而一个方框也可以表示几个元部件或一个子系统，或是一个大的复杂系统。

　　下面举例说明系统结构图的绘制方法。

　　例 5-9　图 5-31 所示为一个电压测量装置，也是一个反馈控制系统。e_1 是待测量电压，e_2 是指示的电压测量值。如果 e_2 不同于 e_1，则产生误差电压 $e = e_1 - e_2$，经调制、放大之后，驱动两相伺服电动机运转，并带动测量指针移动，直至 $e_1 = e_2$。这时指针指示的电压值即待测量的电压值。试绘制该系统的结构图。

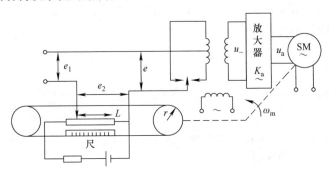

图 5-31　电压测量装置

　　解：系统由比较电路、机械调制器、放大器、两相伺服电动机及指针机构组成。首先，考虑负载效应，分别列写各元部件的运动方程，并在零初始条件下进行拉氏变换，于是有

比较电路　　　　　　　　　　　$E(s) = E_1(s) - E_2(s)$

调制器　　　　　　　　　　　　$U_{\sim}(s) = E(s)$

放大器　　　　　　　　　　　　$U_a(s) = K_a E(s)$

两相伺服电动机　　　$M_m = -C_\omega s\Theta_m(s) + M_s$　　　$M_s = C_m U_a(s)$

$$M_m = J_m s^2 \Theta_m(s) + f_m s\Theta_m(s)$$

式中，M_m 是电动机转矩；M_s 是电动机堵转转矩；$U_a(s)$ 是控制电压；K_a 是放大器放大系数；$\Theta_m(s)$ 是电动机角位移；J_m 和 f_m 分别是折算到电动机上的总转动惯量及总黏性摩擦系数；$C_\omega = \mathrm{d}M_m/\mathrm{d}\omega_m$ 是阻尼系数，即机械特性线性化的直线斜率；C_m 可用额定电压 U_e 时的堵转转矩确定，即 $C_m = M_s/U_e$。

绳轮传动机构　　　　　　　　　$L(s) = r\Theta_m(s)$

式中，r 是绳轮半径；L 是指针位移。

测量电位器 $$E_2(s) = K_1 L(s)$$

式中，K_1 是电位器传递系数。

然后，根据各元部件在系统中的工作关系，确定其输入量和输出量，并按照各自的运动方程分别画出每个元部件的框图，如图 5-32a ~ g 所示。最后，用信号线按信号流向依次将各元部件的方框连接起来，便得到系统结构图，如图 5-32h 所示。

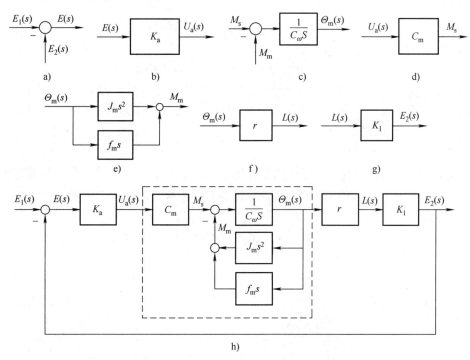

图 5-32　电压测量装置系统结构图

5.3.2　结构图的等效变换与简化

由控制系统的结构图通过等效变换（或简化）可以方便地求取闭环系统的传递函数或系统输出量的响应。实际上，这个过程对应于由元部件运动方程消去中间变量求取系统传递函数的过程。

一个复杂的系统结构图，其方框间的连接必然是错综复杂的，但方框间的基本连接方式只有串联、并联和反馈连接三种。因此，结构图简化的一般方法是移动引出点或比较点，交换比较点，进行方框运算将串联、并联和反馈连接的方框合并。在简化过程中应遵循变换前后变量关系保持等效的原则，具体而言，就是变换前后前向通路中传递函数的乘积应保持不变，回路中传递函数的乘积应保持不变。

1. 串联方框的简化（等效）

传递函数分别为 $G_1(s)$ 和 $G_2(s)$ 的两个方框，若 $G_1(s)$ 的输出量作为 $G_2(s)$ 的输入量，则 $G_1(s)$ 与 $G_2(s)$ 称为串联连接，如图 5-33a 所示（注意，两个串联连接元件的框图应考虑负载效应）。

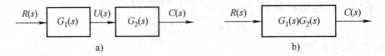

图 5-33　方框串联连接及其简化

a) 方框串联　b) 串联等效表示

由图 5-33a, 有

$$U(s) = G_1(s)R(s), \quad C(s) = G_2(s)U(s)$$

消去 $U(s)$, 得

$$C(s) = G_1(s)G_2(s)R(s) = G(s)R(s)$$

式中, $G(s) = G_1(s)G_2(s)$, 是串联方框的等效传递函数, 可用图 5-33b 所示的方框表示。

由此可知, 两个方框串联连接的等效方框等于各个方框传递函数之乘积。这个结论可推广到 n 个串联方框的情况。

2. 并联方框的简化 (等效)

传递函数分别为 $G_1(s)$ 和 $G_2(s)$ 的两个方框, 如果它们有相同的输入量, 而输出量等于两个方框输出量的代数和, 则 $G_1(s)$ 与 $G_2(s)$ 称为并联连接, 如图 5-34a 所示。

由图 5-34a, 有

$$C_1(s) = G_1(s)R(s), \quad C_2(s) = G_2(s)R(s), \quad C(s) = C_1(s) \pm C_2(s)$$

消去 $C_1(s)$ 和 $C_2(s)$, 得

$$C(s) = [G_1(s) \pm G_2(s)]R(s) = G(s)R(s)$$

式中, $G(s) = G_1(s) \pm G_2(s)$, 是并联方框的等效传递函数, 可用图 5-34b 所示的方框表示。

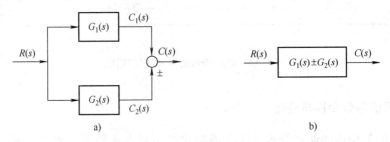

图 5-34　方框并联连接及其简化

a) 方框并联　b) 并联等效表示

由此可知, 两个方框并联连接的等效方框等于各个方框传递函数的代数和。这个结论可推广到 n 个并联连接的方框情况。

3. 反馈连接方框的简化 (等效)

若传递函数分别为 $G(s)$ 和 $H(s)$ 的两个方框以如图 5-35a 所示的形式连接, 则称为反馈连接。"+"号表示输入信号与反馈信号相加, 是正反馈; "–"号表示相减, 是负反馈。

由图 5-35a, 有

$$C(s) = G(s)E(s), \quad B(s) = H(s)C(s), \quad E(s) = R(s) \pm B(s)$$

消去中间变量 $E(s)$ 和 $B(s)$, 得

$$C(s) = G(s)[R(s) \pm H(s)C(s)]$$

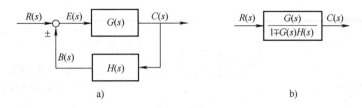

图 5-35 方框反馈连接及其简化

a) 方框反馈连接   b) 反馈等效表示

于是有

$$C(s) = \frac{G(s)}{1 \mp G(s)H(s)}R(s) = \Phi(s)R(s) \tag{5-63}$$

式中

$$\Phi(s) = \frac{G(s)}{1 \mp G(s)H(s)} \tag{5-64}$$

称为闭环传递函数,是方框反馈连接的等效传递函数。式中负号对应正反馈连接,正号对应负反馈连接。式(5-63)可用图 5-35b 所示的方框表示。

4. 比较点和引出点的移动

在系统结构图简化过程中,有时为了便于进行方框的串联、并联或反馈连接的运算,需要移动比较点或引出点的位置。这时应注意在移动前后必须保持信号的等效性,而且比较点和引出点之间一般不宜交换其位置。此外,"−"号可以在信号线上越过方框移动,但不能越过比较点和引出点。

表 5-4 汇集了结构图简化(等效变换)的基本规则,可供查用。

表 5-4 结构图简化(等效变换)的基本规则

原框图	等效框图	等效运算关系
R → $G_1(s)$ → $G_2(s)$ → C	R → $G_1(s)G_2(s)$ → C	(1) 串联等效 $C(s) = G_1(s)G_2(s)R(s)$
R → $G_1(s)$ → $\underset{\pm}{\otimes}$ → C, $G_2(s)$	R → $G_1(s)\pm G_2(s)$ → C	(2) 并联等效 $C(s) = [G_1(s) \pm G_2(s)]R(s)$
R → $\underset{\pm}{\otimes}$ → $G_1(s)$ → C, $G_2(s)$	R → $\dfrac{G_1(s)}{1 \mp G_1(s)G_2(s)}$ → C	(3) 反馈等效 $C(s) = \dfrac{G_1(s)R(s)}{1 \mp G_1(s)G_2(s)}$
R → $\otimes$ → $G_1(s)$ → C, $G_2(s)$	R → $\dfrac{1}{G_2(s)}$ → $\underset{-}{\otimes}$ → $G_1(s)$ → $G_2(s)$ → C	(4) 等效单位反馈 $\dfrac{C(s)}{R(s)} = \dfrac{1}{G_2(s)}\dfrac{G_1(s)G_2(s)}{1 + G_1(s)G_2(s)}$

（续）

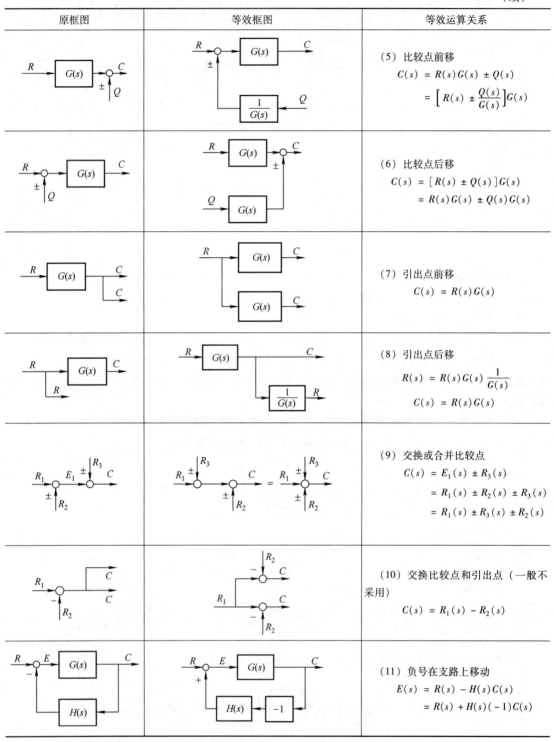

原框图	等效框图	等效运算关系
		（5）比较点前移 $C(s) = R(s)G(s) \pm Q(s)$ $= \left[R(s) \pm \dfrac{Q(s)}{G(s)} \right] G(s)$
		（6）比较点后移 $C(s) = \left[R(s) \pm Q(s) \right] G(s)$ $= R(s)G(s) \pm Q(s)G(s)$
		（7）引出点前移 $C(s) = R(s)G(s)$
		（8）引出点后移 $R(s) = R(s)G(s)\dfrac{1}{G(s)}$ $C(s) = R(s)G(s)$
		（9）交换或合并比较点 $C(s) = E_1(s) \pm R_3(s)$ $= R_1(s) \pm R_2(s) \pm R_3(s)$ $= R_1(s) \pm R_3(s) \pm R_2(s)$
		（10）交换比较点和引出点（一般不采用） $C(s) = R_1(s) - R_2(s)$
		（11）负号在支路上移动 $E(s) = R(s) - H(s)C(s)$ $= R(s) + H(s)(-1)C(s)$

例 5-10 试简化图 5-36 所示的系统结构图，并求系统传递函数 $C(s)/R(s)$。

解：在图 5-36 中，若不移动比较点或引出点的位置，就无法进行方框的等效运算。为

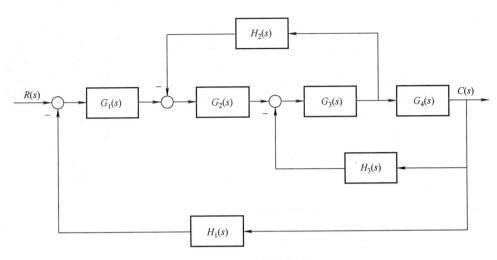

图 5-36　系统结构图

此，首先应用表 5-4 中的规则（8），将 $G_3(s)$ 与 $G_4(s)$ 两方框之间的引出点后移到方框的输出端（注意，不宜前移），如图 5-37a 所示。其次，将 $G_3(s)$、$G_4(s)$ 两和 $H_3(s)$ 组成的内反馈回路简化，其等效传递函数为

$$G_{34}(s) = \frac{G_3(s)G_4(s)}{1 + G_3(s)G_4(s)H_3(s)}$$

如图 5-37b 所示。然后，再将 $G_2(s)$、$G_{34}(s)$、$H_2(s)$ 和 $1/G_4(s)$ 组成的内反馈回路简化，其等效传递函数为

$$G_{23}(s) = \frac{G_2(s)G_3(s)G_4(s)}{1 + G_3(s)G_4(s)H_3(s) + G_2(s)G_3(s)H_2(s)}$$

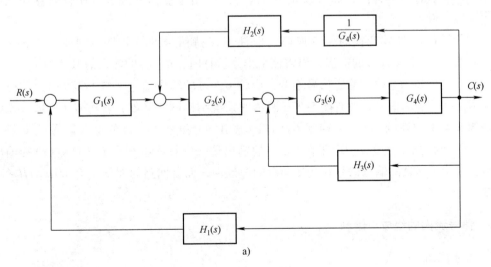

a)

图 5-37　例 5-10 系统结构图简化

a）后移 $G_3(s)$ 引出点

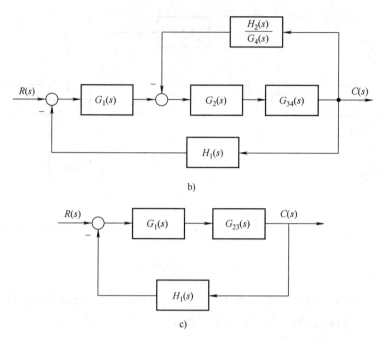

图 5-37　例 5-10 系统结构图简化（续）
b）简化内回路 $G_{34}(s)$　c）简化内回路 $G_{23}(s)$

如图 5-37c 所示。最后，将 $G_1(s)$、$G_{23}(s)$ 两和 $H_1(s)$ 组成的反馈回路简化，便求得系统的传递函数：

$$\Phi(s) = \frac{C(s)}{R(s)} = \frac{G_1(s)G_2(s)G_3(s)G_4(s)}{1 + G_2(s)G_3(s)H_2(s) + G_3(s)G_4(s)H_3(s) + G_1(s)G_2(s)G_3(s)G_4(s)H_1(s)}$$

本例还有其他变换方法，如可以先将 $G_4(s)$ 后的引出点前移或者将比较点移动到同一点，再加以合并等。

在进行结构图等效变换时，变换前后应注意保持信号的等效性。例如，图 5-36 中，$H_2(s)$ 的输入信号是 $G_3(s)$ 的输出，当将该引出点后移时，$H_2(s)$ 的输入信号变为了 $G_4(s)$ 的输出信号。为保持 $H_2(s)$ 的输入信号不变，应将 $G_4(s)$ 的输出信号乘以 $1/G_4(s)$，这样便可还原为 $G_3(s)$ 的输出信号，故有图 5-37a 所示的系统结构图。又如，若将 $G_2(s)$ 输入端的比较点按表 5-4 中的规则（6）后移到 $G_2(s)$ 的输出端，虽然 $G_2(s)$ 的输入信号减少了一项（来自 $H_2(s)$ 的输出信号），但由于在 $G_2(s)$ 的输出信号中补入了来自 $H_2(s)G_2(s)$ 的输出信号，故保持了 $G_2(s)$ 的输出信号在变换前后的等效性，而且回路的乘积 $G_2(s)G_3(s)H_2(s)$ 保持不变。

5. 3. 3　信号流图的组成与绘制

1. 信号流图的组成

信号流图起源于梅森利用图示法来描述一个或一组线性代数方程式。它是由节点和支路组成的一种信号传递网络，图中节点代表方程式中的变量，以小圆圈表示；支路是连接两个节点的定向线段，用支路增益表示方程式中两个变量的因果关系，因此支路相当于乘法器。

　　图 5-38a 所示为有两个节点和一条支路的信号流图，其中两个节点分别代表电流 I 和电压 U，支路增益是电阻 R。该图表明，电流 I 沿支路传递并增大 R 倍而得到电压 U。这正是众所熟知的欧姆定律，它决定了通过电阻 R 的电流与电压间的定量关系，如图 5-38b 所示。图 5-39 所示为由五个节点和八条支路组成的信号流图，图中五个节点分别表示 $x_1 \sim x_5$ 五个变量，每条支路增益分别是 $a \sim g$ 和 1。由图可以写出描述五个变量因果关系的一组代数方程式：

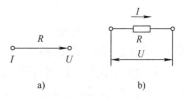

图 5-38　信号流图与欧姆定律
a) 信号流图　b) 欧姆定律

$$x_1 = x_1$$
$$x_2 = x_1 + ex_3$$
$$x_3 = ax_2 + fx_4$$
$$x_4 = bx_3$$
$$x_5 = dx_2 + cx_4 + gx_5$$

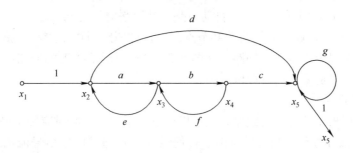

图 5-39　典型的信号流图

　　上述每个方程式左端的变量取决于右端有关变量的线性组合。一般方程式右端的变量为原因，左端的变量作为右端变量产生的效果。这样信号流图便把各个变量之间的因果关系贯通了起来。

　　至此，信号流图的基本性质可归纳如下：

　　1）节点标志系统的变量。一般节点自左向右顺序设置，每个节点标志的变量是所有流向该节点的信号之代数和，而从同一节点流向各支路的信号均用该节点的变量表示。例如，图 5-39 中，节点 x_3 标志的变量是来自节点 x_2 和节点 x_4 的信号之和，它同时又流向节点 x_4。

　　2）支路相当于乘法器，信号流经支路时，被乘以支路增益而变换为另一信号。例如，图 5-39 中，来自节点 x_2 的变量被乘以支路增益 a，来自节点 x_4 的变量被乘以支路增益 f，自节点 x_3 流向节点 x_4 的变量被乘以支路增益 b。

　　3）信号在支路上只能沿箭头单向传递，即只有前因后果的因果关系。

　　4）对于给定的系统节点，变量的设置是任意的，因此信号流图不是唯一的。

　　在信号流图中，常使用以下名词术语：

　　1）源节点（或输入节点）。在源节点上只有信号输出的支路（即输出支路），而没有信号输入的支路（即输入支路），它一般表示系统的输入变量，故也称输入节点，如图 5-39

中的节点 x_1 就是源节点。

2）阱节点（或输出节点）。在阱节点上只有输入支路，而没有输出支路，它一般表示系统的输出变量，故也称输出节点，如图 5-38a 中的节点 U 就是阱节点。

3）混合节点。在混合节点上既有输入支路，又有输出支路，如图 5-39 中的节点 $x_2 \sim x_5$ 均是混合节点。若从混合节点引出一条具有单位增益的支路，则可将混合节点变为阱节点，成为系统的输出变量，如图 5-39 中用单位增益支路引出的节点 x_5。

4）前向通路。信号从输入节点到输出节点传递时，每个节点只通过一次的通路叫前向通路。前向通路上各支路增益之乘积称前向通路总增益，一般用 p_k 表示。在图 5-39 中，从源节点 x_1 到阱节点 x_5 共有两条前向通路：一条是 $x_1 \to x_2 \to x_3 \to x_4 \to x_5$，其前向通路总增益 $p_1 = abc$；另一条是 $x_1 \to x_2 \to x_5$，其前向通路总增益 $p_2 = d$。

5）回路。起点和终点在同一节点，而且信号通过每一节点不多于一次的闭合通路称为单独回路，简称回路。回路中所有支路增益之乘积叫作回路增益，用 L_a 表示。在图 5-39 中共有三个回路：第一个是起于节点 x_2，经过节点 x_3，最后回到节点 x_2 的回路，其回路增益 $L_1 = ae$；第二个是起于节点 x_3，经过节点 x_4，最后回到节点 x_3 的回路，其回路增益 $L_2 = bf$；第三个是起于节点 x_5 并回到节点 x_5 的自动回路，其回路增益是 g。

6）不接触回路。回路之间没有公共节点时，这种回路叫作不接触回路。在信号流图中可以有两个或两个以上不接触的回路。在图 5-39 中有两对不接触的回路：一对是 $x_2 \to x_3 \to x_2$ 和 $x_5 \to x_5$；另一对是 $x_3 \to x_4 \to x_3$ 和 $x_5 \to x_5$。

2. 信号流图的绘制

信号流图可以根据微分方程绘制，也可以由系统结构图按照对应关系得到。

（1）由系统微分方程绘制信号流图　任何线性方程都可以用信号流图表示，但含有微分或积分的线性方程一般应通过拉氏变换，将微分方程或积分方程变换为 s 的代数方程后再画信号流图。

绘制信号流图时，首先要对系统的每个变量指定一个节点，并按照系统中变量的因果关系从左向右顺序排列，然后根据数学方程式，用标明支路增益的支路将各节点变量正确连接，便可得到系统的信号流图，如图 5-39 所示。

（2）由系统结构图绘制信号流图　在结构图中，由于传递的信号标记在信号线上，方框则是对变量进行变换或运算的算子，因此由系统结构图绘制信号流图时，只需在结构图的信号线上用小圆圈标志出传递的信号便可得到节点，用标有传递函数的线段代替结构图中的方框便可得到支路，于是结构图也就变换成了相应的信号流图。例如，由图 5-32h 所示的结构图绘制的信号流图如图 5-40b 所示。

由系统结构图绘制信号流图时，应尽量精简节点的数目，如可将支路增益为 1 的相邻两个节点合并为一个节点，但源节点或阱节点不能合并。例如，图 5-40 中的节点 M_s 和 M_m 可以合并成一个节点，其变量是 $M_s - M_m$（但源节点 E_1 和节点 E 不能合并）。又如，在结构图比较点之前没有引出点（但在比较点之后可以有引出点）时，只需在比较点后设置一个节点便可，如图 5-41a 所示；但在比较点之前有引出点时，就需在引出点和比较点各设置一个节点，分别标志两个变量（它们之间的支路增益是 1），如图 5-41b 所示。

例 5-11　试绘制图 5-42 所示系统结构图对应的信号流图。

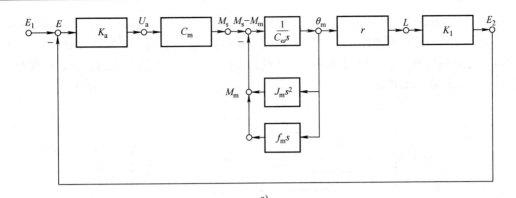

a)

b)

图 5-40 由结构图绘制信号流图

a) 结构图 b) 信号流图

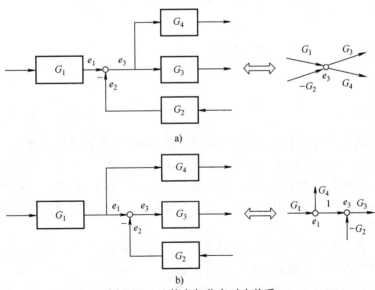

a)

b)

图 5-41 比较点与节点对应关系

a) 比较点前无引出点时的节点设置 b) 比较点前有引出点时的节点设置

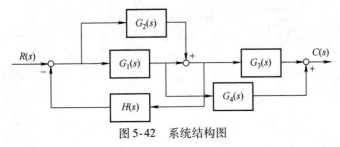

图 5-42 系统结构图

解：首先，在系统结构图的信号线上用小圆圈标注各变量对应的节点，如图5-43a所示。其次，将各节点按原来顺序自左向右排列，连接各节点的支路并使其与结构图中的方框相对应，即将结构图中的方框用具有相应增益的支路代替，并连接有关的节点，得到系统的信号流图，如图5-43b所示。

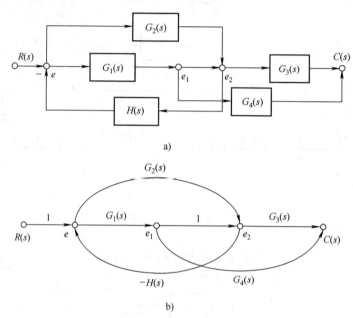

图5-43　由系统的结构图绘制信号流图

a）标注节点　b）信号流图

5.3.4　梅森增益公式

从一个复杂的系统信号流图，经过简化可以求出系统的传递函数，而且结构图的等效变换规则也适用于信号流图的简化，但这个过程很麻烦。控制工程中常应用梅森（Mason）增益公式直接求取从源节点到阱节点的传递函数，而不需简化信号流图，这就为信号流图的广泛应用提供了方便。当然，由于系统结构图与信号流图之间有对应关系，梅森增益公式也可直接用于系统结构图。

梅森增益公式的来源是按克莱姆（Cramer）法则求解线性联立方程组时，将解的分子多项式及分母多项式与信号流图巧妙联系的结果。

在图5-44所示的典型信号流图中，变量U_i和U_o分别用源节点U_i和阱节点U_o表示。由图可得相应的一组代数方程式为

$$X_1 = aU_i + fX_2$$
$$X_2 = bX_1 + gX_3$$
$$X_3 = cX_2 + hX_4$$
$$X_4 = dX_3 + eU_i$$
$$U_o = X_4$$

经整理后得

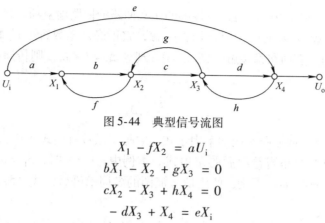

图 5-44　典型信号流图

$$X_1 - fX_2 = aU_i$$
$$bX_1 - X_2 + gX_3 = 0$$
$$cX_2 - X_3 + hX_4 = 0$$
$$-dX_3 + X_4 = eX_i$$

下面用克莱姆法则求上述方程组的解 X_4（即变量 U_o），并进而求出系统的传递函数 U_o/U_i。由克莱姆法则，方程组的系数行列式为

$$\Delta = \begin{vmatrix} 1 & -f & 0 & 0 \\ b & -1 & g & 0 \\ 0 & c & -1 & h \\ 0 & 0 & -d & 1 \end{vmatrix} = 1 - dh - gc - fb + fbdh \tag{5-65}$$

$$\Delta_4 = \begin{vmatrix} 1 & -f & 0 & aU_i \\ b & -1 & g & 0 \\ 0 & c & -1 & 0 \\ 0 & 0 & -d & eU_i \end{vmatrix} = abcdU_i + eU_i(1 - gc - bf) \tag{5-66}$$

因此，$X_4 = U_o = \Delta_4/\Delta$，即

$$\frac{U_o}{U_i} = \frac{X_4}{U_i} = \frac{abcd + e(1 - gc - bf)}{1 - dh - gc - fb + fbdh} \tag{5-67}$$

对上述传递函数的分母多项式及分子多项式进行分析后，可以得到它们与系数行列式 Δ、Δ_4 及信号流图之间的巧妙联系。首先可以发现，传递函数的分母多项式即系数行列式 Δ，而且其中包含有信号流图中的三个单独回路增益之和项，即 $-(fb + gc + dh)$，以及两个不接触的回路增益之乘积项，即 $fbdh$。这个特点可以用信号流图的名词术语写成如下形式：

$$\Delta = 1 - \sum L_a + \sum L_b L_c \tag{5-68}$$

式中，$\sum L_a$ 表示信号流图中所有单独回路的回路增益之和项，即 $\sum L_a = fb + gc + dh$；$\sum L_b L_c$ 表示信号流图中每两个互不接触的回路增益之乘积的和项，即 $\sum L_b L_c = fbdh$。其次可以看到，传递函数的分子多项式与系数行列式 Δ_4 相对应，而且其中包含有两条前向通路总增益之和项，即 $abcd + e$，以及与前向通路 e 不接触的两个单独回路的回路增益与该前向通路总增益之乘积的和项，即 $-(gce + bfe)$。这个特点也可以用信号流图的名词术语写成如下形式：

$$\frac{\Delta_4}{U_i} = \sum_{k=1}^{2} p_k - \sum_{i=2} p_i L_i \tag{5-69}$$

式中，p_k 是第 k 条前向通路总增益，这里共有两条前向通路，故 $\sum p_k = p_1 + p_2 = abcd + e$；$L_i$ 为与第 i 条前向通路不接触回路的回路增益，这里有两个回路与第二条前向通路不接触，故 $\sum p_2 L_2 = gce + bfe$。进一步分析还可以发现，L_i 与系数行列式 Δ 之间有着微妙的联系，即 L_i

是系数行列式 Δ 中与第 i 条前向通路不接触的所有回路的回路增益项。例如，第二条前向通路 e 与回路增益为 gc 和 bf 的两个回路均不接触，它正好是系数行列式 Δ 中的两项 $-(fb+gc)$。若前向通路与所有回路都接触，则 $L_i = 0$。现令 $\Delta_i = 1 - L_i$，则传递函数分子多项式还可进一步简单记为

$$\frac{\Delta_4}{U_i} = \sum_{k=1}^{2} p_k \Delta_k \tag{5-70}$$

式中，Δ_k 是与第 k 条前向通路对应的余因子式，它等于系数行列式 Δ 中去掉与第 k 条前向通路接触的所有回路的回路增益项后的余项式。本例中，$k=1$ 时，$p_1 = abcd$，$\Delta_1 = 1$；$k=2$ 时，$p_2 = e$，$\Delta_2 = 1 - gc - bf$。于是，使用信号流图的名词术语后，式（5-67）系统传递函数可写为

$$\frac{U_o}{U_i} = \frac{p_1 \Delta_1 + p_2 \Delta_2}{\Delta} = \frac{1}{\Delta} \sum_{k=1}^{2} p_k \Delta_k \tag{5-71}$$

　　该表达式建立了信号流图的某些特征量（如前向通路总增益、回路增益等）与系统传递函数（或输出量）之间的直观联系，这就是梅森增益公式的雏形。根据这个公式，可以从信号流图上直接写出从源节点到阱节点的传递函数的输出量表达式。

　　推而广之，对具有任意条前向通路及任意个单独回路和不接触回路的复杂信号流图，求取从任意源节点到任意阱节点之间的传递函数的梅森增益公式可写为

$$P = \frac{1}{\Delta} \sum_{k=1}^{n} p_k \Delta_k \tag{5-72}$$

式中，P 为从源节点到阱节点的传递函数（或总增益）；n 为从源节点到阱节点的前向通路总数；p_k 为从源节点到阱节点的第 k 条前向通路总增益；Δ 为 $1 - \sum L_a + \sum L_b L_c - \sum L_d L_e L_f + \cdots$ 称为流图特征式，其中 $\sum L_a$ 为所有单独回路增益之和，$\sum L_b L_c$ 为所有互不接触的单独回路中每次取其中两个回路的回路增益的乘积之和 $\sum L_d L_e L_f$ 为所有互补接触的单独回路中每次取其中三个回路的回路增益的乘积之和；Δ_k 为流图余因子式，它等于流图特征式中除去与第 k 条前向通路相接触的回路增益项（包括回路增益的乘积项）以后的余项式。

　　例 5-12　试用梅森增益公式求例 5-10 中系统的传递函数 $C(s)/R(s)$。

　　解：在系统结构图中使用梅森增益公式时，应特别注意区分不接触回路。为便于观察，首先绘制出与图 5-36 所示的系统结构图对应的信号流图，如图 5-45 所示。由图可见，从源节点 R 到阱节点 C 有一条前向通路，其总增益 $p_1 = G_1 G_2 G_3 G_4$；有三个单独回路，回路增益分别是 $L_1 = -G_2 G_3 H_2$，$L_2 = -G_3 G_4 H_3$，$L_3 = -G_1 G_2 G_3 G_4 H_1$；没有不接触回路，且前向通路与所有回路均接触，故余因子式 $\Delta_1 = 1$。因此，由梅森增益公式求得系统传递函数为

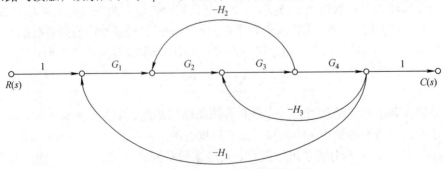

图 5-45　与图 5-36 对应的信号流图

$$\frac{C(s)}{R(s)} = P_{RC} = \frac{1}{\Delta} p_1 \Delta_1 = \frac{G_1 G_2 G_3 G_4}{1 + G_1 G_2 G_3 G_4 H_1 + G_2 G_3 H_2 + G_3 G_4 H_3} \quad (5\text{-}73)$$

显然，上述结果与例 5-10 中结构图变换所得的结果相同。

5.4 线性系统的分析

在确定系统的数学模型后，便可以用几种不同的方法去分析控制系统的动态性能和稳态性能。在经典控制理论中，常用时域分析法、根轨迹法或频域分析法来分析线性控制系统的性能。显然，不同的方法有不同的特点和适用范围。

5.4.1 时域分析法

时域分析法是一种直接在时间域中对系统进行分析的方法，具有直观、准确的优点，并且可以提供系统时间响应的全部信息。

1. 系统时间响应的性能指标

对控制系统性能的评价分为动态性能指标和稳态性能指标两类。为了求解系统的时间响应，必须了解输入信号（即外作用）的解析表达式。然而在一般情况下，控制系统的外加输入信号具有随机性而无法预先确定，因此需要选择若干典型输入信号。

（1）典型输入信号　一般说来，我们是针对某一类输入信号来设计控制系统的。某些系统，如室温系统或水位调节系统，其输入信号为要求的室温或水位高度。这是设计者所熟知的，但是在大多数情况下，控制系统的输入信号以无法预测的方式变化，如在防空火炮系统中，敌机的位置和速度无法预料，使火炮控制系统的输入信号具有随机性，从而给规定系统的性能要求以及分析和设计工作带来了困难。为了便于进行分析和设计，同时也为了便于对各种控制系统的性能进行比较，需要假定一些基本的输入函数形式（称为典型输入信号）。

所谓典型输入信号，是指根据系统常遇到的输入信号形式，在数学描述上加以理想化的一些基本输入函数。控制系统中常用的典型输入信号有单位阶跃函数、单位斜坡（速度）函数、单位加速度（抛物线）函数、单位脉冲函数和正弦函数，它们的时域表达式和复域表达式见表 5-5。这些函数都是简单的时间函数，便于数学分析和实验研究。

表 5-5　典型输入信号

名　称	时域表达式	复域表达式
单位阶跃函数	$1(t)$,　$t \geqslant 0$	$\dfrac{1}{s}$
单位斜坡函数	t,　$t \geqslant 0$	$\dfrac{1}{s^2}$
单位加速度函数	$\dfrac{1}{2} t^2$,　$t \geqslant 0$	$\dfrac{1}{s^3}$
单位脉冲函数	$\delta(t)$,　$t = 0$	1
正弦函数	$A\sin\omega t$	$\dfrac{A\omega}{s^2 + \omega^2}$

　　实际应用时，究竟采用哪一种典型输入信号，取决于系统常见的工作状态，同时在所有可能的输入信号中往往选取最不利的信号作为系统的典型输入信号。这种处理方法在许多场合是可行的，如对室温调节系统和水位调节系统以及工作状态突然改变或突然受到恒定输入作用的控制系统，都可以采用阶跃函数作为典型输入信号；对跟踪通信卫星的天线控制系统以及输入信号随时间恒速变化的控制系统，斜坡函数是比较合适的典型输入；加速度函数可用来作为宇宙飞船控制系统的典型输入；当控制系统的输入信号是冲击输入量时，采用脉冲函数最为合适；当系统的输入作用具有周期性的变化时，可选择正弦函数作为典型输入。同一系统中不同形式的输入信号所对应的输出响应是不同的，但对于线性控制系统来说，他们所表征的系统性能是一致的。通常若以单位阶跃函数作为典型输入信号，则可在一个统一的基础上对各种控制系统的特性进行比较和研究。

　　应当指出，有些控制系统的实际输入信号是变化无常的随机信号，如定位雷达天线控制系统的输入信号中既有运动目标的不规则信号，又包含许多随机噪声分量，对这种信号就不能用上述确定性的典型输入信号去代替实际输入信号，而必须采用随机过程理论进行处理。

　　要评价线性系统时间响应的性能指标，就需要研究控制系统在典型输入信号的作用下的时间响应过程。

　　（2）动态过程与稳态过程　在典型输入信号作用下，任何控制系统的时间响应都由动态过程和稳态过程两部分组成。

　　动态过程又称过渡过程或瞬态过程，指系统在典型输入信号作用下，系统输出量从初始状态到最终状态的响应过程。由于实际控制系统中存在着惯性、摩擦以及其他一些原因，因此系统输出量不可能完全复现输入量的变化。根据系统结构和参数选择情况，动态过程表现为衰减、发散或等幅振荡形式。显然，一个可以实际运行的控制系统，其动态过程必须是衰减的，换句话说，系统必须是稳定的。动态过程除了提供系统稳定性的信息外，还可以提供响应速度及阻尼情况等信息。这些信息用动态性能描述。

　　稳态过程是系统在典型输入信号作用下，当时间趋于无穷大时，系统输出量的表现方式。稳态过程又称稳态响应，表征系统输出量最终复现输入量的程度，提供系统有关稳态误差的信息。这些信息用稳态性能描述。

　　由此可见，控制系统在典型输入信号作用下的性能指标通常由动态性能和稳态性能两部分组成。

　　（3）动态性能与稳态性能　稳定是控制系统能够运行的首要条件，因此只有当动态过程收敛时，研究系统的动态性能才有意义。

　　1）动态性能。通常在阶跃函数作用下测定或计算系统的动态性能。一般认为阶跃输入对系统来说是最严峻的工作状态。如果系统在阶跃函数作用下的动态性能满足要求，那么系统在其他形式的函数作用下的动态性能也是令人满意的。

　　描述稳定的系统在单位阶跃函数作用下，动态过程随时间的变化状况的指标称为动态性能指标。为了便于分析和比较，假定系统在单位阶跃输入信号作用前处于静止状态，而且输出量及其各阶导数均等于零。对于大多数控制系统来说，这种假设是符合实际情况的。对于图 5-46 所示的单位阶跃响应曲线，其动态性能指标通常如下：

　　① 上升时间 t_r。指响应从终值 10% 上升到终值 90% 所需的时间。对于有振荡的系统，也可定义为响应从零第一次上升到终值所需的时间。上升时间是系统响应速度的一种度量，

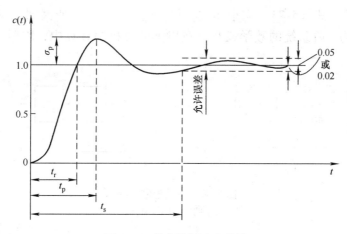

图 5-46　单位阶跃响应曲线

上升时间越短，响应速度越快。

② 峰值时间 t_p。指响应超过其终值，到达第一个峰值所需的时间。

③ 调节时间 t_s。指响应到达并保持在终值 ±5% 内所需的最短时间。有时也用终值的 ±2% 误差范围来定义调节时间。本书研究的调节时间均取 ±5% 误差范围。

④ 超调量 $\sigma\%$。指响应的最大偏离量 $c(t_p)$ 与终值 $c(\infty)$ 的差与终值 $c(\infty)$ 比的百分数，即

$$\sigma\% = \frac{c(t_p) - c(\infty)}{c(\infty)} \times 100\%$$

若 $c(t_p) < c(\infty)$，则响应无超调。超调量也称为最大超调量，或百分比超调量。

上述四个动态性能指标基本上可以体现系统动态过程的特征。在实际应用中，常用的动态性能指标多为上升时间、调节时间和超调量。通常用 t_r 或 t_p 评价系统的响应速度，用 $\sigma\%$ 评价系统的阻尼程度，而 t_s 是同时反映响应速度和阻尼程度的综合性指标。应当指出，除简单的一、二阶系统外，要精确确定这些动态性能指标的解析表达式是很困难的。

2）稳态性能。稳态误差是描述系统稳态性能的一种性能指标，通常在阶跃函数、斜坡函数或加速度函数作用下进行测定或计算。在时间趋于无穷大时，系统的输出量不等于输入量或输入量的确定函数，则系统存在稳态误差。稳态误差是系统控制精度或抗扰动能力的一种度量。

2. 一阶系统的时域分析

凡是以一阶微分方程作为运动方程的控制系统称为一阶系统。在工程实践中，一阶系统不乏其例，有些高阶系统的特性常可用一阶系统的特性来近似表征。

（1）一阶系统的数学模型　图 5-47a 所示为 RC 电路，其运动微分方程为

$$T\dot{c}(t) + c(t) = r(t) \tag{5-74}$$

式中，$c(t)$ 为电路输出电压；$r(t)$ 为电路输入电压；$T = RC$ 为时间常数。当该电路的初始条件为零时，其传递函数为

$$\Phi(s) = \frac{C(s)}{R(s)} = \frac{1}{Ts + 1} \tag{5-75}$$

相应的结构图如图 5-47b 所示。可以证明，室温调节系统、恒温箱以及水位调节系统的

闭环传递函数形式与式（5-75）完全相同，仅时间常数含义有所区别。因此，式（5-74）或式（5-75）称为一阶系统的数学模型。在以下的分析和计算中，均假定系统初始条件为零。

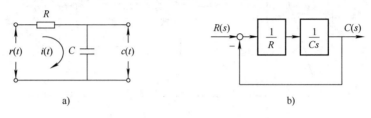

图 5-47 一阶控制系统

a）电路图 b）结构图

应当指出，具有同一运动方程或传递函数的所有线性系统对同一输入信号的响应是相同的，当然对于不同形式或不同功能的一阶系统，其响应特性的数学表达式具有不同的物理意义。

（2）一阶系统的单位阶跃响应 设一阶系统的输入信号为单位阶跃函数 $r(t) = 1(t)$，则由式（5-74），可得一阶系统的单位阶跃响应为

$$c(t) = 1 - e^{-t/T}, t \geq 0 \tag{5-76}$$

由式（5-76）可见，一阶系统的单位阶跃响应是一条初始值为零，以指数规律上升到终值 $c_{ss} = 1$ 的曲线，如图 5-48 所示。

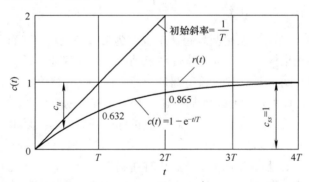

图 5-48 一阶系统的单位阶跃响应曲线

图 5-48 表明，一阶系统的单位阶跃响应为非周期响应，具备如下两个重要特点：

1）可用时间常数 T 去度量系统输出量的数值。例如，当 $t = T$ 时，$c(t) = 0.632$；而当 t 分别等于 $2T$、$3T$ 和 $4T$ 时，$c(t)$ 的数值将分别等于终值的 86.5%、95% 和 98.2%。根据这一特点，可用实验方法测定一阶系统的时间常数，或判定所测系统是否属于一阶系统。

2）响应曲线的初始斜率为 $1/T$，并随时间的推移而下降，如

$$\left. \frac{\mathrm{d}c(t)}{\mathrm{d}t} \right|_{t=0} = \frac{1}{T}, \quad \left. \frac{\mathrm{d}c(t)}{\mathrm{d}t} \right|_{t=T} = 0.368 \frac{1}{T}, \quad \left. \frac{\mathrm{d}c(t)}{\mathrm{d}t} \right|_{t=\infty} = 0$$

从而使单位阶跃响应完成全部变化量所需的时间为无限长，即有 $c(\infty) = 1$。此外，初始斜率特性也是常用的确定一阶系统时间常数的方法之一。

根据动态性能指标的定义，一阶系统的动态性能指标为

$$t_r = 2.20T, \quad t_s = 3T(\Delta = 5\%) \ \text{或} \ t_s = 4T(\Delta = 2\%)$$

显然，峰值时间 t_p 和超调量 $\sigma\%$ 都不存在。

由于时间常数 T 反映系统的惯性，所以一阶系统的惯性越小，其响应越快；反之，惯性越大，响应越慢。

（3）一阶系统的单位脉冲响应　当输入信号为理想单位脉冲函数时，由于 $R(s) = 1$，所以系统输出量的拉氏变换式与系统的传递函数相同，即 $c(s) = 1/(Ts + 1)$。这时系统的输出称为脉冲响应，其表达式为

$$c(t) = \frac{1}{T}e^{-t/T}, \quad t \geqslant 0 \tag{5-77}$$

如果令 t 分别等于 T、$2T$、$3T$ 和 $4T$，可绘出一阶系统的单位脉冲响应曲线，如图 5-49 所示。由式（5-77），可以算出响应曲线的各处斜率为

$$\left. \frac{dc(t)}{dt} \right|_{t=0} = -\frac{1}{T^2}$$

$$\left. \frac{dc(t)}{dt} \right|_{t=T} = -0.368\frac{1}{T^2}$$

$$\left. \frac{dc(t)}{dt} \right|_{t=\infty} = 0$$

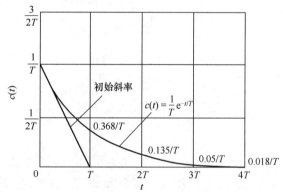

图 5-49　一阶系统的单位脉冲响应曲线

由图 5-49 可见，一阶系统的脉冲响应为一单调下降的指数曲线。若定义该指数曲线衰减到其初始值的 5% 或 2% 所需的时间为脉冲响应调节时间，则仍有 $t_s = 3T$ 或 $t_s = 4T$。故系统的惯性越小，响应过程的快速性越好。

在初始条件为零的情况下，一阶系统的闭环传递函数与脉冲响应函数之间包含着相同的动态过程信息，这一特点同样适用于其他各阶线性定常系统。因此，常以单位脉冲输入信号作用于系统，根据被测定系统的单位脉冲响应，可以求得被测系统的闭环传递函数。

鉴于工程上无法得到理想单位脉冲函数，因此常用具有一定脉宽 b 和有限幅度的矩形脉冲函数来代替。为了得到近似度较高的脉冲响应函数，要求实际脉动函数的宽度 b 远小于系统的时间常数 T，一般规定 $b < 0.1T$。

（4）一阶系统的单位斜坡响应　设系统的输入信号为单位斜坡函数，则由式（5-74）可以求得一阶系统的单位斜坡响应为

$$c(t) = (t - T) + Te^{-t/T}, \quad t \geq 0 \tag{5-78}$$

式中，$(t - T)$ 为稳态分量；$Te^{-t/T}$ 为瞬态分量。

式（5-78）表明，一阶系统的单位斜坡响应的稳态分量是一个与输入斜坡函数斜率相同，但时间滞后 T 的斜坡函数，因此在位置上存在稳态跟踪误差，其值正好等于时间常数 T；一阶系统单位斜坡响应的瞬态分量为衰减非周期函数。

根据式（5-78）绘出的一阶系统单位斜坡响应曲线如图 5-50 所示。比较图 5-48 和图 5-50，可以发现一个有趣现象：在阶跃响应曲线中，输出量和输入量之间的位置误差随时间而减小，最后趋于零，而在初始状态下，位置误差最大，响应曲线的初始斜率也最大；在斜坡响应曲线中，输出量和输入量之间的位置误差随时间而增大，最后趋于常值 T，惯性越小，跟踪的准确度越高，而在初始状态下，初始位置和初始斜率均为零，这是因为

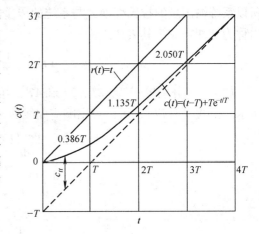

图 5-50　一阶系统单位斜坡响应曲线

$$\left.\frac{dc(t)}{dt}\right|_{t=0} = \left.1 - e^{-t/T}\right|_{t=0} = 0$$

显然，在初始状态下，输出量和输入量之间误差最大。

（5）一阶系统的单位加速度响应　设系统的输入信号为单位加速度函数，则由式（5-74）可以求得一阶系统的单位加速度响应为

$$c(t) = \frac{1}{2}t^2 - Tt + T^2(1 - e^{-t/T}), \quad t \geq 0$$

因此，系统的跟踪误差为

$$e(t) = r(t) - c(t) = Tt - T^2(1 - e^{-t/T})$$

上式表明，跟踪误差随时间推移而增大，直至无限大。因此，一阶系统不能实现对加速度输入函数的跟踪。

表 5-6　一阶系统对典型输入信号的输出响应

输入信号	输出响应	输入信号	输出响应
$1(t)$	$1 - e^{-t/T}, t \geq 0$	t	$t - T + Te^{-t/T}, t \geq 0$
$\delta(t)$	$e^{-t/T}/T, t \geq 0$	$0.5t^2$	$0.5t^2 - Tt + T^2(1 - e^{-t/T}), t \geq 0$

一阶系统对上述典型输入信号的响应归纳于表 5-6 中。由表 5-6 可见，单位脉冲函数与单位阶跃函数的一阶导数及单位斜坡函数的二阶导数的等价关系，对应有单位脉冲响应与单位阶跃响应的一阶导数及单位斜坡响应的二阶导数的等价关系。这个等价对应关系表明：系统对输入信号导数的响应就等于系统对该输入信号响应的导数，或者系统对输入信号积分的响应就等于系统对该输入信号响应的积分，而积分常数由零输出初始条件确定。这是线性定常系统的一个重要特性，适用于任意阶线性定常系统，但不适用于线性时变系统和非线性系统。因此，研究线性定常系统的时间响应不必对每种输入信号形式进行测定和计算，往往只

取其中一种典型形式进行研究。

凡是以二阶微分方程描述运动方程的控制系统称为二阶系统。在控制控制工程中，二阶系统的典型应用极为普遍，而且不少高阶系统的特性在一定条件下可用二阶系统的特性来表征。二阶系统的时域分析法思路与一阶系统类似。

5.4.2　根轨迹法

1. 根轨迹法的基本概念

根轨迹法是分析和设计线性定常控制系统的图解方法，使用十分简便，特别是在进行多回路系统的分析时，应用根轨迹法比用其他方法更为方便，因此在工程实践中得到了广泛应用。这里主要介绍根轨迹的基本概念、根轨迹与系统性能之间的关系，并从闭环零与极点、开环零与极点之间的关系推导出根轨迹方程，然后将向量形式的根轨迹方程转化为常用的相角条件和模值条件形式，最后应用这些条件绘制出简单系统的根轨迹。

（1）根轨迹概念　根轨迹简称根迹，是开环系统某一参数从零变到无穷时，闭环系统特征方程式的根在 s 平面上变化的轨迹。

当闭环系统没有零点与极点相消时，闭环特征方程式的根就是闭环传递函数的极点，常简称为闭环极点。因此，从已知的开环零、极点位置及某一变化的参数来求取闭环极点的分布，实际上就是解决闭环特征方程式的求根问题。当特征方程的阶数高于四阶时，除了应用 MATLAB 软件包，求根过程是比较复杂的。如果要研究系统参数变化对闭环特征方程式根的影响，就需要进行大量的反复计算，同时还不能直观看出影响趋势，因此对于高阶系统的求根问题来说，解析法就显得很不方便。1948 年。W. R. 伊文思在《控制系统的图解分析》一文中提出了根轨迹法。当开环增益或其他参数改变时，其全部数值对应的闭环极点均可在根轨迹图上简便地确定。因为系统的稳定性由系统闭环极点唯一确定，而系统的稳态性能和动态性能又与闭环零、极点在 s 平面上的位置密切相关，所以根轨迹图不仅可以直接给出闭环系统时间响应的全部信息，而且可以指明开环零极点应该怎样变化才能满足给定的闭环系统的性能指标要求。除此以外，用根轨迹法求解高阶代数方程的根比用其他近似求根法简便。

为了具体说明根轨迹的概念，设控制系统如图 5-51 所示。其闭环传递函数为

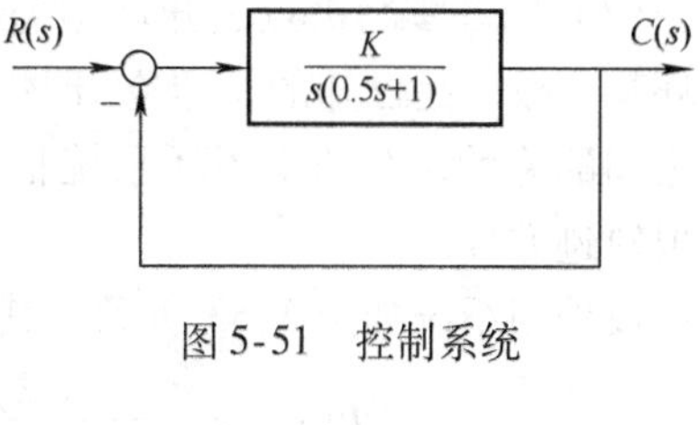

$$\Phi(s) = \frac{C(s)}{R(s)} = \frac{2K}{s^2 + 2s + 2K}$$

于是，特征方程式可写为

$$s^2 + 2s + 2K = 0$$

显然，特征方程式的根是

$$s_1 = -1 + \sqrt{1 - 2K}$$
$$s_2 = -1 - \sqrt{1 - 2K}$$

图 5-51　控制系统

如果令开环增益 K 从零变到无穷大，可以用解析的方法求出闭环极点的全部数值，将这些数值标注在 s 平面上，并连成光滑的粗实线，带箭头的实线就称为系统的根轨迹，如图 5-52 所示。根轨迹上的箭头表示根轨迹随着 K 值增加的变化趋势，而标注的数值则表示与闭环极点的位置相应的开环增益 K 的数值。

（2）根轨迹与系统性能 有了根轨迹图，便可以分析系统的各种性能。下面以图 5-52 为例进行说明。

1）稳定性。当开环增益从零变到无穷大时，图 5-52 上的根轨迹不会越过虚轴，进入右半 s 平面，因此图 5-51 所示的控制系统对所有的 K 值都是稳定的。如果分析高级系统的根轨迹图，那么根轨迹有可能越过虚轴，进入右半 s 平面，此时根轨迹与虚轴交点处的值就是临界开环增益。

2）稳态性能。由图 5-52 可见，开环系统在坐标原点有一个极点，该系统属 I 型系统，因而根轨迹上的 K 值就是静态速度误差系数。如果给定系统的稳态误差要求，则由根轨迹图可以确定闭环极点位置的允许范围。一般情况下，根轨迹图上标注出来的参数不是开环增益，而是根轨迹增益。开环增益和根轨迹增益之间仅相差一个比例常数，很容易进行换算。对于其他参数变化的根轨迹图，情况是类似的。

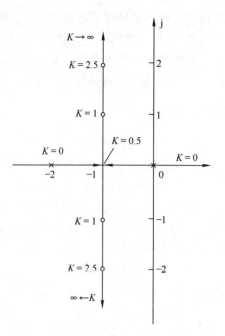

图 5-52 根轨迹图

3）动态性能。由图 5-52 可见，当 $0 < K < 0.5$ 时，所有闭环极点位于实轴上，系统为过阻尼系统，单位阶跃响应为非周期过程；当 $K = 0.5$ 时，闭环两个实数极点重合，系统为临界阻尼系统，单位阶跃响应仍为非周期过程，但响应速度较 $0 < K < 0.5$ 情况更快；当 $K > 0.5$ 时，闭环极点为复数极点，系统为欠阻尼系统，单位阶跃响应为阻尼振荡过程，且超调量将随 K 值的增大而加大，但调节时间的变化不会显著。

上述分析表明，根轨迹与系统性能之间有着比较密切的联系。然而对于高阶系统，用解析的方法绘制系统的根轨迹图显然是不合适的。我们希望能有简便的图解方法，可以根据已知开环传递函数，迅速绘出闭环系统的根轨迹。为此，需要研究闭环零与极点、开环零与极点之间的关系。

（3）闭环零与极点、开环零与极点之间的关系 由于开环零、极点是已知的，建立开环零与极点、闭环零与极点之间的关系，有助于闭环系统根轨迹的绘制，并由此导出根轨迹方程。

设控制系统如图 5-53 所示，其闭环传递函数为

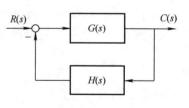

图 5-53 控制系统

$$\Phi(s) = \frac{G(s)}{1 + G(s)H(s)} \qquad (5-79)$$

一般情况下，前向通路传递函数 $G(s)$ 和反馈通路传递函数 $H(s)$ 可分别表示为

$$G(s) = \frac{K_G(\tau_1 s + 1)(\tau_2^2 s^2 + 2\zeta_1 \tau_2 s + 1)\cdots}{s^v(T_1 s + 1)(T_2^2 s^2 + 2\zeta_2 T_2 s + 1)\cdots} = K_G^* \frac{\prod\limits_{i=1}^{f}(s - z_i)}{\prod\limits_{i=1}^{q}(s - p_i)} \qquad (5-80)$$

式中，τ、ζ、T 不具有实际物理含义，仅为该种传递函数书写形式下的系数，各项系数取值

与系统内所包含的环节与结构有关；s^v 为拉普拉斯算子 s 的 v 次方，v 取值与系统内所包含的环节与结构有关；z_i 为前向通路传递函数 $G(s)$ 的第 i 个零点；p_i 为前向通路传递函数 $G(s)$ 的第 i 个极点；K_G 为前向通路增益；K_G^* 为前向通路根轨迹增益。它们之间满足如下关系：

$$K_G^* = K_G \frac{\tau_1 \tau_2^2 \cdots}{T_1 T_2^2 \cdots} \tag{5-81}$$

以及

$$H(s) = K_H^* \frac{\prod\limits_{j=1}^{l}(s - z_j)}{\prod\limits_{j=1}^{h}(s - p_j)} \tag{5-82}$$

式中，K_H^* 为反馈通路根轨迹增益；z_j 为反馈通路传递函数 $H(s)$ 的第 j 个零点；p_j 为反馈通路传递函数 $H(s)$ 的第 j 个极点。于是，图 5-53 所示控制系统的开环传递函数可表示为

$$G(s)H(s) = K^* \frac{\prod\limits_{i=1}^{f}(s - z_i)\prod\limits_{j=1}^{l}(s - z_j)}{\prod\limits_{i=1}^{q}(s - p_i)\prod\limits_{j=1}^{h}(s - p_j)} \tag{5-83}$$

式中，$K^* = K_G^* K_H^*$，称为开环系统根轨迹增益，它与开环增益 K 之间的关系类似于式 (5-81)，仅相差一个比例常数。

对于有 m 个开环零点和 n 个开环极点的系统，必有 $f + l = m$ 和 $q + h = n$。将式 (5-80) 和式 (5-83) 代入式 (5-79)，得

$$\Phi(s) = \frac{K_G^* \prod\limits_{i=1}^{f}(s - z_i)\prod\limits_{j=1}^{h}(s - p_j)}{\prod\limits_{i=1}^{n}(s - p_i) + K^* \prod\limits_{j=1}^{m}(s - z_j)} \tag{5-84}$$

比较式 (5-83) 和式 (5-84)，可得出以下结论：

1）闭环系统根轨迹增益等于开环系统前向通路根轨迹增益。对于单位反馈系统，闭环系统根轨迹增益就等于开环系统根轨迹增益。

2）闭环零点由开环前向通路传递函数的零点和反馈通路传递函数的极点所组成。对于单位反馈系统，闭环零点就是开环零点。

3）闭环极点与开环零点、开环极点以及根轨迹增益 K^* 均有关。

根轨迹法的基本任务在于：由已知的开环零、极点的分布及根轨迹增益，通过图解的方法找出闭环极点，一旦确定闭环极点后，闭环传递函数的形式便不难确定。因为闭环零点可由式 (5-84) 直接得到，在已知闭环传递函数的情况下，闭环系统的时间响应可利用拉氏反变换的方法求出。

（4）根轨迹方程　根轨迹是系统所有闭环极点的集合，为了用图解法确定所有闭环极点，令闭环传递函数表达式 (5-79) 的分母为零，得闭环系统特征方程：

$$1 + G(s)H(s) = 0 \tag{5-85}$$

由式 (5-84) 可见，当系统有 m 个开环零点和 n 个开环极点时，式 (5-85) 等价为

$$K^* \frac{\prod_{j=1}^{m}(s-z_j)}{\prod_{i=1}^{n}(s-p_i)} = -1 \tag{5-86}$$

式中，z_j 为已知的开环零点；p_i 为已知的开环极点；K^* 为从零到无穷大。

我们把式（5-86）称为根轨迹方程。根据式（5-86），可以画出当 K^* 从零变到无穷大时，系统的连续根轨迹。应当指出，只要闭环特征方程可以化成式（5-86）的形式，就可以绘制根轨迹，其中处于变动地位的实参数不限定是根轨迹增益 K^*，也可以是系统其他变化参数。但是，用式（5-86）形式表达的开环零点和开环极点在 s 平面上的位置必须是确定的，否则无法绘制根轨迹。此外，如果需要绘制一个以上参数变化时的根轨迹图，那么画出的不再是简单的根轨迹，而是根轨迹簇。

根轨迹实质上是一个向量方程，直接使用很不方便。考虑到

$$-1 = 1e^{j(2k+1)\pi}, k = 0, \pm 1, \pm 2, \cdots$$

因此，根轨迹方程式（5-86）可用如下两个方程描述：

$$\sum_{j=1}^{m}\angle(s-z_j) - \sum_{i=1}^{n}\angle(s-p_i) = (2k+1)\pi, k = 0, \pm 1, \pm 2, \cdots$$

$$K^* = \frac{\prod_{i=1}^{n}|s-p_i|}{\prod_{j=1}^{m}|s-z_j|}$$

上述两个方程是根轨迹上的点应该同时满足的两个条件，前者称为相角条件，后者叫作模值条件。根据这两个条件，可以完全确定 s 平面上的根轨迹和根轨迹上对应的 K^* 值。应当指出，相角条件是确定 s 平面上根轨迹的充分必要条件。这就是说，绘制根轨迹时只需要使用相角条件，而当需要确定根轨迹上各点的 K^* 值时才使用模值条件。

（5）根轨迹绘制的基本法则

1）根轨迹的起点和终点：根轨迹起于开环极点，终于开环零点。

2）根轨迹的分支数、对称性和连续性：根轨迹的分支数与开环有限零点数 m 和有限极点数 n 中的较大者相等，它们是连续的并且对称于实轴。

3）根轨迹的渐近线：当开环有限极点数 n 大于有限零点数 m 时，有 $n-m$ 条根轨迹分支沿着与实轴交角为 φ_a、交点为 σ_a 的一组渐近线趋向于无穷远处，其中

$$\varphi_a = \frac{(2k+1)\pi}{n-m}, \quad k = 0, 1, 2, \cdots, (n-m-1)$$

$$\sigma_a = \frac{\sum_{i=1}^{n}p_i - \sum_{j=1}^{m}z_j}{n-m}$$

渐近线就是 s 值很大时的根轨迹，因此渐近线也一定对称于实轴。

4）根轨迹在实轴上的分布：若实轴上某一区域的右边开环实数零点、极点个数之和为奇数，则该区域必是根轨迹。

5）根轨迹的分离点与分离角：两条或两条以上根轨迹分支在 s 平面上相遇又立即分开

的点称为根轨迹的分离点，分离点的坐标 d 是下列方程的解：

$$\sum_{j=1}^{m} \frac{1}{d - z_j} = \sum_{i=1}^{n} \frac{1}{d - p_i}$$

当 l 条根轨迹分支进入并立即离开分离点时，分离角为 $(2k + 1)\pi/l$（其中，$k = 0$，1，$\cdots$，$l - 1$）。分离角定义为根轨迹进入分离点的切线方向与离开分离点的切线方向之间的夹角。显然，当 $l = 2$ 时，分离角必为直角。

因为根轨迹是对称的，所以根轨迹的分离点或位于实轴上，或以共轭形式成对出现在复平面中。

例 5-13 设系统结构图与开环零点、极点分布如图 5-54a 所示，试绘制其概略根轨迹。

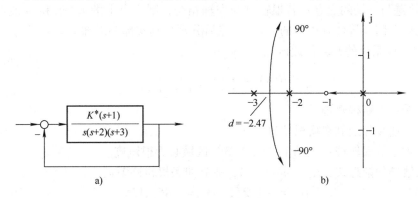

图 5-54　例 5-13 系统结构图及其概略根轨迹图

a）结构图　b）概略根轨迹

解：由法则 4，实轴上区域 [0，1] 和 [-2，-3] 是根轨迹，在图中以带箭头粗实线表示。

由法则 2，该系统有三条根轨迹分支，且对称于实轴。

由法则 1，一条根轨迹分支起于开环极点 (0)，终于开环有限零点 (-1)，另外两条根轨迹分支分别起于开环极点 (-2) 和 (-3)，终于无穷远处（无限零点）。

由法则 3，两条终于无穷远的根轨迹的渐近线与实轴交角为 90° 和 270°，交点坐标为

$$\sigma_a = \frac{\sum_{i=1}^{3} p_i - \sum_{j=1}^{1} z_j}{n - m} = \frac{(0 - 2 - 3) - (-1)}{3 - 1} = -2$$

由法则 5，实轴区域 [-2，-3] 必有一个根轨迹的分离点 d，它满足于下述分离点方程：

$$\frac{1}{d + 1} = \frac{1}{d} + \frac{1}{d + 2} + \frac{1}{d + 3}$$

考虑到 d 必在 -2 和 -3 之间，初步设 $d = -2.5$，算出

$$\frac{1}{d + 1} = -0.67, \qquad \frac{1}{d} + \frac{1}{d + 2} + \frac{1}{d + 3} = -0.4$$

因公式两边不等，所以 $d = -2.5$ 不是要求的分离点坐标。重取 $d = -2.47$，此时公式两边近似相等，故本例 $d \approx -2.47$。画出的系统概率根轨迹如图 5-54b 所示。

6）根轨迹的起始角与终止角：根轨迹离开开环复数极点处的切线与正实轴的夹角称为

起始角，以 θ_{pi} 表示；根轨迹进入开环复数零点处的切线与正实轴的交角称为终止角，以 φ_{zi} 表示。这些角度可按如下关系式求出：

$$\theta_{pi} = (2k+1)\pi + \left(\sum_{j=1}^{m} \varphi_{zjpi} - \sum_{\substack{j=1 \\ (j\neq i)}} \theta_{pjpi} \right), \quad k = 0, \pm 1, \pm 2, \cdots$$

$$\varphi_{zi} = (2k+1)\pi - \left(\sum_{\substack{j=1 \\ (j\neq i)}}^{m} \varphi_{zjzi} - \sum_{j=1}^{n} \theta_{pjzi} \right), \quad k = 0, \pm 1, \pm 2, \cdots$$

式中，φ_{zjpi}（或 φ_{zjzi}）、θ_{pjpi}（或 θ_{pjzi}）表示除 p_i（或 z_i）外所有开环零点、极点到 p_i（或 z_i）的向量相角。

7）根轨迹与虚轴的交点：若根轨迹与虚轴相交，则交点上的 K^* 值和 ω 值可用劳斯判据确定，也可令闭环特征方程中的 $s = j\omega$，然后分别令其实部和虚部为零而求得。

例 5-14　设系统的开环传递函数为

$$G(s)H(s) = \frac{K^*}{s(s+3)(s^2+2s+2)}$$

试绘制闭环系统概略根轨迹。

解：按下述步骤绘制概略根轨迹。

确定实轴上的根轨迹：实轴上 $[0, -3]$ 区域必为根轨迹。

确定根轨迹的渐近线：由于 $n-m=4$，故有四条根轨迹渐近线，其

$$\sigma_a = -1.25, \quad \varphi_a = \pm 45°、135°$$

确定分离点：本例没有有限零点，故

$$\sum_{i=1}^{n} \frac{1}{d - p_i} = 0$$

于是分离点方程为

$$\frac{1}{d} + \frac{1}{d+3} + \frac{1}{d+1-j} + \frac{1}{d+1+j} = 0$$

用试探法算出 $d \approx -2.3$。

确定起始角：测量各向量相角，算得 $\theta_{pi} = -71.6°$。

确定根轨迹与虚轴交点：本例闭环特征方程式为

$$s^4 + 5s^3 + 8s^2 + 6s + K^* = 0$$

将 $s = j\omega$ 代入特征方程式，可得实部方程为

$$\omega^4 - 8\omega^2 + K^* = 0$$

虚部方程为

$$-5\omega^3 + 6\omega = 0$$

在虚部方程中，$\omega = 0$ 显然不是要求的解，因此根轨迹与虚轴交点坐标应为 $= \pm 1.1$。将所得 ω 值代入实部方程，可求出 $K^* = 8.16$。根轨迹与虚轴相交时的参数也可采用劳斯表法求解，结果一致。根据以上 7 个法则，不难绘出系统的概略根轨迹。整个系统概略根轨迹如图 5-55 所示。

8）根之和：当 $n-m \geq 2$ 时，开环 n 个极点之和总是等于闭环特征方程 n 个根之和，即

$$\sum_{i=1}^{n} s_i = \sum_{i=1}^{n} p_i$$

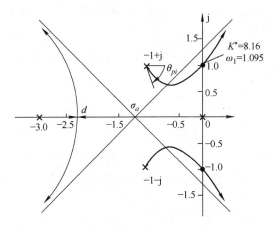

图 5-55　开环零点、极点分布与概略根轨迹

式中，s_i 为闭环特征根。

在开环极点确定的情况下，这是一个不变的常数，所以当开环增益 K 增大时，若闭环某些根在 s 平面上向左移动，则另一部分根必向右移动。该法则对判断根轨迹的走向是很有用的。

2. 系统性能的分析

在经典控制理论中，控制系统设计的重要评价取决于系统的单位阶跃响应。应用根轨迹法可以迅速确定系统在某一开环增益或某一参数值下的闭环零点、极点位置，从而得到相应的闭环传递函数，这时可以利用拉氏反变换法或者 MATLAB 仿真法确定系统的单位阶跃响应，再由阶跃响应求出系统的各项性能指标。然而，在系统初步设计过程中，重要的方面往往不是如何求出系统的阶跃响应，而是如何根据已知的闭环零点、极点去定性的分析系统的性能。

（1）闭环零点、极点与时间响应　　一旦用根轨迹法求出了闭环零点和极点，便可以立即写出系统的闭环传递函数。于是，用拉氏反变换法或用 MATLAB 仿真法都不难得到系统的时间响应。然而，在工程实践中，常常采用主导极点的概念，对高阶系统进行近似分析。例如，研究具有如下闭环传递函数的系统：

$$\Phi(s) = \frac{20}{(s + 10)(s^2 + 2s + 2)}$$

该系统的单位阶跃响应为

$$c(t) = 1 - 0.024e^{-10t} + 1.55e^{-t}\cos(t + 129°)$$

其中，指数项是由闭环极点 $s_1 = -10$ 产生的，衰减余弦项是由闭环复数极点 $s_{2,3} = -1 \pm j$ 产生的。比较两者可见，指数项衰减迅速且幅值很小，因而可省略。于是有

$$c(t) \approx 1 + 1.55e^{-t}\cos(t + 129°)$$

上式表明，系统的动态性能基本上由接近虚轴的闭环极点确定。这样的极点称为主导极点。因此，主导极点定义为对整个时间响应过程起主要作用的闭环极点。必须注意，时间响应分量的消逝速度除取决于相应闭环极点的实部值外，还与该极点处的留数，即闭环零点、极点之间的相互位置有关。所以，只有既接近虚轴，又不十分接近闭环零点的闭环极点才可能成为主导极点。

　　如果闭环零点、极点相距很近，那么这样的闭环零点、极点常称为偶极子。偶极子有实数偶极子和复数偶极子之分，而复数偶极子必共轭出现。不难看出，只要偶极子不是十分接近坐标原点，它们对系统动态性能的影响就甚微，因而可以忽略它们的存在。例如，研究具有下列闭环传递函数的系统：

$$\Phi(s) = \frac{2a}{a+\delta} \cdot \frac{s+a+\delta}{(s+a)(s^2+2s+2)} \tag{5-87}$$

　　在这种情况下，闭环系统有一对复数极点 $-1 \pm \mathrm{j}$、一个实数极点 $-a$ 和一个实数零点 $-(a+\delta)$。假定 $\delta \to 0$，即实数闭环零点、极点十分接近，从而构成偶极子；同时假定，实数极点 $-a$ 不是非常接近坐标原点，则系统的单位阶跃响应为

$$c(t) = 1 - \frac{2\delta}{(a+\delta)(a^2-2a+2)}\mathrm{e}^{-at}$$
$$+ \frac{2a}{a+\delta} \cdot \frac{\sqrt{1+(a+\delta-1)^2}}{\sqrt{2} \cdot \sqrt{1+(a-1)^2}}\mathrm{e}^{-t} \times \sin\left(t + \arctan\frac{1}{a-1} - 135°\right) \tag{5-88}$$

　　考虑到 $\delta \to 0$，式（5-88）可简化为

$$c(t) = 1 - \frac{2\delta}{a(a^2-2a+2)}\mathrm{e}^{-at} + \sqrt{2}\mathrm{e}^{-t}\sin(t-135°) \tag{5-89}$$

　　在关于 δ 和 a 的假定下，式（5-89）可进一步简化为

$$c(t) \approx 1 + \sqrt{2}\mathrm{e}^{-t}\sin(t-135°)$$

　　此时，偶极子的影响完全可以忽略不计。系统的单位阶跃响应主要由主导极点 $-1 \pm \mathrm{j}$ 决定。

　　如果偶极子十分接近原点，即 $a \to 0$，那么式（5-89）只能简化为

$$c(t) \approx 1 - \frac{\delta}{a} + \sqrt{2}\mathrm{e}^{-t}\sin(t-135°)$$

　　这时，δ 和 a 是可以相比的，δ/a 不能略去不计，所以接近坐标原点的偶极子对系统动态性能的影响必须考虑。然而，不论偶极子接近坐标原点的程度如何，它们并不影响系统主导极点的地位。复数偶极子也具备上述同样的性质。

　　具体确定偶极子时，可以采用经验法则。经验表明，如果闭环零点、极点之间的距离比它们本身的模值小一个数量级，则这一对闭环零点、极点就构成了偶极子。

　　在工程计算中，采用主导极点代替系统全部闭环极点来估算系统性能指标的方法称为主导极点法。采用主导极点法时，在全部闭环极点中，选留最靠近虚轴而又不十分靠近闭环零点的一个或几个闭环极点作为主导极点，略去不十分接近原点的偶极子，以及比主导极点距虚轴远 6 倍以上的闭环零点、极点。这样一来，在设计中所遇到的绝大多数有实际意义的高阶系统就可以简化为只有一两个闭环零点和两三个闭环极点的系统，因而可用比较简便的方法来估算高阶系统的性能。为了使估算得到满意的结果，选留的主导零点数不要超过选留的主导极点数。

　　在许多实际应用中，比主导极点距虚轴远两三倍的闭环零点、极点也常可放在略去之列。此外，用主导极点代替全部闭环极点绘制系统时间响应曲线时，形状误差仅出现在曲线的起始段，而主要决定性能指标的曲线中、后段形状基本不变。应当注意，输入信号极点不在主导极点的选择范围之内。

最后指出，在略去偶极子和非主导零点、极点的情况下，闭环系统的根轨迹增益常会发生改变，必须注意核算，否则将导致性能的估算错误。例如，对于式（5-87），显然有 $\Phi(0)=1$，表明系统在单位阶跃函数作用下的终值误差 $e_{ss}(\infty)=0$；如果略去偶极子，简化成

$$\Phi(s) = \frac{2a}{a+\delta} \cdot \frac{1}{s^2+2s+2}$$

则有 $\Phi(0)\neq1$，因而出现了在单位阶跃函数作用下，终值误差不为零的错误结果。

（2）系统性能的定性分析　采用根轨迹法分析或设计线性控制系统时，了解闭环零点和实数主导极点对系统性能指标的影响是非常重要的。闭环零点的存在将使系统的峰值时间提前，这相当于减小了闭环系统的阻尼，从而使超调量加大。当闭环零点接近坐标原点时，这种作用尤甚。对于具有一个闭环实数零点的振荡二阶系统，不同零点位置与超调量之间的关系曲线如图 5-56 所示。一般说来，闭环零点对调节时间的影响是不定的。

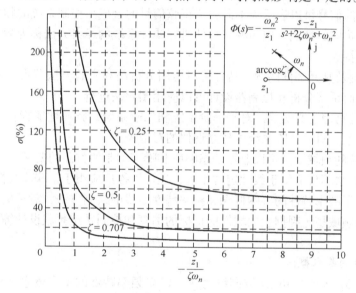

图 5-56　零点位置与超调量关系曲线

闭环实数主导极点对系统性能的影响是：闭环实数主导极点的作用相当于增大系统的阻尼，使峰值时间滞后，超调量下降。如果实数极点比共轭复数极点更接近坐标原点，甚至可以使振荡过程变为非振荡过程。

闭环系统零点、极点位置对时间响应性能的影响可以归纳为以下几点：

1）稳定性。如果闭环极点全部位于 s 左半平面，则系统一定是稳定的，即稳定性只与闭环极点位置有关，而与闭环零点位置无关。

2）运动形式。如果闭环系统无零点，且闭环极点均为实数极点，则时间响应一定是单调的；如果闭环极点均为复数极点，则时间响应一般是振荡的。

3）超调量。超调量主要取决于闭环复数主导极点的衰减率 $\sigma_1/\omega_d = \zeta/(1-\zeta^2)^{0.5}$，并与其他闭环零点、极点接近坐标原点的程度有关。

4）调节时间。调节时间主要取决于最靠近虚轴的闭环复数极点的实部绝对值 $\sigma_1 = \zeta\omega_n$；如果实数极点距虚轴最近，并且它附近没有实数零点，则调节时间主要取决于该实数极点的

模值。

5）实数零点、极点影响。零点减小系统阻尼，使峰值时间提前，超调量增大；极点增大系统阻尼，使峰值时间滞后，超调量减小。它们的作用随着其本身接近坐标原点的程度而加强。

6）偶极子及其处理。如果零点、极点之间的距离比它们本身的模值小一个数量级，则它们就构成了偶极子。远离原点的偶极子，其影响可忽略；接近原点的偶极子，其影响必须考虑。

7）主导极点。在 s 平面上，最靠近虚轴而附近又无闭环零点的一些闭环极点对系统性能影响最大，称为主导极点。凡比主导极点的实部大 $3 \sim 6$ 倍以上的其他闭环零点、极点，其影响均可忽略。

5.4.3 频域分析法

控制系统中的信号可以表示为不同频率正弦信号的合成。控制系统的频率特性反映正弦信号作用下系统响应的性能。应用频率特性研究线性系统的经典方法称为频域分析法。频域分析法具有以下特点：

1）控制系统及其元部件的频率特性可以运用分析法和实验方法获得，并可用多种形式的曲线表示，因而系统分析和控制器设计可以应用图解法进行。

2）频率特性物理意义明确。对于一阶系统和二阶系统，频域性能指标和时域性能指标有确定的对应关系，对于高阶系统可建立近似的对应关系。

3）控制系统的频域设计可以兼顾动态响应和噪声抑制两方面的要求。

4）频域分析法不仅适用于线性定常系统，还可以推广应用于某些非线性控制系统。

这里仅介绍了频率特性的基本概念和频率特性曲线的绘制方法，对于更为深入的频域分析内容，如研究频域稳定判据、频域性能指标的估算和控制系统频域设计等请查阅其他专业书籍。

1. 频率特性的基本概念

首先以图 5-57 所示的 RC 滤波网络为例，建立频率特性的基本概念。设电容 C 的初始电压为 u_{o_0}，取输入信号为正弦信号：

$$u_i = A\sin\omega t$$

记录 RC 网络的输入、输出信号。当输出响应 u_o 呈现稳态时，记录曲线如图 5-58 所示。

由图 5-58 可见，RC 网络的稳态输出信号仍为正弦信号，频率与输入信号的频率相同，幅值较输入信号有一定衰减，其相位存在一定延迟。

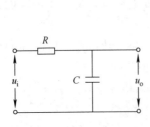

图 5-57　RC 滤波网络

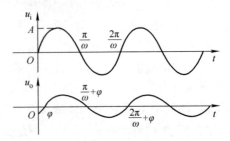

图 5-58　RC 网络的输入和稳态输出信号

RC 网络的输入和输出的关系可由以下微分方程描述：

$$T\frac{\mathrm{d}u_o}{\mathrm{d}t} + u_o = u_i$$

式中，$T = RC$，为时间常数。取拉氏变换并入初始条件，$u_o(0) = u_{o_0}$，得

$$U_o(s) = \frac{1}{Ts + 1}\left[U_i(s) + Tu_{o_0} \right] = \frac{1}{Ts + 1}\left(\frac{A\omega}{s^2 + \omega^2} + Tu_{o_0} \right)$$

再由拉氏反变换求得

$$u_o(t) = \left(u_{o_0} + \frac{A\omega T}{1 + T^2\omega^2} \right)\mathrm{e}^{-\frac{t}{T}} + \frac{A}{\sqrt{1 + T^2\omega^2}}\sin(\omega t - \arctan\omega T)$$

由于 $T > 0$，式中第一项将随时间增大而趋于零，为输出的瞬态分量；而第二项正弦信号为输出的稳态分量：

$$u_{o_s}(t) = \frac{A}{\sqrt{1 + T^2\omega^2}}\sin(\omega t - \arctan\omega T) \tag{5-90}$$

$$= A \cdot A(\omega)\sin[\omega t + \varphi(\omega)]$$

在式（5-90）中，$A(\omega) = 1/(1 + T^2\omega^2)$，$\varphi(\omega) = -\arctan\omega T$，分别反映 RC 网络在正弦信号作用下，输出稳态分量的幅值和相位的变化（称为幅值比和相位差），且皆为输入正弦信号频率 ω 的函数。

注意到 RC 网络的传递函数为

$$G(s) = \frac{1}{Ts + 1}$$

取 $s = \mathrm{j}\omega$，则有

$$G(\mathrm{j}\omega) = G(s)\big|_{s = \mathrm{j}\omega} = \frac{1}{\sqrt{1 + T^2\omega^2}}\mathrm{e}^{-\mathrm{j}\arctan\omega T} \tag{5-91}$$

比较式（5-90）和式（5-91）可知，$A(\omega)$ 和 $\varphi(\omega)$ 分别为 $G(\mathrm{j}\omega)$ 的幅值和相角。这一结论非常重要，反映了 $A(\omega)$ 和 $\varphi(\omega)$ 与系统数学模型的本质关系，具有普遍性。

设有稳定的线性定常系统，其传递函数为

$$G(s) = \frac{\displaystyle\sum_{i=0}^{m} b_i s^{m-i}}{\displaystyle\sum_{i=0}^{n} a_i s^{n-i}} = \frac{B(s)}{A(s)}$$

系统输入为谐波信号：

$$r(t) = A\sin(\omega t + \varphi)$$

$$R(s) = \frac{A(\omega\cos\varphi + s\sin\varphi)}{s^2 + \omega^2}$$

由于系统稳定，输出响应稳态分量的拉氏变换：

$$C_s(s) = \frac{1}{s + \mathrm{j}\omega}\left[(s + \mathrm{j}\omega)R(s)G(s)\big|_{s = -\mathrm{j}\omega} \right] + \frac{1}{s - \mathrm{j}\omega}\left[(s - \mathrm{j}\omega)R(s)G(s)\big|_{s = -\mathrm{j}\omega} \right]$$

$$= \frac{A}{s + \mathrm{j}\omega}\frac{\cos\varphi - \mathrm{j}\sin\varphi}{-2\mathrm{j}}G(-\mathrm{j}\omega) + \frac{A}{s - \mathrm{j}\omega}\frac{\cos\varphi + \mathrm{j}\sin\varphi}{2\mathrm{j}}G(\mathrm{j}\omega)$$

$$\tag{5-92}$$

设

$$G(j\omega) = \frac{a(\omega) + jb(\omega)}{c(\omega) + jd(\omega)} = |G(j\omega)| e^{j\angle[G(j\omega)]} \tag{5-93}$$

因为 $G(s)$ 的分子和分母多项式为实系数，故式（5-93）中的 $a(\omega)$ 和 $c(\omega)$ 为关于 ω 的偶次幂实系数多项式，$b(\omega)$ 和 $d(\omega)$ 为关于 ω 的奇次幂实系数多项式，即 $a(\omega)$ 和 $c(\omega)$ 为 ω 的偶函数，$b(\omega)$ 和 $d(\omega)$ 为 ω 的奇函数。鉴于

$$|G(j\omega)| = \left(\frac{b^2(\omega) + a^2(\omega)}{c^2(\omega) + d^2(\omega)}\right)^{\frac{1}{2}}$$

$$\angle[G(j\omega)] = \arctan\frac{b(\omega)c(\omega) - a(\omega)d(\omega)}{a(\omega)c(\omega) + d(\omega)b(\omega)}$$

因而

$$G(-j\omega) = \frac{a(\omega) - jb(\omega)}{c(\omega) - jd(\omega)} = |G(j\omega)| e^{-j\angle[G(j\omega)]}$$

再由式（5-92）得

$$C_s(s) = \frac{A|G(j\omega)|}{s + j\omega}\frac{e^{-j(\varphi + \angle[G(j\omega)])}}{-2j} + \frac{A|G(j\omega)|}{s - j\omega}\frac{e^{j(\varphi + \angle[G(j\omega)])}}{2j}$$

$$c_s(t) = A|G(j\omega)|\left[\frac{e^{j(\omega t + \varphi + \angle[G(j\omega)])} - e^{-j(\omega t + \varphi + \angle[G(j\omega)])}}{2j}\right] \tag{5-94}$$

$$= A|G(j\omega)|\sin(\omega t + \varphi + \angle[G(j\omega)])$$

将式（5-94）与式（5-90）相比较，得

$$\begin{cases} A(\omega) = |G(j\omega)| \\ \varphi(\omega) = \angle[G(j\omega)] \end{cases}$$

式（5-94）表明，对于稳定的线性定常系统，由谐波输入产生的输出稳态分量仍然是与输入同频率的谐波函数，而幅值和相位的变化是频率 ω 的函数，且与系统数学模型相关。为此定义谐波输入下，输出响应中与输入同频率的谐波分量与谐波输入的幅值之比 $A(\omega)$ 为幅频特性，相位之差 $\varphi(\omega)$ 为相频特性，并称其指数表达形式

$$G(j\omega) = A(\omega)e^{j\varphi(\omega)}$$

为系统的频率特性。

上述频率特性的定义既适用于稳定系统，也适用于不稳定系统。稳定系统的频率特性可以用实验方法确定，即在系统的输入端施加不同频率的正弦信号，然后测量系统输出的稳态响应，再根据幅值比和相位差做出系统的频率特性曲线。频率特性也是系统数学模型的一种表达形式，RC 滤波网络的频率特性曲线如图 5-59 所示。

对于不稳定系统，输出响应稳态分量中含有由系统传递函数的不稳定极点产生的呈发散或振荡发散的分量，所以不稳定系统的频率特性不能通过实验方法确定。

线性定常系统的传递函数为零初始条件下，输出和输入的拉氏变换之比，即

$$G(s) = \frac{C(s)}{R(s)}$$

上式的反变换式为

$$g(t) = \frac{1}{2\pi j}\int_{\sigma - j\infty}^{\sigma + j\infty} G(s)e^{st}ds$$

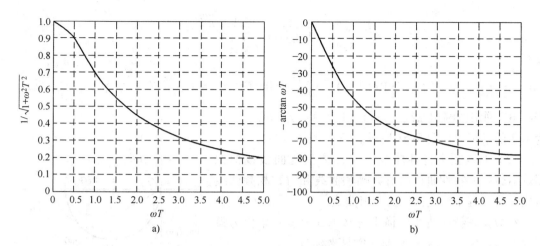

图 5-59　RC 滤波网络的频率特性曲线

a）幅频特性　b）相频特性

式中，σ 位于 $G(s)$ 的收敛域。若系统稳定，则 σ 可以取为零。如果 $r(t)$ 的傅氏变换存在，可令 $s = j\omega$，则可得

$$g(t) = \frac{1}{2\pi}\int_{-\infty}^{\infty} G(j\omega)\,e^{j\omega t}\mathrm{d}\omega = \frac{1}{2\pi}\int_{-\infty}^{\infty} \frac{C(j\omega)}{R(j\omega)}e^{j\omega t}\mathrm{d}\omega$$

因而

$$G(j\omega) = \frac{C(j\omega)}{R(j\omega)} = G(s)\,\big|_{s=j\omega}$$

　　由此可知，稳定系统的频率特性等于输出和输入的傅氏变换之比，而这正是频率特性的物理意义。频率特性与微分方程和传递函数一样，也表征了系统的运动规律，成为系统频域分析的理论依据。频率特性、传递函数和微分方程三种系统描述之间的关系如图 5-60 所示。

　　2. 频率特性的几何表示法

　　在工程分析和设计中，通常把线性系统的频率特性画成曲线，再运用图解法进行研究。常用的频率特性曲线有以下三种。

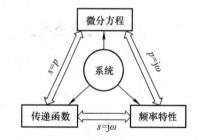

图 5-60　频率特性、传递函数和微分方程
三种系统描述之间的关系

　　（1）幅相频率特性曲线　又简称为幅相曲线或极坐标图，它以横轴为实轴、纵轴为虚轴构成复数平面。对于任一给定的频率 ω，频率特性值为复数。若将频率特性表示为实数和虚数和的形式，则实部为实轴坐标值，虚部为虚轴坐标值。若将频率特性表示为复指数形式，则为复平面上的向量，而向量的长度为频率特性的幅值比，向量与实轴正方向的夹角等于频率特性的相位差。由于幅频特性为 ω 的偶函数，相频特性为 ω 的奇函数，则 ω 从零变化至 $+\infty$ 和从零变化至 $-\infty$ 的幅相曲线关于实轴对称，因此一般只绘制 ω 从零变化至 $+\infty$ 的幅相曲线。在系统幅相曲线中，频率 ω 为参变量，一般用小箭头表示 ω 增大时幅相曲线的变化方向。

　　对于 RC 网络

$$G(j\omega) = \frac{1}{1 + jT\omega} = \frac{1 - jT\omega}{1 + (T\omega)^2}$$

故有

$$\left[\mathrm{Re}G(j\omega) - \frac{1}{2}\right]^2 + \mathrm{Im}^2 G(j\omega) = \left(\frac{1}{2}\right)^2$$

表明 RC 网络的幅相曲线是以点（1/2,0）为圆心、半径
为 1/2 的半圆，如图 5-61 所示。

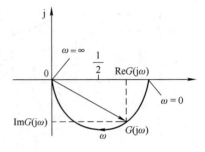

图 5-61　RC 网络的幅相曲线

（2）对数频率特性曲线　又称为伯德曲线或伯德
图。对数频率特性曲线由对数幅频曲线和对数相频曲线
组成，是工程中广泛使用的一组曲线。

对数频率特性曲线的横坐标按 $\lg\omega$ 分度，单位为弧
度/秒（rad/s）；对数幅频曲线的纵坐标按

$$L(\omega) = 20\lg|G(j\omega)| = 20\lg A(\omega)$$

线性分度，单位是分贝（dB）。对数相频曲线的纵坐标
按 $\varphi(\omega)$ 线性分度，单位为度（°）。由此构成的坐标系称为半对数坐标系。

对数分度和线性分度如图 5-62 所示。在线性分度中，当变量增大或减小 1 时，坐标间
距变化一个单位长度；而在对数分度中，当变量增大或减小 10 倍时，称为十倍频程（dec），
坐标间距变化一个单位长度。设对数分度中的单位长度为 L，ω 的某个十倍频程的左端点为
ω_0，则坐标点相对于左端点的距离为表 5-7 中的值乘以 L。

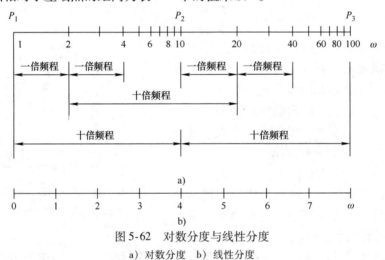

图 5-62　对数分度与线性分度

a）对数分度　b）线性分度

表 5-7　十倍频程中的对数分度

ω/ω_0	1	2	3	4	5	6	7	8	9	10
$\lg(\omega/\omega_0)$	0	0.301	0.477	0.602	0.699	0.788	0.845	0.903	0.954	1

对数频率特性采用 ω 的对数分度实现了横坐标的非线性压缩，便于在较大频率范围反
映频率特性的变化情况。对数幅频特性采用 $20\lg A(\omega)$，能够将幅值的乘除运算化为加减运
算，可以简化曲线的绘制过程。RC 网络取 $T = 0.5$ 时，其对数频率特性曲线如图 5-63 所示。

（3）对数幅相曲线　又称尼科尔斯曲线或尼科尔斯图，其特点是纵坐标为 $L(\omega)$，单位

为分贝（dB），横坐标为 $\varphi(\omega)$，单位为度（°），均为线性分度，频率 ω 为参变量。图 5-64 所示为 RC 网络取 $T = 0.5$ 时的对数幅相曲线。

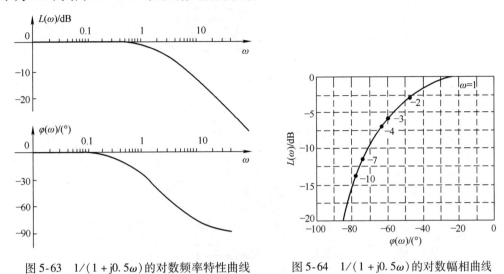

图 5-63　$1/(1 + j0.5\omega)$ 的对数频率特性曲线　　　　图 5-64　$1/(1 + j0.5\omega)$ 的对数幅相曲线

在对数幅相曲线对应的坐标系中，可以根据系统的开环和闭环的关系，绘制关于闭环幅频特性的等 M 簇线和闭环相频特性的等 α 簇线，因而可以根据频域指标要求确定校正网络，简化系统的设计过程。

复习与思考

5-1　求题 5-1 图所示电路网络的传递函数。

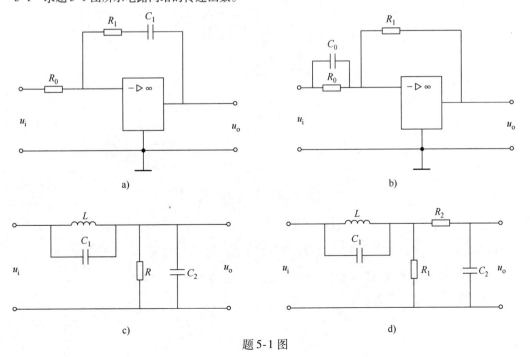

题 5-1 图

5-2　求题 5-2 图所示系统的传递函数，比较两者是否为相似系统，并写出对应的机 - 电相似量。

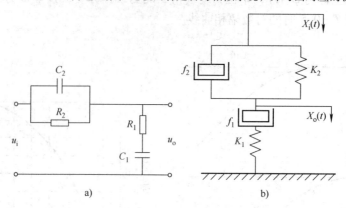

题 5-2 图

5-3　已知控制系统结构图如题 5-3 图所示，试通过结构图等效变换求系统传递函数 $C(s)/R(s)$。

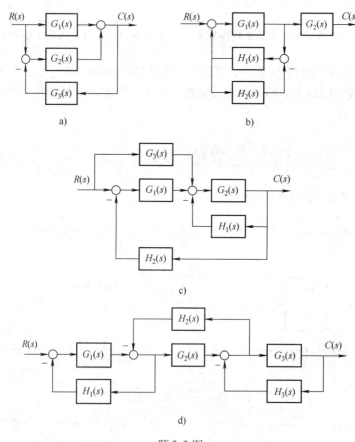

题 5-3 图

5-4　试用梅森增益公式求题 5-4 图中各系统信号流图的传递函数 $C(s)/R(s)$。

5-5　某系统可用下列一阶微分方程近似描述：

$$T\dot{c}(t) + c(t) = \tau\dot{r}(t) + r(t)$$

式中，$1 > T - \tau > 0$。试证明系统的动态性能指标为

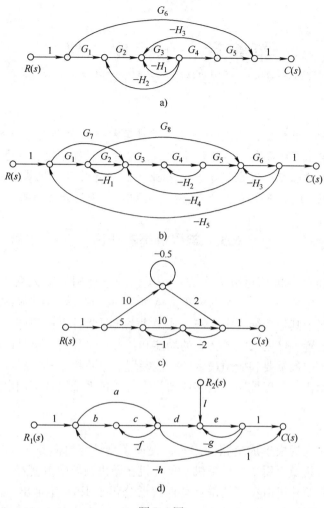

题 5-4 图

$$t_r = 2.2T, \quad t_s = \left(3 + \ln \frac{T - \tau}{T}\right)T \quad (\Delta = 5\%)$$

5-6　某系统微分方程如下：

$$0.2\dot{c}(t) = 2r(t)$$

试求系统的单位脉冲响应 $c(t)$ 和单位阶跃响应 $c(t)$。已知全部初始条件为零。

5-7　根轨迹如何反映系统性能？闭环系统零点、极点位置对时间响应性能的影响是什么？

5-8　根轨迹绘制的基本法则已知开环传递函数如下：

$$G(s)H(s) = \frac{K^*}{s(s + 4)(s^2 + 4s + 20)}$$

画出闭环系统概略根轨迹图。

5-9　设系统闭环稳定，闭环传递函数为 $\Phi(s)$，试根据频率特性的定义证明：当输入为余弦函数 $r(t) = A\cos(\omega t + \varphi)$ 时，系统的稳态输出为

$$c_{ss}(t) = A \cdot |\Phi(j\omega)| \cos[\omega t + \varphi + \angle[\Phi(j\omega)]]$$

第6章 单 片 机

章节导读:

单片机又称单片微控制器,它是一个集成了计算机系统的芯片,相当于一个微型计算机,只比计算机缺少了 I/O 设备。单片机体积小、质量轻、价格便宜,为学习、应用和开发提供了便利条件,目前已经广泛应用于各行各业。本章将对单片机基本知识、MCS-51 系列单片机硬件和原理、C51 语言的编程基础和单片机应用系统开发的基本方法进行介绍。

6.1 单片机基本知识

微型计算机(简称微机)可分为两类:一类是独立使用的微机系统,如个人计算机、各类办公用微机和工作站等;另一类是嵌入式微机系统,它是作为其他系统的组成部分来使用,其物理结构是嵌于其他系统之中。嵌入式微机系统是将计算机硬件和软件结合起来构成的一个专门的计算装置,可用来完成特定的功能和任务。单片机最早是以嵌入式微控制器的面貌出现的,是系统中最重要和应用最多的智能装置。单片机以其集成度和性价比高、体积小等优点在工业自动化、过程控制、数字仪器仪表、通信系统以及家用电器产品中有着不可替代的作用。

1. 单片机的发展

近年来,随着超大规模集成电路的出现,促使微型计算机向三个主要方向发展:单片机、高性能微型计算机及专用微型计算机。单片机在微机领域中占据着十分重要的地位。

世界上的第一块单片机由美国的得克萨斯仪器公司于 1974 年推出。由于单片机具有广阔的应用前景,其出现后便得到了迅猛的发展,由 4 位、8 位迅速发展到 16 位、32 位乃至64 位。世界上有许多计算机厂家生产单片机,如美国的 Intel 公司、Motorola 公司、Zilog 公司以及日本的 T1 公司和 NEC 公司等,其中最著名、最有代表性的是美国的 Intel 公司生产的单片机系列产品。Intel 公司最早推出了具有世界标准的单片机 8048,以后又相继推出了功能更为完善的 8 位、16 位、32 位和 64 位的单片机,并迅速地主宰了世界的单片机市场,其产品被誉为单片机的行业标准。

到目前为止,Intel 公司共推出了三个系列的单片机。它们分别是 MCS-48 系列、MCS-51 系列和 MCS-96 系列。MCS-48 系列单片机是 Intel 公司从 1976 年开始陆续开发的 8 位单片机,该系列产品共有十余种型号。

MCS-51 系列单片机是 Intel 公司自 1980 年起推出的第二代 8 位单片机,可视为 MCS-48 系列的增强型产品,其功能更为完善,运算速度更快,使用更为灵活方便,很快便取代MCS-48 系列单片机而成为 8 位单片机的主导产品,被广泛用于实时控制和智能化仪器仪表。

MCS-51 系列先后推出了四组产品。第一组称为基本型,包括 8051、8751 和 8031 三种型号,三种型号之间的区别在于有无程序存储器以及存储器的形式,如 8051 片内含掩膜

ROM 型程序存储器，8751 片内含 EPROM 型程序存储器，而 8031 片内则无程序存储器（可在使用时根据需要在外部扩展存储器）。8031 使用方便灵活，加上价格低廉，目前是我国使用最多的一个单片机品种。第二组称为改进型，也有三个产品，即 8052、8752 和 8032，与基本型相比，它们的特点是分别增加了片内的只读存储器 ROM 和随机存储器的容量以及增加了一个定时/计数器和一个中断源。第三组产品有 80C51、87C51 和 80C31 三种型号，它们采用 CHMOS（互补高密度金属氧化物半导体）工艺制造，具有运行功耗低的特点。第四组有 83C252、87C252 和 80C252 三种产品，与前三组产品相比，它们的性能更强，已初步具有 16 位单片机的许多功能。

Intel 公司从 1983 年起开始推出 16 位的 MCS – 96 系列单片机。这类单片机具有许多 8 位的单片机无法比拟的优点，是一种特别适合用于高速控制场合的高性能的微控制器，在高技术工业控制领域获得了广泛的应用。这一系列的单片机有着众多的型号，它们可分为四组：

第一组为 8×9×芯片，属于较早期的产品，包括 8×96、8×97、8×94 和 8×95 等型号，其中 8× 又分为三种情况：83（芯片内带 ROM）、87（芯片内带 EPROM）和 80（片外扩展存储器）。这组芯片的主要特点是每条指令的运算速度为 1~2μs，16 位乘以 16 位的乘法运算和 32 位乘以 16 位的除法运算的时间为 6.5μs。在外接存储器时，数据总线为 16 根。其 A/D 转换器（8 路 10 位）不带采样保持器，每次转换时间为 42μs（12MHz 晶振）。

第二组为 8×9×BH 和 8×9×JF 芯片，可视为 8×9×芯片的改进型，其速度和功能较 8×9×均有所增加。片内 A/D 转换器带有采样保持电路，采样时间为 1μs，每次转换时间为 21μs。这类芯片的最大改进是其数据总线不仅可面向 16 位，还可以面向 8 位，这使得用户在组成计算机应用系统时更为灵活方便。

第三组为 8098 芯片，这是 Intel 公司在 1988 年初推出的新型产品，包括 8098（片内无ROM）、8398（片内含 8KB 的掩膜 ROM）和 8798（片内有 8KB 的可加密的 EPROM）三种型号。这是一种片内数据总线为 16 位、片外总线为 8 位的准 16 位机，具有功能全、性能高、价格低、使用方便等特点应用较为广泛。

第四组为 80C196 和 80C198 芯片，包括 80C196KB、80C196KC、80C196MC 和 80C198型号。这组芯片采用 CMOS 工艺制造，具有低功耗的特点。这组芯片的基本结构、基本功能和指令系统与前三组芯片大体相同，但速度更快，功能更强，应用灵活性更好。目前这组芯片正逐步取代 8096/8098 芯片。

1990 年，Intel 公司推出了 80960 超级 32 位计算机，引起了计算机界的轰动，成为单片机发展史上的又一重要里程碑。至 20 世纪 90 年代中期，Intel 公司将主要业务集中到开发个人计算机的微处理器上面。这一阶段，单片机的主要技术发展方向是：不断地扩展满足嵌入式对象系统要求的各种外围电路与接口电路。它所涉及的领域都与对象系统相关，因此发展MCU（微处理单元）的重任落在电气、电子技术厂家。Philips 公司以其在嵌入式应用方面的巨大优势，将 MCS – 51 从单片微型计算机迅速发展到微控制器，推出了 LPC700、LPC900、80C51 等系列单片机。

近年来，许多半导体厂商以 MCS –51 系列单片机的 8051 为内核，将许多测控系统中的接口技术、可靠性技术及先进的存储器技术和工艺技术集成到单片机中，生产出了多种功能强大、使用灵活的新一代 80C51 系列单片机。80C51 系列单片机产品繁多，主流地位已经形成。通用微型计算机计算速度的提高主要体现在 CPU 位数的提高（16 位、32 位乃至 64 位），而单片机更注重的是产品的可靠性、经济性和嵌入性，所以单片机 CPU 位数的提高需求并不十分迫切。而多年来的应用实践已经证明，80C51 系列单片机的系统结构合理，技术成熟。因此，许多单片机芯片生产厂商倾力于提高 80C51 系列单片机产品的综合功能，从而形成了 80C51 系列单片机的主流产品地位。目前在大量的教学资源与示教设备上得到应用。下面以 8051 芯片为对象，讲述单片机相关知识。

2. 单片机的特点

作为微型计算机的一个重要类别的单片机具有下述三个独特优点：

1）体积小、功能全。由于将计算机的基本组成部件集成于一块硅片上，一小块芯片就具有计算机的功能，因此与由微处理器芯片加上其他必需的外围设备构成的微型计算机相比，单片机的体积更为小巧，使用时更加灵活方便。

2）面向控制。单片机内部具有许多适用于控制目的的功能部件，其指令系统中也包含了丰富的适用于完成控制任务的指令，因此它是一种面向控制的通用机，尤其适用于自动控制领域，完成实时控制任务。

3）特别适宜用于机电一体化智能产品。单片机体积小巧且控制功能强，能容易地做到在产品内部代替传统的机械、电子元器件，可减小产品体积，增强其功能，实现不同程度的智能化。

3. 单片机的应用

单片机在各个领域均有广泛应用，主要的应用领域有：

1）仪器仪表。仪器仪表是单片机应用覆盖面最广、应用层次最深、技术内涵最成熟的领域，包括教学仪器、工业仪表、智能家电、医疗仪器和航测仪表等。

2）工业控制。单片机具有成本低、适应性强、系统扩展灵活方便等突出特点，在电机拖动、液位控制、温度控制等工业控制的各个领域均得到了广泛应用。

3）智能接口。单片机在与计算机相连的智能接口里面也得到广泛应用，如用于打印机、复印机、扫描仪、传真机、磁盘驱动器、绘图仪、POS 机和蓝牙键盘等。

4）机电产品。微型单片机在工业、农业、金融、商业、家电等各个领域中均有广泛应用，如工业交接机、自动取款机、智能洗衣机、空调、冰箱、录像机和电子称等。

在日常生活中随处可见单片机的应用，举例如下：

① 洗衣机的控制主要由单片机来实现。按下开关后，洗衣机进入进水程序，单片机控制进水阀打开实现进水，当水位满足设定值后，单片机控制进水阀关闭；进入洗涤程序时，单片机控制洗涤桶的电动机以一定频率的正反转洗涤衣服；进入排水程序时，单片机控制洗涤桶电动机关闭，打开洗衣机出水阀完成排水，洗涤桶内残留的水量也会由水位检测传感器实时反馈给单片机；进入脱水程序时，传感器检测到桶内水残留已经到了设定值后，单片机会起动电动机单向转，并打开离合器，使得脱水桶高速旋转，从而完成脱水。

② 变频空调的大部分控制都由单片机来实现，如室内机通过单片机接受遥控器发来的设定信息，室外机通过单片机控制压缩机的频率变化。

③ 智能电饭煲的烹饪过程以及界面显示由单片机控制，可使烹饪状态一目了然，相比于机械电饭煲更省时省力。

④ 微波炉采用单片机实时控制微波炉磁控功能辐射强弱，使得微波炉内的温度能够稳

定在一定范围。

⑤ 智能门锁采用单片机控制，使安装在门开关处的指纹识别模块取代了钥匙，方便了人们的生活。

⑥ 火灾报警器通过单片机接收烟雾传感器信号，当检测到烟雾时，会立刻通过由单片机驱动的蜂鸣器发出报警声，使人们能够及时地获知火情，从而保障人民生命财产的安全。

⑦ 现代汽车 ABS 防抱死制动系统也应用了单片机控制。当车轮在制动作用下趋于抱死时，通过单片机控制一部分制动液从制动轮缸中流出，可减小轮缸的制动压力，在制动压力减小到使车轮抱死趋势消除时，又可在单片机控制下保持制动轮缸的制动压力，从而实现防抱死功能。

6.2 MCS – 51 系列单片机硬件和原理

6.2.1 基本结构

MCS – 51 单片机的基本结构如图 6-1 所示。

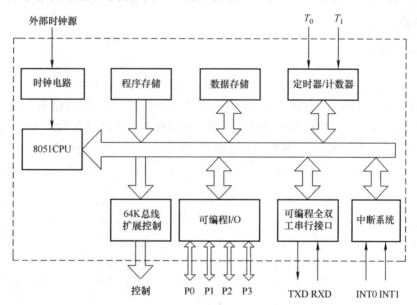

图 6-1 MCS – 51 单片机的基本结构

MCS – 51 单片机包括中央处理器（CPU）、程序存储器（ROM）、数据存储器（RAM）、定时器/计数器、并行接口、串行接口和中断系统等几大单元。

中央处理器是整个单片机的核心部件，是 8 位数据宽度的处理器，能处理 8 位二进制数据或代码，它负责控制、指挥和调度整个单元系统协调工作，完成运算，控制输入输出功能等。

数据存储器有 128 个 8 位用户数据存储单元和 128 个专用寄存器单元，它们是统一编址的。专用寄存器只能用于存放控制指令数据，用户只能访问，而不能用于存放用户数据。所以，用户能使用的 RAM 只有 128 个，可存放读写的数据、运算的中间结果或用户定义的字形表。

程序存储器共有4096个8位掩膜ROM，用于存放用户程序、原始数据或表格。

定时器/计数器是两个16位的可编程序定时器/计数器，用于实现达到定时或计数条件时中断当前运行的程序段，转向运行其他程序段。

并行输入输出（I/O）接口是4组8位I/O接口（P0、P1、P2或P3），用于对外部数据的传输。

全双工串行接口有一个，用于与其他设备间的串行数据传送。该串行接口既可以用作异步通信收发器，也可以当同步移位器使用。

中断系统有两个外中断、两个定时器/计数器中断和一个串行中断，可满足不同的控制要求，并具有2级的优先级别选择。

时钟电路最高频率达12MHz，用于产生整个单片机运行的脉冲时序。但MCS-51单片机需外置振荡电容。

以上各个部分通过片内8位数据总线DB（Data Bus）相连接。

需要特别指出的是，MCS-51系列单片机采用的是哈佛结构，程序存储器与数据存储器是分开的，而后续产品16位的MCS-96系列单片机则采用普林斯顿结构，程序存储器与数据存储器合二为一。

6.2.2　引脚及功能

MCS-51系列单片机中各种芯片的引脚是互相兼容的，如8051、8751和8031均采用40脚双列直插封装（DIP）方式。当然，不同芯片之间引脚的功能也略有差异。8051单片机是高性能单片机，因为受到引脚数目的限制，所以有不少引脚具有第二功能，其中有些第二功能是8751芯片所专有的。MCS-51系列单片机的引脚分布如图6-2所示。

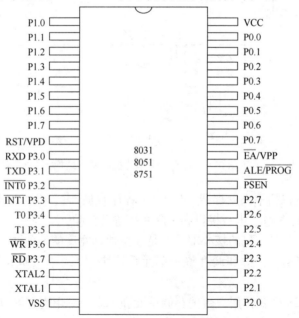

图6-2　MCS-51系列单片机的引脚分布

各引脚功能简要说明如下：

（1）电源及时钟电路引脚　VCC（40 脚）为电源端，VSS（20 脚）为接地端。

XTAL1（19 脚）：接外部晶体和微调电容的一端。在片内它是振荡电路反相放大器的输入端。在采用外部时钟时，该引脚必须接地。

XTAL2（18 脚）：接外部晶体和微调电容的另一端。在 8051 片内它是振荡电路反相放大器的输出端，振荡电路的频率即晶体固有频率。在需采用外部时钟电路时，该引脚输入外部时钟脉冲。

（2）控制信号引脚 RST、ALE、$\overline{PSEN}$ 和 $\overline{EA}$

RST/VPD（9 脚）：RST 是复位信号输入端，高电平有效。当此输入端保持两个机器周期的高电平时，就可以完成复位操作。RST 引脚的第二功能是 VPD，即备用电源的输入端。当主电源 VCC 发生故障，降低到低电平规定值时，可将 + 5V 电源自动接入 RST 端，为 RAM 提供备用电源，以保证存储在 RAM 中的信息不丢失，从而使复位后能继续正常运行。

ALE/$\overline{PROG}$（30 脚）：地址锁存允许信号端。在 8051 上电正常工作后，ALE 引脚不断向外输出正脉冲信号，此频率为振荡器频率的 1/6。CPU 访问片外存储器时，ALE 输出信号作为锁存低 8 位地址的控制信号。平时不访问片外存储器时，ALE 端也以振荡频率的 1/6 固定输出正脉冲，因而 ALE 信号可以用作对外输出时钟或定时信号。此引脚的第二功能 $\overline{PROG}$ 在对片内带有 4KB EPROM 的 8751 编程写入时，作为编程脉冲输入端。

$\overline{PSEN}$（29 脚）：程序存储允许输出信号端。在访问片外程序存储器时，此端定时输出负脉冲，作为读片外存储器的选通信号。

$\overline{EA}$/VPP（31 脚）：外部程序存储器地址允许输入端/固化编程电压输入端。当 $\overline{EA}$ 引脚接高电平时，CPU 只访问片内 EPROM/ROM，并执行内部程序存储器中的指令，但当程序计数器的值超过 0FFFH 时，将自动转去执行外部程序存储器内的程序。当 $\overline{EA}$ 引脚接低电平时，CPU 只访问外部 EPROM/ROM 并执行外部程序存储器中的指令，而不管是否有片内程序存储器。对于无片内 ROM 的 8031 或 8032，需外接 EPROM，此时必须将 $\overline{EA}$ 引脚接地。

（3）输入/输出端口 P0、P1、P2 和 P3

P0（P0.0 ~ P0.7）：通道 0，双向 I/O 接口。第二功能是在访问外部存储器时可分时用作低 8 位地址线和 8 位数据线，在编程和检验时（对 8751）用于数据的输入和输出。

P1（P1.0 ~ P1.7）：通道 1，双向 I/O 接口，在编程和检验时用于接收低位地址字节。

P2（P2.0 ~ P2.7）：通道 2，双向 I/O 接口。第二功能是在访问外部存储器时输出高 8 位地址，在编程和检验时用于高位地址字节和控制信号。

P3（P3.0 ~ P3.7）：双向 I/O 接口。它除了作为一般准双向 I/O 接口外，每个引脚还具有第二功能。

6.2.3　存储器配置

8051 片内有 ROM（程序存储器，只读）和 RAM（数据存储器，可读可写）两类，它们有各自独立的存储地址空间，与一般微型计算机的存储器配置方式不相同。

8051 的存储器在物理结构上分为程序存储器空间和数据存储器空间，共有 4 个物理上相互独立的存储空间，即片内程序存储器、片外程序存储器空间以及片内数据存储器、片外数据存储器空间。这种程序存储器和数据存储器分开的结构型式称为哈佛结构。但从用户使用角度来看，8051 的存储器地址空间可以分为以下三类：

1）片内、片外统一编址 0000H ~ FFFFH 的 64K 程序存储器地址空间（16 位地址，包括片内 ROM 和片外 ROM）。

2）64K 片外数据存储器地址空间，地址范围 0000H ~ FFFFH。

3）256 字节片内数据存储器地址空间（8 位地址，包括 128 字节的片内 RAM 和特殊功能寄存器的地址空间）。8051 的存储器空间配置如图 6-3 所示。

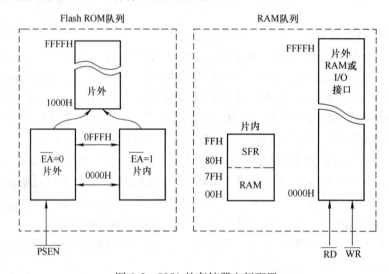

图 6-3　8051 的存储器空间配置

① 程序存储器地址空间。8051 的程序存储器用于存放编好的程序和表格常数。8051 片内具有 4KB 的 ROM，8751 片内具有 4KB 的 EPROM，8031 片内无程序存储器。MCS－51 的片外最多能扩展 64KB。片内、外的 ROM 是统一编址的，当 $\overline{EA}$ 端保持高电平时，8051 的程序计数器 PC 在 0000H ~ FFFFH 地址范围内是执行片内 ROM 中的程序；当 PC 在 1000H ~ FFFFH 地址范围内时，其自动执行片外程序存储器中的程序。当 $\overline{EA}$ 端保持低电平时，只能寻址外部程序存储器，片外存储器可从 0000H 开始编址。

MCS－51 的程序存储器中有 7 个单元具有特殊功能，其中 0000H 为 MCS－51 复位后 PC 的初始地址，0003H 为外部中断 0 入口地址，000BH 为定时器 0 溢出中断入口地址，0013H 为外部中断 1 入口地址，001BH 为定时器 1 溢出中断入口地址，0023H 为串行口中断入口地址，002BH 为定时器 2 溢出中断入口地址（8052 所特有）。使用时通常在这些入口处都安放一条绝对跳转指令，使程序跳转到用户安排的中断程序起始地址，或者从 0000H 启动地址跳转到用户设计的初始程序入口处。

② 数据存储器地址空间。数据存储器用于存放运算中间结果、数据暂存和缓冲、标志位及待调试的程序等。数据存储器在物理上和逻辑上都分为两个地址空间：一个是片内 256B 的 RAM，另一个是片外最大可扩充 64KB 的 RAM。片外数据存储器与片内数据存储器空间的低地址部分（0000H ~ 00FFH）是重叠的，8051 有 MOV 和 MOVX 两种指令，用以区分片内、片外 RAM 空间。

片内数据存储区在物理上又可分为两个不同的区。

a. 00H ~ 7FH 单元：低位 128 字节的片内 RAM 区，对其访问可采用直接寻址或间接寻址的方式。

在低位 128 字节 RAM 中，00H ~ 1FH 共 32 个单元通常作为工作寄存器区，共分为 4 组，每组由 8 个单元组成通用寄存器，分别为 R0 ~ R7。每组寄存器均可选为 CPU 当前工作寄存器，通过 PSW 状态字中 RS1、RS0 的设置来改变 CPU 当前使用的工作寄存器。

b. 高位 128 字节的 RAM：特殊功能寄存器。

MCS – 51 中共有 21 个专用寄存器 SFR，又称为特殊功能寄存器，这些寄存器离散地分布在片内 RAM 的高位 128 字节中。

累加器 ACC（E0H）是 8051 最常用、最繁忙的 8 位特殊功能寄存器，许多指令的操作数取自于 ACC，许多运算中间结果也存放于 ACC 中。在指令系统中用 A 作为累加器 ACC 的助记符。

PSW 是一个 8 位特殊功能寄存器，其各位包含了程序执行后的状态信息，供程序查询或判别用。

CY（PSW.7）：进位标志位。在执行加法（或减法）运算指令时，如果运算结果最高位（位 7）向前有进位（或借位），则 CY 位由硬件自动置 1；如果运算结果最高位无进位（或借位），则 CY 清 0。CY 也是 8051 在进行位操作（布尔操作）时的位累加器，在指令中用 C 代替 CY。

AC（PSW.6）：半进位标志位。当执行加法（或减法）操作时，如果运算结果（和或差）的低半字节（位 3）向高半字节有半进位（或借位），则 AC 位将被硬件自动置 1；否则 AC 位被自动清 0。

F0（PSW.5）：用户标志位。用户可以根据自己的需要对 F0 位赋予一定的含义，由用户置位或复位，以作为软件标志。

RS0 和 RS1（PSW.3 和 PSW.4）：工作寄存器组选择控制位。这两位的值可决定选择哪一组工作寄存器为当前工作寄存器组。由用户用软件改变 RS1 和 RS0 值的组合，可以切换当前选用的工作寄存器组。8051 上电复位后，CPU 自动选择第 0 组为当前工作寄存器组。

OV（PSW.2）：溢出标志位。当进行补码运算时，如有溢出，即当运算结果超出 – 128 ~ 127 的范围时，OV 位由硬件自动置 1；无溢出时，OV 为 0。

PSW.1：保留位。8051 未用，8052 作为 F1 用户标志位。

P（PSW.0）：奇偶校验标志位。每条指令执行完后，该位始终跟踪指示累加器 A 中 1 的个数。如果结果 A 中有奇数个 1，则置 P = 1；否则置 P = 0。该位常用于校验串行通信中的数据传送是否出错。

DPTR 是一个 16 位的特殊功能寄存器，其高位字节寄存器用 DPH 表示（地址 83H），低位字节寄存器用 DPL 表示（地址 82H）。DPTR 既可以作为一个 16 位寄存器来处理，也可以作为两个独立的 8 位寄存器 DPH 和 DPL 使用。

DPTR 主要用以存放 16 位地址，以便对 64KB 片外 RAM 做间接寻址。

6.2.4 中断与中断源

中断技术是计算机的一个重要技术，中断能力是衡量微型计算机能力的重要标志之一。51 系列单片机的中断系统是 8 位单片机中功能较强的，可以提供 5 个中断源，具有两个中断优先级，可实现两级中断嵌套。

能发出中断请求信号的设备称为中断源。8051 共有 5 个中断源，因此有 5 个中断入口地址，它是进入中断服务子程序的指路标。各中断源的中断入口地址是固定的，CPU 响应某中断源的中断请求后，PC 的内容为该中断源的中断入口地址。5 个中断源具体入口地址见表 6-1。

表 6-1　中断入口地址

中断源	外部中断 0（$\overline{INT0}$）	定时/计数器 0（T0）	外部中断 1（$\overline{INT1}$）	定时/计数器 1（T1）	串行口
中断入口地址	0003H	000BH	0013H	001BH	0023H

复位后各中断源属同一优先级——低优先级，在同一优先级中，5 个中断源按上述自然优先级排列，INT0 的自然优先级最高，串行口的最低。几个同一优先级的中断源同时申请中断时先响应自然优先级高的。

6.2.5　定时/计数

51 系列单片机的定时/计数功能可以用作定时控制、延时及对外部计数脉冲进行计数。下面介绍 8051 定时/计数器的结构和工作原理。

1. 定时/计数器结构

8051 单片机内有两个 16 位可编程定时/计数器。定时/计数器实质上就是一个加 1 计数器，其控制电路受软件控制、切换。16 位的定时/计数器分别由两个 8 位专用寄存器组成，即 T0 由 TH0 和 TL0 构成，T1 由 TH1 和 TL1 构成。其访问地址依次为 8AH～8DH，每个寄存器均可单独访问，这些寄存器是用于存放定时或计数初值的。此外，其内部还有一个 8 位的定时器方式寄存器 TMOD 和一个 8 位的定时控制寄存器 TCON，这些寄存器之间是通过内部总线和控制逻辑电路连接起来的。TMOD 主要是用于选定定时器的工作方式，TCON 主要是用于控制定时器的启动、停止。此外，TCON 还可以保存 T0、T1 的溢出和中断标志。定时/计数器的结构框图如图 6-4 所示。

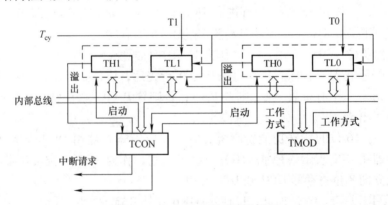

图 6-4　定时/计数器的结构框图

2. 定时/计数器工作原理

（1）计数脉冲提供方式

1）置于计数方式时，计数脉冲从片外由 P3.4（T0）或 P3.5（T1）引入，下降沿触发计数器加 1。

2）置于定时方式时，Ti 由内部时钟频率定时，每一个机器周期 T_{cy} 使 T0 或 T1 加 1 计数。机器周期 T_{cy} 是定值，所以对机器周期 T_{cy} 计数就是定时。

（2）工作过程　Ti 使用前先初始化编程，决定工作方式，再利用送数指令（MOV）将计数初值送入 THi 和 TLi，然后用指令启动 Ti 开始计数。计满数前，溢出标志（TCON 的 TFi）为 0；计满数溢出时，CPU 自动将计数器清 0，并自动将溢出标志 TFi 置为 1。

3. 定时/计数器的控制

定时/计数器使用时要初始化编程：T0、T1 使用前要用指令向 TMOD 写入工作方式字，向 TCON 写入命令字，向 T0、T1 写入计数初值。

（1）工作方式寄存器 TMOD　用于设定工作方式（或称为模式）。TMOD 的高 4 位用来控制 T1，低 4 位用来控制 T0。这里以低 4 位为例说明如下：

GATE：启动计数方式控制位。GATE = 0 为软启动，即用指令 SETB TR0 即可使 T0 开始计数；GATE = 1 为硬启动，即除用指令 SETB TR0 外，还须置 P3.2 或 P3.3 引脚为高电平才能开始计数。

C/T：计数/定时方式控制位。C/T = 0 为定时方式，C/T = 1 为计数方式。

M1、M0：工作方式（模式）控制位。M1M0 = 00、01、10、11 分别为方式 0、1、2、3。各方式含义、特点及用途此处从略。

（2）控制及标志寄存器 TCON　用于控制定时器的启动、停止、溢出标志、外部中断触发方式。TCON 可按位寻址。

6.3　C51 语言编程基础

51 系列单片机的程序设计语言主要有 3 种：机器语言、汇编语言和高级语言（C51）。

在单片机中，完全面向机器的、能被单片机直接识别和执行的语言称为机器语言。机器语言仅仅使用 0 和 1 这两个二进制代码表示指令、数字和符号。直接用机器语言编写的程序称为机器语言程序。

汇编语言是一种符号化语言。为了克服机器语言的一些缺点，汇编语言采用英文字符代替二进制代码，我们将这些英文字符称为助记符。所有指令都采用助记符来描述和标识的语言就称为汇编语言，用汇编语言编写的程序即为汇编程序。

汇编语言其实也是面向机器的，是一种低级语言，但汇编语言编写的程序必须翻译为二进制机器语言后才能送给机器执行。值得注意的是，每一系列单片机都有自己的汇编语言指令系统，相互之间并不通用。

以 C 语言为例，这类语言优点很多，它易于读写和掌握，针对性较强，表达方式灵活，编写程序方便快捷，移植性好，且可进行结构化设计，方便多人合作项目。但使用高级语言编写出来的代码质量比汇编语言的差，代码量也大。

C 语言和汇编语言一样，所编写的程序都必须翻译为二进制机器语言才能送给机器执行。两种语言相较而言，各有各的长处。汇编语言产生的代码少，程序占用单片机空间小，速度运行快，但可移植性差。C 语言学习起来较为容易，可移植性强，但相对于汇编程序产生的代码多，占用空间大，运行速度稍慢。汇编语言是面向机器的语言类型，和底层硬件结合紧密，掌握了汇编语言程序设计就能真正理解单片机的工作原理及软件对硬件的控制关系。初学者都会从汇编语言开始，熟悉了汇编语言以后再学 C 语言就很容易。

C51 属于高级语言，下面主要介绍 MCS – 51 单片机的 C 语言程序设计（C51）的基本数据类型、存储类型、C51 的特点、编程基础、基本的程序设计方法以及典型模块设计案例。读者如果在学习了单片机汇编语言程序设计的基础上再阅读以下内容，对于理解和掌握会有事半功倍的促进作用。

6.3.1　C51 语言特点及结构

要想提高单片机应用程序设计的效率，改善程序的可读性和可移植性，采用 C 语言是一种好的选择。C51 符合 ANSI 标准，具有以下特点：

1）支持 9 种基本数据类型，其中包括 32 位长的浮点类型。

2）变量可存放在不同类型的存储空间中。

3）支持直接采用 C 语言编写 8051 单片机的中断服务程序。

4）充分利用 8051 工作寄存器组。

5）可以保留源程序中的所有符号和类型信息，调试方便。

C51 程序结构与标准的 C 语言程序结构相同，也是采用函数结构。函数由函数说明和函数体两部分组成。一个程序由一个或多个函数组成，其中有且只能有一个主函数 main（）。主函数是程序的入口，在主函数中可调用库函数和用户定义的函数，主函数中的所有语句执行完毕，则程序结束。

用 C51 语言设计的程序的基本结构如下：

```
#include <头文件>          //预处理命令
char fun1（）;              //函数声明
void fun2（）;
void main（）               //主函数
    {
    主函数体…
    }
char fun1（）               //功能函数 1
    {
    功能函数体…
    }
fun2（）                    //功能函数 2
    {
    功能函数体…
    }
```

6.3.2　C51 语言基础知识

1. C51 语言中的常用标识符和关键字

C51 语言标识符的意义及用途与 ANSI C 相同，是用来标识源程序中某个对象名字的。这些对象可以是函数、变量、常量、数组、数据类型、存储方式和语句等。标识符的定义非常灵活，但要遵循以下几个规则：

1）标识符必须由字母（a ~ z，A ~ Z）或下划线"_"开头。

2）标识符的其他部分可以由字母、下划线或数字（0 ~ 9）组成。

3）标识符是区分大小写的。

4）标识符的长度不能超过 32 个字符。

5）标识符不能使用 C51 的关键字。

关键字是已定义的具有固定名称和特定含义的特殊标识符，又称为保留字。它们具有固定的名称和含义，在使用 C51 编写程序时，用户命名的标识符不能与关键字相同，在 C51 中的关键字除了 ANSI C 标准中的 32 个关键字外还根据 51 单片机的特点扩展了相关的关键字，C51 扩展的关键字见表 6-2。

表 6-2 C51 扩展的关键字

关键字	用途	说　　明
_at_	地址定位	为变量进行存储器绝对空间地址定位
alien	函数属性声明	用以声明与 PL/M51 兼容函数
bdata	存储器类型说明	可位寻址的 8051 内部数据存储器
data	存储器类型说明	直接寻址的 8051 内部数据存储器
idata	存储器类型说明	间接寻址的 8051 内部数据存储器
pdata	存储器类型说明	分页寻址的 8051 内部数据存储器
xdata	存储器类型说明	8051 内部数据存储器
code	存储器类型说明	8051 程序存储器
comp	存储器模式	指定使用 8051 外部分页寻址数据存储器空间
large	存储器模式	指定使用 8051 外部数据存储器空间
small	存储器模式	指定使用 8051 内部数据存储器空间
sfr	特殊功能寄存器声明	声明一个特殊功能寄存器（8 位）
sfr16	特殊功能寄存器声明	声明一个 16 位的特殊功能寄存器
interr	中断函数声明	定义一个中断函数
using	寄存器组定义	定义 8051 单片机的工作寄存器组
reent	再入函数声明	定义一个再入函数
sbit	位变量声明	声明一个可位寻址变量
bit	位变量声明	声明一个位标量或位类型的函数
_prio	多任务优先级声明	规定 RTX51 或 RTX51 TINY 的任务优先级
task	任务声明	定义实时多任务函数

此外，有些标识符虽然不属于关键字，但由于它们属于预处理命令，用户不要在程序中随便使用，这些标识符包括 define、undef、include、ifdef、ifndef、endif、line、elif。

2. C51 语言中的数据类型

C51 具有 ANSI C 的所有标准数据类型。基本数据类型有 char、int、short、long、float、double 等。对于 C51 编译器来说，short 型与 int 型相同，double 型与 float 型相同。针对

MCS – 51 系列单片机，C51 扩展了 bit、sfr、sfr16、sbit 等特殊数据类型。C51 的数据类型见表 6-3。

表 6-3　C51 的数据类型

数据类型		长度	取值范围
字符型	unsigned char	单字节	0 ~ 255
	signed char	单字节	– 128 ~ 127
整型	unsigned int	双字节	0 ~ 65535
	signed int	双字节	– 32768 ~ 32767
长整型	unsigned long	4 字节	0 ~ 4294967295
	signed long	4 字节	– 2147483648 ~ 2147483647
浮点型	float	4 字节	± 1.175494E – 38 ~ ± 3.402823E + 38
指针型	*	1 ~ 3 字节	对象的地址
位型	bit	位	0 或 1
	sbit	位	0 或 1
访问特殊功能寄存器	sfr16	双字节	0 ~ 65535
	sfr	单字节	0 ~ 255

3. C51 的常量、变量、存储器类型及存储区

常量是指在程序执行过程中其值不能改变的量。C51 支持整型常量、浮点型常量、字符型常量和字符串型常量。而变量是指在程序运行过程中其值可以改变的量。与 ANSI C 一样，在 C51 中，变量必须先定义再使用，定义时须指出该变量的数据类型和存储模式，以便编译系统为它分配相应的存储空间。在 C51 中，变量名与变量值的使用规则与 ANSI C 相同。除此之外，C51 中还使用了两个与单片机相关的变量。

（1）特殊功能寄存器变量（sfr、sfr16）　8051 片内有许多特殊功能寄存器，通过这些特殊功能寄存器可以控制单片机的定时器、计数器、串行口、I/O 及其他内部功能部件，每一个特殊功能寄存器在片内 RAM 中都对应着一个字节单元或两个字节单元。

在 C51 中，允许用户对这些特殊功能寄存器进行访问，访问时需先通过关键字 sfr 或者 sfr16 对特殊功能寄存器进行定义，并在定义时指明它们所对应的片内 RAM 单元的地址，定义格式如下：

sfr 特殊功能寄存器名 = 地址

sfr16 特殊功能寄存器名 = 地址

其中，sfr 用于对 51 系列单片机中单字节地址的特殊功能寄存器进行定义，如 I/O 口 P0、P1、P2、P3、程序状态字（PSW）等；sfr16 则用于对双字节地址的特殊功能寄存器进行定义，如 DPTR 寄存器。例如：

```
sfr P0 = 0x80;          //定义 P0 口
sfr SCON = 0x98;        //定义串行口控制寄存器
sfr16 DPTR = 0x82;      //定义数据指针
```

（2）位变量（bit、sbit）　在 C51 中，允许用户通过位类型符定义位变量。位类型符有两个，即 bit 和 sbit，可以定义两种位变量。bit 位类型符用于定义一般的可位处理位变量，

格式如下:

　　bit 位变量名 = 变量值;

　　sbit 位类型符用于定义可位寻址字节或特殊功能寄存器中的位,定义时需要指明其位地址,可以是位直接地址,也可以是可位寻址变量带位号,还可以是特殊功能寄存器(SFR)名带位号,格式如下:

　　sbit 位变量名 = 地址值

　　sbit 位变量名 = SFR 名称^变量位地址值

　　sbit 位变量名 = SFR 地址值^变量位地址值

　　如可以用以下三种方法定义 PSW 中的溢出位 OV:

　　sbit OV = 0xd2;　　　　　　　//sbit 位变量名 = 地址值

　　sbit OV = PSW^2;　　　　　　//sbit 位变量名 = SFR 名称^变量位地址值

　　sbit OV = 0xD0^2;　　　　　//sbit 位变量名 = SFR 地址值^变量位地址值

　　为了方便使用,C51 编译器把 8051 单片机常用的特殊功能寄存器和特殊位进行了定义,放在一个名为 reg51. h 的头文件中,用户要使用时,只需在用户程序的起始处使用预处理命令 "#include < reg51. h >" 把这个头文件包含到用户程序中即可。需要注意的是,不同版本的编译器,该头文件的名字和内容可能会稍有差异。

　　存储器类型是用来指明变量所处的单片机的存储器区域。C51 编译器对于程序存储器提供存储器类型标识符 code,用户的应用程序以及各种表格常数被定位在 code 空间。数据存储器 RAM 用于存放各种变量,通常应尽可能将变量存放在片内 RAM 中以加快操作速度。C51 对片内 RAM 提供了 3 种存储器类型标识符:data、idata、bdata。对于片外 RAM,C51 提供两个存储器类型标识符:xdata 和 pdata。C51 能够识别的存储器类型见表 6-4。

表 6-4　C51 存储器类型

存储器类型	说　　明
code	64KB 程序存储器
data	直接寻址的片内数据存储器(128B),地址范围为 0x00 ~ 0x7F,访问速度快
idata	间接寻址的片内数据存储器(256B),地址范围为 0x00 ~ 0xFF
bdata	可位寻址的片内数据存储器(16B),地址范围为 0x20 ~ 0x2F
xdata	片外数据存储器(64KB)
pdata	分页寻址的片外数据存储器(256B)

　　如果在定义变量时没有明确指出该变量的存储器类型,则按 C51 编译器采用的编译模式来确定变量的默认存储器空间。C51 提供了三条编译模式控制命令:SMALL、COMPACT、LARGE。

　　4. 绝对地址访问

　　在 C51 中,既可以通过变量的形式访问 51 系列单片机的存储器,也可以通过绝对地址来访问存储器。对于绝对地址,访问形式有以下三种:

　　1)使用 C51 运行库中的预定义库。C51 编译器提供了一组宏定义来对 51 系列单片机的存储器空间进行绝对寻址,并规定只能以无符号数方式来访问。定义了 8 个宏定义,函数原型如下:

```
#define CBYTE((unsigned char volatile *)0x50000L)
#define DBYTE((unsigned char volatile *)0x40000L)
#define PBYTE((unsigned char volatile *)0x30000L)
#define XBYTE((unsigned char volatile *)0x20000L)
#define CWORD((unsigned int volatile *)0x50000L)
#define DWORD((unsigned int volatile *)0x40000L)
#define PWORD((unsigned int volatile *)0x30000L)
#define XWORD((unsigned int volatile *)0x20000L)
```

上述宏定义用来对51系列单片机的存储器空间进行绝对地址访问,可以作为字节寻址。CBYTE寻址code区,DBYTE寻址data区,PBYTE寻址分页pdata区,XBYTE寻址xdata区。

上述函数原型放在C51的库函数absacc.h中,使用时只需要使用预处理命令#include <absacc.h>把它包含到文件中即可使用,例如:

```
#include < reg51.h >           //文件包含
#include < absacc.h >          //库函数
void main( )
    {
    unsigned char var1;           //变量定义
    unsigned int var2 = 0;
    var1 = XBYTE[0x0008];       //将片外RAM的0008字节单元内容赋给变量var1
    XWORD[0x0007] = var2;       //将变量var2放到片外RAM的0007开始的单元
    }
```

2) 使用C51扩展关键字_at_。使用关键字_at_对指定的存储器空间的绝对地址进行访问,一般格式如下:

[存储类型] 数据类型 变量名_at_地址常数

其中,存储器类型为data、bdata、idata、pdata、xdata之一,如果省略则按存储器模式规定的默认存储器类型确定变量的存储器区域;数据类型为C51支持的数据类型;地址常数用于指定变量的绝对地址,必须位于有效的存储器空间内;使用_at_定义的变量必须为全局变量。例如:

```
unsigned char data x_at_0x0040;      //在data区中定义字节变量,地址为40H
unsigned int xdata y_at_0x2000;      //在xdata区中定义字变量,地址为2000H
void main( )
    {
    x = 0xff;                 //将数据0xff赋给变量x
    y = 0x1234;               //将数据0x1234赋给变量y
    while(1)
        {
        ;
        }
    }
```

3）使用指针访问。利用基于存储器的指针也可以指定变量的存储器绝对地址，方法是先定义一个基于存储器的指针变量，然后对该变量赋以存储器绝对地址值。例如：

```
void main(  )
  {
  unsigned char xdata * xdp;         //定义一个指向 XDATA 存储器空间的指针
  char data * dp;                    //定义一个指向 DATA 存储器空间的指针
  unsigned char idata * idp;         //定义一个指向 IDATA 存储器空间的指针
  xdp = 0x50;                        //xdp 指向片外 RAM 的 50H 单元
  dp = 0x60;                         //dp 指向片内 RAM 的 60H 单元
  idp  =0x70;                        //idp 指向片内 RAM 的 70H 单元
  * xdp = 0xl0;                      //将 10H 送往片外 RAM 的 50H 单元
  * dp = 0x20;                       //将 20H 送往片内 RAM 的 60H 单元
  * idp = 0x30;                      //将 10H 送往片内 RAM 的 70H 单元
  }
```

5. C51 语言常用运算符

运算符是完成某种特定运算的符号。C51 语言的运算符可分为赋值运算符、算术运算符、关系运算符、逻辑运算符、位运算符、复合赋值运算符、指针和地址运算符、强制类型转换运算符、Sizeof 运算符。按其在表达式中与运算对象的关系，又可分为单目运算符、双目运算符和多目运算符。单目运算符只有一个操作数，双目运算符有两个操作数，多目运算符则有多个操作数。

（1）赋值运算符　赋值运算符"="的作用是将一个数据的值赋给一个变量。利用赋值运算符将一个变量与一个表达式连接起来的式子称为赋值表达式，在赋值表达式的后面加一个分号";"便构成了赋值语句。赋值语句的格式如下：

变量 = 表达式；

该语句的意义是先计算右边表达式的值，然后将该值赋给左边的变量。上式中的表达式还可以是一个赋值表达式，允许进行多重赋值。例如：

x = 9;　　　//将常数 9 赋给变量 x

x = y = 8;　　//将常数 8 同时赋给变量 x 和 y

都是合法的赋值语句。在使用赋值运算符"="时应注意不要与关系运算符"= ="（两个等号）相混淆，运算符"="用来给变量赋值，运算符"= ="用来进行相等关系运算。

（2）算术运算符　基本的算术运算符，见表 6-5。

表 6-5　基本的算术运算符

操作符	运算符类型	运算符功能	操作符	运算符类型	运算符功能
+	双目	加法运算	%	双目	取余运算
-	双目	减法运算	+ +	单目	自加运算
*	双目	乘法运算	- -	单目	自减运算
/	双目	除法运算			

注意，增量运算（自加运算）符"＋＋"和减量运算（自减运算）符"－－"只能用于变量，不能用于常数或表达式。

（3）关系运算符　C51 语言中有 6 种关系运算符，见表 6-6。

表 6-6　关系运算符

操作符	运算符类型	运算符功能	操作符	运算符类型	运算符功能
>	双目	大于	> =	双目	大于或等于
<	双目	小于	< =	双目	小于或等于
= =	双目	等于	! =	双目	不等于

（4）逻辑运算符　逻辑运算符用来求某个条件表达式的逻辑值。C51 语言中有 3 种逻辑运算符，见表 6-7。

表 6-7　逻辑运算符

操作符	运算符类型	运算符功能
| |	双目	逻辑或
&&	双目	逻辑与
!	双目	逻辑非

（5）位运算符　能对运算对象进行按位操作是 C 语言的一大特点，正是由于这一特点使 C 语言具有了汇编语言的一些功能，从而使之能对计算机的硬件直接进行操作。C51 语言中共有 6 种位运算符，见表 6-8。

表 6-8　位运算符

操作符	运算符类型	运算符功能	操作符	运算符类型	运算符功能
~	双目	按位取反	|	双目	按位或
&	双目	按位与	< <	双目	左移
^	双目	按位异或	> >	双目	右移

（6）复合赋值运算符　在赋值运算符"＝"的前面加上其他运算符，就构成了复合赋值运算符，见表 6-9。

表 6-9　复合赋值运算符

操作符	运算符类型	运算符功能	操作符	运算符类型	运算符功能
+ =	双目	加法赋值	& =	双目	逻辑与赋值
－ =	双目	减法赋值	| =	双目	逻辑或赋值
* =	双目	乘法赋值	~ =	双目	逻辑非赋值
/ =	双目	除法赋值	^ =	双目	逻辑异或赋值
< < =	双目	左移位赋值	% =	双目	取模赋值
> > =	双目	右移位赋值			

（7）指针和地址运算符　在 C 语言的数据类型中专门有一种指针类型。变量的指针就

是该变量的地址，还可以定义一个指向某个变量的指针变量。为了表示指针变量和它所指向的变量地址之间的关系，C 语言提供了取内容运算符 ∗ 和取地址运算符 &。一般形式为变量 = ∗指针变量，指针变量 = & 目标变量。取内容运算的含义是将指针变量所指向的目标变量的值赋给左边的变量，而取地址运算的含义是将目标变量的地址赋给左边的指针变量。

（8）强制类型转换运算符　强制类型转换运算符" （ ） "的作用是将表达式或变量的类型强制转换成为所指定的类型。强制类型转换运算符的一般使用形式为：（类型）表达式。

（9）sizeof 运算符　用于求取数据类型、变量及表达式的字节数的运算符 sizeof。该运算符的一般使用形式为：sizeof（表达式）或 sizeof（数据类型）。

6.3.3　C51 语言程序设计

1. C51 语句和程序结构

（1）程序的基本结构　C 语言程序是由若干条语句组成，语句以分号结束。C 语言是一种结构化程序设计语言，从结构上可以把程序分为顺序结构、分支结构和循环结构。

C51 语言中有一组相关的控制语句，用来实现分支结构与循环结构：

分支控制语句 if、switch、case；

循环控制语句 for、while、do – while、goto。

（2）顺序结构程序的设计

例 6-1　片内 RAM 的 30H 单元存放着一个 0 ~ 9 之间的数。试用查表法，求出该数的二次方值并放入片内 RAM 的 31H 单元。

解：使用 C51 语言。程序如下：

```
void main( )
    {
    char data x, ∗ p;                          //定义变量
    char code tab[10] = {0,1,4,9,16,25,36,49,64,81};
                                               //将二次方数存放在片内程
                                                 序存储器
    p = 0x30;                                  //指向片内 RAM30H 单元
    x = tab[ ∗ p];                             //访问数据
    p + + ;                                    //指向 31H 单元
    ∗ p = x;                                   //保存在 31H 单元
    }
```

例 6-2　使用 C51 语言编程实现 a ∗ b、b ∗ c、b/c、b% c 运算，其中 a = 45，b = 1000，c = 300。

解：对于单（多）字节数乘除法，使用 C51 语言编程的时候需要注意数据类型的数值范围。

程序如下：

```
void main( )
    {
```

```
    unsigned char a,p,q;        //无符号字符型
    unsigned int b,c,m;         //无符号整型类型
    unsigned long i;            //无符号长整型类型
    a = 45;
    b = 1000;
    c = 300;
    m = a * b;
    i = (long)b * c;            //结果超出数值范围,需进行类型转换
    p = b / c;                  //商
    q = b % c;                  //余数
    }
```

（3）循环结构程序的设计 循环控制语句（又称重复结构）是程序中的另一个基本结构。在 C 语言中用来构成循环控制语句的有 while 语句、do while 语句、for 语句和 goto 语句。

例6-3 编程将片内 30H ~ 39H 单元的数据传送到片外 RAM 的 1000H ~ 1009H 单元中。

解：使用 C51 语言。程序如下：

```
#include < absacc. h >        //存储器访问
#define a 0x30                //片内 RAM 首地址
#define b 0x1000              //片外 RAM 首地址
void main( )
    {
    unsigned char i;
    for (i = 0; i < 10; i + + )
    XBYTE[b + i] = DBYTE[ a + i];    //数据传送
    }
```

（4）分支结构程序的设计 分支结构是一种基本的结构，其基本特点是程序的流程由多路分支组成，在程序的一次执行过程中，根据不同的情况，只有一条支路被执行，而其他分支上的语句被直接跳过。

C 语言的分支选择语句有以下几种形式：

1）if（条件表达式）语句。其含义是：若条件表达式的结果为真（非 0 值），就执行后面的语句；反之，若条件表达式的结果为假（0 值），就不执行后面的语句。

2）switch（表达式）。

```
    {
    case 常量表达式 1：语句 1
    break;
    case 常量表达式 2：语句 2
    break;
    …
```

case 常量表达式 n：语句 n

break；

default： 语句 n + 1

}

执行过程是：将 switch 后面表达式的值与 case 后面各个常量表达式的值逐个进行比较，如果相等，就执行相应的 case 后面的语句，然后执行 break 语句。break 语句又称间断语句，它的功能是终止当前语句的执行，使程序跳出 switch 语句。如果无相等的情况，则执行 default 后面的语句。其中常量表达式一般为整型、字符型或者枚举类型，而且所有的常量表达式的值不能相同。

例 6-4 片内 RAM 的 30H 单元存放着一个有符号数 x，函数 y 与 x 有以下关系式：

$$y = \begin{cases} 2x & x = 1 \\ x & x = -1 \\ 0 & x = 0 \end{cases}$$

编程实现该函数。

解：假设 y 存放于片内 31H 单元。C51 程序如下：

```
void main( )
    {
    char x, * p, * y;
    p = 0x30;
    y = 0x31;
    x = * p;
    switch( x)
        {
        case 0：
            * y = 0; break;
        case 1：
            * y = 2 * x; break;
        case - 1：
            * y = - x; break;
        default: break;
        }
    }
```

2. C51 语言中常用的库函数

C51 编译器的运行库中含有丰富的库函数。使用库函数可以简化程序设计工作，提高工作效率。由于 51 系列单片机本身的特点，某些库函数的参数和调用格式与 ANSI C 标准有所不同。每个库函数都在相应的头文件中给出了函数原型声明，用户如果需要使用库函数，必须在源程序的开始处采用编译预处理命令 #include 将有关的头文件包含进来。C51 的库函数又分为本征库函数和非本征库函数。

C51 提供的本征函数是指编译时直接将固定的代码插入当前行，而不是用 ACALL 和

LCALL 语句来实现，这样就大大提供了函数访问的效率，而非本征函数则必须由 ACALL 及 LCALL 调用。C51 的本征库函数只有 9 个，见表 6-10。

表 6-10 C51 的本征库函数

函数名称及定义	函数功能说明
extern unsigned char_crol_(unsigned char val, unsigned char n)	将 VAL 循环左移 n 位
extern unsigned char_irol_(unsigned int val, unsigned char n)	将 VAL 循环左移 n 位
extern unsigned char_lrol_(unsigned long val, unsigned char n)	将 VAL 循环左移 n 位
extern unsigned char_cror_(unsigned char val, unsigned char n)	将 VAL 循环右移 n 位
extern unsigned char_iror_(unsigned int val, unsigned char n)	将 VAL 循环右移 n 位
extern unsigned char_lrol_(unsigned long val, unsigned char n)	将 VAL 循环右移 n 位
extern unsigned char_chkfloat_(float ual)	测试并返回源点数状态
extern bit _testbit_(bit bitval)	测试该位变量并跳转同时清除
extern void _nop_(void)	相当于插入汇编指令 NOP

如果要使用本征函数，在程序中使用#include < intrins. h >这条语句即可。

在使用 C51 进行程序设计时，还经常使用以下非本征库函数：

1）专用寄存器头文件。51 系列单片机有不同的生产厂家和不同的系列产品，如仅 AT-MEL 公司就有 AT89C2051、AT89C51/52 和 AT89S51/52 等。它们都是基于 8051 系列的芯片，唯一不同之处在于内部资源，如定时器、中断、I/O 等数量以及功能的不同。为了实现这些功能，只需将相应的功能寄存器的头文件加载在程序中即可。另外，在使用头文件的时候，要注意所使用的单片机的生产厂家和所使用的 Keil μVision 版本，因为不同厂家和不同版本的 Keil μVision 下的头文件的内容会有所不同。例如，在 Keil μVision4 中，ATMEL 公司的 AT89x051. H 头文件中已经包含了 P0 ~ P3 I/O 端口的位定义，用户在使用时，只需在程序开头使用语句#include < AT89x051. H >把头文件包含进来，在主程序中无需再进行位定义。而如果使用的是其他单片机，则可能需要进行位定义。

2）绝对地址访问文件 absacc. h。该文件包含了允许直接访问 8051 不同存储区的宏定义，以确定各存储空间的绝对地址。通过包含此头文件，可以定义直接访问扩展存储器的变量。

3）动态内存分配函数，位于 stdlib. h 头文件中。

4）输入输出流函数，位于头文件 stdio. h 中。流函数通过 8051 的串行口或用户定义的 I/O 口读写数据，默认为 8051 串行口。

3. C51 语言程序常用的编译预处理命令

在 C 编译器系统对程序进行编译之前，先要对这些程序进行预处理，然后再将预处理的结果和源程序一起进行正常的编译处理得到目标代码。常用的预处理命令有宏定义、文件包含及条件编译。通常的预处理命令都用"#"开头。例如：

#include < math. h >

#define flag 1

（1）宏定义 宏定义即#define 指令，它的作用是用一个字符串来进行替换。这个字符串既可以是常数，也可以是其他任何字符串。宏定义又分为带参数的宏定义和不带参数的宏定义。

1）不带参数的宏定义。不带参数的宏定义又称符号常量定义，是指用一个指定的标识符来表示一个字符串，表示形式如下：

#define 标识符　　常量表达式

其中，标识符是所定义的宏符号名，它的作用是在程序中使用所指定的标识符来代替所指定的常量表达。例如：

#define　PI　3. 1415926

宏定义后，PI 作为一个常量使用，在预处理时将程序中的 PI 替换为 3. 1415926。所以使用不带参数的宏定义可以减少程序中的重复书写，且可以提高程序的可读性。

2）带参数的宏定义。带参数的宏定义不是进行简单的字符串替换，还要进行参数替换。其定义的形式如下：

#define 宏名（形参）字符串

例如：

#define M（x，y）x * y

宏定义后，程序中可以使用宏名，并将形参换成实参。例如：

area = M（5，4）；

预处理时将换成 area = 5 * 4。

（2）文件包含　文件包含是指一个程序文件将另外一个指定文件的全部内容包含进来，作为一个整体进行编译。文件包含命令的一般格式如下：

#include"文件名"或 #include < 文件名 >

文件包含命令#include 的功能是将指定文件的全部内容替换该预处理行。在进行较大规模程序设计时，文件包含命令是十分有用的。为了模块化编程的需要，可以将 C 语言程序的各个功能函数分散到多个程序文件中，分别由若干人员完成编程，然后再用#include 命令将它们嵌入到一个总的程序文件中。

还可以将一些常用的符号常量、带参数的宏以及构造类型的变量等定义在一个独立的文件中，当某个程序需要时再将其包含进来，从而减少重复劳动，提高程序的编制效率。

C51 语言提供了丰富的库函数和相应的头文件，只需用#include 命令包含相应的库函数和头文件，就可以使用库函数中定义的函数或者头文件中定义的寄存器。

4. C51 程序的常用仿真调试工具

Keil μVision 是目前比较流行的基于 Windows 的兼容 51 系列单片机的 C 语言集成开发系统，是目前最流行的 51 系列单片机开发软件。该软件提供了一个集成开发环境（Integrated Development Environment，IDE），它包括 C 编译器、宏汇编、链接器、库管理和一个功能强大的仿真调试器，可将程序编辑、编译、汇编、链接、调试等各阶段都集成在一个环境中。该软件已成为使用 C51 开发单片机系统的首选。

6.3.4　应用程序示例

1. 并行输入/输出口

例 6-5　8 只发光二极管在圆周上均匀分布，控制原理图如图 6-5 所示。编写可实现单一发光点顺转和逆转的控制程序，要求点亮间隔为 50ms，可重复循环。

解：使用 C51 语言。实现程序如下：

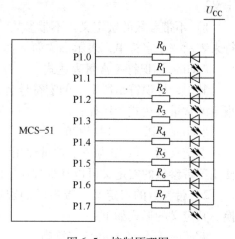

图 6-5　控制原理图

```
#include "reg51. h"
#include "intrins. h"          //内部库函数
#define uint unsigned int
void delay(uint time)
    {
    while(——time);
}
void main( )
    {
    unsigned int i;
    unsigned char a = 0xfe;
    while(1)
        {
        for(i = 0;i < 8;i + + )
          {
          P1 = a;
          a = _crol_(a,1);    //循环左移
          delay(50000);        //延时
          }
        a = 0x7f;
        for(i = 0;i < 8;i + + )
          {
          P1 = a;
          a = _cror_(a,1);     //循环右移
          delay(50000);
          }
        }
    }
```

例 6-6　用 MCS – 51 单片机的 P1 口驱动共阴极 LED 显示器电路如图 6-6 所示。编写可在显示器上依次显示字符 0 ~ F 的程序。

解：常用的 LED 显示器由 8 个发光二极管组成，也称 8 段 LED 显示器。LED 数码显示器共有两种连接方法：共阳极和共阴极。为了显示数字或符号，需要为 LED 显示器提供显示字形代码。LED 显示器的字形各代码位的对应关系如下：

代码位	D7	D6	D5	D4	D3	D2	D1	D0
显示段	dp	g	f	e	d	c	b	a

当采用共阴极接法时，若显示数字"0"，则须点亮 a、b、c、d、e、f 段。

使用 C51 语言编写程序如下：

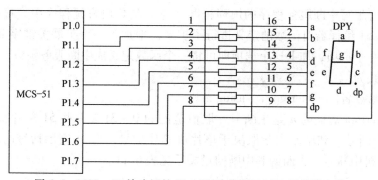

图 6-6 MCS-51 单片机的 P1 口驱动共阴极 LED 显示器电路

```
#include < reg51. h >
#include < intrins. h >
#define uchar unsigned char
#define uint unsigned int
uchar code tab[16] : {0x3f, 0x06, 0x5b, 0x4f, 0x66, 0x6d, 0x7d, 0x07, 0x7f, 0x6f,0x77,
0x7c, 0x39, 0x5e, 0x79, 0x71} ;              //共阴极字形代码 0 ~ F
void delay( uint i) ;                        //函数原型
void main( )
    {
    uchar i ;
    while(1 )
        {
        for( i = 0 ; i < 16 ; i + + )
            {
            P1 = tab[ i] ;                   //输出字形码
            delay(500) ;
            }
        }
    }
void delay( uint   time)                     //延时子程序
    {
    uint s ;
    uchar t = 200 ;
    for( s = 0 ; s <  time ; s + + )
        {
        while( - - t) ;
        }
    }
}
```

2. 中断服务程序设计

C51 支持在 C 语言源程序中直接编写 8051 单片机的中断服务程序（ISR），因而可以减轻采用汇编语言编写中断服务程序的烦琐程度。为了在 C 语言源程序中直接编写中断服务程序的需要，C51 编译器对函数的定义进行了扩展，增加了一个扩展关键字 interrupt，它是函数定义时的一个选项，加上这个选项即可将一个函数定义成中断服务函数。定义中断服务函数的一般形式为

　　　void 中断函数名( ) interrupt n [using m]

　　关键字 interrupt 后面的 n 是中断号，取值范围为 $0 \sim 31$（有些 51 单片机有 32 个中断源），具体的中断号 n 和中断向量取决于单片机芯片型号，[ ] 表示括号内的内容是可选项。8051 单片机中断号、中断源和中断向量关系见表 6-11。

表 6-11　8051 单片机中断号、中断源和中断向量关系

中 断 号	中 断 源	中 断 向 量
0	外部中断 0	0003H
1	定时器/计数器	000BH
2	外部中断 1	0013H
3	定时器/计数器 1	001BH
4	串行口	0023H
5	定时器/计数器 2（52 子系列）	002BH

　　using m 指明该中断服务程序所使用的工作寄存器组，取值范围是 $0 \sim 3$。指定工作寄存器组的缺点是，所有被中断调用的过程都必须使用同一个寄存器组，否则参数传递会发生错误。通常不设定 using m，除非能保证中断程序中未调用其他子程序。另外需要注意的是，关键字 using 和 interrupt 后面都不允许跟带运算符的表达式。

　　使用中断函数时应遵循以下规则：

　　1）中断函数不能进行参数传递，如果中断函数中包含任何参数声明都将导致编译失败。中断函数也没有返回值，如果定义一个返回值将得到一个不正确的结果。因此，在定义中断函数时应将其定义为 void 类型，以明确说明没有返回值。

　　2）在任何情况下都不能直接调用中断函数，否则会产生编译错误。因为中断系统的返回是通过 RETI 指令完成的，而 RETI 指令影响单片机的硬件中断系统，如果在没有中断请求的情况下直接调用中断函数，则会产生致命错误。

　　3）在中断函数中如果调用了其他函数，则被调函数所使用的寄存器必须与中断函数相同，否则会产生不正确的结果。因此，通常不设定 using m。

　　另外，在使用 C51 编写中断服务程序时，无须像汇编语言那样，对 A、B、DPH、DPL、PSW 等寄存器进行保护，C51 编译器会根据上述寄存器的使用情况在目标代码中自动压栈和出栈。

　　例6-7　利用定时器/计数器 T0 的方式 2 对外部信号计数。要求每计满 100 个数，将P1.0 引脚信号取反。

　　分析：外部信号由 T0（P3.4）引脚输入，每发生一次负跳变计数器加 1，每输入 100 个负跳变，计数器产生一次中断，在中断服务程序中将 P1.0 引脚信号取反。定时器/计数器T0 工作于方式 2 计数模式，计数初始值 $X = 256 - 100 = 156 = 9\text{CH}$，则 TH0 = TL0 = 9CH，方式控制字设定为 TMOD = 00000110B（06H）。

使用 C51 语言编写程序如下:

```
#include < reg51. h >          //包含头文件
sbit P 10 = P1^0;             //位定义
void main( )
    {
    TMOD = 0x06;             //定时器初始化
    TH0 = 0x9C;              //定时器计数初值
    TL0 = 0x9C;
    EA = 1;                 //开总中断
    ET 0 = 1;               //允许定时器 T0 中断
    TR0 = 1;                //启动定时器 T0
    while(1)                //等待中断
        {
        ;
        }
    }
void timer_T0( void)   interrupt 1 //定时器 0 中断服务程序

P10 = ~ P10;                //取反
    }
```

例 6-8 电路如图 6-7 所示,设外部中断信号为负脉冲,将该信号引入外部中断 1 引脚。要求每中断一次,从 P1.4 ~ P1.7 输入外部开关状态,然后从 P1.0 ~ P1.3 输出。

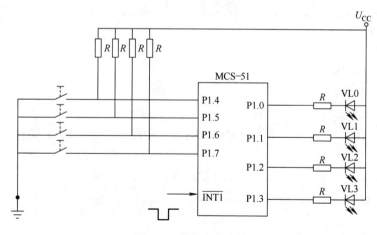

图 6-7 外部中断电路

解:使用 C51 语言。实现程序如下:

```
#include < reg51. h >           //包含头文件
void main( void)
    {
```

```
        IT1 = 1;                    //设置外部中断 1 为边沿触发
        EX1 = 1;                    //允许外部中断 1 中断
        EA = 1;                     //开放总中断
        while(1)                    //等待
            {
                ;
            }
        }

    void EX1 (void)    interrupt 2
        {
        P1 = 0xF0;                  //将 P1 的高 4 位置 1,准备读入数据
        P1 = P1 > >4;               //读入 P1 高 4 位引脚状态,右移 4 位后从 P1 低 4 位输出
        }
```

3. 定时器/计数器 C51 程序设计

例 6-9　利用定时器/计数器定时产生周期信号。要求使用定时器 T0 定时,在 P1.7 引脚上输出频率为 50Hz 的方波。设晶振频率为 12MHz。

解:按题意分析可得,方波周期 T = 1/50Hz = 20ms,可用定时器 0 工作于方式 1,定时 t = 10ms,使 P1.7 每隔 10ms 取反一次,即可得到周期为 20ms（50Hz）的方波。

初值计算:$f_{osc} = 12$MHz,则机器周期为 1μs,初值 $X = 2^{16} - f_{osc}t/12 = 55536 = 0$xd8f0;即 TH0 = 0xd8,TL0 = 0xf0。

采用中断法,C51 程序如下:

```
#include < reg51. h >          //包含头文件
sbit P17 = P1^7;              //位定义
void main(void)
    {
    TMOD = 0x01;
    TH0 = 0xd8;
    TL0 = 0xf0;
    ET0 = 1;                  //允许定时器 0 中断
    EA = 1;                   //开放总中断
    TR0 = 1;                  //启动定时器
    while(1)                  //等待
        {
            ;
        }
    }

void timer_T0(void)    interrupt 1
    {
    TH0 = 0xd8;               //重装初值
```

```
        TL0 = 0xf0;
        P17 = ~ P17;                    //P1.7 取反输出方波
      }
```

采用查询法，C51 程序如下：

```
#include < reg51. h >       //包含头文件
sbit P17 = P1^7;            //位定义
void main( void)
  {
    TMOD = 0x01;
    TH0 = 0xd8;
    TL0 = 0xf0;
    TR0 = 1;                //启动定时器
    while(1)                //等待
      {
        if (TF0)            //查询 TF0
          {
            TF0 = 0;
            TH0 = 0xd8;
            TL0 = 0xf0;
            P17 = ~ P17;
          }
      }
  }
```

另外需要说明的是，在使用 C51 语言的时候，如果在编译程序的时候遇到"error C231：'PXX'：redefinition"这样的问题，则说明在头文件 reg51. h 中已包含所使用的 I/O 引脚的位定义，用户在程序中无需再进行定义；如果头文件没有进行相应的位定义，则用户既可以在程序中进行位定义，也可以将位定义程序置于头文件中。

8032/8052 单片机增加了一个定时器/计数器 2。定时器/计数器 2 可以设置成定时器，也可以设置成外部事件计数器，并具有三种工作方式：16 位自动重装载定时器/计数器方式、捕捉方式和串行口波特率发生器方式。

例 6-10　利用定时器/计数器 T2 定时产生周期信号。要求定时器 T2 定时，在 P1.7 引脚上输出周期为 1s 的方波。设晶振频率为 12MHz。

解：使用 C51 语言。程序如下：

```
#include < reg52. h >              //包含头文件。注意，这里应该是"reg52"
sbit P17 = P1^7;
unsigned char count;
void main( )
  {
    count = 0;
```

```
    T2CON = 0x04;                  //T2 工作在 16 位自动重装载方式
    TH2 = 0x3C;                    //定时/计数初始值定时 50ms
    TL2 = 0xB0;
    RCAP2H = 0x3C;                 //初值寄存器
    RCAP2L = 0xB0;
    ET2 = 1;
    EA = 1;
    TR2 = 1;                       //启动定时器
    while(1)
        {
        ;                          //等待
        }
    }
void timer2(void) interrupt 5     //定时器/计数器 2 中断
    {
    EA = 0;                        //关中断
    TF2 = 0;                       //注意 T2 的溢出标志位必须软件清零
    count + + ;
    if (count = = 10)              //500ms 到
        {
        count = 0;
        P17 = ~ P17;
        }
    EA = 1;                        //开中断
    }
```

例 6-11　利用定时器/计数器 T2 的捕捉方式，对脉冲周期进行测量。

解：由题意分析，外部脉冲由 P1.1 引脚输入，可设 T2 工作于捕捉工作方式，计数初值为 0，T2 在脉冲信号下降沿进行捕捉，如图 6-8 所示。利用信号两下降沿计时时间之差即可计算出被测脉冲的周期。采用中断方式。工作控制字为 T2CON = 0x09，计数初值 TH2 = TL2 = 0x00。

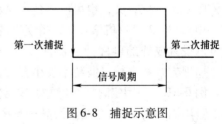

第一次捕捉　　第二次捕捉

信号周期

图 6-8　捕捉示意图

C51 程序如下：

```
#include < reg52. h >                           //52/32 系列头文件
#define uint unsigned int
#define uchar unsigned char
uchar i = 0;
uchar counter_data[4] = {0x00,0x00,0x00,0x00}; //存放两次捕捉值
void main( )
```

```
        ｛
        T2CON = 0x09;                        //T2 工作于捕捉工作方式
        TL2 = 0x00;
        TH2 = 0x00;
        EA = 1;                              //开中断
        ET2 = 1;                             //允许 T2 中断
        TR2 = 1;                             //启动 T2
        while(1)
            ｛
            …数据处理
            ｝
        ｝
void timer2( )interrupt 5                    //T2 中断服务程序
        ｛
        TF2 = 0;                             //注意 T2 的溢出标志位必须软件
                                             //  清零
        while( EXF2 = = 1)                   //只响应 EXF2 引起的中断
            ｛
            if(i = =0)                       //第一次捕捉
                ｛
                counter_data[0] = RCAP2L;    //存放计数值的低字节
                counter_data[1] = RCAP2H;    //存放计数值的高字节
                i + +;
                ｝
            else if(i = =1)                  //第二次捕捉
                ｛
                counter_data[2] = RCAP2L;
                counter_data[3] = RCAP2H;
                i = 0;
                ｝
            ｝
        ｝
```

4. 串行接口 C51 程序设计举例

1) 串行口方式 1 用于点对点的异步通信（单工方式）。

例 6-12　异步通信硬件连接如图 6-9 所示。A 机发送，B 机接收，波特率为 2400bit/s，晶振为 6MHz，T1 作为波特率发生器，串行口工作在方式 1，A 机送出内部 RAM50H 开始的 16B 数据，B 机接收数据存放在外部 RAM3000H ~ 300FH 单元中。

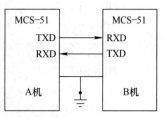

图 6-9　异步通信硬件连接

解：采用查询方式。A 机发送程序如下：

```c
#include < reg51. h >
#include < absacc. h >
void main( void)
    {
    unsigned char data  * dp;       //定义一个指向 data 区的指针 dp
    dp = 0x50;                      //指针赋值，使其指向 data 区的50H 单元
    TMOD = 0x20;                    //设置波特率为 2400bit/s
    PCON = 0x80;
    TH1 = 0xf3;TL1  = 0xf3;
    TR1 = 1;                        //启动定时器1
    ET1 = 0;
    SCON = 0x50;                    //设置串行口为工作方式1
    while( 1)
        {
        for( i = 0;i < 16;i + +)
            {
            SBUF = * ( dp  + i);
            while( TI = = 0) ;TI  = 0;
            }
        }
    }
```

采用查询方式。B 机接收程序如下：

```c
#include < reg51. h >
#include < absacc. h >
void main( void)
    {
    unsigned char xdata     * dp;   //定义一个指向 xdata 区的指针 dp
    dp = 0x3000;                    //指针赋值，使其指向 xdata 区的3000H 单元
    TMOD = 0x20;                    //设置波特率为 2400bit/s
    PCON = 0x80;
    TH1 = 0xf3;TL1 = 0xf3;
    TR1 = 1;                        //启动定时器1
    ET1 = 0;
    SCON = 0x50;                    //设置串行口为工作方式 I
    while( 1)
        {
        for( i = 0;i < 16;i + +)
            {
```

```
        *(dp+i)=SBUF;
     while( RI = = 0);RI=0;
        }
     }
  }
```

2）串行口方式 1 用于点对点的异步通信（双工方式）。

例 6-13 异步通信硬件连接如图 6-9 所示，将 A 机的片内 RAM 中 30H ～ 37H 的 8 个单字节数据发送到 B 机的片内 RAM 中的 30H ~ 37H 单元。为了保证通信的畅通与准确，在通信中做如下约定：通信开始时，A 机发送一个信号 01H，B 机接收到一个正确信号后回答 FFH，表示同意接收；A 机收到 FFH 后，就可以发送后续数据，数据发送完后发送一个校验和；B 机接收到数据后，用已接收的数据产生校验和并与接收到的检验和比较，如相同，表示接收无误，B 机发送 00H，表示接收正确，否则，B 机发送 BBH，请求 A 机重发。

A 机程序如下：

```c
#include < reg51. h >
#define ADDR 0x01
#define ACK 0xFF
unsigned char data * dp;          //定义一个指向 data 区的指针 dp
unsigned char check;
void main( )
  {
     unsigned char temp,i;
     SCON = 0x50;                //串口工作方式
     dp = 0x30;
     TMOD = 0x20;               //设置定时器 T1 为工作方式 2
     TH1 = 0xFD;                 //在晶振 11.059MHz 时，波特率为 9600bit/s
     TL1 = 0xFD;
     TR1 = 1;                    //启动定时器 1
     do
       {
       SBUF = ADDR;
       while( ! TI);              //等待发送完毕
       TI = 0;
       while( ! RI);              //接收
       RI = O;
       } while((SBUF^0xff)! =0);  //B 机未准备好，继续联络
     do
       {
          for( i =0;i <8;i + +)
            {
```

```
            SBUF = * ( dp  + i ) ;
            check  + = * ( dp  + i ) ;
            while( TI = = 0 ) ;
            TI = 0 ;
            while( RI  = 0 ) ;
            RI  = 0 ;
            }
        } while( SBUF! = 0 ) ;            //出错则重发
    }
```

B 机程序如下：

```
#include < reg51. h >
#define ACK 0xFF
unsigned char data  * dp ;          // * 定义一个指向 data 区的指针 dp
unsigned char check ;
void main(  )
    {
    unsigned char i ;
    SCON  = 0x50 ;              //串口工作方式
    dp  = 0x30 ;
    TMOD = 0x20 ;              //设置定时器 T1 为工作方式 2
    TH1  = 0xFD ;              //在晶振 11. 059MHz 时，波特率为 9600bit/s
    TL1 = 0xFD ;
    TR1 = 1 ;                  //启动定时器 1
    do
        {
        while( ! RI ) ;
        RI  = 0 ;
        }  while( ( SBUF^0x01 )! = 0 ) ;
SBUF = ACK ;
while( ! TI ) ;
TI  = 0 ;
while ( 1 )
        {
        for( i = 0 ; i < 8 ; i + + )
            {
            while( RI = = 0 ) ;
            RI  = 0 ;
            * ( dp  + i ) = SBUF ;
            check + = * ( dp  + i ) ;
```

```
        }
    while( RI! =0);
    RI =0;
    If((SBUF^check) = =0)
        {
        SBUF = 0x00;
        break;
        }
    else
        {
        SBUF =0xbb;
        while( TI! =0);
        TI =0;
        }
    }
}
```

6.4 应用系统开发基本流程

1. 系统总体设计

单片机应用系统是以单片机为核心，根据功能要求扩展相应功能的芯片，配置相应通道接口和外部设备而构成的。因此，需要从单片机的选型，存储空间分配，通道划分，输入/输出方式及系统中硬件、软件功能划分等方面进行考虑。

（1）单片机选型 选择单片机应考虑以下几个主要因素：

1）性价比高。在满足系统的功能和技术指标要求的情况下，选择价格相对便宜的单片机。

2）开发周期短。在满足系统性能的前提下，优先选用技术成熟、技术资源丰富的机型，可缩短开发周期，降低开发成本，提高开发的系统的竞争力。

总之，单片机芯片的选择关系到单片机应用系统的整体方案、技术指标、功耗、可靠性、外设接口、通信方式和产品价格等。原则是在最恰当的地方使用最恰当的技术。

（2）存储空间分配 单片机系统的存储资源的分配对系统的设计有很大的影响，因此在系统设计时就要合理地为系统中的各种部件分配有效的地址空间，以便简化硬件电路，提高单片机的访问效率。

（3）I/O 通道划分 根据系统中被控对象所要求的输入/输出信号的类型及数目，确定整个应用系统的通道结构。还需要根据具体的外设工作情况和应用系统的性能技术指标综合考虑采用的输入/输出方式。常用的 I/O 数据传送方式主要有无条件传送方式、查询方式和中断方式，三种方式对系统的硬件和软件要求各不相同。

（4）软件、硬件功能划分 具有相同功能的单片机应用系统，其软件、硬件功能可以在较大的范围内变化。一些电路的硬件功能和软件功能之间可以互换实现。因此，在总体设计时，需仔细划分应用系统中的硬件和软件的功能，求得最佳的系统配置。

2. 系统硬件设计

(1) 硬件设计原则

1) 在满足系统当前功能要求的前提下，系统的扩展与外围设备配置需要留有适当的余地，以进行功能的扩充。

2) 硬件结构与软件方案要综合考虑，最终确定硬件结构。

3) 尽可能选择成熟的标准化、模块化的电路，以增加硬件系统的可靠性。

4) 要考虑相关元器件的性能匹配，如不同芯片之间信号传送速度的匹配。低功耗系统中的所有芯片都应选择低功耗产品。如果系统中相关元器件的性能差异大，就会降低系统的综合性能，甚至导致系统工作异常。

5) 考虑单片机总线驱动能力。单片机外扩芯片较多时，需要增加总线驱动器或减少芯片功耗，降低总线负载。

6) 抗干扰设计。抗干扰设计包括芯片和元器件的选择、去耦合滤波、印制电路板布线、通道隔离等。如果设计中只注重功能的实现，忽略抗干扰的设计，就会导致系统在实际运行中发生信号无法正常传送，达不到功能要求的现象。

(2) 硬件设计内容　硬件设计是以单片机为核心，进行功能扩展和外围设备配置及其接口设计的工作。在设计中，要充分利用单片机的片内资源，简化外扩电路，提高系统的稳定性和可靠性。硬件设计要考虑的设计部分包括以下几个方面：

1) 存储器设计。存储器的扩展分为程序存储器和数据存储器两个部分。存储器的设计原则是：在满足系统存储容量要求的前提下，选择容量大的存储芯片，以减少所用芯片的数量。

2) I/O 接口设计。输入/输出通道是单片机应用系统功能最重要的体现部分。接口外设多种多样，使得单片机与外设之间的接口电路也各不相同。I/O 接口大致可归类为开关量输入/输出通道、模拟量输入/输出通道、并行接口、串行接口等。在系统设计时，可以优先选择集成所需接口的单片机，简化 I/O 接口的设计。

3) 译码电路设计。当系统扩展多个接口芯片时，可能需要译码电路。在设计时，需要合理分配存储空间和接口地址，选择恰当的译码方式，简化译码电路。译码电路除了可以使用常规的门电路、译码器实现外，还可以利用只读存储器与现场可编程门阵列来实现，以便修改和加密电路。

4) 总线驱动器设计。当单片机外扩元器件众多时，就要考虑设计总线驱动器。常用的总线驱动器有双向数据总线驱动器（如 74LS245）和单向数据总线驱动器（如 74LS244）。

5) 抗干扰电路设计。针对系统运行中可能出现的各种干扰，需设计相应的抗干扰电路。抗干扰设计的基本原则是：抑制干扰源，切断干扰传播路径，提高敏感元器件的抗干扰性能。在设计中要考虑以下几点：①系统地线、电源线的布线；②数字地和模拟地的分开；③每个数字元器件在地与电源之间都要接 104 旁路电容；④为防 I/O 口的串扰，可将 I/O 口隔离，方法有二极管隔离、门电路隔离、光耦隔离和电磁隔离等；⑤选择一个抗干扰能力强的器件比其他任何方法都有效；⑥多层板的抗干扰肯定好过单面板。

硬件设计后，应绘制硬件电路原理图并编写相应的硬件设计说明书。

3. 系统软件设计

(1) 软件设计要求

1) 软件结构清晰，流程合理，代码规范，执行高效。

2）功能程序模块化，以便于调试、移植、修改和维护。

3）合理规划程序存储区和数据存储区，充分利用系统资源。

4）运行状态采用标志化管理，即各功能程序通过状态标志去设置和控制程序的转移与运行。

5）软件具有抗干扰处理功能。该功能可利用软件程序剔除采集信号中的噪声，提高系统抗干扰的能力。

6）系统具有自诊断功能。该功能可在系统运行前先运行自诊断程序，检查系统各部分状态是否正常。

7）采用"看门狗"处理，防止系统出现意外情况。

（2）软件设计内容　单片机的软件设计与硬件设计是紧密联系的，其软件设计具有比较强的针对性。在单片机应用系统总体设计时，软件设计和硬件设计必须结合起来统一考虑。系统的硬件设计定型后，针对该硬件平台的软件设计任务也就确定了。

首先，要设计出软件的总体方案，即根据系统功能要求，将系统软件分成若干个相对独立的功能模块，理清各模块之间的调用关系及与主模块的关系，设计出合理的软件总体架构；其次，根据功能模块输入和输出变量，建立正确的数学模型；再次，结合硬件对系统资源进行具体的分配和说明，绘制功能实现程序流程图；最后，根据确定好的流程图，编写程序实现代码。在编制程序时，一般采用自顶向下的程序设计技术，即先设计主控程序，再设计各子功能模块程序。

单片机的软件一般由主控程序和各子功能程序两个部分构成。主控程序是负责组织调度各子功能程序模块，完成系统自检、初始化、处理接口信号、实时显示和数据传送等功能，控制系统按设计操作方式运行的程序。此外，主控程序还监视系统是否正常运行。各子功能程序是完成诸如采集、数据处理、显示、打印、输出控制等各种相对独立的实质性功能的程序。单片机应用系统中的程序编写时常与输入、输出接口设计和存储器扩展交织在一起。因此，在软件设计时需要注意：单片机片内和片外硬件资源的合理分配，单片机存储器中的特殊地址单元的使用，特殊功能寄存器的正确应用，扩展芯片的端口地址识别。软件的设计直接关系到系统的功能和性能。

4. 应用系统开发案例

下面以 51 系列单片机为核心设计的直流电动机转速控制模块为例，介绍应用系统的开发过程。

（1）实现目标　控制电动机运动（如控制转向、速度和角度）是单片机在机电控制中的一个典型应用。本例将介绍基本的单片机与电动机驱动的接口电路，以及对电动机转向的控制方法。

（2）设计思路　直流电动机的调速性能优良，特别适合用于电位和速度控制。要实现直流电动机的正转和反转运行，只需要改变电动机电源电压的极性即可。这种电压极性的变化和运转时间的长短可由单片机实现，而提供直流电动机正常运转的电流则需要驱动电路实现。

本例所要介绍的直流电动机转速控制模块的驱动电路可指连接单片机的控制指令和电动机动作的接口电路。驱动电路可在单片机无法带动负载的情况下，使得电动机能够在单片机的控制指令下完成规定的动作。

这里主要介绍两个方面的内容：一是单片机的电动机驱动接口电路的设计，本例中将采用桥式驱动电路，并介绍 TA7267BP 驱动芯片的使用方法；二是单片机对电动机转向的控制，即通过设置单片机定时为1s，完成小型电动机的一次转向变化。

本例的功能模块分为以下3个方面：

1）单片机系统：通过单片机的 I/O 口设置，控制小型电动机的转向。

2）外围电路：直流电动机和单片机之间的接口电路。

3）C51 程序：编写单片机控制直流电动机转向的驱动程序，实现单片机的控制功能。

通过本例，读者应掌握以下的知识点：

1）一般的微型电动机的驱动方法。

2）单片机和微型电动机的电路接口。

3）单片机控制小型电动机转向的方法。

4）掌握直流电动机控制过程的 C51 单片机程序设计。

（3）元器件选型　单片机本身具备一定的驱动能力，其 I/O 口的电流在10mA 左右，像驱动发光二极管之类的器件并不需要特殊的驱动电路。但是对于直流电动机这类负载较大的设备，单片机无法为其提供足够的电流，尤其是在直流电动机刚起动时，其起动电流往往会达到正常工作电流的数倍，所以需要专门的驱动电路来完成对电动机的驱动，而单片机仅完成逻辑控制部分的工作。

目前，越来越多的单片机集成了特殊的功能，如 Motorola 公司、PIC 公司在大量单片机中集成了 A/D 转换、PWM 输出等功能，但是很少有集成电动机驱动电路的。这主要是因为电动机的驱动电路所需的电流较大，有些器件属于大功率器件，难以和单片机集成。所以在实际应用中，电动机驱动电路是单片机控制回路中的常用接口电路。

驱动电路的基本功能是提供足够的电流驱动电动机转动。此外，还需要利用单片机的逻辑电平输出控制电动机的正/反转。这里将通过对 H 桥式电路的驱动原理、实用电路和专用芯片的介绍，说明单片机中常用驱动电路的构成和使用方法。

桥式电路是一种最基本的驱动电路结构。控制电动机正/反转的桥式驱动电路有单电源和双电源两种驱动方式。由于本例采用单电源的驱动方式便可以满足实际的应用需要，所以这里只介绍单电源的驱动方式。在图 6-10 所示 H 桥式驱动电路中的4个二极管为续流二极管。如果选用的驱动电路中使用的是晶体管，那么这4个二极管是必须使用的，其主要作用是用以消除电动机所产生的反向电动势，避免该反向电动势把晶体管反向击穿。

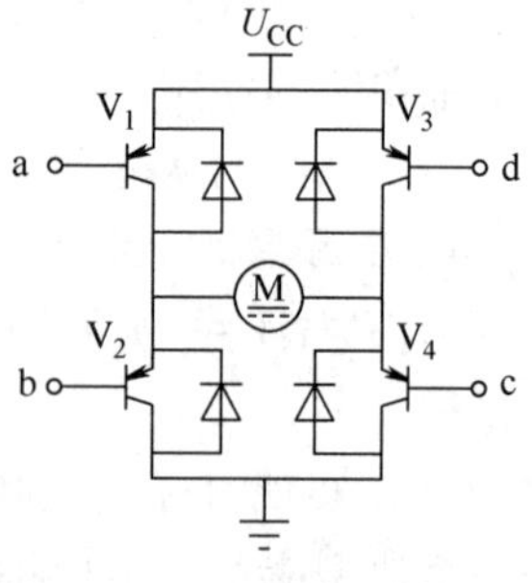

图 6-10　H 桥式驱动电路

单电源方式的桥式驱动电路又称为全桥式驱动电路或者 H 桥式驱动电路。电动机正转时晶体管 V_1 和 V_4 导通，反转时 V_2 和 V_3 导通，在两种情况下，加在电动机两端的电压极性相反。当4个晶体管全部关断时，电动机停转。当 V_1 与 V_3 截止，而 V_2 与 V_4 同时导通时，电动机处于短路制动状态，将在瞬时停止转动。电动机的驱动电路可以完成两个基本要求：通过晶体管的放大，保证电动机的驱动电流；通过桥式驱动电路及对不同开关的选择，可以实现单片机的数字电平控制晶体管的导通和截止，从而控制小型电动机的正反转。

该电路可以由微机或者是单片机控制。功率 MOSFET 可以用逻辑电平直接驱动，也可与微机或单片机的输出引脚直接相连。由于功率 MOSFET 内部的漏极和源极之间设置了寄生二极管，因此不需要外接续流二极管，电路更加简单。

如果用户对成本的要求不高，那么专用的电动机驱动芯片则是一种较为理想的选择。目前，专用的电动机驱动芯片很多，需要针对使用的电动机型号和额定输入进行选择。对于本例使用的小型电动机而言，其逻辑输入为 +5V，而驱动电压需要 +12V 左右，根据这一要求，可选择东芝公司的 TA7267 系列芯片 TA7267BP。

TA7267BP 是东芝公司生产的一款专用于小型直流电动机驱动的专用芯片。该芯片在相应的逻辑电平的控制下，能够实现电动机的正转、反转、停止和制动 4 种动作。其逻辑电平的工作电压为 6 ~ 18V，驱动电动机工作的电压为 0 ~ 18V，是一款单电源供电的芯片。

TA7267BP 的驱动原理和上述的桥式驱动电路并没有什么不同，只不过是该芯片将桥式驱动电路中所用的分立元器件集成为一体，并定义了相关引脚的逻辑电平，从而使得驱动部分模块化，便于用户使用。

在 TA7267BP 中，施加在 6、7 引脚上的电源电压最大不能超过 25V，常规的数字电路电源应在 6 ~ 18V 之间，不能超出这个范围。工作电流平均为 1A，峰值为 3A，TA7267BP 在电动机起动时的电流不能超过这个峰值。根据 TA7267BP 各引脚对电平的控制，可以很方便地利用单片机实现对小型电动机的转动状态进行控制。用户需要做的只是选择电动机在何时采用何种状态，并编制相应的单片机程序就可以了。

下面将以 TA7267 BP 电动机驱动芯片为例，编写具体的单片机和微型电动机的驱动电路和相关的控制电动机转向的 C51 程序。该直流电动机转速控制模块的主要功能是 1s 改变 1 次电动机的转向，这里可通过单片机的定时器控制转向时间，并发送输出到 TA7267BP 的控制字，从而改变和驱动电动机转向来实现。

（4）电路设计　TA7267BP 芯片的电动机驱动电路如图 6-11 所示。读者可以根据该电路设计印刷电路板。

首先列出和本例相关的、关键部分的部件名称及其在电路中的主要功能。

单片机：ATMEL89C52。其主要完成对各个端口状态信号的监测、控制信号的发送以及和微机程序的通信。

驱动电路：东芝公司的 TA7267BP。其可用于驱动小型电动机，完成对活动门的开关动作。

然后列出单片机与各个功能引脚的连接和相关的地址分配。

P1.2：输入引脚，连接活动门的开关。可通过活动门开关的电平变化触发单片机的中断，执行开关门控制指令的输出。

P2.0：输入引脚，连接活动门的状态按键。单片机可通过读取 P2.0 口的电平，判断出活动门的当前状态。

P1.2、P1.3：输出引脚，连接驱动芯片 TA7267BP 的 1、2 引脚。单片机可通过改变这两个引脚的电平，实现 4 种电动机状态的控制指令。

（5）程序设计　本程序的功能是定时 1s 控制电动机转向的变化。其主要功能包含两个方面：①单片机定时 1s，改变 I/O 口输出；②通过单片机的 I/O 口，输出到 TA7267BP 的控制字，通过 TA7267BP 驱动电动机，并控制电动机的转向。

本例中所使用的主要功能部件就是 TA7267BP 芯片。利用单片机控制电动机转向的流程如图 6-12 所示。

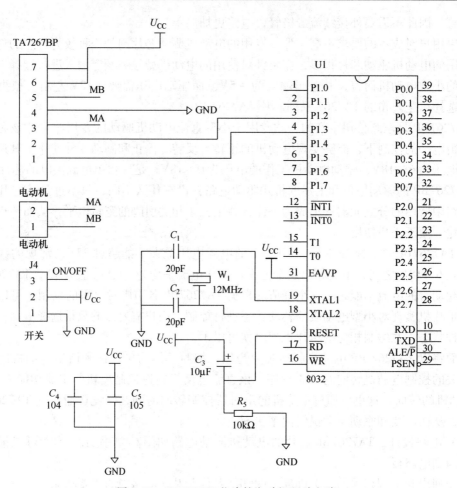

图 6-11　TA7267BP 芯片的电动机驱动电路

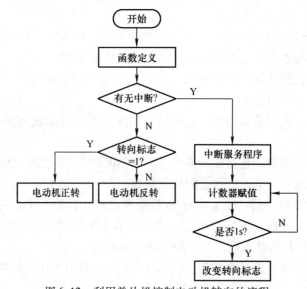

图 6-12　利用单片机控制电动机转向的流程

利用单片机控制电动机转向的源代码如下：

```c
#include < reg52. h >
#include < absacc. h >
#define uchar unsigned char
#define uint unsigned int
bit gate;
bit direct;
sbit motor1 = P1^2;
sbit motor2 = P1^3;
uchar data BUFFER[1] = {0};
//主程序
void main(void)
    {
    P2 = 0x0f;
    EA = 1;
    IT1 = 1;
    ET0 = 1;
    TMOD = 0x01;
    TH0 = 5000/256;
    TL0 = -5000%256;
    TR0 = 1;
    gate = 1;
    for( ;; )                    //循环等待
        {
        if (gate)                //正转
            {
            motor1 = 1;
            motor2 = 0;
            }
        else
            {
            motor1 = 0;          //反转
            motor2 = 1;
            }
        }
    }
void timer0(void) interrupt 1 using 1
  {
  TH0 = -5000/256;              //定时器 T0 的高 4 位赋值
```

```
TL0 = -5000%256;
BUFFER[0] = BUFFER[0] + 1;          //定时器 T0 的低 4 位赋值
if(BUFFER[0] = = 100)               //百分位进位
    {
    gate = ! gate;                  //转向标志取反
    }
}
```

复习与思考

6-1　单片机主要包括哪些部分？试画出其内部结构图，并指出 MCS - 51 单片机内部有哪些功能模块。

6-2　试说明关键字 sfr、sfr16、using、sbit、intenupt 的功能。

6-3　片外 RAM 30H 单元存放着一个 0~5 的数。试利用 C51 编程，采用查表法，求出该数的二次方值并放入内部 RAM 30H 单元。

6-4　用 P1.0 输出 1kHz 和 500Hz 的音频信号驱动扬声器，作为报警信号，要求 1kHz 信号响 100ms，500Hz 信号响 200ms，交替进行，P1.7 接一开关进行控制，当开关合上时鸣响报警信号，当开关断开时报警信号停止。编写 C51 程序。

6-5　MCS - 51 单片机的内部数据存储器分为哪几个地址和区域？

6-6　程序状态字 PSW 中主要包含了哪些状态信息？

6-7　MCS - 51 单片机中，P0 口的用途是什么？

第 7 章　可编程逻辑控制器（PLC）

章节导读：

　　PLC 控制系统实现逻辑控制的方式与传统的继电器控制系统不同，继电器控制逻辑由继电器硬件来完成，而 PLC 控制逻辑由程序来完成。PLC 利用程序中的"软继电器"取代传统的物理硬件继电器，可使控制系统的硬件结构大大简化，具有价格便宜、维护方便、编程简单、控制功能强等优点，目前已经广泛用于钢铁、石油、化工、电力、建材、机械制造、汽车、轻纺、交通运输、环保及文化娱乐等行业。本章将对 PLC 的基本知识、硬件组成与编程语言等进行介绍。

7.1　PLC 基本知识

7.1.1　PLC 的定义

　　PLC 是给机电系统提供控制和操作的一种通用工业控制计算机。它应用面广、功能强大、使用方便，已经成为当代工业自动化的主要支柱之一。它采用可编程序存储器作为内部指令记忆装置，具有逻辑运算、排序、定时、计数及算术运算等功能，并通过数字或模拟输入/输出模块控制各种形式的机器及过程。可编程逻辑控制器的英文名字是 Programmable Controller，缩写为 PC，为了与个人计算机的简称 PC 相区别，习惯上简称为 PLC（Programmable Logic Controller）。随着现代科学技术的迅猛发展，可编程逻辑控制器不仅仅是只作为逻辑的顺序控制，而且还可以接收各种数字信号、模拟信号，进行逻辑运算、函数运算、浮点运算和智能控制等。

　　在 PLC 发展初期，不同的 PLC 开发制造商对 PLC 有不同的定义。为使这一新型的工业控制装置的生产和发展规范化，国际电工委员会（IEC）于 1982 年 11 月和 1985 年 1 月对可编程逻辑控制器做了如下的定义："可编程逻辑控制器是一种数字运算操作的电子系统，专为在工业环境下应用而设计。它采用可编程序的存储器，用来在其内部存储执行逻辑运算、顺序控制、定时、计数和算术运算等操作的命令，并通过数字式模拟式的输入和输出，控制各种类型的机械或生产过程。可编程逻辑控制器及其有关设备都应按易于与工业控制系统联成一个整体、易于扩充功能的原则而设计。"

　　由此可见，可编程逻辑控制器是专为在工业环境下应用而设计的一种数字式的电子装置，它是一种工业控制计算机产品。

7.1.2　工作原理

　　在工业现场，实现工业自动化通常有三种情况，即开关量的逻辑控制用电气控制装置，慢速连续量的过程控制用电动仪表装置，快速连续量的运动控制用电气传动装置，简称"三电"（电控、电仪、电传）。由于三种控制相差太远，无法兼容，基于 PLC 扫描机制的特点，以及在大型 PLC 中采用多微处理机和大量智能模块的开发等使得 PLC 可能在控制装置一级实现"三电"于一体。它比数字计算机集散控制系统实现网络一级的"三电"一体要容易得多。

图 7-1 所示为 PLC 与输入/输出装置连接图。输入信号由按钮开关、限位开关、继电器触点和光学传感器等开关装置产生，通过接口进入 PLC，再经 PLC 处理产生控制信号，通过输出接口送给输出装置，如线圈、继电器、电动机以及指示灯等。

PLC 是采用"顺序扫描，不断循环"的方式进行工作的，即在 PLC 运行时，CPU 根据用户按控制要求编制并存于用户存储器中的程序，按指令步序号（或地址号）做周期性循环扫描，如无跳转指令，则从第一条指令开始逐条顺序执行用户程序，直至程序结束，然后重新返回第一条指令，开始下一轮新的扫描。在每次扫描过程中，还要完成对输入信号的采样和对输出状态的刷新等工作。

PLC 的一个扫描周期必经输入采样、程序执行和输出刷新三个阶段。

输入采样阶段：首先以扫描方式按顺序将所有暂存在输入锁存器中的输入端子的通断状态或输入数据读入，并将其写入各对应的输入状态寄存器中，即刷新输入，随即关闭输入端口，进入程序执行阶段。

程序执行阶段：按用户程序指令存放的先后顺序扫描执行每条指令，经相应的运算和处理后，将结果再写入输出状态寄存器中，输出状态寄存器中所有的内容随着程序的执行而改变。

输出刷新阶段：所有指令执行完毕后，输出状态寄存器的通断状态在输出刷新阶段送至输出锁存器中，并通过一定的方式（继电器、晶体管或晶闸管）输出，驱动相应输出设备工作。

PLC 采取的扫描工作机制就是按照定义和设计，连续和重复地检测系统输入，求解目前的控制逻辑，以及修正系统输出。在 PLC 典型的扫描机制中，I/O 服务处于扫描周期的末尾，这种典型的扫描称为同步扫描。扫描循环一周所花费的时间为扫描时间。PLC 不同，扫描时间不同，一般为 10 ~ 100ms。扫描机制具有高抗干扰能力，这是因为进行 I/O 服务的时间很短，引入的干扰少，使扫描周期的大部分时间的干扰都被挡在 PLC 之外。在多数 PLC 中都设有一个"看门狗"计时器，它可测量每一扫描循环的长度，如果扫描时间超过某预设的长度（如 150 ~ 200ms），它便激发临界警报。在同步扫描周期内，除了 I/O 服务之外，还有服务程序、通信窗口和内部执行程序等，如图 7-2 所示。

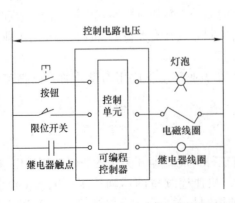

图 7-1　PLC 与输入/输出装置连接图　　　　图 7-2　PLC 的扫描机制

扫描工作机制的差异是 PLC 与通用微机的基本区别。此外，还有以下区别：

1）虽然微机可以通过编程实现 PLC 的多数功能，然而通用微机不是专门为工业环境应用设计的，在稳定性、灵活性及抗干扰能力等方面均不如 PLC。

2）微机与外部世界连接时需要专门的接口电路板，而 PLC 带有各种 I/O 模块，可供直接使用，且输入输出线可多至数百条。

3）PLC 具有多种诊断能力，采用模块式结构，易于维修。

4）PLC 可采用梯形图编程，编程语言直观简单，容易掌握。

5）虽然许多 PLC 能够接收模拟信号和进行简单的数学运算，但是其数学运算能力无法与通用微机相比。

PLC 的组成与计算机类似，其功能的实现不仅基于硬件的作用，更依赖软件的支持。现在国内外有各种类型和结构的 PLC，它们的组成和原理基本相同，都是主要由硬件和软件两部分构成。

7.1.3　硬件结构

不同型号的 PLC 其内部结构和功能不尽相同，但主体结构型式大致相同。图 7-3 所示为 PLC 的硬件系统简化框图。

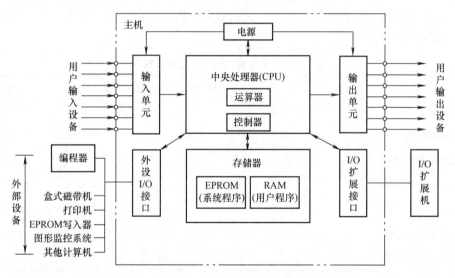

图 7-3　PLC 的硬件系统简化框图

PLC 的硬件系统由主机、I/O 扩展接口及外设 I/O 接口等组成。主机和 I/O 扩展接口采用微机的结构型式，主机内部由中央处理器、存储器、输入单元、输出单元以及接口等部分组成。以下简要介绍各部件的作用。

（1）中央处理器（CPU）　CPU 在 PLC 控制系统中的作用类似于人体的神经中枢。它是 PLC 的运算、控制中心，用来实现逻辑运算和数学运算，并对全机进行控制。

（2）存储器　存储器（简称内存）用来存储数据或程序。它包括随机存取存储器（RAM）和只读存储器（ROM）。PLC 配有系统程序存储器和用户程序存储器，分别用以存储系统程序和用户程序。

（3）输入/输出（I/O）模块 I/O模块是CPU与现场I/O设备或其他外部设备之间的连接部件。PLC提供了各种操作电平和输出驱动能力的I/O模块、各种用途的I/O功能模块供用户选用。

（4）电源 PLC配有开关式稳压电源的电源模块，用来对PLC的内部电路供电。

（5）编程器 编程器用于用户程序的编制、编辑、调试和监视，还可以通过其键盘去调用和显示PLC的一些内部状态和系统参数。它通过接口与CPU连接，完成人－机对话连接。

（6）外部设备 PLC也可选配其他设备，如磁带机、打印机、EPROM写入器和显示器等。

7.1.4 输入/输出（I/O）模块

I/O模块是CPU与现场I/O设备或其他外部设备之间的连接部件（接口）。PLC的对外功能就是通过各类I/O模块的外接线，实现对工业设备或生产过程的检测与控制。

1. 开关量输入模块

开关量输入模块的作用是接收现场的开关信号，并将输入的高电平信号转换为PLC内部的低电平信号。每一个输入点的输入电路可以等效成一个输入继电器。开关量输入模块按照使用的电源不同可分为直流输入模块、交流输入模块和交直流输入模块。表7-1列出了开关量输入模块的品种及规格。

表7-1 开关量输入模块的品种及规格

模块品种	操作电平/V	操作电平允许变化和范围/V	每块的输入点数
直流输入模块	5V（TTL）	—	16/32/48
直流输入模块	10～50	—	32
直流或交流输入模块	12	12^{+8}_{-2}	8/16/32
直流或交流输入模块	24	24^{+8}_{-4}	8/16/32
直流或交流输入模块	48	48^{+12}_{-6}	8/16
直流或交流输入模块	115	115^{+18}_{-35}	8/16
直流或交流输入模块	220	220^{+30}_{-50}	8/16

2. 开关量输出模块

开关量输出模块的作用是将PLC的输出信息传给外部负载（即用户输出设备），并将PLC内部的低电平信号转换为外部所需电平的输出信号。每个输出点的输出电路可以等效成一个输出继电器。开关量输出模块按照负载使用的电源（即用户电源）不同可分为直流输出模块、交流输出模块和交直流输出模块，按照输出开关器件的种类不同又可分为晶体管输出方式、可控硅输出方式及继电器输出方式。晶体管输出方式的模块只能接直流负载，属于直流输出模块。可控硅输出方式的模块只能接交流负载，属于交流输出模块。继电器输出方式的模块可接直流负载，也可接交流负载，属于交直流输出模块。表7-2列出了开关量输出模块的品种及规格。

表 7-2   开关量输出模块的品种及规格

模块品种	操作电平允许变化和范围	每输出点最大输出电流	每块的输出点数
直流输出模块	5V(TTL)	50mA	16/32
直流输出模块	(10~50)V	250mA	16/32
直流输出模块	(12_{-3}^{+8})V	(0.5~2)A	8/16/32
直流输出模块	(24_{-5}^{+16})V	(0.5~2)A	8/16/32
直流输出模块	(48_{-10}^{+8})V	(0.5~2)A	8/16
交流输出模块	$(115(220)_{-25}^{+15})$V	2A	8/16
继电器输出模块	任选	阻性负载4A,感性负载0.5A	5/6/8

3. 模拟量输入/输出模块

在工业控制中经常会遇到一些连续变化的物理量（称为模拟量），如电流、电压、温度、压力、流量、位移和速度等。若要将这些模拟量送入 PLC，就必须先转换成数字量，然后才能进行运算或处理。这种把模拟量转换成数字量的过程叫作模/数转换（Analog to Digit），简称 A/D 转换。

在工业控制中还经常会遇到要对电磁阀、液压电磁铁等执行机构进行连续控制的情况，这时就必须把 PLC 输出的数字量转换成模拟量，才能满足这类执行机构的动作要求。这种把数字量转换成模拟量的过程叫作数/模转换（Digit to Analog），简称 D/A 转换。

在 PLC 中，实现 A/D 转换和 D/A 转换的模块称为模拟量 I/O 模块。

通常，每块模拟量 I/O 模块有 2/4/8 路输入或输出通道，每路通道的 I/O 信号电平为 1~5V/ 0~10V/ −10~+10V，电流为 2~10mA。

4. 其他输入/输出模块

PLC 除提供上述的接口模块外，还提供其他用于特殊用途的接口模块，如通信接口模块、动态显示模块、热电偶输入模块、步进电机驱动模块、拨码开关模块、PID 模块和智能控制模块等。

7.2   编程语言与基本指令

7.2.1   编程语言

PLC 是专为工业控制而开发的装置，主要使用对象是广大工程技术人员及操作维护人员。为了满足他们的传统习惯和掌握能力，通常 PLC 不采用微机的编程语言，而常常采用面向控制过程、面向问题的"自然语言"编程。IEC（国际电工委员会）于 1994 年 5 月公布了 PLC 标准（IEC1131），它由五个部分组成：通用信息、设备与测试要求、编程语言、用户指南和通信。其中第三部分（IEC1131 -3）是 PLC 的编程语言标准。根据国际电工委员会制定的工业控制编程语言标准（IEC1131 -3），PLC 有五种标准编程语言：梯形图（Ladder Diagram, LD）、指令表（Instruction List, IL）、顺序功能图（Sequential Function Chart, SFC）、功能块图（Function Block Diagram, FBD）、结构化文本（Structured Text, ST）。

1. 梯形图

梯形图在形式上类似于继电器控制电路，如图7-4所示。它由各种图形符号连接而成，这些符号依次为常开接点、常闭接点、并联连接、串联连接、继电器线圈等。每一接点和线圈均对应有一个编号。不同机型的PLC编号方法不同。梯形图直观易懂，为电气人员所熟悉，因此是应用最多的一种编程语言。

2. 指令表

由若干个指令组成的程序称为指令表，西门子称为语句表（STL）。指令表编程语言是与微机汇编语言类似的一种助记符编程语言，和汇编语言一样由操作码和操作数组成，但PLC的指令表比汇编语言的语句表通俗易懂，因此也是应用得很多的一种编程语言。指令表编程语言与梯形图编程语言图——对应，在PLC编程软件下可以相互转换。

不同的PLC，指令表使用的助记符不同。以F系列PLC为例，对应于图7-4的指令表为：

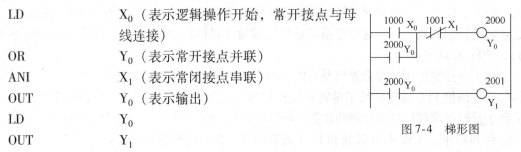

LD	X_0（表示逻辑操作开始，常开接点与母线连接）
OR	Y_0（表示常开接点并联）
ANI	X_1（表示常闭接点串联）
OUT	Y_0（表示输出）
LD	Y_0
OUT	Y_1

图7-4 梯形图

3. 顺序功能图

顺序功能图是一种位于其他编程语言之上的图形语言，主要用来编制顺序控制程序。顺序功能图语言是为了满足顺序逻辑控制而设计的编程语言。编程时将顺序流程动作的过程分成步和转换条件，根据转移条件对控制系统的功能流程顺序进行分配，一步一步地按照顺序动作。每一步代表一个控制功能任务，用方框表示。在方框内含有用于完成相应控制功能任务的梯形图逻辑。这种编程语言使程序结构清晰，易于阅读及维护，大大减轻编程的工作量，缩短编程和调试时间，可用于系统中规模较大、程序关系较复杂的场合。顺序功能流程图编程语言的特点是：以功能为主线，按照功能流程的顺序分配，条理清楚，对用户程序便于理解。

4. 功能块图

这是一种类似于数字逻辑门电路的编程语言，有数字电路基础的技术人员很容易掌握。该编程语言用类似与门、或门和非门的方框来表示逻辑运算关系。方框的左边为逻辑运算的输入变量，右边为输出变量，信号由左向右流动，如图7-5所示。

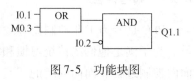

图7-5 功能块图

5. 结构化文本

结构化文本编程语言采用计算机的描述方式来描述系统中各种变量之间的各种运算关系，完成所需的功能或操作。大多数PLC制造商采用的结构化文本编程语言与BASIC语言、PASCAL语言或C语言等高级语言相类似，但为了应用方便，在语句的表达方法及语句的种类等方面都进行了简化。结构化文本编程语言的特点是：采用高级语言进行编程，可以完成较复杂的控制运算；需要有一定的计算机高级语言的知识和编程技巧，对工程设计人员要求较高；直观性和操作性较差。

7.2.2　基本指令

PLC 产品的产销量居工控计算机之首位，市场需求量仍在稳步上升。全世界有 200 多厂家、400 多 PLC 品种，大体可以分成三个类别：美国产品、欧洲产品和日本产品。美国产品和欧洲产品是独自研究开发的，表现出明显的差异性。日本 PLC 技术由美国引进，但它定位在小型 PLC 上，而欧美产品以大、中型 PLC 为主。

不同机型的 PLC 有不同的指令系统，但总的来说指令的基本功能相似。这里重点介绍日本三菱公司生产的 F 系列 PLC。F 系列 PLC 具有丰富的指令系统，既可实现复杂控制操作，又易于编程。按功能可将指令分为两大类：基本指令和特殊功能指令。其中基本指令是指直接对输入输出进行简单操作的指令，包括输入、输出、逻辑"与"、逻辑"或"、逻辑"非"等。下面分别介绍 F 系列的各种基本指令的梯形符号、助记符、功能和用法，并附上应用指令的实例。

F 系列 PLC 共有 20 条基本逻辑指令，分别为用于接点的指令、用于线圈的指令和独立指令。表 7-3 为基本逻辑指令表。

表 7-3　基本逻辑指令表

指令	功能	目标元素	备注
LD	逻辑运算开始	X、Y、M、T、C、S	常开接点
LDI	逻辑运算开始	X、Y、M、T、C、S	常闭接点
AND	逻辑"与"	X、Y、M、T、C、S	常开接点
ANI	逻辑"与反"	X、Y、M、T、C、S	常闭接点
OR	逻辑"或"	X、Y、M、T、C、S	常开接点
ORI	逻辑"或反"	X、Y、M、T、C、S	常闭接点
ANB	块串联	无	
ORB	块并联	无	
OUT	逻辑输出	Y、M、T、C、S、F	驱动线圈
RST	计数器、移位寄存器复位	C、M	用于计数器和移位寄存器
PLS	脉冲微分	M100 ～ M377	
SFT	移位	M	
S	置位	M200 ～ M377、Y、S	
R	复位	M200 ～ M377、Y、S	
MC	主控	M100 ～ M177	用于公共串接接点
MCR	主控复位	M100 ～ M177	
CJP	条件跳转	700 ～ 777	
EJP	跳转结束	700 ～ 777	
NOP	空操作	无	
END	程序结束	无	

注：X 为输入继电器；Y 为输出继电器；M 为辅助继电器（或移位寄存器）；T 为定时器；C 为计数器；S 为状态器；
　　F 为特殊功能指令。

（1）输入、输出性指令（LD、LDI、OUT）

LD：取指令，用于常开接点的状态输入。

LDI：取反指令，用于常闭接点的状态输入。

LD、LDI 用于表示连接在可编程逻辑控制器输入接点上的检测信号、计数器、计时器、辅助继电器以及输出继电器的状态。

OUT：输出指令，用于控制输出继电器、辅助继电器、计时器、计数器，但不能用于控制连接可编程逻辑控制器输入接点上的检测结果。

图 7-6 所示为 LD、LDI、OUT 指令的用法。其中 K19 为时间常数设定语句，用于控制计时器的延时时间。对于计时器和计数器，使用 OUT 指令后，必须紧跟一条设定时间常数语句。

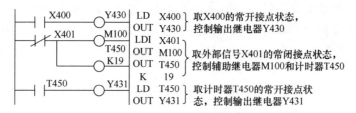

图 7-6 LD、LDI、OUT 指令的用法

（2）逻辑"与"指令（AND、ANI）

AND：常开接点串联连接指令。

ANI：常闭接点串联连接指令。

它们的适用范围与 LD、LDI 相同。

由图 7-7 可知，常开接点 M101 与接点 X402 串联，常闭接点 X403 与 Y433 串联连接后再与常开接点 X404 串联。

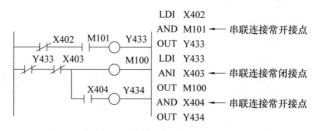

图 7-7 AND、ANI 指令的用法

（3）逻辑"或"指令（OR、ORI）

OR：常开接点并联连接指令。

ORI：常闭接点并联连接指令。

它们的适应范围与 LD、LDI 相同。图 7-8 所示为 OR、ORI 指令的用法。

（4）电路块并联连接指令（ORB）

ORB：两个以上接点串联连接后的串联电路块再与前面电路块并联连接的指令。使用这条指令时，并联连接的各电路块必须用 LD 或 LDI 开始。

图 7-9 所示为 ORB 指令的用法。

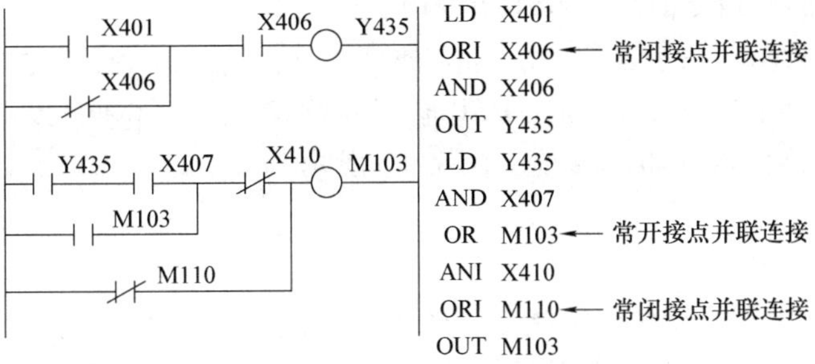

X401
X406
Y435
X406
Y435
X407
X410
M103
M103
M110
LD X401
ORI X406 ← 常闭接点并联连接
AND X406
OUT Y435
LD Y435
AND X407
OR M103 ← 常开接点并联连接
ANI X410
ORI M110 ← 常闭接点并联连接
OUT M103

图 7-8　OR、ORI 指令的用法

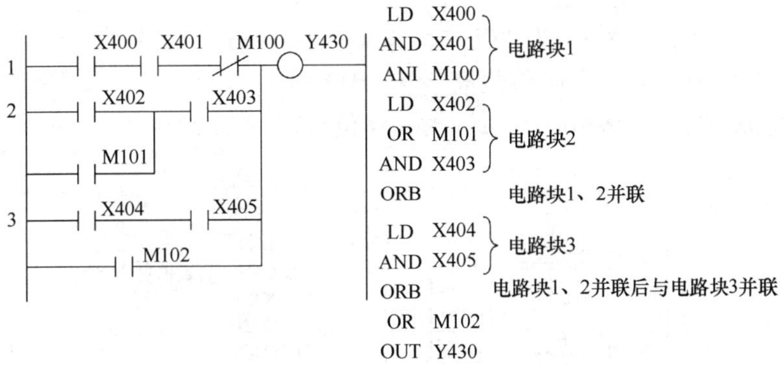

X400
X401
M100
Y430
1
2
3
X402
X403
M101
X404
X405
M102
LD X400
AND X401
ANI M100
电路块1
LD X402
OR M101
AND X403
电路块2
ORB 电路块1、2并联
LD X404
AND X405
电路块3
ORB 电路块1、2并联后与电路块3并联
OR M102
OUT Y430

图 7-9　ORB 指令的用法

(5) 电路块串联连接指令（ANB）

ANB：将两个以上接点并联连接后的并联电路块与前面电路块串联连接的指令。

图 7-10 所示为 ANB 指令的用法。使用 ANB 指令的方法和特点与 ORB 指令完全相同。

X400
X401
M101
X403
Y433
M100
X402
X404
X405
电路块1
电路块2
LD X400
ANI X401
LD M100
AND X402
ORB
电路块1
LDI M101
AND X403
LD X404
AND X405
ORB
电路块2
ANB 电路块1和电路块2串联连接
OUT Y433

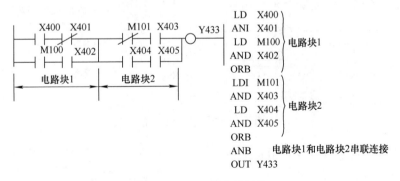

图 7-10　ANB 指令的用法

(6) 置位/复位指令（S/R）

S 为置位指令；R 为复位指令。

S/R：用于输出继电器（Y）、辅助继电器（M200 ~ M377）和状态器（S）的置位/复位操作。S/R 指令的编写次序可任意编排。图 7-11 所示为 S/R 指令的用法。

(7) 计数器、移位寄存器复位指令（RST）

RST：用于计数器和移位寄存器的复位。当 RST 指令用于计数器复位时，计数器的接点

断开，当前计数值回到设定值。当 RST 指令用于移位寄存器复位时，清除所有位的信息。在这两种情况下，RST 指令均为优先执行。因此，假如 RST 输入连续接通，则计数输入和移位输入将不接受。图 7-12 所示为 RST 指令的用法。

（8）移位指令（SFT）

SFT：用于移位寄存器移位输入指令。图 7-13 所示为 SFT 指令的用法。在 16 位移位寄存器中，OUT 为移位寄存器第一位输入端，SFT 为移位控制输入端，RST 为复位输入端。图 7-13 表示，把 M117 的状态送给移位寄存器的第一位 M120，当 X401 为"0"时，X400 每接通一次（由"0"变"1"），则移位寄存器 M120 ~ M137 便顺序右移一位，当 X401 为"1"时，移位寄存器全部清零。

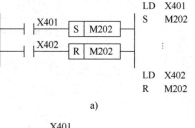

a)

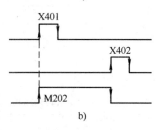

b)

图 7-11　S/R 指令的用法

a）梯形图　b）波形图

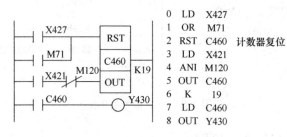

图 7-12　RST 指令的用法

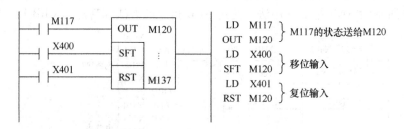

图 7-13　SFT 指令的用法

（9）主令控制指令（MC/MCR）

MC：主令控制起始指令。

MCR：主令控制结束指令。

这两条指令是一个接点（称为主令接点）控制多条支路的控制指令，其应用如图 7-14 所示。由图中语句表可知，MC 和 MCR 必须成对使用，成对使用的 MC 和 MCR 的操作数相同。另外，不同型号的可编程逻辑控制器，其操作数的范围是有规定的，要根据说明书使用。

（10）跳转指令（CJP/EJP）

CJP：条件跳转指令。

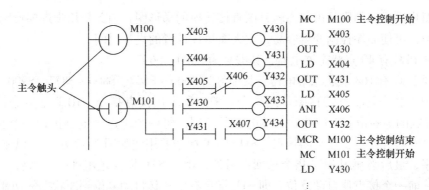

图 7-14   MC/MCR 指令的用法

EJP：条件跳转结束指令。

这两条指令的应用如图 7-15 所示，当 X400 = 1 时，CJP700 和 EJP700 之间的程序不执行，而 X400 = 0 时则程序被执行。

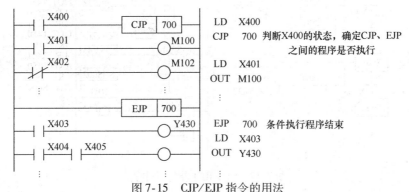

图 7-15   CJP/EJP 指令的用法

（11）结束指令（END）

END：用于程序的结束，无目标元素。PLC 在运行时，CPU 读输入信号，执行梯形图电路并读出输出信号。当执行到 END 指令时，END 指令后面的程序跳过不执行，然后读输出信号，如此反复扫描执行，如图 7-16 所示。由此可见，END 指令执行时，不必扫描全部 PLC 内的程序内容，因而具有缩短扫描时间的功能。

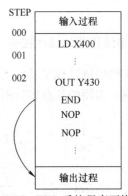

图 7-16   END 后的程序不执行

7.3   状态转移图及编程方法

7.3.1   状态转移图与步进梯形图

要用继电器梯形图编制顺序控制程序需要编程人员有一定的经验，并且所编制的复杂程序也难以读懂。若采用状态转移图进行编程则方便很多。状态转移图就是用状态来描述工艺流程图。而步进梯形图则是由状态转移图直接转换的梯形图，因此采用步进梯形图具有简单直观的特点，可使顺序控制变得容易，大大缩短设计者的设计时间。

F_1 系列 PLC 有 40 点状态继电器，其编号为 S600 ~ S647。

F_2 系列 PLC 有 168 点状态继电器，其编号为 S600 ~ S647、S800 ~ S877、S900 ~ S977。

STL/RET 指令是状态转移图常用指令。STL 是步进接点指令，RET 是步进返回指令。STL 步进接点的通断由其对应的状态继电器所控制，每一个步进继电器执行一个步进。STL 步进接点只有常开接点，无常闭接点。STL/RET 指令的用法如图 7-17 所示。以步进接点为主体的程序，最后必须用 RET 指令返回。另外，由于 STL 指令是步进的，当后一个步进接点得电时，前一个接点便自动复位，即 STL 指令有使转移自动复位到原状态的功能。

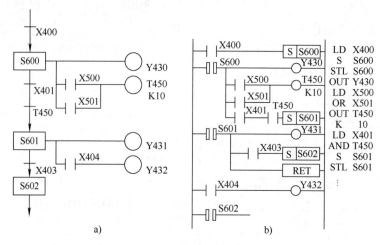

图 7-17 STL/RET 指令的用法

a）步进状态图 b）步进梯形图

7.3.2 多流程步进顺序控制

多流程步进过程是具有两个以上的顺序动作的过程，其状态转移图具有两条以上的状态转移支路。常用的状态转移图 4 种结构如图 7-18 所示。

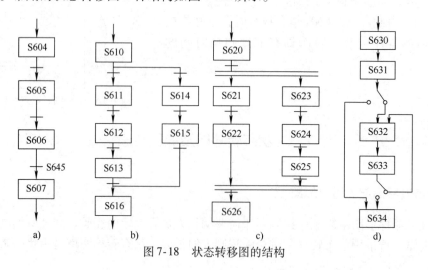

图 7-18 状态转移图的结构

图 7-18a 所示为单流程结构。这时状态不必按顺序编号，其他流程的状态（如 S645）也可作为状态转移的条件。

图 7-18b 所示为选择分支与连接的结构。这时多个流程由条件选择执行，状态不能同时转移。

图 7-18c 所示为并联分支与连接的结构。这时多个流程同时转移执行，状态同时转移。

图 7-18d 所示为跳步与循环的结构。这时某些状态跳步或循环。

任何复杂的过程均可由以上 4 种结构组成。

7.3.3　状态转移图应用示例

例 7-1　图 7-19 所示为小车运行过程。当小车处于后端时，按下启动按钮，小车向前运行；压下前限位开关后，翻斗门打开；7s 后小车向后运行，到后端，压下后限位开关后，打开小车底门，完成一次动作。要求控制小车的运行，并具有以下几种方式：①手动；②自动单周期，即小车往复运行一次后停在后端等待下次起动；③自动连续，即小车起动后自动往复运行；④单步运行，即每步动作都要起动；⑤往复运行两次，即小车往复运行两次后，回到后端停下，等待起动。

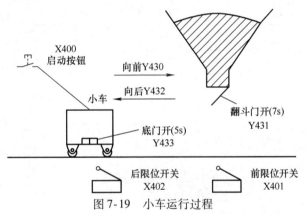

图 7-19　小车运行过程

第一步，设置输入/输出点（见图 7-20）。

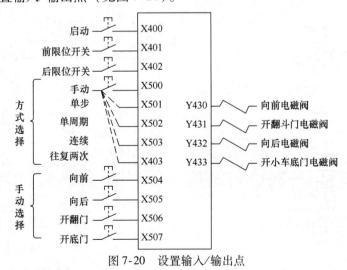

图 7-20　设置输入/输出点

第二步，设计程序结构。

图 7-21 所示为总程序结构框图，其中分为 3 个程序块：自动程序、手动程序和往复运行程序。由跳转指令选择执行。

第三步，设计手动程序。

图 7-22 所示为手动程序梯形图，其中打开翻斗门时间为 7s，打开小车底门时间为 5s，向前向后运行互锁。

第四步，设计自动程序。

自动程序的状态图如图 7-23 所示。图中 S600 为初始状态，用初始化脉冲置位，为进一步操作做好准备。按下启动按钮 X400，自动执行步进，每一步进驱动相应的负载动作，步进到最后一个状态 S604，小车的底门打开 5s，这时如果自动连续开关 X503 合上，状态转移到

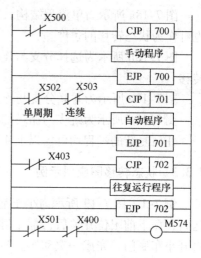

图 7-21　总程序结构框图

S601，如果自动单循环开关 X502 合上，状态转移到初始状态 S600，等待下次启动。自动程序梯形图如图 7-24 所示。

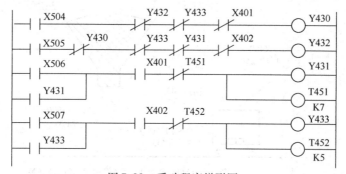

图 7-22　手动程序梯形图

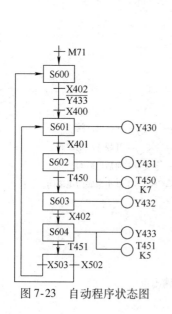

图 7-23　自动程序状态图

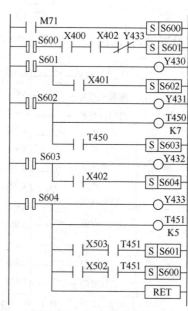

图 7-24　自动程序梯形图

第五步，设计往复运行两次程序。

图 7-25 所示为小车往复运行两次的状态图。当小车为初始状态时，小车位于后端，按下启动按钮 X400，则 M200 复位，同时小车向前运行至前端停下，翻斗门打开 7s，小车向后返回，停在后端，小车底门打开 5s，M200 置位，记忆下第一次动作，返回到 S601 状态，开始第二次动作，重复第一次动作后，第二次动作结束。由于有第一次动作记忆，因此小车回到初始状态停下，直至再次按下启动按钮 X400，才能继续动作。

根据图 7-25 所示的状态图设计出的梯形图如图 7-26 所示。

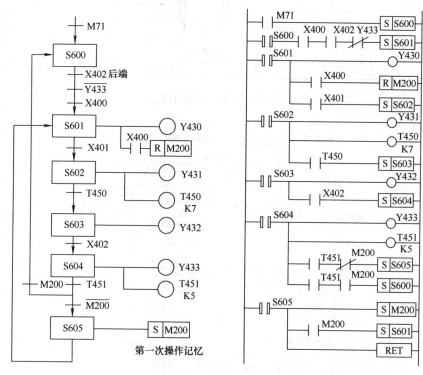

图 7-25　小车反复运行两次状态图　　　　图 7-26　小车反复运行两次梯形图

根据程序结构总图和各部分程序梯形图即可编写出整个过程的梯形图和语句表。

例 7-2　图 7-27 所示为某机械手的动作示意图。当机械手处于原点时（即左限位开关和上限位开关合上）开始起动，机械手夹住工件移向 A 点，放下工件，然后回到原位完成一次动作。

1）分析控制要求。机械手的全部动作由气缸驱动，而气缸又由相应的电磁阀控制。图 7-28 所示为机械手的动作过程。由图 7-28 可知，机械手经 8 步动作完成 1 个周期，即机械手下降 - 夹紧 - 上升 - 右移 - 下降 - 放松 - 上升 - 左移。

机械手的操作方式分为手动方式和自动方式。自动方式又分为单步、单周期、连续操作方式。

2）确定输入/输出设备及 I/O 点数。

① 设备的输入信号如下：

操作方式转换开关：手动、单步、单周期、连续。

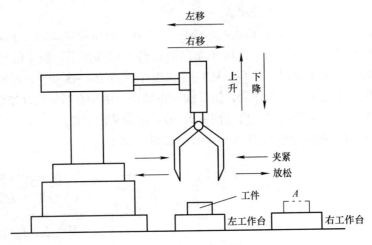

图 7-27　机械手动作示意图

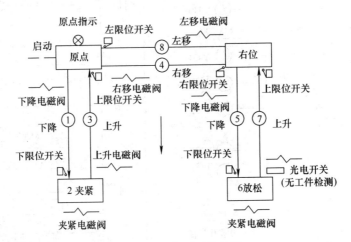

图 7-28　机械手动作过程

手动时运动选择开关：上/下、左/右、夹/松。

位置检测元件：机械手的上、下、左、右的限位行程开关。

无工件检测元件：用光电开关检测右工作台有无工件。

② 设备的输出信号如下：

气缸运动电磁阀：上升、下降、右移、左移、夹紧。

指示灯：机械手处于原点指示。

根据上面分析可知，PLC 共需 15 点输入，6 点输出。

3）选择 PLC。该机械手的控制为纯开关量控制，且所需的 I/O 点数不多，因此选择一般的小型低档 PLC 即可。如果 F 系列 PLC 资料齐全、供货方便，设计者对其比较熟悉，则可根据上面 I/O 点数选择 $F_1 - 40M$，其主机 I/O 点数为 24/16 点。

4）分配 PLC I/O 点的编号。图 7-29 所示为分配 $F_1 - 40M$ 上 I/O 点的编号给机械手各 I/O 点。

5）PLC 程序设计。在进行编程前，应先绘制出整个控制程序的结构框图，如图 7-30 所示。

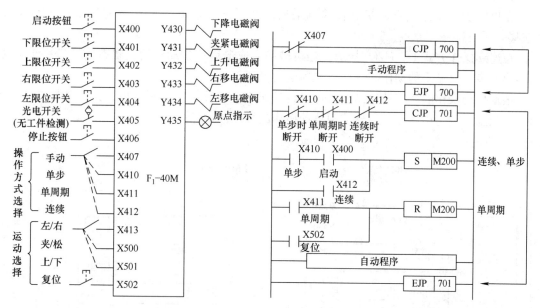

图 7-29　分配 F_1 -40M 上 I/O 点的编号　　　　图 7-30　整个控制程序结构框图

在该结构框图中，当操作方式选择开关置于"手动"时，输入点 X407 接通，其输入继电器常闭接点断开，执行手动操作程序。当操作方式选择开关置于"单步""单周期""连续"时，对应的输入点 X410、X411、X412 接通，其继电器常闭接点断开，执行自动操作程序。由于手动程序和自动程序采用了跳转指令，因此在两个程序段可以采用同样的一套输出继电器。

① 手动操作程序。在手动操作方式下，各种动作都是用按钮操作来实现，其控制程序可以独立于自动操作程序而另行设计。手动操作控制很简单，可以很方便地按一般继电器控制线路来设计，其梯形图如图 7-31 所示。

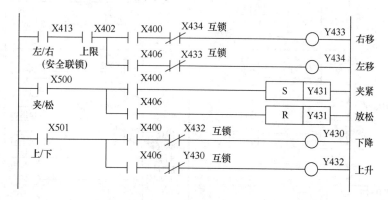

图 7-31　手动操作梯形图

② 自动操作程序。自动操作的状态转移图如图 7-32 所示。机械手在原点时，按动按钮后，状态 S600 接通，执行第一程序，机械手完成第一步动作（下降）。以后每完成一步动

作，状态转移一步，原来的状态自动复位。

在单周期操作方式下，状态转移到最后一步后不再转移，机械手完成最后一步动作（左移）后自动停在原点。

在连续操作方式下，M200 接通，当机械手完成最后一步动作后，状态由最后一步又转移到第一步，机械手的动作又开始第二周期的循环。

根据自动操作的状态转移图，就可以设计出自动操作的步进梯形图，结果如图 7-33 所示。其控制原理与用移位寄存器实现自动操作的控制原理相同。

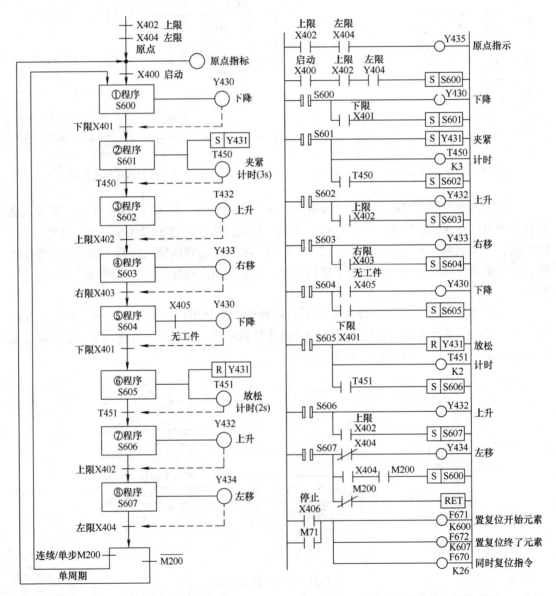

图 7-32　自动操作的状态转移图　　　图 7-33　自动操作的步进梯形图

7.4　梯形图的 C 语言描述及应用

7.4.1　常见开关逻辑的 C 语言描述

将 PLC 的编程思想移植到单片机中来，对于加快嵌入式系统的工业应用具有重要意义。下面将给出"起—保—停"梯形图、多地点控制梯形图、电气互锁及顺序启动梯形图的 C 语言实现方法。

1. "起—保—停"控制程序的 C 语言实现

"起—保—停"梯形图如图 7-34 所示。MCS-51 单片机输入端子上接入两个按钮，分别定义为变量 P1 和 P2。按下按钮 P1 时，线圈 Q1 得电并保持，按下按钮 P2 时，回路断开造成线圈 Q1 失电。可见，P1 是启动按钮，P2 是停止按钮。采用 C 语言对"起—保—停"电路逻辑规则的描述为：

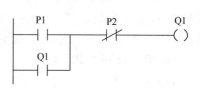

图 7-34　"起—保—停"梯形图

if((P1|Q1)&! P2) Q1 =1;

else Q1 =0; //按下 P1，Q1 得电起动，按下 P2，Q1 失电停止；失电优先

2. 多地点控制梯形图的 C 语言实现

多地点控制是指在多个地方控制同一个对象。在 PLC 梯形图中，表现为控制同一个线圈的条件有多种组合，如采用两个按钮起动一台直流电动机，用另外两个按钮停止另一台电动机。

图 7-35 所示为使用两个按钮 P11 和 P12 使同一个输出继电器线圈 Q1 得电。P11 和 P12 可以安装于不同位置，原则是操作方便，而且 P11 和 P12 位于同等位置，存在"或"的关系。采用 C 语言对控制逻辑的描述为：

if((P11|P12|Q1)&! P13) Q1 =1;　　　　　//按下 P11 或 P12，Q1 得电起动

else Q1 =0;　　　　　　　　　　　　　//否则，Q1 失电停止

图 7-36 中，按钮 P22 和 P23 均可以使同一个输出继电器线圈 Q2 失电。P22 和 P23 存在"与"的关系，只要按下一个就可以使线圈 Q2 失电。采用 C 语言对控制逻辑的描述为：

if((P21|Q2)&! P22&! P23) Q2 =1;　　　//按下 P22 或 P23，Q2 失电停止

else Q2 =0;

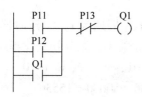

图 7-35　多地点起动控制　　　图 7-36　多地点停止控制

3. 电气互锁梯形图的 C 语言实现

有时，一个电器正在工作，另外一个电器就不能同时工作，否则会出现短路等严重事

故。因此控制系统工作时，应该注意组件之间的相互关系。实现组件互锁的方法有两种：一是机械互锁，二是电气互锁。

PLC 的互锁梯形图如图 7-37 所示。采用 C 语言对控制逻辑的描述为：

if((P1|Q1)&! P2&! Q2) Q1 =1;　　　　//线圈 Q2 的常闭触点串在线圈 Q1 的回路中

　　else Q1 =0;

if((P4|Q2)&! P5&! Q1) Q2 =1;　　　　//线圈 Q1 的常闭触点串在线圈 Q2 的回路中

　　else Q2 =0;

4. 顺序启动梯形图的 C 语言实现

顺序启动梯形图如图 7-38 所示。可以看到，梯形图中只有在 Q1 带电后，Q2 才能带电；Q1 和 Q2 都上电后，Q3 才能上电。图 7-38 中，P1 是 Q1 的启动按钮，P2 是 Q2 的启动按钮，P3 是 Q3 的启动按钮，P0 是总停止按钮。采用 C 语言对控制逻辑的描述如下：

if((P1|Q1)&! P0) Q1 =1;

else Q1 =0;

if((P2|Q2)&! P0&Q1) Q2 =1;　　　　//线圈 Q1 的常开触点串在线圈 Q2 的回路中

else Q2 =0;

if((P3|Q3)&! P0&Q1&Q2) Q3 =1;　　//线圈 Q1、Q2 的常开触点串在线圈 Q3 的回路中

else Q3 =0;

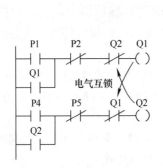

图 7-37　互锁梯形图

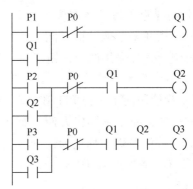

图 7-38　顺序启动梯形图

7.4.2　脉冲程序的 C 语言描述

1. 定时器中断服务程序

单片机采用 MCS–51 系列，时钟频率为 12MHz，周期为 1μs，定时器计数 50000 时钟，产生 50ms 时长的中断，每秒 20 次中断。若采用定时器 0，则其初始化程序如下：

TMOD = 0x01;　　　　//定时器 0 模式 1，M1M0 = 01，gate = 0，C/T = 0

TH0 = 0x3c;　　　　//设置初值为 0x3cb0 = 65536 – 50000 = 15536

TL0 = 0xb0;　　　　//TL 初值，计时 50ms 中断一次

在中断服务程序中，可通过定义全局变量，即时钟控制位（常开触点），来产生所需时间间隔的循环。例如，产生 0.2s 和 1s 时间间隔的中断服务程序如下：

　　void timer0( ) interrupt 1　　　　//定时器 0 中断服务程序

```
    { THO = 0x3c;              //重置定时器 0 初值
      TL0 = 0xb0;              //重置定时器 0 初值
      T1 + + ;
      if( T1 > = 4) T1 = 0;     //定时间隔为 0.2s = 4 * 50ms
      T2 + + ;
      if( T2 > = 20) T2 = 0;    //定时间隔为 1s = 20 * 50ms
    }
```

程序中，T1 是 0.2s 定时器的常开触点，T2 是 1s 定时器的常开触点，定时时间到，常开触点闭合。

2. 周期性脉冲程序

用 C 语言实现周期性脉冲梯形图（见图 7-39）需要三个部分，即初始化定时器、中断服务程序及主程序中的梯形图描述。

编写的主程序语句中时钟控制位控制占空比 50%，即被控继电器得电与失电时间各占一半。T1 控制 Q1 的得电与失电，2 < = T1 < 4 得电，0 < = T1 < 2 失电。T2 控制 Q2 的得电与失电，10 < = T1 < 20 得电，0 < = T1 < 10 失电。产生的 0.2s 与 1s 脉冲信号如图 7-40 所示。

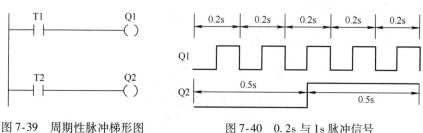

图 7-39　周期性脉冲梯形图　　　　　　图 7-40　0.2s 与 1s 脉冲信号

```
while( 1)
  { if( T1 > = 2) {Q1 = 1;} else Q1 = 0;…   //T1 控制 Q1 的得电与失电，2≤T1 < 4 得电，
0≤T1 < 2 失电
    if( T1 > = 10) {Q2 = 1;} else Q2 = 0;…   //T2 控制 Q2 的得电与失电，10≤T1 < 20 得
电，0≤T1 < 10 失电
  }
```

3. 长时间脉冲程序

假设产生 2min 脉冲信号，在 50ms 的中断程序中增加 1 个全局变量 T3，当 T2 = 20 时，T3 增加 1，当 T3 = 120 时，则产生 2min 为周期的时钟脉冲。定时器 0 的中断服务程序为：

```
void timer0( ) interrupt 1           //定时器 0 中断服务程序
{ THO = 0x3c;                        //重置定时器 0 初值
  TL0 = 0xb0;                        //重置定时器 0 初值
  T1 + + ;
  if( T1 > = 4) T1 = 0;               //定时间隔为 0.2s = 4 * 50ms
  T2 + + ;
  if( T2 > = 20) {
```

```
T2 = 0;                            //定时间隔为1s = 20 * 50ms
T3 + +;
if(T3 > = 120) T3 = 0;}            //定时间隔为2min = 1s * 120
}
```

时钟控制位控制占空比50%，即被控继电器得电与失电时间各占一半。T3控制Q3的得电与失电，60 < = T3 < 120得电，0 < = T3 < 60失电。主程序中相关程序行如下：

```
if(T2≥60) {Q3 = 1;} else {Q3 = 0;}
```

7.4.3　定时器与计数器的C语言程序

1. 即时得电和延时掉电程序

即时得电与延时掉电梯形图和时序图如图7-41所示。按下按钮P0，Q0即刻带电；松开P0时，Q1紧接着带电，同时定时器T0计时0.5s，计时时间到达后，定时器标志位T0状态改变，常闭触点断开，Q0、Q1均失电。

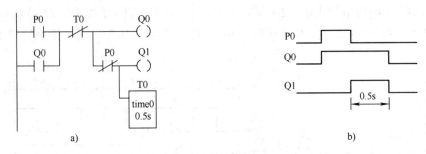

图7-41　即时得电与延时掉电梯形图和时序图

a) 梯形图　b) 时序图

在50ms定时器中断服务程序中加入一行"time0 + +;"表示每中断1次，计数变量增加1，即表示增加50ms。中断10次即得0.5s。梯形图对应的C语言程序如下：

```
if((P0|Q0)&! T0) Q0 = 1; else Q0 = 0; //如果P0 = 1,同时T0 = 0,则Q0得电
if(Q0&! P0) Q1 = 1; else {Q1 = 0; time0 = 0;}
if(time0≥10) T0 = 1; else T0 = 0; //如果time0≥10,则T0 = 1,常开触点闭合
if(Q0) P2_1 = 0; else P2_1 = 1; //用与P2.1连接的发光二极管显示Q0的得电/失电
                                    状态
if(Q1) P2_2 = 0; else P2_2 = 1; //用与P2.2连接的发光二极管显示Q1的得电/失电状态
```

2. 按键计数器程序

对脉冲个数进行计数，可使用计数器来实现。例如，记录工件个数或对按键按下次数进行计数时，均需要用到计数器。下面通过一个例子说明工件计数的实现方法。

例7-3　车间需要对日生产工件进行计数，到达1000件则完成日产任务。试绘制PLC梯形图，并转换成MCS-51单片机的C语言程序。要求计数到1000件后，点亮指示灯。

设定计数脉冲从P0输入，计满1000个后，计数器标志位C0 = 1，其常开触点闭合，使输出继电器线圈Q2带电，点亮Q2外接的指示灯。工件计数梯形图如图7-42所示。注意，计数时只需要对P0的上升沿进行计数，计满1000个后，按P1按钮使计数器C0的计数值清零。

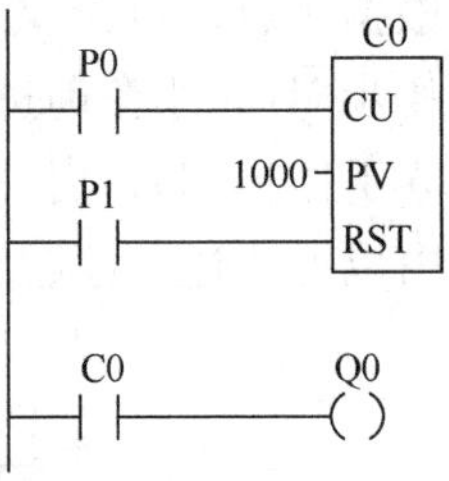

MCS – 51 单片机的 C 语言程序如下：

if((P0|Q0)&! Q1){Q0 = 1;}　　　　//上升沿脉冲程序

else {Q0 = 0;}　　　　　　　　　//如果输入信号 P0 = 1，同
　　　　　　　　　　　　　　　　　时 Q1 = 0，则 Q0 = 1，否
　　　　　　　　　　　　　　　　　则 Q0 = 0

if((Q0|Q1)&P0){Q1 = 1;}　　　　//若 Q0 = 1，则 Q1 = 1 并自
　　　　　　　　　　　　　　　　　保，直到 P0 = 0 时 Q1 = 0

图 7-42　工件计数梯形图

else {Q1 = 0;}　　　　　　　　　//否则 Q1 = 0

if(Q0){count0 + + ;}　　　　　　//Q0 是上升沿脉冲信号

if(count0 = = 1000){C0 = 1;}　　//计数到 1000，计满标志 C0 置 1

if(P1){count0 = 0;}　　　　　　//如果按下按钮 P1，则计数器 C0 复位

if(C0){Q2 = 1;} else {Q2 = 0;}

if(Q2)P2_0 = 0; else P2_1 = 1;　//与 P2.0 相连的发光二极管显示 Q2 的状态

7.4.4　顺序控制的 C 语言描述及应用

顺序控制依照线性顺序依次执行，简单地说就是从上到下依次执行，结构如下：

start = 1;//进入有效工作步的起动条件，在 while（1）第 1 个循环有效

while（1）

{输入扫描部分

通信处理部分

工作步处理部分

输出刷新部分

中断处理部分

start = 0;}

（1）输入扫描部分　输入扫描部分就是读入单片机的外部信号，包括按钮状态、光电开关、行程开关及各种传感器信号等。

（2）通信处理部分　通信处理部分就是与人机通信、机机通信相关的通信参数与规约设置，包括通信形式、通信速率、数据长度和校验方式等。

（3）工作步处理部分　工作步处理部分就是按照给定的转移条件实现工作步的转换。转移条件表现为多种开关量信号或其逻辑组合，诸如开关按钮、光电信号或传感器等外部输入信号也可以是单片机内部的定时器计时或计数器到达预设值时的信号。

（4）输出刷新部分　输出刷新部分就是描述工作步触发的动作输出，由单片机输出口输出以驱动外部设备。

（5）中断处理部分　单片机的中断处理部分就是诸如定时器中断、串行中断、外部中断等的预处理工作。

例 7-4　如图 7-43 所示，小车在 A、B 两地往返运行。按下启动按钮后，小车从 A 地出发驶往 B 地，触碰到 B 地的行程开关后暂停 5s，然后返回 A 地，到 A 地暂停 10s 后再次驶往 B 地，周而复始，直到按下停止按钮。小车运行信号接线图如图 7-44 所示。试设计顺序功能图，并用 C 语言编写单片机程序实现这个控制过程。

根据题意，可定义 5 个工作步：①初始步 M0，单片机上电启动，进行初始化工作；②工作步 M1，小车前进；③工作步 M2，启动定时器 T0，延时 5s；④工作步 M3，小车后退；⑤工作步 M4，启动定时器 T1，延时 10s。

由以上所述，该题的顺序功能图如图 7-45 所示。

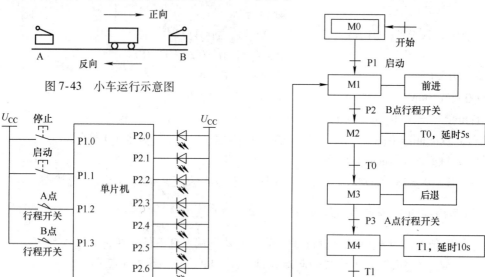

图 7-43　小车运行示意图

图 7-44　小车运行信号接线图　　　　图 7-45　顺序功能图

根据题意定义 C 语言变量，在 PLC 中称为变量表，见表 7-4。

表 7-4　变量表

地址	含义	地址	含义
P0	停止	T0	定时器 T0 标志位
P1	启动	T1	定时器 T1 标志位
P2	A 点行程开关	time0	T0 计时值
P3	B 点行程开关	time1	T1 计时值
M0	上电初始化	P2_0	初化步 0 指示 LED
M1	小车前进	P2_1	工作步 1 指示 LED
M2	定时器 T0 启动	P2_2	工作步 2 指示 LED
M3	小车后退	P2_3	工作步 3 指示 LED
M4	定时器 T1 启动	P2_4	工作步 4 指示 LED

使用 C 语言描述设计整个程序，主体框架为：

```
#include " AT89X51. h"
//P0:停止按钮,P1:启动按钮, P2:A 点行程开关, P3:B 点行程开关
unsigned char P0,P1,P2,P3;
unsigned char start; //第 1 周期启动标志,只在 while(1)中出现 1 次高电平
```

```
unsigned char M0 =0，M1 =0，M2 =0，M3 =0，M4 =0;//工作步
unsigned char time0 =0，time1 =0;//定时器 T0/T1 计时值
unsigned char T0，T1;//定时器 T0/T1 标志位
void main( ) // 主程序
{ 主程序初始化部分
start =1;//第 1 周期启动标志置 1
   while(1)//主循环
   {    输入扫描部分
        工作步处理部分
        输出刷新部分
        start =0;//上电启动标志清零
   }
}
```

主程序初始化部分：设置单片机时钟频率为 20MHz，定时器 0 模式 1，设置 TH0/TL0 初值，启动定时器 0，允许定时器 0 中断，允许总中断。

```
TMOD =0x01;//定时器 0，M1 M0 =01(模式 1)，gate =0,C/T =0
TH0 =0x3c;//设置 TH 初值，0x3cb0 =65536 -50000 =15536，50ms 中断 1 次
TL0 =0xb0;//设置 TL 初值
TR0 =1;//启动定时器 0
ET0 =1;//允许定时器 0 中断
EA =1;//开总中断
```

输入扫描部分：外部两个按钮分别接到单片机的 P1.0 和 P1.1 端口，分别表示停止和启动信号；A 地行程开关与 B 地行程开关分别接到 P1.2 和 P1.3 端口上。这 4 个输入信号在 while（1）每次循环的开始部分都要扫描进来，分别赋值给变量 P0、P1、P2 和 P3。

```
P1 =0xFF;//P1 口连接 8 个按键作为输入
if( P1_0 = =0) //如果 P1.0 连接的按键按下(停止)
{ for( n =0;n <1000;n + +); //延时消除抖动
if( P1_0 = =0) {P0 =1;}//再次判断 P1.0 连接的按钮，若按下 P0 =1
else {P0 =0;}
}
if( P1_1 = =0) //如果 P1.1 连接的按键按下(启动)
{
for( n =0;n <1000;n + +); //延时消除抖动
if( P1_1 = =0) {P1 =1;}//再次判断 P1.1 连接的按钮，若按下 P1 =1
else {P1 =0;}
}
if( P1_2 = =0) //如果 P1.2 连接的按键按下(碰到 A 地行程开关)
{ for( n =0;n <1000;n + +); //延时消除抖动
if( P1_2 = =0) {P2 =1;}//再次判断 P1.2 连接的按钮，若按下 P2 =1
```

```
    else {P2 =0;}
    }
if(P1_3 = =0) //如果 P1.3 连接的按键按下(碰到 B 地行程开关)
{ for(n =0;n <1000;n + +); //延时消除抖动
if(P1_3 = =0) {P3 =1;} //再次判断 P1.3 连接的按钮,若按下 P3 =1
else {P3 =0;}
}
```

工作步处理部分:针对 M0～M4 工作步得电与失电逻辑,设计 C 语言程序。

```
if((start|M0)&! M1) M0 =1; else M0 =0; //上电初始步 M0 =1
if((P1&M0|T1&M4|M1)&! M2) M1 =1; else M1 =0; //前进步
if((P2&M1|M2)&! M3) M2 =1; else {M2 =0; time0 =0;} //到达 B 地,启动 T0
if(time0 > =5) T0 =1; else T0 =0; //如果 time0≥5,定时器标志位 T0 =1
if((M2&T0|M3)&! M4) M3 =1; elsc M3 =0; //后退步,M3 =1
if((P3&M3|M4)&! M1) M4 =1; else {M4 =0;time1 =0;} //到达 A 地,启动 T1
if(time1 > =10) T1 =1; else T1 =0;
if(P0) {M0 =1;M1 =0;M2 =0;M3 =0;M4 =0;} //按下停止按钮,回到初始步 M0
```

输出刷新部分:对应工作步的动作输出,通过单片机输出口 P2 输出控制信号,驱动 LED 指示灯显示当前的工作步状态。

```
if(M0) P2_0 =0; else P2_0 =1; //小车停止,位于初始工作步
if(M1) P2_1 =0; else P2_1 =1; //前进动作,LED 灯亮,表示小车前进
if(M2) P2_2 =0; else P2_2 =1; //小车到达 B 地暂停
if(M3) P2_3 =0; else P2_3 =1; //后退动作,LED 灯亮,表示小车后退
if(M4) P2_4 =0; else P2_4 =1; //小车返回 A 地暂停
```

中断服务程序部分:定时器 0 设置成模式 1,50ms 中断,在中断服务程序中设置一个静态变量 t,退出中断再次进入中断服务程序时,其值不会丢失。定时器 0 的中断服务程序为:

```
void timer0( ) interrupt 1      //定时器 0 中断服务程序
{ static unsigned char t;       //设置局部静态变量
  TH0 =0x3c;                    //重置初值
  TL0 =0xb0;                    //重置初值
  t + +;
  if(t = =20)                   //中断 20 次,即 1s
  {
    t =0;
    time0 + +;
    if(time0 >100) {time0 =0;}
    time1 + +;
    if(time1 >100) {time1 =0;}
  }
}
```

复习与思考

7-1　PLC 的硬件系统主要由哪几部分组成？各部分的作用是什么？

7-2　PLC 常用编程语言有哪几种？其特点是什么？

7-3　小零件喷漆的顺序控制系统如题 7-3 图所示。控制器需要依次完成下列操作步骤：

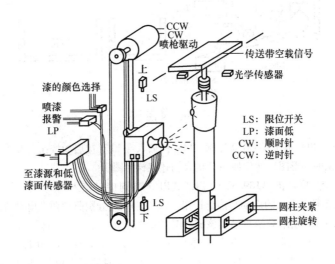

题 7-3 图

1）在零件装上传送带后，开动传送带，将零件运到喷漆工作地点。

2）零件到位后，发出夹紧装置信号，夹紧零件。

3）零件夹紧后，起动喷枪驱动电动机，以常速度逆时针方向（CCW）转动，喷枪向上移动至上限位开关 LS，然后按顺时针方向（CW）转动，喷枪向下移动。

4）当喷枪抵达下极限位置时，下限位开关 LS 发出信号，驱动零件旋转 $1/N$ 周。

5）重复步骤 3）~5）四次，直到整个零件喷完。

6）松开被夹紧的零件。

7）给传送带信号，将零件运走。

试设计 PLC 控制器的状态转移图、梯形逻辑图和语句表。

7-4　分拣大、小球的输送机如题 7-4 图所示。工作过程如下：①当输送机处于起始位置时，上限位开关 SQ3 和左限位开关 SQ1 被压下，极限开关 SQ 断开；②起动装置后，操作杆下行，一直到 SQ 闭合，此时若碰到的是大球则 SQ2 仍为断开状态，若碰到的是小球则 SQ2 为闭合状态；③接通控制吸盘的电磁阀线圈 Q0.1；④如果吸盘吸起的是小球，则操作杆向上行，碰到 SQ3 后，操作杆向右行，碰到右限位开关 SQ4（小球的右限位开关）后，再向下行，碰到 SQ2 后，将小球释放到小球箱里，然后返回到原位；⑤ 如果起动装置后，操作杆下行，一直到 SQ 闭合后 SQ2 仍为断开状态，则吸盘吸起的是大球，操作杆右行碰到右限位开关 SQ5（大球的右限位开关）后，将大球释放到大球箱里，然后返回到原位。试设计 PLC 的状态转移图、梯形逻辑图和语句表。

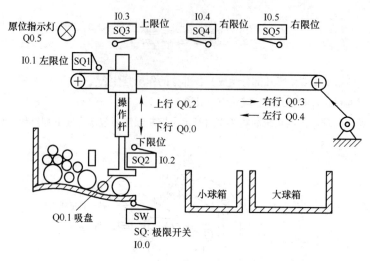

原位指示灯 ⊗ Q0.5

I0.3 SQ3 上限位　I0.4 SQ4 右限位　I0.5 SQ5 右限位

I0.1 左限位 SQ1

操作杆

↑ 上行 Q0.2　→ 右行 Q0.3

↓ 下行 Q0.0　← 左行 Q0.4

下限位 SQ2 I0.2

小球箱　　大球箱

Q0.1 吸盘

SW

SQ: 极限开关

I0.0

题 7-4 图

7-5　已知电动机由 PLC 输出端 Q0.0 控制，PLC 的输入端 I0.0 接启动按钮，I0.1 接停止按钮。试绘制控制电动机起动与停止的梯形图，然后使用 C 语言描述该梯形图。

7-6　已知 MCS - 51 单片机 AT89S52 的 P1.0、P1.1 分别接口接入 1 号电动机的启动与停止按钮，P1.2、P1.3 分别接入 2 号电动机的启动与停止按钮，P2.0、P2.1 分别驱动两个电动机的驱动电路。试绘制两个电动机互锁梯形图，并使用 C 语言描述该梯形图。

7-7　绘制即时得电与延时掉电梯形图。要求当按下按钮 P1.1 时，P2.0 即刻带电，松开 P1.1 时，P2.1 紧接着带电，同时定时器 T1 计时 1s，计时时间到达后，定时器标志位 T1 状态改变，常闭触点断开，P2.0、P2.1 均失电。

第8章 伺服驱动技术

章节导读：

伺服驱动技术作为数控机床、工业机器人及其他机电装备控制的关键技术之一，在机电一体化技术系统中占有重要地位。伺服驱动技术主要用于机电一体化系统中机械运动的位置和速度等动态控制，依据的是经典控制理论和现代控制理论。本章主要介绍了伺服驱动的定义、伺服系统的分类、伺服驱动系统中执行元件以及驱动和控制技术、伺服系统的设计等内容，最后以雷达天线的速度控制和位置控制为例，介绍了伺服驱动系统的设计流程与方法。

8.1 概述

8.1.1 伺服驱动的定义

关于伺服驱动，业内有不同的解释，这里总结了两种主流说法，供读者理解伺服驱动的内涵与外延。

1）伺服驱动技术是实现从控制信号到特定机械动作转换的技术，以位移、速度、加速度、力和力矩等为表现形式。伺服驱动系统在输入指令的指挥下，控制执行元件工作，使机械运动部件按要求进行运动，所以伺服驱动系统是指以机械参数作为被控量的一种自动控制系统。

2）伺服驱动系统也称随动控制系统，是一种能够即时响应并跟踪输入信号，从而获得精确的位置（角度）、速度（加速度）、力（力矩）等机械量输出的自动控制系统。

大多数伺服驱动系统中具有检测反馈回路，因而伺服系统是一种反馈控制系统。根据反馈控制理论，伺服控制的工作过程是一个偏差不断产生，又不断消除的过渡过程。这种系统需不断检测在各种扰动作用下被控对象输出量的变化，将检测值与给定值进行比较，然后根据得到的偏差值对被控对象进行自动调节，以消除偏差，使被控对象的输出量始终跟踪给定信号。

伺服驱动系统的结构类型繁多，其组成和工作状况也不尽相同。一般来说，其基本组成可包含控制器、功率放大器、执行机构和检测装置四大部分，如图8-1所示。

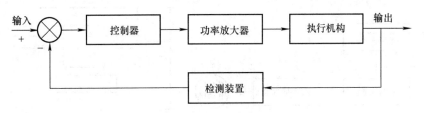

图8-1 伺服驱动系统的组成

（1）控制器　控制器的主要任务是根据输入信号和反馈信号决定控制策略。常用的控制算法有 PID（比例、积分、微分）控制和最优控制等。控制器通常由电子线路或计算机组成。

（2）功率放大器　伺服系统中的功率放大器的作用是将信号进行放大，并用来驱动执行机构完成某种操作。在现代机电一体化系统中的功率放大装置主要由各种电子元器件组成。

（3）执行机构　执行机构主要由伺服电动机或液压伺服机构和机械传动装置等组成。目前，采用电动机作为驱动元件的执行机构占据较大的比例。伺服电动机包括步进电动机、直流伺服电动机和交流伺服电动机等。液压伺服机构包括液压马达和脉冲液压缸等。

（4）检测装置　检测装置的任务是测量被控制量（即输出量），实现反馈控制。在伺服驱动系统中，用来检测位置量的装置有自整角机、旋转变压器和光电码盘等，用来检测速度信号的装置有测速发电机和光电码盘等。鉴于检测装置的精度是至关重要的，无论采用何种控制方案，系统的控制精度总是低于检测装置的精度。对检测装置的要求除了精度高之外，还要求线性度好、可靠性高、响应快等。

大多数伺服驱动系统是具有检测回路的反馈控制系统，通常仍采用传统的经典控制理论来进行分析和设计。随着计算机性能的不断提高，现代控制理论得到了更加广泛的应用，伺服驱动系统的控制手段也向着模糊控制、神经网络等更加智能化的方向发展。

8.1.2　伺服系统的分类

伺服系统可以有很多种分类方法，具体如下所述。

1. 按控制原理

伺服系统按控制原理的不同分为开环、全闭环和半闭环等伺服系统。

（1）开环伺服系统　若伺服系统中没有检测反馈装置则称为开环伺服系统。开环伺服系统结构简单，但精度不是很高。大多数经济型数控机床均采用了这种没有检测反馈的开环控制结构。老式机床在数控化改造时，工作台的进给系统更是广泛采用了开环控制。图 8-2 所示为开环伺服系统简图。数控装置发出脉冲指令，指令经过脉冲分配和功率放大器后驱动步进电动机旋转。由于没有检测反馈装置，工作台的位移精度主要取决于步进电动机和传动件的累积误差，因此开环伺服系统的精度低，一般为 0.01mm 左右，且速度也有一定的限制。虽然开环伺服系统在精度方面有不足，但其结构简单、成本低、调整和维修都比较方便，另外由于被控量不以任何形式反馈到输入端，所以其工作稳定、可靠，因此在一些精度、速度要求不是很高的场合，如线切割机、办公自动化设备中获得广泛应用。

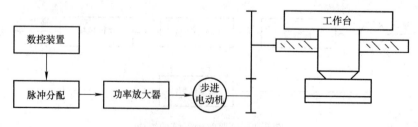

图 8-2　开环伺服系统简图

（2）全闭环伺服系统 图 8-3 所示为全闭环伺服系统简图。安装在工作台上的位置传感器可以是直线感应同步器或长光栅，它可将工作台的直线位移转换成电信号，并在比较环节与指令脉冲相比较，所得到的偏差值经过放大，由伺服电动机驱动工作台向偏差减小的方向移动。若数控装置中的指令脉冲不断地产生，工作台就会不断地调节位置，直到偏差值等于零为止。

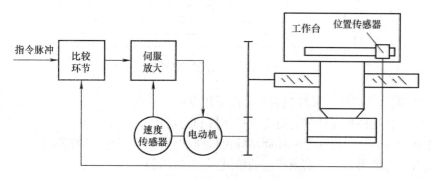

图 8-3 全闭环伺服系统简图

全闭环伺服系统将位置检测器件直接安装在工作台上，因而可获取工作台实际位置的精确信息，定位精度可以达到亚微米量级。从理论上讲，其精度主要取决于检测反馈装置的误差，而与放大器、传动装置没有直接的联系，因此是实现高精度位置控制的一种理想的控制方案。但实现起来难度很大，存在稳定性问题，这是由于全部的机械传动链都被包含在位置闭环之中，机械传动链的惯量、间隙、摩擦、刚性等非线性因素都会给伺服系统造成影响，从而使系统的控制和调试变得异常复杂，制造成本也会急速攀升，因此全闭环伺服系统主要用于高精密和大型的机电一体化设备。

（3）半闭环伺服系统 图 8-4 所示为半闭环伺服系统简图。工作台的位置通过电动机上的传感器或安装在丝杆轴端的编码器间接获得，它与全闭环伺服系统的区别在于检测元件位于系统传动链的中间，故称为半闭环伺服系统。显然由于有部分传动链在系统闭环之外，故其定位精度比全闭环的稍差。但由于测量角位移比测量线位移容易，并可在传动链的任何转动部位进行角位移的测量和反馈，故结构比较简单，调整、维护也比较方便。由于将惯性质量很大的工作台排除在闭环之外，因此这种系统调试较容易、稳定性好，具有较高的性价比，被广泛应用于各种机电一体化设备。

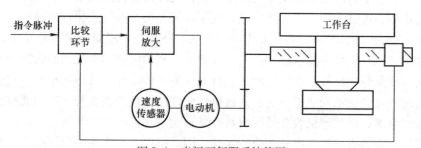

图 8-4 半闭环伺服系统简图

2. 按传递信号

伺服系统按传递信号的不同分为连续控制系统与采样控制系统。连续控制系统又称为模拟控制系统，系统中传递的信号是模拟量。该系统发展最早，已广泛应用于各类工业控制领域中。而采样控制系统中的信号是脉冲序列形成数字编码，通过采样开关把模拟量转化为离散量，故这类系统又称作脉冲控制系统或离散控制系统，它由采样器、数字控制器和保持器等部分组成，如图8-5所示。

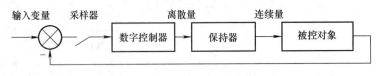

图 8-5　采样控制系统简图

与连续控制系统相比，采样控制具有以下优点：

1）数字元件比模拟元件具有更高的可靠性和稳定性。

2）受到扰动时，经过几个采样周期即可快速达到稳定，受扰动的影响小。

3）具有更大的灵活性，实现控制的精度高。

3. 按驱动方式

伺服系统按驱动方式的不同可分为电气、液压和气动等伺服系统。其中电气伺服系统采用伺服电动机作为执行元件，又有直流伺服系统、交流伺服系统、步进伺服系统之分，在机电一体化产品中得到广泛应用。

4. 按被控量性质

伺服系统按被控量性质的不同可分为位置控制、速度或加速度控制、力或力矩控制、速度或位置的同步控制等伺服系统。

5. 按控制过程

伺服系统按控制过程又分为点位控制系统和轮廓控制系统等。

8.2　执行元件

8.2.1　分类与特点

执行元件是一种能量转换装置，它位于电气控制装置和机械执行装置之间，可在控制指令下将输入的各种形式的能量转换为机械能。执行元件的分类如图8-6所示。执行元件根据使用能量的不同，可分为电气式、液压式和气压式等类型。电气式执行元件利用电磁线圈把电能转换成磁场力（电磁力），再依靠电磁力做功，从而把电能变换成转子（或动子）的机械运动。液压式执行元件可把电能变换成一次油压，利用电磁阀来控制和切换油压，从而把液压能量变换成负载的机械运动。气压式执行元件的工作原理与液压式相同，它们的区别仅在于能量传递的媒介由油变成了空气。其他执行元件的原理则主要与一些功能材料的性能有关，如利用双金属、形状记忆合金等制成具有某种运动功能的传动装置。

用计算机控制最方便的是电气式执行元件，因此机电一体化系统所用执行元件的主流是电气式，其次是液压式和气压式（在驱动接口中需要增加电－液或电－气变换环节）。

（1）电气式　电气式执行元件可以电能为动力，将电能转变为位移或转角等，包括控制用电动机（步进电动机、DC和AC伺服电动机）、静电电动机、超声波电动机以及电磁铁

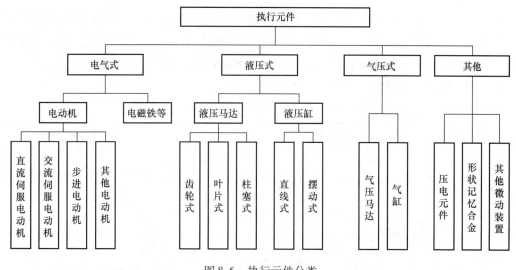

图 8-6 执行元件分类

等。其中，利用电磁力的电动机和电磁铁都具有操纵简便、适宜编程、响应快、伺服性能好、易与微机相接等优点，因而成为机电一体化伺服系统中最常用的执行元件。

（2）液压式 液压式执行元件是按密闭连通器的原理工作的，靠油液通过密闭容积变化的压力能来传递能量。液压式执行元件主要包括往复运动的液压缸、回转液压缸和液压马达等，其中液压缸占绝大多数。其突出优点是输出功率大、转矩大、工作平稳，可以直接驱动运动机构，承载能力强，适用于重载的高加减速驱动。但需要相应的液压源，占地面积大，控制性能不如伺服电动机。目前世界上已开发出了各种数字液压式执行元件，如电－液伺服马达和电－液步进马达，这些马达在强力驱动和高精度定位时性能好，而且使用方便，因此得到了广泛重视。

（3）气压式 气压式执行元件除了用压缩空气作为工作介质外，与液压式执行元件无太大区别。具有代表性的气压式执行元件有气缸和气压马达等。气压驱动虽可得到较大的驱动力、行程和速度，但由于空气黏性差，具有可压缩性，故不能在定位精度较高的场合使用。

（4）其他执行元件 在新的原理方面，利用压电元件的逆压电效应原理和磁致伸缩、电致伸缩器件等构成的微位移驱动器已经在微米、亚微米领域获得了广泛应用。

伺服系统中采用的主流电气式驱动装置是电动机，伺服电动机是将电能转换为机械能的一种能量转换装置，能够根据控制指令提供正确运动或较复杂动作。伺服电动机可在很宽的速度和负载范围内进行连续、精确地控制，因而在伺服系统设计中得到了广泛的应用。

为了满足伺服系统设计的要求，实现执行元件的精确驱动与定位，保证系统高效、精确和可靠的性能，伺服电动机有如下的基本性能要求：

1）体积小功率大，即功率密度大。

2）快速性好，即加速转矩大，频响特性好。

3）位置控制精度高，调速范围宽，低速运行平稳，分辨力高，振动噪声小。

4）适应起停频繁的工作要求。

5）可靠性高，寿命长。

此外，一般还要求伺服电动机具有良好的机械特性和调节特性。机械特性是指在一定的电枢电压条件下转速和转矩的关系，而调节特性是指在一定的转矩条件下转速和电枢电压的关系。因此在进行伺服系统设计时，需要根据系统设计要求选择伺服电动机。

各种伺服电动机的特点及应用举例见表8-1。

表8-1 伺服电动机的特点及应用举例

种 类		主要特点	应用实例
DC 伺服电动机		高响应特性 高功率密度（体积小、重量轻） 可实现高精度数字控制 接触换向部件（电刷与换向器）需要维护	数控机械、机器人、计算机外围设备、办公机械、音响和音像设备、计测机械等
晶体管式无刷 直流伺服电动机		无接触换向部件 需要磁极位置检测器（如同轴编码器等） 具有 DC 伺服电动机的全部优点	音响和音像设备、计算机外围设备等
AC 伺服 电动机	永磁同步		
	异步交流 （矢量控制）	对应于电流的激励分量和转矩分量分别控制 具有 DC 伺服电动机的全部优点	数控机械、机器人等
步进电动机		转角与控制脉冲数成比例，构成直接数字控制 有定位转矩 可构成廉价的开环控制系统	计算机外围设备、办公机械、数控装置

伺服电动机的性能及优缺点比较见表8-2和表8-3。

表8-2 伺服电动机的性能比较

项目	DC 伺服电动机	SM（同步）型伺服电动机	IM（异步）型 AC 伺服电动机
适用容量	数瓦至数千瓦	数十瓦至数千瓦	数百瓦以上
驱动电流波形	直流	矩形波、正弦波	正弦波、矩形波 （力矩脉动大）
磁极传感器	不需要	霍尔元件、光电编码器、旋转变压器	不需要
速度传感器	DCTG	无刷 DCTG、光电编码器、旋转变压器	无刷 DCTG、光电编码器、旋转变压器
寿命	电刷寿命	轴承寿命	轴承寿命
电动机常数	受制于电刷电压	可高电压小电流工作，由电动机结构决定，可进行低速大转矩运行	可高电压小电流工作，恒输出特性（弱磁控制）
高速旋转	不适用	适用	适用
异常制动	动态制动力矩大	动态制动力矩中等	制动时需有 DC 电源，动态制动力矩小
耐环境性能	差	良	良

表 8-3　伺服电动机优缺点比较

优缺点	DC 伺服电动机	SM 型伺服电动机	IM 型 AC 伺服电动机
优点	稳定性好 可控性好 响应迅速 控制功率低，损耗小 转矩大	停电时可制动 可高速大转矩工作 耐环境性好，无需维修 小型轻量 功率速率高（响应能力指标）	环境性适应性好 可高速大转矩工作 大容量下效率良好 结构坚固
缺点	需对整流子维护 不能在高速大力矩下工作 产生磨耗，有粉尘	无自起动功能 电动机与控制器需对应 控制器较复杂	在小容量下工作效率低 温度特性差 停电时不能制动 控制器较复杂

下面对常用的步进电动机、直流伺服电动机、交流伺服电动机的结构、特点及应用范围等进行简单的介绍。

8.2.2　步进电动机

步进伺服系统中的执行元件是步进电动机，又称脉冲电动机，它是一种可将输入脉冲信号转换成相应的旋转或直线位移的运动执行元件，可以实现高精度的位移控制。由于步进电动机可用数字信号直接进行控制，因此很容易与计算机相连，是位置控制中常用的执行装置。步进电动机发明至今已有半个多世纪，早期的步进电动机性能差、效率低，但它具有低转子惯量、无漂移和无积累定位误差的优点。在计算机快速发展的今天，步进电动机全数字化的控制性能得到了充分展现，它已被广泛应用于众多领域。

1. 步进电动机的种类与特点

步进电动机根据其构造和工作原理的不同分为可变磁阻式（VR 型）步进电动机（又称反应式步进电动机）、永磁式（PM 型）步进电动机和混合式（HB 型）步进电动机（也称永磁感应式步进电动机）（见图 8-7），按励磁绕组的相数不同可分为二相、三相、四相、五相和六相步进电动机。

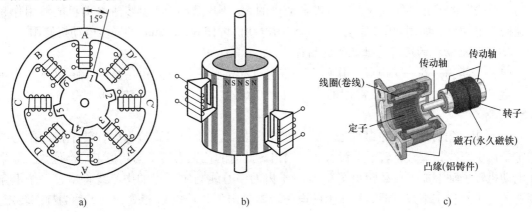

图 8-7　步进电动机的结构与分类
a）VR 型　b）PM 型　c）HB 型

（1）可变磁阻式（VR型）步进电动机　该类电动机由定子绕组产生的反应电磁力吸引用软磁钢制成的齿形转子进行步进驱动，故又称作反应式步进电动机。其定子与转子分别由铁心构成。定子上嵌有线圈，转子朝定子间磁阻最小方向转动，并由此而得名为可变磁阻型。这类电动机的转子结构简单且直径小，有利于高速响应。由于VR型步进电动机的铁心无极性，故不需改变电流极性，因此多为单极性励磁。

由于该类电动机的定子与转子均不含永久磁铁，故无励磁时没有保持力。另外，需要将气隙做得尽可能小（如几微米）。这种电动机具有制造成本高、效率低、转子的阻尼差、噪声大等缺点。但是，由于其制造材料费用低、结构简单、步距角小，随着加工技术的进步，可望成为多用途的机种。

（2）永磁式（PM型）步进电动机　PM型步进电动机的转子采用永久磁铁制成，定子采用软磁钢制成，绕组轮流通电，建立的磁场与永久磁铁的恒定磁场相互吸引与排斥产生转矩。这种电动机由于采用了永久磁铁，即使定子绕组断电也能保持一定转矩，故具有记忆能力，可用作定位驱动。

PM型电动机的特点是励磁功率小、效率高、造价便宜，因此需要量也大；由于转子磁铁的磁化间距受到限制，难以制造，故步距角较大。PM型与VR型相比输出转矩大，但转子惯量也较大。

（3）混合式（HB型）步进电动机　这种电动机转子上嵌有永久磁铁，故可以说是PM型步进电动机，但从定子和转子的导磁体来看，又和VR型相似，所以是PM型和VR型相结合的一种形式，故称为混合式步进电动机。它不仅具有VR型步进电动机步距角小、响应频率高的优点，而且还具有PM型步进电动机励磁功率小、效率高的优点，它的定子与VR型没有多大差别，只是在相数和绕组接线方面有其特殊的地方。例如，VR型一般都做成集中绕组的形式，每极上放有一套绕组，相对的两极为一相，而HB型步进电动机的定子绕组大多数为四相，而且每极同时绕两相绕组或采用桥式电路绕一相绕组，按正反脉冲供电。这种类型的电动机由转子铁心的凸极数和定子的副凸极数决定步距角的大小，可制造出步距角较小（0.9°~3.6°）的电动机。

HB型和PM型步进电动机多为双极性励磁。由于都采用了永久磁铁，无励磁时具有保持力，励磁时的静止转矩比VR型步进电动机的大。HB型和PM型步进电动机能够用作超低速同步电动机，如用60Hz驱动每步1.8°的电动机可作为72r/min的同步电动机使用。

2. 步进电动机的运行特性及性能指标

（1）分辨力　在一个电脉冲作用下，步进电动机转子转过的角位移即步距角α。步距角α越小，分辨力越高。最常用的步距角有0.6°/1.2°、0.75°/1.5°、0.9°/1.8°、1°/2°、1.5°/3°等。

（2）矩-角特性　在空载状态下，步进电动机的某相通以直流电时，转子齿的中心线与定子齿中心线相重合，转子上没有转矩输出，此时的位置为转子初始稳定平衡位置，如果在电动机转子轴上加一负载转矩T_L，则转子齿的中心线与定子齿的中心线将错过一个电角度θ_e才能重新稳定下来。此时转子上的电磁转矩T_j与负载转矩T_L相等，该T_j称为静态转矩。θ_e为失调角，当$\theta_e = \pm90°$时，其静态转矩T_{jmax}为最大静转矩。T_j与θ_e之间的关系大致为一条正弦曲线（见图8-8），该曲线被称作矩-角特性曲线。静态转矩越大，自锁力矩越大，静态误差就越小。一般产品说明书中标示的最大静转矩就是指在额定电流和通电方式下的

T_{jmax}。当失调角 θ_e 为 $-\pi \sim \pi$ 时，若去掉负载 T_L，转子仍能回到初始稳定平衡位置，$-\pi \leqslant \theta_e \leqslant \pi$ 的区域称为步进电动机的静态稳定区域。

（3）起动频率　步进电动机能够不失步起动的最高脉冲频率称为起动频率。所谓失步是转子前进的步数不等于输入的脉冲数，包括丢步和越步两种情况。步进电动机起动时，其外加负载转矩包括为零或不为零两种情况，前者的起动频率称为空载起动频率，后者称为负载起动频率。负载起动频率与负载惯量的大小有关。当驱动电源性能提高时，起动频率可以提高。

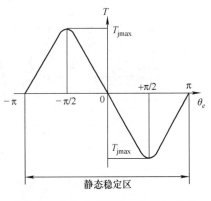

图 8-8　步进电动机矩 - 角特性曲线

（4）最高工作频率　步进电动机起动后，将脉冲频率逐步升高，在额定负载下，电动机能不失步正常运行的极限频率为最高工作频率。最高工作频率值随负载而异，它远大于起动频率，两者可相差十几倍以上。驱动电源性能越好，步进电动机的最高工作频率越高。

（5）转矩 - 工作频率特性　步进电动机转动后，其输出转矩随工作频率增高而下降，当输出转矩下降到一定程度时，步进电动机将不能正常工作。步进电动机的输出转矩 M 与工作频率 f 的关系曲线（也称矩 - 频特性曲线）如图 8-9 所示。其中，实线为电动机的起动矩 - 频特性，可以看出，电动机的转动惯量 J 越大，同频率下的起动转矩 M_q 就越小；虚线为电动机的运行矩 - 频特性，严格说来，转动惯量 J 对运行矩 - 频特性也有影响，但不像对起动矩频特性的影响那样显著。此外，步进电

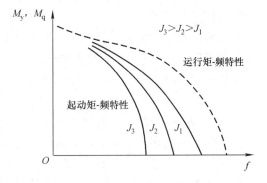

图 8-9　步进电动机的转矩 - 工作频率特性曲线
M_y—运行转矩　　M_q—起动转矩

动机的矩 - 频特性与驱动电源性能好坏有很大的关系。

在不同负载下，电动机允许的最高连续运行频率是不同的。一般步进电动机的技术说明书上都指明空载最高连续运行频率和空载起动频率。为了缩短起动时间，可在一定的起动时间内将电脉冲频率按一定的规律逐渐增加到所允许的运行频率。

3. 步进电动机的工作原理

步进电动机是一种利用数字脉冲信号旋转的电动机，每当送入一个脉冲，电动机就转过一个步距角，电动机的转速与脉冲信号的频率成比例。

图 8-10 所示为三相 VR 型步进电动机工作原理。其定子有 6 个均匀分布的磁极，每两个相对磁极组成一相，即有 A - A′、B - B′、C - C′，三相磁极上绕有励磁绕组。假定转子具有均匀分布的四个齿，当 A、B、C 三个磁极的绕组依次通电时，则 A、B、C 三对磁极依次产生磁场吸引转子转动。

如图 8-10a 所示，如果先将电脉冲加到 A 相励磁绕组，定子 A 相磁极就会产生磁通，并对转子产生磁拉力，使转子的 1、3 两个齿与定子的 A 相磁极对齐。而后再将电脉冲通入 B 相励磁绕组，B 相磁极便产生磁通。由图 8-10b 可以看出，这时转子 2、4 两个齿与 B 相

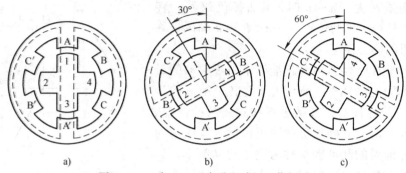

图 8-10　三相 VR 型步进电动机工作原理

磁极靠得最近，于是转子便沿着反时针方向转过 30°，使转子 2、4 两个齿与定子 B 相磁极对齐。旋转的这个角度就叫步距角。显然，单位时间内通入的电脉冲数越多，即电脉冲频率越高，电动机转速就越高。如果按 A→C→B→A→··· 的顺序通电，步进电动机将沿顺时针方向一步一步地转动。

　　上述步进电动机的三相励磁绕组依次单独通电运行，换接 3 次完成一个通电循环，称为三相单三拍通电方式。

　　如果使两相励磁绕组同时通电，即按 AB→BC→CA→AB→··· 顺序通电（这种通电方式称为三相双三拍），其步距角仍为 30°。

　　如果按照 A→AB→B→BC→C→CA→A→··· 顺序通电，换接 6 次完成一个通电循环（称为三相六拍通电方式），则这种通电方式的步距角为 15°。如果按 B→BC→C→CA→A 的顺序通电，则步进电动机将沿着反时针方向转动。

　　步进电动机的步距角越小，意味着能达到的位置精度越高。通常的步距角是 1.5° 或 0.75°，为此需要将转子做成多极式，并在定子磁极上制成小齿，其结构如图 8-11 所示。定子磁极上的小齿和转子磁极上的小齿大小一样，两种小齿的齿宽和齿距相等。当一相定子磁极的小齿与转子的小齿对齐时，其他两相磁极的小齿都与转子的齿错过一个角度，按着相序，后一相比前一相错开的角度要大。例如，转子上有 40 个齿，则相邻两个齿的齿距角是 360°/40 = 9°。若定子每个磁极上制成 5 个小齿，当转子齿和 A 相磁极小齿对齐时，B 相磁极小齿沿反时针超前转子齿 1/3 齿距角，即超前 3°，而 C 相磁极小齿则超前转子齿 2/3 齿距角，即超前 6°，则当励磁绕组按 A→B→C→A→··· 顺序以三相单三拍通电时，转子按反时针方向，以 3° 步距角转动；当按照 A→AB→B→BC→C→CA→A→··· 顺序以三相六拍通电时，步距角减小一半为 1.5°。

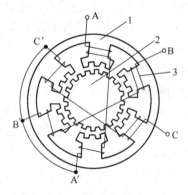

图 8-11　步进电动机结构
1—定子　2—转子　3—定子绕组

　　步进电动机也可以制成四相、五相、六相或更多的相数，以减小步距角并改善步进电动机的性能。为了减小电动机制造的难度，多相步进电动机常做成轴向多段式。例如，五相步进电动机的定子沿轴向分为 A、B、C、D、E 五段，每一段是一相，在此段内只有一对定子磁极，在磁极的表面上开有一定数量的小齿，各相磁极的小齿在圆周方向互相错开 1/5 齿距，转子也分为五段，每段转子具有与磁极同等数量的小齿，但它们在圆周方向并不错开，定子的五段就是电动机的五相。

一个 m 相步进电动机，若其转子上有 z 个齿，则步距角 α 可通过下式计算：

$$\alpha = \frac{360°}{kmz}$$

式中，k 为通电方式系数。

当采用单相或双相通电方式时，$k = 1$；当采用单双相轮流通电方式时，$k = 2$。

4. 步进电动机的特点

根据上述工作原理，可以看出步进电动机具有以下几个基本特点：

1）步进电动机受数字脉冲信号控制，输出角位移与输入脉冲数成正比，即

$$\theta = N\alpha$$

式中，θ 为电动机转过的角度（°）；N 为控制脉冲数；α 为步距角（°）。

2）步进电动机的转速与输入的脉冲频率成正比，即

$$n = \frac{\alpha}{360} \times 60f = \frac{\alpha f}{6}$$

式中，n 为电动机转速（r/min）；f 为控制脉冲频率（Hz）。

3）步进电动机的转向可以通过改变通电顺序来改变。

4）步进电动机具有自锁能力，一旦停止输入脉冲，只要维持绕组通电，电动机就可以保持在该固定位置。

5）步进电动机工作状态不易受各种干扰因素（如电源电压的波动、电流的大小、波形的变化、温度等）影响，只要干扰未引起步进电动机产生丢步，就不会影响其正常工作。

6）步进电动机的步距角有误差，转子转过一定步数以后也会出现累积误差，但转子转过一转以后，其累积误差为"零"，不会长期积累。

7）易于直接与微机的 I/O 接口相连，构成开环位置伺服系统。

因此，步进电动机被广泛应用于开环控制结构的伺服系统，使系统简化，并可靠地获得较高的位置精度。

5. 步进电动机的选用

选用步进电动机时，需要综合考虑伺服系统的精度、转矩和转动惯量的设计要求与条件，方法如下：第一，按系统位置精度要求选择步进电动机的步距角；第二，按起动速度、最大工作速度选择步进电动机的起动频率和最高工作频率；第三，根据机械结构草图计算机械传动装置及负载折算到电动机轴上的等效转动惯量，然后分别计算各种工况下所需的等效力矩，按起动负载和工作负载确定起动转矩和工作转矩；第四，根据步进电动机最大静转矩和起动、运行矩－频特性选择合适的步进电动机；第五，校验电动机的转矩。

步矩角的选择是由脉冲当量等因素来决定的。步进电动机的步距角精度将会影响开环系统的精度。

为了使步进电动机具有良好的起动能力及较快的响应速度，须保证负载的转动惯量与电动机转子的转动惯量相互匹配。

$$\frac{T_{\mathrm{L}}}{T_{\max}} \leqslant 0.5, \quad \frac{J_{\mathrm{L}}}{J_{\mathrm{m}}} \leqslant 4$$

式中，T_{max} 为步进电动机的最大静转矩（N·m）；T_L 为换算到电动机轴上的负载转矩（N·m）；J_m 为步进电动机转子的最大转动惯量（kg·m^2）；J_L 为折算步进电动机转子上的等效转动惯量（kg·m^2）。

根据上述条件，初步选择步进电动机的型号。然后，根据动力学公式检查其起动能力和运动参数。

由于步进电动机的起动矩-频特性曲线是在空载下做出的，检查其起动能力时应考虑惯性负载对起动转矩的影响，即从起动惯-频特性曲线上找出带惯性负载的起动频率，然后再查其起动转矩和计算起动时间。若在起动惯-矩特性曲线上查不到带惯性负载时的最大起动频率，可用下式近似计算：

$$f_L = \frac{f_m}{\sqrt{1 + \dfrac{J_L}{J_m}}}$$

式中，f_L 为带惯性负载的最大起动频率（Hz）；f_m 为电动机本身的最大空载起动频率（Hz）；J_m 为电动机转子转动惯量（kg·m^2）；J_L 为换算到电动机轴上的转动惯量（kg·m^2）。

当 $J_L/J_m = 3$ 时，$f_L = 0.5f_m$。

不同 J_L/J_m 下的矩-频特性如图8-12所示。由图可见，J_L/J_m 值增大，自起动最大频率减小，其加减速时间将会延长，甚至难以起动，这就失去了快速性。

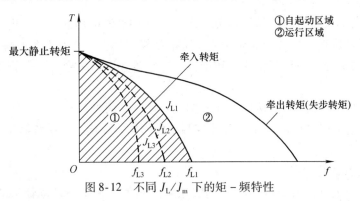

图8-12 不同 J_L/J_m 下的矩-频特性

8.2.3 直流伺服电动机

机电一体化设备中，直流伺服系统是发展最早、最成熟的伺服系统。其中直流伺服电动机作为驱动元件，其功能是将输入的受控电压/电流量转换为电枢轴上的角位移或角速度输出。

1. 直流伺服电动机概述

（1）直流伺服电动机的工作原理 伺服系统中最常见的有刷直流电动机是永磁直流电动机。下面以其为例介绍直流伺服电动机的工作原理。要使电动机旋转，电动机中必须有磁场相互作用，如图8-13所示。图8-13a所示的磁场具有两种极性，一种是N极，一种是S极。同极性磁极之间相互作用的是排斥力，不同极性磁极之间相互作用的则是吸引力，图8-13b所示的电动机就是利用了磁场的这一性质，在电动机的外侧采用了固定不动的永磁磁极（定子）。该电动机内侧是一个旋转的铁心线圈（转子），以及 N 极和 S 极总是按一定规律不断切换的电励磁磁极（称为电枢或转子），定子和转子磁极相互作用即可产生一定方向的力（转矩）。在图 8-13c 所示的电动机中，转子 N 极和 S 极的切换是按照定子磁极的位置，通过改变电枢绕组中的电流方向来实现的。

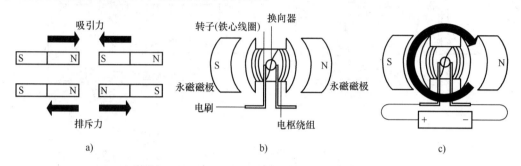

图 8-13　直流伺服电动机的工作原理

电刷的任务就是从电源吸收电流并通过换向器提供给电枢绕组。当励磁绕组和电刷端提供的电流都是直流电流时，电动机转子就会因产生电磁力（电磁转矩）而旋转起来。图 8-14 所示为直流伺服电动机的内部结构。

（2）直流伺服电动机的分类及特点　直流伺服电动机的品种很多，随着科技的发展，至今还在不断出现各种新产品和新结构。按照定子励磁方式的不同，直流伺服电动机可分为电磁式和永磁式两大类。其中，电磁式按定子绕组的连接方式又有他励式、串励式、并励式和复励式等多种。近年来，永磁式直流伺服电动机因具有尺寸小、线性好、起动转矩大、过载能力强等优点，应用较多。它和一般永磁直流电动机

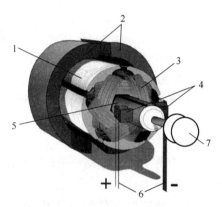

图 8-14　直流伺服电动机的内部结构
1—转子　2—永磁定子　3—线圈　4—电刷
5—换向器　6—接线端子　7—编码器

一样，用铁氧体、铝镍钴、稀土钴等永磁材料产生励磁磁场。永磁式直流伺服电动机按照转子结构不同又可分为普通电枢型、盘式印刷绕组型、盘式线绕型和线绕空心杯型，后三种电动机的共同特点是转子无铁心，转动惯量小，具有很高的加速能力，如空心杯型电动机的机械时间常数小于1ms。

20 世纪 70 年代，研制成功了大惯量宽调速直流伺服电动机，其结构特点是励磁便于调整，易于安排补偿绕组和换向极，电动机的换向性能得到改善，成本低，可以在较宽的速度范围内得到恒转速特性。永久磁铁的宽调速直流伺服电动机有不带制动器（见图 8-15a）和带制动器（图 8-15b）两种结构，电动机定子（磁钢）1 采用矫顽力高、不易去磁的永磁材料（如铁氧体永久磁铁），转子（电枢）2 直径大并且有槽，因而热容量大，结构上采用了通常凸极式和隐极式永磁电动机磁路的组合，提高了电动机气隙磁通密度。同时，在电动机尾部装有高精度低纹波的测速发电机并可加装光电编码器和旋转变压器及制动器，能获得优良的低速刚度和动态性能。因此，宽调速直流伺服电动机是目前机电一体化闭环伺服系统中应用较广泛的一种控制用电动机。其主要特点是调速范围宽、低速运行平稳、负载特性硬、

过载能力强，在一定的速度范围内可以做到恒力矩输出，反应速度快，具有很好的动态响应特性。宽调速直流伺服电动机的缺点是体积较大，电刷易磨损，这使其寿命受到一定限制。一般的直流伺服电动机均配有专门的驱动器。

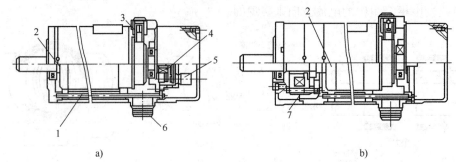

图8-15　宽调速直流伺服电动机

a）不带制动器的宽调速直流伺服电动机　b）带制动器的宽调速直流伺服电动机

1—定子　2—转子　3—电刷　4—测速电动机　5—编码器　6—航空插座　7—制动组件

综上所述，直流伺服电动机的特点如下：

1）稳定性好。直流伺服电动机具有下垂的机械特性，能在较宽的速度范围内稳定运行。

2）可控性好。直流伺服电动机具有线性的调节特性，能使转速的大小正比于控制电压值；转向取决于控制电压的极性（或相位）；控制电压为零时，转子惯性很小，能立即停止。

3）响应迅速。直流伺服电动机具有较大的起动转矩和较小的转动惯量，在控制信号增加、减小或消失的瞬间，直流伺服电动机能快速起动、快速加速、快速减速和快速停止。

4）控制功率低，损耗小。

5）转矩大。直流伺服电动机广泛应用在宽调速系统和精确位置控制系统中，其输出功率一般为 $1 \sim 600W$，也有达数千瓦。电源电压有 6V、9V、12V、24V、27V、48V、110V、220V 等。转速可达 $1500 \sim 1600r/min$，时间常数低于 0.03。

2. 直流伺服电动机的特性

直流伺服电动机既可采用电枢控制，也可采用磁场控制，多采用前者。这里以电枢控制直流伺服电动机为例对电动机的特性加以说明。

（1）稳态方程

1）电压平衡方程。图 8-16 所示为电枢控制直流伺服电动机的等效电路（电枢绕组电感忽略），励磁绕组接于恒定电压 U_f，控制电压 U_a 接到电枢两端，按电压定律可列出电枢回路的电压平衡方程为

$$E_a = U_a - I_a R_a \tag{8-1}$$

式中，E_a 为反电动势；U_a 为电枢电压；I_a 为电枢电流；R_a 为电枢绕组电阻。

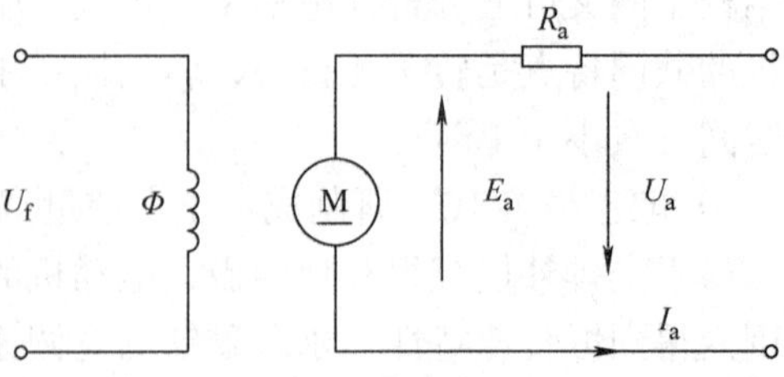

图8-16　电枢控制直流伺服电动机等效电路

2）电枢反电动势方程。转子切割定子磁场时产生的反电动势 E_a 与转速 n 之间的关系为

$$E_a = K_e \Phi n \tag{8-2}$$

式中，K_e 为反电动势常数；Φ 为定子磁通。

3）转矩方程。转子切割定子磁场所产生的电磁转矩可由下面关系式求得

$$M = K_m \Phi I_a \tag{8-3}$$

式中，K_m 为转矩常数。

4）转速方程。将式（8-1）～式（8-3）联立，消去中间量，可得

$$n = \frac{U_a}{K_e \Phi} - \frac{R_a}{K_e K_m \Phi^2} M \tag{8-4}$$

式（8-4）也称作直流伺服电动机的稳态方程。

（2）机械特性　电动机的机械特性是指转速与转矩之间的关系，即 $n = f(M)$ 曲线。若电枢电压恒定，则稳态方程可写为

$$n = n_0 - \frac{R_a}{K_e K_m \Phi^2} M \tag{8-5}$$

式（8-5）称为直流伺服电动机的机械特性方程。式中，$n_0 = \dfrac{U_a}{K_e \Phi}$ 是直流电动机的理想空载转速。当 $n = 0$ 时，$M = \dfrac{K_m \Phi}{R_a} U_a$，称为堵转转矩或起动转矩，用 M_d 表示。

图 8-17 所示为直流伺服电动机的机械特性曲线。由机械特性方程知：因负载的作用，若转速降低 $\Delta n \left(\Delta n = - \dfrac{R_a}{K_e K_m \Phi^2} M \right)$，即 R_a 越小或 Φ 越大，则电动机的机械特性越硬。在实际的控制中需对伺服电动机外接功放电路，这就引入了功放电路内阻，使电动机的机械特性变软，在设计时应加以注意。

（3）调节特性　电动机的调节特性是指转速与电枢电压之间的关系，即 $n = f(U_a)$ 曲线。

图 8-18 所示为直流伺服电动机的调节特性曲线。对不同的转矩，调节特性曲线是斜率为正的直线簇，表明电动机转速随电枢电压的升高而增加。

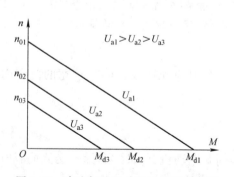

图 8-17　直流伺服电动机机械特性曲线

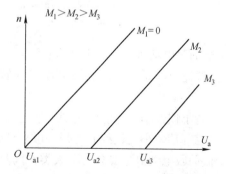

图 8-18　直流伺服电动机调节特性曲线

在调节特性曲线中，过原点的直线 $M_1 = 0$，而实际上由于包括摩擦在内的各种阻力的存在，空载起动时负载转矩不可能为 0，因此对于电枢电压来讲，它有一个最小的限制，称作起动电压，电枢电压小于它则不能起动，该区域称作死区。

另外，图 8-18 中的直线簇是在假设负载转矩不变的条件下绘制的，在实际应用中这一条件可能并不成立，这就会导致调节特性曲线的非线性，在变负载控制时应予以注意。

8.2.4 交流伺服电动机

从20世纪70年代后期到80年代，随着集成电路、电力电子技术、交流变速驱动技术、微处理器技术和电动机永磁材料制造工艺的发展，永磁交流伺服驱动技术有了巨大的突破，交流伺服驱动技术成为工业领域自动化的基础技术之一，交流伺服电动机和交流伺服驱动系统逐渐成为机电一体化系统中伺服装置的主导产品，广泛应用于机电一体化的众多领域。

图8-19所示为典型的交流伺服电动机结构。交流伺服电动机与普通交流电动机结构的驱动原理相似，主要区别在于交流伺服电动机具有编码器，能够识别转子的转速进行反馈控制。交流电动机的三组线圈按相互间隔120°配置，当绕组中流过三相交流电流时，各相绕组将按右螺旋法则产生磁场。每一相绕组产生一对N极和S极，三相绕组的磁场合成起来，形成一对合成磁场的N极和S极。这个合成磁场是一个旋转磁场，每当绕组中的电流变化一个周期，交流电动机就会旋转一周。旋转磁场的转速 n（r/min）称为交流电动机的同步转速。若绕组电流的频率为 f、电动机的磁极数为 p，则同步转速 $n = 60f/p$。

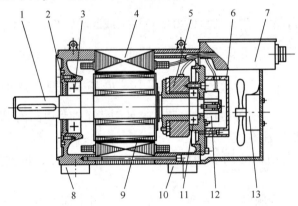

图8-19 交流伺服电动机结构

1—转子 2—轴封 3—前轴承 4—定子 5—抱闸 6—后端盖 7—出线盒
8—前底脚 9—气隙 10—后底脚 11—后轴承 12—编码器 13—冷却风机

交流伺服电动机具有以下特点：

1）调速范围宽。交流伺服电动机的转速随着控制电压改变，能在较宽的范围内连续调速。

2）转子惯性小，即能够实现迅速起动、停止。

3）控制功率小，过载能力强，可靠性好。

交流伺服电动机主要分为两大类：同步交流伺服电动机（SM）和异步交流伺服电动机（IM）。

日本法纳克（FANUC）公司为了满足CNC机床和工业机器人的需要于1982年开发出永磁同步伺服电动机，其特点是定子为三相绕组，转子为永久磁铁，其转矩产生机理与直流伺服电动机相同。永磁同步电动机的交流伺服控制技术已趋于成熟，具有十分优良的低速性能，并可实现弱磁高速控制，拓宽了系统的调速范围，适应高性能伺服驱动的要求，随着永磁材料性能的大幅度提高和价格的降低，永磁同步伺服电动机在工业生产自动化领域中的应用越来越广泛，目前已成为交流伺服系统的主流。

异步交流伺服电动机即感应式伺服电动机。感应式电动机由定子和转子组成，定子铁心中绕有按一定规律缠绕的导线绕组，其转子一般分为笼型转子和空心杯形转子两种结构型式，其特点和应用范围见表 8-4。定子绕组通入三相交流电后，产生旋转磁场，旋转磁场切割转子中金属导体产生电流，有电流流过的铜条在磁场中受力的作用，使转子产生旋转力矩，驱动转子旋转，转子的旋转方向与旋转磁场的旋转方向相同。

表 8-4 异步交流伺服电动机的特点和应用范围

种类	产品型号	结构特点	性能特点	应用范围
笼型转子	SL	与普通笼型电动机结构相同，但转子细而长，转子导体采用高电阻率的材料	励磁电流较小，体积较小，机械强度高，但是低速运行不够平稳，有时快时慢的抖动现象	小功率的伺服系统
空心杯形转子	SK	转子制成薄壁圆筒形，放在内外定子之间	转动惯量小，运行平稳，无抖动现象，但是励磁电流较大，体积也较大	要求运行平滑的系统

目前，采用同步交流伺服电动机的伺服系统多用于机床进给传动控制、工业机器人关节传动和其他需要运动和位置控制的场合，采用异步交流伺服电动机的伺服系统多用于机床主轴转速和其他调速系统。

8.3 电动机的控制与驱动

8.3.1 步进电动机的控制与驱动

由于步进电动机接收的是脉冲信号，因此步进电动机需要由专门的驱动电源供电。驱动电源的基本部分包括变频信号源、脉冲分配器和脉冲功率放大器，如图 8-20 所示。

图 8-20 步进电动机驱动示意图

变频信号源是一个频率从几赫兹到几万赫兹连续变化的脉冲信号发生器。脉冲分配器的作用是根据运行指令把脉冲信号按一定逻辑关系分配到每一相脉冲放大器上，使步进电动机按选定的运行方式工作，它一般由逻辑电路构成。从脉冲分配器输出的电流只有数毫安，不能直接驱动步进电动机，因此在脉冲分配器后需要连接功率放大器。功率放大器是每相绕组配备一套。

1. 脉冲分配器

用于脉冲分配的方法有多种：用普通集成电路实现，用专用集成电路实现，用微机实现。

图 8-21 所示为由普通集成电路组成的三相六拍脉冲分配器电路。图中，C_1、C_2、C_3 为双稳态触发器（J-K 触发器），其余为与非门。变频信号源的脉冲加到脉冲分配器的脉冲输入端，步进电动机的旋转方向由正向和反向控制电位决定。该电路的初始状态是 C 相导通。当在正向控制电位端加高电平、反向控制电位端加低电平时，在脉冲输入端输入第一个

脉冲，双稳态触发器 C_1 翻转。这时，电动机的 A、C 相同时导通，B 相断电。当第二个脉冲到来时，触发器 C_3 翻转。此时，A 相通电，B、C 两相断开。如果不断地输入脉冲，则步进电动机绕组按 C→CA→A→AB→B→BC→C 的顺序通电，转子按一个方向旋转。反之，在反向控制端加高电平、正向控制端加低电平时，电机绕组按 C→CB→B→BA→A→AC→C 的顺序通电，转子反向旋转。

脉冲分配器集成电路有 CH250、PMM8713 等。采用专用集成电路有利于降低系统成本和提高系统的可靠性，而且使用维护方便。

图 8-22 所示为应用脉冲分配器专用集成电路 PMM8713 的实例。脉冲分配器设定在双四拍工作方式。电动机的转速由端子 C_K 的脉冲输入频率决定，正、反转切换由 U/D 端子取"1"还是取"0"来决定（电动机的正、反转也可以通过 C_U 和 C_D 端子采用脉冲控制，C_U 端输入的脉冲使电动机正转，C_D 端输入的脉冲使电动机反转，此时 C_K 和 U/D 端同时接地）。ϕ_C 端是为切换电动机相数用的控制端，三相电动机时 $\phi_C =$ "0"，四相电动机时 $\phi_C =$ "1"。$\phi_1 \sim \phi_4$ 为脉冲输出端，直接连接驱动电路。E_A、E_B 为励磁方式选择，1 相 ~ 2 相励磁时，$E_A = E_B =$ "1"；2 相励磁时，$E_A = E_B =$ "0"；1 相励磁时，其中一端为"1"，另一端为"0"。$\overline{R}$ 为复位端，$\overline{R} =$ "0" 时，$\phi_1 \sim \phi_4$ 均为"1"状态，此时步进电动机锁住不动。

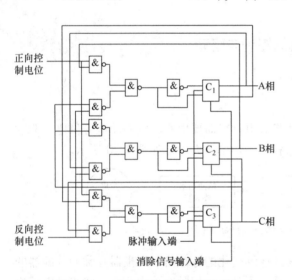

图 8-21 三相六拍脉冲分配器电路

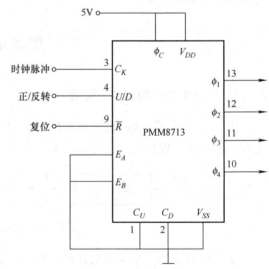

图 8-22 应用脉冲分配器的实例

微机控制步进电动机的方案有很多。一类是用软件来实现脉冲分配器功能，由并行口送励磁信号去控制驱动电路。这类方案中分配器功能灵活，但微机负担加重。另一类是由微机和专用集成芯片组成控制系统，可以减轻微机的负担，组成多功能的步进电动机驱动电路。图 8-23 所示为采用 PMM8713、可编程计数器 8253 及并行接口等组成的步进电动机微机控制系统原理图。

8253 中的两个计数器用来进行速度和位置控制。通过改变计数器 1 的时间常数，改变加到 PMM8713 芯片 C_K 端的脉冲频率，可以控制步进电动机的速度。计数器 2 用来统计加到 C_K 端脉冲数，作为位置控制计数器。由并行口 4 位输出接到 PMM8713 的 $\overline{R}$、E_A、E_B、U/D 端。因此，可以随意控制电动机的转向、运行、停止及改变励磁方式等。改变脉冲频率的过

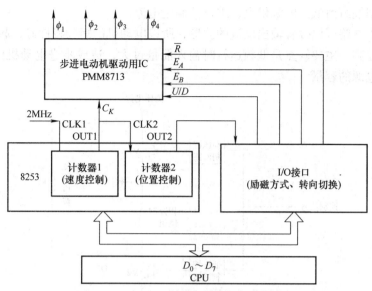

图 8-23 步进电动机微机控制系统原理图

程是，当计数器 2 的计数值达到内部寄存器的设置值时，输出的脉冲通过接口向 CPU 申请中断，CPU 一旦响应，就进入中断处理。在中断服务程序中，改写计数器 1 的时间常数，就可以改变 C_K 端的脉冲频率。于是，在这一控制系统中，CPU 每中断一次，步进电动机的脉冲频率就改变一次，这样便可以实现电动机的速度控制。计数器 2 所计的脉冲数值可以用来计算步进电动机的旋转角，因此在此值等于设定位置角的时候，使接至并行接口的 $\overline{R}$ 端逻辑电平变低就能够控制位置。

2. 功率驱动电路

按功率放大器电路不同，步进电动机驱动电路主要可分为单电压电路、双电压电路、恒流斩波电路、细分电路和调频调压电路等。

（1）单电压电路　单电压电路即由单一电源供电的电路。图 8-24 所示为单电压电路。当有控制脉冲信号输入时，功率晶体管 V 导通，控制绕组有电流流过；否则，功率晶体管 V 关断，控制绕组没有电流流过。

为了减少控制绕组的时间常数，提高步进电动机的动态转矩，在控制绕组中串联电阻 R_n，同时也起限制电流的作用。电阻两端并联电容 C 是为了改善步进电动机控制绕组电流脉冲的前沿。二极管和电阻 R_f 构成了放电回路，限制功率晶体管 V 集电极上的电压和保护功率晶体管 V。

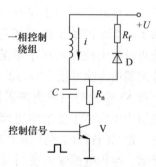

图 8-24 单电压电路

这种电路的最大特点是线路简单，功率元器件少，成本低。但由于 R_n 要消耗能量，故使得工作效率低。这种电路一般只适用于小功率步进电动机的驱动。

（2）双电压电路（高低电压电路）　为了改善控制绕组中电流的波形，可以采用双电压电路。双电压电路如图 8-25 所示。当输入控制脉冲信号时，功率晶体管 V1、V2 导通，低压电源由于二极管 D1 承受反向电压而处于截止状态，这时高压电源加在控制绕组上，控制绕组电流迅速上升。当电流上升到额定值时，利用定时电路使功率晶体管 V1 关断，V2

仍然导通，控制绕组由低压电源供电，维持其额定电流。

采用双电压电路可以改善输出电流的波形，所以电动机的矩频特性好，起动和运行频率得到了很大的提高。主要缺点是低频运行时输入能量过大，造成步进电动机低频振荡加重，同时也增大了电源的容量。

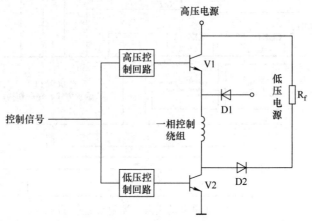

图 8-25　双电压电路

（3）恒流斩波电路　恒流斩波电路可以更好地解决绕组电流导通后的平稳性，使得步进电动机在额定电流附近产生最小的脉动。恒流斩波电路是通过对绕组电流的检测来实现对电流大小的控制，当绕组电流高于额定值时，关断相应的功率晶体管；当绕组电流低于额定值时，开启相应的功率晶体管。恒流斩波电路如图 8-26 所示。

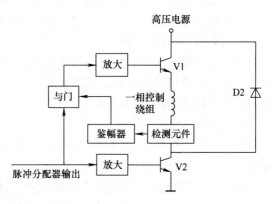

图 8-26　恒流斩波电路

这种电路相当于在双电压电路基础上多加了一个电流检测控制线路，因而可以根据绕组电流来控制高压电源的接通和断开。当分配器输出脉冲信号时，低压管 V2 饱和导通，而高压管 V1 受到与门输出的限制。如图 8-27 所示，当绕组中电流小于要求的电流 I_2 时，鉴幅器输出高电平，使与门打开，与门输出经电流放大后迫使 V1 管导通，高压电源输入使得绕组电流上升；当绕组电流上升到峰值电流 I_1 时，鉴幅器输出低电平，与门关闭，V1 管截止，高压电源被切断；当绕组电流下降到谷点电流 I_2 时，鉴幅器输出高电平，使 V1 再次

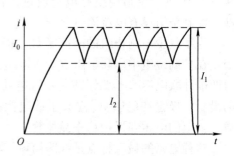

图 8-27　恒流斩波电路波形

导通。这样依靠高压管的多次接通和关断，可使绕组电流波形维持在额定值 I_0 附近。

（4）细分电路　步进电动机的制造受到工艺的限制，它的步矩角是有限的。在实际应用中，有些系统往往要求步进电动机的步矩角必须很小才能满足要求。例如，数控机床为了提高加工精度，要求脉冲当量为 0.01mm/脉冲，一般的步进电动机驱动方式对此无能为力。

为了能满足要求，可以采用细分的驱动方式。所谓
细分驱动方式，就是把原来的一步再细分为若干步，
使步进电动机的转动近似为均匀运动，并能在任何
位置停止。为此，可将原来的矩形脉冲电流改为阶
梯波电流（见图 8-28），电流每上一个阶梯，步进
电动机转动一个角度，步矩角就减少了很多。

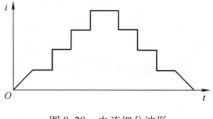

图 8-28 电流细分波形

实现阶梯波通常有两种方法：一种是对细分方
波先放大后叠加，另一种是先叠加后放大。前者使得功率元器件增加，但元器件容量成倍降
低，结构简单，容易调整，适用于中、大功率步进电动机的驱动；后者功率元器件少，但元
器件容量大，适用于小功率步进电动机的驱动。

（5）调频调压电路 步进电动机低频时因绕组电流过大易产生振荡，高频时由于注入
电流减少而导致转矩下降，因此理想情况下希望低频低压，高频高压。这种方法的思路正是
当步进电动机低频运行时调低供电电压，高频运行时调高供电电压，使绕组电压随着步进电
动机的转速而变化。

步进电动机驱动电路的另外一种分类是根据驱动电流方向分类，可分为单极性驱动和双
极性驱动。在单极性驱动的步进电动机中，电流只在一个方向流过步进电动机绕组；在双极
性驱动电流中，电流将会在两个方向流过步进电动机的绕组。由于步进电动机控制集成电路
的发展，使得步进电动机控制越来越方便。下面就以双极性步进电动机控制芯片为例，介绍
集成驱动电路的应用。

双极性驱动芯片 LB1945H 是 SANYO 公司生产的单片双 H 桥驱动器，适用于驱动双相
步进电动机，采用 PWM 电流控制，可实现四拍、八拍通电方式的运转。图 8-29 所示为其
内部结构图。

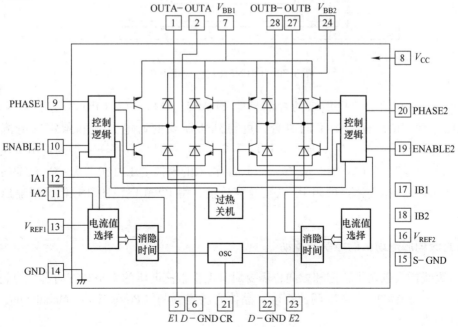

图 8-29 LB1945H 内部结构图

其中，OUTA、OUTA－、OUTB、OUTB－为输出端，接两相步进电动机线圈；PHASE1、PHASE2 为输出相选择端，如果为高电平，OUTA = H，OUTA－ = L，如果为低电平，OUTA = L，OUTA－ = H；IA1、IA2、IB1、IB2 为逻辑输入端，设定输出电流值；V_{REF1}、V_{REF2} 为输出电流设定参考电压。LB1945H 的典型应用电路如图 8-30 所示。

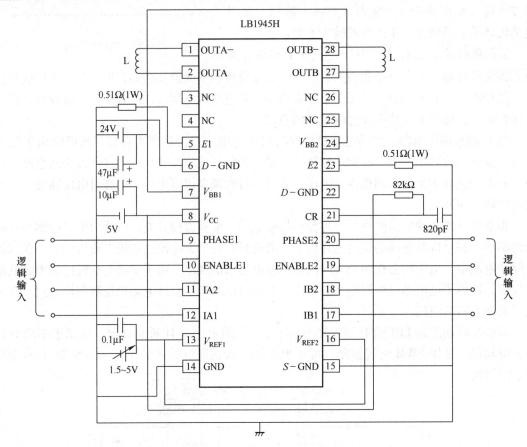

图 8-30　LB1945H 典型应用电路

LB1945H 利用从上位机传来的控制指令 PHASE、IA1、IA2（IB1、IB2）数字输入和 V_{REF1}、V_{REF2} 模拟电压输入的不同组合，可得到所需要的通电方式和预定的电流值。由 PHASE 控制 H 桥输出的电流方向，由 IA1、IA2（IB1、IB2）数字输入得到输出电流值比例的四种选择：1、2/3、1/3、0。从 V_{REF1}、V_{REF2} 输入的模拟电压可在 1.5～5V 范围内连续变化。LB1945H 从外接传感器电阻 R_S 获得电流反馈，由 PWM 电流闭环控制，使输出电流跟踪输入的要求。

8.3.2　直流伺服电动机的控制与驱动

调节直流伺服电动机转速和方向，需要对其电枢直流电压的大小和方向进行控制，目前常用的驱动控制有晶闸管直流调速驱动和晶体管脉宽调制（Pulse Width Modulation，PWM）驱动两种方式。

晶闸管直流驱动方式主要通过调节触发装置控制晶闸管的触发延迟角，从而控制晶闸管的导通，改变整流电压的大小，使直流电动机电枢电压的变化易于平滑调速。由于晶闸管本身的工作原理和电源的特点，晶闸管导通后需要利用交流信号使其过零关闭，因此在低整流电压时，其输出是很小的尖峰电压的平均值，从而造成电流的不连续性。

脉宽调制驱动系统开关频率高，通常能达到 2000～3000Hz，伺服机构能够响应的频带范围也较宽，与晶闸管相比，其输出电流脉动非常小，接近于纯直流，因此一般采用脉宽调制进行直流调速驱动。

1. 脉宽调制（PWM）调速原理

脉宽调制即脉冲宽度调制，是利用大功率晶体管的开关作用，将直流电源电压转换成一定频率（如 2000Hz）的方波电压，加在直流电动机的电枢上，通过对方波脉冲宽度的控制，改变电枢的平均电压，从而调节电动机的转速。其原理框图如图 8-31 所示，锯齿波发生器的输出电压 U_A 和直流控制电压 U_{IN} 进行比较，同时在比较器的输入端还加入一个调零电压 U_0，当控制电压 U_{IN} 为零时，调节 U_0 使比较器的输出电压为正、负脉冲宽度相等的方波信号，如图 8-32a 所示；当控制电压 U_{IN} 为正或负时，比较器输入端处的锯齿波相应地上移或下移，比较器的输出脉冲也随着相应改变，脉宽调制结果分别如图 8-32b 和图 8-32c 所示。

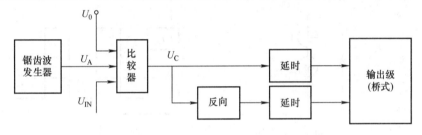

图 8-31　脉宽调制原理框图

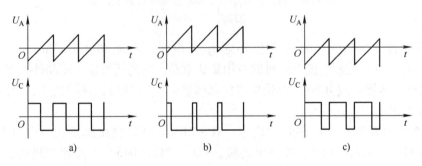

图 8-32　锯齿波脉宽调制器波形图

a）控制电压为零　b）控制电压为正　c）控制电压为负

若输出级为桥式电路，比较器的输出应分成相位相反的两路信号，去控制桥式电路（见图 8-33）中的 V_1、V_4 和 V_2、V_3 两组晶体管的基极。为防止 V_1、V_4 未断开，V_2、V_3 就导通，造成桥臂短路，在线路中还加有延时电路。

2. 开关功率放大器

PWM 信号需连接功率放大器才能驱动直流伺服电动机。PWM 有两种驱动方式，一种是单极性驱动方式，另一种是双极性驱动方式。

（1）单极性驱动方式　当电动机只需要单方向旋转时，可采用此种方式，原理如

图 8-34a 所示。其中，VT 是用开关符号表示的电力电子开关器件，VD 为续流二极管。当 VT 导通时，直流电压 U_a 加到电动机上；当 VT 关断时，直流电源与电动机断开，电动机电枢中的电流经 VD 续流，电枢两端的电压接近于零。如此反复，得到电枢端电压波形 $u = f(t)$，如图 8-34b 所示。这时电动机平均电压为

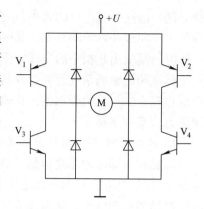

$$U_d = \frac{t_{on}}{T}U_a = \rho U_a \qquad (8\text{-}6)$$

式中，T 为功率开关器件的开关周期（s）；t_{on} 为开通时间（s）；ρ 为占空比。

从式（8-6）可以看出，改变占空比就可以改变直流电动机两端的平均电压，从而实现电动机的调速。这种方法只能实现电动机单向运行的调速。

图 8-33　桥式电路

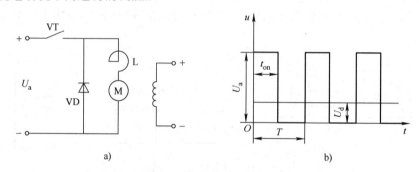

图 8-34　直流伺服电动机单极性驱动原理及波形

a）原理图　b）波形图

采用单极性 PWM 控制的速度控制芯片有很多，常见如 Texas Instruments 公司的 TPIC2101 芯片，它是控制直流电动机的专用集成电路，它的栅极输出驱动外接 N 沟道 MOS-FET（场效应晶体管）或 IGBT（绝缘栅双极晶体管），用户可利用模拟电压信号或 PWM 信号调节电动机速度。

图 8-35 所示为 TPIC2101 芯片的应用。TPIC2101 的 GD 输出脚接在一个 IRF530 NMOS 开关管的栅极，以低侧驱动方式驱动电动机，VD1（MBR1045）是续流二极管，V_{bat} 是外接供电电源电压，MAN 和 AUTO 输入端接到外电路。当 AUTO 端输入时，TPIC2101 处于自动模式，自动模式接收占空比 0% ~ 100% 的 PWM 信号；当 MAN 端输入时，TPIC2101 处于手动模式，手动模式接收 0 ~ 2.2V 差动电压信号。

（2）双极性驱动方式　这种驱动方式不仅可以改变电动机的转速，还能够实现电动机的制动、反向。这种驱动方式一般采用四个功率开关构成 H 桥电路，如图 8-36a 所示。

VT1 ~ VT4 四个电力电子开关构成了 H 桥可逆脉冲宽度调制电路。VT1 和 VT4 同时导通或关断，或者 VT2 和 VT3 同时通断，使电动机两端承受电压 $+U_S$ 或 $-U_S$。改变两组开关的导通时间，也就可以改变电压脉冲的宽度，得到的电动机两端的电压波形如图 8-36b 所示。

如果用 t_{on} 表示 VT1 和 VT4 导通时间，开关周期为 T，占空比为 ρ，则电动机电枢两端平均电压为

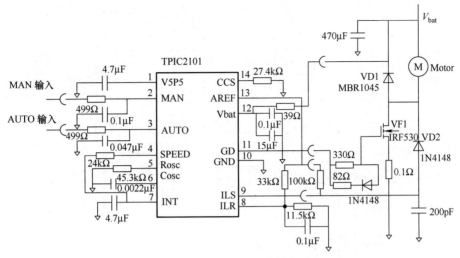

图 8-35　TPIC2101 芯片的应用

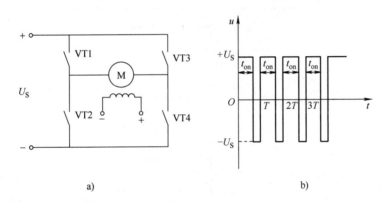

图 8-36　直流伺服电动机的双极性驱动电路及波形
a) 原理图　b) 波形图

$$U = \left(\frac{t_{on}}{T} - \frac{T - t_{on}}{T} \right) U_S = \left(\frac{2t_{on}}{T} - 1 \right) U_S = (2\rho - 1) U_S \qquad (8\text{-}7)$$

直流电动机双极性驱动芯片种类很多。例如，SANYO 公司生产的 STK6877，它是一款 H 桥厚膜混合集成电路，图 8-37 所示为其内部电路，它采用 MOSFET 作为它的输出功率器件，一般可作为复印机鼓、扫描仪等各种直流电动机的驱动芯片。

图 8-38 所示为 STK6877 的应用电路。输入端是 A、B、PWM。A、B 不同状态的组合可实现不同的功能，如 A 为高电平且 B 为低电平表示电动机是正向的状态，A 为低电平且 B 为高电平为反转状态。

又如 ST 公司生产的 L298N，它是一款高电压、高电流全桥式驱动器，其单个芯片可以驱动两个直流电动机。该芯片采用 15 脚封装，图 8-39 所示为其内部电路。其采用标准 TTL 电平信号控制，可以用来驱动直流电动机、步进电动机、继电器线圈等负载。

引脚 2、3 和 13、14 分别为 Current Sensing A 和 B 的输出端，与负载直流电动机相接；引脚 5、7 和 10、12 分别为 A、B 的输入端，接 TTL 电平；引脚 6、11 分别为 A 和 B 的使能端。若为低电平，则无论输入控制端 5（10）和 7（12）为何电平，直流电动机总处于停止

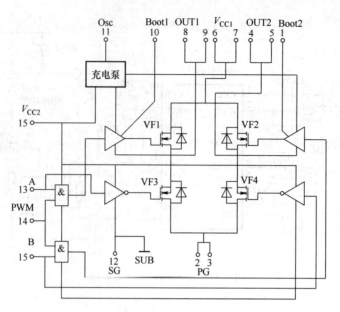

图 8-37　STK6877 内部电路

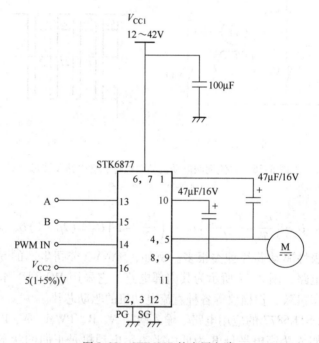

图 8-38　STK6877 的应用电路

状态；在高电平下，5（10）为高电平、7（12）为低电平时电动机正转，反之则电动机反转，两者为相同电平时电动机快速停止。L298N 驱动直流电动机电路如图 8-40 所示。

8.3.3　交流伺服电动机的控制与驱动

1. 交流异步伺服电动机的控制

对交流异步伺服电动机的控制主要是指对交流异步伺服电动机速度的控制。异步电动机

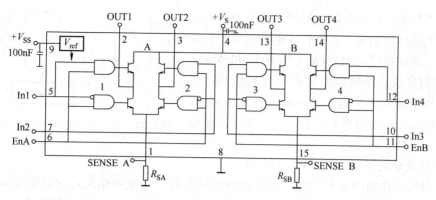

图 8-39 L298N 内部电路

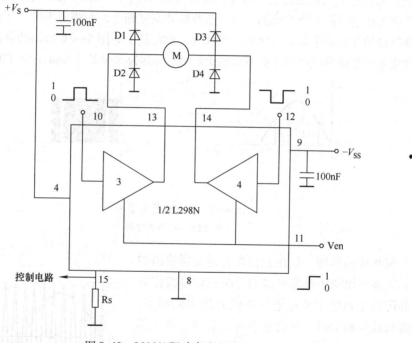

图 8-40 L298N 驱动直流电动机电路

调速主要有定子调压调速、转子串电阻调速和变频变压调速。变频变压调速具有很好的调速性能，因此这种调速方法用途广泛。

异步电动机的变频变压调速需要同时能够控制频率和电压的交流电源，而电网提供的是恒压恒频的电源，因此应该配置变频变压器。目前，市场上有各种变频器产品都具有变频变压的功能，可供选用。

从整体结构上，变频变压器可分为交 – 直 – 交和交 – 交两大类。前者由于在恒频交流电源和变频交流输出之间有一个"中间直流环节"，所以又称为间接式变频变压器；后者不经过中间过程，因此又称为直接式变频变压器。

交 – 直 – 交型变频变压器主要由整流器、滤波器、功率逆变器和控制器等部分组成。

图 8-41 所示的交 – 直 – 交型变频变压器整流器采用三相二极管桥式整流电路，可把交流电变成直流电。该电路由于采用大容量的电容滤波，所以直流回路电压平稳，输出阻抗

小，变频器构成了电压型的变频器。功率逆变器由大功率开关晶体管组成，可把直流电变成频率可控的交流电。目前广泛采用 PWM（Pulse Width Modulation）控制方式。控制器主要由单片机组成，其作用是根据给定转速控制开关晶体管的导通时间，从而改变输出电压的频率和幅值，达到调节交流电动机速度的目的。

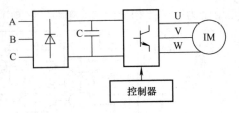

图 8-41　交－直－交型变频变压器整流器

2. 正弦波脉宽调制（SPWM）控制方式

（1）SPWM 控制的基本原理　采样控制理论中有一个重要结论：冲量相等而形状不同的窄脉冲加在具有惯性的环节上时，其效果基本相同。这里的冲量指的是脉冲的面积。根据这个原理，可以先把正弦波的正半周分割成如图 8-42a 所示的五等份，这样就可以把正弦波看成由五个彼此相连的脉冲所组成的波形，这些脉冲宽度相等，而幅值不等。如果把上述脉冲序列用同样数量的等幅而不等宽的脉冲序列代替，就得到了如图 8-42b 所示的脉冲序列。这种脉冲的宽度按正弦规律变化而和正弦等效的 PWM 波形称为 SPWM（Sinusoidal PWM）波形。

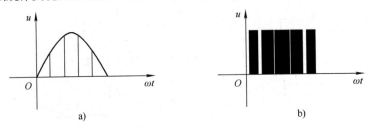

图 8-42　SPWM 基本原理

a）波形图　b）脉冲序列

（2）SPWM 的实现　以正弦波作为逆变器输出的期望波，以频率比期望波高得多的等腰三角形波作为载波，并用频率和期望波相同的正弦波作为调制波，当调制波与载波相交时，可由它们的交点确定逆变器开关的通断时刻。如图 8-43 所示，当调制波高于三角形波时，输出满幅度的高电平 $+U_d$；当调制波低于三角形波时，输出满幅度的低电平 $-U_d$。

图 8-43 所示的 SPWM 波形为双极性波形，即输出 $+U_d$、$-U_d$ 两种电平。除此之外还有单极性输出，单极性输出 $\pm U_d$ 和 0 三种电平。

通常产生 SPWM 波形采用的方法主要有两种：一种是利用微处理器计算查表得到，它常需复杂的算法；另一种是利用专用集成电路（ASIC）来产生 PWM 脉冲，不需或只需少许编程，使用起来较为方便。例如，交流电动机微控制器集成芯片 MC3PHAC，它是 Motorola 公司生产的高性能智能微控制器集成电

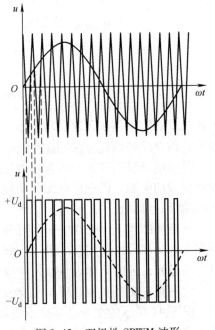

图 8-43　双极性 SPWM 波形

路，是为满足三相交流电动机变速控制系统需求专门设计的。该芯片主要有如下特点：

1）V/F 速度控制。MC3PHAC 可按需要提升低速电压，调整 V/F 速度控制特性。

2）DSP（数字信号处理器）滤波。

3）32bit 运算，使速度分辨率达 4MHz，高精度操作得以平滑运行。

4）6 个输出脉宽调制器（PWM）。

5）三相波形输出。MC3PHAC 产生控制三相交流电动机需要的 6 个 PWM 信号。三次谐波信号叠加到基波频率上，充分利用总线电压，和纯正弦波调制相比较，最大输出幅值增加 15%。

6）4 个通道模拟/数字转换器（ADC）。

7）串行通信接口（SCI）。

8）欠电压检测。

MC3PHAC 芯片有 28 个引脚，引脚排列如图 8-44 所示。

MC3PHAC 有三种封装方式，图 8-44 所示为 28 个引脚的 DIP 封装。MC3PHAC 主要由下列部分组成：

1）引脚 9 ~ 14 组成了 6 个输出脉冲宽度调制器（PWM）驱动输出端。

2）MUX_IN、SPEED、ACCEL 和 DC_BUS 在标准模式下为输出引脚，指示 PWM 的极性和基频；在其他情况下为模拟量输入，MC3PHAC 内置 4 通道模拟/数字转换器（ADC）。

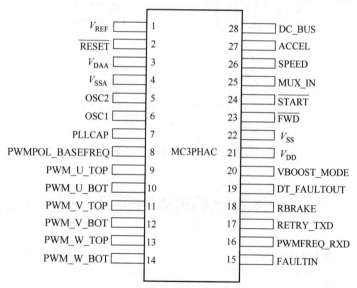

图 8-44　MC3PHAC 引脚排列

3）PWMFREQ_RXD、RETRY_TXD 为串行通信接口引脚。

4）OSC1 和 OSC2 组成了锁相环（PLL）系统振荡器。

5）低功率电源电压检测电路。

MC3PHAC 实现三相交流电动机控制的功能如下：

1）V/F 开环速度控制。

2）正/反转。

3）起/停控制。

4）系统故障输入。

5）低速电压提升。

6）上电复位（POR）。

MC3PHAC 的应用如图 8-45 所示。它根据输入参数，即速度、PWM 频率、总线电压和加速度等即时输出 PWM 波形。由于 MC3PHAC 输出的电流比较小，不足以驱动功率开关，因此它们与功率驱动电路之间还有栅极驱动接口电路（图 8-45 中未示出）。常用的栅极驱动芯片如 IR 公司的 IR2085S、Motorola 公司生产的 MC33198。

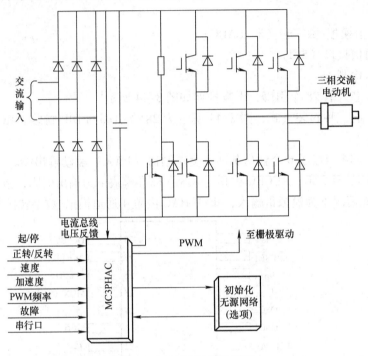

图 8-45　MC3PHAC 的应用

8.4　伺服驱动系统设计

8.4.1　系统设计方法与控制方式

1. 系统设计方法

实际上伺服驱动系统的设计很难一次成功，往往都要经过多次反复修改和调试才能获得满意的结果。下面简单介绍伺服系统设计的一般步骤和方法。

（1）系统方案设计　方案设计应包括下述内容：需求分析，明确其应用场合和目的、基本性能指标及其他性能指标；控制原理分析，建立系统的控制结构，明确控制方式；根据具体速度、负载及精度要求确定执行元件、传感器及其检测装置的参数和型号，选择机械传动及执行机构等。

（2）系统仿真及性能分析　建立电动机的数学模型，设计电流环、速度环、位置环，画出系统框图，列出系统近似传递函数，并对传递函数及框图进行简化，然后在此基础上采用 MATLAB 软件对系统稳定性、精度及快速响应性进行仿真分析。其中最主要的是稳定性分析，如不能满足设计要求，应考虑修改方案或增加校正环节。

（3）机械系统设计　机械系统设计包括机械传动机构及执行机构的具体结构及参数的设计。设计中应注意消除各种传动间隙，尽量提高系统刚度，减小惯量及摩擦，尤其在设计执行机构的导轨时要防止产生"爬行"现象。

（4）控制系统设计　采用计算机数字控制，首先进行基本结构设计，主要是基于微处理器的伺服控制器选择及系统电气设计；其次是各环节控制器算法软件的设计和伺服控制器驱动器参数设置。控制系统设计中应注意各环节参数的选择及与机械系统参数的匹配，以使系统具有足够的稳定裕度和快速响应性，并满足精度要求。

（5）系统性能复查　所有结构参数确定之后，可重新列出系统精确的传递函数，但实际的伺服系统一般都是高阶系统，因而还应进行适当简化，才可进行性能复查。经过复查如发现性能不够理想，则可调整控制系统的参数或修改算法，甚至重新设计，直到满意为止。

（6）系统测试实验　上述设计与分析都还处于理论阶段，实际系统的性能还需通过测试实验来确定。测试实验可在模型实验系统上进行，也可在试制的样机上进行。通过测试实验，往往还会发现一些问题，对这些问题必须采取措施加以解决。

2. 系统控制方式

伺服系统一般有三种控制方式：转矩控制方式、速度控制方式和位置控制方式。这三种控制方式可根据实际需要单独使用，也可以组合使用。

（1）转矩控制方式　转矩控制方式是通过外部模拟量的输入或直接地址的赋值来设定电动机轴对外输出转矩的大小。可以通过即时改变模拟量的设定来改变设定力矩的大小，也可以通过通信方式改变相应地址的数值来实现转矩的控制。

转矩控制方式的应用主要是在对材质的受力有严格要求的缠绕和放卷的装置中，如绕线装置或拉光纤设备，转矩的设定要根据缠绕半径的变化随时更改以确保材质的受力不会随着缠绕半径的变化而改变。

（2）速度控制方式　速度控制方式是通过模拟量的输入或脉冲的频率来进行转动速度的控制。在有上位控制装置的外环 PID 控制时速度控制方式也可以进行定位，但必须把电动机的位置信号或直接负载的位置信号反馈给上位以做运算用。位置模式也支持直接负载外环检测位置信号，此时的电动机轴端的编码器只检测电动机转速，位置信号就由直接的最终负载端的检测装置来提供。这样的优点在于可以减少中间传动过程中的误差，增加了整个系统的定位精度。

（3）位置控制方式　位置控制方式一般是通过外部输入脉冲的频率来确定转动速度的大小，通过脉冲的个数来确定转动的角度，也有些伺服系统可以通过通信方式直接对速度和位移进行赋值。由于位置控制方式可以对速度和位置都有很严格的控制，所以一般应用于定位装置。应用领域如数控机床和印刷机械等。

伺服系统控制一般为三环控制。所谓三环就是三个闭环负反馈 PID 调节系统。最内的 PID 环是电流环。此环完全是在伺服驱动器内部，通过霍尔装置检测驱动器给电动机各相的输出电流，负反馈给电流的设定进行 PID 调节，从而使输出电流尽量接近于设定电流。电流环就是控制电动机转矩的，所以在转矩模式下驱动器的运算最少，动态响应最快。

第二环是速度环。它是通过检测电动机编码器的信号来进行负反馈 PID 调节，它的环内

PID 输出直接就是电流环的设定，所以速度环控制时就包含了速度环和电流环。换句话说，任何模式都必须使用电流环，电流环是控制的根本，在速度和位置控制的同时，系统实际也在进行电流（转矩）的控制，以达到对速度和位置的相应控制。

第三环是位置环。它是最外环，可以在驱动器和电动机编码器间构建，也可以在外部控制器和电动机编码器或最终负载间构建，要根据实际情况来定。由于位置控制环内部输出就是速度环的设定，位置控制方式下系统进行了所有三个环的运算，因此此时的系统运算量最大，动态响应速度也最慢。

8.4.2　调节器校正

伺服系统的结构因系统的具体要求而异，对于闭环伺服驱动系统，常用串联校正或并联校正方式进行动态性能的调整。校正装置串联配置在前向通道的校正方式称为串联校正，一般把串联校正单元称作调节器，所以又称为调节器校正；若校正装置与前向通道并行，则称为并联校正；信号流向与前向通道相同时，称作前馈校正；信号流向与前向通道相反时，则称作反馈校正。

常用的调节器有比例 – 微分（PD）调节器、比例 – 积分调节器（PI）以及比例 – 积分 – 微分（PID）调节器，设计时可根据实际伺服系统的特征进行选择。

1. PD 调节器校正

在伺服系统中，一般都包含惯性环节和积分环节，这使得系统的快速性变差，也使系统的稳定性变差，甚至造成不稳定。由于在系统的前向通道上串联 PD 调节器校正装置，可以使相位超前，以抵消惯性环节和积分环节使相位滞后而产生的不良后果，因此 PD 调节器校正也叫作超前校正。

超前校正是利用 PD 调节器在相位上的超前作用，适用于稳定裕度偏小和开环截止频率 ω_c 不满足要求的对象。PD 调节器自身没有积分环节，对系统稳态性能的作用不大，或者说不起作用，在设计时需引起必要的重视。

2. PI 调节器校正

在伺服系统中，要实现无静差，必须在前向通道上（对扰动量则在扰动作用点前）设置积分环节。采用 PI 调节器可以满足这一要求。由于 PI 串联校正会使系统的相位滞后，减小相角裕度，从而使系统的稳定性变差，因此也称为滞后校正。

如果系统的稳态性能满足要求，并有一定的稳定裕度，而稳态误差较大，则可以用 PI 调节器进行校正。

3. PID 调节器校正

将 PD 串联校正和 PI 串联校正联合使用，便构成 PID 调节器，或称滞后 – 超前校正装置。微分校正主要用于改善系统的稳定性或动态特性，而积分校正主要用于改善系统的稳态精度或静态特性，如果合理设计则可以综合改善伺服系统的动态和静态特性。

8.4.3　单环位置伺服系统

对于直流伺服电动机可以采用单环位置控制方式，直接设计位置调节器 APR（Automatic Position Regulator），如图 8-46 所示。为了避免在过渡过程中电流冲击过大，应采用电流截止反馈保护，或者选择允许过载倍数比较高的伺服电动机。由于交流伺服电动机具有非线性、强耦合的性质，单环位置控制方式难以达到伺服系统的动态要求，因此一般不采用单环位置控制。

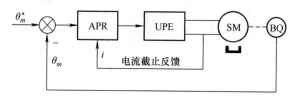

图 8-46　单环位置伺服系统

APR—位置调节器　UPE—驱动装置　SM—直流伺服电动机　BQ—位置传感器

作为动态校正和加快跟随作用的位置调节器常选用 PD 或 PID 调节器。采用 PD 调节器时对负载扰动和速度输入信号有静差。若要求对负载扰动无静差，应选用 PID 调节器。

8.4.4　双环位置伺服系统

电流闭环控制可以抑制起动、制动电流，加速电流的响应过程。对于交流伺服电动机，电流闭环还具有改造对象的作用，可实现励磁分量和转矩分量的解耦，得到等效的直流电动机模型。因此，可以在电流闭环控制的基础上设计位置调节器，构成位置伺服系统。位置调节器的输出限幅是电流的最大值。图 8-47 所示为双环位置伺服系统。图中以直流伺服系统为例，对于交流伺服系统也适用，只需对伺服电动机和驱动装置做相应的改动即可。

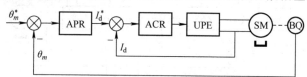

图 8-47　双环位置伺服系统

在图 8-47 中，对于直流伺服电动机为电枢电流 I_d 闭环控制，而对于交流伺服电动机则为电流的转矩分量 i_{st} 闭环控制。由于控制对象在前向通道上有两个积分环节，故该系统能精确跟随速度输入信号。为了消除负载扰动引起的静差，APR 选用 PI 调节器。

双环位置伺服系统的结构如图 8-48 所示。

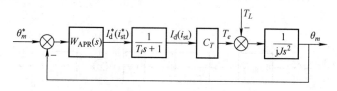

图 8-48　双环位置伺服系统结构

若 APR 采用 PI 调节器，可在位置反馈的基础上再加上微分负反馈，即转速负反馈，构成局部反馈，如图 8-49 所示。其中，τ_d 是微分反馈系数。采用绝对值式光电编码器时，应根据位置的变化率来计算角转速，$\omega = \dfrac{\theta(k) - \theta(k-1)}{T_{samn}}$，$T_{samn}$ 为采样周期。

带有微分负反馈的伺服系统的结构如图 8-50 所示。

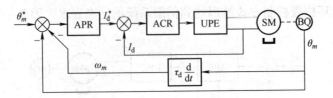

图 8-49　带有微分负反馈的伺服系统

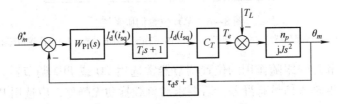

图 8-50　带有微分负反馈的伺服系统结构

8.4.5　三环位置伺服系统

在调速系统的基础上再设一个位置控制环,便形成三环控制的位置伺服系统,如图 8-51 所示。其中,位置调节器 APR 就是位置环的校正装置,其输出限幅值决定着电动机的最高转速。

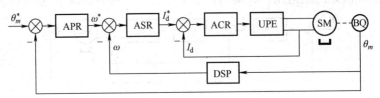

图 8-51　三环位置伺服系统

APR—位置调节器　ASR—转速调节器　ACR—电流调节器　UPE—驱动装置　BQ—光电位置传感器
DSP—数字转速信号形成环节

转速用角速度 ω 表示。对于交流伺服电动机,假定磁链恒定,则矢量控制系统如图 8-52 所示。其中,转速调节器 ASR 采用 PI 调节器。下面的设计方法对直流和交流伺服系统都适用。

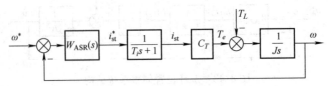

图 8-52　矢量控制系统

多环控制系统调器的设计方法也是从内环到外环,逐个设计各环的调节器。逐环设计可以使每个控制环都是稳定的,从而保证了整个控制系统的稳定性。当电流环和转速环内的对象参数变化或受到扰动时,电流反馈和转速反馈能够起到及时的抑制作用,使之对位置环的工作影响很小。同时,每个环节都有自己的控制对象,分工明确,易于调整。但这样逐环设计的多环控制系统也有着明显的不足,即对最外环控制作用的响应不会很快。

8.4.6　复合控制的伺服系统

无论是多环还是单环伺服系统，都是通过位置调节器 APR 来实现反馈控制的。这时，给定信号的变化要经过 APR 才能起作用。在设计 APR 时，为了保证整个系统的稳定性，不可能过分照顾快速跟随作用。如果要进一步加强跟随性能，可以从给定信号直接引出开环的前馈控制，和闭环的反馈控制一起构成复合控制伺服系统，其结构如图 8-53 所示。图中，$W_1(s)$ 是反馈控制器的传递函数，$W_2(s)$ 是控制对象的传递函数，$G(s)$ 是前馈控制器的传递函数。

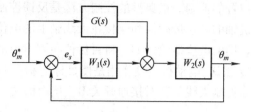

图 8-53　复合控制伺服系统的结构

利用结构图变换可以求出复合控制伺服系统的闭环传递函数为

$$\frac{\theta_m(s)}{\theta_m^*(s)} = \frac{W_1(s)W_2(s) + G(s)W_2(s)}{1 + W_1(s)W_2(s)} \tag{8-8}$$

如果前馈控制器的传递函数选为

$$G(s) = \frac{1}{W_2(s)} \tag{8-9}$$

带入式（8-8），得

$$\frac{\theta_m(s)}{\theta_m^*(s)} = 1 \tag{8-10}$$

这就是说，理想的复合控制伺服系统的输出量能够完全复现给定输入量，其稳态和动态的给定误差都为零。这叫作系统对给定输入实现了"完全不变性"，式（8-9）就是对给定输入完全不变的条件。

对于图 8-53 所示的系统，如果不加前馈控制器，其闭环传递函数是

$$\frac{\theta_m(s)}{\theta_m^*(s)} = \frac{W_1(s)W_2(s)}{1 + W_1(s)W_2(s)} \tag{8-11}$$

比较式（8-8）和式（8-11）可以发现，有没有前馈控制闭环传递函数的特征方程式完全相同，也就是说，系统具有相同的闭环极点。因此，增加前馈控制不会影响原系统的稳定性。

实际上，要准确实现完全不变性是很困难的。要实现完全不变性，需要引入输入信号的各阶导数作为前馈控制信号，但同时会引入高频干扰信号，严重时将破坏系统的稳定性，这时不得不再加上滤波环节，所以只能近似地实现完全不变性。即使如此，引入前馈控制对提高系统的跟随精度和快速性总有好处。

8.5　伺服驱动技术示例

本节主要讨论雷达天线的速度控制及位置控制，并将对单输入、单输出控制系统的分析和设计问题进行具体阐述。

8.5.1　天线控制系统的构成

图 8-54 所示的雷达天线控制系统由 DC 电动机驱动雷达天线旋转，对天线进行速度和位置的控制。最典型的控制方法是反馈控制。天线的旋转速度和位置是依靠直接连接在电动机轴的测速传感器和连接在天线轴上的电位器各自测出的。目标速度或目标位置是由输入设定用的电位器给定的。将目标值与测量值的偏差输入给放大器，然后将与偏差成比例的电压传给 DC 电动机，其作用是使目标值和反馈信号之差趋于 0。当控制天线速度时接通开关 A，当控制天线位置时接通开关 B，从而构成单纯的反馈控制系统。

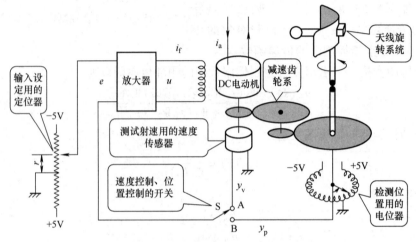

图 8-54　雷达天线控制系统的结构

8.5.2　组成环节的单元

对于具体的控制系统设计问题，需确定控制系统中各组成环节的参数：

天线：惯性矩　　　　　　　　$I = 10 \text{kg} \cdot \text{m}^2$

　　　减速齿轮传动比　　　　$R_g = 3$

DC 电动机：励磁线圈电阻　$R_f = 20\Omega$

　　　　　　电感　　　　　　$L_f = 2\text{H}$

　　　　　　扭矩常数　　　　$K_t = 5 \text{N} \cdot \text{m/A}$

放大器：放大率　　　　　　K_a（可调整）

速度检测：测速传感器　　　$C_v = \pm 5\text{V} / \pm 100 \text{r/min}$

位置检测：电位器　　　　　$C_p = \pm 5\text{V} / \pm \pi \text{rad}$

输入设定：电位器　　　　　$\pm 5\text{V} / \pm 100 \text{r/min}$（速度控制）

　　　　　　　　　　　　　$\pm 5\text{V} / \pm \pi \text{rad}$（位置控制）

设天线的惯性矩 I 包括减速齿轮旋转惯性矩的值。DC 电动机的控制采用使电动机转子电流 i_a 保持一定、使励磁线圈电路电压变化的方法。

首先，必须建立控制系统的数学模型。

8.5.3　系统的数学模型

关于天线的旋转运动，若忽略风和摩擦的影响，设天线的角位置为 φ，电动机的转矩用

τ 表示，可有

$$I\ddot{\varphi} = R_g\tau \qquad (8\text{-}12)$$

电动机的转矩与励磁线圈电路中电流 i_f 的比例为

$$\tau = K_t i_f \qquad (8\text{-}13)$$

施加给励磁线圈电路的控制电压 u 和 i_f 之间的关系为

$$u = R_f i_f + L_f \dot{i_f} \qquad (8\text{-}14)$$

另外，放大器的输入 e 和控制电压 u 之间的关系用放大率 K_a 表示：

$$u = K_a e \qquad (8\text{-}15)$$

而且信号 e 为给定输入 r 和检测信号 y 之间的差：

$$e = r - y \qquad (8\text{-}16)$$

最后，测出信号 y 和天线的角速度或角位置之间的关系为

$$y_v = R_g C_v \dot{\varphi} \qquad (8\text{-}17a)$$

$$y_p = C_p \varphi \qquad (8\text{-}17b)$$

在速度控制时用式（8-17a），位置控制时用式（8-17b）。

为了更加慎重起见，需搞清楚式（8-12）~式（8-17）作为控制系统的数学模型是否必要且充分。r 是输入给定的，所以未知变量包括中间变量和输出变量有 φ、τ、i_f、u、e、y 共六个。因此在建立该系统的数学模型时，六个独立的关系式是必要的。式（8-12）~式（8-17）虽表达着各自不同的关系，但互相是独立的，因而可以说它们一起构成了此控制系统的数学模型。

8.5.4　框图和传递函数

下面首先确定系统框图和各环节的传递函数。

图 8-55 所示为天线控制系统的框图。设基准输入 r 在左端，检测输出 y 在右端，参照图 8-54 所示系统的构成，对图 8-55a 就容易理解了。图 8-55b 所示的框图是把电动机、天线旋转系统和检测器归结为一个环节。首先试求该环节的传递函数 $G(s)$。

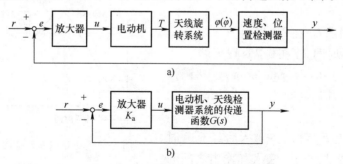

图 8-55　雷达天线控制系统的框图

a）参照图 8-54 的原始框图　b）部分环节合并后的框图

r—对应目标转速的基准输入（V）　e—对应目标值的偏差信号（V）

u—对应电动机控制力的操作量（V）　y—对应天线转速或天线角位置的输出（V）

该 $G(s)$ 是表达输入 u 和输出 y 之间关系的传递函数。为求此传递函数，对式（8-12）~式（8-14）及式（8-17a）、式（8-17b）进行拉普拉斯变换。设所有的变量初始值为 0，将

拉普拉斯变换后的各变量改成大写形式为

$$Is^2\varPhi = R_g T$$

$$T = K_t I_f$$

$$U = R_f I_f + L_f s I_f$$

$$Y_v = R_g C_v s \varPhi \text{ 或 } Y_p = C_p \varPhi$$

消去上式中的中间变量 $\varPhi$、T、I_f，得 Y_v 和 U 或 Y_p 和 U 之间的关系如下：

$$Y_v(s) = \frac{C_v R_g^2 K_t}{Is(R_f + L_f s)} U(s) \tag{8-18a}$$

$$Y_p(s) = \frac{C_p R_g K_t}{Is^2(R_f + L_f s)} U(s) \tag{8-18b}$$

传递函数 $G(s)$ 是输出和输入之比 $Y(s)/U(s)$，所以从上式可得传递函数为

$$G_v(s) = \frac{C_v R_g^2 K_t}{Is(R_f + L_f s)} \tag{8-19a}$$

$$G_p(s) = \frac{C_p R_g K_t}{Is^2(R_f + L_f s)} \tag{8-19b}$$

将系统参数值代入这些传递函数，用框图表示的控制系统如图8-56所示。其中，图8-56a所示为天线的速度反馈控制系统，图8-56b所示为天线的位置反馈控制系统。

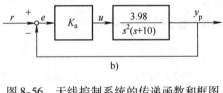

a)

8.5.5 控制指标

在设计控制系统时，首先应确定使用目的和应达到的性能指标。雷达天线的速度控制指标及位置控制指标如下：

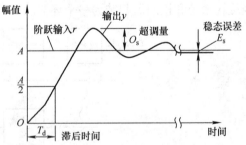

b)

图8-56 天线控制系统的传递函数和框图

指标1：对单位阶跃输入的稳态误差 E_s 为0。

指标2：超调量 O_s 在8%以内。

指标3：滞后时间 T_d 在0.75s以下。

稳态误差 E_s（steady state error）、超调量 O_s（overshoot）和滞后时间 T_d（delay time）如图8-57所示。

所谓稳态误差 E_s 就是在输入后经充分时间，系统达到平稳状态时，输入和输出之间的

图8-57 稳态误差、超调量、滞后时间

误差。稳态误差指标为0是指最终使系统的输出与输入一致。指标1即是对于控制系统稳态特性的要求。

所谓超调量 O_s 是指阶跃输入响应的最大值和最终值之差，用相对最终值的百分率表示。超调量大，控制系统产生振动大，稳定性不好。指标2即对于控制系统稳定性的要求。

所谓滞后时间 T_d 是指阶跃输入响应达到最终值的50%时所需的时间。滞后时间长，输出值达到最终值的时间也长。指标3即是对于控制系统快速性的要求。

以上提到的控制指标规定了后面设计控制系统的特性，称为性能指标（Performance Specification）。在实际控制系统的设计中，有必要对这种性能指标的选择进行充分研究。对性能指标要求的严格程度涉及控制的难易度、控制系统的有用性及得到的满足度，可用如图 8-58 所示的曲线表示。

随着性能指标的提高，控制方法和装置的复杂性等随指数函数的增大而增大。指标过于严格的控制系统是不可能实现的。过分严格地设定性能指标将造成费力太多，所得很少。从表示这种关系的曲线（称为满足度曲线）可知，性能指标最好选择在能保证控制系统有用性的下限附近。对这样的性能指标的选择，需要拥有对控制对象的深刻了解和很好的控制系统设计技术。

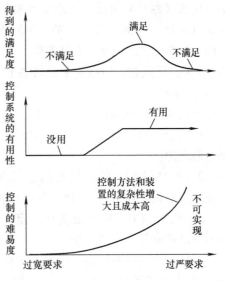

图 8-58　对性能指标要求的严格程度

8.5.6　速度控制系统的设计

下面以使雷达天线的速度保持一定或按一定规律变化的速度控制为对象，来研究满足 8.5.5 小节给出的性能指标的控制系统。

天线速度控制系统的框图如图 8-56a 所示，现将该框图以图 8-59 来表示。

要了解该系统特性，首先要研究该系统的根轨迹，确定各种增益系数。若利用计算机，则根据图 8-59 很容易描述根轨迹图。因该系统比较简单，故用解析法就可求解特征根，绘制出根轨迹。

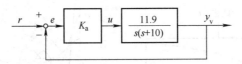

图 8-59　速度控制系统的框图

r—希望速度的基准输入　e—偏差信号（与目标值的偏差）　u—对电动机的输入量

y_v—天线转速的检测信号（输出）　K_a—放大器的放大率（增益系数）

用关键词"特征方程/特征根"原理，该控制系统的特征方程如下

$$1 + K_a G(s) = 0$$

即

$$1 + \frac{11.9 K_a}{s(s+10)} = 0$$

所以

$$s^2 + 10s + 11.9 K_a = 0 \tag{8-20}$$

该特征方程为二次方程，其特征根 s_1、s_2 可由下式求得

$$s_1 \text{、} s_2 = -5 \pm \sqrt{25 - 11.9 K_a} \tag{8-21}$$

根轨迹图是在使增益系数 K_a 从 0 到 ∞ 变化时，特征根 s_1、s_2 在复平面上画出的曲线，

所以由式（8-21）可简单地求得其根轨迹，如图8-60所示。两个特征根描述两条根轨迹。以式（8-21）为例，首先以 $K_a = 0$ 的特征根 0、-10 为出发点，随着 K_a 的增加，在负实轴上向 -5 进展，在 $K_a = 2.1$ 时重根（等根）为 -5，共有一点。若 K_a 再增加，特征根实部成为 -5 的共轭复数，所以两条根轨迹上下垂直地延伸。$K_a \to \infty$ 时，根轨迹向无限远处（-5，$\pm j\infty$）延伸。

由图8-60所示的根轨迹可知：

1) 因根轨迹都在左半平面，所以该系统对所有的 K_a 都是稳定的。

2) K_a 太小时，特征根在原点附近，这种 K_a 对控制系统响应的快速性不好，可使滞后时间变大。

3) K_a 过大时，特征根实部一定，只是虚部变大，响应出现高频成分，超调量变大。

为搞清楚这些根轨迹的结果，用计算机求输出的时间响应是最直接而可靠的方法。可以用构成数学模型的式（8-8）~式（8-17）或图8-59所示的传递函数和框图直接进行仿真，只要了解微分方程的数值计算，仿真程序就比较容易编写。

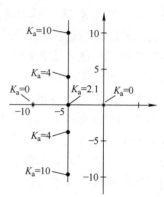

图8-60 天线速度控制系统的根轨迹

图8-61所示为在基准阶跃输入 r 为1V时，用计算机进行仿真得到的天线速度的检测输出 y_v 和放大器对DC电动机控制电压 u 的时间响应仿真结果。1V基准阶跃输入代表天线从停止状态到作为目标值的已设定的100r/min转速。输出 y_v 表示每1V为100r/min的信号。

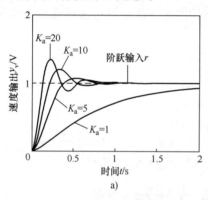 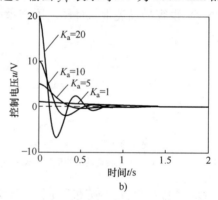

图8-61 速度输出和控制电压的时间响应仿真结果

a) $y_v - t$ 曲线 b) $u - t$ 曲线

图8-61显示出放大率 K_a 分别为1、5、10、20四种情况时的 y_v 和 u 的时间历程。首先同图8-60所示的根轨迹做一比较，图8-61a显示，当放大率在较小的 $K_a = 1$ 时，响应输出 y_v 缓慢变化，需要很长时间才达到目标值；相反，当 K_a 为过大的10、20时，响应输出出现变动成分，超调量过大。这些从上述根轨迹理论中已得到证实。然后再看一下作为DC电动机的控制电压 u 的确定，图8-61b显示，K_a 变大，u 的振幅也随之变大，能耗也增大。另外，对应所有 K_a 值的输出，经过一定时间都收敛至1V，所以我们得知这种控制是稳定的而且对阶跃输入的稳态误差为0。通过图8-61可推测出，对应阶跃输入最佳输出响应的 K_a 值

为 5 左右。

为确认最适当的 K_a 值，可以通过仿真来分析 K_a 值在 5 附近细微变化的输出响应。图 8-62 所示为将 K_a 分别设为 3、4、5、6 时输出 y_v 的响应。由图可见，超调量限制在 8% 以内，使滞后时间较短的 K_a 值是 $K_a = 4$。这时的滞后时间是 $T_d \approx 0.25s$。由此可见，指标 3 的 $T_d < 0.75s$ 的条件十分充裕，完全可满足。

综上所述，利用图 8-54 所示的结构控制天线的旋转速度，仅将放大器的放大率 K_a 调节为 $K_a = 4$，就可得到满足控制指标 1 ~ 指标 3 的稳定控制系统。

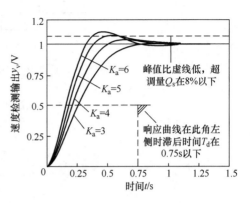

图 8-62　控制目标和输出响应

以上是依仿真结果得到的该控制系统阶跃输入稳态误差为 0 的判断，应用拉普拉斯变换的最终定理可简单地证明这一点。

设时间函数 $f(t)$ 的拉普拉斯变换为 $F(s)$，则

$$\lim_{t \to \infty} f(t) = \lim_{s \to 0} sF(s)$$

稳态误差 E_s 是经过一定时间后的偏差信号 e（$= r - y$）。所以，应用上述终值定理可得

$$E_s = \lim_{t \to \infty} e(t) = \lim_{t \to \infty} (r - y) = \lim_{s \to 0} s(R - Y)$$

$$= \lim_{s \to 0} s \left(1 - \frac{G(s)}{1 + G(s)}\right) R = \lim_{s \to 0} s \frac{1}{1 + G(s)} R \tag{8-22}$$

这时，当基准输入 r 为单位阶跃函数时，$R = 1/s$，而且传递函数 $G(s)$ 为

$$G(s) = \frac{11.9K_a}{s(s + 10)}$$

将此式代入式（8-22），求得稳态误差如下：

$$E_s = \lim_{s \to 0} \frac{s(s + 10)}{s(s + 10) + 11.9K_a} = 0 \tag{8-23}$$

这样，即使不求解时间响应，由控制系统的框图和传递函数也可直接求得稳态误差 E_s。

8.5.7　天线位置控制系统的设计

1. 仅有位置反馈

在图 8-54 所示的天线控制系统中，若将开关 S 接在 B 上，可成为简单的位置反馈控制系统。该系统的框图和传递函数已在图 8-56b 中给出，这里以图 8-63 来表示。

和速度控制的情况一样，可以通过研究该系统的根轨迹，了解增益系数 K_a 对该系统的影响。利用计算机画出对应的位置控制系统的根轨迹，如图 8-64 所示。该位置控制系统为三阶系统，所以存在相应的三个特征根、三条根轨迹。第一条以 -10 为出发点，沿实轴向左延伸；第二、三条分别从原点向右上和右下方向延伸。

由图 8-64 所示的根轨迹可得出下列重要的结论：

1）从原点出发的两条根轨迹总是位于平面的右半部，该系统对任何 K_a 值都是不稳定的。

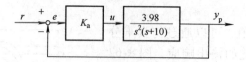

图 8-63　位置控制系统的框图

K_a—放大器的放大率（增益系数）　r—希望速度的基准输入　e—偏差信号（与目标值的偏差）

u—对电动机的输入量　y_p—天线位置的输出信号

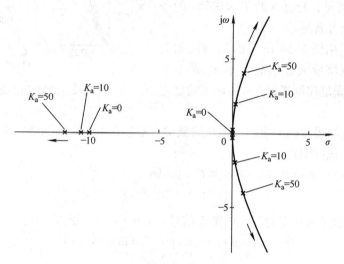

图 8-64　位置控制系统的根轨迹

2）如图 8-54 所示的天线的位置控制系统不能很好地工作。为了实现满足稳定的要求，达到在 8.5.5 节中给出的控制指标，必须采取必要的对策。

同样的控制系统，为什么在速度控制时是稳定的，而在位置控制的情况下就不稳定呢？

图 8-65 所示的系统通过给 DC 电动机施加的控制电压 u 来控制天线的速度或位置。DC 电动机产生对应控制电压 u 的转矩 T，使减速齿轮、天线旋转系统转动。该转矩与天线的角加速度成正比。天线的转速是通过对角加速度的时间积分得出的，而位置是通过对速度在时间上的再次积分得出的，因此控制位置比通过施加转矩控制速度要难。这就是用单纯的控制系统进行控制时，速度控制能稳定工作，位置控制却不能很好工作的原因。

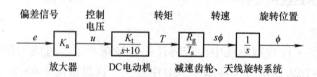

图 8-65　从控制电压 u 到天线位置 ϕ 的信号传递

那么怎样才能使控制系统成为既稳定又满足指标的位置控制系统呢？考虑各种方法之后，这里介绍一种位置控制的设计方法。

2. 位置 + 速度的反馈

图 8-63 所示位置控制系统的反馈信号只是检测位置输出 y_p。现在讨论反馈信号中不仅有位置输出 y_p，而且有速度输出信号 y_v 的情况。如图 8-66 所示，将来自天线位置检测用电

位器的信号（y_p）和速度检测用测速传感器的输出端连在一起，然后从这个分压电路接点上取出信号进行反馈。图中表示接点位置的 α 为速度检测信号 y_v 与位置检测信号 y_p 的比例系数（$0 \leqslant \alpha \leqslant 1$），当 $\alpha = 0$ 时，仅对位置检测信号 y_p 进行反馈；当 $\alpha = 1$ 时，对位置检测信号 y_p + 速度检测信号 y_v 表示的反馈信号 f 进行反馈。这时的反馈信号 f 表示为

$$f = y_p + \alpha y_v = C_p \varphi + \alpha C_v R_g \dot{\varphi}$$

将上式进行拉普拉斯变换，得

$$F = C_p \Phi + \alpha C_v R_g s \Phi = C_p \Phi (1 + \alpha C_v R_g s / C_p) = Y_p (1 + \alpha C_v R_g s / C_p)$$

参照 8.5.2 小节，将具体参数代入上式，有

$$F = Y_p (1 + 3\alpha s) \tag{8-24}$$

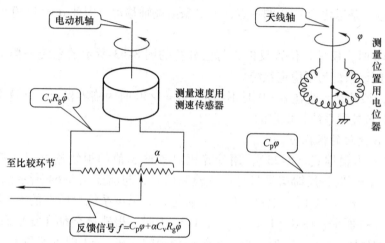

图 8-66　位置 + 速度的反馈信号

3. 框图和特征方程

采用上述反馈信号的天线位置控制系统框图如图 8-67 所示。

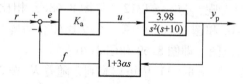

图 8-67　位置 + 速度反馈的天线位置控制系统的框图

r—基准输入　e—偏差信号　u—对电动机的输入量　y_p—天线位置的检测信号

f—位置 + 速度的反馈信号　α—速度与位置的比例系数（$0 \leqslant \alpha \leqslant 1$）

将前面图 8-63 所示的单纯位置反馈控制系统框图与图 8-67 所示的框图做一比较，前者是直接连接的反馈，而后者是在反馈回路中插入了传递函数 $H(s) = 1 + 3\alpha s$。具有反馈传递函数 $H(s)$ 的控制系统特征方程为 $1 + G(s)H(s) = 0$，所以该系统的特征方程为

$$1 + \frac{3.98 K_a}{s^2 (s + 10)} (1 + 3\alpha s) = 0 \tag{8-25a}$$

$$s^3 + 10 s^2 + 11.94 K_a \alpha s + 3.98 K_a = 0 \tag{8-25b}$$

在反馈信号中，速度反馈信号是以表征附加程度的加权系数 α 的形式包含在位置反馈

信号中的。在用计算机计算根轨迹之前，对式（8-25）所具有的特性做一分析。

根轨迹从 $G(s)H(s)$ 的极点（分母为零的根）出发，其零点（分子为零的根）向无限远处延伸。因此，从式（8-25a）来看，该系统的根轨迹中的一条从 -10 出发，另二条从原点出发，一条面向 $-1/(3\alpha)$，另二条面向无限远。在这里，当极点（-10）和零点（$-1/(3\alpha)$）一致时，即 $\alpha = 1/30$ 时，根轨迹会是怎样的呢？令 $\alpha = 1/30$，将式（8-25b）做如下因式分解：

$$(s+10)(s^2 +0.398K_a) = 0 \qquad\qquad (8-26)$$

则 $\alpha = 1/30$ 时的特征根为

$$s_i = -10, \quad \pm j \sqrt{0.398K_a}$$

此时根轨迹一条退化到 -10 的一点，另二条沿虚轴移动，因此 $\alpha = 1/30$ 时的系统为临界稳定状态。

另外，$\alpha = 0$ 时，仅进行位置反馈，与已分析的图 8-63 所示的系统一样，其根轨迹如图 8-64 所示，则该系统为不稳定系统。

综上所述，该控制系统在 $\alpha = 0$ 时不稳定，$\alpha = 1/30$ 时为临界稳定。从这个结果进行推测，$\alpha > 1/30$ 时该控制系统是稳定的。

4. 随系数 α 变化的根轨迹

图 8-68 所示为根据式（8-25），用计算机对各种 α 值的根轨迹进行计算的结果。如图 8-68a 所示，$\alpha = 0$ 时，反馈信号只是位置检测信号，与前面图 8-64 所示的根轨迹相同。如图 8-68b 所示，$\alpha = 1/30$ 时，根轨迹位于虚轴上，表示该系统对所有的 K_a 都是临界稳定的。如图 8-68c ~ f 所示，在 $\alpha = 1/12$、$1/6$、$1/3$、1 时，根轨迹全都在复平面的左半平面。正如事先预想的那样，$\alpha > 1/30$ 时，控制系统是稳定的。在 $\alpha = 1$ 时（见图 8-68f），作为反馈信号，在位置检测信号中速度检测信号保持原样，其根轨迹除原点附近，有与图 8-60 所示的速度控制根轨迹非常相近的图形。

那么，在图 8-68c ~ f 所示稳定控制系统的根轨迹中，在什么情况下能尽量使三个特征根的负实部的绝对值全都变大呢？与 $\alpha = 1/12$（见图 8-68c）相比，$\alpha = 1/6$（见图 8-68d）比较好一些。那么，图 8-68d 和图 8-68e 中哪一个又比较合适呢？为了判断，这里画出了 $\alpha = 1/6$ 和 $\alpha = 1/3$ 时的根轨迹图，即图 8-69 和图 8-70。

从 $\alpha = 1/6$ 的根轨迹图（见图 8-69）中可以看到，随着 K_a 按 20、25、30 增加，沿从原点延伸的根轨迹的两个特征根的实部绝对值也渐渐增大，而在实轴上从 -10 向原点延伸的特征根的实部的绝对值却减小了。从图中还可看出，三个特征根实部在 $K_a = 25 \sim 30$ 有相似的值，其值在 $-3.5 \sim -4$ 之间。

在 $\alpha = 1/3$（见图 8-70）时的根轨迹形状稍微复杂。从原点出发的两个特征根开始在圆周上移动，在约 -2.5 合并后，在实轴上左右分开移动。另外，从 -10 出发的特征根开始在实轴上往右移动，与从 -2.5 往左移动的特征根在 -4 附近合并之后上下分开移动。从 $K_a = 7$、8、9 的三个特征根位置可知，在这种情况下，三个特征根中至少有一个实部的绝对值在 2.5 以下。因此，结论是 $\alpha = 1/3$ 时比 $\alpha = 1/6$ 时的稳定度稍低。

以上通过对各种 α 的根轨迹的比较可以了解到，实现稳定性最佳的控制系统是在 $\alpha = 1/6$ 时的系统，即在将增益系数设定在 $K_a = 25 \sim 30$ 的时候。

下面用仿真的方法来检测该控制系统能否满足 8.5.5 节给出的控制指标。

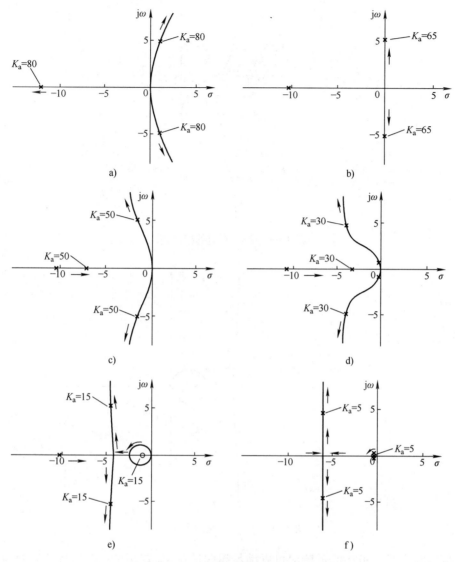

图 8-68　对应不同系数 α 值的根轨迹

a) α = 0，不稳定　　b) α = 1/30，临界稳定　　c) α = 1/12，稳定

d) α = 1/6，稳定　　e) α = 1/3，稳定　　f) α = 1，稳定

5. 仿真法确认性能指标

图 8-71 所示为反馈信号在位置检测信号中加入速度检测信号的 1/6（α = 1/6）的情况下，把增益系数设定在 K_a = 15、20、25、30、40 时，对阶跃输入的天线位置时间响应的仿真结果。另外，在图 8-71 中给出了满足 8.5.5 节给定的控制指标的基准。下面将该时间响应与图 8-69 所示的根轨迹做一对比。

首先，对 1V 的阶跃输入（天线的角度相当于 180°/5 = 36°）的位置响应进行检测。随着时间的递进，所有的位置检测的输出响应都收敛为 1V，表明该系统是稳定的，而且对阶跃输入的稳态误差为 0。因此，所有的 K_a 值可满足 8.5.5 节中控制指标 1。控制指标 2、3 是关于超调量和滞后时间的性能指标。K_a = 15 的响应满足不了超调量 O_s 在 8% 以下的控制

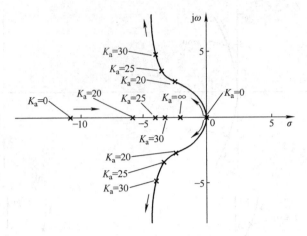

图 8-69　$\alpha = 1/6$ 时的根轨迹

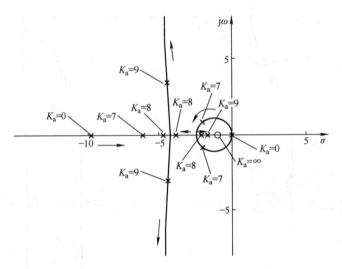

图 8-70　$\alpha = 1/3$ 时的根轨迹

指标 2，$K_a = 20$、25、30、40 的响应可以满足超调量在 8% 以下的控制指标 2 以及滞后时间在 0.75s 以下的控制指标 3，但是 $K_a = 40$ 的响应达到稳态的时间比其他的时间长。因此，在图 8-71 所示的响应中最期望的是 $K_a = 25$ 的响应，这与图 8-69 所示的根轨迹法的研究结果一致。

　　本节以雷达天线的速度控制和位置控制为例，具体说明了单输入、单输出控制系统基本的设计方法，即首先建立系统的数学模型，然后求传递函数，用框图表示系统，而后运用根轨迹法与仿真法找出能满足给定性能指标的控制系统。另外，在位置控制系统中，只有位置反馈，系统不稳定，采用将速度信号加入位置信号中作为反馈信号这一方法则解决了问题。

　　另外，在基于传递函数的控制系统设计法中，作为除根轨迹法以外经常使用的方法，有基于 Bode 图的方法和 Nyquist 图的方法等。而作为校正控制系统、使不稳定的控制系统稳定的方法，除了在本例中使用的反馈补偿（为改善控制系统而调整反馈信号）方法外，还有在比较环节后面串联校正环节的方法，此方法也被经常使用。其中校正环节有 PID（比例 + 微分 + 积分）电路和相位超前及相位滞后校正电路。限于篇幅，本书对控制系统的各种分

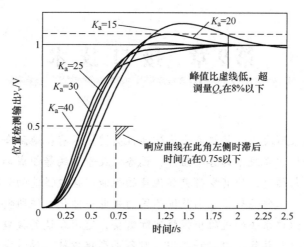

图 8-71　$\alpha = 1/6$ 时的仿真结果

析和设计方法的介绍仅限于特定的方法。

复习与思考

8-1　简述伺服电动机的种类、特点和应用。

8-2　简述直流伺服电动机的 PWM 调速换向的工作原理。

8-3　什么是直流电动机单极性驱动方式和双极性驱动方式？它们之间有什么区别？

8-4　直流电动机有哪些调速方法？

8-5　步进电动机的驱动电源由哪几部分组成？简述它们的各自功能。

8-6　在如题 8-6 图所示的单极性驱动电路中，已知 $E = 200\text{V}$，$R = 10\Omega$，L 值极大，$E_M = 30\text{V}$，$T = 50\mu\text{s}$，$t_{on} = 20\mu\text{s}$。试计算输出电压平均值 U_o，输出电流平均值 I_o。

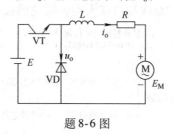

题 8-6 图

8-7　有一台四相反应式步进电动机，其步距角为 $1.8°/0.9°$。问：其转子齿数为多少？当 A 相绕组测得电源频率为 400Hz 时，其转速为多少？

8-8　在建立天线控制系统的数学模型时，忽略了减速齿轮、天线旋转系统的摩擦，而在考虑摩擦时，就速度控制和位置控制而言，和本章的讨论是否有本质上的差异？

8-9　就 8.5 节涉及的天线控制而言，以阶跃函数作为输入能达到性能指标，很好地工作，若输入按正弦变化，输出将怎样随输入变化？

第9章 接口技术

章节导读:

接口技术主要用来解决如何将机电一体化共性关键技术有机地融合为一体的问题,其主要作用是连接机电一体化系统中的各个组件、设备以及子系统等组成部分,有效促进系统中的信息、数据的转换与传递,使其发挥更加优良的性能。接口性能的好坏对整个系统的综合性能起着决定性作用,工作原理、应用范围不同的机电一体化系统所要求的接口技术也是各不相同,因此需要在组建系统的过程中根据实际需要,选用合适的接口技术。本章将主要围绕人机接口、机电接口与总线接口三种类型,对各类型接口技术的特点、原理与设计等进行介绍。

9.1 概述

广义上的接口是两个或两个以上的实体或系统之间通过一定规则进行物质、能量、信息交换的连接。例如,人与操作系统或应用程序之间的接口称为用户接口或用户界面(User Interface,UI),计算机软件程序之间相互通信的接口称为应用程序接口或应用编程接口(Application Programming Interface,API)。在机电一体化技术中,为构成完整的并有一定控制和运算功能的机电一体化系统,需要将一个部件与其他的部件进行连接,这种连接就称为接口。简单地说,接口是机电一体化各子系统之间,以及子系统与各模块之间相互连接的硬件及相关协议软件。一般以计算机控制为核心的机电一体化系统将接口分为人机接口、机电接口(模拟量输入输出接口)和总线接口三大类,常见的接口分类如图9-1所示。

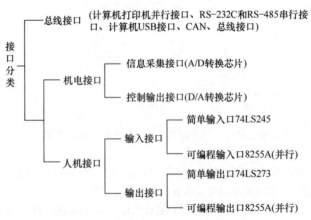

图 9-1 常见接口分类

人机接口可实现人与机电一体化系统的信息交流及信息反馈,保证对机电一体化系统的实时监测及有效控制。由于机械与电子系统在工作形式、速率等方面存在极大的差异,因此机电接口还起着调整、匹配、缓冲的作用。人机接口包括输入接口与输出接口两类。通过输入接口，操作者可向系统输入各种命令及控制参数，对系统运行进行控制；通过输出接口，操作者可对系统的运行状态、各种参数进行检测。

机电接口可分为信息采集接口（传感器接口）与控制输出接口。计算机通过信息采集接口接收传感器输出的信号，检测机械系统运行参数，经过运算处理，发出有关控制信号，该信号经过控制输出接口的匹配、转换、功率放大，即可驱动执行元件来调节机械系统的运行状态，使其按要求执行相应动作。

总线（Bus）接口是计算机各种功能部件之间传送信息的公共通信干线，它是由导线组成的传输线束。总线是一种内部结构，它是 CPU、内存、输入和输出设备传递信息的公用通道，主机的各个部件通过总线相连接，外部设备通过相应的接口电路再与总线相连接，从而形成了计算机硬件系统。

在设计机电一体化产品时，一般应首先画出产品的结构框图，框图中的每一个方框代表一个设备，连接两个方框的直线代表两个设备的联系，也就是接口，如图 9-2 所示。

人机对话输出设备
I/O口
微机
控制输出接口
执行元件
机械系统
人机对话输入设备
I/O口
信息采集接口
传感器

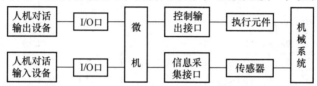

图 9-2 机电一体化产品基本组成及接口

从图 9-2 可以看出，人机对话输入和输出设备没有和 CPU 直接连接，而是通过 I/O 口与 CPU 连接在一起。外设和 CPU 不能直接连接的原因有两个：一是人机对话设备和 CPU 的阻抗不匹配，二是 CPU 不能直接控制人机对话设备（键盘、LED 等）的接通和关闭。

机电一体化系统对接口的要求是：能够输入有关的状态信息，并能够可靠地传输相应的控制信息；能够进行信息转换，以满足系统对输入与输出的要求；具有较强的阻断干扰信号的能力，以提高系统工作的可靠性。

9.2 地址译码器与 CPU 接口

机电一体化产品一般都连接多个输入及输出设备，因此需要 CPU 在工作时，由地址译码器分时选中不同的外设。下面介绍地址译码器的结构和工作原理。

9.2.1 结构和工作原理

A 1 16 +VCC
B 2 15 Y0
C 3 14 Y1
G2A 4 13 Y2
G2B 5 12 Y3
G1 6 11 Y4
Y7 7 10 Y5
GND 8 9 Y6
74LS138
1G 1 16 VCC
1A 2 15 2G
1B 3 14 2A
1Y0 4 13 2B
1Y1 5 12 2Y0
1Y2 6 11 2Y1
1Y3 7 10 2Y2
GND 8 9 2Y3
74LS139

图 9-3 74LS138 和 74LS139 的引脚名称

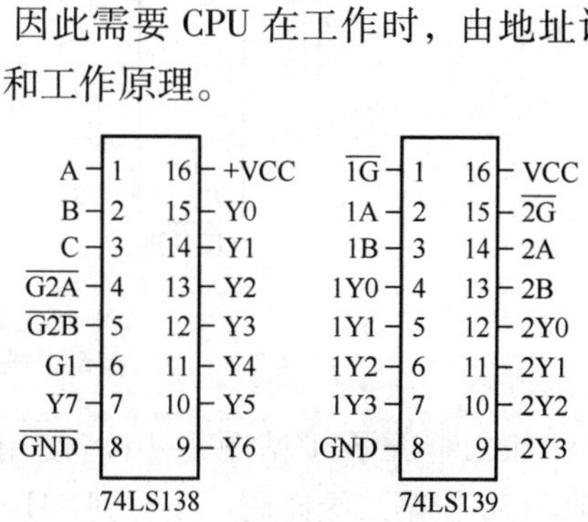

常用的地址译码芯片有 74LS138 和 74LS139，其引脚的名称如图 9-3 所示，它们的功能表分别见表 9-1和表 9-2，表中 1 表示高电平，0 表示低电平，X 表示电平不定，即 X 可能是低电平 0 或高电平 1。图 9-4 所示为地址译码器与 CPU 接口的两个例子。在第一个例子中（见图 9-4a），74LS138 的地址信号线 A、B、C 和控制信号线 G1、$\overline{G2A}$、$\overline{G2B}$都接到 CPU 的地址总线上，Y0 ~ Y7 是 74LS138 的输出信号线，当 G1 为高电平，$\overline{G2A}$、$\overline{G2B}$为低电平时，

在每一瞬时 Y0～Y7 中必有一个被选中，如地址范围为 8000H～83FFH 时 Y0 被选中（这时 Y0 从高电平变为低电平），地址范围是 8400H～87FFH 时则选中 Y1，Y2～Y7 的地址范围可依次推出，见表 9-3。

表 9-1　74LS138 的功能表

输入					输出							
允许		选择										
G1	$\overline{G2}$ *	C	B	A	Y0	Y1	Y2	Y3	Y4	Y5	Y6	Y7
X	1	X	X	X	1	1	1	1	1	1	1	1
0	X	X	X	X	1	1	1	1	1	1	1	1
1	0	0	0	0	0	1	1	1	1	1	1	1
1	0	0	0	1	1	0	1	1	1	1	1	1
1	0	0	1	0	1	1	0	1	1	1	1	1
1	0	0	1	1	1	1	1	0	1	1	1	1
1	0	1	0	0	1	1	1	1	0	1	1	1
1	0	1	0	1	1	1	1	1	1	0	1	1
1	0	1	1	0	1	1	1	1	1	1	0	1
1	0	1	1	1	1	1	1	1	1	1	1	0

表 9-2　74LS139 的功能表

输　入			输　出			
允许	选择		Y0	Y1	Y2	Y3
$\overline{G}$	B	A				
1	X	X	1	1	1	1
0	0	0	0	1	1	1
0	0	1	1	0	1	1
0	1	0	1	1	0	1
0	1	1	1	1	1	0

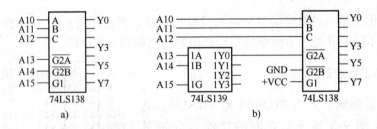

图 9-4　地址译码器与 CPU 的接口

第二个例子（见图 9-4b）使用的是二级地址译码，用 74LS139 作第一级译码，用 74LS138 作第二级译码。注意到 74LS139 的控制端 1G 接 CPU 的地址线 A15，74LS138 的控制端$\overline{G2A}$和 74LS139 的 1Y0 相连，而$\overline{G2B}$接地，当 G1 接高电平时，根据 74LS138 和 74LS139 的功能表和电路图可以判断出 1Y0～1Y3 和 Y0～Y7 的地址范围。地址译码器使 CPU 在每一瞬时只选中一个外设，它解决了 CPU 如何带多个外设的问题。

表 9-3 74LS138 输出端口的地址范围

输出端口地址范围	被选中端口	CPU 引脚	A15	A14	A13	A12	A11	A10
		74LS138 引脚	G1	G2B	G2A	C	B	A
8000H			1	0	0	0	0	0
…	Y0 被选中				…			
83FFH			1	0	0	0	0	0
8400H			1	0	0	0	0	1
…	Y1 被选中				…			
87FFH			1	0	0	0	0	1
8800H			1	0	0	0	1	0
…	Y2 被选中				…			
8BFFH			1	0	0	0	1	0
8C00H			1	0	0	0	1	1
…	Y3 被选中				…			
8FFFH			1	0	0	0	1	1
9000H			1	0	0	1	0	0
…	Y4 被选中				…			
93FFH			1	0	0	1	0	0
9400H			1	0	0	1	0	1
…	Y5 被选中				…			
97FFH			1	0	0	1	0	1
9800H			1	0	0	1	1	0
…	Y6 被选中				…			
9BFFH			1	0	0	1	1	0
9C00H			1	0	0	1	1	1
…	Y7 被选中				…			
9FFFH			1	0	0	1	1	1

9.2.2 输出接口

下面以 74LS273 为例说明输出接口方法。74LS273 是 8D 触发器，其 20 个引脚名称及与 CPU 的接口如图 9-5 所示，它的功能表见表 9-4。

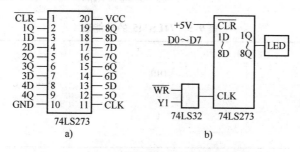

图 9-5 74LS273 的引脚名称及与 CPU 的接口

a) 引脚名称   b) 接口电路

表9-4 74LS273 的功能表

控制输入			输出
$\overline{CLR}$	CLK	D	Q
0	X	X	0
1	⇑	1	1
1	⇑	0	0
1	0	X	Q0

74LS273 的 1D~8D 是数据输入端，1Q~8Q 是数据输出端，其$\overline{CLR}$和 CLK 是控制端。在$\overline{CLR}$为低电平时，不管 CLK 的电平如何，Q 端清零；在$\overline{CLR}$为高电平、CLK 为上升沿⇑时，D 输入端信息传输到 Q 端，CLK 为高电平和低电平时，D 输入端对 Q 输出端无影响，Q 保持原输出值 Q0 不变。

图 9-5b 中 74LS273 的 1D~8D 与 CPU 的数据总线 D0~D7 直接相连，74LS273 的$\overline{CLR}$端接高电平，CPU 的写信号$\overline{WR}$和地址译码信号 Y1 经或门后接 74LS273 的 CLK 端。Y1 的相应地址为 8400H，$\overline{WR}$和 Y1 使 CLK 端出现了一个负脉冲，在脉冲的上升沿时把 D0~D7 上的数据传输到 74LS273 中，上升沿过后数据被锁存。若 74LS273 的 1Q~8Q 与 LED 相接，则可以控制 LED 的显示内容。

9.2.3 输入接口

下面以 74LS245 为例说明输入接口方法。74LS245 的 20 个引脚名称及与 CPU 的接口如图 9-6 所示，它的功能表见表 9-5。

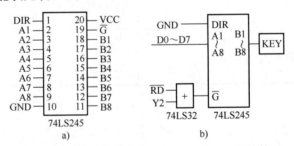

图 9-6 74LS245 的引脚名称及与 CPU 的接口

a）引脚名称 b）接口电路

表9-5 74LS245 的功能表

控制输入		传输方向
$\overline{G}$	DIR	
0	0	B → A
0	1	B ← A
1	X	隔离

74LS245 的 A1~A8、B1~B8 是数据信号线，DIR 和$\overline{G}$是控制信号线。74LS245 由 8 个双向三态门组成，DIR 和$\overline{G}$对三态门的控制作用见表 9-5。在图 9-6b 中，74LS245 的 DIR 端

接地，数据从 B 传向 A。$\overline{RD}$ 和 Y2 经 74LS32 或门接控制端 $\overline{G}$，从 74LS245 的功能表和或门特性可知，当 $\overline{RD}$ 和 Y2 出现负脉冲时，在 $\overline{G}$ 端也出现一个负脉冲，当 Y2 的相应地址为 8800H 时就会满足条件。这时三态门打开，外设上的数据从 B 经三态门传向 A 后进入 CPU，负脉冲过后，三态门进入高阻状态。

9.3 人机接口

9.3.1 人机接口的特点

人机接口要完成两个方面的工作：一是操作者通过输入设备向 CPU 发出指令，干预系统的运行状态；二是在 CPU 的控制下，用显示器来显示机器工作状态的各种信息。在机电一体化产品中，常用的输入设备有开关、BCD 码二至十进制拨盘、键盘等，常用的输出设备有指示灯、LED、液晶显示器、微型打印机、CRT、扬声器等。因为外设分为输入设备和输出设备，所以人们把人机接口分为输入接口和输出接口。人机接口有下述两个特点：

1）专用性。每一种机电一体化产品都有其对人机接口的专门要求，人机接口的设计方案要根据产品的要求而定。

2）低速性。与控制微机的工作速度相比，大多数外设的工作速度都很低，在进行人机接口设计时，要考虑控制微机与外设的工作速度配合，提高控制微机的工作效率。

9.3.2 人机输入接口设计

这里主要介绍开关、BCD 码二至十进制拨盘和键盘的接口设计。

1. 开关输入接口设计

常用的开关有转换开关和按钮等，它们的符号和接口如图 9-7 所示。其中，SH 是按钮，SC 是转换开关。

在图 9-7 中，A 点接 CPU 输入接口的输入信号线，用读入命令可以把 A 点状态读进 CPU。开关从断开到闭合以及从闭合到断开时，其电平不是瞬间从一个稳定状态到达另外一个稳定状态，而是有 1～10ms 的抖动时间。图 9-8 所示为按钮通断时的电压抖动波形图。开关抖动会使 CPU 读数发生错误。为了消除开关抖动对读数的影响，应采取消除抖动的措施。消除抖动有硬件去抖动和软件去抖动两种方式，在只有一两个开关时，可以采用硬件去抖动，若多于两个开关，则应采用软件去抖动。

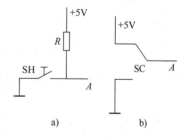

图 9-7 开关符号与接口
a) SH b) SC

以上的开关接口设计方法可用于开关个数 N 不大于 8 的情况，此时只要把各个开关分别接到 I/O 口的不同接口线上即可，这是独立开关的设计方法。若 N 大于 8，则采用矩阵排列的设计方法。

2. 拨盘输入接口设计

拨盘是机电一体化系统中常用的一种输入设备，在系统需要输入少量的参数时，采用拨盘较为可靠方便，并且这种输入方式具有保持性。

拨盘的种类很多，作为人机接口，使用最方便的是十进制输入、BCD 码输出的 BCD 码拨盘，其结构如图 9-9a 所示。拨盘内部有一个可转动圆盘，具有"0~9"十个位置，可以通过前面"+"和"−"按钮进行位置选择，对应每个位置，前面窗口有数字显示，拨盘后面有 5 根引出线，分别定义为 A、1、2、4、8。当拨盘在不同位置时，1、2、4、8 线与 A 线的通断关系见表 9-6，其中 0 表示与 A 线不通，1 表示与 A 线通。

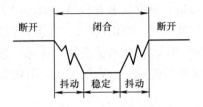

图 9-8　按钮通断时的电压抖动

在图 9-9b 中，1、2、4、8 线作为数据线，A 线接高电平，数据线输出的二进制数字与表 9-6 中的 BCD 码正好吻合。一片拨盘可以输入一位十进制数，当需要输入多位十进制数时，可以用多片拨盘。从图 9-9 中可以看出，一片拨盘占用 4 根 I/O 口数据线，若有 4 片拨盘，则需要 16 根 I/O 口数据线。

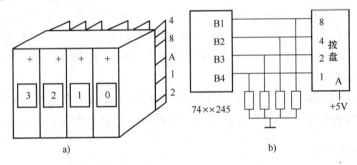

图 9-9　拨盘的结构简图及接口电路

a）结构简图　b）接口电路

表 9-6　BCD 码拨盘通断状态表

位置	线号权值				位置	线号权值			
	8	4	2	1		8	4	2	1
0	0	0	0	0	5	0	1	0	1
1	0	0	0	1	6	0	1	1	0
2	0	0	1	0	7	0	1	1	1
3	0	0	1	1	8	1	0	0	0
4	0	1	0	0	9	1	0	0	1

拨盘与 CPU 之间的数据传输属无条件传输，因此选用简单的 I/O 接口芯片 74LS245。4 片拨盘时应配 2 片 74LS245 芯片。也可以考虑其他的设计方案。一般应对几个方案进行对比，对比的主要方面有：

1）元件价格和是否容易买到。

2）占用印刷板面积如何。

3）元件是否先进。

4）编程复杂程度如何。

综合考虑多个因素之后，决定采用什么方案。

3. 键盘接口设计

在机电系统的人机接口中，当需要操作者输入的指令或参数比较多时，可以选择键盘作为输入接口。键盘的形式有独立式键盘和矩阵式键盘，其中独立式键盘的接口方法在前面的"开关输入接口设计"已有说明，这里主要介绍矩阵式键盘接口的设计方法。

矩阵式键盘由键盘和交叉的行线（X_i）、列线（Y_i）组成，如图 9-10 所示。电路中的每个键盘由两个固定触点、一个动触片和弹簧组成，其中一个固定触点和行线连接，另一个固定触点和列线连接，当按动键盘时，键盘使一对行线和列线短路。每一根行线、列线都有自己的权值和号码。列线的一端通过一个电阻接 +5V 电源，另一端接到 CPU 的 I/O 口线上。

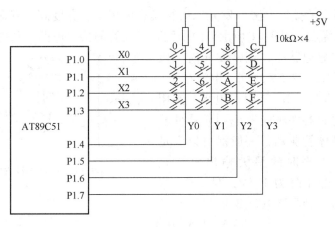

图 9-10　矩阵式键盘的结构及接口电路

将列线通过上拉电阻接至 +5V 电源，当无键按下时，行线与列线断开，列线呈高电平；当键盘上某键按下时，则该键对应的行线与列线短路。例如，7 号键被按下闭合时，行线 X_3 与列线 Y_1 短路，此时 Y_1 的电平由 X_3 电位决定。如果将列线接至控制微处理器的输入口，行线接至控制微处理器的输出口，则在微处理器控制下依次从 $X_0 \sim X_3$ 输出低电平，并使其他线保持高电平，此时通过对 $Y_0 \sim Y_3$ 的读取即可判断有无键闭合，哪一个键闭合。这种工作方式称为扫描工作方式。控制微处理器对键盘的扫描可以采取程控方式、定时方式，也可以采取中断方式。从图 9-10 可以看出，微处理器 AT89C51 通过 P1 口与一个 4×4 键盘的接口电路相连，其 P1.0 ~ P1.3 作为行扫描输出线，P1.4 ~ P1.7 作为列检测输入线。

4. 键输入程序

键输入程序具有下面 4 项功能：

1）判断键盘上有无键闭合。其方法为使扫描线 P1.0 ~ P1.3 全部输出 "0"，然后读取 P1.4 ~ P1.7 状态，若全部为 "1"，则无键闭合，若不全为 "1"，则有键闭合。

2）判别闭合键的键号。其方法为对键盘行线进行扫描，依次从 P1.0、P1.1、P1.2、P1.3 输出低电平，并从其他行线输出高电平，相应地顺序读入 P1.4 ~ P1.7 的状态，若 P1.4 ~ P1.7 全为 "1"，则行线输出为 "0" 的这一列上没有键闭合，若 P1.4 ~ P1.7 不全为 "1"，则说明有键闭合。行列交叉点即为该键的键号。例如，P1.0 ~ P1.3 输出为 1101，P1.4 ~ P1.7 为 1011，则说明位于第 3 行与第 2 列相交处的键处于闭合状态，键号为 6。

3）去除键的机械抖动。其方法是读得键号后延时 10ms，再次读键盘，若此键仍闭合则认为有效,否则认为前述键的闭合是由于机械抖动或干扰所引起的。

4)使控制微处理器对键的一次闭合仅做一次处理。采用的方法是等待闭合键释放后再做处理。

9.3.3　人机输出接口设计

人机对话输出设备是操作者对机电系统进行监测的窗口,可以用它显示系统的运行状态、关键参数、运行结果及故障报警等。下面将介绍发光二极管显示器(LED)和扬声器的接口设计。

1. 发光二极管显示器(LED)原理及接口设计

(1)发光二极管的接口方法　发光二极管具有体积小、亮度高、寿命长、价格低、接口电路简单可靠等优点。图9-11所示为两个发光二极管的接口电路。从电路图可知,二极管发光时处在正向导通状态,正常发光时二极管上的正向压降在1.5～2.5V之间,电流在5～15mA之间。图中的R_1、R_3是限流电阻。选用驱动发光二极管的元器件时应考虑到元器件的负载能力,若用晶体管驱动,一般都可以满足要求。74LS273低电平时的最大输出电流是8mA,若取二极管的压降为1.5V,74LS273饱和时的压降为0.4V,则限流电阻R_1的阻值为

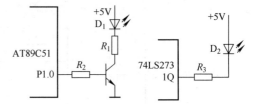

图9-11　发光二极管的接口电路

$$R_1 = \frac{5 - 1.5 - 0.4}{8}\Omega = 387.5\Omega$$

(2)八段LED的结构及与I/O的接口电路　图9-12所示为八段LED显示器的结构图。从图可以看出,它由八个发光二极管组成。如图9-12a所示,七个发光二极管成"8"字笔画形状(七个笔画分别称为a、b、c、d、e、f、g),另外一个发光二极管成小数点形状(称为h),合起来叫作八段LED。有的显示器没有小数点,称为七段LED。

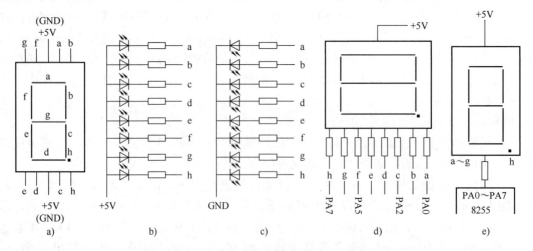

图9-12　八段LED显示器的结构图及与I/O口的接口电路

从图9-12b和c可以看出,八个二极管成共阳极结构或者成共阴极结构。八个二极管经

八个限流电阻接 I/O 接口上。这里以 8255 芯片的端口 PA 为例，a、b、c、d、e、f、g、h 依次接到端口 PA 的 PA0 ~ PA7 上，这是在八段 LED 显示器接口设计中遵守的一般规律。图 9-12d 所示为接口电路的全图，图 9-12d 可以简化为图 9-12e。

（3）八段 LED 显示的段选码　八段 LED 显示器可以显示 10 个阿拉伯数字，还可以显示 A、B、C、D 等字母，我们把这些数字和字母称作显示字符。以共阳极结构为例，当向端口发送 80H 时，可以显示出 "8" 字（若直接发送数字 8 则不会显示 "8" 字），我们称 80H 是显示字符 8 的段选码。段选码和显示字符的对应关系见表 9-7。

表 9-7　七段 LED 的段选码

显示字符	共阴极段选码	共阳极段选码	显示字符	共阴极段选码	共阳极段选码
0	3FH	C0H	A	77H	88H
1	06H	F9H	B	7CH	83H
2	5BH	A4H	C	39H	C6H
3	4FH	B0H	D	5EH	0AH
4	66H	99H	E	79H	86H
5	6DH	92H	F	71H	8EH
6	7DH	82H	P	73H	8CH
7	07H	F8H	U	3EH	C1H
8	7FH	80H	灭	00H	FFH
9	6FH	90H			

从表 9-7 可知，共阴极和共阳极显示器的段选码不一样，它们的段选码恰好互补。例如，"8" 字的两种段选码分别是 7FH 和 80H，它们相加的和为 00H。结合图 9-11 的 LED 接口电路和表 9-7 可知，若想显示某个字符，需要先根据字符找到相应的段选码，这一过程称为 "译码"。注意，这个 "译码" 和 74LS138 译码器的 "译码" 有区别。可以用硬件完成 "译码" 功能，也可以用软件完成 "译码" 功能。

2. LED 数码管的显示方法

在微型计算机控制系统中，常用的 LED 数码管显示方法有两种：一种为动态显示，一种为静态显示。

动态显示就是微型计算机定时地对显示器件进行扫描。在这种方法中，显示器件分时工作，每次只能有一个器件显示。但由于人的视觉有暂留现象，所以只要扫描频率足够快，仍会感觉所有的器件都在显示。许多单片机的开发系统及仿真器上的 6 位显示器均采用这种动态显示方法。此种显示的优点是使用硬件少，因而价格低，线路简单。但该方法占用机时长，只要微型计算机不执行显示程序，就会立刻停止显示。由此可见，这种显示方法会使计算机的开销增大，所以该方法在以工业控制为主的控制系统中应用较少。

静态显示即由微型计算机一次输出显示模型后就能保持该显示结果，直到下次发送新的显示模型为止。这种显示占用机时少，显示可靠，因而在工业过程控制中得到了广泛的应用。这种显示方法的缺点是使用元件多，且线路比较复杂。但是，随着大规模集成电路的发展，目前已经研制出具有多种功能的显示器件，如锁存器、译码器、驱动器、显示器四位一体的显示器件，这种显示器件用起来比较方便，价格也越来越便宜。

目前国内生产的许多单片机，包括一些开发系统及仿真器均采用动态显示。动态显示方法按单片机输出数据的方式有并行和串行两种接口方式。

3. 蜂鸣器接口设计

在机电一体化系统的人机接口设计中经常采用扬声器或蜂鸣器产生声音信号，用以表示系统状态，如状态异常、工件加工结束等。

蜂鸣器为一个二端器件，只要在二极间加上适当直流电压即可发声，它与控制微机的接口非常简单，其电路如图9-13所示。另外，蜂鸣器软件设计也容易。图9-13中的74LS07为驱动器，当P1.0输出低电平时，蜂鸣器即发声；输出高电平时，停止发声。蜂鸣器音量较小，在噪声较大的环境中通常采用扬声器做声音输出，扬声器要求以音频信号驱动。

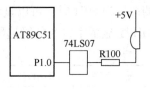

图9-13 蜂鸣器电路

9.3.4 输出接口电路示例

1. 并行通信、多位LED静态显示接口电路（硬件译码）

并行通信、多位LED静态显示接口电路如图9-14所示，它由CMOS BCD七段十六进制锁存、译码驱动芯片MC14495组成。MC14495有锁存器、译码器和驱动器的功能。从MC14495的A、B、C、D端输入十六进制数，在a、b、c、d、e、f、g端输出相应的共阴极段选码（见表9-7）。从a到g和h+i八个输出端的内部接有290Ω的限流电阻，因此MC14495可省去外接限流电阻，直接与七段LED相连。h+i端的功能是：当A、B、C、D输入的数据大于10时，h+i端输出"1"电平。VCR的功能是：当输入数据大于15时，VCR为"0"电平。LE的功能是：当LE=0时输入数据，当LE=1时锁存数据。

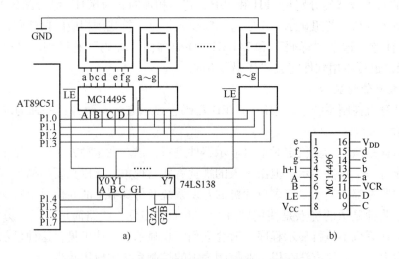

图9-14 并行通信、多位LED静态显示接口电路
a) 接口电路 b) MC14496的引脚

从图9-14可以看出，A、B、C、D与P1口直接相连，其LE端接74LS138译码器，而74LS138的输入端和控制端G1也接到P1口上，这使得控制LED的程序十分简单。当8个LED显示1~8时CPU给出的P1口信号见表9-8。

表 9-8　显示 1 ~ 8 时 CPU 的 P1 口信号

显示的字符	P1 口信号								
	P1. 7	P1. 6	P1. 5	P1. 4	P1. 3	P1. 2	P1. 1	P1. 0	
1	1	0	0	0	0	0	0	1	(81 H)
2	1	0	0	1	0	0	1	0	(92 H)
3	1	0	1	0	0	0	1	1	(A3 H)
4	1	0	1	1	0	1	0	0	(B4 H)
5	1	1	0	0	0	1	0	1	(C5 H)
6	1	1	0	1	0	1	1	0	(D6 H)
7	1	1	1	0	0	1	1	1	(E7 H)
8	1	1	1	1	1	0	0	0	(F8 H)

2. 串行通信、多位 LED 静态显示接口电路

串行口是一个可编程接口，有模式 0、1、2、3 四种工作模式，用于 LED 显示器接口应选择模式 0。模式 0 的波特率是固定的，为时钟频率的十二分之一，它仅与控制寄存器 SCON 有关。串行口有 RXD 和 TXD 两条信号线，模式 0 是移位寄存器输出方式，当 CPU 向寄存器 SBUF 写入数据时，RXD 输出数据，TXD 输出时钟信号。

串行通信、六位 LED 静态显示接口电路如图 9-15 所示。该接口电路由 AT89C51 的串行口、74LS164 芯片和 LED 显示器组成。74LS164 是串行输入移位并行输出芯片，Qa ~ Qh 是它的并行输出端，与八段 LED 的引脚 h、g、f、e、d、c、b、a 对应。图 9-15a 中，LED 与 74LS164 直接连接（必要时中间可以串入 74LS245 等，但不是必需的）。在低电平时，74LS164 的最大输出电流是 8mA，可以直接驱动 LED。A、B 是 74LS164 的串行数据输入端，CLK 是时钟信号输入端。从串行口 TXD 来的时钟信号起控制 74LS164 移位的作用。$\overline{CLR}$ 是清除端，低电平有效。

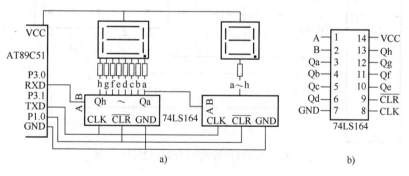

图 9-15　串行通信、六位 LED 静态显示接口电路

a) 接口电路　b) 74LS164 的引脚

从图 9-15a 可以看出，CPU 与显示电路的接口十分简单，CPU 仅用 5 条线与 74LS164 芯片连接，这 5 条线是串行口信号线 RXD、TXD，控制线 I/O 口线中的 P1.0，再加上地线 GND 和电源线 VCC，这使得人们可以独立设计显示板。显示电路板和含 CPU 的主板之间通过一对仅 5 条信号线的连接器进行联系，这样可以让主板固定，将显示器灵活地放在任何地方。74LS164 和 74LS164 之间的连接也很简单，这有利于 LED 显示位数的扩大。

3. 点阵式 LED 显示器接口电路

点阵式 LED 显示器由发光二极管矩阵组成，常用的有 7 行 ×5 列和 8 行 ×8 列两种。单

个点阵式 LED 显示器能够显示各种字母、数字和常用符号，用多个点阵式 LED 可以显示图形、汉字以及表格等。点阵式 LED 在大屏幕显示牌及智能化仪器中有着广泛的应用。

　　点阵式 LED 在行线和列线的每个交点上都装有发光二极管，二极管的正极接行引线、负极接列引线的称为共阳极点阵式 LED 显示器，二极管的正极接列引线、负极接行引线的称为共阴极点阵式 LED 显示器。点阵式 LED 一般采用动态扫描方式显示。

　　共阳极点阵式 LED 显示器接口电路如图 9-16 所示，AT89C51 的 P1 口接行线，P3 口接列线，行线驱动由 74LS06 完成，列线驱动由反相驱动器 75452 完成。点阵式 LED 显示器的扫描方式由行扫描和列扫描两种。图 9-16 所示为列扫描方式。列扫描时由列线控制口输出列选通信号，每次扫描只有一列信号有效（对于共阳极点阵式 LED 显示器，低电平为有效列选通信号），然后由行线控制口输出被选中列的显示信息，依次改变被选中列，就可以完成对整个显示器的驱动。类似地，行扫描时由行线控制口输出行选通信号，每次只有一行被选中（对于共阳极点阵式 LED 显示器，高电平为有效行选通信号），然后由列线控制口输出相应列的显示信息。在扫描方式中，每显示一个字符或数字需要 5 组行显示数据，所以显示程序中的显示字库每个字符要占 5 个字节的存储单元。

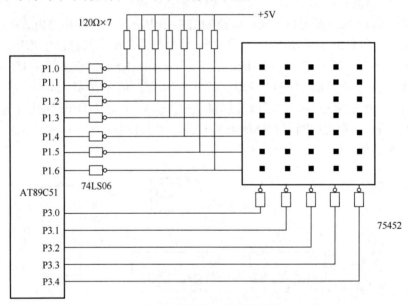

图 9-16　共阳极点阵式 LED 显示器接口电路

　　下面以显示字母"C"为例说明显示过程。表 9-9 列出了采用共阳极点阵式 LED 显示器显示时，字母"C"的列扫描点阵数据。每个字节对应一列发光二极管。显示时，在 P3 口同步下，按序号将一个个字节顺序地由 P1 口送出，数据为"0"的位对应的发光二极管亮，数据为"1"的位所对应的发光二极管不亮。

表 9-9　显示字母"C"的列扫描点阵数据

序号	数据							
	D7	D6	D5	D4	D3	D2	D1	D0
1	1	1	0	0	0	0	0	1
2	1	0	1	1	1	1	1	0

（续）

序号	数据							
	D7	D6	D5	D4	D3	D2	D1	D0
3	1	0	1	1	1	1	1	0
4	1	0	1	1	1	1	1	0
5	1	1	0	1	1	1	0	1

9.4 机电接口

9.4.1 类型及特点

机电接口是指机电一体化产品中的机械装置与控制微机间的接口。按照信息的传递方向，机电接口分为信息采集接口和控制输出接口。

1. 信息采集接口

在机电一体化产品中，控制微机要对机械执行机构进行有效控制，就必须随时对机械系统的运行状态进行监视，随时检测运行参数，如温度、时间、角度、速度、流量和压力等。因此，必须选用相应的传感器，将这些物理量转换为电量，再经过信息采集接口的整形、放大、匹配、转换，变成微机可以接收的信号。传感器的输出信号中，既有开关信号（如限位开关和时间继电器等），又有频率信号（超声波无损探伤）；既有数字量，又有模拟量（如温敏电阻和应变片等）。

针对不同性质的信号，信息采集接口要对其进行不同的处理。一般来说，自然界中存在的物理量大都是连续变化的物理量，这就需要将模拟量转换为数字量，这种转换称为模/数转换，用 A/D 表示（Analog to Digital）。另外，传感器工作环境恶劣，传感器和微机之间常常要采用长线传输，加之信号弱，所以抗干扰设计也是接口设计的一个重要内容。

2. 控制输出接口

控制微机通过信息采集接口检测机械系统的状态，经过运算处理，发出有关控制信号，该信号经过控制输出接口的匹配、转换、功率放大，即可驱动执行元件来调节机械系统的运行状态，使其按设计要求运行。执行元件不同，控制接口的任务也不同。例如，对于交流电动机变频调速器，若控制信号为电压或电流信号，则控制输出接口必须进行数/模（D/A，Digital to Analog）转换，而对于交流接触器等大功率器件则必须进行功率驱动。由于机电系统中的执行元件多为大功率设备，如电动机、电热器、电磁铁等，这些设备产生的电磁场、电源干扰往往会影响微机的正常工作，所以抗干扰设计也是控制输出接口设计时应考虑的重要内容。

带有模/数和数/模转换电路的测控系统框图如图 9-17 所示。

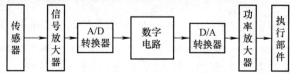

图 9-17 测控系统框图

　　模拟信号由传感器转换为电信号，经信号放大器后送入 A/D 转换器转换为数字量，由数字电路进行处理，再由 D/A 转换器还原为模拟量，驱动执行部件。能够将模拟量转换为数字量的装置称为 A/D 转换器，简写为 ADC（Analog to Digital Converter）；能够实现数模转换的装置称为 D/A 转换器，简写为 DAC（Digital to Analog Converter）。

　　为了保证数据处理结果的准确性，A/D 转换器和 D/A 转换器必须有足够的转换精度。同时，为了适应快速过程的控制和检测的需要，A/D 转换器和 D/A 转换器还必须有足够快的转换速度。因此，转换精度和转换速度是衡量 A/D 转换器和 D/A 转换器性能优劣的主要标志。

9.4.2　D/A 转换接口

　　1. D/A 转换的基本概念

　　D/A 转换器是利用电阻网络和模拟开关，将多位二进制数 D 转换为与之成比例的模拟量的一种转换电路。因此，输入应是一个 n 位的二进制数，它可以按二进制数转换为十进制数的通式展开，即

$$D_n = d_{n-1} \times 2^{n-1} + d_{n-2} \times 2^{n-2} + \cdots + d_1 \times 2^1 + d_0 \times 2^0$$

而输出应当是与输入的数字量成比例的模拟量 A：

$$A = KD_n = K(d_{n-1} \times 2^{n-1} + d_{n-2} \times 2^{n-2} + \cdots + d_1 \times 2^1 + d_0 \times 2^0)$$

式中，K 为转换系数，其值为常数，单位为伏特。其转换过程是把输入的二进制数中为 1 的每一位代码，按每位权的大小转换成相应的模拟量，然后将各位转换以后的模拟量经求和运算放大器相加，其和便是与被转换数字量成正比的模拟量。一般的 D/A 转换器输出 A 是正比于输入数字量 D 的模拟电压量。

　　2. 倒 T 形电阻解码网络 D/A 转换器

　　倒 T 形电阻解码网络 D/A 转换器是目前使用最为广泛的一种形式，其电路如图 9-18 所示。

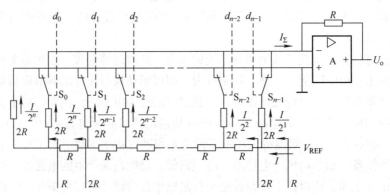

图 9-18　$R-2R$ 倒 T 形电阻网络 D/A 转换器电路

　　当输入数字信号的任何一位是 "1" 时，对应开关便将 2R 电阻接到运放反相输入端，而当其为 "0" 时，则将电阻 2R 接地。由图 9-18 可知，按照虚短、虚断的近似计算方法，求和放大器反相输入端的电位为虚地，所以无论哪个开关合到那一边，都相当于接到了"地"电位上。在图示开关状态下，从最左侧将电阻折算到最右侧，先是 2R//2R 并联，电

阻值为 R，再和 R 串联，又是 $2R$，一直折算到最右侧，电阻仍为 R，则可写出电流 I 的表达式为

$$I = \frac{V_{\text{REF}}}{R}$$

只要 V_{REF} 选定，则电流 I 为常数。流过每个支路的电流从右向左，分别为 $\frac{I}{2^1}$、$\frac{I}{2^2}$、$\frac{I}{2^3}$、…。当输入的数字信号为 "1" 时，电流流向运放的反相输入端，当输入的数字信号为 "0" 时，电流流向地，可写出 I_{Σ} 的表达式：

$$I_{\Sigma} = \frac{I}{2}d_{n-1} + \frac{I}{4}d_{n-2} + \cdots + \frac{I}{2^{n-1}}d_1 + \frac{I}{2^n}d_0$$

在求和放大器的反馈电阻等于 R 的条件下，输出模拟电压为

$$U_o = -RI_{\Sigma} = -R\left(\frac{I}{2}d_{n-1} + \frac{I}{4}d_{n-2} + \cdots + \frac{I}{2^{n-1}}d_1 + \frac{I}{2^n}d_0\right)$$

$$= -\frac{V_{\text{REF}}}{2^n}(d_{n-1} \times 2^{n-1} + d_{n-2} \times 2^{n-2} + \cdots\cdots + d_1 \times 2^1 + d_0 \times 2^0)$$

与权电阻解码网络相比，所用的电阻阻值仅两种，串联臂为 R，并联臂为 2R，便于制造和扩展位数。

3. 集成 D/A 转换器 AD7524

AD7524 是 CMOS 单片低功耗 8 位 D/A 转换器。它采用倒 T 形电阻网络结构。型号中的 "AD" 为美国的芯片生产公司模拟器件公司的代号。图 9-19 所示为其典型实用电路。

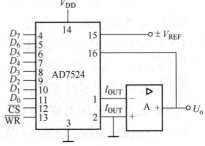

图 9-19　AD7524 典型实用电路

图中供电压 V_{DD} 为 +5 ~ +15V。$D_0 \sim D_7$ 为输入数据，可输入 TTL/CMOS 电平。$\overline{\text{CS}}$ 为片选信号，$\overline{\text{WR}}$ 为写入命令，V_{REF} 为参考电源，可正可负。I_{OUT} 是模拟电流输出，一正一负。A 为运算放大器，可将电流输出转换为电压输出，输出电压的数值可通过接在 16 脚与输出端的外接反馈电阻 R_{FB} 进行调节。16 脚内部已经集成了一个电阻，所以外接的 R_{FB} 可为零，即将 16 脚与输出端短路。AD7524 的功能表见表 9-10。

当片选信号 $\overline{\text{CS}}$ 与写入命令 $\overline{\text{WR}}$ 为低电平时，AD7524 处于写入状态，可将 $D_0 \sim D_7$ 的数据写入寄存器并转换成模拟电压输出。当 $R_{\text{FB}} = 0$ 时，输出电压与输入数字量的关系如下：

$$U_0 = \mp \frac{V_{\text{REF}}}{2^8}(D_{n-1} \times 2^{n-1} + D_{n-2} \times 2^{n-2} + \cdots + D_1 \times 2^1 + D_0 \times 2^0)$$

表 9-10　AD7524 功能表

$\overline{\text{CS}}$	$\overline{\text{WR}}$	功能
0	0	写入寄存器，并行输出
0	1	保持
1	0	保持
1	1	保持

4. 集成 D/A 转换器 DAC0832

DAC0832 是 8 位梯形电阻式 D/A 转换器，芯片内有数据锁存器，输出电流稳定时间 $1\mu s$，功耗 20mW。图 9-20 所示为 DAC0832 的引脚排列及内部结构框图。主要引脚的功能如下：

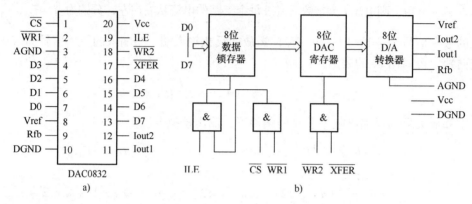

图 9-20 DAC0832 引脚名称及结构

a）引脚排列 b）内部结构框图

D0 ~ D7：数据输入线，TTL 电平。

ILE：数据锁存器允许控制信号输入线，高电平有效。

$\overline{CS}$：片选信号线，低电平有效。

$\overline{WR1}$：数据锁存器写选通信号线，负脉冲有效，当 $\overline{CS}$ 为 0、$\overline{WR1}$ 为 0、ILE 为 1 时，D0 ~ D7 上的数据被锁存到数据锁存器。

$\overline{XFER}$：DAC 寄存器数据输入控制信号线，低电平有效。

$\overline{WR2}$：DAC 寄存器写选通信号线，负脉冲有效，当 $\overline{WR2}$ 和 $\overline{XFER}$ 都为低电平时，数据锁存器的状态被传送到 DAC 寄存器中。

Iout1：电流输出线，当输入数据为 "0 FF H" 时最大。

Iout2：电流输出线，其值与 Iout1 之和为一常数。

Rfb：反馈信号输入线。

Vref：基准电压输入线，取值范围 – 10 ~ + 10V。

从图 9-21 可以看出，DAC0832 有一个数据锁存器和一个寄存器，使用时可以先把数据送入锁存器，然后再送入寄存器，也可以 "同时" 送入。

DAC0832 属于电流型输出，应用时需外接运算放大器使之成为电压型输出。DAC0832 有单缓冲、双缓冲两种工作方式，如图 9-21 所示为单缓冲工作方式。当只有一路模拟量输出，或虽然有几路模拟量，但不需要做同步输出时，就可采用单缓冲工作方式。

5. D/A 转换器的性能指标

D/A 转换器的转换精度有两种表示方法：分辨率和转换误差。

（1）分辨率 D/A 转换器在理论上可达到的精度，用于表征 D/A 转换器对输入微小量变化的敏感程度。显然输入数字量位数越多，输出电压可分离的等级越多，即分辨率越高。所以实际应用中，往往用输入数字量的位数表示 D/A 转换器的分辨率。此外，D/A 转换器

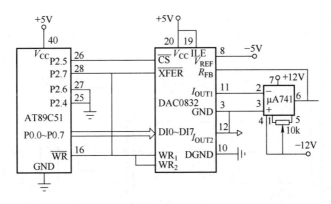

图 9-21 DAC0832 的单缓冲工作电路

的分辨率也定义为电路所能分辨的最小输出电压 U_{LSB} 与最大输出电压 U_m 之比，即

$$分辨率 = \frac{U_{LSB}}{U_m} = \frac{-\dfrac{V_{REF}}{2^n}}{-\dfrac{V_{REF}}{2^n}(2^n-1)} = \frac{1}{2^n-1} \tag{9-1}$$

式（9-1）说明，输入数字代码的位数 n 越多，分辨率越小，分辨能力越高。例如，5G7520 十位 D/A 转换器的分辨率为

$$\frac{1}{2^{10}-1} = \frac{1}{1023} \approx 0.000978$$

（2）转换误差　用以说明 D/A 转换器实际上能达到的转换精度。转换误差可用输出电压满度值的百分数表示，也可用最低有效位（Least Significant Bit，LSB）的倍数表示。例如，转换误为 1/2LSB，表示输出模拟电压的绝对误差等于当输入数字量的 LSB 为 1、其余各位均为 0 时输出模拟电压的二分之一。转换误差又分静态误差和动态误差。产生静态误差的原因有基准电源 V_{REF} 的不稳定、运放的零点漂移、模拟开关导通时的内阻和压降以及电阻网络中阻值的偏差等。动态误差则是在转换的动态过程中产生的附加误差，它是由于电路中分布参数的影响，使各位的电压信号到达解码网络输出端的时间不同所致。D/A 转换器的转换速度有两种衡量方法：

1）建立时间 t_{set}。它是在输入数字量各位由全 0 变为全 1，或由全 1 变为全 0，输出电压达到某一规定值（如最小值取 1/2LSB 或满度值的 0.01%）时所需要的时间。目前，在内部只含有解码网络和模拟开关的单片集成 D/A 转换器中，$t_{set} \leq 0.1\mu s$；在内部还包含有基准电源及求和运算放大器的集成 D/A 转换器中，最短的建立时间在 1.5μs 左右。

2）转换速率 S_R。它是在大信号工作时，即输入数字量的各位由全 0 变为全 1，或由全 1 变为 0 时，输出电压 u_o 的变化率。这个参数与运算放大器的压摆率类似。

9.4.3 A/D 转换接口

1. A/D 转换的基本概念

A/D 转换器的功能是将输入的模拟电压转换为输出的数字信号，即将模拟量转换成与其成比例的数字量。

一个完整的 A/D 转换过程必须包括采样、保持、量化和编码四部分电路。在具体实施时，常把这四个部分合并进行。例如，采样和保持是利用同一电路连续完成的，量化和编码是在转换过程中同步实现的，而且所用的时间又是保持的一部分。图9-22所示为A/D转换的一般过程框图。

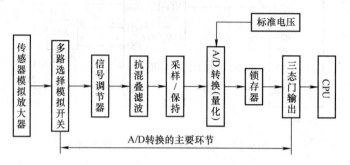

图9-22 A/D转换过程框图

图9-23所示为某一输入模拟信号经采样后得出的波形。为了保证能从采样信号中将原信号恢复，必须满足条件

$$f_s \geq 2f_{i(max)} \quad (9-2)$$

式中，f_s为采样频率，$f_{i(max)}$为信号u_i中最高次谐波分量的频率。这一关系称为采样定理。

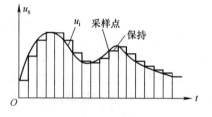

图9-23 模拟信号采样波形

A/D转换器工作时的采样频率必须满足式（9-2），采样的间隔时间决定于A/D转换、采样、通道个数以及程序。采样间隔时间的倒数是采样频率。奈奎斯特采样定理的内容是：为了使采样输出信号能无失真地复现原输入信号，必须使采样频率至少为输入信号最高有效频率的两倍，否则会出现频率混叠误差。抗混叠滤波的作用是依据采样定理，滤除输入信号过高的频率成分，减小混叠误差。采样频率越高，留给每次进行转换的时间就越短，这就要求A/D转换电路必须具有更高的工作速度。通常采样频率$f_s = (3 \sim 5)f_{i(max)}$已能满足要求。

（1）采样和保持电路 采样和保持的作用是减小孔径误差。模拟量转换成数字量有一个过程，对于一个动态模拟信号，在模/数转换器接通的孔径时间里，输入模拟信号的值是不确定的，从而引起输出的不确定性误差。假设输入信号为如图9-24所示的频率为f的正弦信号，$V = V_m \sin 2\pi ft$。由图可明显看出，最大孔径误差一定出现在信

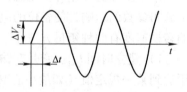

图9-24 孔径误差

号斜率最大处。由数学推导可知，正弦函数的最大斜率是$V_m 2\pi f$，因此最大孔径误差是$\Delta V = V_m \sin 2\pi f \Delta t$。对于某个动态信号，其孔径误差与信号的最高频率$f$和孔径$\Delta t$有关。计算表明，当频率为10Hz信号被采样，要求12位分辨率孔径误差小于1/2LSB时，A/D转换速率必须大于2μs。因此，采用12位A/D转换器对10Hz或更高频率动态信号采样时，必须使用采样和保持电路，以减小孔径误差。比较先进的A/D芯片本身具有采样和保持功能，简化了设计。

图9-25所示为实际采样保持电路LF198的结构。图中A_1、A_2是两个运算放大器，S是模拟开关，L是控制S状态的逻辑单元电路。采样时，令$u_L = 1$，S随之闭合。A_1、A_2接成

单位增益的电压跟随器，故 $u_o = u'_o = u_i$。同时，u'_o 通过 R_2 对外接电容 C_h 充电，使 $u_{Ch} = u_i$，因电压跟随器的输出电阻十分小，故对 C_h 充电很快结束。当 $u_L = 0$ 时，S 断开，采样结束，由于 u_{Ch} 无放电通路，其上电压值基本不变，故使 u_o 得以将采样所得结果保持下来。图中还有一个由二极管 D_1、D_2 组成的保护电路。在没有 D_1 和 D_2 的情况下，如果在 S

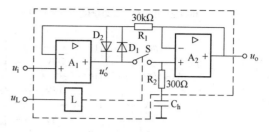

图 9-25 采样保持电路 LF198

再次接通以前 u_i 发生变化，则 u'_o 的变化可能很大，以至于使 A_1 的输出进入非线性区，u'_o 与 u_i 不再保持线性关系，并使开关电路有可能承受过高的电压。接入 D_1 和 D_2 以后，当 u'_o 比 u_o 所保持的电压高出一个二极管的正向压降时，D_1 将导通，u'_o 被钳位于 $u_i + U_{D1}$（这里的 U_{D1} 为二极管 D_1 的正向导通压降）；当 u'_o 比 u_o 低一个二极管的压降时，将 u'_o 钳位于 $u_i - U_{D2}$。在 S 接通的情况下，因为 $u'_o \approx u_o$，所以 D_1 和 D_2 都不导通，保护电路不起作用。

（2）量化与编码 为了使采样得到的离散的模拟量与 n 位二进制码的 2^n 个数字量一一对应，还必须将采样后离散的模拟量归并到 2^n 个离散电平中的某一个电平上，这样的过程称为量化。

量化后的值再按数制要求进行编码，以作为转换完成后输出的数字代码。量化和编码是所有 A/D 转换器不可缺少的核心部分。

数字信号具有在时间上离散和幅度上断续变化的特点。这就是说，在进行 A/D 转换时，任何一个被采样的模拟量只能表示成某个规定最小数量单位的整数倍，所取的最小数量单位叫作量化单位，用 Δ 表示。若数字信号最低有效位用 LSB 表示，则 1LSB 所代表的数量就等于 Δ，即模拟量量化后的一个最小分度值。把量化的结果用二进制码或是其他数制的代码表示出来，称为编码。这些代码就是 A/D 转换的结果。

既然模拟电压是连续的，那么它就不一定是 Δ 的整数倍，在数值上只能取接近的整数倍，因而量化过程不可避免地会引入误差。这种误差称为量化误差。例如，把 0～1V 的模拟电压转换成 3 位二进制代码，取最小量化单位 $\Delta = 1/8V$，并规定凡是模拟量数值在 0～1/8V 之间时都用 0Δ 来代替，用二进制数 000 来表示，凡数值在 1/8～2/8V 之间的模拟电压都用 1Δ 代替，用二进制数 001 表示，依此类推，则这种量化方法带来的最大量化误差可能达到 Δ，即 1/8V。若用 n 位二进制数编码，则所带来的最大量化误差为 $1/2^nV$。

图 9-26a 所示为 $\Delta = 1/8V$ 的量化结果，误差较大。为了减小量化误差，通常采用图 9-26b 所示的改进方法来划分量化电平。在划分量化电平时，基本上是取前面 Δ 的二分之一，在此取量化单位 $\Delta = 2/15V$。将输出代码 000 对应的模拟电压范围定为 0～1/15V，即 0～$1/2\Delta$，将 1/15～3/15V 对应的模拟电压用代码 001 表示，对应的模拟电压中心值为 $1\Delta = 2/15V$，依此类推。这种量化方法的量化误差可减小到 $1/2\Delta$，即 1/15V。这是因为在划分的各个量化等级时，除第一级（0～1/15V）外，每个二进制代码所代表的模拟电压值都归并到它的量化等级所对应的模拟电压的中间值，所以最大量化误差自然不会超过 $1/2\Delta$。

2. A/D 转换器的分类

按转换过程，A/D 转换器可大致分为直接型 A/D 转换器和间接型 A/D 转换器。直接型 A/D 转换器能把输入的模拟电压直接转换为输出的数字代码，而不需要经过中间变量。常

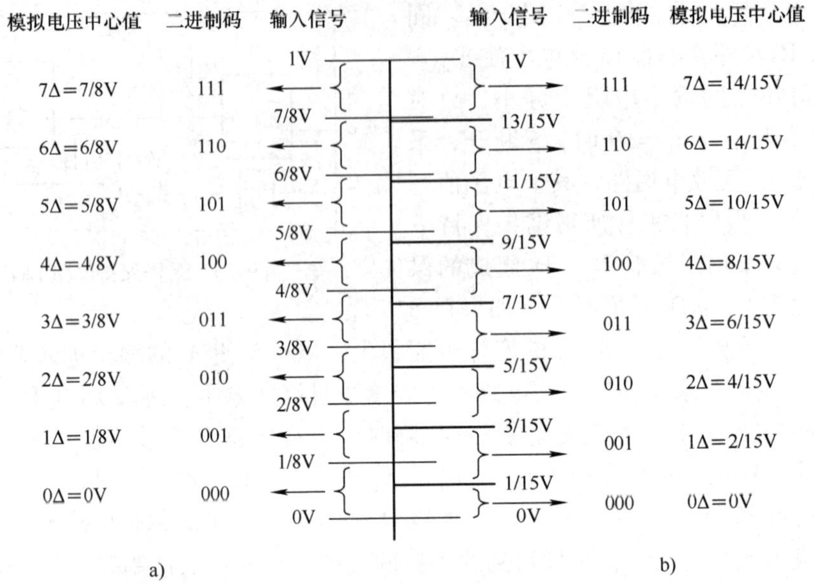

模拟电压中心值 二进制码 输入信号
输入信号 二进制码 模拟电压中心值
1V
7Δ=7/8V 111
7/8V
6Δ=6/8V 110
6/8V
5Δ=5/8V 101
5/8V
4Δ=4/8V 100
4/8V
3Δ=3/8V 011
3/8V
2Δ=2/8V 010
2/8V
1Δ=1/8V 001
1/8V
0Δ=0V 000
0V
1V
111 7Δ=14/15V
13/15V
110 6Δ=14/15V
11/15V
101 5Δ=10/15V
9/15V
100 4Δ=8/15V
7/15V
011 3Δ=6/15V
5/15V
010 2Δ=4/15V
3/15V
001 1Δ=2/15V
1/15V
000 0Δ=0V
0V
a)
b)

图9-26 划分量化电平的两种方法

a) $\Delta=1/8\text{V}$ b) $\Delta=1/15\text{V}$

用的电路有并行比较型和反馈比较型两种。

间接型A/D转换器是把待转换的输入模拟电压先转换为一个中间变量，如时间T或频率f，然后再对中间变量量化编码，得出转换结果。A/D转换器的大致分类如图9-27所示。

(1) 并行比较型A/D转换器 三位并行比较型A/D转换器如图9-28所示。它由电阻分压器、电压比较器、寄存器及编码器组成。图9-28中的八个电阻将参考电压V_{REF}分成八个等级，其中七个等级的电压分别作为七个比较器$\text{C}_1\sim\text{C}_7$的参考电压，其数值分别为$V_{\text{REF}}/15$、$3V_{\text{REF}}/15$、$13V_{\text{REF}}/15$。输入电压为u_{i}，它的大小决定各比较器的输出状态。例如，当$0\leqslant u_{\text{i}}<V_{\text{REF}}/15$时，$\text{C}_1\sim\text{C}_7$的输出状态都为0；当$3V_{\text{REF}}/15<u_{\text{i}}<5V_{\text{REF}}/15$时，比较器$\text{C}_1$和$\text{C}_2$的输出$C_{01}=C_{02}=1$，其余各比较器输出状态都为0。根据各比较器的参考电压值，可以确定输入模拟电压值与各比较器输出状态的关系。比较器的输出状态由D触发器存储，CP作用后，触发器的输出状态$Q_7\sim Q_1$与对应的比较器的输出状态$C_{07}\sim C_{01}$相同。经代码转换网络（优先编码器）输出数字量$D_2D_1D_0$。优先编码器优先级别最高是Q_7，最低是Q_1。

A/D转换器
直接型
并行比较型
反馈比较型
计数型
逐次逼近型
间接型
电压-时间型(VT)型-双积分型
电压-频率型(VF)型

图9-27 A/D转换器类型

设u_{i}变化范围是$0\sim V_{\text{REF}}$，输出三位数字量为D_2、D_1、D_0，三位并行比较型A/D转换器的输入输出关系见表9-11。通过观察此表，可确定代码转换网络输出、输入之间的逻辑关系：

$$D_2=Q_4$$

$$D_1=Q_6+\overline{Q}_4Q_2$$

$$D_0=Q_7+Q_6Q_5+\overline{Q}_4Q_3+\overline{Q}_2Q_1$$

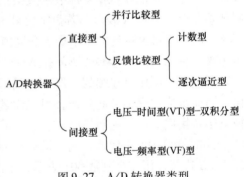

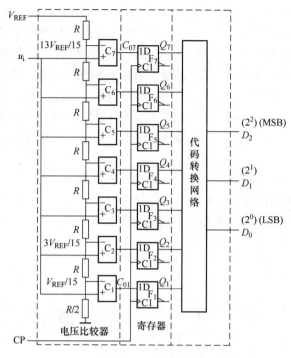

图 9-28　三位并行比较型 A/D 转换器

在并行比较型 A/D 转换器中，输入电压 u_i 同时加到所有比较器的输出端，从 u_i 加入，经比较器、D 触发器和编码器的延迟后，可得到稳定的输出。若不考虑上述装置的延迟，可认为输出的数字量是与 u_i 输入时刻同时获得的。并行比较型 A/D 转换器的优点是转换时间短，可小到几十纳秒，但所用的元器件较多，如一个 n 位转换器所用的比较器的个数为 $2^n - 1$ 个。

表 9-11　三位并行比较型 A/D 转换器的输入输出关系

模拟量输出	比较器输出状态							数字输出		
	C_{07}	C_{06}	C_{05}	C_{04}	C_{03}	C_{02}	C_{01}	D_2	D_1	D_0
$0 \leqslant u_i < V_{REF}/15$	0	0	0	0	0	0	0	0	0	0
$V_{REF}/15 \leqslant u_i < 3V_{REF}/15$	0	0	0	0	0	0	1	0	0	1
$3V_{REF}/15 \leqslant u_i < 5V_{REF}/15$	0	0	0	0	0	1	1	0	1	0
$5V_{REF}/15 \leqslant u_i < 7V_{REF}/15$	0	0	0	0	1	1	1	0	1	1
$7V_{REF}/15 \leqslant u_i < 9V_{REF}/15$	0	0	0	1	1	1	1	1	0	0
$9V_{REF}/15 \leqslant u_i < 11V_{REF}/15$	0	0	1	1	1	1	1	1	0	1
$11V_{REF}/15 \leqslant u_i < 13V_{REF}/15$	0	1	1	1	1	1	1	1	1	0
$13V_{REF}/15 \leqslant u_i < V_{REF}$	1	1	1	1	1	1	1	1	1	1

单片集成并行比较型 A/D 转换器产品很多，如 AD 公司的 AD9012（8 位）、AD9002（8 位）和 AD9020（10 位）等。

（2）逐次逼近型 A/D 转换器　逐次逼近型 A/D 转换器属于直接型 A/D 转换器，它能把输入的模拟电压直接转换为输出的数字代码，而不需要经过中间变量。转换过程相当于一架天平称量物体的过程，不过这里不是加减砝码，而是通过 D/A 转换器及寄存器加减标准电压，使标准电压值与被转换电压平衡。这些标准电压通常称为电压砝码。

逐次逼近型 A/D 转换器由比较器、环形分配器、控制门、寄存器与 D/A 转换器构成。比较的过程首先是取最大的电压砝码，即寄存器最高位为 1 时的二进制数所对应的 D/A 转换器输出的模拟电压，将此模拟电压 u_A 与 u_i 进行比较，当 u_A 大于 u_i 时，最高位置为 0；反之，当 u_A 小于 u_i 时，最高位 1 保留，再将次高位置 1，转换为模拟量与 u_i 进行比较，确定次高位 1 保留还是去掉。依此类推，直到最后一位比较完毕，寄存器中所存的二进制数即为 u_i 对应的数字量。

（3）双积分型 A/D 转换器 双积分型 A/D 转换器属于间接型 A/D 转换器，它是把待转换的输入模拟电压先转换为一个中间变量，如时间 T，然后再对中间变量量化编码，得出转换结果。这种 A/D 转换器称为电压 – 时间型（简称 VT 型）。图 9-29 所示为 VT 型双积分型 A/D 转换器的框图。

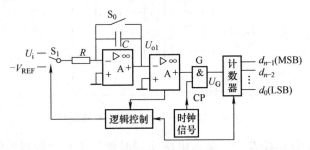

图 9-29 双积分型 A/D 转换器的框图

转换开始前，先将计数器清零，并接通 S_0 使电容 C 完全放电。转换开始后，断开 S_0。整个转换过程分两阶段进行：

第一阶段，令开关 S_1 置于输入信号 U_i 一侧，积分器对 U_i 进行固定时间 T_1 的积分。积分结束时积分器的输出电压为

$$U_{o1} = \frac{1}{C} \int_0^{T_1} \left(-\frac{U_i}{R} \right) \mathrm{d}t = -\frac{T_1}{RC} U_i \tag{9-3}$$

可见积分器的输出 U_{o1} 与 U_i 成正比。这一过程称为转换电路对输入模拟电压的采样过程。在采样开始时，逻辑控制电路将计数门打开，计数器计数，当计数器达到满量程 N 时，计数器由全 "1" 复 "0"，这个时间正好等于固定的积分时间 T_1。计数器复 "0" 时，同时给出一个溢出脉冲（即进位脉冲），使控制逻辑电路发出信号，令开关 S_1 转换至参考电压 $-V_{REF}$ 一侧，采样阶段结束。

第二阶段为定速率积分过程，该阶段将 U_{o1} 转换为成比例的时间间隔。采样阶段结束时，因参考电压 $-V_{REF}$ 的极性与 U_i 相反，积分器向相反方向积分。计数器由 0 开始计数，经过 T_2 时间，积分器输出电压回升为零，过零比较器输出低电平，关闭计数门，计数器停止计数，同时通过逻辑控制电路使开关 S_1 与 u_i 相接。重复第一阶段的操作，可得到

$$\frac{T_2}{RC} V_{REF} = \frac{T_1}{RC} U_i$$

即

$$T_2 = \frac{T_1}{V_{REF}} U_i \tag{9-4}$$

式（9-4）表明，反向积分时间 T_2 与输入模拟电压成正比。

在 T_2 期间，计数门 G_2 打开，标准频率为 f_{CP} 的时钟通过 G_2，计数器对 U_G 计数，计数结果为 D，由于

$$T_1 = N_1 T_{CP}$$

$$T_2 = D T_{CP}$$

故计数的脉冲数为

$$D = \frac{T_1}{T_{CP} V_{REF}} U_i = \frac{N_1}{V_{REF}} U_i \tag{9-5}$$

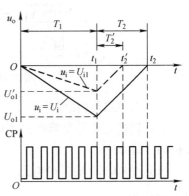

计数器中的数值就是 A/D 转换器转换后的数字量，至此完成了 VT 转换。若输入电压 $U_{i1} < U_i$，$U'_{o1} < U_{o1}$，则 $T'_2 < T_2$，它们之间也都满足固定的比例关系，如图 9-30 所示。

双积分型 A/D 转换器若与逐次逼近型 A/D 转换器相比较，因有积分器的存在，积分器的输出只对输入信号的平均值有所响应，所以它的突出优点是工作性能比较稳定且抗干扰能力强。由式（9-5）可以看出，只要两次积分过程中积分器的时间常数相等，则计数器的计数结果与 RC 无关，所以该电路对 RC 精度的要求不高，而且电路的结构也比较简单。双积分型 A/D 转换器属于低速

图 9-30　双积分型 A/D 转换器波形图

型 A/D 转换器，一次转换时间为 $1 \sim 2ms$，而逐次比较型 A/D 转换器可达到 $1\mu s$。不过在工业控制系统中的许多场合，毫秒级的转换时间已经绰绰有余，双积分型 A/D 转换器的优点正好有了用武之地。

集成双积分型 A/D 转换器品种有很多，大致分成二进制输出和 BCD 码输出两大类。图 9-31 所示为 BCD 码双积分型 A/D 转换器的框图。它是一种 $3\frac{1}{2}$ 位 BCD 码 A/D 转换器。

该转换器输出数码的最高位（千位）仅为 0 或 1，其余 3 位均由 $0 \sim 9$ 组成，故称为 $3\frac{1}{2}$ 位。

$3\frac{1}{2}$ 位的 3 表示完整的三个数位有十进制数码 $0 \sim 9$，$\frac{1}{2}$ 的分母 2 表示最高位只有 0、1 两个数码，分子 1 表示最高位显示的数码最大为 1，显示的数值范围为 $0000 \sim 1999$。同类产品有 ICL7107、7109、5G14433 等。双积分型 A/D 转换器一般外接配套的 LED 显示器或 LCD 显示器，可以将模拟电压 u_i 用数字量直接显示出来。

为了减少输出线，译码显示部分采用动态扫描的方式，按着时间顺序依次驱动显示器件，利用位选通信号及人眼的视觉暂留效应，就可将模拟量对应的数字量显示出来。

这种双积分型 A/D 转换器的优点是利用较少的元器件就可以实现较高的精度（如 $3\frac{1}{2}$ 位折合 11 位二进制），一般输入的都是直流或缓变化的直流量，抗干扰性能很强。这种转换器广泛用于各种数字测量仪表、工业控制柜面板表和汽车仪表等。

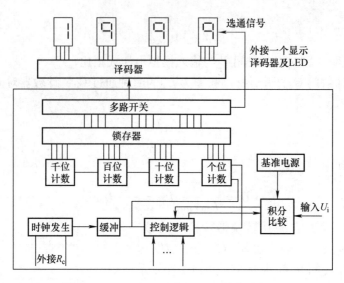

图 9-31 BCD 码双积分型 A/D 转换器框图

3. 常用 A/D 转换芯片

A/D 转换芯片种类繁多，接口方法各有特点，这里重点介绍 A/D 芯片的外特性及与单片机的接口方法。

（1）ADC0809 的接口电路 ADC0809 的引脚及其与微处理器 AT89C51 的接口电路如图 9-32 所示。

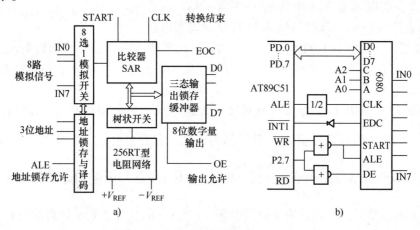

图 9-32 ADC0809 引脚及接口电路

CPU 对 ADC0809 的控制原理如下：由图 9-32 可以看出，ADC0809 通过模拟开关接 8 路模拟信号，74LS138 译码器的三条地址选择线 A、B、C 与地址线 A0、A1、A2 连接（实际接 74LS373 的 Q1、Q2、Q3），ALE 在上升沿时把地址信号锁存起来，地址信号控制模拟开关选中哪一路模拟信号。

电阻网络、树状开关、外接标准电源、比较器、逐次比较寄存器 SAR 及时钟信号组成 8 位 A/D 转换电路，$-V_{REF}$ 和 $+V_{REF}$ 是基准参考电压，它决定了输入模拟量的量程范围。一般情况下，$+V_{REF}$ 与 V_{CC} 相连，$-V_{REF}$ 与地相连。如果需要高精度的参考电源或为了提高转换器的灵敏度（输入模拟电压小于 5V），则参考电压可以与 V_{CC} 隔离。START 在正脉冲时启动 A/D 转换，100μs 后转换结束，结果存放于锁存缓冲器。三态输出锁存缓冲器的 8 条输出信号线 D0 ～ D7 直接与 CPU 的数据总线连接。OE（OUTPUT ENABLE）端为允许输出控制端，CPU 使该控制端为高电平"1"时，三态门打开，A/D 转换的结果送入 CPU。A/D 转换结束时，EOC 出现高电平，可以用它引发中断，也可做查询用。

（2）MC14433 的接口设计　MC14433 是 $3\frac{1}{2}$ 位双积分型 A/D 转换器。图 9-33 所示为 MC14433 的引脚分布。图 9-34 所示为 MC14433 的接口电路。

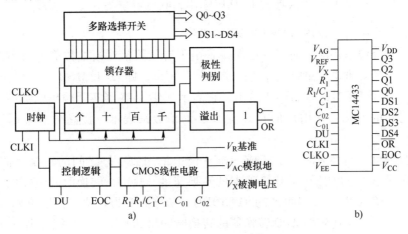

图 9-33　MC14433 引脚

图 9-35 所示为 MC14433 的转换结果输出时序波形。从图中可以看出，转换结果的千位值、百位值、十位值、个位值是在 DS1 ～ DS4 的同步下分时由 Q3 ～ Q0 送出的。

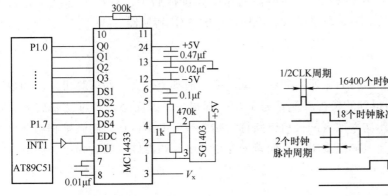

图 9-34　MC14433 的接口电路

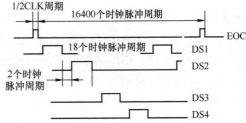

图 9-35　MC14433 转换结果输出时序波形

4. A/D 转换器的性能指标

（1）转换精度　在单片 A/D 转换器中，也用分辨率和转换误差来描述转换精度。分辨率是指引起输出二进制数字量最低有效位变动一个数码时，输入模拟量的最小变化量。小于此最小变化量的输入模拟电压将不会引起输出数字量的变化。也就是说，A/D 转换器的分辨率实际上反映了它对输入模拟量微小变化的分辨能力。显然，它与输出的二进制数的位数有关，输出二进制数的位数越多，分辨率越小，分辨能力越高。但如果超出了 A/D 转换器分辨率的极限值，再增加位数，也不会提高分辨率。

A/D 转换器的分辨率习惯上以输出二进制位数或者 BCD 码位数表示。它与一般测量仪表的分辨率表达方式不同，不采用可分辨的输入模拟电压相对值表示。例如，AD574A 的分辨率为 12 位，即该转换器的输出可以用 2^{12} 个二进制数进行量化，其分辨率为 1LSB（LSB 指最低有效位），用百分数来表示分辨率时，其分辨率为

$$1/2^{12} \times 100\% = 1/4096 \times 100\% = 0.0244\%$$

5G14433 双积分型 A/D 转换器为 BCD 码输出，其分辨率为 $3\frac{1}{2}$，满度字位为 1999，用百分数表示其分辨率为（1/1999）× 100% = 0.05%。

量化误差和分辨率是统一的。量化误差是由于有限数字对模拟数值进行离散取值（量化）而引起的误差。理论上量化误差为一个单位分辨率，即 ± 1/2LSB。

转换误差通常以相对误差的形式给出，它表示 A/D 转换器实际输出的数字量与理想输出的数字量之间的差别，并用最低有效位 LSB 的倍数来表示。提高分辨率可以减少量化误差。

（2）转换时间　转换时间表示完成一次从模拟量到数字量之间的转换所需要的时间，其倒数为转换速率。它反映了 A/D 转换器的转换速度。目前，转换时间最短的是全并行型 A/D 转换器，如美国 RCA 公司生产的 TDC1029J，其分辨率为 6 位，转换速率为 100MSPS，转换时间为 10ns。逐次比较型 A/D 转换器的转换时间可达 0.4μs，双积分型 A/D 转换器的转换时间一般要大于 40ms。

采样定理和减小孔径误差都要求转换时间越小越好，转换速率越快越好。但目前速度最快的全并行型 A/D 转换器价格比较贵，且分辨率低。双积分型 A/D 转换器速度慢，但价格便宜，抗干扰能力强。逐次比较型 A/D 转换器的速度和价格居中，分辨率远高于并行型 A/D 转换器，它是目前种类最多、数量最大、应用最广的 A/D 转换器。

9.4.4　功率接口

在机电一体化产品中，被控对象所需要的驱动功率一般都比较大，而计算机发出的数字控制信号或经 D/A 转换后得到的模拟控制信号的功率都很小，因而必须经过功率放大后才能用来驱动被控对象。用于功率放大的接口电路称为功率接口电路。在控制微机和功率放大电路之间，人们常常使用光电隔离技术。下面首先介绍光电隔离器件，然后介绍一些电力电子器件和基本电路。

1. 光电隔离器件

图 9-36a 所示的光电耦合器由发光二极管和光电晶体管组成。当在发光二极管两端加正向电压时，发光二极管点亮，照射光电晶体管使之导通，产生输出信号。光电耦合器有如下特点：

1）光电耦合器的信号传递采取电 – 光 – 电形式，发光部分和受光部分不接触，因此其绝缘电阻可高达 $10^{10}\Omega$ 以上，并能承受 2000V 以上的高压。被耦合的两个部分可以自成系统，能够实现强电部分和弱电部分隔离，避免干扰由输出通道窜入控制微机。

2）光电耦合器的发光二极管是电流驱动器件，能够吸收尖峰干扰信号，所以具有很强

的抑制干扰能力。

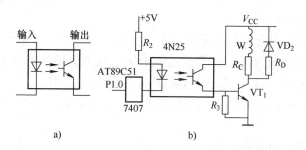

图 9-36 光电耦合器及接口电路

3）光电耦合器作为开关应用时，具有耐用、可靠性高和高速等优点，响应时间一般为数微秒，高速型光电耦合器的响应时间有的甚至小于 10ns。

图 9-36b 所示为光电耦合器的接口电路。图中的 VT_1 是大功率晶体管，W 可以是步进电动机、接触器等的线圈，VD_2 是续流二极管。若无二极管 VD_2，当 VT_1 由导通到截止时，由换路定则可知，电感 W 的电流不能突然变为 0，它将强迫通过晶体管 VT_1。由于 VT_1 处于截止状态，因此在 VT_1 两端产生的非常大的电压有可能击穿晶体管。若有续流管 VD_2，则为 W 中的电流提供了通路，电流不会强迫流过晶体管，从而保护了晶体管。

在接口电路中，应考虑光电耦合器的两个参数：电流传输比 CRT 与时间延迟。

电流传输比是指光电晶体管的集电极电流 I_c 与发光二极管的电流 I_i 之比。不同结构的光电耦合器的电流传输比相差很大，如输出端是单个晶体管的光电耦合器 4N25 的电流传输比 CRT≥20%，而输出端使用达林顿管的光电耦合器 4N33 的电流传输比 CRT≥500%。电流传输比受发光二极管的工作电流 I_i 影响，当 I_i 为 10～20mA 时，电流传输比最大。

时间延迟是指光电耦合器在传输脉冲信号时，输出信号与输入信号的延迟时间。

在图 9-36b 所示的电路中，当 8031 的 P1.0 为低电平时，设发光二极管中的电流为 10mA，由于 4N25 的电流传输比 CRT≥20%，所以光电晶体管中的电流 I_c≥2mA。大功率晶体管把这个电流放大就可以带动步进电动机等负载。

2. 常用电力电子器件

（1）晶闸管 晶闸管是目前应用最广的半导体功率开关器件，其控制电流可从数安培到数千安培。晶闸管的主要类型有单向晶闸管 SCR、双向晶闸管 TRIAC 和可关断晶闸管 GTO 三种基本类型，此外还有光控晶闸管、温控晶闸管等特殊类型。

单向晶闸管（SCR）的符号和原理如图 9-37所示。SCR 有三个极，三个极的名字分别是阳极A、阴极 K 和控制极 G（又称门极）。从物理结构看它是一个 PNPN 器件，其工作原理可以用一个

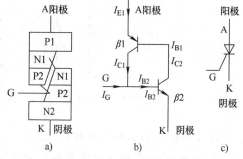

图 9-37 晶闸管的符号和原理
a）物理结构 b）原理电路 c）表示符号

PNP 晶体管和一个 NPN 晶体管的组合来加以说明。SCR 有截止和导通两个稳定状态，两种状态的转换可以由导通条件和关断条件来说明。

导通条件是指晶闸管从阻断到导通所需的条件，这个条件是在晶闸管的阳极加上正向电压，同时在控制极加上正向电压。

关断条件是指晶闸管从导通到阻断所需要的条件。晶闸管一旦导通，控制极对晶闸管就失去了控制作用，只有当流过晶闸管的电流小于保持晶闸管导通所需要的电流（即维持电流）时晶闸管才会关断。下面举例说明晶闸管导通和截止的条件。

在图 9-38 所示的 SCR 接口电路中，电源电压是正弦交流电，若负载是一个纯电阻，由图 9-39 可知：

在 $\omega t = 0 \sim \omega t_1$ 区间，SCR 截止。

在 $\omega t = \omega t_1$ 时，电源电压处在正半周，控制极出现触发脉冲，满足晶闸管导通条件，晶闸管导通。在 $\omega t_1 \sim \pi$ 区间，SCR 保持导通。

在 $\omega t = \pi$ 时，电源电压为 0，由于电流和电压同相位，电流也为 0，满足晶闸管截止条件，晶闸管截止，在整个负半周晶闸管保持截止。

图 9-40 所示为与电感性负载并联续流二极管的电路。图 9-41 所示为电感性负载上的电压和电流的波形。可以看出电流和电压的相位不一致。

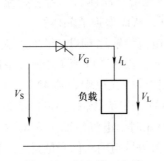

图 9-38　SCR 接口电路

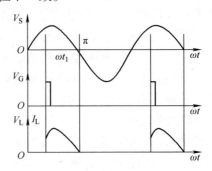

图 9-39　电阻负载上的电压和电流波形

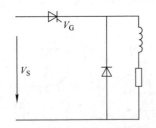

图 9-40　与电感性负载并联续流二极管电路

图 9-41　电感性负载上的电压和电流波形

在 $\omega t = 0 \sim \omega t_1$ 区间，SCR 截止。

在 $\omega t = \omega t_1$ 时，电源电压处在正半周，控制极出现触发脉冲，满足晶闸管导通条件，晶闸管导通。由于是电感性负载，电流不是突然变大，而是从 0 开始逐渐增大，所以在 $\omega t_1 \sim \pi$ 区间，SCR 保持导通。

在 $\omega t = \pi$ 时，由于是电感性负载，虽然电源电压为 0，但电流不为 0，晶闸管不满足截止条件，所以晶闸管不截止。虽然电流不为 0，但电流在减少，在 $\omega t = \omega t_2$ 时，电流减少到 0，满足了晶闸管截止条件，晶闸管截止。

为了使晶闸管在电源电压降到 0 时能及时关断（也为了负载上不出现负电压），可以在电感性负载两端并联一个二极管（见图 9-40）。

双向晶闸管（TRIAC）是具有公共门极的一对反并联普通晶闸管，它的结构如图 9-42 所示。图中 N2 区和 P2 区的表面被整片金属膜连通，构成双向晶闸管的一个主电极，此电极的引出端子称为主端子，用 A2 表示；N3 区和 P2 区的一小部分被另一金属膜连通，构成反并联一对主晶闸管的公共门极端，用 G 表示；P1 区和 N4 区被金属膜连通，构成双向晶闸管的另一个主电极，称为主端子 A1。这样，P1 – N1 – P2 – N2 和 P2 – N1 – P1 – N4 就分别构成了双向晶闸管中一对反并联的晶闸管的主体。

双向晶闸管是双向导通的，它从一个方向过零进入反向阻断状态只是一个十分短暂的过程，当负载是感性负载时（如电枢），由于电流滞后于电压，有可能使电压过零时电流仍存在，从而导致双向晶闸管失控（不关断）。为使双向晶闸管正确工作，应在其两主电极 A1 与 A2 间加 RC 电路。

门极可关断晶闸管（GTO）的内部结构及表示符号如图 9-43 所示。与 SCR 相比，GTO 控制更灵活方便，即当门极加上正控制信号时 GTO 导通，在门极加上负控制信号时 GTO 截止。GTO 是一种介于普通晶闸管和大功率晶体管之间的电力电子器件。它既像 SCR 那样耐高压，通过电流大，造价便宜，又如 GTR（功率晶体管）那样具有自关断能力，工作频率高，控制功率小，线路简单，使用方便。GTO 是一种比较理想的开关器件，在大容量领域里很有发展前途。

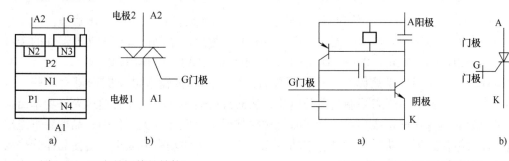

图 9-42 双向晶闸管的结构
a）内部结构 b）表示符号

图 9-43 门极可关断晶闸管
a）内部结构 b）表示符号

光控晶闸管和温控晶闸管是两类特种晶闸管。光控晶闸管是把光电耦合器件与双向晶闸管集成到一起形成的集成电路，它的典型产品有 MOC3041、MOC3021 等。光控晶闸管的输入电流一般为 $10 \sim 100\text{mA}$，输入端反向电压一般为 6V；输出电流一般为 1A，输出端耐压一般为 $400 \sim 600\text{V}$。光控晶闸管大多用于驱动大功率的双向晶闸管。

温控晶闸管是一种小功率晶闸管，它的输出电流一般在 100mA 左右。它和普通晶闸管具有相同的开关特性，并且与热敏电阻、PN 结温度传感器相比有较多优点。温控晶闸管的温度特性是负特性，也就是说当温度升高时，正向温控晶闸管的门槛电压会降低。用温控晶闸管可实现温度的开关控制，在温控晶闸管的门极和阳极或阴极之间加上适当元器件，如电位器、光电管、热敏电阻等，可以改变晶闸管导通温度值。温控晶闸管一般用于 50V 以下的场合。

（2）功率晶体管（GTR）

1）功率晶体管的特点。功率晶体管是指在大功率范围应用的晶体管，有时也称为电力晶体管。GTR 是 20 世纪 70 年代后期的产品，它把传统双极晶体管的应用范围由弱电扩展到强电领域，在中小功率领域有取代功率晶闸管的趋势。与晶闸管相比，GTR 不仅可以工作在开关状态，也可以工作在模拟状态，GTR 的开关速度远大于晶闸管并且控制比晶闸管容易，其缺点是价格高于晶闸管。

2）功率晶体管的结构。功率晶体管不是一般意义上的晶体管，从本质上讲，它是一个多管复合结构，有较大的电流放大倍数，其功率可高达几千瓦。GTR 的结构如图 9-44a 所示。其中，VT_1 和 VT_2 组成达林顿管，二极管 VD_1 是加速二极管，在输入端 b 的控制信号从高电平变成低电平的瞬间，二极管 VD_1 导通，可以使 VT_1 的一部分射极电流经过 VD_1 流到输入端 b，从而加速了功率晶体管的关断。VD_2 是续流二极管，对晶体管 VT_2 起保护作用，特别是对于感性负载，当 GTR 关断时，感性负载所存储的能量可以通过 VD_2 的续流作用而泄放，从而避免了对 GTR 的反向击穿。

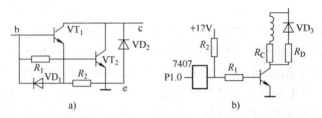

图 9-44　功率晶体管结构及步进电动机一相绕组的驱动电路

3）功率晶体管的应用。虽然功率晶体管有开关状态和模拟状态两种工作状态，但在机电产品中，它基本被用作高速开关器件。图 9-44b 所示为用功率晶体管作为功放器件的步进电动机一相绕组的驱动电路，图中 VD_3 的作用与图 9-36 中 VD_2 的作用相同。

应该强调一点，当功率晶体管工作在开关状态时，其基极输入电流应选得大一些，否则，晶体管会增加自身压降来限制其负载电流，从而有可能使功率晶体管超过允许功率而损坏。这是因为晶体管在截止或高导通状态时，功率都很小，但在开关过程中，晶体管可能出现高电压、大电流，瞬态功耗会超过静态功耗几十倍，如果驱动电流太小，会使晶体管陷入开头过渡的危险区。

（3）功率场效应晶体管（MOSFET）　功率场效应晶体管又称功率 MOSFET，它的结构和传统 MOSFET 不同，主要是把传统 MOSFET 的电流横向流动变为垂直导电的结构模式，目的是解决 MOSFET 器件的大电流、高电压问题。它有比双极性功率晶体管更好的特性，主要表现在以下几个方面：

1）由于功率 MOSFET 是多数载流子导电，因而不存在少数载流子的储存效应，从而有较高的开关速度。

2）具有较宽的安全工作区而不会产生热点，同时，由于它具有正的电阻温度系数，所以容易进行并联使用。

3）具有较高的阈值电压（2～6V），因此有较高的噪声容限和抗干扰能力。

4）具有较高的可靠性和较强的过载能力，短时过载能力通常为额定值的 4 倍。

5）由于它是电压控制器件，具有很高的输入阻抗，因此驱动电流小，接口简单。

功率场效应晶体管符号如图 9-45 所示，其中 G 为栅极，即控制极，S 为源极，D 为漏极。在漏极 D 和源极 S 间的反向二极管是在管子制造过程中形成的。图 9-46 所示为两种驱动电路，图中 R_L 为负载电阻。

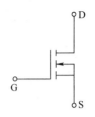

图 9-45 功率场效应
晶体管符号

由于功率场效应晶体管绝大多数是电压控制而非电流控制，吸收电流很小，因此 TTL 集成电路也就足以驱动大功率的场效应晶体管。又由于 TTL 集成电路的高电平输出为 3.5～5V，直接驱动功率场效应晶体管偏低一些，所以在驱动电路中常采用集电极开路的 TTL 集成电路。图 9-46a 所示的电路中，74LS07 输出高电平取决于上拉电阻 R_S 的上拉电平，为保证有足够高的电平驱动功率场效应晶体管导通，也为了保证它能迅速截止，实际上常把上拉电阻接到 +10～+15V 电源。

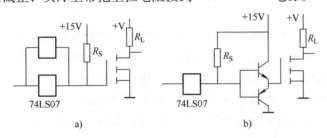

图 9-46 功率场效应晶体管的驱动电路

功率场效应晶体管的栅极 G 相对于源极 S 而言存在一个电容，即功率场效应晶体管的输入电容，这个电容对控制信号的变化起充放电作用，即平滑作用。控制电流越大，充放电越快，功率场效应晶体管的速度越快，故有时为了保证功率场效应晶体管有更快的开关速度，常采用晶体管对控制电流进行放大，如图 9-46b 所示。另外，在实际使用中，为避免干扰由执行元件处窜入控制微机，常采用脉冲变压器、光电耦合器等对控制信号进行隔离。

绝缘栅双极晶体管简称为 IGBT，是 20 世纪 80 年代出现的复合器件，它将 MOSFET 和 GTR 的优点集于一身，既具有输入阻抗高、速度快、热稳定性好和驱动电路简单的特点，又具有通态电压低、耐压高和承受电流大等优点。IGBT 的符号如图 9-47 所示。

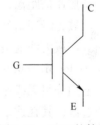

图 9-47 IGBT 的符号

（4）固态继电器（SSR） 固态继电器（SSR）是一种无触点功率型通断电子开关，又名固态开关。当在控制端输入触发信号后，主回路呈导通状态，无控制信号时主回路呈阻断状态。控制回路与主回路间采取了电隔离及信号隔离技术。固态继电器与电磁继电器相比，具有工作可靠、使用寿命长、外界干扰小、能与逻辑电路兼容、抗干扰能力强、开关速度快、使用方便等优点。在使用时，应考虑其应用特性如下：

1）根据产品功能的不同，固态继电器输出电路可接交流或直流，对交流负载有过零与不过零控制功能。

2）由于固态继电器是一种电子开关，故有一定的通态压降和断态漏电流。

3）负载短路易损坏固态继电器，应特别注意避免。

图 9-48 所示为单片机 AT89C51 通过固态继电器控制一交流接触器 K 的控制线路。当 P1.0 输出高电平时，固态继电器导通，交流接触器 K 吸合，主电路导通。P1.0 为低电平则使主电路关断。

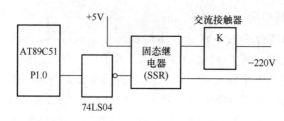

图 9-48　通过固态继电器控制交流接触器

9.4.5　无线传输

无线传输技术是指仅利用电磁波而不通过线缆进行的数据传输方式。一般来讲，无线传输技术由以下几个部分构成：信源、发送器、传输系统、接收器和信宿。

信源产生需传输的数据，发送器负责将信息进行转换和编码，传输系统就是实际的一条传输线路或者复杂的网络，接收器接收来自传输系统的数据并能够将其转换为目的设备能够处理的数据格式，信宿接收来自接收器的入境数据，如图 9-49 所示。

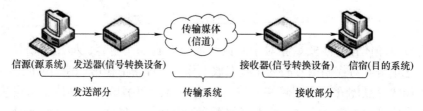

图 9-49　无线传输技术

按照通信距离，无线传输技术可以分为广域无线通信与短距离无线通信两类。

广域无线通信经过几十年的高速发展，已经日渐成熟，尤其在数据传输方面更加高效和快速。广域无线通信技术主要包括 GPRS、LTE、全球微波接入互操作性（Worldwide Interoperability for Microwave Access，WiMax）、5G 通信、卫星通信和数字专用无线通信等。

通用分组无线业务（General Packet Radio Service，GPRS）技术是 2G 与 3G 技术之间的一个过渡，其在速率上较 2G 有一定提高，相对于 GSM 的 9.6Kbit/s 的访问速度而言，GPRS 拥有 171.2Kbit/s 的访问速度。GPRS 采用与 GSM 同样的无线调制标准、同样的频带、同样的突发结构、同样的跳频规则以及同样的 TDMA（Time Division Multiple Access）帧结构。GPRS 允许用户在端到端分组转移模式下发送和接收数据，而不需要利用电路交换模式的网络资源，从而提供了一种高效、低成本的无线分组数据业务。

长期演进（Long Term Evolution，LTE）技术是 3G 与 4G 技术之间的一个过渡，是 3.9G 的全球标准，它改进并增强了 3G 的空中接入技术，采用正交分频复用（Orthogonal Frequency Division Multiplexing，OFDM）和多输入多输出（Multiple Input Multiple Output，MIMO）作为其无线网络演进的唯一标准，在 20 MHz 频谱带宽下，LTE 能够提供下行 100Mbit/s 与上行 50Mbit/s 的峰值速率，改善了小区边缘用户的性能，提高了小区容量。

WiMax 也叫 802.16 无线城域网或 802.16，是一项新兴的宽带无线接入技术，能提供面向互联网的高速连接，数据传输距离最远可达 50 km。WiMax 还具有服务质量（Quality of Service，QoS）保障、传输速率高、业务丰富多样等优点。

第五代移动通信技术（5th Generation Mobile Communication Technology，5G）是具有高速率、低时延和大连接特点的新一代宽带移动通信技术，是实现人机物互联的网络基础设施。相比于被普遍应用的 4G 网络通信技术来讲，5G 网络通信技术在传输速度上有着非常明显的优势，其峰值理论传输速度可达 20Gbit/s，比 4G 网络的传输速度快 10 倍以上。5G 作为一种新型移动通信网络，除了解决人与人之间的通信外，还能提供各种可能和跨界整合，解决人与物、物与物通信问题，满足移动医疗、车联网、智能家居、工业控制、环境监测等物联网应用需求。

无线移动通信除了大部分依靠城市蜂窝网外，卫星通信也非常重要。多年的实践证明，同步卫星对固定通信和广播通信极为可靠，还可提供远程移动通信，低轨道、中轨道卫星通信。

数字专用无线通信是一种多用户共用一组通信信道而不互相影响的技术。其使用多个无线信道为众多的用户服务，将有线电话中继线的工作方式运用到无线电通信系统中，把有限的信道动态地、自动地、迅速地和最佳地分配给整个系统的所有用户，以便在最大程度上利用整个系统的信道的频率资源。专用无线通信系统具有呼叫接续快、群组内用户共享前向信道、半双工通信方式、PTT 方式、支持私密呼叫和群组呼叫等特点。由于专用无线通信系统具有特有的调度功能、组呼功能和快速呼叫的特性，因此在专业通信领域发挥着巨大的作用。

总的来说，广域无线通信具有一定的时延，且带宽有限，一般用在实时性要求不高和数据量不大的场合。

短距离无线通信的特点是通信距离短（覆盖范围一般在几十米之内），发射功率较低（一般小于 100mW）。目前使用较广泛的近距离无线通信技术有无线局域网 802.11（WiFi）、超宽频（Ultra Wide Band，UWB）、ZigBee、NFC、Bluetooth 和 IrDA 等。它们都各自具有应用上的特点，在传输速度、距离、耗电量等方面的要求不同，或着眼于功能的扩充性，或符合某些单一应用的特别要求，或建立竞争技术的差异化等。

WiFi 是一种无线通信协议（IEEE 802.11b）。WiFi 的传输速率最高可达 11Mbit/s，虽然在数据安全性方面比蓝牙技术要差一些，但在无线电波的覆盖范围方面却略胜一筹，可达 100m 左右。

蓝牙（Bluetooth）技术是一项开放的、全球统一的短距离无线通信协议标准，它的目的是取消线缆及不兼容的标准，将无线电接收装置内嵌于蓝牙芯片中，再将芯片整合在设备内，各设备间可以自由连通，实现无线通信。其工作频段是全球开放的 2.4GHz 频段，可以同时进行数据和语音传输，传输速率可达到 10Mbit/s，理想通信距离为 0.1～10m，增加发射功率可达 100m。

IrDA 通常指的是一种红外通信协议，它由红外数据协会（Infrared Data Association，IrDA）在 1994 年首次发布，即 IrDA1.0。针对一些特定的红外通信应用领域，IrDA 还陆续发布了一些更高级别的红外协议，如 TinyTP、IrOBEX、IrCOMM、IrLAN、IrTran-P 等。IrDA 数据传输是利用红外线进行点对点通信。红外数据传输通常是利用 950nm 近红外波段的红外线作为传递信息的媒体，即通信信道。红外线方式的最大优点是不受无线电干扰，但是红外线对非透明物体的透过性较差，导致传输距离受限制。

UWB 是一种无线载波通信技术，它不采用正弦载波，而是利用纳秒级的非正弦波窄脉冲传输数据，因此其所占的频谱范围很宽。UWB 技术具有系统复杂度低、发射信号功率谱密度低、对信道衰落不敏感、低截获能力和定位精度高等优点，尤其适用于室内等密集多径场所的高速无线接入，非常适于建立一个高效的无线局域网（WLAN）或无线个域网（WPAN）。

ZigBee 主要应用在短距离并且数据传输速率不高的各种电子设备之间。ZigBee 联盟成立于 2001 年 8 月。2002 年下半年，Invensys、Mitsubishi、Motorola 以及 Philips 半导体公司四大巨头共同宣布加盟 ZigBee 联盟，以研发名为 ZigBee 的下一代无线通信标准。所有这些公司都参加了负责开发 ZigBee 物理和媒体控制层技术标准的 IEEE 802.15.4 工作组。

近场通信技术（Near Field Communication，NFC）是由 Philips、Nokia 和 Sony 主推的一种类似于非接触射频识别（Radio Frequency Identification，RFID）技术的短距离无线通信技术。与 RFID 不同，NFC 采用了双向的识别和连接，在 20cm 距离内工作于 13.56MHz 频率范围。

总的来说，正是由于短距离无线传输技术，才能够自由地连接各种个人便携电子设备、计算机外部设备和各种家用电器设备，实现信息共享和多业务无线传输。

这里主要介绍几种在机电一体化产品中常见的无线传输技术。

1. ZigBee

ZigBee 是一种低速短距离传输的双向无线网络技术，底层是采用符合 IEEE 802.15.4 标准的媒体访问层与物理层，具有低复杂度、短距离以及低成本和低功耗等优点，其使用了 2.4GHz 频段。ZigBee 是一种技术比较成熟的无线通信个域网技术。其主要特点如下：

1）功耗比较低。由于 ZigBee 的传输速率低，故发射功率仅为 1mW。ZigBee 在低耗电待机模式下，两节 5 号干电池可支持 1 个节点工作 6～24 个月，甚至更长，而蓝牙只能工作数周，WiFi 可工作数小时。

2）成本比较低。ZigBee 模块的初始成本较低，并且 ZigBee 协议是免专利费的。

3）时延比较短。ZigBee 的响应速度较快，一般从睡眠转入工作状态只需 15ms，节点连接进入网络只需 30ms，进一步节省了电能，而蓝牙需要 3～10s，WiFi 需要 3s。因此，ZigBee 技术适用于对时间延迟要求苛刻的无线控制（如工业控制等）场合应用。

4）速率比较低。ZigBee 工作在 20～250kbit/s 的较低速率，分别提供 250kbit/s（2.4GHz）、40kbit/s（915MHz）和 20kbit/s（868MHz）的原始数据吞吐率，满足低速率传输数据的应用需求。

5）距离比较近。传输范围一般介于 10～100m 之间，在增加发射功率后，也可增加到 1～3km（相邻节点间的距离）。如果通过路由和节点间通信的接力，传输距离可以更远。

6）容量比较大。一个星形结构的 ZigBee 网络最多可以容纳 254 个从设备和 1 个主设备，而且组网灵活。同时，主节点还可由上一层网络节点管理，最多可组成 65000 个节点的大网。

7）可靠性高，安全性高。ZigBee 采取了碰撞避免策略，同时为需要固定带宽的通信业务预留了专用时隙，避开了发送数据的竞争和冲突。MAC 层采用了完全确认的数据传输模式，如果传输过程中出现问题可以进行重发。ZigBee 支持鉴权和认证，提供了 3 级安全模式，包括无安全设定、使用接入控制清单，防止非法获取数据及采用了高级加密标准（AES128）的对称加密算法，各个应用可以灵活确定其安全属性。

ZigBee 无线网络协议是基于标准的 7 层 OSI 模型，其中包括 IEEE 802.15.4 标准和 Zig-Bee 标准。IEEE 802.15.4 标准仅处理 MAC 层和物理层协议，ZigBee 标准定义了网络层、安全层、应用层和各种应用产品的资料或规范，并对其网络层协议和应用编程接口（API）进行了标准化，如图 9-50 所示。

图 9-50　ZigBee 无线网络协议

在物理层协议中，868MHz（信道带宽为 0.6MHz，总共 1 个信道）传输速率为 20KB/s，适用于欧洲；915MHz（信道带宽为 2MHz，总共 10 个信道）传输速率为 40KB/s，适用于美国；2.4GHz（信道带宽为 5MHz，总共 16 个信道）传输速率为 250KB/s，全球通用。

不同频带的扩频和调制方式也有区别。虽然都使用了直接扩频（DSSS）的方式，但从比特到码片的变换方式有较大的差别。调制方式都用了调相技术，但 868MHz 和 915MHz 频段采用的是 BPSK，而 2.4GHz 频段采用的是 OQPSK。

ZigBee MAC 层需要完成以下任务：产生网络信标、支持 PAN 的连接和断开连接、支持设备的安全性、信道接入采用 CSMA/CA 机制、处理和维护 GTS 机制、在对等的 MAC 实体之间提供一个可靠的通信链路。

2. 蓝牙

蓝牙（Bluetooth）是一种支持设备短距离通信，数据速率为 1Mbit/s 的无线电技术。蓝牙技术采用分散式网络结构以及快跳频和短包技术，支持点对点及点对多点通信，采用时分双工传输方案实现全双工传输。目前蓝牙技术广泛应用在手机、智能家居产品、计算机、打印机等数字设备上，同时在工业物联网中也起着极为重要的地位。蓝牙的技术特点如下：

1）全球范围使用。蓝牙工作在 2.4GHz 的 ISM 频段，全球大多数国家 ISM 频段的范围是 2.4 ~ 2.4835GHz，使用该频段无须向各国的无线电资源管理部门申请许可证。

2）近距离通信。蓝牙技术通信距离为 10m，可根据需要扩展至 100m，以满足不同设备的需要。

3）组网灵活。在建立连接时，主动发起连接请求的为主设备，响应方为从设备。几个蓝牙设备可以连接建立一个微微网（Piconet，又称匹克网），在一个微微网中只能有一个主设备，但是可以带最多 7 个从设备。

4）很好的抗干扰能力和安全性。为了抵抗来自通用 ISM 频段设备的干扰，蓝牙采用了跳频方式来扩展频谱。蓝牙也提供了认证和加密功能，以保证链路级的安全。

5）体积小。目前蓝牙芯片的封装尺寸已经缩小到不到 16mm。

6）功耗低。蓝牙设备在通信连接（Connection）状态下有 4 种工作模式：激活（Active）模式、呼吸（Sniff）模式、保持（Hold）模式和休眠（Park）模式。其中，激活模式是正常的工作状态，另外 3 种模式是为了节能所规定的低功耗模式。呼吸模式下，从设备周期性地被激活；保持模式下，从设备停止监听来自主设备的数据分组；休眠模式下，主、从设备仍然保持同步，但从设备已经不需要保留其激活成员地址。这 3 种模式中，呼吸模式的功耗最高，对于主设备的响应最快，休眠模式的功耗最低，对主设备的响应最慢。

7）开放的协议标准。蓝牙的技术标准全部对外公开，全世界范围内的任何单位和个人都可以进行蓝牙产品的开发，只要最终能通过蓝牙产品兼容性测试，其蓝牙产品就可以推向市场。

8）低成本，应用范围广。目前，很多种类的手机和计算机具有了蓝牙功能，人们可以通过蓝牙实现设备间数据的互相传送、设备控制与监测等近距离无线通信。

蓝牙协议标准（IEEE 802.15.1）主要定义的是低层协议，同时为保证和其他协议的兼容性，也定义了一些高层协议和相关接口。从 ISO 的 OSI 7 层协议标准来看，蓝牙标准主要定义的是物理层、链路层和网络层的结构。蓝牙应用协议栈的组成如图 9-51 所示。

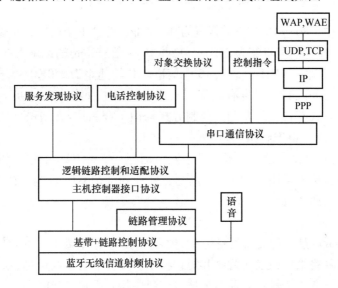

图 9-51　蓝牙应用协议栈

射频协议定义了蓝牙发送器和接收器的各个参数，包括发送器的调制特性、接收器的灵敏度、抗干扰性能、互调特性和接收信号强度指示等。

基带 + 链路控制协议定义了基带部分协议和其他低层链路功能，该控制协议是蓝牙技术的核心。

链路管理协议用于链路的建立、安全和控制，为此链路管理协议（Link Management Protocol，LMP）定义了许多过程来完成不同的功能。

主机控制器接口协议描述了主机控制器接口功能上的标准，提供了一个基带控制器和链路管理器获取硬件状态和控制寄存器命令的接口，在蓝牙中起到中间层的作用：向下给链路控制器协议和链路管理协议提供接口，向上给逻辑链路控制和适配协议提供接口，提供一个访问蓝牙基带的统一方法。此协议是在硬件和软件都包含的部分。

逻辑链路控制和适配协议支持高层协议复用、帧的组装和拆分、传送 QoS 信息。此协议提供面向连接和非连接两种业务，允许高层最多达 64kbit/s 的数据，以一种有限状态机的方式来进行控制。

服务发现协议定义了如何发现蓝牙设备所提供服务的协议，使高层应用能够得知可提供的服务。在两个蓝牙设备第一次通信时，需要通过此协议来了解对方能够提供何种服务，并将自己可提供的服务通知对方。

高层协议包括串口通信协议，电话控制协议，对象交换协议，控制命令，电子商务标准协议，和 PPP、IP、TCP、UDP 等相关的 Internet 协议以及 WAP 协议。

蓝牙 5.0 规范中公布的主要技术指标和系统参数见表 9-12。

表 9-12 蓝牙技术指标和系统参数

技术指标	系统参数	技术指标	系统参数
工作频段	2.4GHz ISM 频段	跳频速率	1600 跳/s
通信方式	全双工，TDD 时分双工	节能模式	PARK、HOLD、SNIFF
业务类型	支持电路交换和分组交换业务	物理链路	SCO、ACL
数据速率	2Mbit/s	鉴权	采用反应逻辑算术
非同步信道速率	非对称连接 721kbit/s、57.6kbit/s，对称连接 432.6kbit/s	信道加密	采用 0b、40b、60b 加密字符
同步信道速率	64kbit/s	语音调制方式	连续可变斜率调制 CVSD
功率	100mW、2.5mW、1mW	传输距离	理论上有效工作距离可达 300m
跳频频率数	79 个频点/MHz	调制方式	GFSK 调制
RF 带宽	220kHz（-3dB），1 MHz（-20dB）		

3. 红外传输

红外传输是利用红外线作为载体进行数据传输的技术，是无线通信技术的一种。红外通信技术不需要实体连线，简单易用且实现成本较低，因而广泛应用于小型移动设备互换数据和电器设备的控制中，如电视机、空调、DVD 等家用电器设备的遥控器。由于红外线的直射特性，红外通信技术不适合传输障碍较多的地方（这种场合下一般可选用无线电通信技术或蓝牙技术）。红外通信技术多数情况下传输距离短，传输速率不高。

红外传输系统主要由输出信号调制、红外发射与接收电路、接收信号解调等部分组成，如图 9-52 所示。红外传输的基本原理是利用 950nm 近红外波段的红外线作为传递信息的媒体，即通信信道。发送端采用脉位调制（PPM）方式，将二进制数字信号调制成某一频率的脉冲序列，并驱动红外发射管以光脉冲的形式发送出去；接收端将接收到的光脉转换成电信号，再经过放大、滤波等处理后送给解调电路进行解调，还原为二进制数字信号后输出。

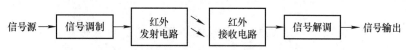

图 9-52 红外传输系统的基本结构

（1）红外发送与接收 红外发送部分由 C51 单片机、键盘、红外发光二极管和 7 段数码管组成。键盘用于输入指令，单片机检测键盘上按键的状态，并对红外信号进行调制，发光二极管 D1 产生红外线，数码管用来显示发送的键值。图 9-53 所示为红外发射电路。

红外接收部分由 C51 单片机、一体化红外接收器 HS0038 和 7 段数码管组成。单片机检测 HS0038，并对 HS0038 接收到的数据解码，通过数码管显示接收到的键值。图 9-54 所示为红外接收电路。

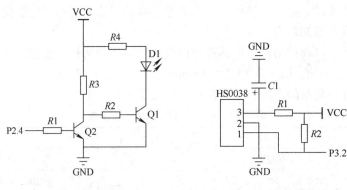

图 9-53　红外发射电路　　　　　　　图 9-54　红外接收电路

（2）信号调制与解调　二进制信号的调制由单片机来完成，它把编码后的二进制信号调制成频率为 38kHz 的间断脉冲串（相当于用二进制信号的编码乘以频率为 38kHz 的脉冲信号得到的间断脉冲串），作为红外发光二极管发送的信号，如图 9-55 所示。

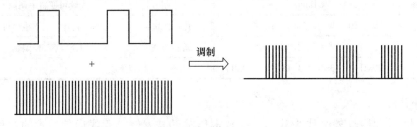

图 9-55　二进制码的调制

红外接收器接收到信号是调制信号，需要先进行解调。解调的过程是调制的逆过程。其基本工作过程为：当接收到调制信号时，输出高电平，否则输出低电平。二进制码的解调如图 9-56 所示。HS0038 是一体化集成的红外接收器，可以直接输出解调后的高、低电平信号。

图 9-56　二进制码的解调

4. LoRa

LoRa 是一种基于扩频技术的远距离无线传输技术，它的全称为远距离无线电（Long Range Radio，LoRa）。LoRa 其实也是诸多低功率广域网络（Low - Power Wide - Area Net-work，LPWAN）通信技术中的一种，最早由美国 Semtech 公司采用和推广。这一方案为用户提供了一种简单的能实现远距离、低功耗无线通信手段。目前，LoRa 主要在 ISM 频段运行，主要包括 433MHz、868MHz、915MHz 等。其特点是在相同的功耗下比其他无线方式传播的距离更远，如在相同功耗下比传统的射频通信距离扩大了 3~5 倍，实现了低功耗和远距离的统一。

LoRa 只是物理层的一种无线调制技术用于建立长距离通信链路。许多传统的无线传输系统使用频移键控（Frequency – shift keying，FSK）调制作为物理层，因为它是一种实现低功耗的非常有效的调制。LoRa 基于线性调频扩频调制，它具有与 FSK 调制相同的低功耗特性，但明显地增加了通信距离。LoRa 的终端节点可以是各种设备，如水表、气表、烟雾报警器和跟踪器等，也可以组成 PLC 无线传输网络，如图 9-57 所示。这些节点通过 LoRa 无线通信，首先与 LoRa 网关连接，再通过 3G 网络或者以太网络，连接到网络服务器中。网关与网络服务器之间通过 TCP/IP 通信。

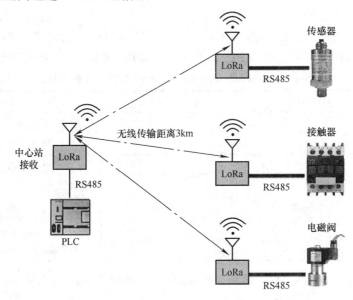

图 9-57　基于 LoRa 的 PLC 无线传输网络

LoRa 可以根据不同的应用和需求而选择不同的组网方式，实际应用中常见的有点对点、星状、树状、网状、Mesh 等组网方式。LoRa 组成的网络具有灵活性和便利性，如可以按需部署，根据应用需要规划和部署网络，或根据现场环境，针对终端位置合理部署网关和终端设备。网络的扩展也十分简单，可以根据节点规模的变化，随时对覆盖范围进行增强或扩展。同时 LoRa 可以独立组网，对个人、企业或机构均可部署私有或专有网、企业网或行业网。

5. GPRS

GPRS 是在现有的全球移动通信系统（Global System for Mobile Communications，GSM）网络基础上叠加一个新的网络，并在网络上通过增加一些硬件设备和软件升级，形成的一个新的网络实体。它可提供端到端、广域的无线 IP 连接。GPRS 理论带宽可达 171.2kbit/s，实际应用带宽为 40～100kbit/s。在此信道上提供 TCP/IP 连接，可以用于 Internet 连接、数据传输和远程监控等应用，特别适用于间断的、突发性的和频繁的、少量的数据传输，也适用于偶尔的大数据量传输。

GPRS 作为一种通信技术，可为实现广义的远程信息处理提供服务，并且随着计算机与各种具有处理功能的智能设备在各领域的日益广泛使用，数据通信的应用范围也日益扩大。

GPRS 因为其工作与周围环境中的网络有关（基本已经覆盖），所以相对传统 433MHz 和 2.4GHz 无线射频传输来说，基本上没有距离的限制。其主要应用于工业领域，适用于工业控制、遥感监测、远程抄表以及智能交通领域等移动型的复杂应用环境中。当然，需要 SIM 卡进行相应的流量付费。

随着无线传输技术的发展，433MHz 技术为了弥补传输速率慢、传输数据少的短板，出现了具有连续传输特性的模块，透明传输情况下可以实现低至 25ms 的延迟时间。同时，为满足市场需求，433MHz 技术也出现了支持全双工模式的无线模块。2.4GHz 技术具有高速率可组网的优势，因此非常适合无线门锁、智能家居、安防监控等对距离要求不高，但局域内各个设备灵活运用的场所。由于目前手持式和可穿戴产品的迅猛发展，所以对于电池使用率和低功耗要求比较严格，2.4GHz 技术在低功耗领域具有极大的优势，所以非常适用于手持式、可穿戴等低功耗领域。433MHz、2.4GHz 与 GPRS 技术主要参数对比见表 9-13。

表 9-13　433MHz、2.4GHz 与 GPRS 技术主要参数对比

主要参数	433MHz 技术	2.4GHz 技术	GPRS 技术
频带	410 ~ 441MHz（32M）	2.4 ~ 2.525GHz（125M）	GSM850，EGSM 900 DCS 1800，PCS 1900
发射功率	20dBm（100mW）	20dBm（100mW）	Class 4（2W）：EGSM 900 / GSM 850 Class 1（1W）：DCS 1800 / PCS 1900
接收灵敏度	−146dbm	−106dbm	−109dbm
空速	（0.3 ~ 19.2）kbit/s	（0.25 ~ 2）Mbit/s	下行传输：最大 85.6kbit/s（实际值） 上行传输：最大 42.8kbit/s（实际值）
通信距离	3km	2km	由地区网络覆盖决定
接收电流	14mA	20mA	>80mA
发送电流	110mA	130mA	2A（峰值电流）
通信接口	UART	SPI	UART

9.5　总线接口

9.5.1　串行通信及标准总线

1. 串行通信的概念和方法

随着微型计算机技术的发展，微型计算机的应用已经从单机开始向多机过渡。多机应用的关键是相互通信，而在远距离通信中，并行通信已显得无能为力，通常需要采用串行通信方法。下面首先介绍串行通信的基本概念，然后介绍几种常用的串行通信总线，如 RS - 232C、RS - 485 等。

（1）数据传送方式　在微型计算机系统中，处理器与外部设备之间的数据传送方法有两种：并行通信（数据各位同时传送）和串行通信（数据一位一位地按顺序传送）。

如图 9-58 所示，在并行通信中，有多少位数据就需要多少根传输线，而串行通信无论有多少位数据都只需要一对传输线。因此，串行通信在远距离和多位数据传送时有着明显的优越性。它的不足之处是数据传送的速度比较慢。

在串行通信中，数据传送有 3 种方式：单工方式、半双工方式和全双工方式。

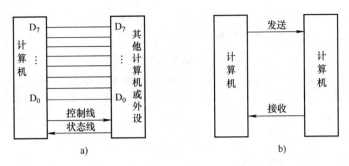

图 9-58　并行通信与串行通信的数据传送方式

a) 并行通信　b) 串行通信

1) 单工方式（SimPlex Mode）。在这种方式中，只允许数据按一个固定的方向传送，如图 9-59a 所示。图中 A 只能发送数据，称为发送器（Transfer）；B 只能接收数据，叫作接收器（Receiver）。数据不能从 B 向 A 传送。

2) 半双工方式（Half – DuPlex Mode）。半双工方式如图 9-59b 所示。在这种方式下，数据既可以从 A 传向 B，也可以从 B 传向 A。因此，A、B 既可作为发送器，又可作为接收器，通常称为收发器（Transceiver）。从这个意义上讲，这种方式似乎为双向工作方式，但是由于 A、B 之间只有一根传输线，所以信号只能分时传送，即在同一时刻，只能进行一个方向传送，不能双向同时传输，因此将其称为半双工方式。在这种工作方式下，要么 A 发送，B 接收；要么 B 发送，A 接收。当不工作时，令 A、B 均处于接收方式，以便随时响应对方的呼叫。

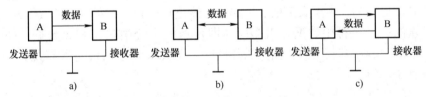

图 9-59　串行数据传送方式示意图

a) 单工方式　b) 半双工方式　c) 全双工方式

3) 全双工方式（Full – Duplex Mode）。虽然半双工方式比单工方式灵活，但它的效率依然比较低，主要原因是从发送方式切换至接收方式需要一定的时间，大约为数毫秒，重复线路切换所引起的延迟积累时间是相当可观的，另一方面，也是更重要的，就是在同一时刻只能工作在某一种方式下，这是半双工方式效率不高的根本原因所在。解决的方法是增加一条线，使 A、B 两端均可同时工作在收发方式，如图 9-59c 所示。将图 9-59c 与图 9-59b 相比，虽然它们都有发送器和接收器，但由于图 9-59c 中有两条传输线，不用收发切换，因而传送速率可成倍增长。

（2）异步通信和同步通信　根据在串行通信中数据定时、同步的不同，串行通信的基本方式有两种：异步通信（Asynchronous Communication）和同步通信（Synchronous Communication）。

1) 异步通信。异步通信是字符的同步传输技术。在异步通信中，传输的数据以字符（character）为单位。当发送一个字符代码时，字符前面要加个"起始"信号，其长度为一位，极性为"0"，即空号（Space）状态。规定在线路不传送数据时全部为"1"，即传号（Mark）状态。字符后边要加一个"停止"信号，其长度为 1、1.5 或 2 位，极性为"1"。字符本身的长度为 5~8 位数据，视传输的数据格式而定。例如，当传送的数字（或字符）用 ASCII 码表示时，其长度为 7 位。在某些传输中，为了减少误码率，经常在数据之后还加一位"奇偶校验位"。由此可见，一个字符出起始位（0）开始，到停止位（1）结束，其长度为 7~12 位。起始位和停止位用来区分字符。传送时，字符可以连续发送，也可以断续发送。不发送字符时线路保持"1"状态。字符发送的顺序为先低位后高位。综上所述，异步串行通信的帧格式如图 9-60 所示。

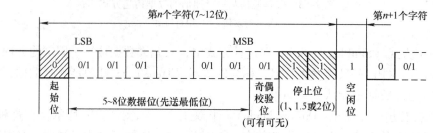

图 9-60   异步串行通信的帧格式

异步通信的优点是收、发双方不需要严格的位同步。也就是说，在这种通信方式下，每个字符作为独立的信息单元，可以随机地出现在数据流中，而每个字符出现在数据流中的相对时间是随机的。然而一个字符一旦发送开始，字符的每一位就必须连续地发送出去。由此可见，在异步串行通信中，"异步"是指字符与字符之间的异步，而在字符内部，仍然是同步传送。在异步通信中，由于大量增加了起始、停止和校验位，所以这种通信方式的效率比较低。当传送的一个字符中数据位最多时，即传送的字符中包含 8bit 数据，1bit 起始位，1bit 停止位，1bit 校验位时，这种通信方式的效率（效率为数据位与所有位数的比值）最高，但也只有 $8/(8+3)=73\%$。

2）同步通信。同步通信的特点是不仅字符内部保持同步，而且字符与字符之间也是同步的。在这种通信方式下，收、发双方必须建立准确的位定时信号，也就是说收/发时钟的频率必须严格一致。同步通信在数据格式上也与异步通信不同，每个字符不增加任何附加位，而是连续发送。但是在传送中，数据要分成组（帧），一组含多个字符代码或若干个独立的码元。为使收、发双方建立和保持同步，在每组的开始处应加上规定的码元序列，作为标志序列。在发送数据之前，必须先发送此标志序列，接收端通过检测该标志序列实现同步。

标志序列的格式因传输规程不同而异。例如，在基本型传输规程中，利用国际 NO.5 代码中的"SYN"控制系统，可实现收、发双方同步。又如，在高级数据链路规程（HDLC）中是按帧格式传送的，利用帧标志符"01111110"来实现收、发双方的同步。

同步通信方式适合 2400bit/s 以上速率的数据传输。由于不必加起始位和停止位，所以传输效率比较高。其缺点是硬件设备较为复杂，因为它要求有时钟来实现发送端和接收端之间的严格同步，因此还要用锁相技术等来加以保证。

2. 标准总线

在进行串行通信接口设计时，主要考虑的问题是接口方法、传输介质及电平转换等。和并行通信一样，串行通信也有很多种标准总线，如 RS-232-C、RS422、RS485 和 20mA 电流环等。与之相配套的，还研制出了适合各种标准接口总线使用的芯片，这为串行接口设计带来了极大的方便。串行接口的设计任务主要是确定一种串行标准总线，其次是选择接口控制及电平转换芯片。

（1）RS-232-C 接口　RS-232-C 是使用最早、应用最多的一种异步串行通信总线。它由美国电子工业协会（Electronic Industries Association，EIA）于 1962 年公布，1969 年最后一次修订而成。其中 RS 是 Recommended Standard 的缩写，232 是该标准的标识，C 表示最后一次修订。RS-232-C 主要用来定义计算机系统的一些数据终端设备（DTE）和数据通信设备（DCE）之间接口的电气特性。CRT、打印机与 CPU 的通信大都采用 RS-232-C 总线。由于 MCS-51 系列单片机本身有一个异步串行通信接口，因此该系列单片机使用 RS-232-C 串行总线更加方便。

1）RS-232-C 的电气特性。RS-232-C 早于 TTL 电路产生，其高、低电平要求对称，规定高电平为 +3～+15V，低电平为 -3～-15V。需特别指出的是，RS-232-C 数据线 TXD、RXD 的电平使用负逻辑，即低电平表示逻辑 1，高电平表示逻辑 0；其他控制线均采用正逻辑，最高能承受 ±30V 的信号电平。因此，RS-232-C 不能直接与 TTL 电路连接，使用时必须加上适当的电平转换电路，否则将使 TTL 电路烧毁，这一点在使用时一定要特别注意。市售的专用集成电路芯片，如 MC1488 和 MC1489 是专门用于计算机（终端）与 RS-232-C 总线间进行电平转换的接口芯片。

2）RS-232-C 的应用。由于 MCS-51 系列单片机内部已经集成了串行接口，因此用户不需再扩展串行通信接口芯片，直接利用 MCS-51 系列单片机上的串行接口和 RS-232-C 电平转换芯片即可实现串行通信。AT89C51 单片机串行接口电路如图 9-61 所示。单片机 8031 的串口输出和输入分别为 TXD 和 RXD，但它们均为 TTL 电平。为实现 RS-232-C 电平要求，还需要接 RS-232-C 的电平转换芯片。这里采用了 MAX232 作为电平转换，该芯片内部集成了直流电源变换器，可把外部电源（+5V）转换为 RS-232-C 所要求的 ±10V，符合 RS-232-C 的电平规范要求。同时，MAX232 有两组收发电路（在图 9-61 中只用了其中的一组）。

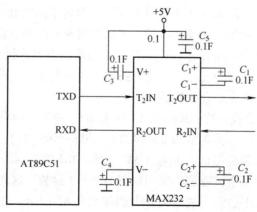

图 9-61　AT89C51 单片机串行接口电路

（2）RS-422/RS-485 接口　RS-232-C 虽然使用很广，但由于推出时间比较早，所以在现代通信网络中已暴露出明显的缺点，主要表现为如下几点：

① 传送速率不够快。RS－232－C 规定为 20000bit/s，虽然这种传送速率在异步通信中可以满足要求（通常异步通信限制为 19200bit/s，或更少），但对某些同步系统，其传送速率却显得不够高。

② 传送距离不够远。RS－232－C 要求各装置之间电缆长度不超过 15m，即使在较好的信号通信中，电缆长度也不超过 60m，因此难以满足现代工业控制的要求。

③ RS－232－C 未明确规定连接器，因而出现了互不兼容的 25 芯连接器。

④ 接口使用非平衡发送器，电器性能不佳。

⑤ 接口处各信号间容易产生串扰。

由于 RS－232－C 有上述一些缺点，EIA 对它做了部分改进，于 1977 年制定出新标准 RS－449，1980 年它成为美国标准。在制定新标准时，除了保留与 RS－232－C 兼容的特点外，还在提高传输速率、增加传输距离、改进电器特性等方面做了很多努力，如增加了 RS－232－C 所没有的环测功能，明确规定了连接器，解决了机械接口问题。

与 RS－449 一起推出的还有 RS－423－A 和 RS－422－A/RS－485。实际上，它们都是 RS－449 标准的子集。因 RS－422－A/RS－485 在工业测控领域使用比较多，下边主要介绍 RS－422－A/RS－485。

1）RS－422－A 接口。RS－422－A 规定了差分平衡的电气接口，能够在较长距离传输时明显地提高数据传送速率，如在 1200m 距离内把速率提高到 100kbit/s，或在较近距离（12m）内提高到 10Mbit/s。这种性能的改善源于平衡结构的优点，这种差分平衡结构能从地线的干扰中分离出有效信号。实际上，差分接收器可以区分 0.2 V 以上的电位差，因此可不受地参考电平波动及共模电磁干扰的影响。RS－422－A 的另一个优点是允许传送线上连接多个接收器。虽然在 RS－232－C 系统中可以使用多个接收器循环工作，但它每时刻只允许一个接收器工作，而 RS－422－A 可允许 10 个以上接收器同时工作。

2）RS－485 接口。在许多工业过程控制中，要求用最少的信号线来完成通信任务。这样当用于多站互连时，可节省信号线，便于高速传送。目前广泛应用的 RS－485 串行接口总线就是为适应这种需要而产生的。许多智能仪器设备都配有 RS－485 总线接口，便于将它们进行联网。它实际上就是 RS－422 总线的变型。两者不同之处在于：① RS－422－A 为全双工，而 RS－485 为半双工；② RS－422－A 采用两对平衡差分信号线，RS－485 只需其中的一对，RS－485 更适合多站互连，一个发送驱动器最多可连接 32 个负载设备。负载设备可以是被动发送器、接收器和收发器。此电路结构在平衡连接电缆两端有终端电阻，在平衡电缆上挂发送器、接收器或组合收发器。

和 RS－232－C 标准总线一样，RS－422－A 和 RS－485 两种总线也需要专用的接口芯片完成电平转换。下面介绍一种典型的 RS－422－A/RS－485 接口芯片。

MAX481E/MAX488E 是低电源（只有 +5V）RS－485/RS－422－A 收发器，每一个芯片内都包含一个驱动器和一个接收器，采用 8 脚 DIP/SO 封装。这两种芯片的主要区别是前者为半双工，后者为全双工。它们的结构及引脚如图 9-62 所示。除了上述两种芯片外，和 MAX481E 相同的系列芯片还有 MAX483E/485E/487E/1487E 等，与 MAX488E 相同的有 MAX490E。

如图 9-62 所示，这两种芯片的共同点是都有一个接收输出端 RO 和一个驱动输入端 DI。

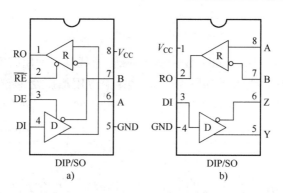

图 9-62 MAX481E/MAX488E 结构及引脚
a) MAX481E b) MAX488E

不同的是，图 9-62a 中只有两根信号线 A 和 B，A 为同相接收器输入和同相驱动器输出，B 为反相接收器输入和反相驱动器输出；而在图 9-62b 中，由于该芯片是全双工的，所以信号线是分开的，为 A、B、Z、Y。这两种芯片由于内部都有接收器和驱动器，所以每个站只用一片即可完成收发任务。

在由单片机构成的多机串行通信系统中，一般采用主从式结构，从机不主动发送命令或数据，一切都由主机控制。因此，在一个多机通信系统中，只有一台单机作为主机，各台从机之间不能相互通信，即使有信息交换也必须通过主机转发。采用 RS-485 构成的多机通信原理框图如图 9-63 所示。

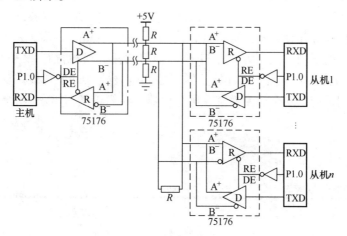

图 9-63 采用 RS-485 构成的多机通信原理框图

在总线末端接一个匹配电阻，吸收总线上的反射信号，保证信号传输无毛刺。匹配电阻的取值应该与总线的特性阻抗相当。

由于 RS-485 通信是一种半双工通信，发送和接收共用同一物理通道，在任意时刻只允许一台单机处于发送状态，因此要求应答的单机必须在侦听到总线上呼叫信号已经发送完毕，并且没有其他单机发出应答信号的情况下才能应答。半双工通信对主机和从机的发送和接收时序有严格的要求。如果在时序上配合不好，就会发生总线冲突，使整个系统的通信瘫痪，无法正常工作。

9.5.2　CAN 总线

控制器局域网（CAN，Controller Area Network）总线是一种用于实时应用的串行通信协议总线，它可以使用双绞线来传输信号，是世界上应用最广泛的现场总线之一。由德国 Robert Bosch 公司开发的 CAN 协议可用于汽车中各种不同元件之间的通信，并用以取代昂贵而笨重的配电线束。该协议的健壮性使其用途延伸到其他自动化和工业应用。CAN 协议的特性包括完整性的串行数据通信、提供实时支持，传输速率高达 1Mbit/s、同时具有 11 位的寻址以及检错能力。

与 RS－485 总线相比，CAN 总线是多主机结构网络，具有更高总线利用率；在总线错误方面，CAN 总线采用非常可靠的错误处理机制和检错机制，而 RS－485 总线没有；CAN 总线的通信失败率极低，当任何一个节点发生错误时，CAN 总线不会受影响，而 RS－485 总线却会导致整个网络瘫痪；CAN 总线的通信距离可以达到 10km，RS－485 总线小于 1.5km；CAN 总线调试也比 RS－485 总线简单。由于 CAN 总线具有开发周期短、维护成本低、可靠性高等较强的综合性能，近年来得到了广泛的应用和快速的发展。

CAN 总线是一种多主控（Multi－Master）的总线系统，能够实现分布式实时控制，可以将多种智能机器进行网络连接，并进行统一控制，如图 9-64 所示。传统总线系统（如 USB 或以太网等）是在总线控制器的协调下，实现从 A 节点到 B 节点大量数据的传输。CAN 网络的消息是广播式的，即在同一时刻网络上所有节点侦测的数据是一致的，它是一种基于消息广播模式的串行通信总线。网络上任意节点均可在任意时刻主动地向网络上其他节点发送信息，而不分主从。CAN 节点只需通过对报文的标示符滤波即可实现点对点、一点对多点及全局广播等几种方式发送、接收数据。CAN 总线的数据传输（报文传输）采用帧格式。按帧格式的不同，帧分为含有 11 位标识符的标准帧和含有 29 位标识符的扩展帧。CAN 总线的帧类型分为数据帧、远程帧、错误帧和过载帧。CAN 总线广泛应用于汽车电控制系统、电梯控制系统、安全监测系统、医疗仪器、纺织机械和船舶运输等领域。

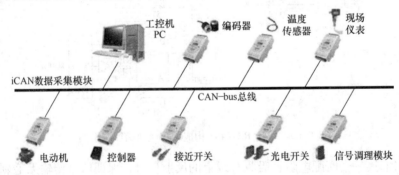

图 9-64　CAN 总线系统

1. CAN 总线的特点

1）具有实时性强、传输距离较远、抗电磁干扰能力强、成本低等优点。

2）采用双线串行通信方式，检错能力强，可在高噪声干扰环境中工作。

3）具有优先权和仲裁功能，多个控制模块通过 CAN 控制器挂到 CAN 总线上，形成多主机局部网络。

4）可根据报文的 ID 决定接收或屏蔽该报文。

5）可靠的错误处理和检错机制。

6）发送的信息遭到破坏后，可自动重发。

7）节点在错误严重的情况下具有自动退出总线的功能。

8）报文不包含源地址或目标地址，仅用标志符来指示功能信息、优先级信息。

2. CAN 总线的工作原理

CAN 总线使用串行数据传输方式，可以 1Mbit/s 的速率在 40m 的双绞线上运行，也可以使用光缆连接，而且在这种总线上总线协议支持多主控制器。CAN 与 I2C 总线的许多细节很类似，但也有一些明显的区别。

当 CAN 总线上的一个节点（站）发送数据时，它以报文形式广播给网络中所有节点。对每个节点来说，无论数据是否是发给自己的，都对其进行接收。每组报文开头的 11 位字符为标识符，定义了报文的优先级，这种报文格式称为面向内容的编址方案。在同一系统中标识符是唯一的，不可能有两个站发送具有相同标识符的报文。当几个站同时竞争总线读取时，这种配置十分重要。

当一个站要向其他站发送数据时，该站的 CPU 将要发送的数据和自己的标识符传送给本站的 CAN 芯片，并处于准备状态；当它收到总线分配时，转为发送报文状态。CAN 芯片将数据根据协议组织成一定的报文格式发出，这时网上的其他站处于接收状态。每个处于接收状态的站对接收到的报文进行检测，判断这些报文是否是发给自己的，以确定是否接收它。

由于 CAN 总线是一种面向内容的编址方案，因此很容易建立高水准的控制系统并灵活地进行配置。用户可以很容易地在 CAN 总线中加进一些新站而无需在硬件或软件上进行修改。当所提供的新站是纯数据接收设备时，数据传输协议不要求独立的部分有物理目的地址。它允许分布过程同步化，即总线上控制器需要测量数据时可由网上获得，而无须每个控制器都有自己独立的传感器。

3. CAN 控制器

CAN 控制器用于将待收发的信息（报文）转换为符合 CAN 规范的 CAN 帧，通过 CAN 收发器在 CAN 总线上交换信息。

CAN 控制器芯片分为两类：一类是独立的控制器芯片，如 SJA1000；另一类是和微控制器做在一起，如 NXP 半导体公司的 Cortex - M0 内核 LPC11Cxx 系列微控制器、LPC2000 系列 32 位 ARM 微控制器和意法半导体公司（STMicroelectronics）的 STM32 系列单片机等。

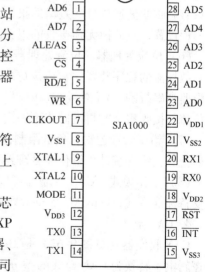

图 9-65 SJA1000 的引脚名称

下面以 SJA1000 为例说明 CAN 控制器的工作原理。SJA1000 的引脚名称和结构如图 9-65 和图 9-66 所示。

（1）接口管理逻辑 接口管理逻辑用于连接外部主控制器，解释来自主控制器的命令，控制 CAN 控制器寄存器的寻址，并向主控制器提供中断信息和状态信息。

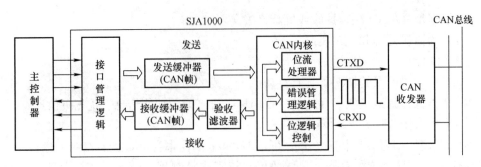

图 9-66　SJA1000 结构

（2）CAN 内核模块　CAN 内核模块如图 9-66 所示。收到一个报文时，CAN 核心模块根据 CAN 规范将串行位流转换成用于接收的并行数据，发送一个报文时则相反。

（3）发送缓冲器　发送缓冲器是 CPU 和位流处理器之间的接口，负责存储发送到 CAN 总线上的一条完整的报文。发送缓冲器的长度为 13 个字节，由 CPU 写入、位流处理器读出。当 CAN 控制器发送初始化时，接口管理逻辑会使 CAN 核心模块从发送缓冲器读 CAN 报文。

（4）接收缓冲器　接收缓冲器是验收滤波器和主控制器之间的接口，用于存储从 CAN 总线上接收的所有报文。作为接收 FIFO（First Input First Output）存储器的一个窗口，接收缓冲器可被 CPU 访问。CPU 在接收 FIFO 存储器的支持下，可以在处理一条报文的同时接收其他报文。

（5）验收滤波器　将一条接收到的报文标识码与验收滤波器中的预设值相比较，可以决定是否接收这条报文。在纯粹的接收测试中，所有的报文都保存在接收 FIFO 存储器中，但只有验收滤波通过且无差错的报文才能被保存在接收缓冲器中。验收滤波器可以根据用户的编程设置，过滤掉无须接收的报文。

（6）位流处理器　位流处理器是一个控制发送缓冲器、接收 FIFO 存储器和 CAN 总线之间数据流的程序装置。它还执行总线上的错误检测、仲裁、总线填充和错误处理。位时序逻辑监视串行的 CAN 总线和位时序。它在信息开头"弱势支配"的总线传输时同步 CAN 总线位流，接收报文时再次同步下一次传送。

（7）错误管理逻辑　负责限制传输层模块的错误。它接收来自位流处理器的出错报告，然后把有关错误统计告诉位流处理器和接口管理逻辑。

（8）工作模式　CAN 控制器可以有两种工作模式，即 BasicCAN 和 PeliCAN。BasicCAN 仅支持标准模式，PeliCAN 支持 CAN2.0B 的标准模式和扩展模式。

4. CAN 收发器

CAN 收发器（见图 9-67）是 CAN 控制器和物理总线之间的接口，它可将 CAN 控制器的逻辑电平转换为 CAN 总线的差分电平，在两条有差分电压的总线电缆上传输数据。CAN 收发器分为高速 CAN 收发器（1Mbit/s）和低速 CAN 收发器（125kbit/s）。CAN 收发器的作用是把逻辑信号转换为差分信号。

CAN 总线采用差分信号传输，通常情况下只需要两根信号线就可以进行正常的通信。在差分信号中，逻辑 0 和逻辑 1 用两根差分信号线的电压差来表示。图 9-68 所示为 CAN 总线差分信号。当处于逻辑 1，CAN_H 和 CAN_L 的电压差小于 0.5V 时，称为隐性电平

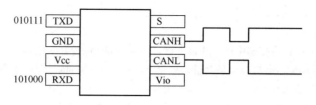

图 9-67 CAN 收发器

（Recessive）；当处于逻辑 0，CAN_H 和 CAN_L 的电压差大于 0.9V 时，称为显性电平（Dominant）。

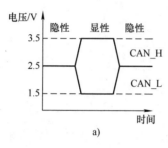
a)

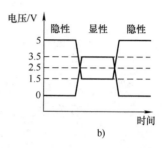
b)

图 9-68 CAN 总线差分信号
a）高速 CAN 差分信号 b）低速 CAN 差分信号

CAN 总线遵从"线与"机制："显性"位可以覆盖"隐性"位；只有所有节点都发送"隐性"位，总线才处于"隐性"状态（见图 9-69）。这种"线与"机制使 CAN 总线呈现显性优先的特性。

5. CAN 总线的应用

CAN 总线在组网和通信功能上的优点以及其高性价比使它在许多领域有广阔的应用前景和发展潜力。这些应用的共同之处是：CAN 实际就是在现场起一个总线拓扑的计算机局域网的作用。不管在什么场合，它负担的是任意节点之间的实时通信，但是它具备结构简单、高速、抗干扰、可靠、价位低等优势。CAN 总线最初是为汽车的电子控制系统而设计的，目前不仅在汽车上的应用已非常普遍，而且还广泛应用于自动控制、航空航天、机械工业、纺织机械、农用机械、机器人、数控机床、医疗器械及传感器等领域。

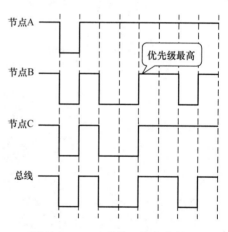

图 9-69 CAN 总线"线与特性"

复习与思考

9-1 键盘为什么要防止抖动？在计算机控制系统中如何实现防抖动？

9-2 什么是 A/D？A/D 转换器的转换原理有几种？它们各有什么特点？

9-3 采样频率受哪些因素影响？什么是采样定理？测量系统中的抗混叠滤波起什么作用？

9-4 什么叫总线？总线分为哪几类？分别说出它们的特点和用途。

9-5　串行通信传送方式有几种？它们各有什么特点？

9-6　地线的长度受什么因素的限制？

9-7　试画出采用8051作为控制微机，通过串行口扩展74LS164控制6位LED显示器的接口电路。

9-8　试设计采用差动变压器进行位移测量，对应于量程为0~10mm、传感器输出电压为0~5V的A/D转换接口。要求测量精度为0.1mm，采样频率为100次/s。

9-9　在某设备中采用变频调速器对电动机进行速度控制。试设计对应于输入信号为0~5V、调速器输出为0~50Hz的控制输出接口（采用0832进行D/A转换）。

第10章 系统总体技术

章节导读：

  具有市场竞争力的产品不仅具有高性能，而且要有低价格，这就给产品设计人员提出了更高的要求。同时，种类繁多、性能各异的集成电路、传感器和新材料等又给机电一体化产品设计人员提供了众多的可选方案，使设计工作具有更大的灵活性。如何充分利用这些条件，开发出满足市场需求的机电一体化产品，是机电一体化系统总体技术的重要任务。机电一体化系统总体设计还需要综合分析性能要求及各组成单元特性，从而实现机电一体化产品优化设计。本章将对机电一体化系统总体技术的相关概念与方法进行全面讲解。

10.1 概述

10.1.1 总体设计与总体技术

  机电一体化系统总体技术是在总体设计过程中运用的技术。总体设计是在具体设计之前，从整体目标出发，针对所要设计的机电一体化系统的各方面，综合分析机电一体化产品的性能要求及各机、电组成单元的特性，选择最合理的单元组合方案，进行的综合性设计。总体设计是实现机电一体化产品整体优化设计的过程。

  机电一体化设计比单一门类的设计有更多的可选择性和设计灵活性，因为某些功能既可以采用机械方案来实现，也可以采用电子硬件或软件方案来实现。实际上，这些可以互相替代的机械、电子硬件或软件方案必然在某个层次上可实现相同的功能，即这些方案在实现某种功能上具有等效性，这种等效性是进行机电一体化产品设计的充分条件之一。

  如果在所设计的产品中具有等效性环节或互补性环节，那么该产品的设计就应该采用机电一体化设计方法，否则只需采用常规设计方法即可。

  机械、电子硬件和软件技术都有各自的设计方法，这些方法遵循不同的原理，适用于不同的工艺特点，不能彼此替代。目前，多采用多方案优化的方法来进行总体设计，即在满足约束条件（特征指标）的前提下，采用不同原理及不同品质的组成环节构成多种可行方案，再用优化指标对这些方案进行比较、优选，从而获得满足特征指标要求且优化指标最合理的总体设计方案。可见，这种设计方法的关键是多种方案的列出，如果所列出的方案中不包括最优方案，则从中优选出的方案只能是较优的，而不可能是最优的。

  所谓系统的优化，是指在给定的条件下，使整个系统获得尽可能满意的结果，即高生产率地自动生产出性能好、质量高、成本低、受用户欢迎的畅销产品，为企业和国家获得满意的经济效益。由于机电一体化系统是多目标系统，往往不能达到全优，在此情况下，能获得综合性的结果仍属于系统的优化目标。

  在对机电一体化系统进行优化时，一般都伴随着最优决策。所谓最优决策，是指在可供选择的各种方案中选择最好的一个方案。对比较简单的系统，可以按照建立的数学模型来确定最优方案。但要用数学模型描述一些复杂的大型系统，目前还是一个难题。可是，对于一些不太复杂的子系统，仍可建立数学模型分析计算，进行最优决策。对复杂的系统，常用优化的评价标准和数学模型进行规划设计阶段的最优决策或分析。

对产品的优化设计实际上是性能指标与优化指标分析，即在产品的性能指标确定之后，设计工作的主要任务是选择和设计适当的结构来满足这些指标。机电一体化产品中某些性能指标的实现需要采用机械和电子两种技术及相应的机械和电子两类构成环节，因此在产品优化设计时，需要将产品整体按功能分解成功能单元或子功能单元，以确定哪些功能单元采用机械技术实现，哪些采用电类技术实现，哪些必须采用机械与电子两种技术实现，并将性能指标合理分配到各功能单元，从而保证以最佳的结构方案实现产品的总体性能指标。

10.1.2　总体设计的主要内容

机电一体化系统总体设计是机电产品设计中的重要环节，它包括系统调研、系统工作原理设计、系统结构方案设计、摩擦形式的选择、系统简图的绘制、总体精度分配以及总体设计报告。

1. 系统调研

系统调研主要是详尽搜集用户对所设计产品的需求。

1）设计任何系统，首先要收集所有相关的信息，包括设计需求和背景技术资料等。设计人员在这一基础上应做出用户真正需要什么样产品的判断，这一步是进行总体方案设计的最基本的依据，不可忽视。一般情况下，需要对下列设计需求做详细的调查，设计对象自身的工作效率，包括年工作效率及小时工作效率。对于动力传动系统还要了解机械效率方面的需求。

2）设计对象所具有的主要功能，包括总功能及实现总功能时分功能的动作顺序，特别是操作人员在总功能实现中所介入的程度。

3）设计对象及其工作环境的界面，主要有输入和输出界面、装载工件形式、操作员控制器的界面、辅助装置的界面、温度、湿度、灰尘等情况，以及这些界面中哪些是由设计人员保证的，哪些是由用户提供的。

4）设计对象对操作者技术水平的需求，如要求操作人员达到什么技术等级，并具备哪些专长。

5）设计对象是否被制造过。如果与设计对象类似的产品已在生产，则应参观生产过程，并寻找有关的设计与生产文件。

6）了解用户自身的一些规定和标准，如厂标、一般技术要求及对产品表面的要求（防蚀、色彩）等。

2. 系统工作原理设计

明确了设计对象的要求之后，就可以开始工作原理设计了，这是总体设计的关键。设计质量的优劣取决于设计人员能否有效地对系统的总功能进行合理地抽象和分解，并能合理地运用技术效应进行创新设计，勇于开拓新的领域探索和新的工作原理，使总体设计方案最佳化，从而形成总体方案的初步轮廓。

机电一体化系统工作原理设计主要包括系统抽象化与系统总功能分解两个阶段。

（1）系统抽象化　机电一体化系统（或产品）是由若干具有特定功能的机械与微电子

要素组成的有机整体，具有满足人们使用要求的功能。系统可利用能量使得机器运转，利用原材料生产产品，利用信息将关于能量、生产方面的各种知识和技术进行融合，进而保证产品的数量和质量，因此可以将系统的功能抽象化为以下几种：

1）变换（加工、处理）功能。

2）传递（移动、输送）功能。

3）储存（保持、积蓄、记录）功能。

系统功能图如图 10-1 所示。

以物料搬运、加工为主，对输入的物质（原料、毛坯等）、能量（电能、液能、气能等）和信息（操作及控制指令等）进行加工处理，主要输出改变了位置和形态的物质的系统（或产品）称为加工机，如各种机床（切削、锻压、电加工等）、交通运输机械、食品加工机械、起重机械、纺织机械、印刷机械和轻工机械等。

以能量转换为主，对输入的能量（或物质）和信息进行处理，输出不同能量（或物质）的系统（或产品）称为动力机。其中输出机械能的为原动机，如电动机、水轮机和内燃机等。

以信息处理为主，对输入的信息和能量进行处理，主要输出某种信息（如数据、图像、文字、声音等）的系统（或产品）称为信息机，如各种仪器、仪表、电子计算机、传真机以及各种办公机械等。

图 10-1　系统功能图

在分析机电一体化系统总功能时，需要根据系统输入和输出的材料、能量和信息的差别与关系，将其进行分解，分析系统结构组成及子系统功能，得到系统工作原理方案。图 10-2 所示为 CNC 数控机床功能图。图中左边为输入量，右边为输出量，上边及下边表示系统与外部环境间的相互作用。

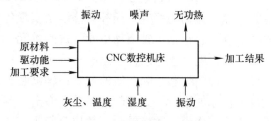

图 10-2　CNC 数控机床功能图

（2）系统总功能分解　为了分析机电一体化系统的子系统功能组成，需要统计实现工作对象转化的工作原理的相关信息。每一种工作对象的转化可以利用不同的工作原理来实现，如圆柱齿轮切齿可以采用滚、插、刨、铣等不同的加工工作原理。同样，圆柱齿轮测量可以采用整体误差测量、单项误差测量、展成测量、逐步测量、接触式测量、非接触式测量、机械式测量、电子式测量、对比式测量、直接测量等各种各样的测量工作原理。不同的工作原理将使机电一体化系统具有不同的技术经济效果，因此需从各种可行的工作原理中选择最佳的工作原理。

一般情况下，机电一体化系统较为复杂，难以直接得到满足总功能的系统方案，因此可以采用功能分解法，将系统总功能进行分解，建立功能结构图。这样既可显示各功能元、分功能与总功能之间的关系，又可通过各功能元之解的有机组合求系统方案。

将总功能分解成复杂程度较低的子功能，并相应找出各子功能的原理方案，可以简化实现总功能的原理构思。如果有些子功能还太复杂，则可进一步分解到较低层次的子功能。分解到最后的基本功能单元称为功能元。所以，功能结构图应从总功能开始。总功能下面有一级子功能、二级子功能，其末端是功能元，前级功能是后级功能的目的功能，后级功能是前级功能的手段功能。另外，同一层次的功能单元组合起来，应能满足上一层次功能的要求，最后合成的整体功能应能满足系统的要求。至于对某个具体的技术系统来说，其总功能需要分解到什么程度，则取决于在哪个层次上能找到相应的物理效应和结构来实现其功能要求。这种功能的分解关系称为结构。

计算机数字控制机床（Computer Numerical Control，CNC）简称数控机床，是一种装有程序控制系统的自动化机床。它的总功能是利用控制系统逻辑，处理具有控制编码或其他符号指令规定的程序，并将其译码，使得机床动作并加工零件。该系统总功能可以分解为切削加工子功能、控制子功能、驱动子功能、监控检测子功能及编程子功能。数控机床功能组成图如图 10-3 所示，它包括主机、数控装置、驱动装置、辅助装置、编程及其他附属设备。其中主机是数控机床的主体，包括机床身、立柱、主轴、进给机构等

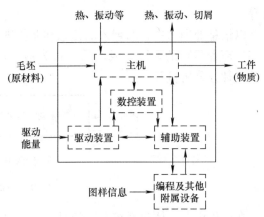

图 10-3　数控机床功能组成图

机械部件，是用于完成各种切削加工的机械部件；数控装置是数控机床的核心，它包括硬件（印刷电路板、CRT 显示器、键盒、纸带阅读机等）以及相应的软件，用于输入数字化的零件程序，并完成输入信息的存储、数据的变换、插补运算以及实现各种控制功能；驱动装置是数控机床执行机构的驱动部件，它包括主轴驱动单元、进给单元、主轴电动机及进给电动机等，它在数控装置的控制下通过电气或电液伺服系统实现主轴和进给驱动，当几个进给联动时，可以完成定位、直线、平面曲线和空间曲线的加工；辅助装置是指数控机床的一些必要的配套部件，用以保证数控机床的运行，如冷却、排屑、润滑、照明、监测等，它包括液压和气动装置、排屑装置、交换工作台、数控转台和数控分度头，还包括刀具及监控检测装置等；编程及其他附属设备用于在机外进行零件的程序编制、存储等。

3. 系统结构方案设计

（1）内容和步骤　机电一体化系统原理方案确定之后，可以将系统的子系统分为两个方面：第一方面是机械子系统，如机械传动系统、导向系统和主轴组件等；第二方面是电气子系统，如伺服电动机、控制电路和检测传感器等。电气子系统可以直接选用市场上的成品，或者利用半成品组合而成。机械结构方案和总体方案根据机电一体化系统的功能的改

变，呈现出多样化特征。尽管为了满足机电一体化系统设计，各种机械中典型的标准组件已经商品化，但机械结构设计仍是机电一体化系统总体结构方案设计的重要内容。

系统结构方案设计的核心工作包括两个方面，分别为"质"的设计和"量"的设计。"质"的设计问题有两个：一是"定型"，即确定各元件的形态，把一维或两维的原理方案转化为三维的、有相应工作面的、可制造的形体；二是"方案设计"，即确定构成技术系统的元件数目及其相互间的配置。"量"的设计是定量计算尺寸，确定材料。由于结构方案设计的复杂性和具体性，除了要求创新性以外，还需要进行与实践相结合的综合分析和校核工作。结构方案设计的步骤主要包括初步设计、详细设计、完善与审核。

1）初步设计。这一阶段主要是完成主功能载体的初步设计。一般把功能结构中对实现能量、物料或信号的转变有决定性意义的功能称为主功能，把满足主功能的构件称为主功能载体。对于某种主功能，可以由不同的功能载体件（构件）和器件来完成，首先可以确定几种功能载体，然后确定它们的主要工作面、形状及主要尺寸，再按比例画出结构草图，最后在几种结构草图中择优确定一个方案作为后继设计基础。

2）详细设计。这个阶段可分为两步：第一步是进行副功能载体设计，设计过程中在明确实现主功能需要哪些副功能载体的条件下，实现副功能可尽量直接选用现有的结构，如选用标准件、通用件或从设计目录和手册中查找相应的结构；第二步是遵循结构设计基本原则和原理，进行主功能载体的详细设计，然后进一步完善、补充结构草图，并对其进行审核、评价。

3）完善与审核。这一阶段的任务是在前面工作的基础上，对于关键问题及薄弱环节进行优化设计，进行干扰和差错是否存在的分析，并进行经济分析，检查成本是否达到预期目标。

（2）基本要求

1）机械结构类型很多，选择主要结构方案时必须保证系统所要求的精度、工作稳定可靠、制造工艺性好，应符合运动学设计原则或误差均化原理。

2）按运动学原则进行结构设计时不允许有过多的约束，但当约束处有相对运动且载荷较大时，结构变形大，易磨损，这时允许有过多的约束，可以采用误差均化原理进行结构设计。例如，滚动导轨中的多个滚动体是利用滚动体的弹性变形使滚动体直径的微小误差相互得到平均，从而保证了导轨的导向精度。

3）结构设计简单化，提高系统可靠性。在满足系统总功能的条件下，力求整机、部件和零件的结构设计简单。机械系统一般为串联系统，组成系统的单元数目越少，即零部件数量少，则系统的可靠度越高。这样不仅可以提高产品可靠度，还可以缩短加工、组装和生产准备周期，降低生产成本。在设计中常采用一个零件承担几种功能的办法，以达到减少零件数量的目的。

4. 摩擦形式的选择

设计机电一体化机械系统时要认真选择运动机构的摩擦形式。例如，设计导轨时，由于动、静摩擦力差别太大，会造成爬行，从而影响控制系统工作的稳定性，因此总体方案设计时，必须选取具有适合工作要求摩擦形式的导轨。导轨副相对运动时的摩擦形式有滑动、滚动、液体静压滑动、气体静压滑动等几种形式，各有不同的优缺点，设计时可以根据需求，综合考虑各方面因素进行选择。

5. 系统简图的绘制

可以在选择或设计了系统中各主要功能元之后，用各种符号表示各子系统中的功能元，包括控制系统、传动系统、电器系统、传感检测系统、机械执行系统等，再根据总体方案的工作原理，画出它们的总体安排，形成机、电、控有机结合的机电一体化系统简图，然后对简图进行方案论证及修改，确定最佳方案。

在总体安排图中，机械执行系统应以机构运动简图或机构运动示意图表示，其他子系统可用框图表示。

6. 总体精度分配

总体精度分配是对机、电、控、检测各系统的精度进行分配。精度分配时，应根据各子系统所用技术系统的特点进行分配，不应采取平均分配的方法，如对于具有数字特征的电、控、检测子系统可按其数字精度直接分配，对于具有模拟量特征的机、电、检测子系统则可按技术难易程度进行精度分配。在精度初步分配后，要把各子系统的误差按系统误差、随机误差归类，分别进行误差计算，再将其与分配的精度进行比较，进行反复修改，使各部分的精度尽可能合理。总体精度分配的目标是在满足总体精度的条件下，使各子系统的精度尽可能低，达到最佳性能价格比。

7. 总体设计报告

总结上述设计过程的各个方面，写出总体设计报告，为总体装配图和部件装配图的绘制做好准备。总体设计报告要突出设计重点，将所设计系统的特点阐述清楚，同时应列出所采取的措施及注意事项。

机电一体化总体设计的目的是设计出综合性能最优或较优的总体方案，作为进一步详细设计的纲领和依据。应当指出，总体方案的确定并非是一成不变的，在详细设计结束后，应再对整体性能指标进行复查，若发现问题，应及时修改总体方案，即使在样机试制出来之后或在产品使用过程中发现总体方案存在问题，也应及时加以改进。

10.2 性能指标与优化方法

10.2.1 产品的使用要求

1. 功能性要求

产品的功能性要求是要求产品在预定的寿命期间内能够有效地实现其预期的全部功能和性能。从设计的角度来分析，功能性要求可用下列性能指标来表达。

（1）功能范围 任何产品能实现的功能都有一定范围。一般来说，产品的适用范围较小，其结构可较简单，相应的开发周期较短，成本也较低，但由于适用范围小，市场覆盖面就小，产品批量也小，会使单台成本增加。相反，若扩大适用范围，虽然产品结构相对复杂，成本增加，但由于批量的增加又可以使单台成本趋于下降。

合理地确定产品的功能范围，不仅要考虑用户的使用要求，还要考虑经济上的合理性，应综合分析市场、技术难度、生产企业的实力等多方面因素进行决策。在所有影响因素中，最难以准确获得的是市场需求与功能范围之间的关系。如果能准确获得这一关系，就不难采用优化的方法做出最优决策。对于单件生产的专用机电一体化设备，则直接满足用户要求就可以了。

（2）精度 产品的精度是指产品实现其规定功能的准确程度，它是衡量产品质量的重要指标之一。精度指标需依据精度要求来确定，并作为产品设计的一个重要指标和用户选购产品的主要参考依据。一般情况下，精度越高，制造成本也越高；精度降低，可使成本和价格降低，促进产品销量增加，但在精度降低后，产品的使用范围将会随之缩小，又可能导致产品销量下降。因此，如何确定合理的精度指标是一个多变量优化问题，需要在确定了精度与成本、价格与销量关系后进行优化计算，做出最优决策。

（3）可靠性 产品的可靠性是指产品在规定的条件下和规定的时间内，完成规定功能的能力。规定的条件包括工作条件、环境条件和储存条件，规定的时间是指产品使用寿命期或平均故障间隔时间，完成规定的功能是指不发生破坏性失效或性能指标下降性失效。

可靠性指标对成本、价格和销量的影响与精度指标类似，因此也需要在确定了可靠性与成本、价格与销量基本关系后，才能对可靠性指标做出最优决策。应当指出，当由于产品可靠性的增高使得"规定的时间"超过产品市场寿命期（即产品更新换代周期）时，继续提高可靠性是没有意义的。

（4）维修性 就当前的制造水平而言，在大多数情况下产品的平均故障间隔时间都小于使用寿命期，还需要通过维修来保证产品的有效运行，以便在整个寿命期内完成其规定的功能。

维修可分为预防性维修和修复性维修。预防性维修是指当系统工作一定时间后，在尚未失效时所进行的检修；修复性维修是指产品在规定的工作期内因出现失效而进行的维修。

在产品设计阶段充分考虑维修性要求，可以使产品的维修度明显增加。例如，可把预计维修周期较短的局部或环节设计成易于查找故障、便于拆装等便于维修的结构。维修性指标一般不会增加成本，不受其他要求的影响，因此可按充分满足维修性要求来确定，并依据维修性指标来确定最合理的总体结构方案。

2. 经济性要求

产品的经济性要求是指用户对获得具有所需功能和性能的产品所需付出的费用方面的要求。该费用包括购置费用和使用费用。用户总是希望这些费用越低越好。

（1）购置费用 影响购置费用的最主要因素是生产成本，降低生产成本是降低购置费用的最主要途径。在满足功能性要求和安全性要求的前提下，成本越低越好。成本指标一般按价格和销量关系定出上限，作为衡量设计是否满足经济性要求的准则。

在设计阶段降低成本的主要方法有：合理选择各零部件和元器件的工作原理和结构；充分考虑产品的加工和装配工艺性，在不影响工作性能的前提下尽可能简化结构，力求用最简单的机构或装置取代非必需的复杂机构或装置，来实现同样的预期功能和性能；采用标准化、系列化和通用化的零部件和元器件，以缩短设计和制造周期，降低成本。

（2）使用费用 使用费用包括运行费用和维修费用，这部分费用是在产品使用过程中体现出来的。在产品设计过程中，一般采取下述措施来降低使用费用：提高产品的自动化程度，以提高生产率，减少管理费用及劳务开支等；选用效率高的机构、功率电路或电器，以减少动力或燃料等的消耗；合理确定维修周期，以降低维护费用。

3. 安全性要求

安全性要求包括对人身安全的要求和对产品安全的要求。前者是指在产品运行过程中，不因各种原因（如误操作等）而危及操作者或周围其他人员的人身安全；后者是指不因各种原因（如偶然故障等）而导致产品被损坏甚至永久性失效。安全性指标需根据产品的具体特点而定。

为保证人身安全常采取的措施有：

① 设置安全检测和防护装置，如数控机床的防护罩和互锁安全门、冲压设备的光电检测装置、工业机器人周围的安全栅等。

② 产品外表及壳罩等应倒角去毛刺，以防划伤操作人员。

③ 在危险部位或区域设置警告性提示灯或安全标语等。

④ 当控制装置和被控对象为分离式结构时，两者之间的电气连线应埋于地下或架在高空，并用钢管加以保护，以防导线绝缘层损坏而危及人身安全。

为保证产品安全常采取的措施有：

① 设置各种保护电器，如熔断器和热继电器等。

② 安装限位装置、故障报警装置和急停装置等。

③ 采用状态检测及互锁等方法防止因误操作等所带来的危害。

10.2.2　系统的性能指标

系统的性能指标除了可按使用要求划分为功能性指标、经济性指标和安全性指标外，从设计的角度出发，性能指标还可划分为特征指标、优化指标和寻常指标三类。不同的评价指标，对产品总体设计的限定作用也不同。

功能性指标包括运动参数、动力参数、尺寸参数、品质指标等实现产品功能所必需的技术指标。

经济性指标包括成本指标、工艺性指标、标准化指标、美学指标等关系到产品能否进入市场并成为商品的技术指标。

安全性指标包括操作指标、自身保护指标和人员安全指标等保证产品在使用过程中不致因误操作或偶然故障而引起产品损坏或人身事故方面的技术指标。对于自动化程度较高的机电一体化产品，安全性指标尤为重要。

特征指标是决定产品功能和基本性能的指标，是设计中必须设法达到的指标。特征指标可以是工作范围、运动参数、动力参数和精度等指标，也可以是整机的可靠性指标等。特征指标在优化设计中起约束条件的作用。

优化指标是在产品优化设计中用来进行方案对比的评价指标。优化指标一般不像特征指标那样要求必须严格达到，而是有一定范围和可以优化选择的余地。在设计中，优化指标往往不是直接通过设计保证的，而是间接得到的。常被选作优化指标的有生产成本和可靠度等。

寻常指标是产品设计中作为常规要求的一类指标，一般不定量描述。例如，工艺性指标、人机接口指标（如宜人化操作等方面的要求）、美学指标、安全性指标、标准化指标等通常都作为寻常指标。寻常指标一般不参与优化设计，只需采用常规设计方法来保证。

一般来讲，寻常指标有较为固定的范畴，而特征指标和优化指标的选定则应根据具体产品的设计要求来进行。一种产品设计中的特征指标可能是另一种产品设计中的优化指标。某些指标在要求较为严格，必须经过周密设计才能达到时，应选为特征指标，而在要求较为宽松的情况下，则可选为优化指标。例如，在产品可靠性要求很高的情况下（如航空航天设备等），必须采用可靠性设计方法，把产品的可靠度作为特征指标进行设计，严格地限定所有零部件和元器件的失效率，才能保证产品的可靠性要求。但是，在可靠性无明显要求或要求较低、通常设计均可满足的情况下（如儿童玩具等），可将可靠度作为优化指标，在达到各特征指标要求的前提下，优化选择可靠度的方案。又如在对旧机床进行数控改造时，由于旧机床精度因长期磨损已经很低，改造的目的是用它完成一些品种少、形状复杂但精度要求较低的零件加工，因此可将成本选为特征指标，即要求改造费用不能超过某一数额，而将精度作为优化指标，即在费用不超的条件下尽量提高精度。

10.2.3　系统的优化指标

1. 生产率

机电一体化系统的生产率 Q（件/min）（对加工装备而言）是指单位时间内制造出来的产品数量，即

$$Q = \frac{1}{T_d} \tag{10-1}$$

式中，T_d 是制造单件产品的时间（min）。它一般包括工作行程时间 T_x、空行程时间 T_k 和辅助工作时间 T_f，即

$$T_d = T_x + T_k + T_f \tag{10-2}$$

要提高生产率 Q，可以通过提高机器的运转速度及缩短工作行程时间来实现。但过分地提高机器运转速度，会因机物料的消耗增大，易损件更换次数增多，使得辅助工作时间相应增加，反而会导致生产率下降。所以，只有在减小 T_x 的同时，减小 T_k 和 T_f，才能使生产率真正得到提高。

2. 柔性度

机电一体化系统的柔性度描述了系统对外部环境变化的适应能力，用柔性系数 F 来表示：

$$F = \frac{T_g}{T_g + T_s} \tag{10-3}$$

式中，T_g 为系统工作时间；T_s 为系统适应时间。

以加工机械为例，根据系统适应外部环境变化的内容，加工机械的柔性分为工艺柔性和结构柔性。加工机械要通过系统局部调整来适应不同规格物料的加工，所以工艺柔性体现了系统对物料品种变换应具有的适应能力。加工机械的系统工作时间 T_g 为物料加工时间，可表达为

$$T_g = \sum_{i=1}^{n} K_i T_{g_i} \tag{10-4}$$

式中，T_{g_i} 为第 i 种物料的加工时间；K_i 为第 i 种物料的批量大小；n 为系统调整次数，也就是被加工物料品种规格的数目。

加工机械的系统适应时间 T_s 为

$$T_s = \sum_{i=1}^{n} T_{s_i} \tag{10-5}$$

式中，T_{s_i} 为系统对第 i 种物料加工前的调整时间。

若不考虑故障停机时间，系统的适应时间就等于系统调整时间，故工艺柔性系数 F_g 可表示为

$$F_g = \frac{T_g}{T_g + T_s} \tag{10-6}$$

由式（10-6）和式（10-4）可知，在进行系统设计时，要根据规定的要求，求出 T_s、T_g 和 K_i 这几个参数之间的最佳组配。为了提高系统的工艺柔性，必须缩短系统调整时间和增加被加工物料的批量或加工周期（后者会造成生产率的下降）。

结构柔性是指在某一功能模块一旦出现故障时，系统仍能维持正常工作的能力。设系统不具有结构柔性时，执行功能的时间为 T_{z0}，工作能力恢复时间为 T_h，则系统总工作时间 T_{z1} 为

$$T_{z1} = T_{z0} + T_h \tag{10-7}$$

当系统具有结构柔性时，系统总工作时间 T_{z2} 为

$$T_{z1} = T'_{z2} + T''_{z2} \tag{10-8}$$

式中，T'_{z2} 为无生产率损失的功能执行时间；T''_{z2} 为有部分生产率损失的功能执行时间。

由于结构柔性的提高而缩短的停机时间 T_{ft} 为

$$T_{ft} = T_{z1} - T_{z2} = (T_{z0} + T_h) - T'_{z2} + T''_{z2} \tag{10-9}$$

结构柔性 F_j 表示为

$$F_j = \frac{T_{ft}}{T_h} \tag{10-10}$$

令 $T'_{z2} + T''_{z2} - T_{z0} = T_r$（为系统总工作时间和系统执行功能时间之差）。如果 $T_h =$ 常数，即在系统工作能力恢复时间一定的情况下，随着 T_r 的增加，系统的结构柔性因生产率损失而降低。如果 $T_r =$ 常数，随着系统工作能力恢复时间 T_h 的增加，系统结构柔性因生产率保持原有水平而提高。

3. 自动化程度

机电一体化系统的最大特点是使人与机械的关系发生了根本的改变。

由于机电一体化系统中的微电子装置取代了人对机械绝大部分的控制功能，并加以延伸、扩大，克服了人体能力的不足和弱点，并且能够按照人的意图进行自动检测、信息处理、控制调节和记忆及故障自诊断，因而速度快，可靠性好，精度高，耐久力强。这样，不但可减轻人的体力与脑力劳动，而且可克服传统机械中人机关系存在的人 - 机速度、耐久性等不匹配问题。因此，在设计机电一体化系统时，应着重考虑系统的智能化和自动化。可用自动化程度系数 K_z 来评价机器的自动化程度。机器自动化程度系数 K_z 定义为

$$K_z = \frac{\text{实现了自动化辅助操作时间}}{\text{系统工作辅助操作时间}}$$

分母与分子中提到的辅助操作时间是指机器在实现其主功能时，除了本身需完成规定的工作外所需的辅助操作时间，如机器的起动和停止、物料的装卸、机器工作参数调整、工作效果检查、机器加油润滑、例行检修等辅助工作所需的操作时间，自动化程度系数 K_z 表示的是这些辅助工作中已实现自动化的操作时间占比。

4. 成本

对机电一体化加工机械来说，成本分为机器成本和生产成本。机器成本是指制造机器本

身需要的投资，包括：

① 材料及动力费用 C_1，包括系统制造所需的原材料、辅助材料、工具、外购件的费用及动力消耗。

② 工时费用 C_2，包括加工、装配、检验、试验时所支付的全部工资及附加工资。

③ 间接费用 C_3，包括企业和车间管理费用、厂房及设备折旧等费用。

机器成本 C 是上述三项费用的总和，即 $C = C_1 + C_2 + C_3$。

生产成本包括日常物化劳动消耗和活劳动消耗。其中，日常物化劳动消耗是指用于产品生产所必需的备用零配件、电力、工具、燃料、润滑油、基本材料和辅助材料等方面的消耗，活劳动消耗是指劳动者在产品生产过程中脑力和体力的消耗。

5. 可靠性

产品的可靠性是指产品在规定的条件下和规定的时间内，完成规定功能的能力。评价指标为可靠度、失效率和平均寿命。无故障性是指产品在某一时间内（或某一段实际工作时间内），连续不断地保持其工作能力的性能。耐久性是指产品在达到极限状态之前，保持其工作能力的性能，也就是在整个使用期限内和规定的维修条件下，保持其工作能力的性能。

（1）可靠度　可靠度是产品在规定的条件下和规定的时间内，完成规定功能的概率。一般记为 R，它是时间 t 的函数，故也记为 $R(t)$，$R(t)$ 称为可靠度函数。

可靠度理论上的值称为可靠度真值，由产品失效的数学模型决定，主要应用在理论研究方面。在实际工作中，需要利用有限个样本的观测数据，经过一定的统计计算得到真值的估计值，这个估计值称为可靠度估计值。

对于不可修复的产品，可靠度估计值是指在规定的时间区间（0～t）内，能完成规定功能的产品数 $n_s(t)$ 与在该时间区间开始投入工作的产品数 n 之比。对于可修复的产品，可靠度估计值是指一个或多个产品的无故障工作时间达到或超过规定时间 t 的次数 $n_s(t)$ 与观测时间内无故障工作总次数 n 之比。因此，可靠度估计值为

$$R(t) = \frac{n_s(t)}{n} = \frac{n - n_f(t)}{n} = 1 - \frac{n_f(t)}{n} \tag{10-11}$$

其中，对于不可修复产品，$n_f(t)$ 为在规定时间区间内未完成规定功能的产品数，即失效数；对于可修复产品，$n_f(t)$ 为无故障工作时间 T 不超过规定时间 t 的次数，即故障次数。

（2）失效率　失效率是工作到某时刻尚未失效的产品在该时刻后单位时间内发生失效的概率。记作 $\lambda(t)$，称为失效率函数，有时也称为故障率函数。

$$R(t) = e^{-\int_0^t \lambda(t)\,dt} \tag{10-12}$$

在正常工作期间内机电一体化产品失效率为常数 λ，此时 $R(t) = e^{-\lambda t}$。

（3）平均寿命　由于可维修产品与不可维修产品的寿命有不同的意义，故平均寿命也有不同的意义。用 MTBF 表示可维修产品的平均寿命，称为平均无故障工作时间；用 MTTF 表示不可维修产品的平均寿命，称为失效前的平均工作时间。

不论产品是否可修复，平均寿命的估计值可用表示为

$$\hat{\theta} = \frac{1}{n} \sum_{i=1}^{n} t_i \tag{10-13}$$

式中，n 为对不可修产品代表试验的产品数，对可修产品代表试验产品发生故障的次数；t_i

为对不可修产品代表第 i 件产品寿命，对于可修产品代表每次故障修复后的工作时间。

10.2.4　系统的优化方法

系统的设计有多种方案，选取综合性能最佳方案的方法称为系统优化方法。

系统优化包含两个方面的内容：一是根据机电系统优化指标，利用算法进行参数比较，选择综合性能最佳的方案；二是根据机电系统优化指标，分别建立指标函数，通过系统建模和约束条件的制订，用解析法或仿真法计算出系统的最佳工作参数和性能指标。这里讨论系统优化第一个方面的问题。

对机电一体化系统设计方案进行优化时，根据一个指标（如生产率、成本及可靠性等）进行决策，使该指标达到极值（最大或最小）的方案就是最优方案。当评价指标为多项，需要进行多指标优化时，可采用某种算法将多项指标归纳成一个综合指标，以该综合指标作为最优决策的指标。

设有 m 个优化指标 $K_j(x)$，$j=1$，2，$\cdots$，m，x 表示不同方案编号。把 m 个指标转换为一个综合指标 $K(x)$ 的方法有以下几种：

1）加权求和法。若在评价 m 个指标 $K_j(x)$ 时都希望其值越大越好时，可按照各指标的重要性乘上加权系数 W_j，得出系统综合指标表达式为

$$K(x) = \sum W_j K_j(x) \tag{10-14}$$

使 $K(x)$ 为最大的解 x^* 方案即为最优方案。

2）目标规划法。对不同的 $K_i(x)$ 事先设定不同的目标值 k_i^*，能使各指标与所规定的目标之间的"距离"值为最短的方案可认为是最优方案。对"距离"的不同处理，可形成不同的评价方法。通常采用平方和法，表达式为

$$K(x) = \sqrt{\sum_{i=1}^{m} \left(k_i(x) - k_i^* \right)^2} \tag{10-15}$$

当 k_i^* 分别取各个指标独自能达到的最优值时，就得到了理想点。这种方法也称为理想点法。

3）费用 - 效果（费效）分析法。优化指标可以归类成两种：第一种是费用类（如成本），在决策时这类指标希望越小越好；第二种是效果类（如生产率、柔性），在决策时希望这类指标越大越好。

10.3　产品结构设计流程

10.3.1　结构方案的确定

一个特征指标要由一系列具有一定功能的环节按一定关系连接起来加以实现。实现特征指标的环节构成方案可用功能框图的形式来表示，如图 10-4 所示为砂轮磨削速度控制的三种结构方案功能框图。功能框图与分析控制系统时所用的传递函数框图是不同的。功能框图中只表示各功能之间的相互连接关系，并不表示各功能的某种参量的具体关系。功能框图只是作为进一步建立具体关系的参考，它可以用来分析各环节方案的等效性和互补性，表示各

种结构方案的异同，并可作为对产品进行定性分析或粗略定量考察的工具。

下面结合图 10-4 所示的三种砂轮磨削速度的控制方案，来说明特征指标对系统结构方案的影响，或者说，如何根据特征指标去选择系统结构方案。

设特征指标为砂轮的磨削速度。砂轮磨削速度的稳定性是影响被加工零件表面质量分散程度的重要因素，不同用途的磨床对砂轮磨削速度的稳定性有不同的要求。根据磨削速度的三种不同品质等级，可设计出不同的结构方案，其功能框图分别如图 10-4a ~ c 所示。

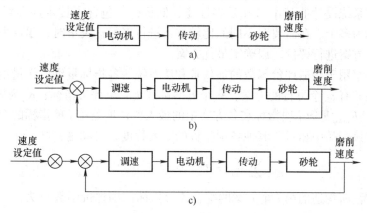

图 10-4　砂轮磨削速度控制的三种结构方案功能框图

在图 10-4a 所示的结构方案中，砂轮转速不可调整，磨削速度的变化主要是由砂轮磨损导致直径改变而产生的，变化范围为 30% 。在图 10-4b 所示的结构方案中，以砂轮直径为反馈量调整砂轮转速，磨削速度的变化主要是由电网电压波动、平带打滑、磨削力变化等原因而引起的，变化范围为 4% 左右。如果采用同步齿形带消除打滑，采用稳压器抑制电压波动，可使磨削速度的变化范围降至 1% 左右。也就是说，这一结构方案所对应的磨削速度变化范围为 1% ~ 4% 。在图 10-4c 所示的结构方案中，在砂轮主轴上增加了转速反馈，可将磨削速度的变化范围控制在 0.5% 左右。

如果以磨削速度的变化范围为约束条件，以成本和可靠性为优化指标来选择合理的结构方案，则可有下面几种结果：

1）当磨削速度变化范围要求可大于 30% 时，三种结构方案都是可行的，但按优化指标进行评价，可确定图 10-4a 所示的结构方案最佳，因为该方案结构简单，所以成本低，可靠性好。

2）当磨削速度变化范围要求不大于 30% 时，后两种方案都是可行的，优化结果为图 10-4b 所示的方案较好。由于该方案具有机电互补性，因而还应进一步进行子功能分配、性能指标分配等定量优化工作。经过定量优化可得出该方案的变形方案，即采用手动开环调整砂轮转速的方案，这样可简化结构，降低成本，提高可靠性。

3）当磨削速度变化范围要求不大于 5% 时，则后两种方案也都是可行的，优化结果是两种方案的综合评价指标值相差不多，因此还应增加优化指标，进行进一步的定量优化，以便做出最后的决策。

4）当磨削速度变化范围要求不大于 1% 时，则只有第三种方案可行，但为获得该方案的具体结构实现方案，还应做进一步的定量优化。

由上述讨论可以看出，特征指标对产品的总体结构有限定作用，即限制了可采用结构的范围；优化指标及权重系数则是在特征指标所限定的范围内作为方案选择的依据，它们直接影响着结构方案的确定。因此，在总体设计阶段，特征指标、优化指标及权重系数的选择和量化是确定总体结构方案的关键，应给予充分的重视，确保其合理性和正确性。

10.3.2　优化指标的处理

机电一体化系统设计的基本目标是多性能、低价格，包含了技术性和经济性两大类指标，即评价指标为多个。在需要对不同的比较方案进行多目标决策时，建议采用加权求和优化方法来对各种方案进行评价，以确定最优方案。

下面具体介绍用于构造评价函数的加权求和法及统一各指标量纲的无量纲相对化法。

设某个产品共有 m 个可行的方案，每个方案都选定 n 个评价指标；K_{ij} 为第 i 个方案中第 j 项评价指标值；K_{maxj} 是第 j 项指标在各方案中的最大值；W_j 是第 j 项指标的权重系数，它反映了这项指标在该产品中相对于其他各项指标的重要程度，且满足

$$\sum_{j=1}^{n} W_j = 1, \quad 0 \le W_j \le 1 \tag{10-16}$$

则采用线性加权法所构造的第 i 个方案的综合评价指标（即评价函数）为

$$\overline{R}H_i = \sum_{j=1}^{n} W_j \frac{K_{ij}}{K_{maxj}}, \quad i = 1, 2, \cdots, m \tag{10-17}$$

这就是该产品的评价函数表达式，其中通过 K_{ij} 与 K_{max} 的比值实现了各评价指标的无量纲相对化。

采用优化方法求式（10-17）的最大值，可得到第 i 个方案的最佳评价函数值 H_{imax}，即

$$\begin{matrix} H_{imax} \\ K_{ij} \in D \end{matrix} = \begin{matrix} \max \\ K_{ij} \in D \end{matrix} \sum_{j=1}^{n} W_j \frac{K_{ij}}{K_{maxj}}, \quad j = 1, 2, \cdots, m \tag{10-18}$$

式中，D 是由约束条件限定的指标集合。由于这里是以综合评价指标 H_i 最大为优化目标，所以如果基本项优化指标 K_{ij} 期望取得较小的值，则应将其负值（即 $-K_{ij}$）代入式（10-18）。

为了评价出最佳方案，应采用优化方法依次求出各方案的最佳评价函数值 H_{imax}，然后对它们进行比较，从中选出最佳方案。其对应的评价函数值为

$$H_{max} = \max\{H_{imax}\}, \quad i = 1, 2, \cdots, m \tag{10-19}$$

下面举例说明上述方法的应用。

在设计某产品时，采用失效率、模块化程度及成本作为优化指标，其中失效率用各环节标准失效率的总和来表示，模块化程度用属于高度模块化的隶属度表示，成本以千元为单位。显然，失效率和成本应该越低越好，故在用式（10-17）构成评价函数时，失效率和成本应代入负值；而模块化程度是越高越好，在式（10-17）中应代入正值。各优化指标的权重系数 W_j 可按产品的实际使用要求确定，也可通过专家评分的方法确定。

表10-1列出了各项优化指标的权重系数 W_j，同时也列出了该产品的四种可行方案在满足特征指标约束的条件下按式（10-18）优化求得的最佳评价函数值 H_{imax} 及对应的最优解（即各优化指标的最佳取值）。例如，第一种方案的最佳评价函数值为

$$H_{imax} = 0.5 \times \frac{-120}{210} + 0.3 \times \frac{-7}{7} + 0.2 \times \frac{0.5}{0.8} = -0.46$$

表 10-1　最佳评价函数值及权重系数

优化指标 K_{ij}	可行方案 I				权重系数 W_j
	1	2	3	4	
失效率 $K_{i1}/$（$10^{-6}h^{-1}$）	120	170	180	210	0.5
成本 $K_{i2}/$千元	7	4	4	3	0.3
模块化程度 K_{i3}	0.5	0.8	0.7	0.5	0.2
最佳评价函数 $H_{i\max}$	-0.46	-0.37	-0.42	-0.50	—

根据表 10-1 及式（10-19）可以容易地确定该产品的第二种方案是最佳方案，它所对应的最佳评价函数值是四种方案中最大的，即 -0.37。

10.3.3　精度指标的分配

在总体方案中一般都有多个环节对同一性能指标产生影响，即这些环节对于实现该性能指标具有互补性。合理地限制这些环节对总体性能指标的影响程度，是性能指标分配的目的。

在进行性能指标分配时，首先要把各互补环节对性能指标可能产生的影响作用范围逐一列出，对于不可比较的变量应先变换成相同量纲的变量，以便优化处理。所列出的影响作用范围应包括各环节不同实现形式的影响作用范围，它们可以是连续的，也可以是分段的或离散的。在满足约束条件的前提下，采用不同的分配方法将性能指标分配给各互补环节，构成多个可行方案，然后进一步选择适当的优化指标，对这些可行方案进行评价，从中选出最优的方案。下面以车床刀架进给系统为例，说明精度指标的分配方法。

图 10-5 所示为开环控制车床刀架进给系统的功能框图。该系统由数控装置、驱动电路、步进电动机、减速器、丝杠螺母副和刀架等环节组成，需要对各组成环节进行精度指标的分配。设计的约束条件是刀架运动的两个特征指标，即最大走刀速度 $v_{\max} = 14mm/s$，最大定位误差 $\delta_{\max} = 16\mu m$。由于这里只做精度分配，没有不同的结构实现形式，可靠性的差别不显著，因此只选择成本作为优化指标，构成单目标优化问题。

图 10-5　开环控制车床刀架进给系统功能框图

1）分析各组成环节误差产生的原因、误差范围及各精度等级的生产成本。产生误差的环节及原因如下：

① 刀架环节。为减少建立可行方案及优化计算的工作量，可将一些环节合并，并用等效的综合结果来表达。因此，这里将床身各部分的影响也都列在刀架一个环节内，将刀架相对主轴轴线的径向位置误差作为定位误差。经分析可知，床身各部分影响定位误差的主要因素是床鞍在水平面内移动的直线度，其精度值与相应的生产成本见表 10-2。

② 丝杠环节。丝杠螺母副的传动精度直接影响刀架的位置误差，它有两种可选的结构型式，即普通滑动丝杠和滚动丝杠，分别对应着不同的精度等级。如果假定丝杠螺母副的传动间隙已通过间隙消除机构加以消除，则传动误差是影响位置误差的主要因素，其具体数

值及对应成本列于表 10-2，其中 A、B 两个精度等级对应着滚动丝杠，C、D 两个精度等级对应着滑动丝杠。

表 10-2　各组成环节误差及对应成本

组成环节	指　标	精度 A	精度 B	精度 C	精度 D
刀　架	床鞍移动直线度/μm	4	6	8	10
	成本/千元	10	5	2	1
丝杠螺母副	传动误差/μm	0.5	1	2	4
	成本/千元	5	3	2	1.2
减速器	齿轮传动误差/μm	1	1.2	2	2.5
	成本/千元	0.6	0.6	0.3	0.3
数控环节	最小脉冲当量/μm	3	7	—	—
	成本/千元	3	2	—	—

③ 减速器环节。该环节误差主要来自齿轮的传动误差，齿侧间隙产生的误差应采用间隙消除机构加以消除。床鞍移动误差和丝杠传动误差的方向与量纲和定位误差相同，不需要进行量纲转换，但齿轮的传动误差则需依据初步确定的参数，如丝杠导程、齿轮直径、传动比等，转换成与定位误差有相同方向和量纲的等效误差。考虑到两种可能的传动比和两个可能的齿轮精度等级，共得到四个品质等级的等效误差和相应的成本，见表 10-2 中。

④ 数控环节。这个环节里包括了数控装置、驱动电路和步进电动机。步进电动机在不同载荷作用下，其转子的实际位置对理论位置的偏移角也不同，在不失步正常运行的情况下，该偏移角不超过 ±0.5 个步距角。此外，虽然数控装置的运算精度可达到很高，但由于步进电动机的控制指令是以脉冲为单位，因此数控装置仍会产生 ±0.5 个步距角的舍入误差。这样，数控环节可能产生的总误差为 ±1 个步距角，且应将步距角转换成刀架运动方向上的脉冲当量。由于最大走刀速度 v_{max} 限制了脉冲当量的下限，因此通常可用最大走刀速度除以步进电动机的最高运行频率来求取最小脉冲当量，并作为精度指标分配的参考值，而不用还没有最后确定的传动链参数来计算脉冲当量。表 10-2 中列出的数控环节最小脉冲当量是根据选定的两种具有不同最高运行频率的步进电动机，按上述方法计算得出的。

2）根据设计要求的特征指标，构建约束方程。

系统总体精度 $P = \sum\limits_{i=1}^{4} p_i$。其中，下标 i 为环节标号，p_i 为第 i 个环节的精度。由设计要求可知总体精度必须小于 16μm，即

$$P = \sum_{i=1}^{4} p_i < 16\mu m \tag{10-20}$$

最大走刀速度 $v_{max} = f_{max} \delta_p \times 10^{-5} mm/s$。其中，$f_{max}$ 为最高运行频率，δ_p 为脉冲当量，则得到第二个约束方程为

$$v_{max} = f_{max} d_p \times 10^{-5} > 14 mm/s \tag{10-21}$$

系统成本 $G = \sum\limits_{i=1}^{4} g_i$。其中，下标 i 为环节标号，g_i 为第 i 个环节的成本。设计要求成本最低，即寻找一个方案，满足约束条件，使得 G 最小。目标函数为

$$\min G = \min\{G, (i = 1, 2, \cdots, n)\} \tag{10-22}$$

式中，i 为不同设计方案的编号。

3）求解得到最优方案。方案中的各变量为离散型变量，可以采用正交网格法和网格法两种优化方法。本例仅需选取成本最小方案，因此不需要进一步迭代，即可得到最优方案。部分可行方案和总成本见表 10-3。其中"总成本"一栏是各可行方案的优化指标值。若有多个优化指标，可按式（10-19）或式（10-17）求出综合指标值（即评价函数值）列入该栏。

表 10-3　精度分配方案

可行方案	刀架环节	丝杠环节	减速器环节	数控环节	总定位误差/μm	总成本/千元
1	B	B	C	B	16	10.3
2	C	D	A	A	16	6.8
3	D	C	A	A	16	6.6
4	C	C	A	A	15	7.3
5	B	C	A	B	16	9.6

由表 10-3 可以看出，第 3 个方案的成本最低，因此是表中所列 5 个可行方案中的最优方案（由于表中并未列出全部可行方案，因此第 3 个方案实际上也可能是一种较优方案）。该方案的具体实现形式是：高频步进电动机驱动，较高精度等级的齿轮和高精度的滑动丝杠传动，较低精度的床身导轨支承和导向。选定该方案后，它对各组成环节的精度要求也就自然成为各环节进一步详细设计的精度指标。

10.3.4　功能指标的分配

主要结构方案的确定由特征指标和优化指标共同影响，因此需要进行功能指标的分配。经过对特征指标的分析，生成实现特征指标的总体结构初步方案。对于初步方案中具有互补性的环节，需要进一步统筹分配机与电的具体设计指标，还要同时考虑特征指标和优化指标以进一步确定其具体的实现形式，要根据特征和优化指标的共同影响来进一步确定结构方案。在完成这些工作后，各环节才可采用常规方法进行详细设计。

具有等效性的功能可有多种具体实现形式，在进行功能分配时，应首先把这些形式尽可能地全部列出来。用这些具体实现形式可构成不同的结构方案，其中也包括多种形式的组合方案。采用适当的优化指标对这些方案进行比较，可从中选出最优或较优的方案。优化过程只需计算与优化指标有关的变量，不必等各方案的详细设计完成后再进行。下面以某定量包装秤中滤除从安装基础传来的振动干扰的滤波功能分配为例，说明等效功能的分配方法。

图 10-6 所示为定量包装秤的功能框图，其中符号"Δ"表示装置中可建立滤波功能的位置。从安装基础传来的振动干扰经装置基座影响传感器的输出信号，该信号再经放大器、A/D 转换器送至控制器，使控制器的控制量计算受到干扰，因而使所称量的结果产生误差。为保证称量精度，必须采用滤波器来滤除这一干扰的影响。

经过分析可知，可以采用三种滤波器来实现这一滤波功能，即安装在基座处的机械滤波器（又称阻尼器）、置于放大环节的模拟滤波器和以软件形式放在控制环节的数字滤波器。这三种滤波器在实现滤波功能这一点上具有等效性，但它们并不是完全等价的，在滤波质

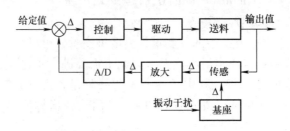

图 10-6　定量包装秤功能框图

量、结构复杂程度、成本等方面各自有不同的特点和效果。因此，必须根据具体情况从中择优选择一种最合适的方案。

通过对定量包装秤的工作环境和性能要求进行分析，可归纳出选择滤波方案的具体条件为：在最低频率为 ω_1、振幅为 h_1 的主要振动干扰的条件下，能实现工作节拍为 T、精度为 K 的称量工作，并且成本要低。因此，可选择成本作为该问题的优化指标。对主要振动干扰的衰减率 α_1 特征指标可根据干扰信号振幅 h_1 的要求的称量精度 K 计算得出，对闭环回路中允许的滞后时间 T_c 特征指标可根据工作节拍 T 和称量精度 K 计算得出。详细计算方法这里不进行讨论。

滤波器放在不同的位置，对系统的动态特性会产生不同的影响。由图 10-6 可以看出，基座形成的干扰通道不在闭环控制回路内，因此若在这里安装机械滤波器，则其衰减率及相位移不会影响闭环控制回路的控制性能，也就是说，不受特征指标的约束，不需要考虑相位特性，因而衰减率可以设计得足够大，容易满足特征指标 α_1 的要求。但是由于干扰信号的最低频率 ω_1 值较小，机械滤波器的结构较复杂，体积较大，因而成本也较高。

模拟滤波器可以与放大器设计在一起，也可单独置于放大环节之后，但不论放在哪个位置，都是在闭环回路内。由于 ω_1 为干扰信号的低端频率，所以这里应采用低通滤波器。由低通滤波器的特性可知，当在控制回路内串入低通滤波器后，将使控制系统的阶跃响应时间增加，相位滞后增大，快速响应性能降低。因此，模拟滤波器性能的选择受特征指标 T_c 的约束，不能采用高阶低通滤波器，而低阶低通滤波器的滤波效果又较差。

数字波滤器的算法种类较多，本例采用算术平均值法来实现低通滤波。同模拟滤波器一样，由于数字滤波器需要计算时间，因此也受允许的滞后时间 T_c 的限制，且对较低频率的干扰信号抑制能力较弱。但数字滤波器容易实现，且成本较低。

通过上述分析可见，三种滤波器各有特点，因此需要采用优化方法合理分配滤波功能，以得到最优方案。为了讨论问题方便，这里只选成本作为优化指标，将特征指标作为约束条件，构成单目标优化问题。由于方案优化是离散形式的，故采用列表法较为方便、直观。具体做法是：首先根据滤波器的设计计算方法，求出各种实现形式在满足约束条件下的一定范围内的有关数据，然后将这些数据列成表格，按表选择可行方案，再对各可行方案进行比较，根据优化指标选择出最优方案。

表 10-4 列出了上述三种滤波器的特征指标和优化指标值。其中，A、B、C、D 是四个不同的品质等级，T_c/T_1 是允许的滞后时间与频率为 ω_1 的干扰信号周期之比。由于机械滤波器所在位置不影响系统动态特性，故表中没有列出这项指标。

表 10-4 滤波器特征指标和优化指标值

滤波形式	项 目	A	B	C	D
机械滤波器	衰减率 α_1/dB	-20	-30	-35	-40
	T_c/T_1	—	—	—	—
	成本/元	100	200	300	500
模拟滤波器	衰减率 α_1/dB	-5	-10	-15	-20
	T_c/T_1	1.47	3	5.5	10
	成本/元	20	20	20	20
数字滤波器	衰减率 α_1/dB	-12	-17	-20	-22
	T_c/T_1	1.5	2.5	3.5	4.5
	成本/元	10	10	10	10

现假设约束条件为 $T_c/T_1 \leqslant 5.5$，$\alpha_1 \leqslant -40$dB。由表 10-4 可见，单个模拟滤波器和单个数字滤波器都无法满足该约束条件，因此必须将滤波器组合起来（即由几个滤波器共同实现滤波功能）才能构成可行方案。

从表 10-4 中选出的满足约束条件的可行方案见表 10-5。其中总特征指标值为构成可行方案的各滤波器的相应特征指标值之和。依据成本这一优化指标，可从表 10-5 所列出的四种可行方案中选出最合理的方案，即方案 3。该方案采用机械滤波器和数字滤波器分别实现对干扰信号的衰减，衰减率均为 -20dB，也就是说，将滤波功能平均分配给机械滤波器和数字滤波器，同时还满足另一约束条件 $T_c/T_1 = 3.5 < 5.5$，而且该方案成本最低。

表 10-5 滤波方案

可行方案	机械滤波器	模拟滤波器	数字滤波器	总衰减率 dB	总 T_c/T_1	总成本/元
1	D			-40	—	500
2	A	A	B	-42	3.97	130
3	A		C	-40	3.5	110
4	B	B		-40	3	220

应当指出，表 10-5 中并未将所有可行方案列出，因此方案 3 并不一定是所有可行方案中的最优方案；此外，当约束条件改变时，将会得到不同的可行方案组及相应的最优方案。

10.3.5 应用示例

定量包装秤可应用于工农业自动化生产中的定量包装，整个称量过程由电脑控制，自动完成。其功能包括自动称量和自动包装，主要性能指标为称量范围、工作节拍、可靠度、失效率、称量精度、自动化程度及成本等。下面以定量包装秤为对象，进行总体方案优化设计。

定量包装秤的性能指标为：包装重量范围 $1 \sim 10$kg/袋，称量精度 0.2%，工作节拍 7s，销售价格低于 5500 元。

控制方式通常包括开环控制、半闭环控制、闭环控制及复合控制四种。定量包装秤的控制方式根据控制对象，可分为容积开环控制、容积半闭环控制、重量半闭环控制和重量闭环控制。每种控制方式可达到的性能指标见表 10-6。

定量包装秤功能框图如图 10-6 所示。当定量包装秤进入自动运行状态后，称重控制系统打开给料门开始给料，其给料装置分为快、慢两级给料方式；当物料重量达到快给料设定值时，停止快给料，保持慢给料；当物料重量达到最终设定值时，关闭给料门，完成动态称重过程。

根据性能指标要求与功能分析可以确定，定量包装秤控制方式采用重量闭环控制。

表 10-6　控制方式与性能指标

控制方式	工作节拍/s	精度	成本/元
容积开环	1	5%	1000
容积半闭环	4	0.7%	2500
重量半闭环	6	0.2%	3000
重量闭环	7	0.1%	4000

在控制方式和总体结构方案选定之后，便可进行机电等效性和互补性分析，以便优化选择最佳的总体结构方案。

定量包装秤的精度指标是一个必须要达到的指标，影响称量精度的因素为外部环境干扰和系统内部结构的非理想特性，其中机械有害振动是外部干扰的主要体现形式。抑制有害振动的方法有机械隔振、模拟滤波和数字滤波等。在 10.3.4 节中已经介绍了利用等效功能的分配方法，完成定量包装秤的功能分配，这里不再赘述。

影响称量精度的系统内部结构包括电动机、给料器、传感器、放大器、A/D 转换器和控制器等，既有机械环节，也有电气环节，具有机电互补性，因此需要将精度指标按机、电统筹的方法合理地分配到各影响环节。影响称量精度的系统内部结构的特性见表 10-7。

表 10-7　系统内部结构的特性

环节	实现方式	相对误差/%	失效率/$10^{-8} h^{-1}$	成本/元	备注
电动机	步进电动机	0.01	0.3	3000	受工作节拍限制
	伺服电动机	0.015	0.3	3000	
	异步电动机	0.023	12.0	2000	含变速器、制动器
给料器	叶片	0.075	0.3	800	
	螺旋	0.055	0.35	1000	
	振动	0.12	1.5	1500	不包含电动机环节
传感器	高精	0.02	4.0	2000	
	精密	0.03	3.5	1300	
	普通	0.05	3.5	700	
放大器	高档	0.005	0.1	500	
	中档	0.01	0.1	50	
	低档	0.05	0.1	10	
A/D 转换器	12 位	0.05	0.1	100	
	14 位	0.012	0.1	200	
	16 位	0.003	0.3	100	双积分式

定量称重秤的精度指标按外部干扰 0.05%、内部环节 0.13%、精度余量 0.02% 进行分配，并取精度指标作为特征指标，失效率和成本作为优化指标，采用多目标规划的方法便可确定出最佳的结构方案。

影响定量包装秤精度的内部结构主要有五个，每个结构的实现方式有三种，系统总体结构可组合出 $3^5 = 243$ 种方案。采用线性加权法构造评价函数，并取失效率和成本的权重系数各为 0.5，利用式（10-16）～式（10-19）在满足精度指标 0.13% 的可行域内对系统总体结构方案进行计算，最后选出的最佳方案见表 10-8。

表 10-8　定量电子秤最佳总体结构方案

环节	实现方式	相对误差/%	失效率/$10^{-8} h^{-1}$	成本/元
电动机	步进电动机	0.01	0.3	3000
给料器	叶片式	0.075	0.3	800
传感器	精密	0.03	3.5	1300
放大器	中档	0.01	0.1	50
A/D 转换器	16 位	0.003	0.3	100
总性能指标值		0.128	4.5	5250
最佳评价函数值			-0.49	

由表 10-5 与表 10-8 可知，定量包装秤整体结构方案包括机械结构方案与电气结构方案。机械结构设计方案为：

1）给料机构采用步进电动机驱动的叶片式给料，给料精度优于 0.85g，给料速度高于 2kg/s。

2）基座部分应有机械隔振装置，对 5Hz 以上的机械振动具有优于 -20dB 的衰减能力。

3）秤斗部分可称量 1~10kg、密度大于 0.5kg/cm³ 的散状物料，物料排出时间少于 1s。

电气结构设计方案为：

1）传感器精度优于 0.03%。

2）放大器精度优于 0.01%。

3）数字滤波器对 5Hz 以上的波动信号具有优于 -20dB 的衰减能力。

4）控制器运算过程中的截尾误差、舍去误差等运算误差小于 0.005%。

10.4　系统干扰与抑制

干扰是指对系统的正常工作产生不良影响的内部或外部因素。在机电一体化系统中，抗干扰是一个非常重要的问题，系统的抗干扰性能是系统可靠性的重要指标。

从广义上讲，机电一体化系统的干扰包括电磁干扰、机械振动干扰、温度干扰、湿度干扰以及声波干扰等，其中电磁干扰对系统的影响尤为恶劣。电磁干扰是指在工作过程中受环境因素的影响，出现的一些与有用信号无关并且对系统性能或信号传输有害的电气变化现象。实际遇到的电磁干扰源可分为自然干扰源和人为干扰源。自然干扰源是指自然界的电磁现象产生的电磁噪声，比较典型的有大气噪声（如雷电）、太阳噪声（太阳黑子活动时产生的磁暴）、宇宙噪声（来自银河系）和静电放电等。人为干扰源指各种家用电器、民用设备、电力设备和电台等产生的干扰。在人为干扰源中，电源和地线引起的干扰比较突出。

干扰可以通过导线传输，即通过设备的信号线、控制线、电源线等直接侵入敏感设备，这种方式称为传导干扰。干扰源周围空间存在着电场和磁场，会对附近的敏感设备产生干扰，这种方式称为近场耦合。此外，干扰能量也会以电磁波的形式向远处传播，从而影响远处的敏感设备，这种方式称为远场辐射干扰。

电磁干扰的形成需要具备三个基本要素，分别为干扰源、耦合通道以及对干扰信号敏感的接收载体。它的耦合方式一般为以下三种类型：

1）传导耦合，即当导线寓于干扰环境时所拾取的干扰电压造成的干扰，如通过装置的电源线而引进的电网干扰等。

2）公共阻抗耦合，即当两个以上电路的电流流经公共阻抗时，在阻抗上产生的相互影响。

3）电磁耦合，即一信号线的电流所产生的电场或磁场，通过分布电容或分布电感耦合到另一信号线上去的传播方式。

为了能够有效地抵抗外部和内部的电磁干扰，保证系统稳定可靠地工作，需要对机电一体化系统进行抗干扰设计。抑制干扰应从消除或抑制干扰源、截断干扰的传播途径、提高敏感设备的抗干扰能力三个方面考虑。

10.4.1 干扰源

机电一体化系统易受到的干扰源分为供电干扰、过程通道干扰和场干扰等。

1. 供电干扰

大功率设备（特别是大感性负载的起停）会造成电网的严重污染，使得电网电压大幅度地涨落、浪涌，电网电压的欠压或过压常常超过额定电压的 ±15% 以上，这种状况有时长达几分钟、几小时，甚至几天。由于大功率开关的通断、电动机的起停等原因，电网上常常出现几百伏甚至几千伏的尖峰脉冲干扰。对于电网中的噪声，国内外都做了大量的测试和研究。在高压电网上产生的脉冲噪声大多数为重复性的振荡脉冲，振荡频率为 5kHz ~ 10MHz，脉冲幅度为 200 ~ 3000V。在 380/220V 的低压电网上的脉冲噪声大多数是无规律的正负尖脉冲，有时有振荡，频率可达 20MHz，脉冲峰值为 100 ~ 10000V。除尖峰脉冲外，电网的电压也经常产生瞬时扰动，一般为零点几秒，幅度可达额定电压的 10% ~ 50%。

采用高压、高内阻的电网污染比较严重，即使系统采用了稳压措施，电网噪声也会通过整流电路串入微机系统。据统计，电源的投入、瞬时短路、久压、过压、电网窜入的噪声引起 CPU 误动作及数据丢失占各种干扰的 90% 以上。

2. 过程通道干扰

在机电一体化系统中，有的电气模块之间需用一定长度的导线连接起来，如传感器与微机、微机与功率驱动模块连接，这些连线少则几条多则千条，连线的长短由几米至几千米不等。通道干扰主要来源于长线传输（传输线长短的定义是相对于 CPU 的晶振频率而定的，当频率为 1MHz 时，传输线长度大于 0.5m 视为长传输线，频率为 4MHz 时，传输线长度大于 0.3m 视为长传输线）。当系统中有电气设备漏电，接地系统不完善，或者传感器测量部件绝缘不好等情况时，都会在通道中直接串入很高的共模电压或差模电压；各通道的传输线如果处于同一根电缆中或捆扎在一起，各路间会通过分布电感或分布电容产生相互间的干扰，尤其是将 0~15V 的信号线与交流的电源线同处于一根长达几百米的管道内，其干扰相当严重。这种电磁感应产生的干扰也在通道中形成共模或差模电压，有时这种通过感应产生的干扰电压会达几十伏以上，使系统无法工作。多路信号通常要通过多路开关和采样保持器进行数据采集后送入微机，若这部分的电路性能不好，幅值较大的干扰信号也会使邻近通道之间产生信号串扰，这种串扰会使信号产生失真。

3. 场干扰

系统周围的空间总是存在着磁场、电磁场、静电场，如太阳及天体辐射电磁波，广播、电话、通信发射台的电磁波，周围中频设备（如中频炉、晶闸管变送电源、微波炉等）发出的电磁辐射等。这些场干扰会通过电源或传输线影响各功能模块的正常工作，使其中的电平发生变化或产生脉冲干扰信号。

综上所述，干扰源使得无用信号融入信号通道中，致使控制系统错误操作，造成系统不稳定，产生故障。控制系统由硬件电路和软件编程组成，为了使机电产品达到预期规定功能，可以从硬件与软件两方面进行抗干扰设计。

10.4.2 电源抗干扰设计

当设备或元件共用电源线和地线时，设备或元件就会通过公共阻抗产生相互干扰，如共用电源则称共电源阻抗干扰，如共用地线则称共地线阻抗干扰。

电源为系统中所有设备共用，其电源内阻也为所有设备共用。当其中一个功率足够大的设备工作时，会使电源的电流增加，从而使电源内阻上的压降增加，进而使其他设备的端电压降低，供电路具有电感，瞬态变化的电流将在这些电感上产生电压降，当电压降超过数字逻辑元件的噪声容限时就会产生干扰。

1. 电网电压波动的抗干扰措施

1）计算机控制系统的供电应该与大功率的动力负载供电分开。

2）在经常停电的地方，计算机控制系统的供电应考虑安装不间断电源（UPS）。

3）对于较长时间欠电压、过电压和电压波动的地方，应安装交流稳压器。交流稳压器的类型有电子磁饱和交流稳压器、铁磁谐振式稳压变压器和抽头式交流稳压器等。

2. 电子设备内部电源线抗干扰措施

其措施是把去耦合电容加在每个集成片的电源端子之间。去耦合电容为集成片的瞬态变化电流提供了一个就近的高频通道，使该电流不至于通过环路面积较大的供电线路，从而大大减小了向外的辐射噪声。

3. 配电抗干扰

电源是控制系统电子电路的能量供应部分。控制系统的电子电路常采用由交流电源（如220V，50Hz）变换成直流电源来（如 24V 和 5V）供电的。由于控制系统的电子电路是通过电源电路接到交流电源上去的，所以交流电源里的噪声通过电源电路干扰了控制系统的电子电路，这是控制系统的电子电路受干扰的主要原因之一。

抑制电源干扰首先从配电系统的设计上采取措施，可采用如图 10-7 所示的系统配电方案。其中，交流稳压器用来保证系统供电的稳定性，低通滤波器可以抑制电网的瞬态干扰。例如图 10-8 所示的低通滤波器，其中 $L = 100\mu H$，$C_1 = 0.1 \sim 0.5\mu F$，$C_2 = 0.01 \sim 0.05\mu F$，该低通滤波器对于 20kHz 以上的干扰抑制能力较好。

图 10-7　系统配电方案

　　当电源变压器一次线圈内靠铁心的一端接火线时，称为热地，反之称为冷地。一次地与二次地之间会因变压器内绕组间的寄生电容产生高频干扰。因此，在电源变压器的一次线圈和二次线圈间加电容，即加静电屏蔽层，如图 10-9 所示。图中，C_3 把耦合电容分隔成 C_2、C_1，使耦合电容隔离，断开高频干扰信号，能够有效地抑制共模干扰。

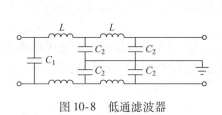

图 10-8　低通滤波器

图 10-9　电源变压器干扰隔离电路

4. 开关电源抗干扰

　　机电一体化系统目前使用的直流稳压电源可分为常规线性直流稳压电源和开关稳压电源两种。常规线性直流稳压电源由整流电路、三端稳压器及电容滤波电路组成。开关稳压电源是利用 20kHz 以上的频率（目前可达 250kHz 以上），并以开和关的时间之比来控制稳定输出电压的，所以在电源线路内的 dU/dt、dI/dt 变化幅度很大，产生很大的浪涌电压和其他各类脉冲，形成一个强烈的干扰源。根据图 10-10 所示的开关电源的基本电路，可以分析出其产生干扰的原因：

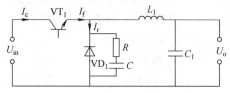

图 10-10　开关电源基本电路

　　1）开关电源的大功率开关管 VT_1 工作在高压大电流的高频切换状态，由导通切换到关断状态时形成的浪涌电压或由关断切换到导通状态时形成的浪涌电流的高次谐波成分通过向空间发射或通过电源线的传导构成了干扰源。

　　2）由关断切换到导通状态时续流二极管 VD_1 受反向恢复特性的限制，产生尖峰状的反向电流，它与二极管结电容以及引线电感形成了阻尼正弦振荡，通过传导和电磁辐射耦合将噪声传播出去，并含有大量的谐波成分，构成干扰。这种由二极管反向电流所造成的噪声是最主要的，它可以分成返回噪声、输出噪声和辐射噪声三类。返回噪声即返回到电网中的噪声，它通过电源变压器传播到电网中，影响着附近接在电网上工作的电子设备，它又可分为串模噪声和共模噪声；辐射噪声以电磁波的形式干扰其他电路或开关电源内部的电路。

　　由前所述，开关电源的抗干扰设计主要从抑制干扰源的强度和衰减噪声两个方面考虑。第一个方面，开关电源中的整流二极管 VD_1 所产生的噪声是最主要的，而该噪声的大小又取决于二极管的反向电流的大小。如果将反向电流刚产生至恢复到零这段时间称作反向恢复时间，则反向电流的幅值是正比于反向恢复时间的。为了减少噪声干扰，要求二极管 VD_1 反向恢复时间要短。将由 RC 组成的缓冲器并接在整流二极管 VD_1 上，可以减小输出噪声。第二个方面，主要从开关电源本身的屏蔽接地和开关电源多负载的合理布线两方面着手。另外，交流电的引入线应采用粗导线，直流输出线应采用双绞线，扭绞的螺距要小，并尽可能缩短配线长度。

10.4.3　地线干扰抑制

工作地线的本来目的是给电源和传输信号提供一个等电位，但在实际电路中工作地线常常兼作电源和信号的回流线。工作地线总是具有一定的电阻和分布电感，一般电阻很小可以忽略，但高频时电感的感抗不能忽略。当回流流过工作地线时，就会在地线的阻抗上产生电压降，因此地线上各点的电位不同，任意二点间存在着一定的电位差，这就可能产生共阻抗干扰。

接地的含义是提供一个等电位点或等电位面。接地可以接真正的大地，也可以不接。例如，飞机上的电子电气设备接飞机壳体就是接地。接地的目的有两个：一是为了保护人身和设备的安全，免遭雷击、漏电、静电等危害，这类地线称为保护地线，应与真正大地连接；二是为了保证设备的正常工作，这类地线称为工作地线。在电子设备中一定要注意工作地线的正确接法，否则非但起不到保护作用反而可能产生干扰，如共地线干扰、地环路干扰和共模干扰等。人们常常把屏蔽接地称作第三类接地。

1. 单点接地和多点接地

实际电路中有单点接地和多点接地。低频电路（频率 <10MHz）一般采用单点接地方式，高频电路（频率 >10MHz）一般采用多点接地方式。

单点接地有单点串联接地（见图 10-11）和单点并联接地（见图 10-12）之分。

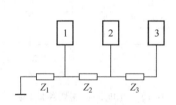

图 10-11　单点串联接地

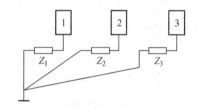

图 10-12　单点并联接地

由于接地点远而形成的环路，为了防止从接地系统传来的干扰，可以采用单点串联接地来切断。由于多个设备采用公用地线串联接地而形成的环路，可以采用单点并联接地来切断。在实际电路中常常把单点并联和单点串联方式结合起来使用。首先把容易产生相互干扰的电路各自分成小组，如把模拟电路和数字电路、小功率和大功率电路、低噪声电路和高噪声电路等区分开，在每个组内采用单点串联方式把各电路的接地点串联起来，选择在电平最低的电路处作为小组接地点（如模拟地、数字地等）。分组后再把各小组的接地点按单点并联的方式分别连接到一个独立的总接地点，如图 10-13 所示。图 10-11、图 10-12 中的 Z_1、Z_2、Z_3 是与地线的分布电阻、分布电感、分布电容相应的地线阻抗。

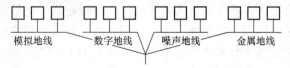

图 10-13　单点串联和单点并联混合接地方式

多点接地的思路是把需要接地的电路就近接到一金属面上，各电路接地点到金属面的引线要尽可能短。金属面要导电好、面积大，不易产生共阻抗干扰。在印制电路板上常用大块的金属面而不是用轨线作地线，在多层印制电路板中专门有一层用作地线，在设备中则常用机壳作地线。

2. 电缆的屏蔽接地

人们常常用到屏蔽电缆。在低频时，人们采用屏蔽层单端接地，在高频时，采用屏蔽层双端接地。

3. 地环路切断

在布置设备的地线时一般不希望把地线布置成封闭的环状，一定要留有开口，这是因为封闭环在外界电磁场影响下会产生感应电动势，从而产生电流，电流在地线阻抗上有电压降，于是地线上各点电位不相同，容易导致共阻抗干扰。这里的地环路不是指由地线本身构成的环路，而是指电路多点接地并且电路间有信号联系时构成的回路。图 10-14 所示为双信号线地环路。

在机电一体化系统中，地环路引起的干扰是必须要考虑的问题，因为一般用来监测设备工作状态的传感器距离控制设备都比较远，两处的地电位可能差别较大，而且传感器往往安装在工业现场，周围由强电设备产生的电磁噪声较强，很容易产生地环路干扰。

抑制地环路干扰的方法是切断地环路，可以用光电耦合器切断地环路（见图 10-15），也可以用隔离变压器切断地环路。

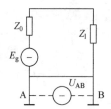

图 10-14　双信号线地环路

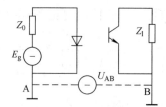

图 10-15　光电耦合器切断地环路

4. 设备分类接地

对于机电一体化系统，应把系统中设备分成强电、弱电、强弱电混合设备三种情况考虑如何接地。前面已讲过地线分保护接地、工作接地和屏蔽接地。如果是强电设备，主要考虑保护接地，地线应真正和可靠接地。

如果是弱电设备，保护地线和屏蔽地线最终都是连接到某一点，然后接大地，但是系统地线则不一定，有时系统地线是浮置的（见图 10-16）。系统地线浮置方式仅适用于小型设备（这时电路对机壳的分布电容较小）和频率较低的电路。电路较复杂、工作速度较高的控制设备则不应采用浮地方式，其系统地线、屏蔽地线、保护地线应接在机柜上的中心接地点。

如果是强弱电混合设备，各个设备的系统地线、屏蔽地线、保护地线一般不在机柜内的中心接地点汇合，而是分别引出机柜外，然后与相应的接地母线相连接。地线的长度增加会使地线阻抗增加，特别是地线长度为地线中电流波长 λ 的 1/4 时，地线阻抗非常高，并且地线长度变成了辐射天线，向外辐射噪声，所以地线长度应小于 $\lambda/20$。对大多数工业控制设备而言，由于信号电缆的分布电容和输入装置的滤波等因素的影响，装置之间的信号交换频

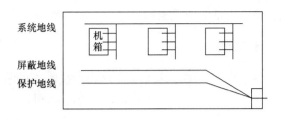

图 10-16　浮置的系统地线布置

率不高，一般以 1MHz 为上限，根据上述要求可求得地线的长度为 15 ~ 30m。

　　5. 接地极的设置与布置

　　在机电一体化系统的接地布置中，往往设有多个接地极接大地，如避雷接地极、供电变压器中性点接地极、强电和弱点设备的保护接地极、弱电设备的系统和屏蔽接地极等。强电设备工作时或发生故障时可能通过接地极向大地注入很大电流，引起周围地电位的剧烈变化，所以弱电设备（如电子控制设备、计算机设备）的接地极应该远离强电设备的接地极。弱电设备与高压供电变压器中性点距离应大于 20m，弱电设备与避雷针间距离应大于 20m，弱电设备与强电设备间距离应大于 15m。

10.4.4　干扰屏蔽

　　屏蔽是通过切断辐射电磁噪声的传输途径来抑制干扰的。屏蔽可分为电场屏蔽和磁场屏蔽。根据屏蔽方法又可把屏蔽分为主动屏蔽与被动屏蔽。

　　1. 静电场的屏蔽

　　主动屏蔽是用金属体把带电体包围起来，并使起屏蔽作用的金属体接地。被动屏蔽是用金属体把敏感设备包围起来，并使起屏蔽作用的金属体接地。它们的屏蔽原理可以用物理上的静电场知识解释。

　　2. 交流电场的屏蔽

　　静电场是由静止电荷产生的电场，它不随时间的变化而变化。在实际的电路中，电荷都是流动的，电场也是交变的，因此研究交变电场的屏蔽更有实际意义。

　　无论是静电场还是交变电场，电场屏蔽的必要条件是有屏蔽金属体和接地。对于电场屏蔽，只要把任何很薄的金属体接地就能达到良好的效果。

　　3. 低频磁场的屏蔽

　　铁心变压器是主动低频磁场屏蔽的应用实例，其线圈电流产生的磁力线的绝大部分被铁心束缚住，不会对其他敏感设备产生太大影响。被动低频磁场屏蔽是用高导磁率的材料把敏感设备包围起来。

　　4. 高频磁场的屏蔽

　　高频磁场屏蔽是用金属良导体（如铜、铝等）把干扰源包围起来。由于"涡流"效应，高频磁场在良导体内部产生很大的涡流电流，使可能发射的高频磁力线的能量耗尽，从而达到磁屏蔽的效果。

　　5. 电磁场的屏蔽

　　电磁场屏蔽用于抑制噪声源和敏感设备距离较远时通过电磁场耦合产生的干扰。电磁场屏蔽必须同时屏蔽电场和磁场，通常采用电阻率小的良导体材料。空间电磁波在入射到金属表面时会被反射和吸收，使电磁能量大大衰减，从而起到屏蔽作用。

10.4.5 瞬态噪声抑制及触头保护

瞬态噪声指时间很短但幅度较大的电磁干扰。这类干扰噪声的特点是幅度大、时间短、频谱宽，对设备的危害较大。对带有触头开关控制的电路，特别是感性负载电路，在开关断开或闭合瞬间，开关触头处可能因电感储存磁能的释放，导致瞬态高电压或瞬态冲击电流，而出现触头气隙击穿和放电过程。这些由电击穿引起的放电过程，一方面会损伤开关的触头，降低其使用寿命；另一方面会同时产生瞬态噪声，干扰其他电路的正常运行。因此，必须在电感负载两端或开关触头处加装保护电路。

1. 电感负载两端并联放电通路

在电感两端并联放电通路的目的是在切断电感的电源时，给电感存储的能量提供一条释放能量的通路，避免产生触头间的火花放电和脉冲噪声。并联放电通路有以下几种形式：

1）并联电阻通路。在电感负载两端并联电阻 R，如图 10-17 所示。图中的 R_L 是线圈的等效电阻，I_0 是开关断开之前电感中的电流，开关刚断开时电感两端的电压是 $U_L = -(R + R_L)I_0$，此后成指数衰减，衰减时间常数为 $L/(R + R_L)$。调整 R 的阻值，即可调整电感两端的电压及过渡过程的快慢。一般取 $R = (1 \sim 3)R_L$。这种电路无极性要求，交直流都能用，且结构简单，常用在小电流电动机绕组

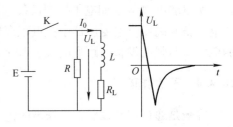

图 10-17 并联电阻通路、电压波形图

和一般继电器中。缺点是工作过程中消耗功率，并且释放电感储能所需时间较长。

2）并联压敏电阻通路。并联压敏电阻的电路与图 10-17 所示电路的不同之处是 R 为压敏电阻。压敏电阻的符号如图 10-18 所示。压敏电阻的特性是：当加在其上的电压低于其阈值电压时，流过它的电流极小，阻值极大，相当于一个断开状态的开关；当加在其上的电压超过其阈值电压时，流过它的电流激增，阻值极小，相当于一个闭合状态的开关。并联压敏电阻通路平时消耗功率小，释放储能时间短，常用于交直流电动机绕组、开关设备、变压器及一些功率较大的设备。

3）并联稳压管、二极管电路。这种电路利用稳压管和二极管的箝位作用，使开关断开时电感两端不会出现太大电压，如采用二极管时电压约为 0.7V。稳压管电路适用于交直流情况，二极管电路只适用于直流电路。

4）并联 R – C 通路（见图 10-19）。开关断开后，电路成自由阻尼震荡电路，电压和电流为衰减正弦波形，交直流电源都可以使用。

图 10-18 压敏电阻符号

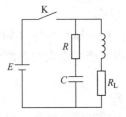

图 10-19 并联 R – C 通路

5）耦合线圈放电通路。直流电路中如有铁心或磁环绕制的电感负载时可用这种方法。负载电感作为初级 n_1，另外在铁心上绕制一个线圈 n_2，与之紧耦合，作为次级回路，回路中串接二极管和小电阻，二极管的方向应使开关闭合时次级回路没有瞬态电流，而在开关 K 断开后次级回路有瞬态电流。图 10-20 所示为耦合线圈放电通路及电感中电流和电压的变化曲线。由于是直流应用，平时次级回路没有功率损耗，只有在开关 K 断开时初级线圈的能量才会耦合到次级上，由于次级回路阻抗很小，所以能量很快就释放了。这个电路虽然抑制效果好，但制作麻烦，只适用于直流电路，且电感必须绕在铁心或磁环上。

6）晶体管放电通路。晶体管放电通路如图 10-21 所示。图中二极管 VD 和晶体管 VT_1 在正常工作时处于反偏置状态，所以电流仅流过负载电感 L，没有额外的功率损耗。一旦开关 K 断开，电感 L 产生的反向高电压使 VT_1 和 VD 都导通，稳压管 VD_2 和电阻 R 确定了晶体管 VT_1 的偏置电压。由于晶体管有放大作用，可以流过很大的电流，所以电感 L 中的能量被释放了。

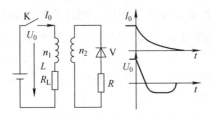

图 10-20　耦合线圈放电通路及电压电流变化曲线

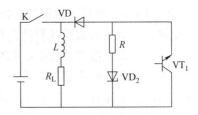

图 10-21　晶体管放电通路

2. 开关触头的保护电路

切断电感负载时，为了防止开关触头产生火花放电，除了在电感负载两端增加能量释放通路外，也可在开关触头上增加保护电路，最常用的是 R – C 保护电路，如图 10-22a 所示。

R 和 C 串联后跨接在开关的两端，当开关断开时，电感中储存的能量通过 R – C 电路释放，避免了触头间产生放电。R 的选择要考虑两个方面的因素：一方面在开关断开瞬间希望 R 越小越好，以便电感中储存的能量尽快地转移到电容中去；另一方面当开关闭合时希望 R 尽可能大，以免电容上的能量通过开关触头放电时电流太大而烧坏触头。开关触头间存在两种形式的击穿放电，即气体火花放电和金属弧光放电。要防止气体火花放电，应控制触头间电压低于 300V；要防止金属弧光放电，应控制触头间的起始电压上

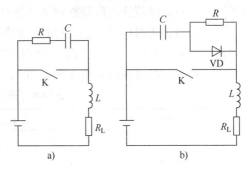

图 10-22　触头保护电路
a）R – C 保护电路　b）R – C – V 保护电路

升率小于 $1V/\mu s$，并把触头间最小瞬态电流控制在 0.4A 以下。需要根据这些原则选择 R 和 C。

R – C 触头保护电路无极性要求，在交直流情况下都能应用。图 10-22b 所示为一种 R – C 保护电路的改进形式，即在 R 上并联二极管 VD。在开关断开时，二极管导通，R 不起作用，在开关闭合时，二极管不导通，R 起作用，这样只要满足 $R > 10U_0/I_0$，即可对开关触

头起到保护作用。

10.4.6　软件抗干扰

软件抗干扰设计主要从以下四个方面考虑：

1）定时监视监督，即实时监测 PC 值是否在程序区。PC 值在程序区表明计算机控制系统运行正常，否则说明程序跑飞。程序跑飞时需要程序跳转到机器的重启动入口或者复位入口，使得系统重新启动。采取的处理方式是设置一个定时中断或者几个定时中断，在中断定时服务程序中检查 PC 值是否正常，一旦发现不对，则立即转入系统的重启动入口。

2）随时校改 RAM 数据，即实时保护存储在 RAM 中不允许丢失的少数数据。采用的解决方式是在软件编程过程中综合应用校验法和设标法，即将 RAM 工作区重要区域的始端和尾端各设置一个标志码"0"和"1"，并且对 RAM 中固定不变的存储区设置校验字。在系统运行的过程中，定时地利用查错子程序及时地修正 RAM 存储区内重要的数据。

3）Watchdog 软件抗干扰设计。控制系统内部设置连锁、环境检测与诊断 Watchdog"看门狗"电路，一旦发现故障或程序循环执行时间超过了警戒时钟 WDT 规定时间，预示程序进入了死循环，立即报警，以保证 CPU 可靠工作。利用系统软件定期进行系统状态、用户程序、工作环境和故障检测，并采取信息保护和故障恢复措施，PLC（可编程逻辑控制器）采用循环扫描的工作方式也提高了系统的抗干扰能力。

4）I/O 信号的软件抗干扰设计。由于与控制系统相连接的各类信号传输线除了传输有效信号外，还会有外部干扰信号的侵入。此时需要对 I/O 信号进行处理，即需要对模拟信号和开关量信号进行滤波。由于数字滤波无需增加设备，只要在程序中预先安排一段程序，即可以减少噪声在有用信号中的比例，从而提高信号的真实性和可靠性，所以被广泛地应用在 DCS（Distributed Control System，分散控制系统）和 PLC 中。常用的数字滤波方法有：平均值滤波法、中值滤波法、限幅滤波法和惯性滤波法。而开关量的采样滤波是先将采样信号记忆，经过延时，再对该信号进行检查，如果其仍然存在，就认为它为"真"；否则就确认它为"假"，将其舍弃。延时时间必须小于被滤波信号正常存在的最短时间，否则有用信号将会丢失。开关量信号滤波真值表见表 10-9。

表 10-9　开关量信号滤波真值表

第一次采样信号	第二次采样信号	滤波
0	0	0
0	1	保持
1	0	保持
1	1	1

复习与思考

10-1　什么是机电一体化系统总体技术？

10-2　机电一体化总体设计的主要内容有哪些？

10-3　什么是预防性维修和修复性维修？

10-4　产品的主要性能指标有哪些？如何根据使用要求来确定产品的性能指标？

10-5　机电产品的可靠性指标有哪些？

10-6　为何在机电一体化总体方案设计时要进行功能分配和性能指标分配？如何进行功能分配和性能指标分配？

10-7　系统优化设计方法有哪几种？

10-8　机电一体化系统干扰源主要有哪些？

10-9　机电一体化系统硬件抗干扰设计的内容包括哪些内容？

第11章 机电一体化实例

章节导读:

机电一体化产品种类繁多,应用范围广泛。现代社会中,机电一体化产品比比皆是,如家用电器中的全自动洗衣机和智能空调,机械制造领域中的各种数控机床和工业机器人,农业工程领域中的自动驾驶拖拉机、果实采摘机器人和智能设施农业等,在国防领域,机电一体化技术更是支撑了几乎全部高精尖军事装备的设计、制造和使用。本章介绍了数控机床、微机电系统、工业机器人、智能农业装备等机电一体化技术应用热门领域的发展现状与趋势、主要类型、特点以及典型产品等。本章内容体现了机电一体化共性关键技术的充分融合,是对前面各章节知识的总结和系统化运用。

11.1 数控机床

11.1.1 概述

为了实现多品种、小批量产品零件的自动化生产,一种称为数控机床(CNC,Computer Numerical Control)的现代机床应运而生。数控机床是数字控制机床的简称,是一种装有程序控制系统的自动化机床。该控制系统能够处理具有控制编码或其他符号指令规定的程序,并将其译码,从而驱动机床运转并加工零件。它很好地解决了刚性自动生产线难以经常改型和调整设备的问题。自从1952年美国麻省理工学院伺服机构实验室研制出世界上第一台数控机床以来,数控机床在制造业,特别是汽车、航空航天及军事工业中被广泛地应用,数控技术无论在硬件还是软件方面都有了飞速发展。现代数控技术更是集机械制造技术、液压气动技术、计算机技术、成组技术与现代控制技术、传感检测技术、信息处理技术、网络通信技术等于一体。因此,数控技术的提高是提高整个制造业水平发展的重要基础。

1. 数控机床的特点

数控机床对零件的加工过程是严格按照加工程序所规定的参数及动作执行的,它是一种高效能自动或半自动机床。与普通机床相比,具有以下明显特点:

1)适用于复杂异形零件的加工。数控机床可以完成普通机床难以完成或根本不能制造的复杂零件的加工,因此在航空航天、造船、汽车、模具等行业中得到广泛应用。

2)加工精度高。数控机床的加工精度一般可达到 $0.001 \sim 0.1mm$。数控机床是按数字信号形式控制的,数控装置每输出一个脉冲信号,则机床移动部件移动一个脉冲当量(一般为 $0.001mm$),加工过程不需要人工干预,而且机床进给传动链的反向间隙与丝杠螺距平均误差可由数控装置(CNC装置)进行校正及补偿。所以,数控机床定位精度比较高,可以获得比机床本身精度还要高的加工精度和重复精度。

3)加工稳定可靠。数控机床采用计算机控制,可排除人为误差,零件的加工一致性好,质量稳定可靠。

4）高柔性。在数控机床上加工零件主要取决于数控加工程序。它与普通机床不同，不必制造、更换许多工具和夹具，不需要经常调整机床，当加工对象改变时，一般只需要更改数控加工程序，因此可大大节省准备时间。在数控机床的基础上，还可以组成具有更高柔性的自动化制造系统——柔性制造系统（Flexible Manufacturing System，FMS）。

5）生产率高。数控机床主轴转速和进给量的范围大，允许机床进行大切削量的强力切削，可有效地减少零件的切削时间和辅助时间。数控机床目前正进入高速加工时代，数控机床移动部件的快速移动和定位及高速切削加工，减少了半成品的工序间周转时间，提高了生产率。

6）劳动条件好。数控机床是具有广泛的通用性而且具有很高自动化程度的机床。它的控制系统不仅能控制机床各种动作的先后顺序，还能控制机床运动部件的运动速度，以及刀具相对工件的运动轨迹。数控机床的动作都是自动连续完成，操作者只需操作控制面板、装卸零件、关键工序的中间测量及观察机床运动，不需要进行繁重的重复性手工操作，劳动强度和紧张程度均可大大减轻，劳动条件也得到了相应的改善。另外，数控机床还是计算机辅助设计与制造（CAD/CAM）、柔性制造系统（FMS）、计算机集成制造系统（Computer Integrated Manufacturing System，CIMS）等柔性加工和柔性制造系统的基础。

7）有利于管理现代化。用数控机床加工零件，能精确地计算零件的加工工时，并可以有效地简化检验和工装夹具、半成品的管理工作，这些特点都有利于向计算机控制与管理生产方面发展，为实现生产过程自动化创造了条件。

8）投资大，维修困难，使用费用高。数控机床的初期投资及技术维修等费用较高，而且数控机床作为典型的机电一体化技术，技术含量高，对管理及操作人员的素质要求也较高。合理地选择和使用数控机床，可以降低企业的生产成本，提高经济效益和竞争能力。

2. 数控机床的构成

数控机床是指在加工工艺的一个工序上实现数字控制的自动化机床，如数控车床、数控铣床、数控磨床、数控钻床和数控齿轮加工机床等。尽管这些机床在加工工艺方面存在很大差异，具体的控制方式也不相同，但它们都适用于单件、小批量和多品种的零件加工，具有很好的加工尺寸一致性、很高的生产率和自动化程度。

图 11-1 所示为数控装置的基本组成框图。其中图样是指加工零件的图样，作为数控装置工作的原始数据。根据被加工零件的图样及技术要求、工艺要求等切削加工的必要信息，按数控系统所规定的指令和格式编制的数控加工指令序列就是数控加工程序，或称零件程序。要在数控机床上进行加工，数控加工程序是必需的，制备数控加工程序的过程称为数控加工程序的编制，简称数控编程（NC Programming），它是数控加工中的一项关键工作。

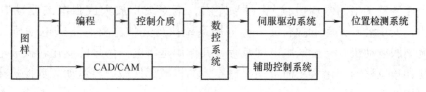

图 11-1 数控装置的基本组成框图

图 11-1 中的控制介质也称为信息载体，通常是用穿孔纸带、磁带、软磁盘或光盘作为记载控制指令的介质。控制介质上存储了加工零件所需要的全部操作信息，是数控系统用来

指挥和控制设备进行加工运动的唯一指令信息。在现代 CAD/CAM 系统中，也可不经控制介质，将计算机辅助设计的结果及自动编制的程序加以后置处理，直接输入数控装置。

图 11-1 中的数控系统是数控装置的核心环节。数控系统的作用是接收控制介质输入的信息，经处理运算后用于控制机床运动。数控系统结构可分为硬件结构和软件结构。CNC 数控系统软件是为完成 CNC 系统的各项功能而专门设计的，是数控加工的一种专用软件，又称为系统软件（系统程序），其管理作用类似于计算机的操作系统。不同的 CNC 装置，功能和控制方案不同，故各系统软件在结构和规模上差别较大，各生产厂家的软件互不兼容。现代数控机床的功能大多需要采用软件来实现，所以系统软件的设计及功能是 CNC 系统的关键。CNC 数控系统硬件除了一般计算机所具有的中央处理器（CPU）、存储器、输入输出接口外，还包括数控系统的专用接口和部件，如位置控制器、USB 接口、手动数据输入（Manual Data Input，MDI）接口和 CRT（显示器）等，如图 11-2 所示。

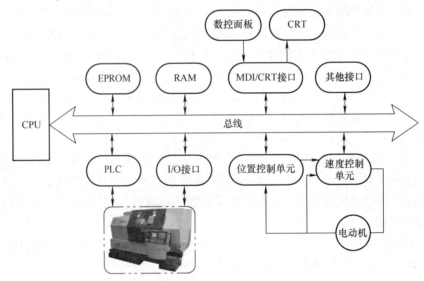

图 11-2 数控系统的硬件结构

图 11-1 中的伺服驱动系统包括伺服驱动电路（伺服控制线路、功率放大线路）和伺服电动机等驱动执行机构。它们与工作本体上的机械部件组成数控设备的进给系统，其作用是把数控装置发来的速度和位移指令（脉冲信号）转换成执行部件的进给速度、方向和位移。数控装置可以以足够高的速度和精度进行计算并发出足够小的脉冲信号，关键在于伺服系统能以多高的速度与精度去响应执行，整个系统的精度与速度主要取决于伺服系统。伺服驱动电路可把数控装置发出的微弱电信号（5V 左右，毫安级）放大成强电的驱动电信号（几十、上百伏，安培级）来驱动执行元件。伺服系统执行元件主要有步进电动机、电液脉冲马达、直流伺服电动机、交流伺服电动机等，其作用是将电控信号的变化转换成电动机输出轴的角速度和角位移的变化，从而带动机械本体的机械部件做进给运动。数控机床伺服系统的基本组成如图 11-3 所示。

图 11-1 中的位置检测系统是数控机床伺服系统中重要的组成部分，其作用是检测位移和速度，发送反馈信号，构成伺服系统的闭环或半闭环控制。数控机床的加工精度主要是由检测系统的精度保证。位置检测系统可测量的最小位移量称为分辨率。分辨率不仅取决于检

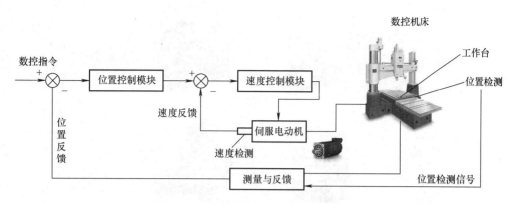

图 11-3　数控机床伺服系统的基本构成

测元件本身，也取决于检测电路。数控机床对位置检测系统有如下要求：

1）受温度、湿度的影响小，工作可靠，能长期保持精度。还要能抗各种电磁干扰且抗干扰能力强。

2）在机床执行部件移动范围内能满足机床精度和速度的要求。检测系统的安装精度要合理。

3）使用维护方便，适应机床工作环境。位置检测系统要求有较好的防尘、防油雾、防切屑等措施。

4）成本低等。

图 11-1 中的辅助控制系统用于控制其他部件的工作，如主轴的起停、刀具交换等。

数控系统的工作本体是用于加工运动的执行部件，主要包括主运动部件、进给运动执行部件、工作台及床身立柱等支撑部件，此外还有冷却、润滑、转位和夹紧等辅助装置，以及存放刀具的刀架、刀库或交换刀具的自动换刀机构等。对工作本体的要求是，应该有足够的刚度和抗振性，要有足够的精度，热变形小，传动系统结构要简单，便于实现自动控制。

3. 应用及分类

衡量一个国家综合实力的重要标志之一，是数控机床的拥有量及其性能水平的高低。加快发展数控机床产业也是我国装备制造业发展的现实要求。中国机床工具工业协会调查表明，航天航空、国防军工制造业需要大型、高速、精密、多轴、高效数控机床，汽车、摩托车、家电制造业需要高可靠性、高效、高自动化的数控机床和成套柔性生产线，电站设备、造船、冶金设备、石化设备、轨道交通设备制造业需要高精度、重型的数控机床，IT 业、生物工程等高技术产业需要纳米级、亚微米级超精密加工数控机床，工程机械、农业机械等传统制造行业的产业升级，特别是民营企业的蓬勃发展，需要大量数控机床。所以，数控机床的发展对我国经济发展起到至关重要的作用。

按照机床加工方式的不同，可以把数控机床分为以下几类：

1）普通数控机床。这类机床的工艺性能和通用机床相似，所不同的是它能加工复杂形状的零件。属于此类的数控机床有数控车床、数控铣床和数控磨床等，如图 11-4a ~ c 所示。

2）加工中心。这类机床是在一般数控机床的基础上发展起来的、配有刀库（可容纳 10 ~ 100 多把刀具）和自动换刀装置的机床。其特点是：工件经一次装夹，数控装置就能控制机床自动更换刀具，完成铣、镗、钻、铰及攻螺纹等多道工序。图 11-4d 所示为立式加工

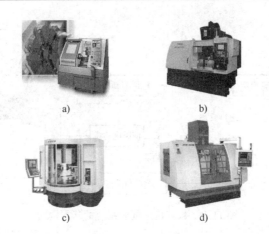

图 11-4　各类数控机床

a）数控车床　b）数控铣床　c）数控磨床　d）立式加工中心

中心。

3）多坐标机床。有些形状复杂的零件（如螺旋桨）用三坐标的数控机床还是难以加工，为此出现了多坐标的数控机床。其特点是数控装置控制的轴数较多，机床结构也比较复杂，其坐标轴数常取决于被加工零件的工艺要求。目前常用的是 3~4 个坐标数控机床。

11.1.2　技术示例

1. 加工中心（MC）

加工中心是带刀库和自动换刀装置的数控机床，它将数控铣床、数控镗床、数控钻床的功能组合在一起，零件在一次装夹后，可以对其加工面进行铣、镗、钻、扩、铰及攻螺纹等多工序加工，打破了在一台数控机床上只能完成一两种工艺的传统概念。加工中心能有效地避免由于多次安装造成的定位误差，所以它适用于产品更换频繁、零件形状复杂、精度要求高、生产批量不大、生产周期短的产品。图 11-5 所示为卧式加工中心。加工中心主机由床身、底座、立柱、横梁、滑座、工作台、主轴箱、进给机构、刀具交换装置和其他辅助装置组成。

下面以 HB - 卧式镗铣加工中心（见图 11-5）为例，来说明加工中心的空间结构类型、自动换刀装置、控制系统和接口技术。其机械装置的参数见表 11-1。

图 11-5　卧式加工中心

表 11-1　HB - 卧式镗铣加工中心机械装置参数

项目	参数	HB1416 - 110	HB1620 - 130
加工范围	X 轴行程（左右）/mm（in）	2000（78.7）	3000（118.1）
	Y 轴行程（前后）/mm（in）	1800（70.9）	2100（82.7）
	Z 轴行程（上下）/mm（in）	1300（51.2）	1500（59.1）
	W 轴行程/mm（in）	500（19.7）	700（27.6）
	主轴头鼻端到工作台中心线/mm（in）	200~700（7.9~27.6）	80~780（3.1~30.7）

（续）

项目	参数	HB1416－110	HB1620－130
工作台规格	工作台尺寸（X 轴方向）/mm（in）	1440（56.7）	1600（63）
	工作台尺寸（Y 轴方向）/mm（in）	1600（63）	2000（78.7）
	工作台最小分割角（°）	0.001	0.001
	工作台最大载重/kg（lb）	8000（17637）	12000（26455）
主轴规格	主轴转速/（转/min）	1～3500（两档无级变速）	1～2000（两档无级变速）
	主轴功率（连续/30min）/kW（HP）	22/26（30/35）	
	主轴内孔锥度	BT#50	
进给系统	快速进给速率（X 轴）/[mm（in）/min]	15000（590.6）	
	快速进给速率（Y 轴）/[mm（in）/min]	12000（472.4）	
	快速进给速率（Z 轴）/[mm（in）/min]	15000（590.6）	
	快速进给速率（W 轴）/[mm（in）/min]	5000（196.9）	
	快速进给速率（B 轴）/（转/min）	5	
	切削进给速度/[mm（in）/min]	5000（196.9）	
刀库系统	刀具容量/件	40	
	最大刀具直径/mm（in）	125/250（4.9/9.8）	
	最大刀具长度/mm（in）	400（15.7）	
	最大刀具重量/kg（lb）	25（55）	

（1）加工中心空间结构类型　卧式加工中心根据其技术特点常采用框架结构双立柱，主轴箱在其中移动，构成 Y 坐标轴；X、Z 坐标轴的移动方式有所不同，要么是工作台移动，如图 11-6a 所示，要么是立柱移动，如图 11-6b所示。图 11-6 所示的两种布局形式是卧式加工中心最基本也是常用的布局形式。以这两种基本形式为基础，通过不同的组合还可以派生出多种布局形式，如 X、Z 两坐标

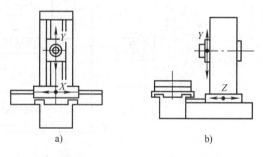

图 11-6　卧式加工中心的常用布局形式

轴都采用立柱移动，工作台采用完全固定的结构型式；或 X 坐标轴采用立柱移动、Z 坐标轴采用工作台移动的 T 型床身结构型式等。

　　立式加工中心是加工中心中数量最多的一种，应用范围也最为广泛。其中，十字滑鞍工作台不升降结构的工作台可以在水平面内实现 X 轴和 Y 轴两个方向的移动，该结构由于工作台承载工件一起运动，故常为中小型立式加工中心采用；T 型床身立柱移动结构的工作台在前床身上移动，可以实现 X 方向的运动，立柱在后床身上移动，可以实现 Z 方向的运动，适用于规格较大的立式加工中心；三坐标单元结构的特点是在后床身上装有十字滑鞍，可以实现机床 X、Y 两个坐标轴的进给运动，通过主轴箱在立柱中的上下移动可以实现主轴的 Y 向运动，机床三个方向的运动不受工件重量的影响，故承载稳定，再加上工作台为固定式，所以该结构对提高机床的刚性和精度保持性是十分有利的，常为规格较大、定位精度要求较

高的加工中心所采用。

（2）加工中心自动换刀装置　自动换刀装置简称 ATC（Automatic Tool Changer），在加工中心中扮演着极重要的角色。自动换刀装置是指能够自动完成主轴与刀具储存位置之间刀具交换的装置，其主要组成部分是刀库、机械手和驱动装置。刀库的功能是存储刀具并把下一把即将要用的刀具准确地送到换刀位置，供换刀机械手完成新旧刀具的交换。常见的刀库主要有转塔式刀库、盘式刀库、链式刀库、直线式刀库和组合刀库等。容量大的刀库常远离主轴配置且整体移动不易，需要在主轴和刀库之间配置换刀机构来执行换刀动作。完成此功能的机构包括送刀臂、摆刀站和换刀臂，总称为机械手。具体来说，它的功能是完成刀具的装卸和在主轴头与刀库之间的传递。驱动装置则是使刀库和机械手实现其功能的装置，一般由步进电动机或液压（或气液）机构或凸轮机构组成。

（3）加工中心控制系统　加工中心的控制系统如图 11-7 所示，其控制电路中采用了高速微处理器及许多大规模集成电路。该系统以顺序控制为主，能够实现接触式传感功能、管理功能、自适应功能，利用工（刀）具码（T 码）选择工（刀）具，利用速度码（S 码）选择主轴转速，以及回转工作台的分度控制等。

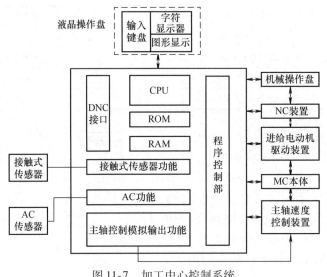

图 11-7　加工中心控制系统

（4）加工中心接口技术　加工中心需要与数据输入输出设备、外部机床控制面板等外围设备进行数据的传送和信息通信。接口是保证信息快速、正确传送的关键部分，其作用是将外围设备送进微机的信息转换为微机所能接受的格式，反之亦然。它具有电平转换、数据缓冲、锁存及隔离功能。

1）键盘及其接口。键盘由一组排列成矩阵方式的按键开关组成。键盘有两种基本类型：全编码键盘和非编码键盘。全编码键盘虽然使用方便，但价格较贵。在数控系统中一般采用非编码键盘，这种键盘可提供行和列的矩阵，按键的识别和相应编码的产生由软件实现。识别按键的方法有很多，如行扫描法、线反转法等。

2）显示器及接口。CRT 接口与 CNC 软件配合，在 CRT 上可显示字符或图形。CRT 显示器一般采用光栅扫描方式。图 11-8 所示为 CRT 显示器接口框图。CRT 显示控制电路由视频电路、刷新存储器（字符 RAM 和图形 RAM）及其地址控制电路、字符发生器与 CRT 的水平和垂直同步脉冲产生电路组成。其中刷新 RAM 的读出地址以及水平垂直同步脉冲均由一只 LSI（Large Scale Integrated circuit，大规模集成电路）的 CRT 控制器产生，由 CPU 控制。CPU 可以是 CRT 单独拥有的，也可以是 CNC 装置的。图中由 CRT 本身的子 CPU 控制显示电路，它与主 CPU 通过 FIFO（First Input First Output，先进先出）连接。子 CPU 通过地址总线依次送来刷新 RAM 的写入地址，将其送到地址锁存储器寄存，再经多路开关选通刷新 RAM 的地址，将数据总线来的数据写入刷新 RAM。

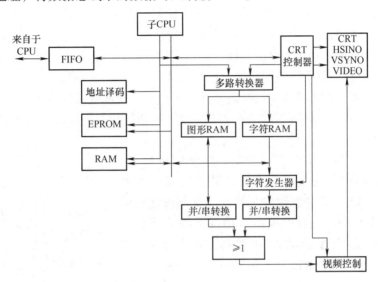

图 11-8　CRT 显示器接口框图

3）I/O 接口。CNC 装置与外围设备不能直接连接，而是通过相应的接口芯片和 I/O 接口电路与之相连。接口芯片负责 CPU 与外围设备的信息交换，通过 I/O 接口电路与设备连接。接口电路的主要任务有两项：一是进行电平转换和功率放大，因为 CNC 装置的信号一般是 TTL 电平，但被控设备特别是机床的控制信号不一定都是 TTL 电平，负载也较大，因此有必要进行信号电平转换和功率放大；二是防止噪声以避免引起误动作，采用光电耦合器或继电器将 CNC 装置与被控设备的信号在电气上加以隔离。

4）串口通信及接口。CNC 装置与一些输入/输出设备（如键盘、磁盘机、磁带机、打印机等）、机床控制面板、手摇脉冲发生器等交换信息时，需要能传送数据的通信接口。CNC 装置传送数据的方式一般分为串行方式和并行方式。串行传送用于传输较远的设备间的数据，传送速度慢，但只占用一条传输线，因此串行传送是一种极有用的方式。CNC 装置可与上级计算机或 DNC 计算机直接通信，当与工厂局部网络连接时，还需具备网络通信能力。

以现有技术水平为基础和起点，今后 MC 的技术发展趋势主要有以下几方面：进一步提高加工精度、可靠性、稳定性，发展各式新型 MC，扩大使用范围；通过高速化、复合化，不断提高效率；在"四新"上突破，不断开发出新型 MC；结合信息技术（IT）发展、数控系统的开放化不断提高，MC 向智能化、无人化、网络化发展；进一步发展环保、节能、省地面、个性化、适应性更强的 MC；进一步提高性能价格比；进一步提高自动化、集成化，不断向制造系统发展。总之，在世界范围内，机械制造业将进一步发展，机床工业承担着提供各种先进工艺装备的重任。而 MC 具有很多突出的优点,今后必将获得更大的发展。

2. 电火花数控机床

电火花加工为新产品试制、模具制造及精密零件加工开辟了一条新的工艺路径,特别是数控技术与线切割的结合使得这种加工方法更加广泛地运用到各个领域。

1)加工各种模具,特别适合加工冲模,无论形状是否复杂,通过调整间隙补偿量(在一定范围内),只需一次编程就可以切割成形凸模、凸模固定板、凹模和卸料板等,而且是作为最后的精加工,模具配合间隙、加工精度通常能达到要求。此外,还可以加工带锥度的模具,如挤压模、弯曲模、粉末冶金模和塑压模等。

2)加工尺寸微细、形状复杂的电极,穿孔用的电极,带有锥度的电极,以及纯铜、铜钨、银钨合金等材料,目前用线切割加工特别经济。

3)特别适合加工特殊难加工材料的零件,试制新产品或数量较少不必再另行制造模具的零件,形状复杂、用其他切削加工方法不能或不易加工的零件以及各种型孔、特殊齿轮、凸轮样板、形状刀具等。

电火花加工是在图 11-9 所示的加工系统中进行的。加工时,脉冲电源的一极接工具电极,另一极接工件电极,两极均浸入具有一定绝缘度的工作液(常用煤油或矿物油或去离子水)中。工具电极由自动进给调节装置控制,以保证工具与工件在正常加工时维持一很小的放电间隙(0.01~0.05mm)。当脉冲电压加到两极之间时,可将当时条件下极间最近点的工作液击穿,形成放电通道。由于该通道的截面积很小,放电时间极短,致使能量高度集中,所以放电区域产生的瞬时高温使得材料融化甚至蒸发,以致形成一个小凹坑。一个脉冲放电结束之后,经过

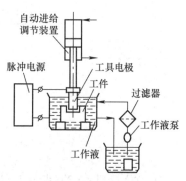

图 11-9 电火花加工系统

很短的间隔时间,下一个脉冲又在另一极间最近点击穿放电。如此周而复始,高频率地循环,工具电极不断地向工件进给,它的形状最终就复制在工件上,形成所需要的工件形状。与此同时,总能量的一小部分也释放到工具电极上,从而造成工具损耗。

电火花线切割加工设备主要是由机床本体、脉冲电源、控制系统、工作液循环系统和机床附件等几部分组成,如图 11-10 所示。

图 11-11 所示为 HMP-450A 型电火花数控机床,其参数见表 11-2。

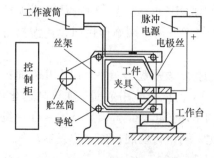

图 11-10 电火花线切割设备

图 11-11 电火花数控机床

表 11-2　HMP-450A 型电火花数控机床参数

项目	参数	HMP-450A
电控箱技术参数	最大加工电流/A	80
	最大加工速率/(mm³/min)	800
	最小电极消耗比（%）	0.5
	最佳表面精度/μm	0.63
	最大输入功率/kVA	8
机械参数	工作油槽容积/mm	1370×690×450
	工作台规格/mm	700×420
	工作台左右行程（X 轴）/mm	450
	工作台左右行程（Y 轴）/mm	350
	Z 轴行程/mm	250
	机背二次行程/mm	200
	工作台到电极板平面最大距离/mm	480
	电极最大载重/kg	50
	机身重量/kg	2050

（1）机床组成　电火花数控机床本体由床身、坐标工作台、运丝机构、丝架、工作液箱、附件和夹具等几部分组成。

床身是坐标工作台、绕丝机构及丝架的支承和固定基础。为了保证机床具有优良的抗温度变化性能、良好的稳定运动性能和较长的精度寿命，机床的床身采用优质铸件制造，并设计成带加强肋的箱式结构。

数控电火花线切割机床通过坐标工作台与电极丝的相对运动来完成零件的加工。它采用"十"字滑板、滚动导轨和丝杠传动副，将电动机的旋转运动变为工作台的直线运动，通过两个坐标方向各自的进给移动合成获得各种平面图形曲线轨迹。由于采用了摩擦系数很小的滚动导轨，因而工作台能够响应伺服电动机的微小动作，可实现亚微米级（0.1μm）的当量驱动。导轨的预紧力直接采用工作台自重压力，使机械精度保持稳定。但要保证工作台的定位精度和灵敏度，传动丝杆和螺母之间必须消除间隙。走丝机构中未使用的金属丝筒中的金属丝以较低的速度移动。为了提供一定的张力，在走丝路径中装有一个机械或电磁式张力机构。它的导丝装置一般是金刚石或蓝宝石加工成的圆孔状或对开的 V 形导向器，有较高的精度保持性和很长的使用寿命，并且导向器孔的直径仅比电极丝大 0.02mm 左右，保证了精确的导向性。为实现断丝时能自动停车并报警，走丝系统中通常还装有断丝检测微动开关。用过的电极丝则集中到专门的收集器中。为了切割有落料角的冲模和某些有锥度（斜度）的内外表面，数控电火花线切割机床具有锥度切割功能。它采用的是双坐标联动装置，用四轴联动的功能来完成上下异形截面形状的加工。最大的倾斜度一般为 ±5°，有的甚至可达 30°。

数控电火花线切割加工脉冲电源与数控电火花成形加工所用的脉冲电源在原理上相同，不过受加工表面粗糙度和电极丝允许承载电流的限制，线切割加工脉冲电源的脉宽较窄（2~60μs），单个脉冲能量、平均电流（1~5A）一般较小，所以线切割加工总是采用正极性加工。脉冲电源由主振电路、脉宽调节电路、间隔调节电路、功率放大电路和整流电源等构成。脉冲电源有很多形式，如晶体管矩形波脉冲电源、高频分组脉冲电源、并联电容型脉冲电源和低损耗电源等。

工作液循环装置包括水箱、过滤装置、循环泵、高压泵、纯水器、水阻检测系统、水压调节装置、空调以及压缩空气装置等。工作液的供给是保证零件加工质量的关键因素，在装置中采用纸芯来过滤工作液，能保证纳米级的微粒被滤除。采用去离子树脂来保证水阻的额定值，并能实现工作液的自动检测和自动交换。室温同步型空调保证了工作液在合适的温度范围内工作。

（2）控制系统 数控电火花线切割控制系统的主要作用是，在电火花线切割加工过程中，按加工要求自动控制电极丝相对工件的运动轨迹和进给速度，来实现对工件的形状和尺寸的加工，亦即根据放电间隙大小与放电状态自动控制进给速度，使进给速度与工件材料的蚀除速度相平衡。它的具体功能包括：

1）轨迹控制。轨迹控制即精确控制电极丝相对于工件的运动轨迹，以获得所需的形状和尺寸。

2）加工控制。加工控制主要包括对伺服进给速度、电源装置、走丝机构、工件液系统以及其他的机床操作的控制。此外，失效、安全控制及自诊断功能也是一个重要的方面。加工控制功能主要有进给控制，短路回退，间隙补偿，图形的缩放、旋转和平移，适应控制，自动找中心以及信息显示七大功能。

电火花线切割机床现在普遍采用微型计算机系统，控制原理是：把工件的形状和尺寸编制成程序指令，一般通过键盘、纸带或磁带输给计算机，计算机根据输入指令控制驱动电动机，由驱动电动机带着精密丝杆，使工件相对于电极丝做轨迹运动。目前，高速走丝电火花线切割机床的数控系统大多采用较简单的步进电动机开环系统，而低速走丝电火花线切割机床的数控系统则大多是伺服电动机加码盘的半闭环系统，仅在一些少量的超精密电火花线切割机床上采用伺服电动机加磁铁或光栅的全闭环数控系统。

11.2 微机电系统

11.2.1 概述

微机电系统（Micro – Electro – Mechanical System，MEMS）又称微机械（Micro – machine）或微系统（Micro – system），是指采用微机械加工技术制作的包括微机械传感器、微机械执行器、微机械器件等微机械基本部分以及微能源和采用集成电路加工技术制作的高性能电子集成线路组成的微机电器件、装置或系统。以微机械为研究对象的微机电系统涉及多种学科，主要有微机械学、微电子学、自动控制、物理、化学、生物以及材料科学等学科。

MEMS 将电子系统和外部世界有机地联系起来，它不仅可以感受运动、光、声、热、磁等自然界信号，并将这些信号转换成电子系统可以识别的电信号，而且还可以通过电子系统控制这些信号，进而发出指令，控制执行部件完成所需要的操作。MEMS 主要包含微型传感器、执行器和相应的处理电路三部分。图 11-12 所示为典型的 MEMS 基本组成框图。

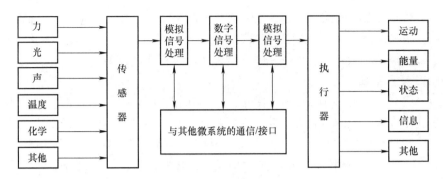

图 11-12　MEMS 基本组成框图

1. MEMS 特点

微系统发展的目标在于通过微型化、集成化来探索新原理、新功能的元件和系统，开辟一个新技术领域和产业。MEMS 可以完成大尺寸机电系统所不能完成的任务，也可嵌入大尺寸机电系统中，把自动化、智能化和可靠性提高到一个新的水平。总结 MEMS 技术的现状和发展，可以大致归纳出以下一些特点：

1）微型化，即体积小、重量轻、耗能低、惯性小、谐振频率高、响应时间短。

2）以硅为主要材料，其机械电器性能优良，强度、硬度和弹性模量与铁相当，密度类似铝，热导率接近钼和钨。

3）可批量生产，如用微加工技术在一片硅片上可一次制造成百上千个微型机电装置，或制造出数个完整的微型机电系统，有利于大批量生产，降低生产成本。

4）集成化，即把不同功能、不同敏感方向或致动方向的多个传感器或执行器集成于一体，或形成微传感器阵列、微执行器阵列，甚至把各种功能的器件集成于一体形成复杂的微系统，可以完成复杂的工作。微传感器、微执行器与微电子器件集成在芯片上，构成可靠性和稳定性高的微机电系统，具有信号获取、处理和控制的功能。

5）采用广泛的物理、化学和生物原理，如将力、加速度、热、磁、电、浓度、活性等变量通过光电、光导、压阻、压电、霍尔效应等变成电信号进行处理和控制，并集约了当今科学技术发展的许多尖端成果。

6）微系统是纳米世界与宏观世界之间的中间媒介，可作为对纳米技术的研究工具和操作平台，也是纳米技术的主要应用对象之一。混合纳机械和微系统的可行性和高性能受到人们的关注。把纳系统和微系统结合或集成起来，可发挥更大的作用。

2. MEMS 理论基础

MEMS 理论基础研究是围绕着微尺度和学科渗透这些核心问题展开的。当构件或系统的尺寸缩小到一定程度时，许多物理现象与宏观世界相比就会有很大的差别，甚至发生质的变化。在微小尺度领域，与物体基本尺寸成高次方（三次方）的惯性力、电磁力会随着基本尺度的减小而快速下降，与基本尺寸成低次方的黏着力、弹性力、表面张力、静电力等减小的速度会慢得多。在许多情况下，体积力可以忽略，表面力成为对系统性能起主导影响作用的因素。构件尺度缩小使构件材料的固有缺陷减小，弹性模量、屈服极限等力学性能明显提高，构件相对运动时，表面摩擦力、润滑膜黏滞力表现突出。在 MEMS 中，所有的几何变形很小（分子级），以至于结构内应力与应变之间的线性关系（胡克定律）已不适用。

MEMS 器件中摩擦表面的摩擦力主要是由表面之间的分子相互作用力引起的，而不再是由载荷压力引起，牛顿摩擦定律已不适用于 MEMS。因此，需要重新对微动力学、微流体力学、微热力学、微摩擦学、微光学、微结构学、微电子学和微生物学等进行研究。

3. MEMS 技术基础

（1）MEMS 材料　许多 MEMS 是用跟微电子相同的材料和工艺制作的，但 MEMS 的特点之一就是利用许多其他的材料和工艺，主要包括：结构材料，如硅、碳化硅、氮化硅、硅锗合金等；功能材料，如压电材料（铅锆钛合金和石英晶体等）、导电材料（金、铝、铜）、绝缘材料（二氧化硅）、超磁致材料、光敏材料等；智能材料，如记忆合金等。针对具体的应用场合，寻找适合该场合使用并能用现有微细加工工艺加工且满足特定性能的优良材料是目前微机械材料研究的主要内容。例如，结构材料最广泛使用的是单硅晶体，但碳化硅能承受更高的温度，比硅的性能更好，而合成金刚石作为结构材料也引起人们强烈的兴趣。

（2）MEMS 加工工艺　目前，MEMS 工艺技术研究中有三大支撑技术，即硅微机械加工技术、LIGA（德语 Lithographic，Galvanoformung，Abformung 的缩写，即光刻、电铸、注塑，是一种基于 X 射线光刻技术的 MEMS 加工技术的三个重要工艺步骤，所以也用 LIGA 来简称该加工技术）和特种超精密微机械加工技术。

硅微机械加工技术源于集成电路加工技术，它将传统的集成电路加工技术由二维的平面加工技术发展成三维的立体加工技术，其主要内容有：

1）体硅微机械加工技术，该加工技术主要包括硅的湿法和干法腐蚀。

2）表面微机械加工，主要包括结构层和牺牲层的制备与腐蚀。

3）键合技术，主要包括静电键合和热键合。

这些技术在实际应用过程中还要借助于集成电路工艺，如光刻、扩散、离子注入、外延和淀积等技术。硅微机械加工技术的特点是可以充分利用集成电路工艺中大量成熟的工艺技术，缺点是加工出的微结构深度比较小。

LIGA 技术是应用 X 射线进行曝光并辅以电铸成型的一种崭新的微机械加工方法。其特点是可以加工出深度比较大的微结构，并且使用的材料非常广泛，既可以使用镍、铜、金、铁镍合金等金属材料，又可以使用陶瓷、塑料等非金属材料；缺点是需要专用的 X 射线同步辐射光源，加工成本昂贵，与微电子工艺的兼容性差。

特种超精密微机械加工技术包括能束（电子束、离子束、激光束）加工技术、电化学加工技术、电火花加工技术、超声加工技术、光成形（三维快速成形）加工技术、扫描隧道显微镜（STM）加工技术以及各种复合加工技术。其特点是可以加工复杂的三维结构，缺点是加工重复性和加工尺寸的可控制性有待提高。

（3）MEMS 组装技术　从元器件到产品要经过微电子线路、微电子器件、MEMS 和完整系统四个层次的组装。微组装系统有基于扫描电子显微镜（SEM）和基于光学显微镜两种类型，其中多自由度操作器，精密微位移工作台及吸附、装卡工具是微系统组装研制中的关键技术。

（4）MEMS 封装技术　与集成电路一样，MEMS 需要环境防护、电信号引出端、机械支撑和热量通路。但 MEMS 封装更复杂，如有的需要与周围环境隔离，有的则需要与环境接触，以便对指定的理化参数施加影响或测量；有的 MEMS 封装要求在特殊的环境下进行，如加速度计；有一些封装则需要在真空条件下进行，以避免振动结构的空气阻尼或热传导作用。目前有多种形式的 MEMS 封装可满足 MEMS 商品化的需求，其中较有代表性的是采用倒装焊技术的 MEMS 封装、上下球栅阵列封装技术和多芯片模块封装技术等。

（5）MEMS 测试技术　MEMS 的测试比集成电路的测试更复杂，因为它集成了电子和机械两类性质，即带有运动构件的芯片的电子性质和微机械性质都必须测试。只有有限的几种测试可以在硅片水平进行，通常还需要封装后再对整个装置进行测试。对集成电路的测试来说，测试只包含电子的输入输出以及温度、射线和其他效应，而对 MEMS 来说，输入可以是振动或加速度，也可以是特殊的压力条件、湿度、化学蒸汽淀积等许多环境参数，导致测试不同装置的输入条件非常复杂。目前，具有微米及亚微米测试精度的几何量级表面形貌测量技术已成熟，如具有 $0.01\mu m$ 分辨力的 HP5582 双频激光干涉系统。当前及未来一段时间内，微观测试技术的重要研究内容将是材料的微观力学性能测试、微结构的力学性能测试、微系统或微单元的运动和力学性能参数测试等。

4. MEMS 的基本组成

一个完整的 MEMS 由微机构、微传感器、微执行器、微构件、信号处理和控制以及通信接口电路、能源等组成，集信息检测、处理、控制、执行等功能于一体。下面介绍 MEMS 的几个主要组成单元。

1）微型传感器。微型传感器是 MEMS 的一个重要组成部分。现在已经形成产品和正在研究中的微型传感器有压力、力、力矩、加速度、速度、位置、流量、电量、磁场、温度气体成分、湿度、pH 值、离子浓度和生物浓度、微陀螺、触觉传感器等。微型传感器正朝着集成化和智能化的方向发展。

2）微型执行器。微型执行器的功能是利用不同原理与执行机构来产生力并实现位移。微型电动机是一种典型的微型执行器，可分为旋转式和直线式两种类型。其他的微型执行器还有微开关、微谐振器、微阀和微泵等。把微型执行器分布成阵列可以收到意想不到的效果，如可用于物体的搬送、定位、微型执行器的驱动、压电驱动、电磁驱动、记忆合金驱动、热双金属驱动、热气驱动等。

3）微型构件。小型或微型设备的构件主要包括微膜、微梁、微控针、微齿轮、微弹簧、微腔、微沟道、微锥体、微轴和微连杆等。

4）真空微电子器件。它是微电子技术、MEMS 技术和真空电子学发展的产物，是一种基于真空电子输运器件的新技术，在已有的微细加工工艺的芯片上制造的集成化的微型真空电子管或真空集成电路，目前主要包括场发射显示器、场发射照明器件、真空微电子毫米波器件和真空微电子传感器等。由于电子输运在真空中进行，因此具有极快的开关速度、非常好的抗辐照能力和极佳的温度特性。

5. MEMS 的热点应用

MEMS 技术是一种典型的多学科交叉的前沿性技术，它几乎涉及自然及工程科学的所有领域，如电子技术、机械技术、物理学、化学、生物医学、材料科学、能源科学等。将它与不同的技术结合，可以制造出各种新型的 MEMS 器件。

1）医疗和生物技术。医用微型机器人是最有发展前途的应用领域，它可以进入人体的血管，从主动脉管壁上刮去堆积的脂肪，疏通患脑血栓病人阻塞的血管。外科医生可以通过遥控微型机器人做毫米级的视网膜手术。日本更是制订了"机器人外科医生"计划，并正在开发能在人体血管中穿行、用于发现并杀死癌细胞的超微型机器人。微型机器人在医疗领域中的应用具体有以下几方面：定向药物投放系统、低损伤手术用微型机器人、手术用内窥镜及钳子、微小分散型人工脏器。生物细胞的典型尺寸为 $1 \sim 10\mu m$，生物大分子的厚度为纳米量级，长为微米量级，而微加工技术制造的器件尺寸也在这范围之内，因而可用于操作生物细胞和生物大分子，如图 11-13 和图 11-14 所示分别为蛋白晶体的微操作系统和多功能单细胞显微操作系统。临床分析化验和基因分析遗传诊断所需要的各种微泵、微阀、微镊子、微沟槽、微器皿和微流量计都可用 MEMS 技术制造。

图 11-13　蛋白晶体的微操作系统　　　　图 11-14　多功能单细胞显微操作系统

2）信息技术。MEMS 的最高目标是信息系统集成，即实现信息获取（传感器）、信息处理（信息处理电路）、信息执行（执行器）等功能的集成（单片或多片 MEMS）。无疑 MEMS 技术的发展会对信息技术产生深远的影响。已经开发出许多用于通信系统特别是光纤通信网络的 MEMS 器件，如光开关、光调制器、光纤开关、光纤对准器、可调滤波器、集成光编码器和无源调制器等。利用机械运动的微光开关有许多特点，如性能与波长、极化情况无关，对比度大，串扰小等。随着网络和数字通信的发展，光纤作为现代信息高速公路中的信息传输媒介得到了越来越多的应用，使光纤耦合器和波导的需求激增。光纤对准的精密定位机器人系统（见图 11-15）可使光纤和器件之间达到最佳耦合功率位置，同时降低了返修率，缩短了生产周期。从多媒体人机界面（HI）看，使用微麦克风的语音输入和使用微摄像系统的图形输入都有广阔市场，如今

图 11-15　光纤对准的精密定位机器人系统

正在大力研制的微型智能机器人更是控制系统的最高目标之一，如用微陀螺装在鼠标上以稳定其运动，把微机械及其控制电路集成的微器件装在磁头上可使其在磁道上的运行精度大大提高（ $<0.11\mu m$ ），提高磁盘的磁道密度。

3）航空、航天技术。由于卫星及其发射的成本高昂，早有人提出了小卫星、微小卫星、微卫星和纳米卫星等概念。在 1995 年的国际会议上已有人提出研制全硅卫星，即整个卫星由硅太阳能电池板、硅导航模块和硅通信模块等组合而成，这样可使整个卫星的重量缩小到以千克计算，从而大幅度降低卫星的成本，使较密集的分布式卫星系统成为现实。将 MEMS 技术应用于飞行器机翼的精密位姿控制（见图 11-16），可以实现对位姿的精确调整，在一些国家已经把精密定位系统作为其关键技术之一进行研究。利用纳米技术制造的形如蚊

子的微型导弹具有神奇的战斗效能，纳米导弹通过接受电波遥控，可以神不知鬼不觉地潜入目标内部，其威力足以炸毁敌方火炮、坦克、飞机等。

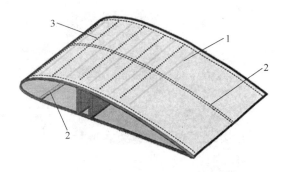

4）环境科学。利用 MEMS 制造的由化学传感器、生物传感器和数据处理系统组成的微型测量和分析设备具有体积小、价格低、功耗小、便于携带等优点，可用来检测气体和液体的化学成分，检测微生物、化学物质及有毒物品。微机电系统电子鼻的形状类似人和动物的鼻子，能探测和识别各种气味，

图 11-16　飞行器机翼的精密位姿控制
1—合成射流喷嘴　2—装有嵌入式记忆
合金驱动器的肋　3—压力传感器阵列

它在仪器生产、医疗卫生、制药工业、环境保护、安全保障、公安和军事等领域都有许多应用。例如，在环保领域，电子鼻可用来检查工、农业生产的排放物和污染环境的废物，监控室内空气质量；在核电站安全保障方面，电子鼻可监控电火灾，早期发现和防止核事故，保护环境。

5）超精密零件加工、操作、装配技术。机电产品的微型化带来了深刻的技术革命，对 MEMS 的研究如火如荼。因为主要采用的是单片集成电路的加工方法，所以目前成熟的 MEMS 器件基本上不需要装配，但若开发功能更强大、结构更复杂、由不同材料组成的 MEMS 器件，这种加工方法就不合适了。在这方面，LIGA 加工技术体现出了它的优越性，该技术能够加工金属材料，并能够加工比硅更厚的尺寸，但它要求对各部件进行装配。随着技术的不断发展，部件的尺寸越来越小，对于装配精度的要求也就越来越高，采用 MEMS 技术的纳米级精密定位系统可以很好地应用到该领域中，如图 11-17 所示为微零件的装配及定位。

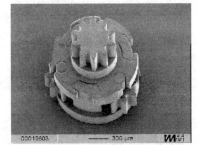

图 11-17　微零件的装配及定位

11.2.2　技术示例

1. 基于动态黏着控制的微操作器

微操作系统和微夹持器与实物对比如图 11-18 所示。

黏附是微、纳米尺度下十分普遍和突出的现象，它是导致微操作和 MEMS 器件在制造和使用中失效的主要因素，也是实现微、纳米结构组装时必须克服的一个难题。在黏着研究中，通常把分离力（Pull – off Force）称作黏着力（Adhesion Force），它是衡量黏着强度的重要标准。黏着力主要来自范德华作用力、表面张力和静电力。因此，掌握黏着力的值及其变化规律，对于研究微观接触力学和黏着行为以及解决黏着问题都具有十分重要的意义。

基于动态黏着控制的 MEMS 微操作工具是一种集成了力检测功能的静电梳齿驱动式硅基微夹持钳操作工具。微夹持钳的技术特点为：能够按照动态黏着控制操作的要求，运用 MEMS 技术，实现微操作工具微型化、低能耗和集成化。微夹持器如图 11-19 所示。微夹持

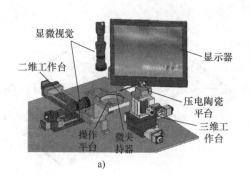

a)　　　　　　　　　　　b)

图 11-18　微操作系统和微夹持器与实物对比

a）微操作系统　b）微夹持器与实物对比

器由作为基体的 Pyrex7740 玻璃和作为结构层的单晶硅键合组成。硅结构层主要由以下几个部分组成：静电梳齿驱动部分、支撑梁、柔性梁和力检测梁。其中静电梳齿驱动部分分定齿和动齿，定齿与动齿之间通过键合的玻璃实现电隔离。动齿与夹持器末端夹持梁连接，通过柔性梁将动齿的直线运动转变为夹持梁的摆动，从而实现夹持动作。力检测梁位于夹持梁的末端，当对被操作对象实施夹持操作时，力检测梁上集成的压阻传感器将会反馈夹持力的变化。力检测梁外侧设计有保护梁，用来防止夹持力过大或误操作造成力检测梁折断。图 11-20 所示为微夹持器末端的保护梁及力检测梁。

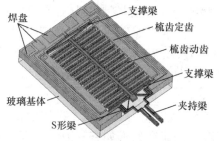

图 11-19　微夹持器结构

微夹持器的驱动与控制系统如图 11-21 所示。微夹持器控制系统基本组成部分如下：

① 控制计算机。

② 静电驱动电源，采用线性驱动和正弦波动态驱动。

③ 压电陶瓷驱动部分，压电陶瓷型号 PSt 150/5 ×

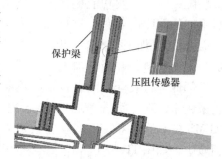

图 11-20　微夹持器末端的
保护梁及力检测梁

5/20，额定名义位移为 20μm，刚度为 60N/μm。

④ 力检测电路，包括检测传感部分和温度补偿模块，主要实现微夹持力的反馈，形成闭环控制，达到精确的夹持操作。

静电驱动器在直流驱动电压作用下使动齿产生位移，通过柔性梁和 S 形梁的转化实现微夹持器末端的张合运动。静电驱动微夹持器控制电路由控制器、DAC（数模转换器）、DC - DC（直流转直流）变换升压电路、功率放大电路、输入电路、显示电路及与上位机进行通信的电路组成。通过输入电路可以将预期的驱动电压输入系统，最终的驱动电压可以通过显示模块显示出来。

为实现微夹持器末端梁在夹持方向上的高频振动，驱动设计中加入了振动驱动电路模块，并将这一部分集成到功率放大电路中。功率放大电路接收自微处理器发出的驱动电压指

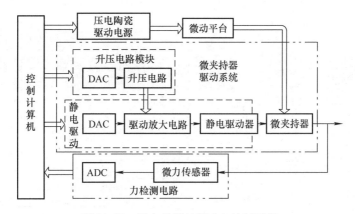

图 11-21　微夹持器的驱动与控制系统

令，通过一系列的放大电路与运算电路转化为实际所需的驱动电压，使静电夹持器产生夹持力。功率放大电路主要由 DAC 模块、放大器模块、振动电路模块、采样反馈运算电路模块和高电压放大模块等组成，如图 11-22 所示。

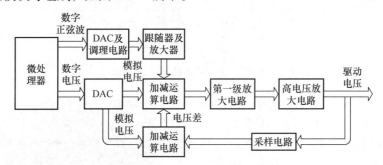

图 11-22　功率放大电路组成框图

实现微操作对象动态释放所加的振动电路模块主要由 DAC、调理电路、跟随器和放大器组成。振动环节的工作原理是在一定的驱动电压基础上，微处理器输出一个可变频率与可变幅值的数字正弦波，微处理器产生的数字正弦波信号经 DAC 后转换为模拟信号（此时输出的模拟信号是不完全的正弦波信号，需要通过一个调理电路将其平滑处理为正弦波信号），然后经过电压跟随器和放大器后，与未放大前的驱动电压进行加减运算电路叠加，经后级放大电路即可驱动微夹持器末端梁的振动。在微处理器的内部可以通过生成的逻辑电路及应用控制程序改变输出正弦波的频率及其幅值，所以驱动微夹持器的电压是在一个基础驱动电压上按正弦波的频率变化。振动电路模块的电路图如图 11-23 所示。

为实现复合振动，需要在垂直于微夹持器操作平面内增加一个振动源。这里使用微驱动压电陶瓷平台作为振动激励装置，将微夹持器固定在微驱动压电陶瓷平台上，通过对压电陶瓷施加一定频率的驱动电压使振动激励装置产生相应的振幅和频率。压电陶瓷微驱动平台如图 11-24 所示。

2. 激光星间通信终端精瞄准定位系统

在卫星光通信过程中，由于光场束宽小、传输距离长、卫星平台和空间环境引起的振动及其他干扰等原因，光束的捕获、跟踪和瞄准问题变得尤为突出。不精确的光束精瞄将导致

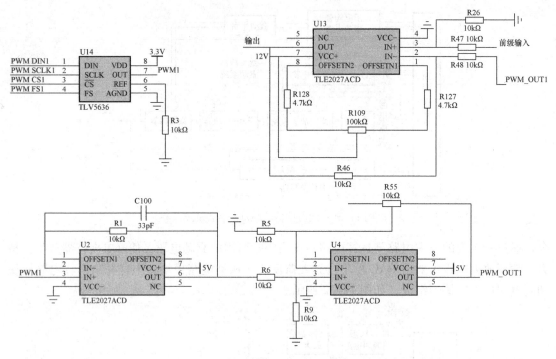

图 11-23　振动电路模块的电路图

信号大量丢失和系统性能严重下降，所以需建立
APT 系统以保证信号有效传输。APT 系统采用粗
瞄准系统和精瞄微定位系统复合轴控制结构完成
捕获、跟踪和瞄准任务。为克服压电陶瓷的不良
效应，准确快速地把出射的信标光对准对方端机，
同时抑制系统内部干扰，需采用电反馈技术构建
精瞄微定位系统。

　　APT 系统包括粗瞄准系统和精瞄微定位系统。
APT 控制器内部控制粗瞄准系统和精瞄微定位系
统，外部与卫星数据总线、卫星姿轨控制器和光

图 11-24　压电陶瓷微驱动平台

学模块等进行外部交互。粗瞄准系统采用两路交流力矩电动机驱动万向转台实现水平角和俯
仰角定位；精瞄微定位系统利用压电陶瓷驱动精瞄偏转镜实现水平角和俯仰角的角度精调，
采用电阻应变式微位移检测模块进行精确反馈。电荷耦合器件（CCD）探测器和四象限雪
崩光电二极管（QAPD）探测器作为光路反馈实现光路闭环控制。由于星间光通信的传输距
离大，传输弛豫时间长，当两星间发生相对运动时，发送光束必须进行超前瞄准，以补偿卫
星在光束弛豫时间内所发生的附加移动。超前瞄准角可以根据卫星的姿态、速度和星历表提
前计算出来，作为超前瞄准控制的命令信号。此功能由粗瞄准系统和精瞄微定位系统完成。

　　精瞄偏转镜作为精瞄微定位系统的执行机构，在捕获、跟踪和瞄准任务中起着至关重要
的作用，特别是精瞄偏转镜的固有频率将直接决定精瞄微定位系统的动态性能。

　　精瞄偏转镜采用四支压电陶瓷驱动，压电陶瓷环形分布，两两在同一条轴线上，两条轴

线相互垂直，压电陶瓷到两轴线交点的距离相同，同一轴线的两支压电陶瓷分别采用推/拉的工作方式使镜体绕另一轴偏转，这种差动设计保证了温度变化下的转角稳定性，同时有助于提高精瞄偏转镜动态性能。

　　机构由一整块合金钢通过电火花线切割工艺加工出铰链和柔性环。柔性环提供了零摩擦、零间隙和高导向精度。镀反射光金膜的偏转圆台通过等间距的四根铰链与柔性环连接，精瞄偏转镜台体也通过等间距的四根铰链与柔性环连接，上下两层铰链圆周分布相差 45°。该结构通过预紧顶丝对压电陶瓷提供预紧，在预紧顶丝的后面由锁紧顶丝提供对预紧顶丝的位置锁紧，保证了在振动环境下预紧顶丝的位置不会偏移，给压电陶瓷提供稳定的预紧力，保证了精瞄偏转镜的动态和静态性能。精瞄偏转镜的结构如图 11-25 所示。精瞄偏转镜的运动方式有沿 Z 轴做升降运动、绕 X 轴和绕 Y 轴做偏转运动三种方式，此三种运动方式为该精瞄偏转镜的三个主模态。

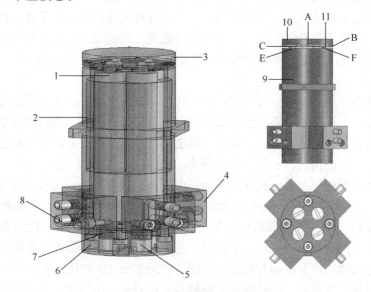

图 11-25　精瞄偏转镜结构

1—压电陶瓷支撑架　2—压电陶瓷　3—偏转圆台　4—出线座
5—锁紧顶丝　6—底座　7—预紧顶丝　8—出线护套　9—台体　10—镀金膜镜面　11—柔性环

　　精瞄微定位控制系统以 DSP 芯片 TMS320F206 作为处理器，通过 D/A 转换电路压电陶瓷驱动模块连接，通过 A/D 转换电路与电阻应变式检测模块连接，通过 EPP 接口电路与上位机进行通信，如图 11-26 所示。

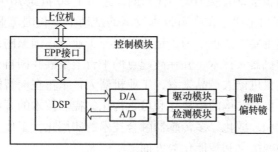

图 11-26　精瞄微定位控制系统框图

11.3 工业机器人

11.3.1 概述

"机器人"在英语中称 Robot。早在 1920 年，捷克剧作家卡雷尔·查培克（Karel Capek）在他的幻想剧《罗莎姆万能机器人》中，第一次提出"Robota"这一名词。现代英语中"Robot"一词就是从"Robota"衍生而来。

工业机器人是集机械、电子、控制、计算机、传感器、人工智能等多学科先进技术于一体的现代制造业重要的自动化装备。联合国标准化组织采用的机器人的定义是："一种可以反复编程的多功能的、用来搬运材料、零件、工具的操作机。"在无人参与的情况下，工业机器人可以自动按不同的轨迹、不同的运动方式完成规定动作和各种任务。机器人和机械手的主要区别是：机械手没有自主能力，不可重复编程，只能完成定位点不变的简单的重复动作；机器人是由计算机控制，可重复编程，能完成任意定位的复杂运动体。

1. 工业机器人的发展历程

工业机器人的发展过程可分为三代：第一代为示教再现型机器人，它主要由机械手控制器和示教盒组成，可按预先引导动作记录下信息，重复再现执行，当前工业中应用最多；第二代为感觉型机器人，它具有力觉、触觉、视觉等，并且具有对某些外界信息进行反馈调整的能力，目前已进入应用阶段；第三代为智能型机器人，它具有感知和理解外部环境的能力，在工作环境改变的情况下也能够成功地完成任务，目前尚处于实验研究阶段。

早在 1954 年，美国乔治·德沃尔设计出第一台电子可编程序的工业机器人，并于 1961 年发表了该项专利，1962 年美国通用汽车公司投入使用，标志着第一代机器人诞生。从此机器人开始成为人类生活中的现实，随后日本使工业机器人得到迅速的发展。如今，日本已成为世界上工业机器人产量和拥有量最多的国家。20 世纪 80 年代，世界工业生产技术的自动化和集成化得到高速发展，同时也使工业机器人得到进一步发展，在这个时期，工业机器人对世界整个工业经济的发展起到了关键性作用。目前，世界上工业机器人在技术水平上日趋成熟，在以日、美为代表的少数几个发达的工业化国家中已经作为一种标准设备被工业界广泛应用。国际上具有影响力的、著名的工业机器人公司主要分为日系和欧系，日系中主要有安川、OTC、松下、川崎等公司，欧系中主要有德国的 KUKA 和 CLOOS、瑞典的 ABB、意大利的 COMAU 及奥地利的 IGM 公司。

我国工业机器人起步于 20 世纪 70 年代初期，经历了 20 世纪 70 年代的萌芽期，80 年代的开发期，90 年代的实用化期。在高新技术发展的推动下，我国工业机器人在工业自动化的发展中已扮演着极其重要的角色。为了迅速缩减与工业发达国家的差距，我国要积极吸收和利用国外已经成熟的机器人技术，并在高起点的平台上发展我国自己的机器人工业。

从近几年推出的世界机器人产品来看，工业机器人技术正在向智能机器和智能系统的方向发展，其发展趋势主要为结构的模块化和可重构化，控制技术的开放化、PC 化和网络化，伺服驱动技术的数字化和分散化，多传感器融合技术的实用化，工作环境设计的优化和作业的柔性化，以及系统的网络化和智能化等方面。

2. 技术特点与性能要素

（1）技术特点

① 通用性：指工业机器人可执行不同功能和完成不同任务的能力。这主要取决于其结构特色和承载能力，一般自由度越多，通用性越强。

② 适用性：主要指工业机器人对工作环境变化的适应能力。其包括传感与测量环境变化的能力、分析任务和执行操作规划的能力、自动执行指令能力。

③ 智能性：指工业机器人具有自主化和智能化能力。其包括对环境的感知和理解、动态决策、行为的自主规划、自我学习、自我适应，甚至是逻辑推理能力。具有感知功能即获取信息的功能，机器人可以通过"感知"系统获取外界环境信息，如声音、光线和物体温度等。具有思考的功能即处理信息的功能，机器人通过"大脑"系统进行思考，它的思考过程就是对各种信息进行加工、处理、决策的过程。具有行动功能即输出信息的功能，机器人通过"执行"系统（执行器）来完成工作，如行走、发声等。

（2）性能要素

① 自由度数：衡量机器人适应性和灵活性的重要指标，一般等于机器人的关节数。机器人所需要的自由度数取决于其作业任务。

② 负荷能力：机器人在满足其他性能要求的前提下，能够承载的负荷重量。

③ 运动范围：机器人在其工作区域内可以达到的最大距离。它是机器人关节长度和其构型的函数。

④ 运动速度：包括单关节速度和合成速度。

⑤ 精度：指机器人到达指定点的精确程度。它与机器人驱动器的分辨率及反馈装置有关。必要时可进行补偿。

⑥ 重复精度：指机器人重复到达同样位置的精确程度。它不仅与机器人驱动器的分辨率及反馈装置有关，还与传动机构的精度及机器人的动态性能有关。重复精度比精度更重要。

⑦ 其他动态特性：如稳定性、柔顺性等。

⑧ 控制模式：包括引导点到点示教模式、连续轨迹示教模式、软件编程模式和自主模式等。

3. 工业机器人的组成

工业机器人的组成大体上可分成四大部分，即执行机构、驱动系统、控制系统、感知和反馈系统，如图 11-27 所示。执行机构按控制系统的指令进行运动，动力由驱动系统提供，各部分的相互关系如图 11-28 所示。

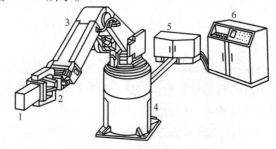

图 11-27 工业机器人的组成

1—工件 2—机械手 3—机械臂 4—气动装置 5—驱动系统 6—计算机控制系统

机械系统又叫操作机，是工业机器人的执行机构。它又可分成机座、手臂、手腕和手部，如图 11-29 所示。分析时，一般将操作机的组成简化为连杆、关节和末端执行件三部分。组成工业机器人操作机的连杆和关节，按其功能可以分成两类：一类是组成操作机手臂的长连杆，也称臂杆，产生主运动，是操作机的位置机构；另一类是组成手腕的短连杆，它实际上是一组位于臂杆端部的关节组，是操作机的姿态机构，可确定末端执行件在空间的方向。连杆首尾通过关节相连，构成一个开式连杆系，在连杆系的开端安装末端执行件。

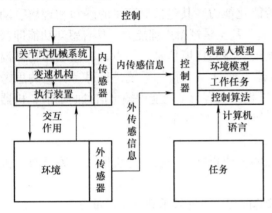

图 11-28　各部分的相互关系

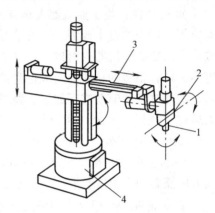

图 11-29　工业机器人机械系统
1—手部　2—手腕　3—手臂　4—机座

工业机器人的驱动系统按动力源分为液压、气动和电动三种基本类型，根据需要也可将这三种类型组合成复合式的驱动系统。近年来，随着特殊用途机器人（如微型机器人）的出现，动力来自压电效应、超声波、化学反应的驱动系统相继出现。交、直流伺服电动机具有起动力矩大、惯量小等优点，很适合工业机器人驱动系统的要求。因此，目前在抓重 100kg 以下的工业机器人中多采用电动驱动系统。

控制系统可用于对操作机的控制。它通过控制各关节运动坐标的驱动器，可使各臂杆端点按要求的轨迹、速度和加速度运动，并通过协调各臂杆的运动，或使末端执行件按指定的路径运动，或使其到达空间指定的位置，并满足正确的取向要求。为完成指定的作业，在工作过程中，控制系统还必须能够实现操作机和周边设备间的信息交流和工作协调。

感知和反馈系统共同作用可实现工业机器人的智能化。感知系统主要是传感器组，反馈由软件来实现。感知技术是通过各种传感器对工作环境信息的变化进行测量或监测的技术。工业机器人所用的传感器按功能可细分为外部传感器和内部传感器两类。内部传感器用于监测控制系统中的变量，而外部传感器则涉及视觉传感技术，要使用观察设备及视觉信息处理技术。

4. 机械本体常见结构类型

工业机器人是一种能够模拟人手和臂的部分动作，按照预定的程序、轨迹及其他要求，实现抓取、搬运工件或操纵工具的自动化装置。它是具有发展前途的机电一体化典型产品，可在实现柔性自动化生产、提高产品质量、代替人在恶劣环境条件下工作方面发挥重大作用。

工业机器人结构类型根据它的动作形态，可以分成以下几种：

1）直角坐标型。这种工业机器人如图 11-30，它有三个直角坐标轴，按直角坐标形式动作。其结构特点是：在直角坐标空间解耦，空间轨迹易于求解，易于实现高精度定位；当工作空间相同时，本体所占空间较大。大多数工业机器人都采用这种结构型式。

2）圆柱坐标型。这种工业机器人如图 11-31 所示，它按圆柱坐标形式动作。其结构特点是：在圆柱坐标空间内解耦，能够伸入型腔式空间；工作空间相同时，本体所占空间比直角坐标型工业机器人要小，但直线驱动部分密封、防尘较难。

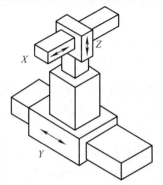

图 11-30　直角坐标型工业机器人

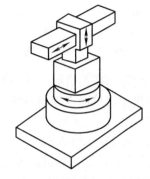

图 11-31　圆柱坐标型工业机器人

3）球坐标型（也称极坐标型）。这种工业机器人如图 11-32所示，它按球坐标形式动作。其结构特点是：有一个直线坐标轴和两个回转轴，所占空间体积小，结构紧凑；往往需要将极坐标转化为人们习惯的直角坐标，轨迹求解较难；直线驱动同样存在密封、防尘问题。

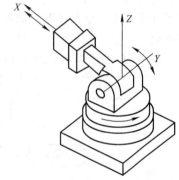

图 11-32　球坐标型工业机器人

4）关节型。这种工业机器人如图 11-33 所示。由于关节型工业机器人的动作类似于人关节的动作，故将其运动副称为关节。一般的关节指回转运动副，但这种机器人中有的含有移动运动副，为了方便，也统称为关节，包括回转关节和直线运动关节。其结构特点是：灵活性好，工作空间范围大（同样占地面积情况下），但刚度和精度较低。

5）并联型。上述结构类型均属于串联型工业机器人结构。一段时间里，串联型工业机器人一直占主导地位，它结构简单，工作空间大，位置分析中求解比较容易，因而获得广泛的应用。但随着科学技术的发展和研究领域的不断拓宽，人们发现了一种全新的工业机器人——并联型工业机器人。上下平台用两个或两个以上分支相连，机构具有两个或两个以上的自由度，且以并联方式驱动的机构称为并联型工业机器人。其常见结构类型如图 11-34 所示。它具有刚度大、承载能力强、误差小、精度高、自重负荷比较小、动力性能好、控制容易等一系列优点，与目前广泛应用的串联型工业机器人在应用上构成互补关系，因而扩大了整个工业机器人的应用领域。

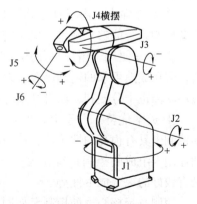

图 11-33　关节型工业机器人

5. 控制系统

（1）控制系统组成　控制系统是机器人中的关键和核心部分，它类似于人的大脑，控

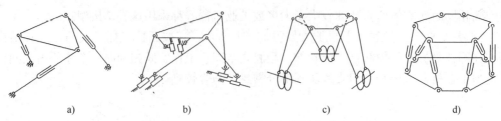

图 11-34　并联机器人的机械结构类型

a) 3—SPR 结构类型　b) 6—PSS 结构类型　c) 6—RSS 结构类型　d) 6—SPS 结构类型

制着机器人的全部动作。机器人功能的强弱以及性能的优劣主要取决于控制系统。从基本结构上看，一个典型的机器人控制系统主要由上位计算机、运动控制器、驱动器、执行机构和反馈装置构成。

在高性能工业 PC 和嵌入式 PC（配备专为工业应用而开发的主板）的硬件平台上，完全采用 PC 机的全软件形式的机器人系统可通过软件程序实现 PLC 和运动控制等功能，并实现机器人需要的逻辑控制和运动控制。通过高速的工业总线进行 PC 与驱动器的实时通信，可显著地提高机器人的生产效率和灵活性。不过，在提供灵活的应用平台的同时，也大大提高了开发难度，延长了开发周期。但是，这种先进性的结构代表了未来机器人控制系统的发展方向。

基于 PC 的控制系统如图 11-35 所示。PC 平台运动控制技术有如下特点：

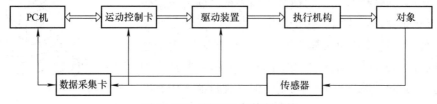

图 11-35　基于 PC 的控制系统

① 界面友好。PC 平台控制系统受到机器操作员的普遍欢迎。与单片机和 PLC 方案的界面相比，PC 机（显示器、键盘、鼠标、通信端口、硬盘等）具有无可比拟的输入输出能力。

② 功能强大。由于具有 PC 机的强大功能以及运动控制卡的先进技术，故基于 PC 机的运动控制系统能够实现单片机系统和 PLC 系统所无法应对的高级功能。

③ 开发便利。用户可使用 VB、VC、C + + Builder 等高级编程语言，快速开发人机界面，调用成熟可靠的运动函数，在几天或者几周时间内完成控制软件的开发。另外，修改和添加功能也十分便利，而且开发好的软件极易移植到类似的机器中。

④ 成本优势。由于 PC 机成本持续下跌而且运动控制卡具有很高的性价比，使得由基于 PC 机和运动控制卡组成的控制系统在大多数运动控制场合中具有较好的综合成本优势。

控制系统核心运动控制卡如图 11-36 和图 11-37 所示。它是基于计算机总线，利用高性能微处理器（如 DSP）及大规模可编程器件实现多个伺服电动机的多轴协调控制的一种高性能的步进/伺服电动机运动控制卡，具有脉冲输出、脉冲计数、数字输入、

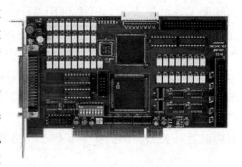

图 11-36　运动控制卡

数字输出、D/A 输出等功能。它可以发出连续的、高频率的脉冲串，通过改变发出脉冲的频率来控制电动机的速度，改变发出脉冲的数量来控制电动机的位置。它的脉冲输出模式包括脉冲/方向、脉冲/脉冲方式。脉冲计数可用于编码器的位置反馈，提供机器准确的位置，纠正传动过程中产生的误差。数字输入/输出点可用于限位、原点开关等。其库函数包括 S 型和 T 型加减速、直线插补和圆弧插补、多轴联动函数等。运动控制卡广泛应用于工业自动化控制领域中需要精确定位、定长的位置控制系统。具体来讲，就是将实现运动控制的底层软件和硬件集成在一起，使其具有伺服电动机控制所需的各种速度、位置控制功能，这些功能都能通过计算机进行调试。

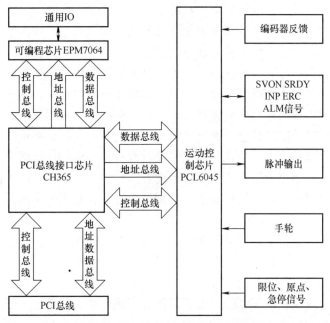

图 11-37　运动控制卡系统框图

（2）运动控制　一般来说，工业机器人运动控制要解决的问题有以下两个：①求得操作机的动态模型；②利用这些模型确定控制规律或策略，以达到所需的系统响应和性能。对工业机器人进行运动控制时，要求操作机各关节按所规划的轨迹运动，而控制系统中的驱动器是由力矩指令来驱动关节运动的，实际上，动力学模型不可能绝对准确，而且系统中还存在干扰和噪声。因此，开环控制策略是不适用的，通常采用关节传感器构成闭环反馈控制。工业机器人运动控制过程如图 11-38 所示。

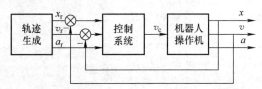

图 11-38　工业机器人运动控制过程

x_r、v_r、a_r—位移、速度、加速度输入信号　v_c—为速度控制信号

x、v、a—系统输出的机器人实际的位移、速度、加速度

从控制分析的观点出发，工业机器人操作机的运动是分两个不同的控制阶段来完成的。首先是粗调运动控制，操作机从一个起始位姿沿着规划的轨迹移向所需目标位姿的附近；其次才是微调运动控制，操作机的末端执行器与目标位姿动态地交互作用，运用传感器反馈信息来完成这一任务。

许多工业机器人完成作业的基本要求是控制操作机末端工具的位置（含位姿），以实现点位控制（如点焊机器人、搬运机器人）或连续路径控制（如弧焊机器人、喷漆机器人）。因此，位置控制是机器人最基本的控制任务。在设计模型时，提出了两个假设：①机器人的各杆件是理想刚体，因而所有关节都是理想的，不存在摩擦和间隙；②相邻两连杆间只有一个自由度，或为完全旋转的，或是完全平移的。

位置控制的目的是，通过电动机伺服使实际的关节角位移追踪预定轨迹所确定的期望角位移。从稳定性和精度观点看，要获得满意的伺服传动性能，必须在伺服电路内引入补偿网络，即必须引入与误差信号有关的补偿。位置控制需要操作机动力学的精确建模，并且忽略作业中负载的变化。当动力学模型误差过大或负载变化过于显著时，这种基于反馈的控制策略可能会失效。这时需要采用自适应控制方法。自适应控制是根据要求的性能指标与实际系统的性能指标相比较所获得的信息来修正控制规律或控制器参数，使系统能够保持最优或次最优的控制方法。具体地讲，就是控制器能够及时修正自己的特性以适应控制对象和外部扰动的动态特征变化，使整个控制系统始终获得满意的特性。其缺点是在线辨识参数需做大量计算，对实时性要求严格，实现比较复杂，特别是存在非参数不确定性时，自适应控制难以保证系统稳定和达到一定的控制性能指标。对于有些作业，如装配、研磨等工具与作业对象有直接接触的作业，只有位置控制是不够的，还需要有力的控制等。

11.3.2　技术示例

工业机器人主要应用在机械制造、电子器件、集成电路、塑料加工等行业中较大规模生产企业，其中应用工业机器人最广泛的是汽车及汽车零部件制造业。这里介绍几个工业上使用较多的工业机器人。

1. 点焊机器人

点焊机器人由机器人本体、计算机控制系统、示教盒和点焊焊接系统几部分组成。为了适应灵活动作的工作要求，通常电焊机器人选用关节式工业机器人的基本设计，一般具有6个自由度，即腰转、大臂转、小臂转、腕转、腕摆及腕捻。其驱动方式有液压驱动和电气驱动两种。其中电气驱动具有保养维修简便、能耗低、速度高、精度高、安全性好等优点，因此应用较为广泛。点焊机器人按照示教程序规定的动作、顺序和参数进行点焊作业，其过程是完全自动化的，并且具有与外部设备通信的接口，可以通过这一接口接受上一级主控与管理计算机的控制命令进行工作。使用点焊机器人最多的是汽车车身的自动装配车间，如图11-39所示。

图 11-39　点焊机器人

2. 弧焊机器人

弧焊机器人是用于进行自动弧焊的工业机器人,如图 11-40 所示。弧焊机器人一般由示教盒、控制盘、机器人本体、自动送丝装置和焊接电源等部分组成,可以在计算机的控制下实现连续轨迹控制和点位控制,还可以利用直线插补和圆弧插补功能焊接由直线及圆弧所组成的空间焊缝。弧焊机器人主要有熔化极焊接作业和非熔化极焊接作业两种类型,具有可长期进行焊接作业、高生产率、高质量和高稳定性等特点。

3. 搬运机器人

搬运机器人是可以进行自动化搬运作业的工业机器人,如图 11-41 所示。搬运机器人可安装不同的末端执行器以完成各种不同形状和状态的工件搬运工作,大大减轻了人类繁重的体力劳动。目前,搬运机器人被广泛应用于机床上下料、码垛搬运和冲压机自动化生产线、自动装配流水线、集装箱等的自动搬运。

图 11-40　弧焊机器人

图 11-41　搬运机器人

4. 装配机器人

装配机器人是柔性自动化装配系统的核心设备,由机器人操作机、控制器、末端执行器和传感系统组成。常用的装配机器人主要有可编程通用装配操作手（即 PUMA 机器人）和平面双关节型机器人（即 SCARA 机器人）两种类型。与一般工业机器人相比,装配机器人具有精度高、柔顺性好、工作范围小、能与其他系统配套使用等特点,主要用于各种电器制造行业及汽车制造业,如图 11-42 所示。

图 11-42　装配机器人

5. 喷涂机器人

喷涂机器人又叫喷漆机器人,是可进行自动喷漆或喷涂其他涂料的工业机器人,如图 11-43 所示。这种机器人多采用 5 或 6 自由度关节式结构,手臂有较大的运动空间,并可做复杂的轨迹运动,其腕部一般有 2 或 3 个自由度,可灵活运动。较先进的喷漆机器人腕部采用柔性手腕,既可向各个方向弯曲,又可转动,其动作类似人的手腕,能方便地通过较小的孔伸入工件内部,喷涂其内表面。喷漆机器人一般采用液压驱动,具有动作速度快、防爆性能好等特点,可通过手把手示教或点位

图 11-43　喷涂机器人

示教来实现示教。喷漆机器人广泛用于汽车、仪表、电器和搪瓷等行业。

6. 抛光机器人

抛光机器人（见图 11-44）由机械本体、高精度伺服转台、组装机器人控制系统、厚度检测系统组成，能对不同外形尺寸的工件施行高质量、高精度的研磨抛光，并且可以完成厚度检测和机器人关节处负载力和力矩的检测，以维护工件和提高抛光质量。

7. 并联机器人

并联机器人是基于并联机构研发的机器人，具有闭环结构、工作空间较小、承载能力高、刚度大、动态性能优越和运动学反解容易等特点，如图 11-45 所示。根据其特点，并联机器人主要应用于需要高刚度、高精度、高速度，有空间限制的场合，具体应用包括：①运动模拟器，如舰船、汽车、火车等摇摆运动模拟台；②转运设备，如潜艇救援、土方挖掘、煤炭开采以及食品、电子、化工、包装等行业的分拣、搬运、装箱等；③微动机构和微型机构，如显微外科手术机器人、细胞操作机器人、误差补偿器等；④加工设备，如虚拟轴机床（很容易获得 6 轴联动）。

图 11-44　抛光机器人　　　　　　　图 11-45　并联机器人

8. SCARA 平面关节机器人

SCARA 平面关节机器人在电子行业中常用来进行装配作业，因此也称为装配机器人。如图 11-46 所示的 SCARA 机器人具有 4 个关节，其中 3 个旋转关节轴线相互平行，可用来实现平面内定位和定向，另外 1 个移动关节可用来实现末端件升降运动。它比多轴定位平台的工作循环时间短很多，大大提高了工作效率。

SCARA 机器人的主要结构如图 11-47 所示。

① 关节 1：底座主要由底座和轴承两部分组成，其中底座材料采用铸铝，轴承采用可以承受轴向和径向力的十字交叉滚子轴承。谐波减速器 9 的钢轮固接在十字交叉滚子轴承 10 的一端，伺服电动机 8 通过电动机座安装在谐波减速器 7 钢轮的另一端，通过伺服电动机 8 驱动，带动和十字交叉滚子轴承 6 固接的大臂 5 转动。

② 关节 2：采用铸铝材料。十字交叉滚子轴承 10 承受弯曲负载，保护了电动机。伺服电动机 3 直接驱动谐波减速器 9 转动，小臂 4 和谐波减速器 9 是固接的，所以小臂 4 也随着电动机的转动而转动。

③ 关节 3：伺服电动机 2 通过同步带轮 11 转动，同步带轮 11 带动同步带及同步带轮 13 转动，同步带轮 13 驱动丝杠螺母 14 转动，从而驱动丝杠 12 的升降运动。

④ 关节 4：伺服电动机 15 驱动谐波减速器 1，谐波减速器 1 通过同步带带动同步带轮

17 转动，同步带轮 17 驱动花键转动，从而实现丝杠 12 的旋转运动。

该结构简单紧凑，材料选择比较轻的铝合金，可以满足设计要求。

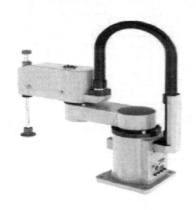

图 11-46 SCARA 机器人

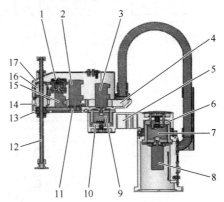

图 11-47 SCARA 机器人的主要结构

1、7、9—谐波减速器 2、3、8、15—伺服电动机
4—小臂 5—大臂 6、10—十字交叉滚子轴承
11、13、17—同步带轮 12—丝杠 14—丝杠螺母 16—花键螺母

工业型 4 自由度 SCARA 机器人（RBT – 4S02S）技术参数见表 11-3。

表 11-3 SCARA 机器人技术参数

负载能力	≥5.0kg			
驱动能力	全伺服电动机驱动			
重复定位精度	±0.08mm			
每轴最大 运动范围	关节 1 0°~200°	关节 2 0°~180°	关节 3 0~200mm	关节 4 0°~360°
每周最大 运动速度	关节 1 360°/s	关节 2 360°/s	关节 3 150mm/s	关节 4 360°/s
最大展开半径	580mm			
高度	750mm			
本体重量	≤80kg			
几何尺寸	关节 1 = 280mm；关节 2 = 300mm；关节 3 = 200mm（行程）			
操作方式	示教再现/编程			
供电电源	单相220V、50Hz			

9. 柔性制造自动化系统

柔性制造系统是现代主流的先进自动化制造系统，由多个柔性加工单元组成，能够根据作业任务要求和现场环境变化迅速进行重组和调配，以适应多品种、中小批量的生产作业。它包括自动搬运系统、数控加工系统、物料仓储系统、信息采集系统和计算机控制系统等部分。各个设备可以单独运行和调试，开放软件源程序，并配套了图像化人机交互界面。该系统有助于用户从整体角度掌握机电一体化设备的应用开发和综合集成技术，其作业流程图如图 11-48 所示。

该柔性制造系统可开设的实验内容有：柔性制造系统的建模与仿真技术、工业机器人技术应用、自动码垛机技术和应用、传感器技术和应用、VC. VB 高级语言编程、PLC 系统在

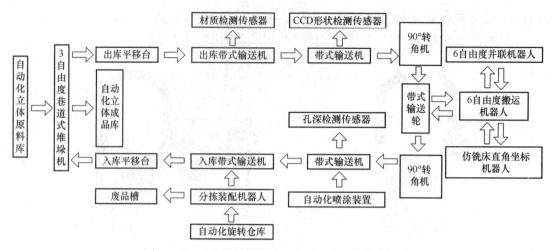

图 11-48   工业型柔性制造系统（B型）作业流程图

工业现场的应用、交流伺服电动机和步进电动机的认识、交流变频技术的应用、计算机网络通信技术和现场总线技术、计算机控制、数据库技术、多轴运动控制器、机器视觉技术与应用、数控加工技术。

11.4   智能农业装备

11.4.1   概述

机电一体化技术对于农业生产的机械化与农业装备的自动化和智能化有着重要推动作用，是降低农业生产成本、提升农产品产量与质量、提高农产品附加值等的技术基础。农业装备中运用机电一体化技术具有明显的优势：机械故障率下降，操作者人身安全保障好；工作效率提高，产能增加；操作性能改善；功能增加，适应能力增强；安装维护较为简单。在电子信息化时代，农业装备所融合的机电一体化技术水平不断提升。

智能农业装备又称农业机器人。该类装备工作在非结构环境中，由于受自然光照、生物多样性等不稳定因素影响，目标果实、茎叶与土壤背景成多元信息叠加，成为农业机器人信息获取的难点。此外，农业机器人作业空间结构复杂，其信息多义性及弱鲁棒性等也是传统的工业机器人技术不能完全代替与解决的。下面主要介绍在农业生产中急需的田间作业的农业机器人技术。

1. 智能施药机器人

高端智能施药装备已经成为国际发展的趋势，智能施药设备如图 11-49 所示。提高施药设备自动化水平，实现对靶喷雾，针对病情和病害区域实现定点施药已经成为国内外研究热点。在节省农药的基础上，提高农药的沉积量，减少对植物、人体和环境的危害，有利于实现效益最大化。

对靶喷雾首先要解决根据什么靶标，即靶标的定义和识别问题。目前随着成像技术的发展，利用成像方式来获取作物生长信息并进行对靶喷雾是农业信息技术领域的一个研究热点。对靶喷雾根据成像的方式和途径主要分为两类：一是基于遥感成像的方式诊断作物的病

a)   b)   c)

图 11-49 智能施药设备

a) 隧道循环式喷雾机   b) 车载式喷雾机   c) 果园喷雾机

虫害影响程度进行对靶喷雾,二是基于机器视觉的方式检测作物的疏密程度、页面积指数和杂草等进行对靶喷雾。相对而言,前者发展较快,也取得了较丰富的研究成果,但其主要是针对整个种植区域的病虫害进行评价,无法具体到对作物植株单体,甚至是单个叶片的受害程度进行检测和评价,而且主要适用于大田,难以推广到温室等设施环境中使用,而后者能实现对单株作物的对靶喷雾,但目前仅针对作物的苗期或者株型较小的作物进行了较多的研究,且主要用于大田的作业。由于设施农业的快速发展,如何对设施农业中的作物,尤其是对架式栽培的作物(如黄瓜、西红柿)等要针对每株作物进行对靶喷雾是当前的一大难题。

智能对靶喷雾系统可在获得靶标信息后控制喷雾单元实现无级变量对靶喷雾。例如,压力式喷雾需要控制比例减压阀、电磁阀喷杆、压力式变量喷雾装置、压力传感器和流量传感器等,因此整个对靶喷雾系统集成了靶标识别、自主导航系统、病虫害识别和诊断系统及变量喷雾系统。

2. 田间锄草机器人

20 世纪 90 年代始,随着人们对环境污染、食品安全、健康质量的关注及对化学除草潜在危害的认识,回归精耕细作的机械锄草方式得到重视,机械锄草装备如图 11-50 所示。21 世纪初期,发达国家率先在机械锄草装备中引入计算机技术、智能控制技术、机器视觉技术,极大地提高了农田锄草装备的自动化水平、设备可靠性与工作效率,实现了以智能化机械锄草为主的耕作模式,不仅在蔬菜田间作业中大大减少了化学除草剂使用,而且降低了人工成本。智能化蔬菜田间锄草作为"智能、增效、精细、环保"的耕作方式是发展精细耕作的可持续农业发展的重要技术手段,正在全世界得到重新认识。田间锄草机器人如图 11-51 所示。

图 11-50 机械锄草装备   图 11-51 田间锄草机器人

我国目前在智能化机械锄草装备技术方面还处于刚刚起步阶段。中国农业大学、南京农业大学、中国农业机械科学研究院在智能锄草关键技术方面进行了探索性研究，在机器视觉苗草识别、移动式锄草割台等方面取得了一些成果。

采用机器视觉进行苗草识别（见图11-52）是目前智能化蔬菜田间锄草公认的最为可行的方式。从锄草装备的整体关键技术（包括机器视觉苗草定位与伺服控制技术、苗间和行间混联锄草机械手智能控制技术、锄草机械手与动力系统集成控制技术等）来看，其最核心的问题是如何实现高速运动中苗间的精确锄草。

图11-52　视觉苗草识别

1）机器视觉苗草定位与伺服控制技术。精确锄草的关键是如何精确而又快速地获得杂草和作物苗当前位置信息。机器视觉伺服控制技术就是通过视觉传感器获取苗草当前位置信息，并将这一当前位置信息经计算机处理变成锄草机械手执行动作的控制指令。

2）苗间和行间混联锄草机械手智能控制技术。该技术能够在锄草过程中，将机器视觉系统获取的苗草位置信息结合牵引机具的速度、方向角、位置信息，实时调节锄草末端机械手的速度，通过最优的轨迹规划，达到既不伤害苗株又尽可能多的覆盖杂草生长区域，从而实现护苗和锄草的智能控制。

3）锄草机械手与动力系统集成控制技术。该系统集成控制既要保证机械手的侧向对行，随时根据牵引机具的行驶偏移量及时对锄草机械手进行侧向补偿，又要进行地面仿形控制。锄草机械手由拖拉机等动力机械牵引，机械手与动力系统的有机集成控制是影响系统整体性能的关键。该集成控制系统具有控制点多、集成程度高、控制精度高的特点。

3. 果蔬采摘机器人

日本与欧美等发达国家对果蔬采摘机器人（见图11-53）的研究起步较早，采摘对象主要涉及番茄、黄瓜、草莓、苹果、葡萄、柑橘、西瓜、蘑菇、甘蓝和樱桃等多个品种。日本冈山大学农业系统工程实验室研制出了多种果蔬采摘机器人样机，包括番茄采摘机器人、葡萄采摘机器人和气吸式草莓采摘机器人等。日本国立蔬菜茶叶研究所与岐阜大学联合研制出了5自由度茄子采摘机器人。日本国立农业研究中心研制出了甘蓝采摘机器人等。欧洲较具有代表性的有荷兰农业环境工程研究所（IMAG）研制的一种黄瓜收获机器人，其可用于高拉线缠绕方式吊挂生长的黄瓜采摘。英国Silsoe研究院研制出的蘑菇采摘机器人采摘成功率为75%，采摘速度为6.7s/个。以色列和美国科技人员联合开发研制的一台甜瓜采摘机器人可采用黑白图像处理的方法进行甜瓜的识别和定位，并可根据甜瓜的特殊性来增加识别的成功率。

a)　　　　　　　　　　　　b)　　　　　　　　　　　　c)

图11-53　果蔬采摘机器人

a）番茄采摘机器人　b）葡萄采摘机器人　c）草莓采摘机器人

国内果蔬采摘机器人的相关研究起步较晚，现多处于识别算法研究与模型样机开发阶段，能够进行实际田间测试的较少。中国农业大学研制的国内第一台黄瓜采摘机器人采用机器视觉识别黄瓜目标，通过双目立体视觉测定目标位置，控制 4 自由度机械臂由柔性手指抓取黄瓜目标，目标识别率达 97%，采摘成功率达 95%，采摘速度 15s/根。东北林业大学研制的林木球果采摘机器人主要由 5 自由度机械手、行走机构、液压驱动系统和单片机控制系统组成，工作效率达 500kg/天，是人工的 30 ~ 50 倍。

果蔬采摘机器人涉及移动平台技术、视觉识别定位技术、采摘执行器设计技术等关键难题，这也是目前果蔬采摘机器人研究中需要重点突破的问题和方向。

移动平台负责承载机器人其他功能部件，其对农田、温室的路面需具有较强的适应性，并具有较高的自治行走和管理能力。

视觉识别定位系统是果蔬采摘机器人的大脑，是机器人完成采摘任务的关键环节，它对果实采摘成功率的影响最为明显。目标识别的难点在于分割果实与背景，特别是颜色相近的果蔬与背景，如黄瓜和西瓜等。对于较难分割的目标，需借助更多的信息，如果实与茎叶的光谱特性差异等。视觉识别定位技术是目前的研究热点。

空间定位目前主要有激光测距仪与 PSD 直接成像法、视觉传感器与测距传感器结合法、双目立体视觉法三种方式。

果蔬采摘机器人的采摘执行部件多由机械臂与末端执行器组成。与工业机器人相比，果蔬采摘机器人通常需要更灵活、更轻巧的机械臂，因此设计出适合果蔬采摘的机械臂往往成为采摘机器人研制的关键前提。由于成熟果蔬一般较容易破损，因而对采摘机器人末端执行器的要求是既能抓牢目标又不至于损坏目标。如何实现果蔬形状的自适应及抓持力度的控制，如何有效将果蔬从生长植株上分离下来而不损伤植株其他部位，是末端执行器研究目前面临的瓶颈。

11.4.2 技术示例

下面对一款具有路径规划与导航控制功能的植保无人机进行介绍。

1. 硬件系统

硬件系统主要包括植保无人机和上位机两部分，如图 11-54 所示。其中上位机为装载植

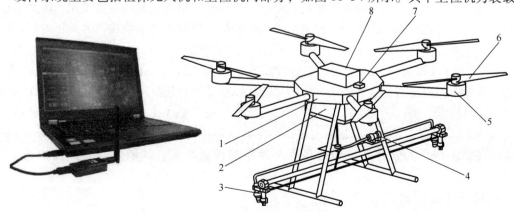

图 11-54　硬件系统

1—机架　2—药箱　3—喷头　4—药泵　5—电动机　6—旋翼　7—数传模块　8—飞控系统

保无人机路径规划软件的计算机，能够根据输入的环境信息与植保无人机相关参数优化出作业路径，然后通过无线数据传输模块将作业路径传输至植保无人机。植保无人机是执行植保作业的主体，能够通过数传模块接收来自上位机的作业路径，并按照作业路径进行植保作业。

植保无人机搭载 pixhawk 开源飞控，能够自主编程进行二次开发。飞控系统外接定位模块，用于定位信息的获取。此外，飞控系统还集成了飞行高度、速度、倾角等姿态传感器，能实时将姿态信息、高度与经纬度等定位信息以及药量、电量等信息传输至上位机，便于植保无人机状态的监测。植保无人机主要硬件见表 11-4。

表 11-4　植保无人机主要硬件

硬件模块	参数型号
飞控	pixhawk
电池	22000mAh 12S 锂电池
电动机	无刷电动机 X6212S KV180
电调	80A
螺旋桨/inch	20 * 6.6
高度传感器	Risym US – 100
定位模块	NEO – M8N（支持北斗、GPS、伽利略、GLONASS）
数传模块	3DRRadio 数传电台
图传模块与天线	TS835 + RC832 + FatShark 天线
遥控器	乐迪 AT9S Pro

在进行路径导航控制时，需要将规划好的路径信息传输至植保无人机，此时需要通过连接上位机的数传模块，将路径信息以数据的形式进行传输。植保无人机飞控通过数传模块接收路径信息后，便可按照路径信息进行飞行。植保无人机飞行首先需要驱动电动机旋转。因为电动机需要高速大功率旋转，所以通常使用无刷电动机。但无刷电动机的驱动控制需要输入交流电，而机载电池输出为直流电，因此需要在无刷电动机前接入电调（一架 6 旋翼植保无人机有 6 个无刷电动机，每个无刷电动机都需要单独连接一个电调）。电调连接机载电池，可把直流电转变为交流电，以驱动无刷电动机旋转。电调信号线连接飞控，接受飞控的协调控制。飞控也需要电源驱动，但是为无刷电动机提供能源的电源往往为高压电源，无法直接接入飞控，因此需要在飞控与电源之间接入降压模块（也可以额外配置低压电源为飞控供电）。为了实时监测植保无人机是否按照既定路径飞行，还需要将定位模块接入飞控。另外，植保无人机还需要具有定高飞行的功能，以保证其在进行喷施作业时能够与作物冠层保持一定的高度，所以为飞控接入了超声波传感器。由于植保无人机定高飞行时距离地面高度一般为 10m 以内，因此要求超声波传感器在 10m 以内应具有良好的测量精度和响应速度。按照上述要求构建的硬件系统即可实现路径导航控制功能，其硬件模块连接如图 11-55所示。

2. 路径规划方法

植保无人机的路径规划主要包含航向角的规划、路径的排序与返航点的规划等。下面主要对航向角规划进行介绍。

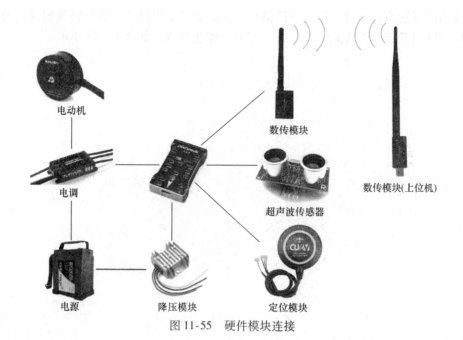

图 11-55　硬件模块连接

植保无人机的作业路径要求覆盖整个作业区域，属于全覆盖路径规划的范畴，其作业方式一般选用牛耕法。在选用牛耕法作为作业方式后，水平面内的一个多边形作业区域的全覆盖作业路径规划问题可以简化为作业区域内的扫描线生成问题，即填充问题。

对于一个任意形状的多边形作业区域，建立一组水平方向的扫描线进行扫描，每一条扫描线均会与作业区域边界线产生交点，通常情况下，这些交点是成对出现的，若成对出现的两交点构成的线段位于作业区域边界的内部，那么该线段即为一条填充线。对于内部包含障碍物（即孔洞）的多边形作业区域，依然可采取上述判断方式，判断成对出现的交点之间的线段是否位于作业区域边界内（认为孔洞内是作业区域边界外），也可以采取先分别求取外边界、内边界的填充线，再进行减法布尔运算的方式获得最终的填充线，如图 11-56 所示。

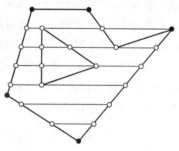

图 11-56　带障碍物多边形
区域填充线的求解过程

设 w 为作业幅宽（作业幅宽即填充线之间的间距），设 θ 为植保无人机的航向角（航向角即填充线与坐标系 X 轴正向的夹角），则平面作业区域内的作业路径生成方法如下：

1）输入作业区域边界线的各个端点坐标。

2）以航向角 θ 顺时针旋转坐标系，建立局部坐标系。

3）在局部坐标系中建立一组与 X 轴平行的扫描线。扫描线的数量应能够保证足以覆盖整个作业区域，扫描线的间距为 w。

4）采用活性边表法，快速求解每一条扫描线与边界的交点集。

5）连接成对出现的交点生成作业路径。

通过上述方法能够获得一组填充平面作业区域的填充线，即作业路径。但是实际作业环境中有时不能忽略三维地形的影响。三维作业路径生成方法的思路为在该组水平面内的填充线基础上离散一定数量的插值点，对三维地形曲面进行插值，得出平行线上各个插值点对应的三维地形的高度值，再依次连接各插值点，从而获得一组路线，该组路线俯视仍为一组平行线，但实际每条路线为弯曲的多段线，即三维作业路径，如图 11-57 所示。

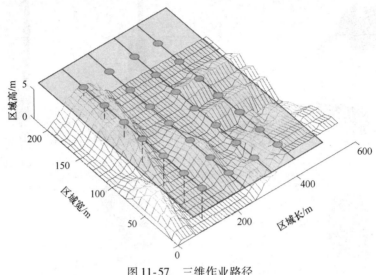

图 11-57　三维作业路径

通过计算得出作业路径的总长度与条数。由于航向角 θ 不同时，三维作业路径的弯曲情况也不同，所以采取不同的航向角 θ 时，会导致不同的作业路径总长度和条数。这两项参数均会影响作业效率，所以需要对航向角 θ 进行寻优计算。以作业路径总长度尽量短、作业路径条数尽量少为优化目标建立目标函数：

$$\min \quad E = \omega_N \frac{N - N_{\min}}{N_{\max} - N_{\min}} + \omega_L \frac{L - L_{\min}}{L_{\max} - L_{\min}}$$

式中，ω_N 为作业路径条数权重；N 为当前航向角作业条数；$N_{\max}$、$N_{\min}$ 分别为所有航向角情况下作业路径条数的最大值与最小值；ω_L 为作业路径总长度权重；$L_{\max}$、$L_{\min}$ 分别为所有航向角情况下作业路径总长度的最大值与最小值；L 为当前航向角作业路径总长度。

因为 $0 \leq \theta < \pi$，属于单一变量，而且变化范围较小，所以可采取遍历的方式寻优航向角 θ。遍历计算步长为 1°，计算每个角度对应的目标函数值，将从中选出的对应最小值的那个角度作为最优航向角。

复习与思考

11-1　数控系统结构主要由哪些部分组成？

11-2　论述电火花数控机床的工作原理。

11-3　论述加工中心与外围设备进行数据传送与信息通信的接口技术。

11-4　论述微机电系统与宏观机电系统的异同点。

11-5　论述基于动态黏着控制的微操作器振动电路模块的工作原理。

11-6　工业机器人系统主要包括哪些基本组成单元？

11-7　工业机器人控制系统中运动控制卡的功能是什么？

11-8　论述并联机器人与串联机器人的优缺点。

11-9　论述植保无人机三维作业路径的生成过程，讨论在路径规划中考虑三维地形的必要性。